云锦凤教授在牧草试验基地

　　2009年9月9日，云锦凤代表全国模范教师出席全国教育系统先进集体与先进个人表彰大会，受到党和国家领导人的接见

　　2011年10月，云锦凤荣获内蒙古自治区科学技术特别贡献奖，接受科技部部长万钢（左1）和自治区党委书记胡春华（右1）颁奖

1983年3月，在美国留学期间，云锦凤在导师格拉斯·杜威（Douglas Dewey）推荐下，参加在新墨西哥州立大学举办的"中国草原畜牧业"研讨会 [左1：云锦凤，左2：任继周，中：杜威，右2：韩丁（William Hinton）]

1998年8月，中国农业部和美国农业部合作项目"亚洲和北美草地改良植物材料的评价"专家组成员，在内蒙古巴彦淖尔盟临河次生盐碱地生态点开展牧草评价活动[左1：丹·奥格（Dan Ogle），左2：莱瑞·霍日沃施（Larry Holzworth），中：云锦凤，右1：谷安琳，右2：约翰·希兹（John Sheets）]

1986年8月，云锦凤和牧草育种团队成员米福贵（左1）、乌云飞（右1）及内蒙古农牧学院草原系主任彭启乾（右2）在呼和浩特市的校内牧草教学基地

1996年6月，云锦凤同内蒙古农牧学院草原系牧草育种团队核心成员马鹤林（左1）和吴永敷（中）在苜蓿基地进行田间观测

2009年3月，时任中国草学会理事长的云锦凤（左）在呼和浩特市召开的中国农业科学院欧亚温带草原研究中心揭牌仪式暨中心发展战略研讨会上致辞，并与中国工程院院士任继周（中）和内蒙古自治区党委原常委许令妊（右）合影

2014年6月，云锦凤应邀赴内蒙古巴彦淖尔市参加"草原3号杂花苜蓿种子生产基地"现场会，与内蒙古农业大学教授刘德福留影

云锦凤在现场指导研究生科研工作

云锦凤在田间指导本科生实习

内蒙古农业大学草业学科第四届博士学位论文答辩会

2001年6月，云锦凤（左2）指导的博士研究生李造哲（左1）和解新民（右1）进行学位论文答辩。与答辩委员会成员扈廷茂（左3），杨锡麟（左4），李新文（左5），徐柱（右4），韩建国（右3），米福贵（右2）合影留念

　　1996年8月，云锦凤在内蒙古农牧学院召开的中国草原学会牧草育种委员会第5届学术研讨会上，当选为新一届委员会会长。与全体代表合影（前排从左至右：李青丰，王梦龙，杨珍，程渡，钱章强，耿华珠，许令妊，荣志仁，吴永敷，鲍健寅，马鹤林，白淑娟，云锦凤）

　　2003年7月，中国草学会理事长云锦凤率领中国草学会代表团赴南非德班参加第7届国际草原大会（Ⅶ IRC）并申办"2008世界草地与草原大会"，部分成员同内蒙古自治区政府代表团成员及外国代表合影。中方成员：张英俊（前左2），王明玖（前左3），赵萌莉（前右1），高雪峰（前右2），云锦凤（前右3），韩建国（前右4），贾克力（后左8），侯扶江（后右5），乔光华（后右6）

2004年7月，中国草学会理事长云锦凤邀请并陪同国际草地大会（IGC）主席薇薇·艾伦（Vivien Allen，右）和国际草原大会（IRC）主席吉姆·欧若克（Jim O'rounke，左）考察内蒙古锡林郭勒草原

2004年3月，中国草学会应邀参加在日本广岛举办的首届中-日-韩草地会议暨日本草地学会成立50周年纪念会，云锦凤理事长代表中国草学会在开幕式致辞并同代表团合影（前排从左到右：杨中艺，洪绂曾，祝廷成，云锦凤，刘德福，南志标，陈佐忠，王堃；后排从左到右：刘永志，玉柱，孙启忠，韩建国，郭继勋，周禾，王宗礼，贾玉山，邢旗，高娃）

中国－日本－韩国首届草地科学会议
中国代表团合影（日本·广岛 2004.3.）

2005年6月，中国草学会理事长云锦凤率领"2008世界草地与草原大会"申办代表团部分成员，与IRC连委会秘书长高登·肯（Gorden King），在赴爱尔兰参加第20届IGC途中，前往位于意大利罗马的联合国粮农组织总部汇报申办工作，争取国际机构的支持（从左至右：李青丰，韩国栋，高登·肯，云锦凤，王明玖，赵萌莉）

　　2009年8月，中国草学会理事长云锦凤参加在韩国首尔举办的第3届中-日-韩草地会议，代表中国草学会在开幕式致辞并同中国代表团合影（前排从左到右：王堃、贾玉山、王德利、卢欣石、周禾、刘德福、云锦凤、南志标、王彦荣、谢应忠、周青平、张新全、张吉宇、王明玖、詹秋文、韩志林）

　　2005年11月，中国草学会理事长云锦凤参加在中国农业大学召开的"2008世界草地与草原大会"组委会第1次会议，与中国农业大学领导及组委会其他领导和委员留影[前排从左到右：侯向阳，云锦凤，瞿振元，吉姆·欧若克，洪绂曾，凯文·西斯（Kavin Sheath），任继周，高登·肯，南志标；中排从左到右：刘永志，松梅，托娅，韩建国，周禾，王宗礼，王堃；后排从左到右：赵萌莉，乔光华，龙瑞军，李向林，王明玖，张英俊，邓波）]

　　2005年10月，国务院学位委员会畜牧学科评议组成员云锦凤，参加在北京召开的第10次学科评议会议，同其他成员合影（前排从左至右：麦康森，王康宁，向中怀，吴常信，云锦凤，王恬，凌遥；后排从左至右：李发弟，熊邦喜，雏秋江，杨公社，周应祺，单安山）

　　2006年4月，内蒙古草业研究院召开成立大会，云锦凤（前左3）被聘为研究院院长和首席专家。与自治区领导、科技厅和教育厅领导、兄弟院所领导、内蒙古农业大学领导及其他全体参会人员合影

　　2008年6月，"2008世界草地与草原大会"组委会主席、中国草学会理事长云锦凤，在呼和浩特市召开的"2008世界草地与草原大会"开幕式上致辞

2008年12月，在内蒙古农业大学举办的草原专业创立50周年庆典活动中，云锦凤同老教师和63届草原专业毕业生合影（前排从左至右：丁尔侠、陈世镇、曹自成、马鹤林、西力布、富象乾、章祖同、许令妊、李德新、赵桂香、张秀芬、乌云飞、刘德福；后排从左至右：厉兴仁、昭和斯图、苗忠、张运身、云锦凤、李艳芹、李国珍、纳森、刘起、孙祥）

2006年12月，云锦凤参加在北京召开的第5届全国草品种审定委员会暨2006年全国草品种审定会，同全体委员合影（前排从左到右：张文淑、贠旭疆、王晓斌、曹致中、苏加楷、王宗礼、云锦凤、张智山、鲍健寅、毕玉芬、刘建秀。后排从左到右：尹俊、赖志强、赵景峰、张新全、李小芳、刘国道、刘自学、张新跃、张博、赵美清、周青平、罗新义、徐安凯、周禾、于林清、李聪、刘芳、杨中艺）

第十届全国高校草业科学教学研讨会

2008年8月28日于银川●宁夏大学

2008年8月，中国草学会理事长云锦凤（前左6）参加在宁夏大学召开的"第10届全国高校草业科学教学研讨会"并讲话，会后与草业教育专业委员会名誉主任委员胡自治（前左7）及全体代表合影

2019年7月，云锦凤参加在内蒙古农业大学召开的教育部草学类专业教学指导委员会会议，会后与中国工程院院士南志标等专家在一起（左1：贾玉山；左2：玉柱；中：南志标；右2：云锦凤；右1：王明玖）

草学科技创新与人才培养

云锦凤　编著

中国农业出版社

北　京

汇编委员会

序

《草学科技创新与人才培养》即将问世，邀我作序。披阅原稿，面对累累丰硕成果，我满怀喜悦。兀坐片刻，转入深深的思索。

云锦凤教授是我国卓有成就的牧草育种专家，中国草学会前理事长。她是一棵从内蒙古土地上生长起来的大树。从幼苗到大树，我亲眼看着她的成长。她是我的好友许令妊教授的第一代嫡传弟子。如今令妊同志已经与世长辞，但她的事业在内蒙古扎下了根，幼苗长成了大树，根深叶茂，势将绵延无期。我为锦凤教授高兴，也为令妊感到慰藉，更为祖国的这片大草原，亚欧大草原孑遗的东翼，致以深深祝福。

文集记录了云锦凤教授的毕生成就，实际上也是我国牧草育种科学的重大记忆。在此之前，我国有人做了不少牧草育种工作，也取得一定成就。但系统地、竭毕生之力，致力于牧草远缘杂交育种及种质创新研究，并为一个地区育成系列禾本科兼及豆科牧草品种的，以云锦凤教授为代表的这个团队堪称楷模。

这本文集是一位牧草育种专业者的成果汇集。其中包含了她为我国牧草育种的辛勤贡献，也体现了随着成果一起成长的学术集体。文集因个人而记载了专业，也因专业而记载了个人，是个人与专业凝结的闪光晶体。

我心里掂量这本文集的分量。它承载了内蒙古草业科学开拓者令妊的历史嘱托，记录了锦凤个人的毕生劳动，也带给了下一代无限的希望，更关系亚欧大草原的前途。其承载之重，非同一般。

我国已进入生态文明建设的历史时期，这也是草业科学生机迸发的良好机遇，千载难逢，这本文集应时而出，必将为我国乃至亚欧大草原东翼注入新生机。

衷心祝贺《草学科技创新与人才培养》的出版！

任继周写于涵虚草舍

2021 年初夏

创新结硕果　情奉育人才

——云锦凤教授纪实

　　广袤无垠、风情万种的内蒙古草原历来英才辈出。我国杰出的草学教育家、牧草育种学家云锦凤教授，便成长于这片草原。她投身草业科学事业六十载，和她的同事们一道，立足内蒙古草原，放眼世界草学前沿，在半个多世纪的努力拼搏、锐意进取中，为我国草业科技创新、人才培养和草产业发展做出了突出贡献。她又是一位普通的蒙古族女性，眷恋故土，热爱家乡，把草原当作母亲，视草如生命，倾尽大半生守护草原，成为几代人的楷模。60年来，云锦凤教授把全部身心都倾注到了草学科研和教学事业上，奉献的是青春、热情、无私、智慧和开拓，收获的是理想、事业、成功、发展和对未来的美好憧憬。

　　1941年12月22日，云锦凤教授出生于敕勒川、阴山下的土默特左旗。1963年7月以优异成绩毕业于内蒙古农牧学院畜牧系草原专业，同年留校任教，在许令妊、彭启乾两位草学前辈的指引下，走上了牧草学的教学和科研之路。刚刚工作时，她被派往锡林郭勒盟基地开展牧草引种和苜蓿育种试验研究。前辈的启迪和言传身教，草原的美丽和博大精深吸引了她，让她义无反顾，在广阔的锡林郭勒草原找到了一生追求的牧草育种学研究方向。

　　在国家改革开放初期的1981—1983年，她带着对牧草学新知识、新技术的渴望，怀揣报效草原母亲的梦想，赴美国犹他州立大学美国农业部农业研究局牧草和草地研究所（USDA - ARS FRRL）留学，师从国际著名植物细胞遗传学及育种学专家 Douglas Dewey（道格拉斯·杜威）博士，主要研究禾本科牧草种质资源和育种。云锦凤教授大学期间学习的外语是俄语，去美国之前通过突击强化完成了英语学习，她所克服的困难常人难以想象。在国外学习期间，针对教学和内蒙古自治区草原建设的需求，她一方面在犹他州立大学听课，并参加教学实验实习，另一方面积极投入牧草和草地研究所的牧草育种科研实践活动中。犹他州洛根试验站是全球最大的小麦族多年生禾草种质资源中心，她利用这个有利条件，收集了大量的国内短缺的草种质资源，同时参与了牧草资源圃的建立与保纯，诱变和杂交，以及细胞学分析等研究。通过这些科研活动，了解牧草育种程序，掌握国外牧草育种的方法和新技术，为日后的教学和科学研究奠定了基础。

　　回国之后，她深知中美在牧草学领域的科学研究、基础条件、实验室条件和人才队伍方面的巨大差距，没有一句抱怨，而是在学科中心实验室建设、实验基地建设，牧草种质材料的引种、评价和创新，教材建设等方面开始了一步一个脚印的行动。尤其是在草原学人才培养的紧迫性方面，她认为既要只争朝夕，又要立足长远，为内蒙古自治区和国家培养未来紧缺的人才。为了能派出更多年轻教师出国学习，她利用晚上时间为大家培训外语，传授自己当年学习外语的经验，交流在国外学习的心得与感受，增强年轻教师的学术自信心。这种言传身教的鼓励曾使大批年轻人深深受益。她自己也在艰苦的教学和科研磨炼中为成为学科领军人物打下了基础。1987年，她晋升为副教授，1994年任教授，1995年被遴选为博士研究生导师。

　　1994—1995年，她带着在多年教学和科研实践中遇到的问题和对此形成的思考，再次赴美研修，就国外迅速发展的分子生物学和生物新技术与美国同行进行深入交流和学习。

1999 年 4 月，内蒙古农牧学院和内蒙古林学院合并，组建了内蒙古农业大学，给草业科学学科的发展提供了新的机遇。2001 年，云锦凤教授被推举为草业科学学科主任，在带领团队不断创造新的业绩的同时，也在努力推动国家在草业科学学科发展、对外开放、科技进步和人才培养方面的进步。同年，内蒙古农业大学草业科学学科被教育部批准为高等学校国家重点学科。这是内蒙古农业大学唯一的国家重点学科，也是内蒙古自治区高校除 211 院校外的唯一国家重点学科。

2004 年，内蒙古自治区依托内蒙古农业大学生态环境学院草业科学专业成立了校级"草品种育繁技术研究工程中心"；2007 年，工程中心升格为"内蒙古自治区草品种育繁工程技术研究中心"，云锦凤教授一直担任工程中心主任至退休。任职期间，工程中心逐步建成了集种质资源的开发利用，新品种研发及综合配套技术创新，优质高产新品种育繁推一体化产业建设、开放服务及科技培训等于一体的多功能研究型平台。2013 年被自治区评估为优秀工程中心。

2005—2015 年，云锦凤教授担任内蒙古草业研究院院长和首席专家。任职期间，以项目为支撑，她组织区内外教学和科研单位的专家，进行了牧草学和草地学方面研究。经过合作攻关，在牧草抗逆基因挖掘，种质创新与新品种培育，优质草产品加工调制技术集成，内蒙古草地资源监测 3S 技术体系及应用等研究中，取得了多项成果。

2010 年，"内蒙古碳汇评估研究院"成立，云锦凤教授担任院长，为法定代表人。研究院作为公益性研究机构，配合地方科技活动，承办和协办了多次研讨会；协同编写了通俗易懂的《碳汇科普手册》，得到社会好评。研究院领导亲自参与撰写的专著《碳汇概要》顺利出版，该书成为联合国可持续发展教育十年规划培训丛书（2005—2014 年）。研究院组织专家对兴安盟的林业碳汇和发展草原碳汇评估两个成果进行了鉴定。2011 年，研究院对呼伦贝尔市森林、草原、农田、湿地碳储量进行了评估，提出了呼伦贝尔市生态系统碳储量评估研究报告，并予以通过。研究院为内蒙古低碳经济、绿色发展做了基础性工作。

云锦凤教授曾担任内蒙古自治区学位委员会委员，全国高等农业院校教学指导委员会委员，中国草学会牧草育种专业委员会主任委员，全国牧草品种审定委员会委员、副主任，国务院学位委员会畜牧学科评议组成员，中国草学会理事长，第八届和第九届理事会名誉理事长，第二十二届国际草地大会（IGC）连续委员会委员，享受国务院政府特殊津贴。

在几十年的努力拼搏和不断进取中，云锦凤教授获得了多项奖励和荣誉称号。先后被评为"自治区优秀留学回国人员""自治区三育人先进个人""自治区三八红旗手""全区民族进步先进个人""自治区科技创新杰出人才""自治区杰出人才奖""自治区科教兴区突出贡献奖先进个人""全国优秀科技工作者""全国民族团结进步模范个人""全国模范教师""全国教育系统巾帼建功标兵"等。

一、科技创新，成果丰硕

云锦凤教授长期致力于牧草种质资源与育种研究工作，先后主持完成科研项目 24 项，其中国家自然科学基金项目 6 项、国家转基因研究与产业化专项 2 项、"863"高技术项目 1 项、农业科技跨越项目 1 项、国家农业科技成果转化项目 1 项、"十一五"科技支撑项目 1 项；主持完成内蒙古自治区科技攻关项目（重大科技专项）5 项和国际合作项目 2 项。培育出 15 个具有自主知识产权的新品种。在国内外学术期刊及国际会议上发表研究论文 250 余篇。其中，"关于采用染色体组分类系统划分中国小麦族多年生类群的建议""冰草的远缘杂交及杂种分析"等多篇论文在学术界产生重要影响。

（一）率先应用植物染色体组分类系统划分中国小麦族内多年生牧草类群

云锦凤教授 1983 年从美国留学回国以后，和导师杜威合作发表文章，介绍国际上新兴的反映物种间亲缘关系的植物染色体组分类系统。首次采用该"染色体组分类系统"划分中国小麦族内多年生牧草类群，将物种染色体组作为划分种、属的重要依据之一，澄清了我国冰草和鹅观草的属界，阐明了形态分类学界长期争议的问题。这是我国牧草分类学研究领域的重要尝试，也是对传统形态分类的补充。

（二）创新禾本科牧草远缘杂交技术与理论

牧草远缘杂交是产生牧草新类型和创造新品种的重要途径之一。从 1984 年起，云锦凤教授和她带领的团队在多年常规育种的基础上，开展了长达 30 余年小麦族多年生禾本科牧草远缘杂交育种研究，成功地培育出科技含量较高的牧草远缘杂交新品种，取得牧草育种技术和理论创新成果。

课题组采用牧草染色体组分类系统理论指导小麦族多年生牧草远缘杂交，按照性状互补的原则进行亲本组合选配，完成 4 个属（冰草属、披碱草属、赖草属和大麦属） 9 个种的种、属间远缘杂交，获得了一批具有重要育种价值的杂交组合。其中，羊草与灰色赖草属于种间杂交，野大麦与披碱草属于属间杂交。该理论可从细胞染色体组水平反映物种的亲缘关系，因而对远缘杂交具有很好的预见性，使得形态分类学认为差异很大的种、属间的杂交获得成功。同时，通过回交和染色体加倍等技术手段，使高度不育的 F_1 代育性得到恢复，结合其他性状的选择，育成了 2 个远缘杂交新品种（类型）。在克服远缘杂交困难的理论和技术上取得较大突破，该项研究为国内牧草远缘杂交领域的创新性成果，填补了我国禾本科牧草远缘杂交育种研究的空白。

此外，研究团队在进行四倍体加拿大披碱草与四倍体野大麦杂交试验中，经细胞学分析和分子原位杂交检验，发现 2 个四倍体亲本杂交产生的杂种 F_1 代为三倍体，母本加拿大披碱草 H_c 染色体组的 7 条染色体丢失。该发现在国内外尚属首次，对于进一步研究和完善远缘杂交的理论体系具有重要意义。

在团队成员多年研究的基础上，为了总结研究进展、新发现和研究成果，撰写了专著《中国小麦族内多年生牧草远缘杂交研究》，这是我国小麦族多年生禾本科牧草远缘杂交的首部著作，为禾本科牧草远缘杂交育种提供了理论、技术和方法上的借鉴。

（三）培育了一批高科技含量的优良牧草品种

多年来，云锦凤教授团队利用内蒙古丰富的野生牧草种质资源和从国内外搜集、引进的优良牧草品种资源，采用传统育种和现代生物技术相结合的方法，先后培育出草原 1 号杂花苜蓿、草原 2 号杂花苜蓿、草原 3 号杂花苜蓿、诺丹冰草、农牧 1 号羊草、内蒙沙芦草、蒙农杂种冰草、杂种冰草 1号、呼伦贝尔黄花苜蓿、蒙农 1 号蒙古冰草、蒙农 4 号新麦草、草原 4 号紫花苜蓿、蒙农 1 号野大麦、蒙农 1 号红三叶、白音希勒根茎冰草等 15 个具有自主知识产权的优良牧草新品种。

自 20 世纪 60 年代起，在草学前辈许令妊、彭启乾教授的带领下，牧草团队开启了牧草引种评价和苜蓿远缘杂交育种工作，吴永敷、马鹤林、云锦凤教授是团队骨干。他们采用抗逆性强的锡林郭勒盟野生黄花苜蓿与产量高的紫花苜蓿杂交，并结合定向培育和选择的技术路线，在国内首次育成了草原 1 号和 2 号杂花苜蓿新品种。这两个新品种成为我国最早登记注册的苜蓿杂交新品种。这两个新品种继承了亲本的优异抗性基因，可耐 $-40℃$ 的极端低温，使我国的苜蓿种植区域大大向北推移。蒙农 1 号野大麦是披碱草和野大麦属间杂交育成的新品种（新类型）。该品种综合了亲本的优良特性，具有很强的耐盐碱性和抗旱性，改善了野大麦的落粒性。杂种冰草 1 号是航道冰草与蒙古冰草种间杂交与染色体加倍育成的四倍体杂种冰草。该品种生育期长，茎叶丰富，产草量高，种子大、易建植。

云锦凤教授所培育的一批优良牧草新品种，适合内蒙古和我国北方特殊自然气候条件和产业化发展需要，已普遍应用于人工饲草料基地建设、飞播牧草和草地改良。这些优良牧草新品种在草原建设、现代畜牧业发展、生态环境保护等方面发挥着重要作用。

（四）广泛收集、 科学评价和利用牧草种质资源

云锦凤教授在国外学习期间，考虑到内蒙古的地域特点及草原畜牧业和生态建设的需求，先后收

集和引进了（广义）抗寒耐旱的小麦族多年生牧草材料共 6 个属（冰草属、披碱草属、赖草属、偃麦草属、大麦属、新麦草属）1199 份，极大地丰富了我国小麦族多年生禾本科牧草种质资源。其中，有 316 份捐赠给国家植物种质资源长期库保存。对 875 份从国外引进的种质材料，再加上国内多年收集的草品种，建立了资源圃。从 1984 年开始，在呼和浩特内蒙古农业大学牧草试验站开展了引种试验和评价。经过 5 年的试验研究，从中筛选出了适应性强和生产性能好的材料 190 份，将其作为育种的基础材料。利用这些优异的种质资源，开展了远缘杂交、多倍体育种、空间诱变等多种种质创新探索，为进一步开展育种理论研究、技术创新和新品种培育奠定了基础。在引种试验的基础上，重点对冰草属、披碱草属等牧草的分类学、生理生化、生物学、细胞学及细胞遗传等基础理论进行了系统研究，发表了相关学术论文。

（五）在我国率先开展冰草属牧草分子育种研究

冰草属牧草是欧亚大陆主要的草原旱生植物类群，在草原生态和草牧业生产中具有重要的作用。为充分发挥我国丰富的冰草种质资源优势，发掘其优异和特有基因，云教授团队除利用国内外冰草种质资源开展草品种选育研究外，在承担国家高技术研究发展计划（863 计划）"抗逆优质苜蓿、冰草等牧草新品种选育"和国家转基因植物研究与产业化专项"冰草、苜蓿、高羊茅抗旱耐盐基因工程育种"项目中，以蒙古冰草新品系、蒙农杂种冰草、航道冰草和诺丹冰草为材料，首次建立了一套有效的以幼穗为外植体的冰草组培再生和遗传转化体系，成功获得了冰草转基因株系，填补我国冰草转基因研究领域的空白，为分子育种奠定了基础。在基础研究中，重点挖掘了蒙古冰草抗逆基因，分离克隆得到一批抗旱相关基因，丰富了植物的抗逆性基因资源，取得了原创性成果。

由她选育的内蒙沙芦草和蒙农 1 号蒙古冰草是我国第一个冰草野生栽培品种与第一个冰草育成品种。蒙农杂种冰草是采用诱变育种的四倍体杂种冰草新品种。课题组总结了冰草多年的研究成果，撰写了专著《冰草的研究与利用》，发表相关论文 40 余篇。这些研究成果在国内外草学界产生了重要影响。

二、助力产业，贡献经济

云锦凤教授认为，草品种是为社会和经济发展服务的，草品种选育必须面向生态生产发展需求确立育种目标，走选育、扩繁、示范、推广及产业化发展的路子，而构建和优化草品种的"育种—良繁—推广"体系是实现草品种产业化的关键所在。在国家和自治区相关部门的大力支持下，以项目为支撑，多方联合，密切合作，与自治区和相关省区的科研、学校、推广及企业等单位、部门建立了长期稳定的合作机制，构建了草品种"育种—良繁—推广"体系。经过她多年的不懈努力，内蒙古自治区建起了不同规模的集牧草品种研发、良种育繁、示范推广和产业化生产为一体的基地 10 余个，初步形成了草品种产业化发展格局。

她培育的系列牧草新品种不仅在自治区各地种植，还被推广到宁夏、吉林、黑龙江等省，尤其是草原系列杂种苜蓿和杂种冰草、蒙古冰草等品种推广面积最大。据不完全统计，自 20 世纪 90 年代以来，蒙古冰草、诺丹冰草、羊草等被广泛用于人工种草、飞播种草、草地改良、矿区修复等生态生产建设，累计种植面积达 6 万多 hm^2；草原 1 号、2 号、3 号杂花苜蓿累计种植面积达 2 万多 hm^2。上述牧草新品种的推广和种植在推进畜牧业持续稳定发展和改善草原生态环境等方面发挥了重要的作用，累计实现经济产值达 5 亿多元。草品种"育种—良繁—推广"体系的构建和优化，为草业产业化发展奠定了坚实的基础，也为经济建设做出了贡献。当前，草原生态保护建设力度不断加强，构筑我国北方重要生态安全屏障任务艰巨，草牧业快速发展，草种的基础作用更加重要，她培育的蒙农 1 号蒙古冰草、蒙农杂种冰草、草原 3 号杂花苜蓿等新草品种市场供不应求，推广前景广阔，在生态和经济建设中的作用会越来越大。

2005 年云锦凤教授牵头完成的"冰草新品种育繁与推广示范"成果获内蒙古自治区科技进步一等奖。2011 年，为了表彰她对草业做出的贡献，内蒙古自治区人民政府授予她"科学技术特别贡献奖"，时任科学技术部部长万钢和中共内蒙古自治区党委书记胡春华亲自为她颁奖。

三、夯实学科基础，铸牢人才平台

云锦凤教授自 1963 年从事草业高等教育工作以来，始终不忘初心，努力拼搏，辛勤耕耘在教学和科研第一线。团结和带领草学创新团队，从点滴做起，不断夯实学科基础，为草业人才培养铸就了充满活力的平台。她不仅为内蒙古农业大学"双一流"学科和专业建设打下了良好基础，也为争取草学学科跻身国家一级学科行列发挥了应有作用。

（一）在一级学科和重点学科建设中发挥积极作用

1997 年，云锦凤教授被聘为国务院学位委员会第四届学科评议组（畜牧学）成员，之后连任第五届评议组成员。

1998 年 7 月，"全国高校第五届草业科学专业教学工作研讨会"在青海大学召开。会上，甘肃农业大学胡自治教授等提出了草业科学学科由二级学科晋升为一级学科的设想。之后的多次草业科学专业教学工作研讨会都把学科升格的问题作为研讨议题之一。云锦凤教授参加了 3 次研讨会的研讨，提出了不少建设性的意见。同时，她还借助全国高等农业院校畜牧一级学科领域的"全国畜牧学科高峰论坛"，反复宣传把草业科学学科设为一级学科的重要性，引起有关部门的高度关注。

2005 年 1 月，在延边大学举行的"全国畜牧学科高峰论坛"上，时任中国草学会理事长的云锦凤教授和兄弟院校专家作了"建议将草业科学从畜牧学科中分出、建立一级学科"的讨论报告。同年 8 月，在内蒙古呼和浩特举行的"全国畜牧学科高峰论坛"上，她又作了"草业高等教育发展现状"的报告，论述了草业科学晋升一级学科的理由。会议期间，她同兄弟院校及中国农业科学院草原研究所草业科学研究生学科点的负责人一道，同国务院学位委员会负责人举行专门座谈会，讨论草业科学成为一级学科问题。2006 年 12 月，在南京农业大学举行"全国畜牧学科高峰论坛"，云教授同中国工程院院士任继周教授、中国草学会名誉理事长洪绂曾、胡自治教授等探讨了建立草业科学一级学科的合理性和必要性。参加论坛的学者对草业科学界的这一呼吁表示支持，并形成了一个会议文件报送国务院学位委员会。

2007 年 5 月，中国草学会向国务院学位办提交《中国草学会关于将草业科学研究生教育由二级学科提升为一级学科的意见》，之后，多所院校向中国草学会提交经过专家论证的"一级学科调整建议书"。2010 年 5 月，申报草学一级学科的论证会由中国草学会主持，在北京召开。会议形成《中国草学会关于增设"草学"一级学科的建议函》的文件并上报。2011 年 2 月，国务院学位委员会第 28 次会议审议批准《学位授予和人才培养学科目录（2011 年）》，在农学学科门类中新增草学一级学科。至此，草学学科从畜牧学一级学科中分离，由二级学科晋升为一级学科，为未来发展拓展了更大空间。

在争取草业科学学科由二级学科晋级为一级学科的过程中，重点学科建设成为人们关注的焦点。2001 年 3 月，国家为落实《面向 21 世纪教育振兴行动计划》，在高等学校中建设一批重点学科，进一步提高中国高等教育的质量、水平和效益，教育部下发《教育部关于开展高等学校重点学科评选工作的通知》。内蒙古农业大学草业科学学科经过申报和通讯评议，于同年 11 月进入答辩程序，云教授是答辩组成员之一，她不负重托，圆满完成了重任。2002 年 1 月，教育部批准内蒙古农业大学二级学科"草业科学"为高等学校重点学科。2007 年 8 月，经过教育部组织的重点学科评估考评，内蒙古农业大学草业科学学科考评结果排名靠前，保留国家重点学科资格。

（二）在研究生培养方面倾注大量心血

云锦凤教授作为一位高等院校的教师，十分重视教书育人，并率先垂范，她努力学习国外先进科学技术，紧跟学科发展前沿。在国外学习期间，大量收集牧草育种教学和科研资料，收集和整理了我国短缺的小麦族多年生禾草种质资源，为提高教学质量、科学研究和牧草育种奠定了物质基础。多年来，成功地争取到多项国家级（其中国家自然科学基金项目获批 6 次）、省部级、国内横向联合及国际合作研究等项目，为草业科学学科建设和研究生培养提供了研究平台和资金保障。她负责"草业科学研究进展"和"研究生班讨论"学位课，通过精心组织安排和邀请地方专业人士和国内外知名专家讲学，广泛开展了国内外学术交流，扩大了研究生的知识面，开拓了学生的视野，提高了他们的综合素质，对培养学生的创新精神和能力起到了重要作用。她先后培养硕士生 32 名、博士生 21 名、博士后 2 名，为自治区和国家经济建设输送了优秀的高级专业技术人才。如今，她培养的学生已成为我国经济建设和科技创新的重要人才资源，在区内外的科技、教育、管理和经济建设中发挥了重要作用，一些毕业生已成为全国的知名专家和学者。

（三）在教材建设与本科生培养方面开创新局面

为了提高教学质量，推动学科建设和发展，云锦凤教授积极参与全国统编教材编写工作，曾参编由甘肃农业大学李逸民教授主编的全国高等农林院校试用教材《牧草育种学》（1980 年出版）。从 20 世纪 90 年代开始，在农业部的大力推动下，云锦凤教授作为全国高等农业院校教学指导委员会成员，积极贯彻"高等教育面向 21 世纪教学内容和课程体系改革计划"精神，首先从草学专业的教材建设入手，并身体力行。组织全国牧草育种学领域从事教学的专家进行教材编写，承担了全国统编教材的主编任务。她主编的《牧草及饲料作物育种学》教材于 2001 年 1 月正式出版。该教材突出了牧草育种的特色，并增加了国内外该学科的研究进展、牧草育种新理论和新技术等内容。2005 年被中华农业科教基金会评为"全国高等农业院校优秀教材"。之后，经过 10 多年的教学实践，《牧草及饲料作物育种学》（第二版）又被确立为全国高等农林院校"十三五"规划教材和国家级精品资源共享课配套教材，于 2016 年 12 月出版。

此外，她还编写了《牧草育种技术》（主编）、《中国草地饲用植物染色体研究》（副主编）、《野生牧草引种驯化》（参编）、《中国牧草登记品种集》（参编）等多部研究专著。

多年来，她一直担任"牧草及饲料作物育种学"的教学工作，为人师表，潜心教学研究，注重知识更新及课堂教学与实践的结合，不断改进教学方法和丰富教学内容，课程建设水平和教学质量稳步提高。经过多年的建设、改革和完善，该课程在 2007 年被教育部评为国家级精品课程，成为内蒙古草业科学专业第一个国家级精品课程，也是我国牧草育种学科第一个国家级精品课程。

由于她在教书育人方面取得了突出成绩，受到内蒙古自治区和国家多次表扬、奖励，2007 年被人事部和教育部授予"全国模范教师"称号，被教育部和全国妇联授予"全国教育系统巾帼建功标兵"称号。2009 年 9 月 9 日，作为全国教育战线优秀教师的代表，受到党和国家领导人的接见。

四、加强学会建设，提升国际影响

1996—2009 年，云锦凤教授担任中国草学会第三、四、五届牧草育种专业委员会主任委员；2002—2011 年任中国草学会第六届和第七届理事会理事长，为中国草学会的建设、发展和国际交流做出了贡献。

（一）为成功举办"2008世界草地与草原大会"付出艰苦努力

中国是世界草原大国，在中国召开国际草地大会（IGC）或国际草原大会（IRC）是草业工作者多年的梦想，几届中国草学会为之进行了不懈的努力，但多次申请未果。

2001 年 7 月，中国草原学会和中国农学会在内蒙古呼伦贝尔盟海拉尔市共同主办召开了"国际草业（草地）学术大会"。云锦凤教授代表大会邀请了 IGC 主席薇薇·艾伦与连续委员会区域代表盖文·希斯、后藤和格察·纳吉前来参会，并安排了会后考察和全程陪同。一方面，展示中国和内蒙古的草地资源和草业发展水平，增强在中国办会的信心；另一方面，调查讨论中国作为大会举办地的相关事宜。2002 年 8 月，经云锦凤教授及学会同仁的积极工作，内蒙古自治区人民政府向两个大会主席发出了承诺函："我们欢迎 2008 年国际草地会议和国际草原会议组织的学术大会在中国呼和浩特市召开。我们承诺，在交通、通信、安全、保卫、场馆、设施等方面为大会提供保障。"2003 年 1 月，内蒙古自治区主席乌云其木格给中国草学会洪绂曾、任继周、云锦凤写信，表示一如既往地支持申办 2008 年国际草原（草地）大会，认为这是中国草业界和草原工作的大事。2003 年 5 月，中国科学技术协会向中国草学会下发了"中国科学技术协会关于同意申办第八届国际草原大会的批复"，国务院批准了中国草学会的申请，要求"如申办成功，请按国家有关规定正式报批。"

2003 年 5 月，在云锦凤教授的组织下，由内蒙古农业大学专家组负责，在全国正处于控制"非典"（SARS 事件）最艰难的时刻，代表中国草学会编制完成了《承办第八届 IRC 和第二十一届 IGC 联合大会的申请书》。同时，学会准备了大量会议申办所需的宣传材料，如小册子、大型图版和影像资料等。同年 7 月 26 日至 8 月 1 日，由中国草学会组织了 16 人的代表团，由云锦凤理事长带队赴南非德班参加第七届 IRC。为了配合中国草学会的申办工作，内蒙古自治区也派出参与申请书起草和财务预算的 5 人专家代表团共同赴会。在 IRC 连委会上，云锦凤教授做了申办第八届 IRC 的陈述报告，着重介绍了中国草业科学发展现状和内蒙古的办会条件等，其他专家就预算和内蒙古自治区支持办会的准备情况做发言。云锦凤教授同汇报人员圆满完成了连委会的答辩。经表决，连委会全体成员一致同意在中国呼和浩特市召开第八届 IRC，并同意与第二十一届 IGC 召开联合大会。

2004 年 7 月，由中国草学会、内蒙古自治区人民政府和国家自然科学基金委员会联合主办的"中国草学会六届二次会议暨草业科学与技术创新国际学术研讨会"在呼和浩特市召开。会议的一个重要内容是成立组织机构，深入研讨第八届 IRC 筹备及准备申办第二十一届 IGC 相关事宜。云锦凤教授邀请两会主席参加了大会，并根据 IGC 主席薇薇·艾伦的提议，由内蒙古农业大学组织有关专家负责起草 2008 年在内蒙古举办第二十一届 IGC 并与第八届 IRC 召开联合大会的申请标书，并递交第十九届 IGC 连委会。同年 9 月，经第十九届 IGC 连委会委员投票表决，一致通过了中国草学会的申请，同意与 IRC 举办联合大会。同年 10 月 1 日，薇薇·艾伦给云锦凤理事长发来了贺信，通报了投票结果。IGC 连委会要求中国草学会和内蒙古自治区人民政府在爱尔兰第二十届 IGC 上做进一步陈述，表明对承办大会的态度。

2005 年 1 月，中国草学会在呼和浩特召开了常务理事扩大会议。会议围绕国际草地/草原大会联合大会筹备机构组成（大会组织委员会、学术委员会和执行委员会）、具体工作分工和资金筹措等问题进行了讨论。会议决定由云锦凤担任大会执行委员会主任委员。经过反复磋商，经批准决定于 2008 年召开两会联合大会，会议名称为"2008 世界草地与草原大会"（2008 XXI International Grassland Congress / VIII International Rangeland Congress），于 2008 年 6 月 29 日至 7 月 5 日在呼和浩特市召开。

2005 年 6 月 26 日至 7 月 1 日，第二十届 IGC 在爱尔兰都柏林召开，中国草学会名誉理事长洪绂曾、理事长云锦凤、中国工程院院士任继周等中国草学会代表 46 人参会。大会经充分协商讨论，一致同意 2008 年在中国内蒙古呼和浩特市，由中国草学会、内蒙古自治区人民政府共同承办"2008 世界草地与草原大会"。至此，申请 2008 年在内蒙古召开两会联合大会的工作圆满成功。本次申办成功是 IGC 和 IRC 历史上首次联合召开大会，被两会主席和连委会成员赞誉为重要事件，称赞中国草学会和内蒙古自治区人民政府为两会做出了历史性贡献。在闭幕式上，云锦凤教授代表中国草学会讲话，对 IGC 连委会一致通过并批准第二十一届 IGC 在呼和浩特市与 IRC 召开联合大会表示衷心的感谢，并表达了办好会议的决心，向与会代表发出了诚挚的邀请。

为了办好"2008 世界草地与草原大会"，让更多国家特别是发展中国家的代表参会，筹集资金便成为大会至关重要的工作。在 2005 年 6 月赴爱尔兰会议之前，云锦凤、王明玖、韩国栋、赵萌莉等一行专程拜访了设在罗马的联合国粮食及农业组织，争取该机构对大会的支持和赞助。2006 年 6 月，云锦凤教授亲自赴美国，在 IRC 主席吉姆·欧若克、IGC 前任主席薇薇·艾伦及美国草地管理学会朋友的帮助之下，拜访了美国农业部、美国内务部及 10 多个私人组织，为大会做宣传，并集资 10 万美元，为大会提供了支持。

在"2008 世界草地与草原大会"筹备工作中，云锦凤教授任"2008 世界草地与草原大会组织委员会"主席（共 3 人），与内蒙古自治区成立的"2008 世界草地与草原大会筹备委员会"一道工作。

在"2008 世界草地与草原大会"召开前的 6 月 29 日上午，"2008 中国（内蒙古）国际草业博览会"在呼和浩特市内蒙古国际会展中心开幕，大会组委会主席云锦凤主持了开幕式；6 月 29 日下午，"2008 世界草地与草原大会"在呼和浩特市内蒙古国际会展中心会议大厅隆重开幕，大会由组委会主席、中国草学会名誉理事长洪绂曾主持，国内外代表共 1 200 余人参加了开幕式，会议盛况空前。云锦凤代表中国草学会致辞。大会期间，云锦凤教授多次接受媒体的采访报道。7 月 1 日，内蒙古新闻网以"云锦凤：忙碌的中国草学会理事长"为题，介绍了云教授会议期间的工作。7 月 6 日，《经济日报》以"热烈祝贺 2008 世界草地与草原大会在内蒙古隆重召开"为题专版报道多位领导、专家、学者的致辞、观点和短评等，云教授的评论专题是"努力抓住交流合作的良好机遇"。

2009 年 1 月 10 日，中国草学会在北京召开了"2008 世界草地与草原大会"总结表彰大会，云锦凤理事长做了中国草学会"2008 世界草地与草原大会"工作总结报告，对大会的申办、筹备、成功召开和会议取得的成果与收获进行了全面总结，认为大会从内容到形式，从过程到结果，都堪称世界草地科学和草业界的一次盛会。大会对在会议申办、筹备和顺利召开付出艰辛努力和做出突出贡献的单位和个人进行了表彰。

云锦凤教授作为"2008 世界草地与草原大会"组委会主席之一，为大会的圆满成功做出了贡献，被 IGC 连委会遴选为第二十二届连委会委员。

（二）努力提高中国草学会能力建设和学术水平

在 2002—2011 年任中国草学会理事长期间，云锦凤教授在任继周、洪绂曾、祝廷成、许鹏等草学界前辈的鼎力支持和帮助下，团结全体理事和会员，锐意进取，致力于提高草学会的能力建设和学会管理水平，使学会工作跨上新的台阶。

1. 坚持民主决策，强化组织管理

在中国科学技术协会的领导和相关部门的支持下，经过全体会员共同努力，中国草学会在组织机构建设、理事会工作分工、二级机构的管理等方面建立和完善了相应的规章制度，逐步使学会的管理工作实现制度化和规范化，进一步提高了学会的整体管理水平。在学会组织建设上，根据形势发展，强化学科交叉，培育新的方向，努力扩大学会的社会影响力；在学会管理和运行机制上，集思广益，按照有所为有所不为的原则，更加积极地发挥各专业委员会的作用。多次召开常务理事会，就学会重大事宜进行讨论和民主决策。

2. 举办庆典活动，促进学术交流

2010 年 5 月，中国草学会在北京举办了庆祝中国草学会成立 30 周年系列庆典和学术活动，600 多名代表参加了会议。本次活动包括庆典大会、中国畜牧业协会草业分会成立大会、中国草学会表彰奖励、王栋奖学金颁奖、第三届中国苜蓿发展大会、草业论坛、草种业发展战略研究论坛、草业产品展览展示及中国草学会成立 30 周年庆典文艺联欢等丰富多彩的内容。在庆典大会上，颁发了"草学功勋奖" 6 名，"草学荣誉奖" 28 名，"从事草业科技工作 40 年奖" 93 名，"中国草学优秀会员奖" 91 名，表彰老一辈科学家热爱祖国、潜心研究、服务草业的高尚情怀，鼓励草学工作者求真务实、长期不懈地为草学发展尽心尽力，推动草业科技进步。大会还收到学术交流论文近 1000 篇。云锦凤教授带领团队为组织此次活动做了精心安排，付出了辛勤劳动。

3. 借助国际平台，扩大对外影响

为了加强我国草学与日本和韩国的学术交流和合作，在 2001 年巴西圣保罗召开的第十九届 IGC 会议上，中国草学会提议建立一个会议机制，在中日韩三国之间轮流召开，得到了日本和韩国学界负责人的积极响应。

2004 年 3 月，受日本草地学会邀请，中国草学会组织的由农业部、中国农业大学、兰州大学、东北师范大学、内蒙古农业大学和内蒙古畜牧科学院等单位的专家、教授及专业技术人员组成的中国代表团，出席了在日本广岛大学召开的为庆祝日本草地学会成立 50 周年学术研讨会暨日本-中国-韩国第一届草地农业与动物生产学术会议。三国专家学者就亚洲草地、可持续性农业体系、环境保护、饲养业等问题进行了探讨。云锦凤理事长代表中国草学会致辞，介绍了中国草原的自然风光、保护利用、草原文化等，引起与会代表的浓厚兴趣。2006 年在中国兰州召开了第二届中-日-韩国际草地会议。2009 年在韩国首尔召开了第三届中-日-韩国际草地会议。会议的主题是"东亚地区牧草生产的多样性新范例"，云理事长代表中国草学会致辞，指出韩国和日本是中国的近邻，三国在全球气候变化、资源短缺和食品安全等方面面临共同挑战，本次会议将针对这些问题展开优质饲草安全生产、兼顾牧草生产和环境保护新技术、家畜有效利用草地等方面的研讨，这必将推动三国的草地农业科技和产业发展。之后，中-日-韩国际草地会议在三国轮流召开，延续至今。

云理事长任职期间，由中国草学会组织的草学类国际学术会议和派出代表参加各类国际草学类学术研讨会，已经成为常态，成为中国了解世界和世界了解中国的一个特色窗口。

4. 聚焦牧草育种，扩大人才队伍

1996—2009 年，云锦凤教授担任中国草学会牧草育种专业委员会主任委员，带领理事会坚持每 2 年召开 1 次牧草育种学术讨论会。会议主题紧密结合国家草业发展和科技创新的需求。参会人数由 1996 年的几十人增加到 2009 年的 300 余人，会议凝聚了全国各地牧草育种领域的专业技术人才，该委员会是中国草学会二级分会中最为活跃的专业委员会。会员单位积极申请承办牧草育种学术会议，学术交流与合作的愿望空前高涨。牧草育种专业委员会已成为团结、凝聚全国牧草育种科技人员进行学术交流和合作的平台。云锦凤作为主任委员，多次在全国牧草育种学术研讨会上发表对我国牧草育种工作的发展思路、发展方向和加大人才培养力度的意见和看法，提出了"构建我国牧草育种管理体系、完善牧草育种技术体系和强化牧草育种保障体系"的发展方略，为加快我国牧草育种进程，提高牧草育种技术水平，壮大育种研究人才队伍和提高草品种对社会经济的贡献等提出了奋斗目标。

60 年风雨征程，60 年砥砺奋进，反映的是云锦凤教授对草原的热爱，对事业的忠诚，对草学科技的不断创新；体现的是云锦凤教授教书育人的赤子情怀。云锦凤教授见证了中国草学学科由小到大、由弱到强的伟大历程；草学的发展也成就了她不平凡的人生，无不昭示出中国草业光辉的未来。

目　录

序

创新结硕果　情奉育人才——云锦凤教授纪实

第一篇　科学研究

一、草种质资源研究与育种

关于采用染色体组分类系统划分中国小麦族多年生类群的建议 / 3

试论牧草原始材料圃的种植方式和纯种繁殖 / 8

"草原1号"与"草原2号"苜蓿新品种选育 / 11

小麦族多年生牧草几个有关属的分类现状 / 12

布顿大麦染色体核型分析 / 16

杂种冰草1号的选育 / 18

抓住机遇，迎接挑战，开创我国牧草育种工作的新局面 / 23

苜蓿新品系产量及农艺性状初报 / 26

草原2号杂花苜蓿不同花色植株植物学性状的研究 / 33

草原3号杂花苜蓿新品系品比试验 / 36

蒙古冰草新品系的选育 / 41

我国草品种育种的发展方略 / 47

秋水仙素诱导大赖草染色体加倍的研究 / 52

加拿大披碱草45S rDNA定位 / 57

高丹草（高粱×苏丹草）产量及其构成因素的QTL定位与分析 / 60

黄花苜蓿种质的优良特性与利用价值 / 67

新麦草种子产量构成因子的回归与通径分析 / 71

高丹草株高与叶片数主基因＋多基因的遗传分析 / 76

氯化钠胁迫下3种披碱草属牧草生理特性的研究 / 82

披碱草属3种牧草幼苗对水分胁迫的响应 / 87

二倍体和四倍体新麦草细胞学特性分析 / 92

新麦草愈伤组织多倍体诱导与倍性鉴定 / 98

加拿大披碱草生长锥分化的观察 / 103

45S rDNA基因在新麦草染色体上的分布 / 108

加拿大披碱草新品系大小孢子发育与开花习性研究 / 112

抓住机遇，更新理念，加快草品种育种进程 / 118

白音希勒根茎冰草新品种选育报告 / 121

二、小麦族多年生牧草远缘杂交研究

几种小麦族禾草及其杂交后代农艺特性的研究 / 127

小麦族内多年生牧草的远缘杂交及育性恢复的研究 / 133

小麦族内几种远缘禾草及其杂交种过氧化物酶同工酶分析 / 140

加拿大披碱草与老芒麦种间杂种 F_1 的染色体遗传分析 / 143

加拿大披碱草与老芒麦及其杂种的生长规律和形态特性 / 148

加拿大披碱草×老芒麦杂种 F_1 代的幼穗培养 / 153

加拿大披碱草×野大麦三倍体杂种染色体的分子原位杂交鉴定 / 157

加拿大披碱草×披碱草杂种 F_1 的生育及细胞遗传学研究 / 161

披碱草和野大麦杂种 F_1 与 BC_1 代的形态学研究 / 166

披碱草与野大麦的属间杂交及 F_1 代细胞学分析 / 171

羊草、灰色赖草及其杂种 F_1 生物学特性 / 175

羊草与灰色赖草及其杂交种的耐盐生理特性比较 / 181

羊草（*Leymus chinensis*）与灰色赖草（*L. cinereus*）及其杂交种（F_1）
的抗旱生理特性比较 / 186

三、冰草的研究与利用

冰草属分类学研究的历史回顾 / 190

冰草属牧草的种类与分布 / 194

北美对冰草属牧草的研究 / 198

冰草属牧草产量及营养物质含量动态的研究 / 201

冰草的种子萌发、生长发育及其开花生物学 / 205

冰草茎生长锥分化、幼穗形成及小孢子发育 / 210

冰草的远缘杂交及杂种分析 / 215

冰草属牧草的优良特性及利用 / 220

蒙古冰草 B 染色体的研究 / 225

蒙古冰草染色体加倍的研究 / 227

蒙古冰草外稃微形态特征的变异式样 / 232

蒙古冰草表型数量性状的变异与生境间的相关性 / 235

16 个天然冰草种群遗传多样性 RAPD 分析 / 244

蒙农杂种冰草组织培养再生和遗传转化体系的建立 / 249

转录因子 CBF4 诱导型启动子的克隆及功能分析 / 255

共转化法获得蒙农杂种冰草转基因植株 / 260

不同放牧压力下冰草种群可塑性变化的初步研究 / 265

蒙古冰草肌动蛋白基因片段的克隆与组织表达分析 / 269

冰草形态学与细胞学的研究 / 275

蒙古冰草 MwLEA3 基因 ihpRNA 表达载体的构建 / 281

蒙古冰草 Afa 家族串联重复序列克隆及染色体定位 / 288

四、人工草地建设与草种应用研究

冰草在内蒙古中西部地区的产量试验 / 293

冰草属植物在内蒙古干旱草原的建植试验 / 296

西方牧冰草和羊草在内蒙古西部草原的建植试验 / 301

几种豆科牧草在内蒙古干旱草原的建植试验 / 305

羊草和牧冰草旱作条件下的产量分析 / 310

几种豆科牧草旱作条件下的牧草产量分析 / 314

农牧老芒麦良繁播种期试验研究 / 320

新麦草新品系生物学特性及生产性能研究 / 324

不同播种因素对蒙农 1 号蒙古冰草种子产量和品质的影响 / 330

蒙农杂种冰草种子田追肥效应初探 / 336

施肥对草原 3 号杂花苜蓿种子产量的影响 / 341

蒙农 1 号蒙古冰草种子田建植技术研究 / 346

氮磷钾多元复合肥对蒙农 1 号蒙古冰草种子生产效应研究 / 351

印度落芒草引种栽培试验初报 / 355

五、草产业发展

抓住机遇开创我国苜蓿产业化发展新局面 / 359

牧草育种与我国草业可持续发展 / 363

关于加快我国牧草育种科技创新的思考 / 369

构建牧草安全供应体系，推进草业产业化发展 / 372

建立苜蓿商品化生产示范基地，促进奶业安全发展 / 376

建设美丽草原　促进生态文明建设 / 378

第二篇　学科建设与人才培养

草业科学研究生教学改革思路 / 383

为草学教育奠基，为草原科学拓荒 / 385

要继承和发扬王栋先生严谨治学的科学精神 / 386

发挥学会优势，推进我国草业科学教育发展 / 387

模块顺序教学法的设计与应用 / 389

发挥优势，加快我国草业科学教育的改革和发展 / 394

我国"草原专业"50 华诞寄语 / 396

抓住机遇，促进有中国特色的草业科学教育的发展 / 397

努力拼搏，奉献社会 / 398

开拓进取，为内蒙古的经济建设和社会繁荣再立新功 / 399

第三篇　学会建设与学术交流

致力草学，推进草业 / 403

为世界草业的发展和科技创新做出更大贡献 / 405

关于赴南非参加国际天然草原大会及争办 2008 年国际草地会议情况的汇报 / 407

中国草学会牧草育种专业委员会成立 22 年工作回顾与展望 / 411

世界需要了解中国，中国更需要了解世界 / 417

推进中国草业科技创新，努力构建和谐社会 / 419

不负众望，努力开创我国草业发展的新局面 / 420

共同开创草业科技创新的新局面 / 421

团结协作，加快我国牧草育种科技创新步伐 / 423

世界草学发展史上的里程碑 / 426

中国草学会"2008 世界草地与草原大会"工作总结报告 / 427

群策群力，开创我国牧草育种工作新局面 / 431

团结铸辉煌创新促发展——中国草学会成立 30 周年之回顾与展望 / 432

加强亚洲国家在草业研究领域的合作 / 438

再接再厉，再铸辉煌，为开创我国草业发展新纪元续写新的篇章 / 439

继往开来，求实创新，谱写中国草业新篇章 / 441

第四篇　其他

我国现代草业事业的开拓者——纪念许令妊先生 / 449

缅怀贾慎修教授，推进学会发展 / 451

特殊的方式，特别的祝贺——庆贺任继周院士八十华诞 / 452

羊草研究的学术宝藏——《羊草生物生态学》 / 453

科技创新硕果累累，人才培养桃李芬芳——庆贺祝廷成先生八十华诞 / 455

庆贺许鹏教授八十华诞 / 457

贺洪绂曾先生从事草业工作 60 周年暨《中国草业史》新书发布 / 458

忆洪绂曾先生 / 459

附录 1　发表文章目录 / 461

附录 2　培养研究生情况 / 462

后记 / 464

第一篇

科学研究

一、草种质资源研究与育种

关于采用染色体组分类系统划分中国
小麦族多年生类群的建议

D. R. 杜威[1]，云锦凤[2]

（1. 美国农业部，USDA-ARS；2. 内蒙古农牧学院草原系，呼和浩特　010018）

小麦族（Triticeae）是禾本科中非常重要的一个族，它既包括世界主要的一年生麦类作物，如小麦、大麦和黑麦等，也包括许多具有经济价值的多年生牧草。关于小麦族的分类，特别是它所包括的属的分类，一直存在着争议。本族内对属的划分和鉴定从 6 个发展到 38 个，如披碱草属（Elymus），学者们的看法极不统一，分歧很大。

造成小麦族分类上混乱的原因是禾草学家们单纯地采用了以形态特征来划定属界的传统方法，这就难以反映其生物学关系及亲缘关系。我们赞同动植物的分类系统，只有按照生物学及亲缘关系来建立，才是对科学发展最有用的观点。因此，有必要把小麦族的分类提高到当代生物学的水平来认识。

衡量物种生物学的关系主要有 3 个方面：①种间的杂交能力；②杂种 F_1 代染色体的配对程度；③这些杂种的可育性。30 多年来，通过大量的种间和属间杂种的染色体配对分析，对小麦族内大多数多年生种的染色体组关系都已查清，现在应是综合细胞遗传学资料而应用于分类学中的时候了。

娄夫和杜威最近提出的染色体组分类系统理论与应用的著述阐明了属的划分应是含有某一个特定的染色体组或数个染色体组的数个种（有时仅一个种）的集群。例如，假鹅观草属（Pseudoroegneria）由含 S-染色体组的种所组成，芒麦草属（Critesion）由含 H-染色体组的种所组成，而披碱草属则含 SH-染色体组（本文所用的染色体组符号是由娄夫 1982 年提出的）。

中国的多数禾草学家推崇耿以礼先生（1965）对小麦族的划分处理，即把小麦族分成 16 个属。本文试图把染色体组分类系统应用到耿先生所确定的鹅观草属（Roegneria）、偃麦草属（Elytrigia）、冰草属（Agropyron）、披碱草属（以前称 Clinelymus）、滨麦草属（以前称 Elymus）、赖草属（以前称 Aneurolepidium）、新麦草属（Psathyrostachys）、大麦属（Hordeum）及猬草属（Asperella）的多年生牧草中去。至于小麦族中所包括一年生植物的属，如山羊草属（Aegilops）、小麦属（Triticum）、旱麦草属（Eremopyrum）及黑麦属（Secale）在此暂不讨论，其他如黑麦草属（Lolium）、细穗草属（Lepturus）及假牛鞭草属（Parapholis）则不隶属于小麦族。

根据染色体组来划分属界，作者认为可遵循如下 3 个原则：①确定模式种的染色体组；②列入与模式种基本染色体组相同的所有种；③剔除与模式种基本染色体组不同的所有种。如此，则可根据染色体组把耿先生（1965）所确定的小麦族中多年生种重新划分为 9 个属（表1）。现分别论述如下：

表1 根据染色体组构成划分小麦族中多年生类群

属名	模式种	染色体组	全世界种数略计	染色体数（2n）
Agropyron	*A. cristatum*	P	10	14，28，42
Pseudoroegneria	*P. strigosa*	S	15	14，28
Psathyrostachys	*P. lanuginosa*	N	10	14
Critesion	*C. jubatum*	H	30	14，28，42
Thinopyram	*T. junceum*	J	20	14，28，42，56，70
Elytrigia	*E. repens*	SX	5	42，56
Elymus	*E. sibiricus*	SH（y）	150	28，42，56
Leymus	*L. arenarius*	JN	30	28，42，56，70，84
Pascopyrum	*P. smithii*	SHJN	1	56

1 冰草属 *Agropyron* Gaertn. -1770（属名希腊字 *agro* 为野生，*pyron* 为小麦之意）

模式种： *Agropyron cristatum*（L.）Gaertn.

染色体组： P

传统的广义的冰草属是一个包含100余种的大属，实际是包括所有穗轴每节具1小穗的多年生小麦族。广义的冰草属是一个在生物学上存在多型性的属，所有种在形态、繁殖方式、染色体组构成、适应性及地理分布方面差别较大。目前，绝大多数禾草学家都认为，生物学异质性很大的广义冰草属是不能令人满意的。

奈沃斯基是当代第一个提出合理解决冰草属难题的分类学家。他认为，冰草属仅是一个包含冠状冰草（*Crested wheatgrass*）（13个种）的小属。本属授粉方式为异花授粉，植株疏丛型，小穗单生并呈篦齿状或覆瓦状排列。耿以礼先生承认了奈沃斯基的狭义冰草属概念。当前大多数小麦族分类学家都认为奈氏所确定的概念是最合理的。

冰草属以染色体组来分界与现在人们所公认的狭义冰草属概念是一致的。模式种冰草（*Agropyron cristatum*）含有1个称作P的染色体组，而其他所有的冠状冰草均含有相同的基本染色体组。冰草属含有3个染色体组，即2n＝14，28及42，所有染色体组只不过是一个基本染色体组的变异类型。

耿以礼先生（1965）所确定的冰草属与染色体组分类系统完全一致。他列出4个种：冰草（*A. cristatum*）、沙生冰草（*A. desertorum*）、西伯利亚冰草（*A. sibiricum*）和蒙古冰草（*A. mongolicum*），但这4个种不一定都能达到种的分类等级，很有必要对中国冰草属再作进一步的研究。

2 假鹅观草属 *Pseudoroegneria* Löve-1980（属名希腊字 *pseudo* 为假的，*roegneria* 是奈沃斯基承认的一个属名）

模式种： *Pseudoroegneria strigosa*（M. Bieb.）Löve

染色体组： S

假鹅观草属是近期才建立的一个属，约有15种，均含有S染色体组，这个属即 *Elytrigia* sect. 。*Pseudoroegneria* 是疏丛型，具长花药和异花授粉的多年生牧草，分布于中东，横跨中亚和西伯利亚到北美洲西部的干旱石质地带。它与鹅观草属的主要区别在于前者是异花授粉，而后者是自花授粉。属内各个种的穗轴每节均具1小穗。以前曾被列入广义的冰草属，或列入茨维列夫所划分的偃麦草属（*Elytrigia*）中。

假鹅观草属在中国分布不多。耿先生没有把小麦族中任何一个种列入该属，但是茨维列夫曾报道 *Elytrigia strigosa* subsp. *aegilopoides* 分布在中国西部的准噶尔—喀什噶尔地区，很可能在新疆天山和阿尔泰山山地草原还有一个或几个本属的种。

3　新麦草属 *Psathyrostachys* Nevski-1934（属名希腊字 *psathyros* 即脆弱的，*stachys* 即穗状花序）

模式种：*Psathyrostachys lanuginosa*（Trin.）Nevski

染色体组：N

新麦草属是由奈沃斯基（1834）所建立的小属，包括 10 余个亚洲种。本属牧草为丛生型，具长花药和异花授粉，穗轴每节具多个小穗，穗轴脆弱。在奈沃斯基以前，这些种均被列入广义的披碱草属或大麦草属内。从染色体组角度划定的新麦草属是指含 N 染色体组的那些种，与经典分类所确定的新麦草属完全一致。当前，该属无论在欧洲或是亚洲一般都被予以承认。

耿先生列举了新麦草属的 3 个种，即新麦草（P. perennis）、克罗氏新麦草（P. kronenburgii）、华山新麦草（P. huashanica），均分布于中国的中部和西部。茨维列夫（1976）把灯芯状新麦草（P. juncea）及长绵毛新麦草（P. lanuginosa）视为原产于中国西部的新麦草。

4　芒麦草属 *Critesion* Raf. -1819（属名希腊字 *crithe* 为大麦）

模式种：*Critesion jubatum*（L.）Nevski

染色体组：H

芒麦草属约有 30 余种，广泛分布于欧洲、亚洲、北美洲和南美洲的温带地区。从前，该属被列入大麦属。从染色体组而言，大麦属局限于栽培种，即大麦（*Hordeum vulgare*）和鳞茎大麦（*H. bulbosum*），其余种均列入芒麦草属。

该属的基本染色体组用字母 H 表示，而狭义大麦属用字母 I 表示。这可能是因为芒麦草属含有 1 个以上的染色体组。如果真是这样，在今后有必要把芒麦草属分成一个或几个属。

耿先生（1965）用广义的传统的概念去处理大麦属，描述了 6 个种，如果按照染色体分类系统，大麦和鳞茎大麦应保留在大麦属内，其他 4 个种即芒麦草（*Critesion jubatum*）、堇色芒麦草（*C. violaceum*）、布顿芒麦草（*C. bogdanii*）及野大麦（*C. brevisubulatum*）将转移到芒麦草属。

5　薄冰草属 *Thinopyrum* Löve-1980（属名希腊字 *thin* 为薄的意思，*pyros* 即小麦）

模式种：*Thinopyrum junceum*（L.）Löve

染色体组：J

薄冰草属是最近由娄夫建立的一个属，包括 6 个欧洲海滨种，从前被列为 *Elytrigia* sect. *junceae*，属内各个种都含 J 染色体组。杜威合并了 *Elytrigia* sect.，*Holopyron* ser.，*Elongatae* 和 *Agropyron* subgen.，*Elytrigia* sect.，*Holopyron* ser.，*Trichophorae*，并把该属扩大到 20 个种左右。一个称作 E 的染色体组也出现在这个种群。染色体组 J 和染色体组 E 是非常相似的。因此，人们常把这两个染色体组看作一个，即 J 染色体组。

该属基本上是一个欧洲、中东和中亚的属，它可能不分布在中国，但已有几个种被引入试种。耿以礼曾描述过本属的 3 个种：长穗偃麦草（*Elytrigia elongata*，即 *Thinopyrum potica*）、中间偃麦草（*Elytrigia intermedia*，即 *T. intermedium*）和毛偃麦草（*Elytrigia trichophora*，即 *T. intermedium* subsp. *barbulatum*）。

6　偃麦草属 *Elytrigia* Desv. -1810（属名即披碱草属名 *Elymus* 和小麦属名 *Triticum* 的联合）

模式种：*Elytrigia repens*（L.）Nevski

染色体组：SX

　　禾草学家们对偃麦草属的处理意见分歧很大。茨维列夫（1976）认为偃麦草属包括 30 余种，它从前属于传统的冰草属，包括冠状冰草以外的其他根茎性和疏丛型异花授粉的多年生种。茨维列夫对偃麦草属所持的观点与奈沃斯基（1933）最初对该属所持的观点是吻合的。耿以礼则遵循了奈沃斯基的观点。娄夫（1984）把茨维列夫所划分的偃麦草属分为含 J-染色体组的种 *Thinopyrum* 及含 E-染色体组的种 *Lophopyrum*，其余的还有 10 余个种，这些种全部具发达的根状茎。茂达瑞斯等（1984）却把偃麦草属并入披碱草属中。

　　我们所划分的偃麦草属含义是很窄的，全属不超过 5 个种。速生草（*Elytrigia repens*）含有假鹅观草属的 S-染色体组和一个来源尚不清楚的 X-染色体组。如果把偃麦草属看作含 SX 染色体组，那么这个属就应包括 *Elytrigia repens*，*E. elongata*，*E. loloides*，可能还有 *E. pycnantha* 及 *E. pungens*。按照染色体组划界，速生草是偃麦草属中仅产于中国的一个种，主要分布在中国西部。

7　披碱草属 *Elymus* L. -1753（属名希腊字 *Elymus* 即为一谷物名）

　　模式种：*Elymus sibiricus* L.

　　染色体组：SH（Y）

　　自林奈建立该属以后，变动很大。按赫茨考克（Hitchcock）的传统概念，全世界约有 60 种，其特征是穗轴每节具多个小穗及每小穗含数小花。奈沃斯基误把 *Elymus arenarius* 作为模式种，他仅描述了 4 个种，而把传统的披碱草属分别列入赖草属（*Aneurolepidium*）、披碱草属（*Clinelymus*）、猬草属（*Asperella*）及马拉柯属（*Malacurus*）。耿以礼沿用了奈沃斯基对披碱草属的处理结果。茨维列夫果断地修订了披碱草属，他大量地列入从前在鹅观草属中穗轴每节具 1 小穗的种，剔除了奈沃斯基置于赖草属、披碱草属和马拉柯属中穗轴每节具多个小穗的种。茂达瑞斯所确定的披碱草属包括茨维列夫所划分出的披碱草属以及偃麦草属，全世界大约有 100 种。

　　按照染色体组所划分的披碱草属与茨维列夫所确定的披碱草属非常相近。本属模式种西伯利亚披碱草（*Elymus sibiricus*）的染色体组用 SSHH 来表示，S 是假鹅观草属的染色体组，H 为芒麦草属的染色体组。当把披碱草属理解为含 S 和 H 染色体组时，本属约有 100 个种。那么，它就应包括从前的鹅观草属、披碱草属、猬草属、豪猪草属（*Hystrix*）及松鼠尾草属（*Sitanion*）。若把中东和澳大利亚含有 1 个未确定的 Y 染色体组的种计算在内，则本属含有 150 个种。以染色体组划分，披碱草属应包括所有植株为丛生型，具小花药和自花授粉的种。本属分布于温带的大部分地区及两极亚带的广大地区。

　　耿以礼对披碱草属的处理是欠妥的。鹅观草属、从前的披碱草属（*Clinelymus*）和猬草属均应放入披碱草属内。中国拥有很丰富的披碱草属，但大部分被确定为鹅观草。如果只根据穗轴每节具 1 个小穗而把鹅观草属从披碱草属中分出去，从生物学角度来讲，其意义是不大的。这种只重视分类检索的方便而忽视亲缘关系的分类处理，应进行修订。

8　赖草属 *Leymus* Hochst. -1848（属名为 *Elymus* 前 2 个字母位置的颠倒）

　　模式种：*Leymus arenarius*（L.）Hochst.

　　染色体组：JN

　　赖草属约有 30 种，从前它被列入广义披碱草属和赖草属（*Aneurolepidium*）中。按染色体组划分的这些具 J 和 N 染色体组的牧草种与《欧洲植物志》和《苏联植物志》对该属的鉴定相同。

　　赖草属是一个多倍体属，其 N 染色体组来源于新麦草属，而 J 染色体组可能来自薄冰草属。本属是长寿命的多年生牧草，分布于北欧沿海（*Leymus arenarius*），横跨中亚（*L. angustus*）到东亚（*L. chinensis*）和北美西部（*L. cinereus*）。

　　耿以礼把该属放在从前的滨麦草属（*Elymus*）或赖草属（*Aneurolepidium*）中。赖草属在中国北部分布很普遍。芦根草（*Leymus mollis*，即从前的 *Elymus mollis*）分布在中国东北沿海地区。羊草（*Leymus chinensis*，即从前的 *Aneurolepidium chinensis*）为内蒙古东部的常见种，而赖草（*L. secalinus*，即 *A. desystachys*）广泛分布于中国北部，一直延伸到中亚。窄颖赖草（*L. angustus*，即 *A. angustus*）和天山赖草（*L. tianschanicus*，即 *A. tianschanicus*）在新疆和中亚分布很普遍。

9　牧冰草属 *Pascopyrum* Löve-1980（属名拉丁字 *pascuus* 即生于牧场的，希腊字 *pyros* 即小麦）

　　模式种：*Pascopyrum smithii*（Rydb.）Löve
　　染色体组：SHJN
　　牧冰草属是娄夫（1980）建立的单种属，旨在容纳一个具有 4 套染色体组 SHJN 的单一种。该种由披针颖披碱草（*Elymus lanceolatus*）（染色体组为 SS-HH）和小麦状赖草（*Leymus triticoides*）（染色体组为 JJNN）相互杂交而产生。史氏牧冰草是北美西部的一个种，在此提出该种，是由于耿以礼曾将史氏牧冰草放在小麦族的偃麦草属中，而其他作者又把它鉴定为史氏披碱草（*Elymus smithii*）。

结语

　　耿以礼先生对小麦族中多年生种的划分主要来源于奈沃斯基的著作，而该著作却严重地过时，需要重新修订。我们希望中国的小麦族专家们亟应重视最近出版的《苏联禾本科》《欧洲植物志》及娄夫和杜威（1982，1983，1984a）倡导的染色体组分类系统。

　　茨维列夫、茂达瑞斯、娄夫和杜威对冰草属、新麦草属和赖草属的看法是一致的。我们认为，中国的禾草学家不必与现在普遍承认的这 3 个属的划分保持异议。

　　茨维列夫、娄夫和杜威对披碱草属的看法基本相似。他们认为，披碱草属的基本特征是植株丛生型、具小花药和自花授粉，含有 SH（Y）3 个染色体组。茂达瑞斯等人所鉴定的披碱草属是若干个种群的集合，依此该属将变得如传统的广义冰草那样不易掌握，这种处理方法应予摒弃。生物学方面的证据有力地支持了这样一个结论，即大多数中国的鹅观草应列入由茨维列夫、娄夫和杜威所划分的披碱草属。尽管中国禾草学家承认鹅观草属大约有 50 年之久，以尽快放弃传统观念而采用新划分的披碱草属为宜。

　　娄夫和杜威都承认芒麦草属，只是采用了略有不同的术语。他们都充分地引用了细胞学证据，即栽培大麦（*Hordeum vulgare*）在染色体组构成上不同于大麦草。再者，栽培大麦和鳞茎大麦在形态学方面无疑与广义大麦属的其余种不同，因此我们认为，把大麦属与芒麦草属分开既适用又合乎逻辑。

　　对偃麦草属、薄冰草属、假鹅观草属和牧冰草属的处理意见分歧较大。娄夫和杜威对假鹅观草属和牧冰草属看法相同，但他们对薄冰草属和偃麦草属的划分有不同见解。因为在这 4 个属中，只有少数种是中国的常见种，希望中国的禾草学家吸取娄夫和杜威等人关于假鹅观草属、牧冰草属、偃麦草属和薄冰草属的分类处理意见。如果中国禾草学家对上述 4 属牧草做出分类处理，建议参考杜威所提出的染色体组系统。

参考文献（略）
本文原刊载于《中国草原》，1985 年第 3 期，略有删改

试论牧草原始材料圃的种植方式和纯种繁殖

云锦凤

（内蒙古农牧学院草原系，呼和浩特　010018）

　　牧草育种的原始材料系指那些用于选育新品种的牧草，包括栽培品种、杂交种和野生类型。原始材料是育种工作者进行选择和杂交的物质基础。从某种程度上讲，牧草育种的进展取决于其遗传基因的来源中是否存在变异性。这种遗传基因的广泛变异性主要决定于原始材料的丰富与否。

　　新中国成立以来，牧草试验研究工作发展较快。而试验研究的第一步就是引种，即牧草原始材料的收集和研究。这种收集包括地方品种，其他地区及国外优良栽培牧草和有饲用价值的野生牧草。20世纪70年代以来，我国先后从美国、加拿大及澳大利亚等国引入了许多优良牧草，这对于丰富我国的牧草种质资源、建立人工草地和牧草育种均起到了积极作用。据统计，仅中国农业科学院畜牧所截至1986年就引进5 915份材料，其中国外材料3 770份。

　　我国各研究单位在收集国内外育种材料的同时，对它们在各地的表现（如物候期、产量及适应性）进行了观察研究，以便为其进一步合理利用提供依据。在试验研究中，一些科研单位在如何种植和保存原始材料上缺乏科学性，从而影响了这些宝贵育种材料的正确鉴定和利用。在育种原始材料的研究中，主要存在如下问题：

　　（1）牧草育种原始材料的种植方式不当。以往，不少引种单位对牧草原始材料采用条播种植，在条播区内进行观察记载，对许多观察项目如物候期、株型、叶量、分枝（蘖）数、单株重、根系分布等，不易得到准确结果。其原因在于条播使每个单株得不到相近的营养面积和相似的条件，环境误差很可能掩盖单株遗传特性的表现，从而得出不切合实际的结论。再者，条播状况下牧草的地上枝条相互交错在一起（尤其是豆科牧草），地下根系盘根错节，给观察记载带来困难，特别是单株株型、叶层分布、单株分枝数和根茎年生长速度，从而导致准确性不高。

　　（2）对异花授粉牧草没有采取必要的隔离措施，开花期任其自由授粉，造成品种的生物学混杂，失去原材料的特性。在牧草原始材料圃内，常常是把同科、同属和同种的牧草相邻种植。如果是自花授粉牧草，那么每个小区内采收的种子是纯种，可作为种用或交换；如果是异花授粉牧草，开花期可能发生品种间的异交（即小区间的异交），少数情况下发生属内种间杂交，同属或同种内基因渗透的结果，使引种材料失去原品种的特性。这样，在小区内采收的种子不宜留种或交换。

　　根据牧草引种试验中存在的上述问题，就个人所见和体会谈谈自己的看法，供从事牧草试验研究的有关人员参考。

　　第一，关于牧草的单株种植和选择。在牧草的选择和育种过程中，无论采用任何育种方法，在育种的初期阶段，均需对育种材料进行观察记载和选择，其中表型选择（如株高、株型、叶层分布、叶量及感病状况等）是重要内容之一。表型选择的前提是牧草的单株种植，即牧草间有一定的株行距（在国外称 spaceplant，可译为方型种植植株，有人直译为空间植物是不妥的）。这样种植的好处是能给每一株牧草以均等的营养面积和相似的生长环境，这样单株的表现型才能真正反映本身的遗传性。在国外，牧草原始材料圃和选种圃均采用上述种植法。在原始材料繁多的情况下，每份引入材料种植10株即可；在选种圃内，根据育种方法的不同，可以拥有1 000～5 000个单株群体，以便按一定比例（如5%）选取优良单株。那么，在国外如何培育方型种植植株呢？以冰草为例，每年2月初开始在温室育苗。首先，把冰草种子放在培养器中发芽，3～4d后将发芽的种子从培养器中移栽到锥形栽植钵或花盆内。美国用于禾本科牧草的锥形栽植钵高约21cm，直径上部4cm，底部有4个出水孔，形状见图1。豆科牧草的栽植钵较大。在栽植钵内，下部装入1/3～1/2容积的硅石作填充，便于通透和移植；钵的上部装入消毒的土壤（沙土），供幼苗生长。

移植幼芽时，把湿润过的栽植钵表土用镊子背面划成沟，将幼芽根向下置入沟内，用手指轻轻复土并压紧。一个钵内栽一个幼芽，移植初期要保持钵内的湿度。幼苗在栽植钵内生长发育，分蘖甚至拔节，直至4月底田间温度适宜且稳定时，方可从温室往大田移栽。这时牧草的株高8～15cm或以上，根系长满了整个锥形钵，须根常常从钵底孔中长出。

移栽前将钵内充分湿润，便于植株从钵内倒出。同时，在试验田内用土钻先打好一排排孔穴，以便移苗。孔穴深度和直径与锥形栽植钵完全一致。孔穴的株行距依育种材料种类和观察项目而定。有时，其株行距取决于锄草机的幅宽，若株行距相等，则更有利于从纵横两个方向除草。

移栽时把根系、土和硅石连成一体的植株从钵内磕出，放入打好的孔穴内，压紧。移苗后如无雨水，可浇一次水。由于幼苗根系大，移栽时又没受到任何损伤，所以两周后便可恢复生长。

温室育苗能提前播种，使一些由于生长期短而当年不能抽穗开花的牧草有可能在播种当年开花结实，所以有延长生长期的作用。在牧草育种过程中，除了在单株栽植条件下进行表型选择外，仍需在条播情况下进行牧草产量试验，该问题在此且不论述。

第二，异花授粉牧草原始材料的纯种繁殖。多数牧草为异花授粉植物，因而在原始材料圃内对防止种间和品种间杂交，保存品种（或类型）的特性，将是一个不容忽视的问题。纯种繁殖应考虑的因素很多，此处主要讨论开花期防止生物学混杂问题。在原始材料圃内主要采用花期套袋和网罩隔离办法来防止异花授粉植物间的异交混杂，前者多用于禾本科牧草（主要是风媒花），后者多用于豆科牧草（主要是虫媒花）。其他方法如空间隔离和时间隔离，在有条件的地方也可采用。

以冰草为例，可在开花前用羊皮纸袋套袋，也可收集同一品种内不同植株的花粉，给套袋的母本植株授粉。

（1）开花前套袋。套袋的准备工作主要是制作套母本穗的羊皮纸袋和支撑母本穗的竹竿，以及一个撑开纸袋使之便于授粉的铁丝弯钩。开花前将顶端插有铁丝弯钩（图2）的竹竿固定在母本植株旁，其高度须高于母本穗。羊皮纸通透性较好，是制作套袋的理想纸种。袋的规格随牧草种类而异，冰草、偃麦草和披碱草套袋的大小是5.1cm×7.6cm×63.5cm。袋子不能太小，要考虑到袋内既能容纳母本穗，又有父本穗，同时从套袋后到收获的一段时间内有利于母本的生长。纸袋两头均不封口，下头要固定在竹竿上，上头进行授粉。开花前2～3d套袋。所选母本株丛应该是健壮无病的、具本品种特征的。套5～7个发育期一致的分蘖，以便提高授粉效果。套袋时，将铁丝弯钩竹竿和选好的分蘖穗套入，并将纸套下口用曲别针固定，上口用夹子夹好，如觉纸套过长，可在上口折几圈。

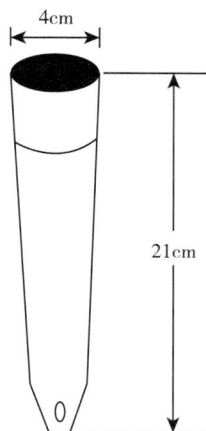

图1 锥形栽植钵　　　　　　　　图2 竹竿顶插铁丝弯钩

（2）收集花粉，给套袋的母本株授粉。父、母本植株初花后便可授粉。父本穗（5个以上）来自同一品种的不同单株，这样遗传基础更丰富。父本穗的花粉一定要新鲜，授粉前可将摘下的父本穗用手捋一捋，刺激某些小穗立即开花。打开母本穗纸袋上口，轻轻抖动父本穗，使花粉散落在母本穗的小花上。然后，将父本穗倒放在母本穗上，以便继续授粉。隔1～2d后，重复上述授粉过程，使母本在最适宜的时间授粉。每次授粉后，立即用夹子（或曲别针）夹好上口。纸袋不取下，因有竹竿支撑，风雨天亦无妨。成熟时将纸袋连同母本穗一齐剪下，在室内脱粒。袋内获得的种子即为本品种的纯种种子，可作为标准种保存或用于种子交换。美国农业部在洛根的农业研究所用上述方法保存着小麦族内近千份多年生牧草材料，供本国和外国从事禾本科牧草引种工作的同行研究。

随着我国草业的兴起和发展，对牧草的栽培育种工作必定会提出更高的要求。牧草原始材料引种的目的在于利用，或作为育种材料，或直接引入栽培推广。无论何种利用方法，其前提都是对每份原始材料作出正确的评价。因此，牧草原始材料的种植方式和纯种繁殖问题将会引起越来越多的科研人员重视。

参考文献（略）

本文原刊载于《中国草原》，1987年第6期，略有删改

"草原1号"与"草原2号"苜蓿新品种选育

吴永敷，云锦凤，马鹤林

（内蒙古农牧学院草原系）

"草原1号"与"草原2号"苜蓿新品种，系1962—1977年间，用野生黄花苜蓿与栽培紫花苜蓿选育而成。紫花苜蓿在内蒙古呼伦贝尔盟、哲里木盟、昭乌达盟、兴安盟和锡林郭勒盟（以下简称锡盟）、乌兰察布盟后山等高寒牧区越冬率低，种子不易成熟，但高产优质。黄花苜蓿抗旱与越冬性强，种子成熟好，但产草量低，再生性亦弱。两种苜蓿的优缺点正可互相取长补短，进行种间杂交，在杂种后代中综合优点，即选育这两个品种的育种目标。杂交亲本选择与杂交工作中：

（1）选择地理上远距、生态条件差异大的类型为亲本，其后代杂交优势大，遗传基础丰富，产量高。为此选择锡盟黄花苜蓿为母本，伊盟、苏联1号、公农1号、武功、亚洲、府谷6个紫花苜蓿品种为父本，进行远缘杂交。

（2）选择丰产性好、适应性强的品种作亲本。选择作父本的6个紫花苜蓿品种，在1959—1962年苜蓿原始材料研究中均系产草量高、适应性强的品种。

（3）根据抗寒性、种子适时成熟为育种目标性状，选择了黄花苜蓿为母本和栽培紫花苜蓿品种为父本。杂交方法上采用人工杂交与自由传粉杂交两系。1962—1963年以锡盟黄花苜蓿作母本的，与上述6个紫花苜蓿品种作父本的分别作6个人工杂交组合，最后选留下的锡盟黄花苜蓿×伊盟紫花苜蓿一个组合，简称人工杂交种，即草原1号品种的暂称，自由传粉杂交系亦采用锡盟黄花苜蓿为母本，5个紫花苜蓿品种（缺公农1号）作父本，在隔离区内自由杂交，简称自由传粉杂交种或天然杂交种，亦即暂定名的草原2号品种。然后在内蒙古农牧学院试验地上进行杂交后代培育至F_3，杂种后代的分离直至F_6，观察记载了两系（草原1号、草原2号）杂交种在不同地区的分离比率。1966—1967年分别进行品比试验，在品比预备试验中，草原1号、草原2号品种在干草产量上分别比对照增产60.5%和46.8%。1973—1974年正式品比试验中最后一年两品种干草产量分别比对照高出94.8%和104.0%，种子以亦增多4.0%与3.2%。1975年开始进行生产试验，除干草与种子产量双双增产外，两品种的越冬率分别达到94.9%和98.0%。1977年后两品种经区域化试验后试行推广。1986年11月农牧渔业部在无锡市召开的全国牧草品种审定会议得到初步审定，上报定为国家正式苜蓿品种。

参考文献（略）

本文原刊载于《草与畜杂志》，1987年第6期，略有删改

小麦族多年生牧草几个有关属的分类现状

谷安琳[1]，云锦凤[2]

(1. 中国农业科学院草原研究所，呼和浩特　010000；2. 内蒙古农牧学院草原系，呼和浩特　010000)

摘要：禾本科小麦族多年生植物在分类学历史上的分歧由来已久，并多有变化，使得由北美引进中国的该族牧草在名称使用上十分混乱。属级的类群变化及分歧主要存在于冰草属（*Agropyron*）、披碱草属（*Elymus*）、偃麦草属（*Elytrigia*）等 8 个属之间。近期发展起来的染色体组分类系统与形态分类学中被广泛接受的某些系统对该族冰草属、赖草属和新麦草属（*Psathyrostachys*）的分类是吻合的；但在披碱草属、偃麦草属和鹅观草属（*Roegneria*）等的分类上存在较大分歧。染色体组分类系统中的不同属同样可以根据形态特征加以区别。

1　前言

随着我国农业科技国际交流的不断扩展和深入，北美的优良牧草陆续引进我国，有的栽培品种已被广泛用于我国的草地建设。但是，某些引进种由于在分类学上存在分歧，因此在名称使用上出现了一种多名的现象。尤其小麦族多年生牧草，在国外的有关文献和国内的研究报告中，名称混乱的现象较为严重，给利用者带来很大的不便。

北美在小麦族多年生牧草分类学方面的研究发展较快，已进入了染色体水平。利用染色体组资料来进行植物分类，某些种在归属上必然与传统的形态分类学中某些系统产生分歧。这些分歧已在很多文献中有所反映。对于众多的非分类学利用者来说，往往处于无所适从的境地，在对染色体组分类系统缺乏了解的情况下，多数人出于习惯，仍沿用以往的植物名称。

我国权威著作中所采纳的小麦族分类系统有的不能被北美和欧洲的学者所接受，同时与近期发展起来的染色体组分类系统之间如果去探讨那些有争议的种在分类学历史中的演变，对我们这些不是专门从事分类学研究的人来说，恐怕是十分艰巨的工作。本文仅试图将目前北美对小麦族多年生牧草中有争议的属和某些种在归属上的名称变化介绍给我国读者，希望对我国的牧草研究工作有所帮助。

2　北美小麦族有关属的类群变化和特征

引进的小麦族多年生牧草中的属级类群变化主要存在于 8 个属之间，即冰草属、披碱草属、偃麦草属、赖草属（*Leymus*）、牧冰草属（*Pascopyrum*）、新麦草属、假鹅观草属（*Pseudoroegneria*）和薄冰草属（*Thinopyrum*）。

2.1　冰草属

确切地说，北美并不是 *Agropyron* 一属的原产地。目前北美广泛栽培和补播利用的冰草属植物有 *Agropyron cristatum*、*A. desertorum*、*A. fragile*（*A. sibiricum*）和 *A. cristatum*×*A. desertorum*，前三者均由欧亚大陆引入北美，后者是由 USDA-ARS（美国农业部农业研究局）培育出的杂交种。如果以染色体组分类，冰草属限定在含有 P（C）染色体组的植物中，表现在形态上为小穗单生，节间短，花序呈篦齿状或接近于覆瓦状，且为异花授粉方式。显然，这些特征与形态分类中狭义冰草属的特征是一致的。根据这些特征，过去北美的有关文献和我国有关刊物的研究报告中曾经提到的某些所谓冰草，如蓝丛冰草、厚穗冰草、细茎冰草、无芒冰草、河滨冰草等，均不隶属冰草属。

在学术界，欧亚国家（包括我国）和美国已经摒弃了原广义冰草属的概念，那么对于我国的非分类学学者们来说，涉及冰草属时，在名称使用上也应该谨慎。

2.2　披碱草属

北美不免受欧亚学者的影响，曾一度把 *Elymus* 一属的定义划得比较宽，其中包括 *Leymus*、*Roegneria* 和 *Psathyrostachys* 等属。至今北美学者对这一属的概念仍然有分歧。Löve 和 Dewey 等学者把这一属限定于仅含有 SH（Y）染色体组的种。根据这一概念，那么该属植物在形态上的特征与我国现采用的分类系统对它的描述则有较大差异。《中国植物志》中的披碱草属植物均为丛生，每节小穗 2～4（6）枚，少数有上下两端单生者。而在含有 SH（Y）染色体组的植物中，有根茎型和单生小穗的种，其中包括了我国广泛分布的鹅观草属（*Roegneria*）的部分种。

2.3　偃麦草属

该属自被 Desvaux 确立以来近 200 年的时间，学者们对它的争议始终没有停止过，甚至某些学者对自己的论点也有反复。如果以染色体组来分类，该属所包含的种具 SX 染色体组。这与我国采用的分类系统也有较大差异。《中国植物志》把具横走茎、小穗单生、节间长的种均划为偃麦草属。具有这些形态特征的种并非都含有 SX 染色体组。《中国植物志》所提到的该属 6 个种中，仅 *Elytrigia repens* 含 SX 染色体组，其他 5 个种则分别含不同的染色体组。

2.4　赖草属

这一属同样经历了较长时间的争议，主要是与 *Elymus* 分与合的分歧。目前，欧亚学者和北美学者基本上都接受这一属独立的意见。该属植物含有 JN 染色体组，表现在形态特征上与形态分类是吻合的。赖草属广布在北半球温寒带，北美有多种野生种。由北美引进我国的该属植物多为中生耐盐种。我国隶属于赖草属的常见种有羊草（*Leymus chinensis*）、赖草（*Leymus secalinus*）和窄颖赖草（*Leymus angustus*）。

2.5　牧冰草属

该属为单种属，仅 *Pascopyum smithii* 一种，是北美混合型草原的重要建群种，曾被归属为 *Agropyron* 和 *Elytrigia*。《中国植物志》把它定为硬叶偃麦草（*Elytrigia smithii*）。Dewey 根据染色体组分类原则，接受 Löve 将其另立一属的观点。牧冰草属是目前在小麦族植物中所发现的唯一含有四个染色体组的植物，即 SHJN 染色体组。该属植物具根茎，穗轴节间长，小穗单生或偶有双生。

2.6　新麦草属

这一属原产于亚洲中部。在小麦族分类历史上，学者们对它的争议比较小。但是在 *Psathyrostachys juncea* 一种被引进北美以后，曾被错误地称为“*Elymus juncea*”，至今北美仍有一些人习惯于这一误名。新麦草属植物含 N 染色体组。对该属的形态分类与染色体组分类是吻合的。我国有野生种分布，其中包括 *P. juncea*，而目前我国栽培上用的该种的某些品种则是由苏联和美国引入的。

2.7　假鹅观草属

该属植物也曾被北美学者归入了 *Agropyron* 一属，后来又被 Tzvelev 放在了 *Elytrigia* 一属。Löve 把仅含有 S 染色体组的种分出来，另立了这一属。该属植物小穗单生，小穗距离较疏松，含 2～6 个小花，颖急尖，外稃具芒。其形态上相似于《中国植物志》对鹅观草属（*Roegneria*）的描述。目前从美国引进我国的该属植物主要有 *Pseudoroegneria spicata* 及其亚种 ssp. *intermis*。前者是北美落基山区丛生禾草草原的建群种之一，我国有人习惯上称其为"蓝丛冰草"。

2.8　薄冰草属

该属是由 Löve 从形态分类系统中的 *Elytrigia* 一属分立出来的，它包含的种均为 J（E）染色体组。根据这一特征，《中国植物志》中偃麦草属的某些种应归为这一属，如长穗偃麦草（*Elytrigia elongata*）、中间偃麦草（*E. intermedia*）和毛偃麦草（*E. trichophora*）等。薄冰草属在我国和北美都没有野生种分布。我国从北美引进的该属栽培品种均原产于欧洲。

3　染色体组分类系统属级形态检索

上述 8 个属是根据染色体组划分的，其中除了 *Elytrigia* 和 *Thinopyrum* 2 个属之间在形态上有较小的差异外，其他 6 个属都可以根据形态上的明显特征加以区分。上述 8 个属属级形态检索表如下：

1. 每节小穗单生，接近于覆瓦状，通常篦齿状；节间短，短于小穗长度的 1/3。　…　*Agropyron*
1. 每节小穗两枚以上，如果每节小穗为单生者，则既不接近覆瓦状，也不呈篦齿状；节间长于小穗长度的 1/2。
　2. 颖长 3～10mm，很狭，中体部分形成 1 脉；中肋位于第一外稃的两边而不在中脉处；外稃无芒或有仅 7mm 长的芒。
　　3. 穗轴于成熟时脱节；丛生，于叶鞘内分枝，无根茎，老叶鞘呈纤维状。　……　*Psathyrostachys*
　　3. 穗轴于成熟时不脱节；常具根茎，有时为短根茎，分枝于叶鞘外，老叶鞘不呈纤维状。
　　……………………………………………………………………………………　*Leymus*
　2. 颖长 5～9mm，在中体部分具有明显的 2～5 脉；颖的中肋对应于第一外稃中脉处；外稃通常截平或具 10mm 以上的芒。
　　4. 颖长 6～12mm，线形披针至披针形，由两边渐尖成芒尖；大多数节上小穗单生。
　　………………………………………………………………………………　*Pascopyrum*
　　4. 颖多种形状，若长 6～12mm，则为钝圆形或上部 1/3 处渐尖；每节小穗 1～4，变化于种间。
　　　5. 颖急尖形成长芒，从不截平或钝圆；花药长 2.0～3.5mm 的植株为丛生；花药长于 3.5mm 的植株具根茎，且叶片具近等长的主叶脉。　…………………　*Elymus*
　　　5. 颖多种形状，通常截平或钝圆；花药长 4～7mm，植株具根茎或丛生，如若具根茎，则叶片具 2～3 较次要的脉位于主脉之间。
　　　　6. 植株丛生；颖急尖形成芒尖；小穗仅稍长于节间。　……………　*Pseudoroegneria*
　　　　6. 植株具根茎；颖截平、钝圆或披针形，无芒尖或仅具小尖头；小穗几乎 2 倍于节间。
　　　　　7. 颖截平或钝圆。　…………………………………………………　*Thinopyrum*
　　　　　7. 颖披针形，有小尖头。　……………………………………………　*Elytrigia*

4　小麦族多年生牧草主要引进种的名称变化及拉英汉对照

中美小麦族多年生牧草部分种的名称变化及拉英汉对照表

染色体组分类系统		形态分类系统 曾用名或现用名	英文名	中名（习惯叫法）
属及染色体组	种、亚种			
Agropyron P（C）	*cristatum*	*	Crested Wheatgrass	冰草
	desertorum	*	Standard Crested Wheatgrass	沙生冰草
	fragile	*Agropyron sibiricum*	Siberian Wheatgrass	西伯利亚冰草
	cristatum×*desertorum*		Hycrest Wheatgrass	杂交冰草

（续）

染色体组分类系统		形态分类系统 曾用名或现用名	英文名	中名（习惯叫法）
属及染色体组	种、亚种			
Elymus SH（Y）	*canadensis*	*	Canada Wildrye	加拿大披碱草
	lanceolatus	*Agropyron dasystachyum*	Thickspike Wheatgrass	厚穗冰草
	lanceolatus ssp. *lanceolatus*	*Agropyron riparium*	Streambank Wheatgrass	河滨冰草
	trachycaulus	*Agropyron trachycaulum*	Slender Wheatgrass	细茎冰草
	subsecundus	*Agropyron subsecundum*	Earded Wheatgrass	有芒冰草
Elytrigia SX	*repens*	*Agropyron repens* *	Common Quackgrass	偃麦草
Leymus JN	*angustus*	*Elymus angustus*	Altai Wildrye	阿尔泰野麦
	cinereus	*Elymus cinereus*	Basin Wildrye	盆地赖草
	multicaulus	*Elymus triticoides* *Leymus triticoides*	Beardless Wildrye (Creeping Wildrye)	无芒野麦
	racemosus	*Elymus giganteus*	Mammoth Wildrye	大赖草
Pascopyrum SHJN	*smithii*	*Agropyron smithii*	Western Wheatgrass	西方冰草
		Elylrigia smithii		硬叶偃麦草 史氏偃麦草
Psathyrostachys N	*juncea*	*Elymus juncea* *	Russian Wildrye	俄麦草 新麦草
Pseudoroegneria S	*spicata*	*Agropyron spicatum* *Elytrigia spicata*	Bluebunch Wheatgrass	蓝丛冰草
	spicata ssp. *inermis*	*Agropyron inerme*	Beardless Wheatgrass	无芒冰草
Thinopyrum J（E）	*intermedium*	*Agropyron intermedium*	Intermediate Wheatgrass	中间冰草
		Elytrigia intermedia		中间偃麦草
	intermedium ssp. *barbulatum*	*Elytrigia trichophora*	Pubescent Wheatgrass	毛偃麦草
	ponticum	*Agropyron elongatum* *Elytrigia elongata*	Tall Wheatgrass	高冰草 长穗偃麦草

* 与染色体组分类系统一致。

参考文献（略）

本文原刊载于《国外畜牧学（草原与牧草）》，1994 年第 1 期，略有删改

布顿大麦染色体核型分析

云锦凤，阚丽梅

（内蒙古农牧学院草原系，呼和浩特 010018）

布顿大麦（*Hordeum bogdanii* Wilensky）为禾本科大麦属植物。原产于亚洲，属西亚种群。在我国新疆地区有大量分布，此外，还出现在内蒙古和我国西北其他地区。该种为多年生疏丛型上繁禾草，通常不单独形成大片群落，往往与同属的野黑麦（*H. brevisubulatum*）混生，成为草群的优势种。其产草量和营养成分含量均高，适口性好，耐盐碱，在盐碱地上有栽培前途。目前已引起北方各地重视，各地相继开展了引种和栽培试验。关于布顿大麦的染色体倍性国内外已有报道。但国内野生分布的布顿大麦的核型至今未见报道。为此，本文分析了该种的核型，希望提供的细胞学资料，对我国从事牧草育种、植物分类及牧草种系发生的科学工作者有所帮助。

1 材料和方法

本研究所用布顿大麦种子采自我国西北部新疆伊犁地区，由中国农业科学院草原研究所牧草育种室提供。细胞染色体制片采用铁矾-苏木精染色的根尖压片法，染色体分类按 Levan 的标准，核型对称性分类根据 Stebbins 提出的方法。

2 观察结果

据 150 个细胞镜检结果，排除所有的非整倍体细胞，布顿大麦根尖细胞染色体数目为 7，14，21，表明布顿大麦的基本染色体组 $x=7$，与前人的鉴定结果相同。以整倍性细胞染色体出现的频率来判断，其中 85％以上的细胞染色体数目为 $2n=14$。由此可见布顿大麦是二倍体植物，这与前人报道的结果吻合。

作者测量了 10 个细胞，数理统计结果列于表 1，显微照相和同源染色体配对见图 1，核型模式图见图 2。根据染色体长度、臂比、形态特征和随体有无，将同源染色体配成七对。依臂比指数将染色体分成三组。其中，第一组的 1、2、3、4、5 号染色体为中部着丝点染色体，第二组的 6 号染色体为近中部着丝点染色体，第三组的 7 号染色体为中部着丝点具随体染色体，随体长度 $1.13\mu m$。

表 1 布顿大麦根尖细胞染色体形态（10 个细胞平均值）

序号	长臂长度 $\bar{X}\pm S\bar{X}$	短臂长度 $\bar{X}\pm S\bar{X}$	随体长度 $\bar{X}\pm S\bar{X}$	染色体全长 $\bar{X}\pm S\bar{X}$	臂比 $\bar{X}\pm S\bar{X}$	相对长度 $\bar{X}\pm S\bar{X}$	位置
1	3.51±0.61	2.77±0.15		6.28±0.29	1.28±0.05	16.76±0.24	M
2	3.22±0.15	2.65±0.13		5.87±0.25	1.23±0.05	15.67±0.18	M
3	2.92±0.13	2.58±0.15		5.50±0.27	1.15±0.03	14.65±0.17	M
4	2.87±0.16	2.44±0.17		5.21±0.27	1.23±0.04	13.87±0.17	M
5	2.60±0.16	2.04±0.13		4.64±0.27	1.29±0.06	12.32±0.33	M
6	3.46±0.16	2.01±0.12		5.47±0.26	1.75±0.07	14.60±0.26	S M
7	2.65±0.10	1.92±0.12	1.13±0.09	4.58±0.30	1.37±0.06	12.14±0.37	M

注：具随体的染色体，随体长度未计算在内。

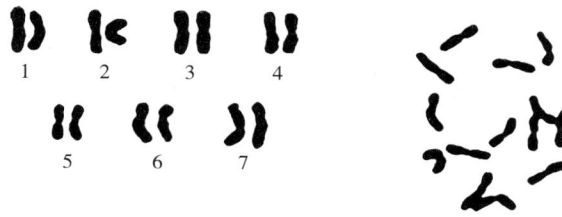

图1 布顿大麦的染色体核型

布顿大麦一个染色体组平均长度为 $37.55\mu m$，每条染色体平均长度 $5.36\mu m$。第1号染色体最长，为 $6.28\mu m$，第7号染色体最短，为 $4.58\mu m$，最长染色体为最短染色体的 1.37 倍。按 Stebbins 的核型对称性分类方法，布顿大麦的核型属于比较原始的对称性的 I A 核型。

布顿大麦的核型为 $2n=12m（2SAT）+2sm^*$。

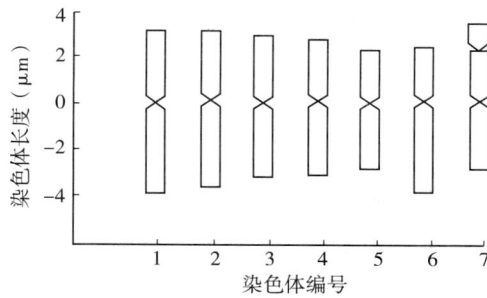

图2 布顿大麦的核型模式图

参考文献（略）

本文原刊载于《中国草原》，1987年第2期，略有删改

---

* 核型表示法，其中 m 为中部着丝粒，sm 为近中着丝粒，SAT 表示随体（satellite）。——编者注

杂种冰草 1 号的选育

云锦凤，李造哲，于卓，米福贵，孙海莲

（内蒙古农业大学，呼和浩特　010018）

摘要：以美国的杂种冰草 Hycrest 为选择的原始群体，经十余年的选育，育成了杂种冰草 1 号。该草植株整齐、高大，比原始群体高 10～15cm；分蘖多，一般生活第 2 年平均每株分蘖数为 38～45 个，比原始群体多 10～14 个，抽穗率高达 81.7%；干草和种子产量高，分别比原始群体提高 20.7% 和 12.3%；抗旱、抗寒、抗倒伏，较耐盐碱，适宜于我国北方寒冷、干旱及半干旱地区种植，是建立人工草地和天然草场补播的优良播种材料。

1　选育目的和意义

近几十年来，由于利用不合理和气候干旱等原因，我国北方天然草地荒漠化（退化、沙化、盐渍化）十分严重，生产力低下，直接阻碍了畜牧业生产的发展和人民生活水平的提高。为保持草地资源的可持续利用，一方面要加强对草地的科学管理和合理利用，另一方面必须建立优质高产的人工草地或半人工草地。为此，选育抗逆性强、优质高产的牧草新品种尤为重要。

冰草属牧草耐旱、耐寒、抗病虫害，青绿期长，茎叶柔软，营养丰富，适口性好，是饲用价值较高的放牧型禾草，也是我国北方干旱及半干旱地区建立人工饲草料基地和改良天然草场的重要牧草。在冰草品种选育方面，我国虽然取得了一些成就，但真正在生产上大面积推广的草种较少，当家品种更为缺乏，品种单一化严重，难以满足天然草地改良和人工饲草基地建设的需要。1985 年引入美国的杂种冰草 Hycrest 在呼和浩特地区试种，生长势强，适应性好，但群体内株间变异很大。我们以植株整齐高大、分蘖数多为目标，使选育的杂种冰草 1 号在产草量及产籽量上较其原始群体显著提高。杂种冰草 1 号的选育将为干旱地区天然草地改良及人工饲草料基地的建立提供优良的禾草品种，为畜牧业的发展奠定物质基础。

2　品种来源

杂种冰草 Hycrest（*Agropyron cristatum*×*A. desertorum* cv. Hycrest）是人工诱变的四倍体冰草 [*Agropyron cristatum*（L.）Gaertn.] 和天然四倍体沙生冰草 [*A. desertorum*（Fisch.）Schult.] 的杂交种，由美国农业部（USDA）农业研究局（ARS）、犹他州农业试验中心（Utah AEC）和土壤保护所（SCS）于 1984 年育成，1985 年引入呼和浩特原内蒙古农牧学院牧草试验站试种。以杂种冰草 Hycrest 为选择的原始群体，经过 10 余年的选育，育成了杂种冰草 1 号（*Agropyron cristatum*×*A. desertorum* cv. 'Hycrest No. 1'）。

3　选育方法和过程

1987—1991 年用杂种冰草 Hycrest 作原始群体，经过二次单株选择和一次混合选择育成，原代号为 8791——冰草新品系。1992—1994 年，在呼和浩特进行品比试验，小区面积 20m²，三次重复，随机排列；1994—1996 年进行区域试验；1996—1998 年进行多点生产试验；1999 年扩繁种子。

4 选育结果与分析

4.1 植物学特征

杂种冰草 1 号属多年生疏丛型禾草，根系多集中于 5～25cm 土层中，须根粗壮，具沙套。茎秆直立，较粗，株高 90～105cm，比原始群体 Hycrest 高 10～15cm，植株整齐。叶片长 14～18cm，宽 0.7～0.9cm，常具 6 叶，叶深绿色，叶鞘光滑无毛，短于节间。穗状花序排列紧密，穗长 8～11cm，穗宽 2.5～3.8cm，每穗小穗数 35～46，每小穗小花数 9～11，顶端两小花不育。外稃具短芒，芒长 3～6mm。种子成熟时茎叶仍保持绿色。颖果披针形，黄褐色，千粒重 3g 左右。

4.2 生物学特性

4.2.1 物候期

杂种冰草 1 号春季返青早，秋季枯黄期明显比原始群体晚，生育期 138d 左右，青绿期长达 205d（表 1）。

表 1 杂种冰草 1 号的物候期

品种	年份	返青期 （日/月）	抽穗期 （日/月）	开花期 （日/月）	结实期 （日/月）	成熟期 （日/月）	枯黄期 （日/月）	生育期 （d）
杂种冰草 1 号	1997	25/3	19/5	20/6	30/6	1/8	18/10	138
	1998	18/3	29/5	18/6	28/6	5/8	21/10	144
Hycrest	1997	25/3	20/5	18/6	30/6	28/7	14/10	128
	1998	20/3	14/5	18/6	28/6	30/7	15/10	134

4.2.2 分蘖能力和抽穗率

杂种冰草 1 号分蘖能力较强，一般生活第 2 年平均每株丛分蘖数为 38～45 个，比原始群体 Hycrest 多 10～14 个。杂种冰草 1 号的生殖枝较多，抽穗率达 81.7%，而原始群体 Hycrest 的抽穗率为 68.5%。

4.3 抗逆性

4.3.1 耐盐性

用当地沙生冰草、蒙古冰草、Hycrest 作对照，研究了杂种冰草 1 号种子萌发期的耐盐性。结果表明，杂种冰草 1 号及其原始群体 Hycrest 种子相对发芽率较高，耐盐性较强（二者差异不显著），当地沙生冰草居中，蒙古冰草较弱（表 2）。

表 2 四种冰草在 $NaCl\text{-}Na_2SO_4$ 复盐溶液胁迫下的相对发芽率（%）（LSR 测验）

品种	不同盐浓度下的相对发芽率				
	0.4	0.6	0.8	1.0	1.2
杂种冰草 1 号	98.88aA	87.64aA	80.89aA	71.91aA	55.66aA
Hycrest	97.35aA	86.52aA	81.04aA	69.63aA	56.01aA
当地沙生冰草	91.25bA	75.00bB	65.01bB	57.50bB	46.25bB
蒙古冰草	73.47cB	67.12cC	56.16cC	45.21cC	35.62cC

注：小写字母表示 5% 水平差异显著，大写字母表示 1% 水平显著；下同。

4.3.2 抗旱性

种子相对发芽率随着渗透势的增加即干旱胁迫强度的增加而降低（表 3），相对发芽率降低的幅度越大，表明其抗旱能力越弱。蒙古冰草种子萌发期抗旱性最强，当地沙生冰草最弱，杂种冰草 1 号和 Hycrest 居中。

表 3　PEG 干旱胁迫下四种冰草的相对发芽率（%）（LSR 测验）

品种	不同干旱强度（bar）下的相对发芽率			
	−2	−4	−6	−8
蒙古冰草	93.43aA	89.13aA	61.34aA	36.58aA
杂种冰草 1 号	94.14aA	86.01aA	51.38bB	20.38bB
Hycrest	93.83aA	86.85aA	50.95bB	18.90bB
当地沙生冰草	92.38aA	87.34aA	42.86cC	10.22cC

4.4　生产性能

4.4.1　品种比较试验

品种比较试验表明（表 4），杂种冰草 1 号平均干草产量为 8 949.0kg/hm²，而对照品种 Hycrest 平均干草产量为 7 313.5kg/hm²，杂种冰草 1 号干草产量显著高于对照品种，平均比对照品种 Hycrest 增产 22.36%。

表 4　品种比较试验结果

年份	杂种冰草 1 号			对照品种 Hycrest 干草产量（kg/hm²）
	干草产量（kg/hm²）	增产（%）	显著性	
1992	6823.5	18.3	$P<0.01$	5 767.5
1993	9822.0	23.1	$P<0.01$	7 978.5
1994	10201.5	24.5	$P<0.01$	8 194.5
平均	8949.0	22.36	$P<0.01$	7 313.5

4.4.2　区域试验

区域试验结果表明（表 5），杂种冰草 1 号平均干草产量为 7 387.5kg/hm²，平均种子产量为 671.5kg/hm²；而对照品种 Hycrest 平均干草产量为 6 120.0kg/hm²，平均种子产量为 598.5kg/hm²。杂种冰草 1 号干草产量和种子产量显著高于对照品种 Hycrest，比对照品种分别高 20.7% 和 12.2%。

表 5　杂种冰草 1 号区域试验结果（各年平均）

年份	试验地点	产量（kg/hm²）	增产（%）	显著性	对照品种 Hycrest 产量（kg/hm²）
1994—1995	锡林郭勒盟东苏旗	干草 6 082.5	17.7	$P<0.01$	5 167.5
		种子 565.5	10.6	$P<0.01$	511.5
1995—1996	巴彦淖尔盟前旗	干草 5 994.0	21.4	$P<0.01$	4 936.5
		种子 529.5	11.3	$P<0.01$	475.5
1995—1996	呼和浩特	干草 10 086.0	22.2	$P<0.01$	8 256.0
		种子 919.5	14.6	$P<0.01$	802.5
	平均	干草 7 387.5	20.7	$P<0.01$	6 120.0
		种子 671.5	12.2	$P<0.01$	598.5

4.4.3　生产试验

生产试验结果表明（表6），杂种冰草1号各地各年平均干草产量为7 435.5kg/hm²，平均种子产量为670.5kg/hm²，比对照品种Hycrest分别提高20.46％和12.31％。

表6　杂种冰草1号生产试验结果（各年平均）

年份	试验地点	产量（kg/hm²）	增产（％）	显著性	对照品种Hycrest产量（kg/hm²）	试验面积（hm²）
1996—1998	呼和浩特	干草 10 021.5	22.80	$P<0.01$	8 161.5	1.20
		种子 864.0	14.60	$P<0.01$	753.0	
1997—1998	锡盟东苏旗	干草 6 175.5	18.30	$P<0.01$	5 220.0	1.73
		种子 561.0	11.00	$P<0.01$	507.0	
1997—1998	巴盟前旗	干草 6 111.0	19.00	$P<0.01$	5 134.5	0.13
		种子 585.0	10.90	$P<0.01$	528.0	
	平均	干草 7 435.5	20.46	$P<0.01$	6 172.5	
		种子 670.5	12.31	$P<0.01$	597.0	

4.5　营养价值

牧草的营养成分是衡量牧草营养价值的重要指标。杂种冰草1号的粗蛋白质含量为11.23％，粗脂肪为2.36％，粗纤维为36.91％，营养价值较高（表7），在含量上与对照品种Hycrest没有显著差别。

表7　杂种冰草1号营养成分含量（％）

品种	粗蛋白质	粗脂肪	粗纤维	Ca	P	粗灰分	吸附水	无氮浸出物
杂种冰草1号	11.23	2.36	36.91	1.38	0.10	5.45	7.66	36.39
Hycrest（CK）	10.81	2.27	37.39	1.28	0.14	5.82	7.88	35.83

4.6　栽培技术要点

杂种冰草1号对土壤要求不严，在沙质土、壤土、黑钙土上均能良好生长。春播和夏播均可，在内蒙古春旱、风沙大的地区，夏播有利于抓苗，但应不迟于7月30日，以利越冬。播前要精细整地，播种量收种用为22.5kg/hm²，收草用为30kg/hm²，播深2～3cm，播后及时镇压。条播收草行距30cm，收种行距50cm左右。播种当年苗期生长缓慢，易受杂草抑制，要注意苗期中耕除草。有条件地区在分蘖期、拔节期、抽穗期灌水并结合施肥，可显著提高产量。

5　结论

（1）杂种冰草1号为多年生疏丛禾草，植株整齐、高大，较原始群体高10～15cm；分蘖能力较强，每株丛分蘖数为38～45个，比原始群体多10～14个；生殖枝多，抽穗率高达81.7％。

（2）杂种冰草1号春季返青早，秋季枯黄晚，种子成熟时茎叶仍保持青绿，青绿期长达205d左右，可利用时间长。

（3）杂种冰草1号产量与品质兼优，干草产量和种子产量高，分别较原始群体Hycrest增加20.46％和12.31％；开花期粗蛋白质含量为11.23％，粗脂肪为2.36％，粗纤维为36.91％，具有较高的营养价值。

（4）杂种冰草 1 号抗逆能力较强，抗寒、抗旱、抗倒伏，耐盐性强，夏季生长季节未发现病害；适应性广，适宜于我国北方寒冷、干旱及半干旱地区种植，是建立人工草地和改良天然草场的优良播种材料。

参考文献（略）

本文原刊载于《中国草地》，1999 年第 5 期，略有删改

抓住机遇，迎接挑战，开创我国牧草育种工作的新局面

云锦凤，马鹤林

（内蒙古农业大学生态环境学院，呼和浩特 010018）

我国广大牧草育种工作者经过近半个世纪的拼搏，由引种、驯化直至选育，在牧草育种工作上取得了显著的成果。在世纪之交的今天，党中央作出了开发大西北的重大战略决策，又迎来了我国加入WTO 的机会，这是机遇，也是挑战。我们必须毫不迟疑地迎接挑战，去参与国际、国内大市场的竞争，在竞争中求发展，在改革中求振兴，努力完成历史赋予我们的伟大使命，把我国牧草育种推向一个新阶段。

1 开创我国牧草育种工作的有利条件

截至 1999 年底，我国已登记注册牧草（草坪草）和饲料作物品种 207 个，其中育成品种 84 个，地方品种 39 个，引进品种 50 个，野生栽培品种 34 个。很多品种正在各地不同生态条件下大面积推广应用，取得了较好的经济效益。在开展牧草育种工作的同时，我国已收集、保存、鉴定一大批牧草种质资源，包括 29 科、184 属、567 种，共 3 296 份材料，从 31 个国家收集到 21 科、123 属、306种，共 4 093 份材料，并完成了 3 186 份材料的抗逆性细胞学方面的鉴定工作，为今后牧草、草坪草育种提供了丰富的原始材料。随着牧草育种工作的发展，在从事牧草育种的教学、科研、生产推广战线上，涌现出一大批精力充沛、勇于进取的年轻人，他们当中许多人具有硕士、博士学位，是我国牧草育种工作的生力军，为今后育种工作提供了人才保证。目前正值党和国家实施草业开发战略，牧草（草坪草）和饲料作物正面临着绝好的发展机遇，从 2000 年起，我国要实施西部大开发的战略，退耕还林还草、封山绿化、个体承包、以粮代赈的西北地区大规模生态环境建设工程已启动。当前，我国正在进行产业结构的调整，种植业由粮食—经济作物的二元结构转变为粮食—经济作物—牧草及饲料作物的三元结构。这些战略决策为包括牧草育种在内的草业发展提供了非常宽松的环境，必然在经费上和组织上加大对牧草育种及良种繁殖的支持力度。

2 我国牧草育种工作发展的总体要求和必由之路

牧草育种的总体目标是，在 21 世纪的 2010 年选育出各类牧草（草坪草）和饲料作物新品种 50个，使我国 50% 的人工草地应用优良品种种子播种；2020 年再培育出各类牧草新品种 70 个，争取在全部人工草地上应用优良牧草品种；50% 以上的草坪绿地，使用我国培育的新品种。为了达到上述目标，要从下列方面着手工作。

2.1 制定牧草育种规划

结合西部大开发战略的实施以及牧草新品种培育及良种繁育的总体目标，从中央到地方各级有关部门应制定一个切合我国实际情况的牧草（草坪草）和饲料作物近期和长期的育种规划，它包括草种的选择、育种目标、机构设置、资金投入、人才培养等项目任务，以便有步骤有计划地实施。为确保西部大开发战略决策的胜利完成，使牧草育种总体目标有突破性进展，建议国家在云、贵、川地区成立一个以三叶草为重点的牧草育种中心；在陕、甘、宁、新疆、内蒙古中心地带成立以苜蓿为重点的

牧草育种中心。鉴于各省、自治区从事牧草育种人员短缺的现状，研究中心的成员由各省、自治区协调组成，利于集中优势兵力。

2.2　选好草种

我国地域辽阔，生态环境复杂，各地区应根据地方特点，选育适应本地区的优良品种。近年来的育种和栽培实践表明，北方应把苜蓿列为首选草种，南方应把三叶草、柱花草等列为首选草种，特别是作为饲料之王的苜蓿，在西北等地实现我国种植业结构优化，促进农业持续发展。三叶草尤其白三叶是温带地区重要的豆科牧草，品质优良，可通过根瘤固氮，另外，白三叶匍匐茎的生长和表型的可塑性使它成为多数禾草草地的理想混播成分，并能经得起重度刈割利用，在云、贵、川等地区种植有良好前景。

2.3　育种目标要明确

要培育出一批产量高、品质优、适应性强的牧草品种，以适应我国加入 WTO 后对我国牧草良种的冲击。鉴于我国西北广大地区干旱少雨、盐碱地多、病害多这些特点，主张在高产优质的前提下更强调把抗病虫害、抗旱、耐盐碱、抗寒（耐热）等作为牧草（草坪草）饲料作物的重要育种目标。以苜蓿为例，它有十几种严重的病害，如苜蓿霜霉病、褐斑病、白粉病、立枯病等，可造成减产 20%以上；又如柱花草炭疽病，可使柱花草干物质损失 20%～58%。对于一个不抗病的草种，在病害流行的年份，再高产的品种也抵偿不了因病害造成的巨大损失，因此要把培育抗 2～3 种病虫害的品种作为今后育种的重要目标。我国干旱、半干旱地区总面积约占国土面积的 58.6%，干旱给农牧业带来严重的危害和损失已成为发展农牧业的限制因素，加之，我国现有盐碱荒地 9 913.7 万 hm²，因此培育抗旱、耐盐碱牧草新品种已成为 21 世纪的重大课题之一。

2.4　育种方法要恰当

以常规育种为主，常规育种与育种新技术（如生物工程技术）相结合，其中以杂交育种作为主要育种手段。杂种优势强，这是众所周知的。农作物的主要品种和蔬菜、瓜果 80%以上的品种均应用了杂种。因此，在牧草育种中绝不能忽视杂交优势利用这一育种手段。由传统农业向现代化农业转化，生物技术是一个重要标志，将成为解决我国农业问题的关键。传统的植物育种耗时长、效率低，利用生物技术与常规育种相结合，形成以转基因植物为中心和分子标记辅助为支撑的技术体系，以获得高产、优质、抗逆、抗病虫害植物为目标的育种研究，将成为 21 世纪农业生物技术的一个重要研究热点。在牧草育种上应用生物技术刚刚开始，有必要加大生物技术在牧草育种工作中的力度，以接近或达到世界先进水平。

2.5　更新复壮老品种

对早期选育的老品种应进行更新、复壮。如公农 1 号苜蓿、公农 2 号苜蓿于 20 世纪 20 年代和 50 年代选育成功至今已接近半个世纪，草原 1 号苜蓿、草原 2 号苜蓿于 20 世纪 60 年代、70 年代末选育成功已 20 多年，在长期使用中，由于生物学混杂、机构混杂等原因，品种已发生退化。此外，在注册的品种中，绝大部分未进行进一步选择提高。对这些品种，有必要由注册单位进行更新、复壮，以恢复其生产性能。

2.6　加大新品种推广应用的力度

牧草新品种育成后推广不出去，这是科技工作者烦恼的事。分析其原因，一是科技成果与市场需求脱节，二是科技成果转化资金投入不足。为适应国家西部开发草原建设项目的启动，适应加入WTO 参与国际竞争这一现实：第一，必须要促进实现四个根本性转变，即由传统粗放生产向集约化大生产转变；由行政区域自给性生产经营向社会化、国际化市场竞争转变；由分散的小规模生产经营向专业化大中型企业或企业集团转变；由科研、生产、经营相互脱节向育、繁、推、销一体化转变。第二，要采取得力措施，促进我国牧草种子质量大幅度提高。第三，国家或省、自治区、直辖市建立良种繁育专项资金，建立良种繁育场或由种子公司繁殖牧草良种。要充分发挥育种者的成果优势、经营者的市场优势、推广者的技术优势，坚持以市场为导向、效益为中心、科技为依托、增收为目标，尽快把牧草优良品种转化为现实的生产力。

2.7　多方筹措研究经费

除国家加大用于牧草育种的研究经费外，建议多方面筹措资金，动员经营牧草种子为主的企业和公司参与牧草育种工作，这些单位或公司经费充实，应拿出部分资金投入牧草、草坪草的育种工作，以加强自身的发展后劲。积极与大型龙头企业联合，根据他们的需要，由龙头企业出资进行牧草育种，这是一种利国利民的途径。

2.8　加快我国草坪草育种的进程

随着我国社会经济的繁荣，草坪业悄然兴起，近年来，我国成立的草坪开发公司 2 000 家以上，年创产值不少于 20 亿元，从业人员近 10 万人，其生产向产业化发展。

由于草坪业的迅速发展，我国又没有或很少有自己的优良品种，因而从美国、丹麦、加拿大、荷兰等国引进各类草坪草品种 120 余个及大量的草坪草种子，据不完全统计，仅 1996 年引进草坪草种子 2 100t，1997 年 2 500t，1998 达 4 000t，花费了大量外汇。针对这种情况，我国必须加快培育自己的优良草坪草品种，以满足城乡绿化和生态建设的需要。应该指出，我国有条件、有能力在国家西部大开发、立草为业战略决策中培育出自己的优良草坪草品种。一是我国有丰富的野生草坪草种质资源。我国幅员辽阔，地跨热带、亚热带、温带和寒带，这一特有的自然地理条件决定了草坪草资源广泛分布。据报道，我国适于作草坪的草种有 100 余种。二是我国已着手培育自己的草坪草品种，如刘建秀（1993）在华北地区收集 200 余份狗牙根种质资源野生材料，利用 Q 聚类分析法找到了坪用价值最优良的矮细型狗牙根；白昌军（1994）在海南开发利用了野生地毯草、假俭草。三是我国先后收集并保存草坪草品种资源 1 000 多个，为选育草坪草新品种准备了丰富的原始材料。

为加快我国草坪草种的选育工作，必须抛弃国产种不如进口种的片面观点，加大对我国草坪草资源的开发利用。首先应选择见效快、收益多和市场急需的草坪草种进行选育，可采用国外优良品种同我国野生草坪草进行杂交等手段，培育优良草坪草品种。

21 世纪钟声已敲响，西部大开发的号角已吹起，令人鼓舞、催人奋进，愿大家携手踏上新征程，齐心协力，共同播种、耕耘，迎接祖国更加美好的蓝天绿地。

参考文献（略）

本文原刊载于《草业与西部大开发》，中国农业出版社 2001 年出版，略有删改

苜蓿新品系产量及农艺性状初报

云岚[1]，云锦凤[1]，米福贵[1]，董志魁[2]，王勇[1]

（1. 内蒙古农业大学生态环境学院，呼和浩特 010018；2. 内蒙古巴彦淖尔市乌拉特前旗草籽场，西山咀 014400）

摘要： 对从草原2号杂花苜蓿群体中经多年选择育成的一个杂花苜蓿新品系的生物学性状、农艺性状、生长动态、地上和地下生物量分布及各物候期营养物质含量进行的研究结果表明：此品系群体内杂种优势显著，杂花率高达71.96%，干草和种子产量高，品质好，初花期植株粗蛋白质含量18.86%；生育期120d左右，在内蒙古中部和西部地区生长良好，抗旱、抗寒性强，是一个适于北方干旱、半干旱地区种植的优良苜蓿新品系。

苜蓿是一种优良的豆科牧草，在发展畜牧业生产、建立人工草地以及建设和保护草地生态环境等方面都具有重要的作用。目前，我国种植业结构正由"粮、经"二元结构向"粮、经、草"三元结构调整，各地在饲料作物生产中对苜蓿的生产及产业化给予了极大的重视。截止到2001年底，全国牧草品种审定委员会虽然已审定登记了36个苜蓿品种，但仍难以满足不同地区对苜蓿品种的需求。尤为严重的是一些早期育成品种出现了不同程度的退化，失去了原有的优良特征特性，无法在农牧业生产和生态建设中充分发挥其效益。因此，培育适于不同生态条件和不同用途的苜蓿新品种，特别是培育适合我国北方干旱、半干旱地区种植的苜蓿品种，已成为摆在育种工作者面前的一项紧迫任务。

苜蓿新品系是在草原2号杂花苜蓿（*Medicago varia* Martin. cv. Caoyuan No. 2）的基础上由内蒙古农业大学采用集团选择法经多年选育育成的一个新品系。从1998年开始在内蒙古乌拉特前旗和呼和浩特市两个试验点对新品系的生物学特性、农艺性状等进行了为期4年的调查和研究。本文就该品系品比试验和生产试验结果进行总结，旨在为制定合理的栽培措施、确定适当的利用方法和适宜的推广地区奠定基础。

1 研究材料与方法

1.1 自然概况

试验地分别位于呼和浩特市内蒙古农业大学牧草试验站和内蒙古巴彦淖尔市乌拉特前旗草籽场内。前者属内蒙古中部地区（$111°41'E$，$40°49'N$），大陆性气候，海拔1 063m，年均气温5.4℃，$\geqslant 10℃$年积温2 500℃，年降水量400mm左右，无霜期135d，土壤为砂质栗钙土，pH 7.5左右，肥力中等。后者位于内蒙古西部地区（$108°11'E$，$40°28'N$），大陆性气候，海拔1 023m，年均气温7℃，$\geqslant 10℃$年积温3 000℃，年降水量200～240mm，主要集中在6—8月，无霜期125～130d，年日照时数3 202.5h，土壤为软质砂钙土，弱碱性。

1.2 供试材料

供试材料共4个品种（品系），包括苜蓿新品系A-9201（以下简称新品系）、新品种的原始品种草原2号、草原1号以及1个引自德国的苜蓿品种。从1998年起，在各试点直播或移栽幼苗建立品比试验区，小区面积1m×5m，随机排列，3次重复。生产试验区为春季条播，行距0.3m。播种时除施基肥磷酸二铵（150kg/hm²）外，每次刈割后追施尿素 75kg/hm²，整个生长期分别在返青期和现蕾期灌水 2 次，并对病虫害发生情况进行定期调查。

1.3　观察内容及方法

1.3.1　植物学特征

随机选取生长二三年的植株 30 株，于盛花期测量株高、分枝数、基部茎粗、距地面 30～40cm 高度草层内小叶长与宽、主枝及侧枝花序长度、每花序小花数、每分枝花序数，每株各指标均重复 5 次。于种子成熟期测量株高、荚果直径、螺旋圈数、荚内种子粒数，共选 10 株，每株各指标均重复 5 次。于盛花期在 1m×40m 范围内统计花色比率，除深紫色、淡紫色、纯黄色花植株外，其他均以杂花计数。

1.3.2　物候期及生长速度

观察记载各品种（系）生育期，其中初花期以 20% 植株开花（旗瓣伸出，翼瓣张开）计，盛花期以 80% 植株开花计，其他各生育期均以 50% 植株进入该生育期计。返青后定株 10 株，重复 3 次，每隔 10d 测自然高度和垂直高度以计算生长速度。

1.3.3　根部性状

于盛花期测量三年生苜蓿新品系根部性状，分别选取杂种杂花植株 3 株、杂种紫花植株 3 株、杂种黄花植株 3 株。壕沟法测量根系入土深度、根幅、根颈直径、一级和二级侧根数、根瘤发育情况。从地面向下每 10cm 为一层，分别测量植株地下部分生物量。

1.3.4　鲜草产量及草层结构

全年在试验小区内刈割 3 次测定鲜草产量，每次刈割均在初花期前后进行。生产试验测产小区面积 3m×4m，品比试验测产小区面积 1m×2m。获得鲜草产量后自然风干称重，测定干鲜比，计算干草产量。在初花期测定草层结构，取样面积 0.4m²，自地面起每 10cm 为一层分别测定各层的生物量及茎、叶、花序重量，3 次重复。

1.3.5　种子产量

于成熟期测定种子产量及结实性状，其中不包括自然落粒。测产面积 1m²，重复 3 次。

1.3.6　营养成分

于 3 次刈割和各生育期（分枝期、现蕾期、初花期、结实期和成熟期）分别取样，测定植株整体营养物质含量。分别用凯氏定氮法测粗蛋白质、恒重法测干物质、醚浸提法测粗脂肪、酸碱依次分解法测粗纤维、高温灼烧法测灰分、容量法测钙含量及比色法测磷含量，并计算无氮浸出物含量，重复 2 次。

2　结果与分析

2.1　植物学特征

新品系为多年生草本，初花期植株垂直高度平均为 108.86（83～122）cm，成熟期植株垂直高度为 165.5（132～198）cm。平均春季分枝数（分枝期）为 36.5（25～48）个，夏季分枝数（盛花期）为 46.5（16～102）个。茎圆至四棱形，直立或斜生，绿色或下部绛红色，基部茎粗 5.04（3.85～7.15）cm。叶为羽状三出复叶，小叶卵状披针形或椭圆形，距地面 30～40cm 高度草层内小叶长 2.85（1.3～3.4）cm，宽 1.34（0.5～1.9）cm，托叶披针形，全缘或稍具齿裂。花序为总状花序，腋生，主枝花序长 3.68（2.5～4.7）cm，具小花 27.4（16～38）朵，侧枝花序长 3.02（1.5～4.6）cm，具小花 19.36（11～33）朵，平均每一分枝具花序 50.74（19～111）个。花萼钟形，具毛，花冠颜色变异较大，有白紫、黄紫、褐蓝、黄绿、白黄紫、黄绿紫、黑紫、白色、黄色及紫色等。除紫色、淡紫色、黄色花植株外，其他杂花植株所占比例为 71.96%，而同期种植的草原 2 号杂花率为 15%。花期从 6 月上旬延续至 7 月下旬。荚果螺旋形，少数镰刀形，直径 0.55（0.3～0.8）cm，螺旋圈数 1.73（0.5～3.0），每荚含有效种子 4.45（0～9）粒，果荚成熟时黄色至黑褐色，具短伏毛；种子为不规则肾形，淡黄至黄褐色。结实期由 6 月下旬开始至 8 月上旬结束。该品系在两个试验点均能安全越冬，正常年份越冬率 100%。

2.2　生长动态

2.2.1　物候期

新品系不同年度间物候期因气候、温湿度差异而有所不同（表 1），2001 年春季气温偏低，返青推迟；2002 年春季气温高、湿度大，返青期有所提前，开花期和结实期的连续降雨则影响种子的成熟，使成熟期延长。该品系在两试验地均能完成生育期（118～124d），种子成熟完全。2001 年为特殊干旱年份，但未对其造成大的影响。

表 1　苜蓿新品系不同年度的物候期

年份	地点	返青 (月-日)	分枝 (月-日)	现蕾 (月-日)	初花 (月-日)	盛花 (月-日)	结实 (月-日)	成熟 (月-日)	枯黄 (月-日)	生育期 (d)	生长期 (d)
2000	前旗	4-5	5-6	5-25	6-4	6-8	6-22	8-1	8-19	118	136
2001	呼市	4-15	5-12	6-1	6-10	6-15	6/-29	8-15	8-29	122	136
2001	前旗	4-10	5-17	5-30	—	6-10	6-20	8-11	—	123	—
2002	呼市	4-5	5-9	5-27	6-5	6-10	6-25	8-3	8-21	120	138
2002	前旗	3-28	5-10	5-24	6-2	6-4	6-17	7-30	8-18	124	143

2.2.2　生长高度动态

新品系与草原 2 号在各生育期均表现为 S 形生长曲线（图 1）。返青至分枝期生长缓慢，此时期为根及分蘖芽旺盛生长期；分枝期后生长速度加快，进入营养生长期；盛花期则转为生殖生长期，营养生长变缓；结实期到成熟期生长基本停止，营养供应种子发育。生育期各阶段新品系的生长速度均快于或相当于草原 2 号。新品系 4 月 20 日至 5 月 11 日、5 月 11 日至 6 月 21 日、6 月 21 日至 7 月 21日间生长高度分别达 0.96cm、2.58cm、0.98cm；而草原 2 号的生长高度相应为 0.89cm、2.58cm、0.83cm。垂直高度与自然高度的差异在生长后期明显增加，原因可能是进入花期后主枝由直立转为斜伸或匍匐，直立的枝条以侧枝为主。从总体生长趋势来看，新品系的直立性优于草原 2 号。

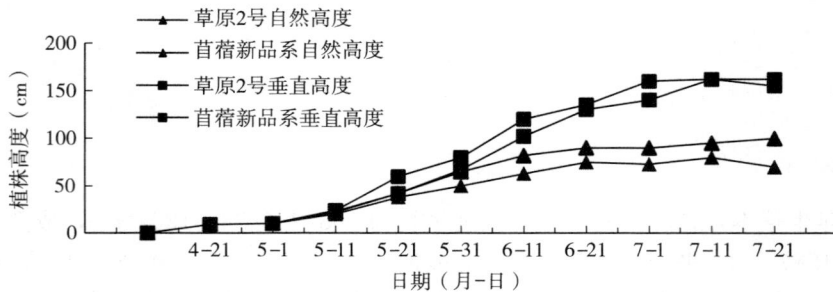

图 1　苜蓿新品系、草原 2 号杂花苜蓿生长速度

2.3　根部性状

2.3.1　地下生物量分布

新品系根系为轴根型，主根粗壮，枝条丛生于根颈顶部，地下部分生物量（包括根系和土表下的茎基部分及分蘖芽，见图 2）由上层至下层递减，其中从地表至地下 50cm 土层内生物量占地下部总

生物量的 81.26%，地下 50～100cm 层内生物量占 15.85%，100cm 以下只占 3.89%。

2.3.2　根系发育特征

生长第 3 年的苜蓿新品系不同花色植株根系发育有一定差异。杂种杂花植株根系入土最深，根幅最小；杂种黄花植株根系入土最浅，根幅最大；杂种紫花植株根系介于上述两者之间，但整体形态接近杂种杂花植株（表 2）。其原因在于杂种杂花植株和杂种紫花植株侧根多向下生长，杂种黄花植株侧根多横向生长。根颈粗度和入土深度为杂种杂花植株最大，一级侧根和根瘤的分布也较多。可见，苜蓿新品系杂种杂花植株的根系较杂种紫花植株和杂种黄花植株更为发达，特别是其较深的根系与较强的抗旱性直接相关。

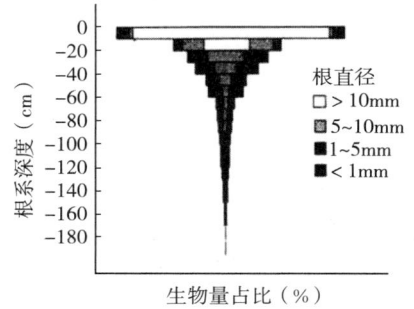

图 2　苜蓿新品系地下生物量层次分布

表 2　生长第 3 年的苜蓿新品系根系整体特征

植株类型	入土深度（cm）	根幅（cm）	集中部位（cm）	根颈（cm）直径	根颈（cm）入土深度	侧根数一级	侧根数二级	根瘤簇	根瘤个/簇
杂种杂花	178.3	127.0	9.00～50	2.09	8.70	16.7	5.1	16	3～60
杂种紫花	165.0	154.5	8.00～40	1.80	7.15	13.0	7.1	8	1～43
杂种黄花	95.0	173.0	7.50～35	1.56	7.50	15.5	5.1	14	2～13

2.4　地上生物量

2.4.1　鲜干草产量

通过对 1999 年种植的苜蓿新品系与草原 2 号连续 3 年的产量比较，发现新品系各年份鲜草总产量和干草总产量均高于草原 2 号，生长第 3 年进入产量高峰期（表 3）。差异显著性分析结果表明，2000 年和 2002 年干鲜草总产量差异显著，且第 3 次刈割差异极显著。全年 3 茬鲜草、干草产量除第 1 茬无明显差异外，第 2 次和第 3 次刈割的新品系鲜草、干草产量均明显高于草原 2 号，这说明新品系具有很强的再生性能，再生草产量较高。

表 3　2000—2002 年苜蓿新品系与草原 2 号产量比较（t/hm²）

品种（系）	年份	第 1 次刈割鲜产	第 1 次刈割干产	第 2 次刈割鲜产	第 2 次刈割干产	第 3 次刈割鲜产	第 3 次刈割干产	全年总产量鲜产	全年总产量干产
新品系	2000	12.550 0	3.415 0	9.111 0	2.460 2	2.864 0*	0.429 6	24.525 0*	6.304 8*
草原 2 号	2000	10.047 0	1.909 1	6.322 4	1.454 2	0.940 8*	0.197 6	17.310 2	3.560 9
新品系	2001	21.492 0	5.588 0	18.491 3	3.439 3	16.905 0**	3.245 8**	56.888 3	12.273 1
草原 2 号	2001	20.058 7	4.011 5	18.230 7	3.609 6	5.638 0	1.048 2	43.927 4	8.669 3
新品系	2002	30.620 0	5.695 7	21.775 4	5.226 0	13.611 4**	3.266 7**	66.006 8*	14.188 4*
草原 2 号	2001	33.850 0	6.499 2	17.866 8	4.216 6	3.208 8	0.710 1	54.925 6	11.425 9

注：* 为差异显著，** 为差异极显著，下同；测产在乌拉特前旗试验站进行，为 1999 年种植。

2002 年对三年生的 4 个品种（系）的产量进行了测定，差异均不显著。鲜草总产量草原 1 号最高，新品系居次，德国苜蓿最低；干草总产量新品系为最高，其次为草原 1 号，德国苜蓿最低。新品系的鲜草、干草产量除第 1 茬低于草原 1 号和草原 2 号外，第 2 茬和第 3 茬则高于两者（表 4）。

表 4　2002 年品种（系）产量比较（t/hm²）

品种（系）	第 1 次刈割		第 2 次刈割		第 3 次刈割		总产量	
	鲜产	干产	鲜产	干产	鲜产	干产	鲜产	干产
苜蓿新品系	32.619 3	5.542 3	28.723 4	7.468 1	9.229 5	2.473 5	70.572 2	15.483 9
草原 1 号	35.683 4	5.994 8	27.678 0	5.812 4	8.413 4	2.052 9	71.774 8	13.860 1
草原 2 号	35.135 3	5.832 5	22.935 3	5.733 8	7.974 0	2.073 2	66.044 6	13.639 5
德国苜蓿	20.754 0	3.320 6	22.375 5	5.549 1	15.817 5	3.986 0	58.947 0	12.855 7

注：测产在乌拉特前旗试验站进行，为 2000 年种植。

　　大田生产试验结果（表 5）表明，苜蓿新品系年均鲜草产量 48.239t/hm²，干草产量 10.475t/hm²，分别比对照草原 2 号增产 28.1％和 29.75％；年均种子产量 0.273 7t/hm²，比对照草原 2 号增产 13.99％。年度间的差异分析表明，随生长年限的延长，干草、鲜草产量呈上升趋势，2002 年达最高水平；种子产量则以 2001 年为最高，2002 年因花期至成熟期降雨量较大影响结实及种子成熟，致使种子产量有所下降。

表 5　大田生产试验产量比较（t/hm²）

品种（系）	项目	1999 年	2000 年	2001 年	2002 年	年平均产量
苜蓿新品系	鲜草	19.819 0*	48.375	55.350	69.412	48.239
草原 2 号	鲜草	5.887 5	43.170	48.554	53.025	37.659
苜蓿新品系	干草	4.161 9*	10.523	12.224	14.993	10.475
草原 2 号	干草	1.236 4	9.282 0	10.682	11.092	8.073 1
苜蓿新品系	种子	0.147 0	0.472 5	0.153 5	0.321 7	0.273 7
草原 2 号	种子	0.174 1	0.259 7	0.296 1	0.230 4	0.240 1

注：测自乌拉特前旗试验站。

2.4.2　草层结构

　　三年生苜蓿新品系初花期草层结构见图 3。从图 3 可以看出，初花期总生物量主要集中于中层；叶是最重要的营养器官，也集中于中层，最高密度位于地上 30～110cm 层内；花序集中于上层，最高密度位于 90～120cm 层内。30cm 以下的生物量以茎为主，茎重由下层至上层递减。因新品系初花期以前植株较直立，叶量较大而且集中在中层，种植中宜采用合理稀植的栽培措施，以保证中下层叶进行充分的光合作用。

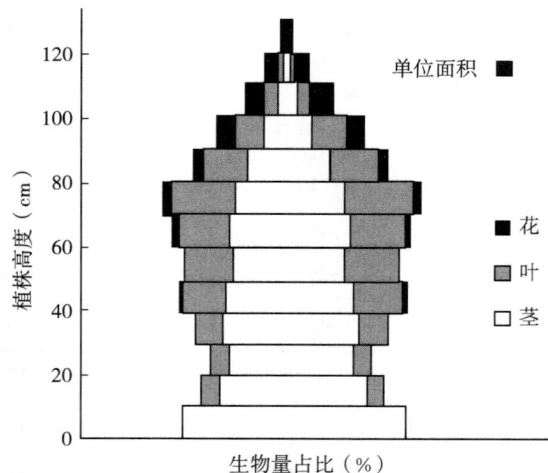

图 3　苜蓿新品系草层结构

2.4.3　种子产量

种子产量是决定一个新品系能否快速推广并应用于生产的关键因素。自然授粉条件下不同生育年限的种子产量测定表明，新品系的种子产量为最高，显著高于对照草原 2 号，但千粒重较其他品种小，为 1.82～1.87g（表 6）。

表 6　各品种（系）种子产量及千粒重

品种（系）	生育年限	种子产量（kg/hm²）	千粒重（g）
新品系	二年生	439.6	1.87
	三年生	594.2	1.82
	四年生	428.6	1.85
	平均	487.5	1.85
草原 2 号	二年生	222.0*	2.09
	三年生	230.4*	1.99
	四年生	188.8*	2.00
	平均	213.7*	2.03
德国苜蓿	二年生	414.8	2.04
	三年生	550.4	2.14
	四年生	302.7	2.33
	平均	422.6	2.17

2.5　营养成分

2.5.1　各茬草的营养成分

2002 年 6 月 2 日、7 月 6 日、8 月 17 日对三年生苜蓿新品系分 3 次进行刈割，取样测定各刈割利用期营养成分。其中，第一茬牧草粗蛋白质、无氮浸出物等的含量较高，粗纤维含量较低（表 7），这表明苜蓿新品系头茬草的营养成分最佳。

表 7　苜蓿新品系不同刈割利用期的营养成分含量（%）

刈割期	干物质	粗蛋白质	粗脂肪	粗纤维	无氮浸出物	灰分	钙	磷
6 月 2 日	92.37	18.86	3.33	24.01	37.44	9.65	2.38	0.227 2
7 月 6 日	92.88	13.66	2.97	34.73	34.41	7.11	1.14	0.205 5
8 月 17 日	92.44	17.81	3.67	25.42	37.60	7.94	1.38	0.192 5
平均	92.56	16.78	3.32	28.05	36.48	8.23	1.63	0.196 8

注：样品于 2002 年取自乌拉特前旗试验站。

2.5.2　营养物质与产量动态

分别于分枝期、现蕾期、初花期、结实期和成熟期测定干草产量及营养物质含量。从测定结果来看，苜蓿新品系干草产量动态的变化呈单峰曲线，生育前期产量较低，至结实期达到最高，成熟期则有所下降；粗蛋白质含量以分枝期为最高，随生育期的延续而降低；粗纤维含量则随生育期的延续而增加；粗脂肪含量也呈整体上升趋势，仅在结实期有所下降（图 4）。尽管饲草品质会随生育期的延续而逐渐劣化，但现蕾期至初花期具有相对较高的产量和较好的品质，因此这一时期为苜蓿新品系的最适利用期。

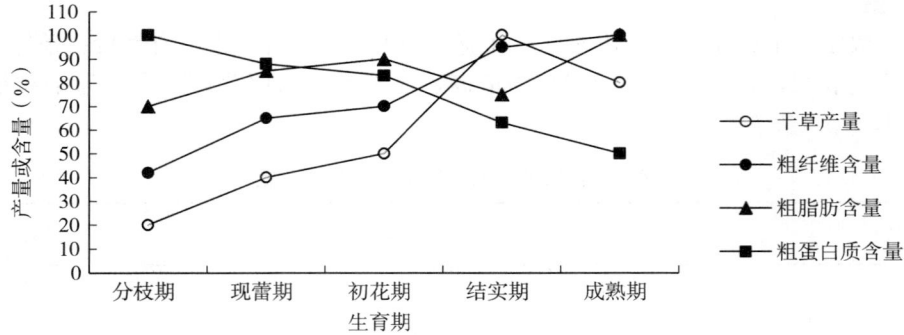

图 4 苜蓿新品系营养物质与产量动态

3 讨论

3.1 苜蓿新品系综合性状

从连续 4 年的试验结果来看，新品系是一个优良的栽培型苜蓿新品系，生育期 120d 左右，在内蒙古中西部地区能正常生长发育并安全越冬。新品系虽源于草原 2 号，但多年的连续选择提高了群体的杂花率（71.96%），增强了群体的杂种优势，其株高、分枝数、干草和鲜草产量等方面均优于草原 2 号。就生产性能而言，新品系在内蒙古中部、西部地区一年可刈割 3 次，生长第 3 年进入产草高峰期，年均产鲜草 48.239t/hm²，干草 10.475t/hm²。特别是第 2 次和第 3 次刈割也能获得稳定产量，表现出很强的再生性能。新品系繁殖能力较强，花序及小花数目多，花期长，因而种子产量较高（363.7kg/hm²）。此外，新品系也表现出较强的抗旱性，2001 年是内蒙古历史上少有的干旱年份，而新品系仍能正常生长并获得满意的产量。

3.2 合理的栽培技术

4 年的试验结果表明，新品系在内蒙古中西部地区每年 4 月上旬至 8 月上旬均可播种，且 5 月以前播种当年即可获得一定的种子产量。播种可采用条播、点播或育苗移栽的方式。条播收草田行距约 30cm，种子田行距 50～60cm。点播和育苗移栽更适合于种子繁殖田，其密度一般为 2.25 万～3.75 万株/hm²。合理稀植是提高种子产量的关键因素之一。良种繁殖田还需进行隔离，在其周围 1 000m 以内不能种植其他苜蓿品种，以防生物学混杂。播种前需施农家肥 2.25 万 kg/hm² 和磷酸二铵 150kg/hm² 作底肥，并于每次刈割后在浇水的同时追施尿素 60～75kg/hm²。种植当年苗期易受杂草危害，一般需锄草 2 次以上；生长第二年幼苗返青后需中耕锄草一次。有关其他适宜栽培措施还有待在今后的试验中进一步探讨。

参考文献（略）

本文原刊载于《中国草地》，2002 年第 6 期，略有删改

草原2号杂花苜蓿不同花色植株植物学性状的研究

王桂花，云锦凤，米福贵，刘扬

（内蒙古农业大学，呼和浩特 010018）

摘要： 系统地对草原2号杂花苜蓿3种不同花色植株的株高、叶长、叶宽、每枝花序数、每序小花数、每荚粒数、草丛结构及根部性状进行观察比较，得出草原2号杂花苜蓿3种不同花色植株的植物学性状差异较大。

植物学性状的表现直接体现出一个品种植株的优劣。植株的高度、叶长、叶宽、草丛结构直接关系到品种的产草量及品质；植株的花序数、花序长、每序小花数、每荚粒数等又与植株的种子产量有很大关系；根系入土深浅直接关系到植株的抗旱、抗寒能力的强弱，入土越深，抗旱、抗寒能力越强。

草原2号杂花苜蓿（*Medicago varia* Martin. cv. Caoyuan No. 2）由内蒙古农牧学院草原系育成。该品种群体内依据花色、株型、根系、荚果及抗寒力等性状表现，大体可划分为"杂种紫花、杂种杂花和杂种黄花"3个类型，它们分别占群体内植株总数的51.13％、35.59％和10.28％。本文从草原2号杂花苜蓿植物学性状出发，对其3种不同花色植株进行观察和测定，以便为该品种的遗传改良或选育提供理论依据。

1 材料和方法

1.1 试验地概况

试验地位于内蒙古农业大学牧草试验站，地处东经110°41′，北纬40°49′，海拔1 063m，年均气温5.4℃，≥10℃年积温2 500℃，年降水量400mm左右，无霜期135d，土壤为砂质栗钙土，肥力中等，pH 7.5左右，地下水位较高，具备灌溉条件。

1.2 供试材料

草原2号杂花苜蓿，包括草原2号苜蓿的杂种紫花植株、杂种杂花植株、杂种黄花植株。

1.3 试验方法

随机选取草原2号杂花苜蓿生长第二年的杂种杂花、杂种紫花、杂种黄花植株各10株，对其株高、具地面30～40cm高度草层的小叶长与宽、每枝花序数、花序长、每序小花数、每荚粒数进行测定；在盛花期，分别选取各植株3株测定草层结构，每隔10cm为一层，分别测定茎、叶、花、果重量，同时挖出根系对根系入土深、根系幅度、根系集中部位、根颈入土深、侧根数及根瘤数进行测定和描述。

2 结果与分析

2.1 草原2号杂花苜蓿3种花色植株植物学特征

对草原2号杂花苜蓿3种不同花色植株的株高、叶长、叶宽、每枝花序数、花序长、每序小花数、每荚粒数的观测结果（表1）、测定表明，在草原2号苜蓿所有植株中，杂种杂花植株的株高最高，达125.6cm；杂种紫花植株的平均高度114.6cm左右；杂种黄花植株的高度最低，仅为108.5cm。3种不同花色植株的叶片大小有别，杂种杂花植株的叶片最大，长2.54cm，宽1.41cm；杂种黄花植株叶片长、宽的平均值分别为2.41cm和1.07cm；杂种紫花的叶长平均值2.23cm，叶宽1.21cm。在草原2号苜蓿群体中，杂种杂花植株每分枝所具有的花序数最多，达35.5个；杂种紫花植株每分枝具29.2个；杂种黄花植株每枝的花序数为25.2个。草原2号苜蓿不同花色植株，其花序长度不一，杂种杂花和杂种紫花植株的花序长达3.15cm，每一花序各具小花26.0个和23.8个；杂种黄花植株的花序较短，仅为2.85cm，每花序具21.1个小花。不同花色植株中，杂种杂花每荚所具有的种子粒数最多，达6.5粒；杂种紫花植株每荚含种子3.6粒；杂种黄花植株每荚所含种子粒数为3.4粒。

不同花色植株的株高、叶长、叶宽、每枝花序数、花序长、每序小花数、每荚粒数差异显著性检验结果列于表1。从表1可以看出，3种不同花色植株株高、叶片大小的差异均显著，花序长度和每荚粒数部分显著，而每分枝所具有的花序数差异不显著。

表1　草原2号杂花苜蓿3种花色植株植物学特征差异显著性比较

试验材料	株高（cm）	叶长（cm）	叶宽（cm）	每枝花序（个）	花序长（cm）	每序小花（个）	每荚种子粒数（个）
杂种杂花	125.6aA	2.54aA	1.41aA	35.5aA	3.15aA	26.0aA	6.5aA
杂种紫花	114.6aAB	2.23bB	1.21bB	29.2aA	3.15aA	23.8abAB	3.6bB
杂种黄花	108.5bB	2.41abAB	1.07cC	25.2aA	2.85aB	21.1bB	3.4bB

注：小写字母不同表示5%水平差异显著；大写字母不同表示1%水平差异显著。

2.2　草原2号杂花苜蓿3种不同花色植株草丛结构比较

二年生草原2号杂花苜蓿3种不同花色植株在盛花期的草层结构见图1。在同一生育期内，杂种杂花植株地上生物量最大，3株总重量达422.4g，其次，中茎占总重的41.1%，叶占总重的19.6%，花占总重的12.9%，果占总重的26.4%。杂种杂花植株茎量的分布由下至上逐层递减，主要集中于0~50cm草层内，叶集中分布于10~60cm草层内，花和果的最高密度均位于60~90cm草层内。杂种黄花植株最低，茎的比重较大，为45.3%，集中于0~60cm草层内，叶集中于20~70cm草层内，花和果集中于60~80cm草层。杂种紫花植株的生物量最低，为287.2g，植株高度与杂种杂花植株相当，茎亦由下层至上层逐级递减，集中于0~40cm草层内，叶的最高密度位于30~50cm草层内，花位于60~80cm草层内，果实较少。3种不同类型植株草层结构分析结果表明，杂种杂花植株较高大，在相同的生长条件下，产草量应最高。

2.3　草原2号杂花苜蓿3种不同花色植株根部性状比较

杂种杂花植株的根系入土最深，根系幅度小，集中部位较广，侧根数多，根瘤数也多。

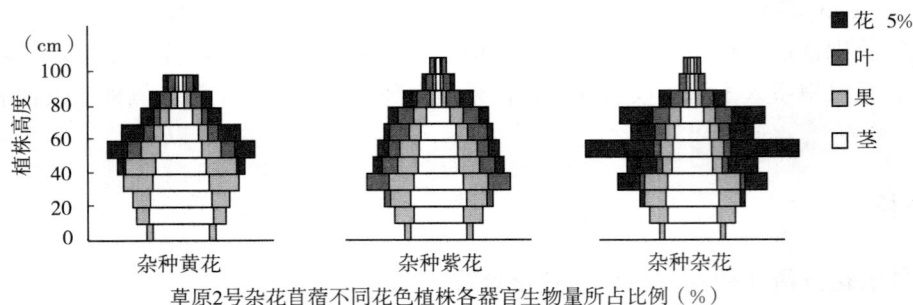

草原2号杂花苜蓿不同花色植株各器官生物量所占比例（%）

图1　草原2号杂花苜蓿3种不同花色植株草丛结构比较

杂种黄花植株的根系入土最浅，但根系幅度较大，其根系集中部位、根颈入土深度、侧根数、根瘤数与杂种紫花植株相似。这说明杂种杂花植株根系较杂种黄花和杂种紫花植株的根系发达，抗旱、抗寒能力更强（表2）。

表2 草原2号杂花苜蓿3种不同花色植株根部性状比较

植株类型	根系入土深（cm）	根系幅度（cm）	根系集中部位（cm）	根颈入土深（cm）	侧根数（个）	根瘤（簇）
杂种杂花	178.3	127.0	9.0～50.0	9.0	21.8	16.0
杂种紫花	165.0	154.5	8.0～40.0	8.0	20.1	8.0
杂种黄花	95.0	173.0	7.5～35.0	7.5	20.6	14.0

3 结论

草原2号杂花苜蓿3种不同花色植株的植物学性状差异较大，杂种杂花植株的株高、叶长、叶宽、分枝数、每枝花序数、花序长、每序小花数、每荚粒数都明显高于杂种紫花和杂种黄花植株，并且其草丛结构密度较大，根系较发达。这表明在同等条件下草原2号苜蓿杂种杂花植株产草量高、抗性强，如果对草原2号苜蓿进行新的改造或选育，应该选择杂种杂花植株，以便进一步提高饲草产量和抗旱、抗寒能力。

参考文献（略）

本文原刊载于《华北农学报》，2004年S1期，略有删改

草原 3 号杂花苜蓿新品系品比试验

王桂花[1]，云锦凤[2]，米福贵[3]

（1. 内蒙古农业大学生物工程学院，呼和浩特　010018；2. 内蒙古农业大学生态环境学院，呼和浩特　010018）

摘要：草原 3 号杂花苜蓿新品系是在草原 3 号杂花苜蓿的基础上，由内蒙古农业大学经多年选择育成。该品系与原始群体相比，杂种优势明显，杂花率高，植株高大，叶量丰富，草丛密度高，饲草品质好。该研究选用草原 1 号和草原 2 号杂花苜蓿为对照，对草原 3 号杂花苜蓿新品系的生产性能进行了比较试验，为进一步的区域化试验及生产试验提供依据。

1. 材料与方法

1.1　试验地概况

试验地位于呼和浩特市内蒙古农业大学牧草试验站，地处东经 110°41′，北纬 40°49′，海拔 1 063m，年均气温 5.4℃，≥10℃年积温为 2 915℃，年降水量 400mm 左右，无霜期约 135d。土壤为砂质栗钙土，肥力中等，pH 7.5 左右。地下水位较高，具备灌溉条件。

1.2　试验材料

草原 1 号杂花苜蓿（*Medicago varia* Martin. cv. Caoyuan No. 1）、草原 2 号杂花苜蓿（*M. varia* Martin. cv. Caoyuan No. 2）、草原 3 号杂花苜蓿新品系（*M. varia* Martin. cv. Caoyuan No. 3）。

1.3　试验方法与测定项目

小区设计：试验采用条播，小区面积 4m×5m，行距 50cm，播种量 1.0g/m²，3 次重复，随机分组排列。

观察项目及方法：播种当年观察苗期生长发育状况；播后第 3 年观察物候期（返青期、分枝期、现蕾期、初花期、盛花期、结实期、成熟期），大约 20% 开花时为初花期，80% 时为盛花期，其他各生育期均以 50% 植株进入该生育期为准。并在返青后从每一供试材料中选取 10 株挂牌标记，每隔 10d 测量植株自然高度，计算生长速度；从第 2 年至第 4 年测定产草量，每小区按对角线取样，测产面积 1m²，3 次重复。

田间管理：1 年浇水 2 次，第 1 次为返青后分枝初期，第 2 次为 5 月底现蕾期。土地肥力中等，没有施肥。

2　结果分析

2.1　生育期

1997 年 5 月 9 日播种，7d 左右出苗，2 周后齐苗，苗期生长缓慢。7 月中下旬进入盛花期，当年结实较少。与对照相比，草原 3 号杂花苜蓿生长迅速，盛花期植株高度达 93.8cm，较对照品种高

10cm 左右。生长第 2 年，草原 3 号苜蓿在 4 月中旬返青，6 月上旬开花，8 月中旬成熟，生育期 120d 左右（表 1）。与对照草原 1 号和草原 2 号苜蓿相比在物候期方面无明显差异。

表 1　3 个苜蓿品种（品系）的物候期（日/月）

品种（品系）	返青期	分枝期	现蕾期	初花期	盛花期	结实期	成熟期
草原 1 号杂花苜蓿	11/4	0/5	1/6	8/6	15/6	24/6	10/8
草原 2 号杂花苜蓿	12/4	9/5	30/5	6/6	13/6	21/6	10/8
草原 3 号杂花苜蓿	11/4	9/5	30/5	6/6	12/6	21/6	10/8

2.2　生长速度

草原 3 号杂花苜蓿生长发育迅速。在生长第 2 年从返青至分枝期，各品种生长均较缓慢，草原 1 号、草原 2 号、草原 3 号杂花苜蓿的生长速度分别为 10.85cm/10d、14.30cm/10d 和 17.20cm/10d；从分枝期到 6 月上中旬盛花期前后，进入快速生长期，草原 1 号杂花苜蓿的生长速度是 18.48cm/10d，草原 2 号杂花苜蓿生长速度 17.65cm/10d，草原 3 号杂花苜蓿生长速度可达 21.15cm/10d；从盛花期开始，生长速度放慢，草原 1 号杂花苜蓿生长速度 11.77cm/10d，草原 2 号杂花苜蓿生长速度 7.63cm/10d，草原 3 号杂花苜蓿的生长速度 8.27cm/10d；结实后期植株不再增高，生长基本停止。整个生长期内草原 3 号杂花苜蓿植株高度明显高于草原 1 号和草原 2 号杂花苜蓿（图 1）。

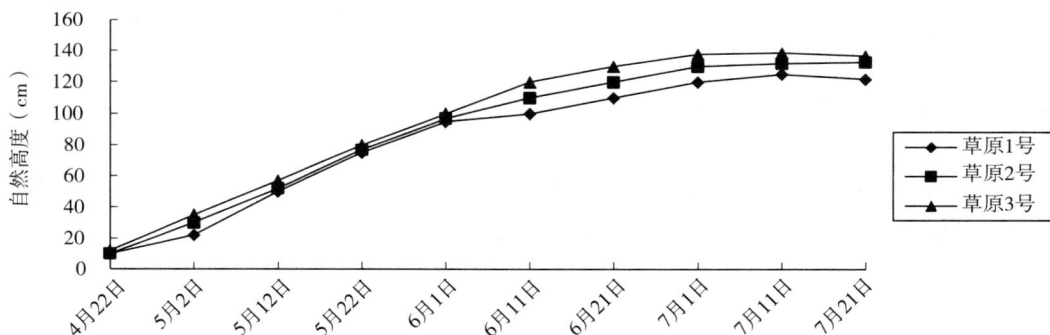

图 1　3 个杂花苜蓿品种（品系）生长速度曲线

2.3　品种比较试验

2.3.1　1998 年品种比较试验结果

草原 3 号苜蓿新品系分别于 6 月上旬、7 月中旬和 8 月下旬经 3 次刈割，全年总产量干重达 767.2kg/亩。各茬草产量分布不均，以第 1 茬的产草量最高，占全年总产的 72.9% 以上（表 2）。草原 3 号杂花苜蓿年总产量及各茬草产量均高于草原 1 号杂花苜蓿和草原 2 号杂花苜蓿，其中第 1 茬产草量较草原 2 号杂花苜蓿高 15.6%，较草原 1 号杂花苜蓿高 28.4%；第 2 茬产草量比草原 2 号杂花苜蓿增产 12.7%，比草原 1 号杂花苜蓿增产 24.7%；第 3 茬产草量比草原 2 号和草原 1 号杂花苜蓿分别增产 60.5% 和 72.0%。总产量比草原 2 号杂花苜蓿增产 18.3%，比草原 1 号杂花苜蓿增产 30.9%（表 3）。方差分析的结果表明，草原 3 号杂花苜蓿新品系年总产量及各茬产草量与草原 2 号杂花苜蓿和草原 1 号杂花苜蓿相比，差异均显著，其中与草原 1 号杂花苜蓿相比差异极显著（表 3）。

表2　1998年3个苜蓿品种（品系）的产草量（kg/亩*）

刈割茬次	草原1号杂花苜蓿				草原2号杂花苜蓿				草原3号杂花苜蓿			
	1	2	3	平均	1	2	3	平均	1	2	3	平均
第1茬	400.0	480.0	426.7	435.6	466.2	479.5	506.1	483.9	506.2	559.4	612.7	559.3
第2茬	112.0	102.7	106.7	107.1	111.9	119.9	123.8	118.5	122.5	138.5	139.9	133.6
第3茬	42.7	50.7	36.1	43.2	46.0	43.2	49.6	46.3	76.7	72.5	73.8	74.3
平均年产量				585.9				648.7				767.2

表3　1998年3个苜蓿品种（品系）产草量差异显著性分析

品种	第1茬	第2茬	第3茬
草原3号	559.3A	133.6A	74.3A
草原2号	483.9AB	118.5AB	46.3B
草原1号	435.6B	107.1B	43.2B
增幅（%*）			
与草原2号对照	15.6	12.7	60.5
与草原1号对照	28.4	24.7	72.0
年增幅（%*）			
与草原2号对照	18.3		
与草原1号对照	30.9		

2.3.2　1999年品比试验结果

1999年分别于6月下旬和8月上旬对供试的3个苜蓿品种进行2次刈割，产量结果列于表4。草原3号杂花苜蓿新品系年总产量及各茬产草量与草原1号、草原2号杂花苜蓿相比，差异均显著。其中第1茬产草量比草原2号杂花苜蓿增产25.2%，比草原1号杂花苜蓿增产51.3%；第2茬产草量比草原2号杂花苜蓿增产6.2%，比草原1号杂花苜蓿增产10.6%。年总产量分别比草原2号和草原1号增产19.8%和38.4%（表5）。

表4　1999年3个苜蓿品种（品系）的产草量（kg/亩）

刈割茬次	草原1号杂花苜蓿				草原2号杂花苜蓿				草原3号杂花苜蓿			
	1	2	3	平均	1	2	3	平均	1	2	3	平均
第1茬	406.7	373.4	333.4	371.2	426.2	466.2	452.9	448.4	559.4	612.7	512.8	561.6
第2茬	173.3	174.7	169.3	172.4	181.2	175.8	181.1	179.4	185.5	194.5	191.8	190.6
平均年产量				543.6				627.8				752.2

表5　1999年3个苜蓿品种（品系）产草量差异显著性分析

品种（品系）	第1茬	第2茬
草原3号	561.6A	190.6A
草原2号	448.4B	179.4B

---

* 亩为非法定计量单位，15亩＝1hm²。——编者注

（续）

品种（品系）	第1茬	第2茬
草原1号	371.2C	172.4B
年增幅（%）		
与草原2号对照	25.2	6.2
与草原1号对照	51.3	10.6
年增幅（%）		
与草原2号对照	19.8	
与草原1号对照	38.4	

2.3.3　2000年品比试验结果

2000年分别于6月上旬和8月上旬刈割2次，3个苜蓿品种年总产量及各茬草产草量列于表6。从表中可以看出，草原3号苜蓿新品系年总产量达737.5kg/亩，比草原2号苜蓿的610.0kg/亩和草原1号苜蓿的603.7kg/亩分别增产20.9%和22.2%。其中，第1茬产草量比草原2号杂花苜蓿增产28.5%，比草原1号杂花苜蓿增产31.1%；第2茬产草量比草原2号杂花苜蓿增产12.6%，比草原1号杂花苜蓿增产12.6%（表7）。

经方差分析，草原3号杂花苜蓿新品系年总产量及各茬草产草量与草原1号、草原2号杂花苜蓿相比，差异均达到显著水平（表7）。

表6　2000年3个苜蓿品种（品系）的产草量（kg/亩）

刈割茬次	草原1号杂花苜蓿				草原2号杂花苜蓿				草原3号杂花苜蓿			
	1	2	3	平均	1	2	3	平均	1	2	3	平均
第1茬	306.7	360.0	266.7	311.1	333.0	339.6	279.7	317.4	399.6	441.0	383.1	407.9
第2茬	289.9	303.4	284.6	292.6	306.7	296.6	274.4	292.6	326.4	308.3	354.1	329.6
平均年产量				603.7				610.0				737.5

表7　2000年3个苜蓿品种（品系）产草量差异显著性分析

品种（品系）	第1茬	第2茬
草原3号	407.9A	329.6A
草原2号	317.4B	292.6B
草原1号	311.1B	292.6B
增幅（%）		
与草原2号对照	28.5	12.6
与草原1号对照	31.1	12.6
年增幅（%）		
与草原2号对照	20.9	
与草原1号对照	22.2	

3　小结

（1）草原3号杂花苜蓿与草原2号和草原1号杂花苜蓿相比，生育期方面无明显差异。3个品种（品系）的生育期都为120d左右。

　　（2）草原 3 号杂花苜蓿新品系植株高大，生长迅速，最高生长速度可达 18.5cm/10d。整个生育期内，其植株高度均明显高于草原 1 号和草原 2 号杂花苜蓿，最高可达 144.3cm，分别较 2 个对照高 32.9cm 和 11.4cm。

　　（3）草原 3 号杂花苜蓿新品系产草量高，年产干草可达 750kg/亩左右，比草原 2 号杂花苜蓿增产 18.3%～20.9%，比草原 1 号杂花苜蓿增产 22.2%～38.4%。

参考文献（略）

本文原刊载于《内蒙古畜牧科学》，2003 年第 4 期，略有删改

蒙古冰草新品系的选育

云锦凤[1]，张众[1]，于卓[1]，解新民[2]，包金刚[1]

（1. 内蒙古农业大学，呼和浩特 010018；2. 华南农业大学，广州 510642）

摘要：以内蒙沙芦草为原始群体，采用单株-混合选择法，经过10多年选育获得一个性状表现一致、生产性能良好的新品系。新品系株丛较高大、整齐，一般株高为97～116cm，最高可达122cm，比原始群体平均增高19cm；分蘖能力强，生活第二年平均单株丛分蘖数为142个，最多可达160个，比原始群体平均增多40个；牧草及种子产量分别比原始群体提高28.2%和37.7%，而且叶量大，种熟期一致。该品系适宜在我国北方年降水量200～400mm的干旱、半干旱地区种植，可用于放牧地的建植、改良及退化沙化草地植被恢复。

1 选育目的和意义

优良牧草品种是改良天然草场、建植人工草地的重要物质基础。蒙古冰草（*Agropyron mongolicum* Keng）主要分布于内蒙古荒漠草原区和草原化荒漠区，是冰草属中珍稀的二倍体物种，在研究物种进化和遗传育种中具有重要价值。其茎叶柔软，营养丰富，适口性好，耐旱、耐寒，抗病虫害能力强，是一种青绿期长、饲用价值较高的放牧型禾草，也是我国北方干旱、半干旱地区改良沙化退化草场、建植人工草地的重要多年生禾草资源。新品系的原始群体为内蒙沙芦草（*A. mongolicum* Keng cv. Neimeng），它是通过采集内蒙古草原上的野生蒙古冰草种子，经过多年的栽培驯化培育而成，1991年通过全国牧草品种审定委员会的审定，注册为野生栽培品种，是我国登记的第一个冰草新品种。在多年的种植生产中发现，内蒙沙芦草虽然抗性强，品质和适口性较好，但产草量较低，种子成熟期不一致，而且田间株丛间变异大，性状表现不整齐，在一定程度上限制了这一优良牧草品种的推广应用。为此，我们对内蒙沙芦草通过选育进行了进一步改良，从中获得了性状表现整齐一致的新品系。它不仅保持了母本原始群体较强的抗旱、耐寒特性，而且牧草和种子产量都有了明显的提高，使蒙古冰草由野生材料转向栽培品种。新品系的育成提高了蒙古冰草的育种研究水平，在不断挖掘其育种潜力的基础上，使其强的抗性和良好的生产性能得到了进一步的综合表达，为我国北方干旱地区草地建设和生态治理增添了一个适宜的优良禾草材料。

2 内蒙沙芦草性状及评价

内蒙沙芦草为多年生疏丛型禾草，须根系发达，具沙套，茎秆通常直立，株高一般50～100cm，最高可达90cm，叶片多数呈灰绿色。春季返青较早，秋季枯黄较晚，青绿持续期较长，茎叶柔软，营养价值高，适口性好，抗寒、耐旱，适应性强，寿命长，适宜在我国北方年降水量200～400mm的干旱、半干旱地区种植。近年来，该品种虽在内蒙古中西部、甘肃、青海、宁夏、新疆等省份的沙化退化草地改良、飞播及水土流失区植被恢复中发挥了重要作用，但在生产中也表现出了一些问题，主要是株丛低矮、分蘖少、叶量小，牧草和种子产量低（在北方多年生禾草中处于中下等水平），即使在灌溉条件下干草产量也只有3 000kg/hm²左右，而且田间株丛形态差异较大，如在植株高度、茎秆直立程度、株丛大小和颜色等方面均表现出明显的株间变异，具有很大的选择育种潜力。

3　选育目标和方法

蒙古冰草为严格的异花授粉植物，为了改善其生产性能，提高牧草及种子产量，采用单株-混合选择法进行选育。育种目标是在保持原有抗性的前提下，提高其牧草和种子产量。具体选择标准是：返青期返青早，株丛深绿，生长旺盛；开花期株丛直立、高大（株高 90cm 以上），分蘖数多，叶量丰富；整个生长期无病虫害。根据这样的目标，1992 年在原始材料圃中进行了第一次单株选择，获得符合条件的优良单株 20 个，分别收籽，1993 年单独播种 20 个株系小区；1995 年进行第二次单株选择，共选得优良单株 13 个，单独收获种子，1996 年分别种植 13 个株系小区；1997 年进行第三次单株选择，选得优良单株丛 260 个，进行单株混合收籽，共获得种子 1.4kg，形成了原原种。1998 年在呼和浩特进行新品系扩繁和品比试验，种植面积 600m²，次年收获种子约 20kg。2001 年在锡林郭勒盟正蓝旗和苏尼特右旗开始进行区域试验、生产试验及原种扩繁。近年来种植面积不断扩大，到 2005 年已在呼和浩特内蒙古农业大学科技园区牧草试验站与土左旗海流基地、内蒙古锡林郭勒盟正蓝旗草籽场与苏尼特右旗牧草试验站、巴彦淖尔市乌拉特中旗包钢二机厂试验场等地建植品比试验、区域试验、旱作生产试验及种子良繁田共 55hm²，每年可收获种子 2 000kg 多，为进一步生产试验和推广应用奠定了基础。

4　选育结果与分析

4.1　株丛特征

经过多年多次选择，新品系的株丛形态得到了明显的改善。1999 年在呼和浩特内蒙古农业大学科技园区试验站选取生长第二年的植株，于开花期进行了株丛形态特征的测定，结果列于表 1。

表 1　新品系与原始群体株丛特征的比较（1999 年 6 月 16 日测定）

项目		内蒙沙芦草	新品系
茎	株高（cm）	58～116（87.0）	96～116（106.0）*
	分蘖数/单株	46～158（102.0）	124～160（142.0）**
	抽穗率（%）	76.2	86.8
叶	叶数	2～3	3～4
	叶长（cm）	7～10（8.5）	14～18（16.0）
	叶宽（cm）	0.2～0.4（0.3）	0.4～0.6（0.5）
穗	穗长（cm）	10～16（13.0）	12～18（15.0）
	小穗数/穗	19～37（29.0）	24～36（30.0）
	小花数/小穗	4～12（8.0）	6～14（10.0）

注：* 表示 *t* 检验 5% 水平差异显著，** 为 1% 水平差异极显著；下表同。

试验观测发现，经选育后的新品系与原始群体相比，草群高度明显增加，单株丛分蘖数及田间整齐度均有较大幅度的提高。就植株高度来看（表 1），开花期内蒙沙芦草的平均株高为 87cm，而新品系的平均株高 106cm。从表 1 也可以看出，内蒙沙芦草的株高变幅较大，新品系的株高变幅较小，田间表现整齐度提高。新品系的叶数及叶长、叶宽都较原始群体有明显增加，群体叶量明显加大。新品系的花穗体积也有所增加，一般穗长 12～18cm，宽 2.5～3.8cm，每穗小穗数 24～36 个，每小穗小花数 6～14 个。新品系的分蘖能力也比内蒙沙芦草强，生活第二年平均单株丛的分蘖数可达 142（124～160）个。新品系的生殖枝数也较多，抽穗率达 86.8%，而原始群体的生殖枝数较少，抽穗率仅为 76.2%。新品系株丛颜色较整齐，一般呈深绿色。

4.2　生物学特性

4.2.1　物候期

不同日期播种，当年的生长发育表现不同。2001—2004 年在内蒙古锡林郭勒盟正蓝旗进行的不同播期的试验结果表明：早春播种当年即可正常结实；夏秋播种当年不能抽穗；从播种第二年开始表现出相同的生长发育规律。2002—2004 年连续三年进行的观测结果表明（表 2），新品系与内蒙沙芦草在各地表现的生长发育规律基本一致，春季一般在 3 月底至 4 月初春芽萌发，草地见绿，比当地天然草地返青提前 20～30d；秋季枯黄较晚，一般在当地初霜后一周左右开始出现枯黄，再经过 20～30d 后达到完全枯黄，如晚秋雨水较好时枯黄期可延迟；平均生育期 120d 左右，青绿期 230d 左右。

表 2　不同地区的物候期

试验地点	返青期	拔节期	抽穗期	开花期	完熟期	枯黄期
呼和浩特市	3 月 28 日	4 月 30 日	5 月 29 日	6 月 15 日	7 月 28 日	11 月 10 日
正蓝旗	4 月 6 日	5 月 20 日	6 月 14 日	7 月 8 日	8 月 14 日	10 月 30 日
苏尼特右旗	4 月 8 日	5 月 24 日	6 月 18 日	7 月 12 日	8 月 12 日	10 月 25 日

4.2.2　抗旱、耐寒性

各地的试验观测发现，新品系与内蒙沙芦草的抗旱、耐寒性表现一致。一般在苗期出现严重干旱时因幼苗细弱容易出现死苗，特别是夏季高温干旱时死苗现象较为严重，有时甚至全部旱死；至三叶期开始分蘖后，株丛根系已较健全，抗旱性明显增强；成株的抗旱性最强，在极度干旱时叶片内卷，减少水分散失，甚至地上部分枯黄进入暂时休眠，待降雨或灌溉后可在短期内迅速恢复生长。在内蒙古锡林郭勒盟正蓝旗试点进行的试验表明，8 月底播种，幼苗当年可以安全越冬，成株在极端低温达到 −40℃ 的年份越冬率仍可达到 95% 以上。

4.3　生产性能

4.3.1　牧草品质

新品系具有草质柔嫩、适口性好的优良特性。2005 年在呼和浩特于生长第五年抽穗盛期和开花期，分别取样对全株主要营养成分进行了测定。结果表明（表 3），抽穗盛期新品系粗蛋白质含量为 15.89%，粗脂肪含量为 4.06%，粗灰分含量为 6.89%，均高于内蒙沙芦草，这与选育后新品系的叶片数量增多、面积增大及叶片所占比例提高有关；但开花期粗蛋白质含量明显下降，粗纤维含量增加，生产中应注意适时刈割。

表 3　新品系营养成分含量（%）

材料	物候期	水分	粗蛋白质	粗脂肪	粗纤维	无氮浸出物	粗灰分
内蒙沙芦草	抽穗盛期	3.49	15.14	3.94	33.26	37.34	6.83
	开花期	4.22	10.52	3.54	35.78	40.59	5.35
新品系	抽穗盛期	3.57	15.89	4.06	32.22	37.37	6.89
	开花期	4.38	10.68	3.97	35.63	40.07	5.27

4.3.2 牧草产量

经选育后的新品系植株高大，叶量丰富，牧草产量明显增加，在正常年份如刈割适时可以进行两次：第一次可在 6 月初抽穗盛期刈割，占产草量的 60%；两个多月后（8 月中旬）可进行第二次刈割，占产草量的 40%。7 月底种子收获后，水热条件充沛，果后营养生长旺盛，到初霜前植株可以达到拔节，也可进行割草或放牧利用。2002—2004 年在呼和浩特、正蓝旗、苏尼特右旗进行了牧草产量比较试验，测产结果列于表 4。

由表 4 可以看出，各地不同年度抽穗盛期刈割测产结果有所不同，但总体规律是：新品系的产草量均高于内蒙沙芦草；种植 4 年内，随着生长年限的延长，牧草产量呈上升趋势，3 个试点 3 年的平均产草量均达到显著或极显著差异。呼和浩特试点 3 年平均干草产量新品系为 6 608.4kg/hm²，内蒙沙芦草 5 118.3kg/hm²，平均增产 29.11%，差异达到极显著水平；正蓝旗试点是 3 个试点中产量最高的，3 年平均干草产量新品系 7 104.4kg/hm²，内蒙沙芦草 5 435.1kg/hm²，平均增产 30.71%，也达到极显著水平；苏尼特右旗试点气候条件较差，3 年平均干草产量最低，新品系 3 680.8kg/hm²，内蒙沙芦草 2 955.7kg/hm²，平均增产 24.53%，差异达到显著水平。

表 4 不同地区牧草产量测定结果（kg/hm²）

试点	年度	品种	鲜草	干草	鲜干比	叶率（%）	干草增产（%）
呼和浩特市	2002（第二年）	内蒙沙芦草	16 354.5	4 657.6	3.51∶1	18.3	
		新品系	19 119.4	5 974.8	3.20∶1	23.6	28.28*
	2003（第三年）	内蒙沙芦草	18 673.4	5 234.5	3.57∶1	16.4	
		新品系	22 122.6	6 862.2	3.22∶1	18.6	31.10**
	2004（第四年）	内蒙沙芦草	18 332.6	5 462.8	3.36∶1	17.8	
		新品系	22 335.1	6 988.2	3.20∶1	19.6	27.92*
	平均	内蒙沙芦草	17 786.8	5 118.3	3.48∶1	17.5	
		新品系	21 192.4	6 608.4	3.21∶1	20.6	29.11**
正蓝旗	2002	内蒙沙芦草	19 075.4	5 127.8	3.72∶1	17.6	
		新品系	26 771.2	6 829.4	3.92∶1	20.6	33.18**
	2003	内蒙沙芦草	21 466.3	5 634.2	3.81∶1	16.9	
		新品系	28 691.4	7 245.3	3.96∶1	18.8	28.60*
	2004	内蒙沙芦草	19 235.3	5 543.3	9.47∶1	17.3	
		新品系	27 795.5	7 238.4	3.84∶1	20.6	30.58**
	平均	内蒙沙芦草	19 925.7	5 435.1	3.67∶1	17.3	
		新品系	27 752.7	7 104.4	3.91∶1	20.0	30.71**
苏尼特右旗	2002	内蒙沙芦草	8 876.3	2 637.2	3.37∶1	16.8	
		新品系	9 982.4	3 018.4	3.31∶1	19.3	14.45
	2003	内蒙沙芦草	9 823.1	3 012.3	3.26∶1	20.5	
		新品系	11 864.9	3 921.8	3.03∶1	23.4	30.19**
	2004	内蒙沙芦草	11 182.6	3 217.6	3.48∶1	17.2	
		新品系	14 445.3	4 102.1	3.52∶1	118.4	27.49*
	平均	内蒙沙芦草	9 960.5	2 955.7	3.37∶1	18.2	
		新品系	12 097.5	3 680.8	3.29∶1	20.4	24.53*

4.3.3 种子产量

高产优质种子是优良品种推广应用的基础。经过选育的新品系不仅植株高大，抽穗率提高，而且生长整齐，种熟期一致，易于获得优质高产的种子。不同试点 3 年试验的种子测产结果列于表 5。

表 5　不同地区种子产量测定结果（kg/hm²）

试点	年度	品种	种子产量	增产（％）
呼和浩特市	2002（第二年）	内蒙沙芦草	321.6	
		新品系	413.2	28.48*
	2003（第三年）	内蒙沙芦草	378.9	
		新品系	561.2	48.11**
	2004（第四年）	内蒙沙芦草	398.3	
		新品系	588.1	47.65**
	平均	内蒙沙芦草	366.3	
		新品系	520.8	42.18**
正蓝旗	2002	内蒙沙芦草	329.4	
		新品系	416.2	26.35*
	2003	内蒙沙芦草	426.9	
		新品系	582.3	36.40**
	2004	内蒙沙芦草	445.5	
		新品系	653.6	46.71**
	平均	内蒙沙芦草	400.6	
		新品系	550.7	37.47**
苏尼特右旗	2002	内蒙沙芦草	182.6	
		新品系	245.3	34.34**
	2003	内蒙沙芦草	210.6	
		新品系	285.4	35.52**
	2004	内蒙沙芦草	193.2	
		新品系	252.3	30.59**
	平均	内蒙沙芦草	195.5	
		新品系	261.0	33.50**

各地不同年度种子产量有所不同，新品系的产量均高于内蒙沙芦草；种植 4 年内，随着生长年限的延长，种子产量呈上升趋势；新品系 3 年平均种子增产幅度在各地均达到极显著水平。呼和浩特试点 3 年平均种子产量新品系为 520.8kg/hm²，内蒙沙芦草为 336.3kg/hm²，平均增产 42.18％；正蓝旗试点的种子产量最高，3 年平均新品系为 550.7kg/hm²，内蒙沙芦草为 400.6kg/hm²，平均增产37.47％；苏尼特右旗试点三年平均种子产量最低，新品系为 261.0kg/hm²，内蒙沙芦草为195.5kg/hm²，平均增产 33.50％。

5　结论

（1）采用单株-混合选择法对原始群体——内蒙沙芦草进行了长达 10 多年的选择育种，并经过品比、区域和生产试验获得了一个新品系。它不仅保持了原始群体抗寒、耐旱、青绿期长的优良特性，而且植株高度增加，分蘖能力增强，田间整齐度提高，营养价值得到改善，表现出更好的生产性能，使蒙古冰草由野生栽培材料转向栽培品种，丰富了我国北方干旱、半干旱地区的牧草品种资源。

（2）新品系较内蒙沙芦草的牧草产量有了明显提高，抽穗盛期新品系的干草产量一般可比内蒙沙芦草提高 25％～30％。

（3）新品系种子萌发出苗整齐一致，叶面积增大，叶率提高，生态适应性广泛，适宜在我国北方年降水量 200～400mm 的干旱、半干旱地区推广种植。

参考文献（略）

本文原刊载于《中国草地》，2005 年第 6 期，略有删改

我国草品种育种的发展方略

云锦凤

（内蒙古农业大学生态环境学院，呼和浩特　010018）

摘要： 草品种是草业发展的物质基础。我国草品种育种工作经过半个多世纪的发展，取得了显著的成就，在草业可持续发展中发挥了重要作用。通过对我国草品种的社会需求变化和制约育种工作快速发展因素的分析，提出了以建立和完善管理体系、技术体系和保障体系为核心的草品种育种发展方略，并探讨了实现方略目标的具体途径和方法。

草品种是草业发展的重要基础，与国家的经济建设和可持续发展密切相关。当今在"可持续发展"思想指导下，实现经济、社会和环境的协调发展已成为世界各国共同追求的目标。近年来，我国实施了以西部大开发为标志的可持续发展战略，随着全国生态环境建设、农牧业产业结构调整以及城乡绿化和环境整治工作的不断深入，我国草业得到了快速的发展，各地对优良草品种及优质种子数量的需求急剧增加，使我国草品种育种事业迎来了前所未有的发展机遇。草品种育种工作逐渐得到了全社会的广泛关注，科研、生产和产业化开发队伍不断壮大，取得了一批卓有成效的研究成果，在我国经济、社会和环境可持续发展中发挥了重要作用。同时，我们也清醒地看到，随着草业产业化进程的快速推进，我国草品种育种工作也面临着严峻的挑战，社会对草品种数量和质量的需求越来越高，而且趋于多样化、区域化、系列化和规范化。面对这种机遇和挑战，我们必须对我国草品种育种的现状进行深入的剖析，针对问题，找出解决途径，在科学发展观的指导下，谋划育种事业快速发展的方向和目标，通过不断开拓创新，把草品种育种推向新的历史发展阶段，更好地为我国社会经济与环境的可持续发展和建设创新型国家服务。这是摆在全国草业育种工作者面前的一项战略任务。

1　草品种在我国社会经济中的地位和作用

草品种与社会、经济和环境可持续发展的关系越来越紧密，是我国草业可持续发展的重要基石，在保障国家生态安全、粮食安全，促进经济发展，提高人民生活水平和质量等诸多方面具有十分重要的作用。

1.1　草品种是发展农牧业和保障食品安全的重要生产资料

众所周知，发展畜牧业是保障国家食品安全的重要途径。牧草优良品种产草量增幅通常可达 $20\%\sim30\%$，因而是农牧业生产增收增效的主要手段。培育优良牧草品种数量的多少是衡量一个国家畜牧业发展水平的重要标志之一，现代农业种植结构的模式也将牧草及饲料作物优良品种提到十分重要的位置。由于受人口膨胀、资源匮乏、环境恶化等因素的影响，我国大面积的天然草地正在发生退化，传统的草原畜牧业遇到了前所未有的发展阻力，饲草料供应短缺，草畜矛盾日益突出。改良天然草地、建立优质高产人工草地和饲料基地以及通过调整种植业结构推行草田轮作已成为我国现代农牧业发展的必由之路，而优良牧草品种则是实现这一目标的根本保证。

1.2　草品种是保障国家生态安全的物质基础

改善生态环境，实现人类社会可持续发展已成为世界各国的共识。研究表明，草地能够吸收噪声、粉尘并释放氧气，每 $25\sim50m^2$ 的草地可以吸收一个人呼出的二氧化碳并满足其氧气消耗，因而可有效地净化空气。草本植物在防风固沙和保持水土方面具有特殊的作用。另据报道，草被盖度为 $30\%\sim50\%$ 时，近地面风速可降低 50%，地面输沙量仅相当流沙地段的 1%；在相同条件下，草地比裸地的土壤含水量高 90% 以上；草坡地比裸坡地的地表径流量减少 47%，冲刷量减少 77%。目前，我国人工草地仅占草地总面积的 3%，如果人工草地面积达到天然草地的 10%，就可使 90% 的天然草地恢复和加强其生态功能。毫无疑问，各类人工草地的建立和天然草地的改良都离不开优良草品种，它是保障国家生态安全的物质基础，在国家生态环境保护、建设以及城乡环境治理等方面发挥着不可代替的重要作用。

1.3　草品种是我国草业经济可持续发展的核心

草业是以草原为基础，利用日光能量合成牧草，然后通过生物、化工和机械等手段创造物质财富的产业。在我国，草业被称为 21 世纪的朝阳产业，不仅有很大的产业关联度，而且自身也有丰富的产业内涵，牧草栽培与加工产业、草种产业、城乡绿化产业等一批子产业的快速形成，构成了庞大而具有广阔发展空间的草业产业链，这个产业链的核心是优良牧草品种，它是实现草业产业化可持续发展的重要基础。据国际种子联盟（ISF）统计，世界禾本科和豆科种子年平均产量69 万 t，进入国际市场交易的有 20 万 t，贸易额 4.6 亿美元，已形成草种业。人工草地生产力是天然草地的 10 倍，美国由于人工草地和草田轮作地分别占草地总面积的 13% 和 16%，耕地增加了肥力，节省了化肥，满足了家畜优质草的需要，提高了粮食和家畜的生产，干草产值仅次于玉米居第二位。此外，通过草畜产品深加工生产出多样化的优质产品，可获得更大的经济效益和社会效益。因此，以草种业为龙头的草业产业化发展是草业经济快速发展的基础，我国在这方面起步较晚，发展潜力巨大。满足市场需求的优良草品种将推动草种业的快速发展，草品种在我国社会经济发展中的作用将日趋明显。

2　我国草品种育种的成就与贡献

我国草品种育种工作经过半个多世纪的历程，特别是改革开放以来的快速发展，取得了显著的成就，在我国社会经济和环境建设中发挥了重要作用。

2.1　育成了一批优良品种在生产中应用

截至 2007 年，经全国草品种审定委员会审定登记的品种达 337 个。其中，育成品种 128 个，野生驯化品种 55 个。这些品种相继在各地不同生态和生产利用条件下推广种植，取得了显著的经济、社会和生态效益，有力地推动了我国草业产业化的进程。如中首 1 号苜蓿（*Medicago sativa* L. cv. Zhongmu No.1）品种，已在黄淮海地区、河北、山东、内蒙古等地推广种植，面积超过 50 000hm²；蒙古冰草（*Agropyron mongolicum* Keng cv. Neimeng）在内蒙古及相邻省区退化草地改良和生态建设中推广面积近 5 万 hm²；长江 2 号黑麦草（*Lolium multiflorum* Lam. cv. Changjiang No.2）在四川、贵州、江浙等地种植 3 万 hm²。为了加速牧草新品种的推广和应用，"十五"期间农业部在全国建成了 8 个高标准的重要牧草〔苜蓿（*Medicago sativa*）、羊草（*Leymus chinensis*）和冰草（*Agropyron cristatum*）等〕原种繁殖场，总面积达 3 000hm²；建立牧草种子扩繁基地66 处，面积达 7.3 万 hm²。实践证明，优良牧草品种在我国人工草地建设、"三化"草地改良、水土保持等方面发挥了重要作用，促进了当地农牧业的发展和环境保护建设，在区域社会经济发展中正在发挥着愈来愈重要的作用。

2.2　种质资源收集、保存、评价成效显著

种质资源是草品种育种的物质基础，到目前为止我国已搜集、保存和鉴定的牧草种质资源约10 000份，其中国家作物遗传资源长期库保存 3 500 余份，牧草种质资源中期库保存约 6 000 份。

已对 4 500 余份材料的生物学特性和农艺性状及细胞学等进行了鉴定和评价，从中筛选出 200 余份优良性状突出的种质材料，其中可直接用于生产的优良草种和品种 65 个。在全国不同气候生态区建立了 5 个多年生牧草种质资源圃，建立了 8 个草地类自然保护区，约有 2 000 种重点保护植物得到保护。

近年来，在国家科技基础平台建设项目的支持下，经过全国近 30 家相关单位的整理整合，我国牧草种质资源中期库保存种质达到 7 543 份，并建立了中国牧草种质资源数据库和共享网络系统，上交国家 E-平台可共享的共性描述种质资源 5 034 份，近 3 年实现信息共享人数已达 2 万余人次，为有关单位提供共享种质实物 1 万余份。初步形成了长期库、中期库和资源圃三级保存体系，并正在完善种质资源信息与实物共享体系，为我国草品种育种及种质创新奠定了基础。

2.3 育种的基础研究和新技术应用取得了重要进展

草品种选育在很大程度上取决于育种的基础理论研究的程度，伴随新品种选育的进程，牧草育种的基础理论取得了较大的进展。在过去的几十年间，我国牧草遗传育种工作者在牧草生理学、细胞学、孢粉学、细胞遗传学等基础研究和远缘杂交、杂种优势利用和诱变育种等技术研究方面都取得了很大进展，出版了《中国苜蓿》《中国草地饲用植物染色体研究》《草品种育种技术》《内蒙古草地现代植物花粉形态》和《野生牧草引种驯化》等一批研究专著和大量学术论文。近年来，在国家"863""973"和国家自然科学基金等项目资助下，牧草基础理论研究和生物技术应用发展较快，种质资源的遗传多样性研究、牧草组培再生体系和遗传转化体系的研究，牧草重要农艺性状的基因定位、功能基因的克隆、分子标记辅助育种等研究领域不断取得新进展，初步建立了重点牧草的遗传转化体系，苜蓿、冰草、高羊茅（*Festuca elata* Keng）、黑麦草等重点草种已获得转基因植株。同时，太空育种与远缘杂交相结合、植物组织培养与化学和物理诱变相结合以及雄性不育系和杂种优势利用等技术手段已成功地用于草品种育种。这些成果标志着我国传统草品种育种技术与现代高新技术相结合已开始进入实验阶段，必将对我国现代草品种育种技术体系的建立产生重要影响。

3 我国草品种育种发展的基本方略

历经半个多世纪的努力拼搏，我国草品种选育工作取得了可喜的成绩。但是，与草地畜牧业发达国家相比，我国的育种工作起步较晚，发展滞后，在许多方面存在着快速发展的制约因素和亟待解决的问题。总结国内外草品种育种的成功经验，纵观草业界草品种育种的发展趋势，结合我国的实际情况分析，我国草品种育种的快速发展需要从体制和机制上解决一些关键的制约性问题，建立和完善我国草品种育种的管理体系、技术体系和保障体系。

3.1 构建我国草品种育种的管理体系

3.1.1 成立国家草品种育种管理机构

长期以来，我国草品种育种没有对应的业务管理机构，新品种选育具有很大的随意性，缺乏根据国家建设需要而进行的宏观管理与协调。从事草品种育种人员短缺、资金不足，育种研究很难持续和稳定开展，育种进程缓慢，草品种供应数量与社会需求的矛盾较突出，而且创新能力不强，品种科技含量整体表现不高。鉴于这种状况，建议成立国家草品种育种管理机构，全面负责全国草品种育种的业务管理，协调、组织跨地区和跨学科的协作攻关，整合全国资源建立牧草种质资源共享体系，制定相关发展规划、管理规章、技术规程、保障措施等。

值得高兴的是，经过多方的努力，农业部已经开始建立全国草品种区域试验网，对新品种的选育过程进行严格把关。相信国家草品种区域试验网络的建立将对我国草品种育种的快速健康发展产生重要影响。

3.1.2 制定我国草品种育种中、长期发展规划

国外的成功经验证明，草品种育种必须与国家和地区经济建设和社会需要紧密结合。为了克服品种培育的盲目性，组织全国草品种育种工作者协同攻关，使新品种真正能在生产中发挥作用和产生效益，根据国家、社会和区域经济发展需要，由国家草品种育种管理机构组织制定全国草品种育种中、长期规划，确定我国草品种育种发展方向、总体目标、区域布局和重点攻关领域，强化草品种选育与国家建设和社会发展的紧密结合，明确新品种的应用领域，促进新品种的推广应用。

3.2 完善草品种育种的技术体系

3.2.1 建立新的草品种育种目标体系

随着我国草业的快速发展和社会对草品种种类和数量需求的迅速扩大，必须尽快调整草品种育种目标，要从培育饲用型牧草品种的单一目标转向培育饲用、生态、绿化美化、草田轮作等品种的多元化目标。在每个一级育种目标下，应根据当地社会需求以及生态和生产条件，确定若干二级育种目标，建立一个新的草品种育种目标体系。该体系应突出牧草品种的区域化、功能化、系列化和实用化，进而有利于加速草品种育种进程，并最大限度发挥牧草新品种的作用。

3.2.2 制定我国草品种育种的相关技术标准和操作规程

草品种育种涉及的学科领域广泛，采用的技术手段多样。为了提高草品种育种效率和科技水平，必须对牧草品种选育的技术手段和操作方法进行规范。在全国牧草品种审定委员会受理的535个申报品种中，未通过审定的申报品种达198个，追究其原因主要是育种方法和育种程序不规范，缺乏科学性和可靠性。因此，制定较为系统的我国草品种育种技术规程和相关标准是完善草品种育种技术体系的重要环节，是提高我国草品种育种整体技术水平的关键。

3.2.3 促进常规育种与新技术育种相结合，构建我国现代草品种育种技术体系

从国外草品种育种发展动态看，常规育种与新技术育种的有效结合是草品种育种发展的总体趋势。以常规育种为基础，加强新技术育种的理论创新和技术创新，弥补传统育种方法的不足，增强对牧草遗传性状改造与利用的定向性和准确性，从而提高草品种育种的可操作性，这是现代草品种育种技术体系的核心。我们应该在继续完善和普及常规育种理论和技术的基础上，积极探索草品种育种的高新技术，将生物技术等高新技术与常规育种结合起来，构建我国现代草品种育种技术体系，提高培育牧草新品种效率，加快育种步伐，缩短新品种更新换代周期。

3.3 强化草品种育种的保障体系

3.3.1 加强种质资源信息与实物的共享

众所周知，植物种质资源是草品种选育的原始材料。广泛收集、保存、鉴定牧草种质资源是加快草品种选育的前提条件。我国牧草种质资源的搜集、保存和鉴定已取得了重要进展，无疑为草品种选育创造了十分有利条件。在此基础上，应该完善牧草种质资源信息与实物共享系统，加速草品种育种急需种质资源的信息与实物共享，使育种工作者能够及时发现和掌握优异的育种材料，加快育种进程。同时，有计划地对已经搜集到的种质材料进行系统的研究，筛选出符合不同育种目标需要的育种材料，并进行种质资源的创新，为育种工作提供丰富的遗传资源。

3.3.2 建立草品种育种协作机制

草品种育种是一项周期长、难度大的系统工程，涉及遗传学、育种学、分类学、生理生化学等多门学科的知识，必须聚集相关学科的精兵强将，才能尽快选育出高质量的优良品种。发达国家新品种的培育都是集相关学科的专家组成科研梯队合作攻关，涉及区域试验需通过跨地区协作方可完成品种培育全过程。如美国育成的许多牧草品种一般均由2~4个跨地区研究和推广单位合作完成。

近年来，我国开展草品种选育的单位数量明显增多，国内从事草品种经营和推广的企业也不断增加，协调和组织这些单位开展跨地区和跨行业的草品种育种合作研究，甚至可以通过国际合作开展跨

国的草品种育种攻关，这是今后草品种育种的一条重要途径。

3.3.3　完善草品种良种繁育的质量监控体系，建立草品种知识产权保护机制

采用多元化的投入机制，在全国不同气候区域建设良种繁殖基地，根据不同牧草特性确定相应的繁殖方法，建立以品种纯度为中心的分级繁殖体系，由国家主管部门依照《种子法》，分草种、分地域制定和修订各种草品种的各级种子生产技术规程和质量检验规程。同时，实行草品种良种繁育基地认证制度，由国家草品种育种管理机构组织专家对全国草品种种子繁育基地进行资格认证和技术监督。依法对牧草良种生产企业和农户进行监督指导和田间检验，以保证牧草良种的质量。

采用先进技术，如 DUS（Distinctness、Uniformity、Stability）测试技术等，建立我国牧草品种鉴定技术体系，对申请登记、生产和经营的侵权牧草品种进行 DUS 测试，并加大《中华人民共和国植物新品种条例》的宣传、执法和监督力度，依法查处侵权行为。建立保护育种者权益和研发积极性的有效机制。

3.3.4　多层次培养创新人才，加强国际交流与合作

21 世纪是知识经济时代，知识是最重要的资源，人才是最重要的资本，掌握知识是前提，应用知识是根本，创新知识是关键。依靠创新人才，进行科技创新，解决草品种育种的难点和问题。高素质人才培养的根本在教育，在立足自己培养的同时，把有潜力的青年人有针对性地送到国外进行专门培养，也可通过引进人才来扩大育种队伍。在科技迅速发展的今天，国际学术交流和合作是国家科技进步、经济发展的重要途径，也是培养创新型人才的重要渠道。通过广泛的国际学术交流与合作，促进我国草品种育种技术水平的提高和专业人才的培养。

参考文献（略）

本文原刊载于《草地学报》，2008 年第 3 期，略有删改

秋水仙素诱导大赖草染色体加倍的研究

王桂花，云锦凤，米福贵

（内蒙古农业大学，呼和浩特　010018）

摘要： 以萌动的大赖草种子为材料，研究不同温度、浓度和时间对秋水仙素诱导大赖草染色体加倍的诱变效果，确定其适宜温度为 15℃ 左右，适宜浓度为 0.01%～0.05%，适宜时间为 2～10h。

多倍体育种是一种有效的育种途径，是改良品质、获得优质高产的新品种的重要手段之一，并作为遗传传递的工具有着最重要、最多样化的育种用途。因此，育种学家们对如何诱导产生多倍体进行了广泛的研究。本文通过在不同浓度、温度和时间下用秋水仙素处理大赖草种子，获得了加倍的大赖草的多倍体植株，并确定了秋水仙素诱导大赖草染色体加倍的最适的浓度、温度和时间。

1　材料与方法

1.1　试验材料

供试材料为赖草属大赖草（*Leymus racemosus*）的品种（Volga），来源于美国科罗拉多州，根茎性禾草，寿命长，植株高大，茎叶粗糙，有较强的侵占性和耐盐碱性。$2n=14$。

1.2　试验方法

1.2.1　萌动种子的处理

首先将种子用 0.10% 的氯化汞消毒 10min，清水洗净后放在培养皿中，置 25℃ 黑暗的发芽箱内发芽，经 2～3d 种子刚刚萌发，即胚根刚刚露出白尖时取出，在 3～4℃、15℃、33℃ 3 个温度下，分别在 0.01%、0.025%、0.05%、0.10%、0.20% 5 个浓度的秋水仙素溶液中浸渍 2h、6h、10h、18h。以清水浸渍种子为对照，每个处理重复 3 次，每次处理种子数为 20 粒。本试验各个处理均在黑暗条件下进行。

1.2.2　幼苗培育

将处理后的种子用清水冲洗数次，把药液完全冲洗掉，放在衬有双层滤纸的培养皿内，在恒温培养箱内（光照 25℃）培养，观察幼苗的变化情况，对形态有变异的幼苗继续培养，没有变异的弃去。当苗高 2cm 左右时，放在培养钵内进行沙基培养，适量浇水，以保证幼苗的生长。

1.2.3　幼苗移栽

将在培养钵内成长 50d 的幼苗移栽到户外试验地，以保证植株的生长及继续观察。

1.3　观测项目

1.3.1　变异率

从形态上仔细观察秋水仙素处理后的种苗的胚根和胚芽及叶片的变异情况，然后计算其变异率。某处理下的平均变异率＝（处理下的形态变异株数总和/处理下的供试株数总和）×100%。

1.3.2 成苗率

观察植株的成苗情况，计算其成苗率。

某处理下的平均成苗率＝(处理下的成苗株数总和/处理下的形态变异株数总和)×100％。

1.3.3 细胞学鉴定

当土培幼苗开始分蘖时，取出整个植株，将根系洗净。从根系中取新鲜、光滑、透明的白色根尖5～10个放入8-羟基喹啉溶液中处理150min或放入蒸馏水中用冰水混合物处理24h，用卡诺固定液固定2～24h，1mol/L HCl解离60min后，用石炭酸品红溶液染色、压片，观察统计不同根尖上的细胞中的染色体数，并选择分散相好的片子，用Olympus显微镜照相。

2 结果与分析

2.1 秋水仙素处理后种苗的变异表现

秋水仙素处理后幼苗的变异表现为胚芽鞘膨大呈棒状，生长势缓慢，一般经2～7d后，胚芽从膨大的胚芽鞘的顶端抽出，生长趋于恢复，但较正常植株生长慢；茎变粗，第1片真叶宽大、肥厚，叶色深绿、扭曲或皱缩，当长至7～8片叶后扭曲现象消失；幼根尖端肿大呈鼓槌状或圆球状，根据处理浓度和时间不同而异。

2.2 温度、浓度、时间三因素对诱导多倍体的影响

不同温度、浓度、时间三因素对诱导Volga多倍体的影响见表1。

表1 温度、浓度、时间三因素对变异率、成苗率的影响

因素	变异率		成苗率	
	Mean	$P_r > F$ (差异水平)	Mean	$P_r > F$
Rep	6.805 8	0.793 9	115.596 19	0.714 7
A	50 341.827 8	0.000 1	8 557.826 16	0.000 1
B	1 579.797 6	0.000 1	2 718.541 44	0.006 6
C	3 421.917 8	0.000 1	833.652 17	0.057 2
A×B	188.490 9	0.003 0	766.691 41	0.112 4
A×C	752.376 1	0.000 1	377.043 56	0.000 1
B×C	144.620 8	0.001 7	34.728 96	0.981 5
A×B×C	105.872 3	0.001 8	35.669 27	0.998 9

注：A为温度，B为时间，C为浓度。

从表1可以看出，变异率在A、B、C、A×B、A×C、B×C、A×B×C均极显著，说明温度、浓度、时间及三者之间的互作对幼苗变异率存在显著影响。成苗率在A、B、A×C差异极显著，C在0.05水平下差异极显著，其余效应都不显著。由此可见，温度、浓度、时间影响成苗率，同时成苗率与不同温度下的处理浓度及处理时间有关。

2.2.1 温度对诱导多倍体的影响

不同温度下的Volga变异率、成苗率及差异显著性见表2。

表2　不同温度下幼苗的变异率、成苗率及差异显著性

处理温度	幼苗平均变异率（%）及差异显著性	幼苗平均成苗率（%）及差异显著性
15℃	70.243bB	48.915aA
3～4℃	3.354cC	24.085bB
33℃	80.941aA	16.667bB

注：小写字母相同表示5%水平差异不显著，大写字母相同表示1%水平差异不显著（下同）。

从表2不同温度下的幼苗平均变异率和平均成苗率及差异显著性可以看出，温度对秋水仙素诱导Volga多倍体有显著的影响。在3～4℃时，幼苗的平均变异率仅为3.354%，非常低，变异几乎难以发生。在15℃时，幼苗的平均变异率为70.243%。在33℃时，幼苗的平均变异率为80.941%。3种温度下的幼苗的平均变异率差异极显著。但在3～4℃时，幼苗的平均成苗率为24.085%。在15℃时，幼苗的平均成苗率为48.915%，在33℃时，幼苗的平均成苗率为16.667%。15℃时的成苗率显著高于3～4℃和33℃时的成苗率，并与3～4℃和33℃时的幼苗的平均成苗率差异极显著。综合变异率和成苗率两项指标可以看出，过高、过低的温度均不利于诱导Volga四倍体细胞的发生。诱导Volga四倍体的最适宜温度为15℃。

在15℃条件下，不同浓度对诱导Volga幼苗平均变异率和幼苗平均成苗率及差异显著性见表3。

表3　15℃条件下，不同浓度下的幼苗变异率、成苗率及差异显著性

处理浓度	幼苗平均变异率（%）及差异显著性	幼苗平均成苗率（%）及差异显著性
0.01%	51.100dD	54.980aA
0.025%	65.787cC	46.453bB
0.05%	87.525bB	35.592cC
0.10%	90.573bB	15.803dD
0.20%	96.002aA	9.114eE

从表3可以看出，浓度不同，Volga幼苗的平均变异率及幼苗平均成苗率也不同。当浓度从0.01%变化到0.05%时，幼苗的平均变异率由51.100%迅速增加到87.525%，差异极显著。当浓度由0.05%变化到0.20%时，幼苗的平均变异率增加，但从0.05%增加到0.10%范围之间差异不显著，诱变效果几乎是一致的，二者与0.20%的差异表现为极显著。并且在从0.01%增加到0.20%时，幼苗平均成苗率从54.980%降低到9.114%，差异极显著。当秋水仙素的浓度从0.05%提高到0.10%时，幼苗的平均成苗率从35.592%下降到15.803%，到0.20%时幼苗成苗率仅为9.114%。从变异率和成苗率两方面考虑，诱导Volga多倍体的浓度不应大于0.05%。

2.2.2　15℃时，不同时间对诱导多倍体的影响

在15℃条件下，不同处理时间对幼苗平均变异率和平均成苗率及其差异显著性分析见表4。

从表4可以看出，时间对诱导Volga多倍体的影响极其显著，随着诱变时间的不同，变异率及成苗率均有显著的变化。当诱变时间从2h增加到10h时，幼苗变异率由64.35%增加到84.267%，同时成苗率由58.954%下降到18.457%；随着诱变时间的增加幼苗变异率在增加，但从10h增加到18h，幼苗变异率仅从84.267%增加到87.269%，差异不显著，幼苗成苗率则从18.457%下降到13.269%，差异显著。综合幼苗变异率和成苗率两项指标说明诱导Volga多倍体的时间不应超过10h。

表4　15℃条件下，不同处理时间的变异率、成苗率及其差异显著性

处理时间	幼苗变异率（%）及差异显著性	幼苗成苗率（%）及差异显著性
2h	64.350cC	58.954aA

（续）

处理时间	幼苗变异率（%）及差异显著性	幼苗成苗率（%）及差异显著性
6h	76.394bB	38.873bB
10h	84.267aA	18.457cC
18h	87.769aA	13.269dD

2.3　染色体倍数鉴定

从表5可以看出，处理后的植株，在同一植株的根尖细胞中二倍体与四倍体共存，均为混倍体，并且由于处理浓度和时间的不同，二倍体和四倍体细胞所占的比例也不一样，说明对于诱导 Volga 多倍体来说处理浓度和处理时间两因素是非常重要而且是互作的。本研究对不同处理时间和不同处理浓度下幼苗的根尖染色体数进行了镜检计数，实验结果见表5。从表5中可以看出，染色体加倍成功植株的处理浓度多在 0.01%～0.05%，处理时间多在 2～10h，表明通过处理初期种苗变异率和成苗率两项指标确定诱导 Volga 多倍体的适宜浓度和时间是合理可信的。另外，从表中可以看出，在所选择栽培的植株中都存在二倍体和四倍体，其有丝分裂中期图见图1与图2。说明在处理中，选择形态有变异的植株进行培养其可靠性是大的，这样可以为下一步的工作节省人力、物力、时间。

表 5　染色体镜检统计表

	时间																							
	2h						6h						10h						18h					
浓度（%）	观察细胞数	单倍体	二倍体	三倍体	四倍体	四倍体以上	观察细胞数	单倍体	二倍体	三倍体	四倍体	四倍体以上	观察细胞数	单倍体	二倍体	三倍体	四倍体	四倍体以上	观察细胞数	单倍体	二倍体	三倍体	四倍体	四倍体以上
0.01	110	0	80 (72.73%)	0	30 (27.27%)	0	135	0	90 (66.67%)	0	45 (33.33%)	0	156	0	52 (33.33%)	0	104 (66.67%)	0	156	0	36 (23.08%)	0	120 (76.92%)	0
0.025	144	0	101 (70.14%)	0	43 (29.86%)	0	120	0	70 (58.33%)	0	50 (41.67%)	0	114	0	20 (17.54%)	0	94 (82.46%)	0	125	0	20 (16.00%)	0	105 (84.00%)	0
0.05	126	0	63 (50.00%)	0	63 (50.00%)	0	156	0	51 (32.69%)	0	105 (67.31%)	0	130	0	20 (15.38%)	0	110 (84.62%)	0						
0.10	160	0	40 (25.00%)	0	120 (75.00%)	0	100	0	12 (12.00%)	0	88 (88.00%)	0	120	0	20 (16.67%)	0	100 (83.33%)	0						
0.20	105	3	25 (23.81%)	2	75 (71.43%)	0	114	0	20 (17.54%)	0	94 (82.46%)	0												

注：表中的百分数分别为二倍体或四倍体细胞所占的比例。

图 1　二倍体 Volga 体细胞有丝分裂中期（$2n=14$）

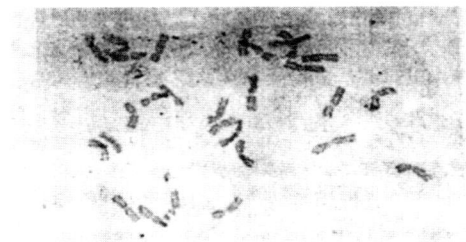

图 2　四倍体 Volga 体细胞有丝分裂中期（$2n=28$）

3 结论

用秋水仙素处理大赖草品种 Volga 萌动种子，获得的加倍植株均为二倍体和四倍体的混倍体。其变异植株表现为，胚芽鞘膨大成棒状，茎变粗，叶片肥厚、宽大、叶色深绿，叶片扭曲或皱缩，幼根根尖肿大呈鼓槌状，诱变初期植株生长缓慢。不同温度、浓度和时间对秋水仙素诱导 Volga 品种多倍体有显著的影响，其适宜温度应为 15℃左右，适宜浓度为 0.01%～0.05%，适宜时间为 2～10h。

参考文献（略）

本文原刊载于《内蒙古草业》，2006 年第 1 期，略有删改

加拿大披碱草 45S rDNA 定位

李景环[1]，何慧敏[1]，云锦凤[2]

（1. 内蒙古师范大学生命科学与技术学院，呼和浩特　010022；2. 内蒙古农业大学生态环境学院，呼和浩特　010018）

摘要：以加拿大披碱草为材料，通过染色体原位杂交的方法，确定加拿大披碱草的 45S rDNA 在染色体上的位置，旨在为加拿大披碱草育种提供依据。结果表明，45S rDNA 在加拿大披碱草的染色体上检测出 4 个位点（绿色），它们分别位于第 2 对染色体短臂末端和第 5 对染色体短臂次缢痕上，即核仁组织区（NOR），且杂交信号强弱较一致。

加拿大披碱草（*Elymus canadensis*）属禾本科（Poaeeae）小麦族（Triticeae）披碱草属（*Elymus*），多年生草本植物，集中分布于美国落基山脉以东和北美地区，云锦凤教授于 1984 年从北美洲引进，在内蒙古农业大学牧草实验站进行引种栽培试验。加拿大披碱草具有适应性强、耐盐碱、抗旱、抗寒、抗风沙、适口性好等优良特性，在草原植被恢复、控制侵蚀和提供野生动物栖息地等方面也具有重要作用，对环境胁迫和生物胁迫均具有很强的适应性，综合性能好，是牧草遗传改良的重要资源。为了科学利用加拿大披碱草，培育牧草新品种，本研究通过染色体原位杂交的方法检测 45S rDNA 在加拿大披碱草染色体上的位置，以便在细胞和分子水平上为加拿大披碱草的分类提供依据，为杂交亲本的选择提供证据，为牧草新品种的培育奠定基础。

1　材料和方法

1.1　材料和试验地概况

加拿大披碱草种子于 2008 年采集于内蒙古农业大学牧草试验地。试验地为沙壤质暗栗钙土，pH 7.8～8.2，肥力适中，具有灌溉条件。45S rDNA 探针由南京农业大学作物遗传与种质创新国家重点实验室细胞研究所赠送。

1.2　试验方法

1.2.1　染色体标本的制备材料培养及处理

将加拿大披碱草种子置于 25℃ 的培养箱内萌发，待根尖长到 1.5～2.0cm 时，取其根尖放在盛有冰水混合物的小离心管中，放于 4℃ 冰箱内 24h，然后在卡诺固定液中固定 24h，再置于 4℃ 冰箱内备用。染色体压片将加拿大披碱草根尖经过一定的预处理（用冰水混合物）、固定（卡诺固定液）、软化（用 45% 醋酸）、染色（用 1% 醋酸洋红染液）之后，置于载玻片中央，盖上盖玻片，用解剖针或镊子轻敲盖玻片，直至染色体分散良好。

镜检（电子显微镜 40 倍观察），并选择染色体分散良好的玻片，置于 −20℃ 冰箱。第 2 天（约 24h 后）冰冻揭片，之后将玻片浸在无水乙醇中脱水 20～30min，常温晾干，备用。

1.2.2　45S rDNA 探针的标记

本试验中采用缺刻平移法标记探针，即采用切口平移法标记探针。这一方法是利用 DNA 聚合酶 I 的 $5' \rightarrow 3'$ 的聚合酶活性、$5' \rightarrow 3'$ 的外切酶活性以及 DNase I 的水解活性相结合进行的。

45S rDNA 探针的标记反应体系为：灭菌双蒸水，10×DNA 酶 buffer，DNase Ⅰ，45S rDNA，绿荧光，dNTP，DNA 聚合酶 Ⅰ，共 50μL。在 16℃下反应 2h，加 EDTA 终止反应，放到−20℃冰箱，备用。

1.2.3　原位杂交

①探针变性（探针由双链变为单链）：将探针配制成杂交液：即甲酰胺 7.5μL、20×SSC 1.5μL、鲑鱼精 DNA 0.5μL、45S rDNA 探针 3μL、50%DS 3μL 等，将含有 45S rDNA 杂交液于 105℃下变性 13min 后立即放到−20℃冰箱 10min 以上，备用。

②玻片上染色体变性（染色体 DNA 变成单链）：将含有制好的加拿大披碱草根尖染色体标本放到盛有 70%甲酰胺的脱水缸里，于 78℃水浴下变性 70s；立即用−20℃的梯度乙醇溶液脱水，即依次是 70%乙醇、95%乙醇和 100%乙醇，将样品洗涤脱水，每次洗涤 5min；标本在空气中干燥 30min 以上。

③原位杂交：将步骤①中准备好的杂交液吸取 15μL，加到步骤②中准备好的玻片上，盖上盖玻片，放在 37℃培养箱过夜（至少 6h）。

1.2.4　漂洗

将杂交后的染色体制片脱去盖玻片，在 42℃ 2×SSC 溶液中洗涤 2 次，每次洗涤 5min；之后在常温 1×PBS 溶液中洗涤 1 次，5min，洗去未杂交的探针 DNA。最后，将玻片置于空气中自然干燥。

1.2.5　染色封片镜检

用 PI（碘化丙啶）染色，用树胶封片。并在荧光显微镜下观察，选择染色体清晰的细胞照相。

2　结果与分析

由图 1、图 2 可知，加拿大披碱草共有 28 条染色体，其中 4 条染色体有荧光标记（图 1、图 2 染色体上发亮的记号）；染色体参数见表 1，最长染色体的长度为 16.82μm；最短染色体长度为 5.01μm；染色体组的平均长度为 10.90μm；从染色体的臂率分析得知，其中 m 类型的染色体有 11 对，sm 类型的染色体有 3 对，其核型公式为：$2n=4x=28=22m$（2SAT）$+6sm$。45S rDNA 在加拿大披碱草的染色体上检出 4 个位点，它们分别位于第 2 对染色体短臂末端和第 5 对染色体短臂上，即核仁组织区（NOR），且杂交信号强弱较一致。

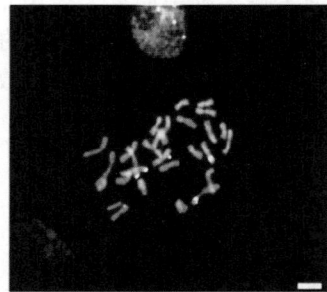

图1　加拿大披碱草 45S rDNA 原位杂交图

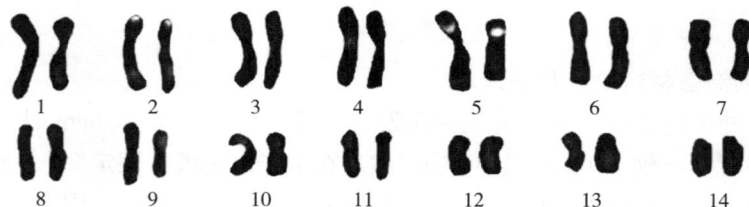

图2　加拿大披碱草核型图

表1　加拿大披碱草染色体核型参数

染色体序号	绝对长度（μm）	相对长度（%）	臂比	染色体类型
1	5.68+11.14=16.82	11.02	1.96	sm
2	6.59+7.96=14.55	9.53	1.21	m

（续）

染色体序号	绝对长度（μm）	相对长度（%）	臂比	染色体类型
3	5.45＋8.87＝14.32	9.38	1.63	m
4	5.01＋8.19＝13.20	8.65	1.63	m
5	4.78＋7.73＝12.51	8.20	1.62	m
6	5.46＋6.59＝12.08	7.92	1.21	m
7	5.45＋6.14＝11.59	7.59	1.13	m
8	5.00＋6.14＝11.14	7.30	1.23	m
9	3.87＋6.14＝10.01	6.56	1.59	m
10	3.87＋5.00＝8.87	5.81	1.29	m
11	2.96＋5.23＝8.19	5.37	1.77	sm
12	3.18＋4.09＝7.27	4.76	1.29	m
13	1.82＋5.23＝7.05	4.62	2.87	sm
14	2.05＋2.96＝5.01	3.28	1.44	m

3 结论

本研究结果表明，加拿大披碱草染色体核型公式为 $2n＝4x＝28＝22m$（2SAT）$＋6sm$；45S rD-NA 在加拿大披碱草的染色体上检出 4 个位点（亮点），它们分别位于第 2 对染色体短臂末端和第 5 对染色体短臂次缢痕上。

探针标记的成败主要在于控制 DnaseⅠ的量。DnaseⅠ活性太低则不能在 DNA 上有效地打开切口，使荧光标记的碱基掺入不充分；DnaseⅠ活性太高则会将 DNA 模板切碎，使其不能进行标记反应。一般按 1∶10 000 稀释 DnaseⅠ就可以得到平均长度约为 600bp 的探针。细胞染色体杂交常用较长的探针以增加杂交信号。

45S rDNA 在很多植物中序列保守性很强，但是其所在染色体的位置却有所不同。

本研究通过荧光原位杂交、核型分析等技术确定了加拿大披碱草染色体数目以及 45S rDNA 所在的染色体位置。即 45S rDNA 在加拿大披碱草的染色体上检出 4 个位点（亮点），它们分别位于第 2 对染色体短臂末端和第 5 对染色体短臂次缢痕上，且杂交信号强弱较一致。

本研究结果有助于在细胞水平上以及分子水平上对加拿大披碱草进行更系统的研究，为加拿大披碱草栽培管理、繁殖与育种提供更科学和直观的依据，同时也为禾本科小麦族牧草的遗传育种奠定基础。

参考文献（略）

本文原刊载于《华北农学报》，2013 年第 1 期，略有删改

高丹草（高粱×苏丹草）产量及其构成因素的QTL定位与分析

逯晓萍[1]，云锦凤[2]，肖宇红[3]，米福贵[2]，李美娜[1]，尹利[1]

（1. 内蒙古农业大学农学院，呼和浩特　010018；2. 内蒙古农业大学生态环境学院，呼和浩特　010018；3. 中国科学院北京基因组研究所，北京　101300）

摘要：利用分子标记技术，在许多作物上已获得了高密度的分子遗传图谱，并定位了许多主要农艺性状的 QTL，而在牧草上这方面的研究尚属空白。为提高育种中对牧草产量性状优良基因型选择的效率，对高丹草的单株产量及其构成因素（株高、分蘖数、叶片数）进行 QTL 定位，确定其在染色体上的位置及其遗传效应，探讨其杂种优势产生原因。在以高粱 413A 和棕壳苏丹草杂交获得的 248 个 $F_{2:3}$ 家系构建的作图群体中，应用 AFLP 和 RAPD 两种标记技术构建了高丹草（Sorghum×Sudan grass）的遗传连锁图谱。共包含 168 个标记，分布于 10 个连锁群，图谱总长度为 836cM[*]，标记间平均图距为 4.98cM。采用 Joinmap/QTL4.0 对高丹草单株产量及其三大构成因素进行 QTL 定位。共检测到 QTLs19 个，分布在 8 个连锁群上，其中，第 1 和 3 连锁群最多，各为 4 个和 3 个。单个 QTL 解释性状表型变异为 5.20%～51.50%。检测到的 19 个 QTL 中，表现加性效应的有 1 个，占 5.26%；部分显性效应的有 3 个，占 15.79%，显性效应的有 6 个，占 31.58%；超显性效应的有 9 个，占 47.37%。超显性效应和显性效应在高丹草杂种优势的遗传基础中占主导地位。

　　长期以来，高粱（Sorghum bicolor）作为粮食兼饲料作物在生产上栽培利用。但是，其品质欠佳，氢氰酸含量较高，所以作为饲草不宜多次利用。而苏丹草（S. sudanense）的分蘖能力强、草质柔软、可多次刈割利用、营养价值高、氢氰酸含量低，但产草量较少。高丹草（高粱×苏丹草）正是结合了双亲的优点，既具有高粱的抗寒、抗旱、耐倒伏、产草量高等特性，又具有苏丹草的分蘖能力强、草质柔软、可多次利用、营养价值高、氢氰酸含量低、适口性好等优良特性，是一种以利用茎叶为主的一年生禾本科饲用牧草，表现出了显著的种间杂种优势。虽然其双亲为高粱属的不同种，亲缘关系有一定距离，但染色体均为 $2n=20$，无生殖隔离，可以自由授粉并产生正常发育的后代。因此，高丹草是近年来发展起来的优质新型牧草。目前，国内外对于高丹草的研究主要集中在栽培技术、生物学性状以及杂种优势利用等方面。然而，随着分子生物学技术的发展，许多作物已获得了完整的高密度的分子遗传图谱，并定位了许多重要农艺性状的 QTL，如玉米、番茄、大麦、水稻在 QTL 方面研究的比较广泛，关于水稻的产量及产量构成因子、株高、生育期、谷粒及穗部性状、稻瘟病抗性及稻米蒸煮性质等都有研究。而在牧草上这方面的研究尚属空白。为提高育种中对牧草产量性状优良基因型选择的效率，达到提高产量的目的，本研究对高丹草的单株产量及其构成因素（株高、分蘖数、叶片数）进行 QTL 定位，确定其在染色体上的位置及其遗传效应，为进行高丹草 QTL 的标记辅助选择育种及 QTL 精细定位与 QTL 克隆奠定技术、材料和理论支撑。

---

　　*　cM，是 centimorgan 的缩写，即厘摩，是遗传图距单位。——编者注

1　材料和方法

1.1　作图群体的构建

本研究采用的分离群体 $F_{2:3}$ 是以高粱 314A 为母本（自育），棕壳苏丹草 2002GZ-1 为父本，然后从其 F_1 的一个真杂种单株上套袋收种子，并带往海南种植 F_2 群体，随机套袋 248 个 F_2 单株，收种子。2003 年春在内蒙古种植，即为本试验用的 F_3 家系（又称 $F_{2:3}$ 家系）试验群体。

1.2　田间试验与数据统计

2004 年分别在内蒙古农业大学科技园区（第 1 试验点）以及和林格尔县科技示范园区（第 2 试验点）种植亲本 P_1、P_2，F_1 及 $F_{2:3}$ 家系材料，按完全随机区组设计，3 次重复，每重复包括 251 个小区，其中 F_3 家系 248 个小区，P_1、P_2、F_1 各 1 个小区，每小区双行种植，行长 5m，行距 0.4m。成熟期每小区随机取样 10 株，对单株鲜重（FWP）、株高（PH）、分蘖数（TN）、叶片数（LN）等性状进行考种。以平均值作为该 $F_{2:3}$ 家系重复内性状值，以重复间的平均值作为性状值进行 QTL分析。

1.3　分子标记

1.3.1　RAPD 分析

引物由上海 Sangon 合成。RAPD 反应在 PE480 型 DNA 扩增仪上进行。PCR 反应体系：$25\mu L$；ddH_2O：$5.2\mu L$，$10\times buffer$：$2.5\mu L$，Mg^{2+}（$25mmol/\mu L$）：$3.0\mu L$，dNTP（$2.0mmol/\mu L$）：$4.0\mu L$；引物（$10umol/\mu L$）：$2.0\mu L$，模板：$8.0\mu L$；Tap 酶（$5U/\mu L$）：$0.3\mu L$，反应循环参数为 94℃预变性 5min，然后 94℃ 40s，37℃ 1min，72℃ 1.5min，40 个循环，最后于 72℃延伸 10min。扩增产物在 1％的琼脂糖凝胶上电泳后用 EB 染液染色在紫外灯下观察并照相。

1.3.2　AFLP 分析

AFLP 反应参照 Heusden 的方法，酶切采用 $EcoR$ I /Mse I 组合，采用 2 步扩增法。预扩增引物加入 3 个选择性碱基（＋1，＋2），用 ddH_2O 稀释预扩增产物 20 倍，作为选扩模板，取 $20\mu L$ 进行扩增。扩增片段在 5％聚丙烯酰胺凝胶上进行分离。选择亲本间多态性较多、条带清晰、重复性强的 14 个组合作为 $F_{2:3}$ 群体分离研究的引物组合。限制性内切酶购自友谊中联和华美生工，Taq DNA Polymeras 由中国农业科学院蔬菜花卉研究所提供，T4DNA 连接酶和 dNTP 均购自 TOYOBO 公司。

1.4　标记数据资料的收集

根据分析软件的要求统计分子标记的带型。相同于母本的纯合带（无带）记为 A，杂合带型（有带）记为 C，相同于父本的纯合带型（无带）记为 B，杂合带型（有带）记为 D，缺失或模糊带型记为负号（一）。对分离带型进行卡平方测验，检验显著性。

1.5　遗传图谱构建

采用 Joinmap/QTL3.0 对 $F_{2:3}$ 家系的 168 个分子标记位点构建遗传连锁图谱。首先建立数据文件，将 Loc 文件转到 Joinmap 状态下，通过 LOD Groupings 命令进行分组，LOD 默认 2～10，利用 Great Groups for mapping 命令作图。

1.6　QTL 定位和效应分析

采用 Joinmap/QTL4.0 对性状进行全基因组扫描，确定各性状 QTL 数目及在连锁图上的位置，以 LOD＞2.4 作为阈值判断 QTL 的存在与否，同时，分析 QTL 的加性、显性效应和基因位点对性状表型方差的贡献率。

2 结果与分析

2.1 遗传连锁图谱构建

将 168 个分子标记位点经 Joinmap/QTL3.0 分析分为 10 个连锁群。构建的分子标记图谱覆盖了高丹草基因组 10 条染色体，图谱总长度为 836cM，标记间平均距离为 4.98cM（图 1）。标记数目最多的为 LG3，有 26 个分子标记；最少的 LG8 只有 7 个标记。标记密度最高的也是 LG3，标记间平均图距为 3.38cM。

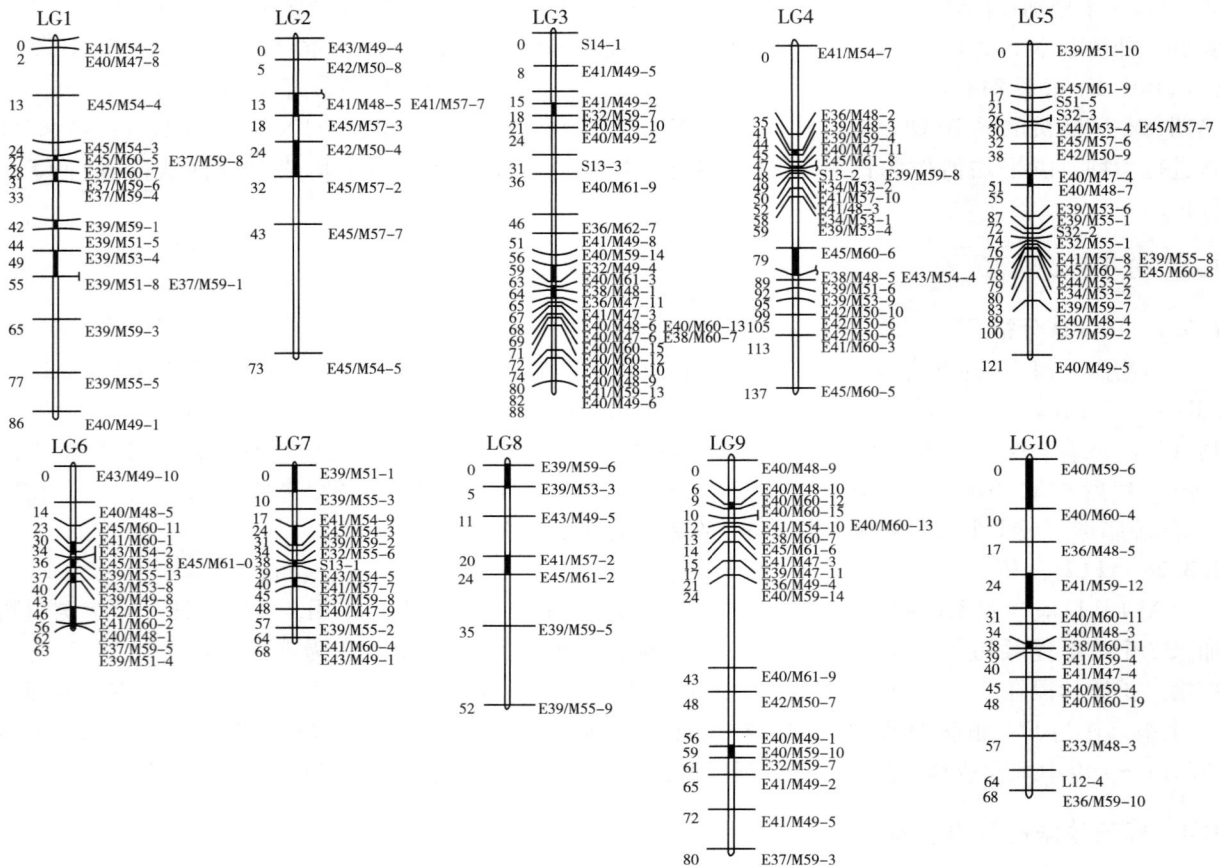

图 1 产量性状的 QTL 分布

2.2 性状表现与变异

对亲本及其 F_1、$F_{2:3}$ 家系的产量及其构成因素进行了调查，结果见表 1。$F_{2:3}$ 家系产量及其构成因素存在广泛的变异，呈现出连续的正态分布，最大值与最小值间相差显著，表现数量性状的特点，适于进行 QTL 定位分析。

表 1 $F_{2:3}$ 家系的产量及其构成因素

项目	314A	2002GZ-1	中亲值 MP	F_1	F_1优势 [%H(F_1)]	$F_{2:3}$	标准误 SE	范围	$F_{2:3}$优势 [%H($F_{2:3}$)]
株高（cm）	148.60	306.91	148.60	306.91	148.60	306.91	148.60	306.91	148.60

（续）

项目	314A	2002GZ-1	中亲值 MP	F_1	F_1 优势 $[\%H(F_1)]$	$F_{2:3}$	标准误 SE	范围	$F_{2:3}$ 优势 $[\%H(F_{2:3})]$
分蘖数（个）	2.92	5.25	2.92	5.25	2.92	5.25	2.92	5.25	2.92
叶片数（片）	8.98	10.29	8.98	10.29	8.98	10.29	8.98	10.29	8.98
单株鲜重（g）	312.66	296.38	304.52	468.54	53.86	362.09	99.16±52.12	205.50～550.58	18.91

2.3 产量及其构成因素的 QTL 分析

采用复合区间作图法对单株产量及 3 个主要构成因素进行全基因组 QTL 扫描，共检测到 19 个 QTL，分布在 8 个连锁群上，其中第 1 和第 3 连锁群最多，各为 4 个和 3 个。单个 QTL 解释性状表型变异的幅度为 5.20%～51.50%。不同性状 QTL 个数不同（4～5）。结果见表 2、图 2。

表 2 复合区间作图法检测出的影响产量性状的 QTL

性状	QTL	标记区间	Max LOD	贡献率（%）	遗传效应 a	d	d/a	方式
单株产量	fwp1a	E39/M53-4～E39/M59-3	2.71	8.61	3.16	2.11	0.67	PD
	fwp1b	E39/M53-4～E39/M59-3	2.71	8.61	4.23	3.26	0.77	PD
	fwp3	E38/M48-1～E41/M47-3	3.52	19.60	−0.52	−0.41	0.79	PD
	fwp4	E39/M59-4～E45/M61-8	3.71	36.22	6.32	8.26	1.31	OD
	fwp6	E45/M60-11～E43/M54-2	4.00	14.52	2.24	1.85	0.83	D
叶片数	ln3	E40/M59-14～E40/M61-3	4.51	16.93	5.56	2.15	0.39	PD
	ln7	E40/M47-9～E41/M60-4	2.42	19.61	0.36	−0.45	−1.25	OD
	ln8	E39/M53-3～E41/M57-2	2.43	11.80	−7.51	11.31	−1.51	OD
	ln10	E40/M60-19～L12-4	2.90	13.52	3.67	7.38	2.01	OD
株高 Ph6	ph6	E40/M48-5～E14/M60-1	4.81	9.80	4.58	3.43	0.25	PD
	ph7	E41/M57-7～E40/M47-9	2.90	28.61	−0.14	−1.03	7.36	PD
	ph8a	E41/M57-7～E40/M49-5	3.41	25.90	8.56	7.25	0.85	OD
	ph8b	E41/M57-2～E39/M59-5	4.51	20.82	9.36	11.65	1.24	OD
	ph10	E40/M59-6～E36/M48-5	2.30	5.20	0.91	0.11	0.12	A
分蘖数	tn1a	E39/M51-19～E39/M59-3	2.60	14.21	9.66	6.45	0.67	PD
	tn1b	E39/M51-8～E40/M49-1	3.32	9.63	3.16	2.98	0.94	D
	tn2	E42/M50-4～E45/M57-7	2.61	12.82	7.87	5.18	0.66	PD
	tn3	E41/M49-2～E40/M59-10	3.60	6.71	2.78	1.34	0.48	PD
	th4	E42/M50-9～E40/M48-7	3.41	51.50	8.47	6.43	0.74	PD

注：a. 加性效应；d. 显性效应；d/a. 显性势；A. 加性效应；PD. 部分显性效应；D. 显性效应；OD. 超显性。

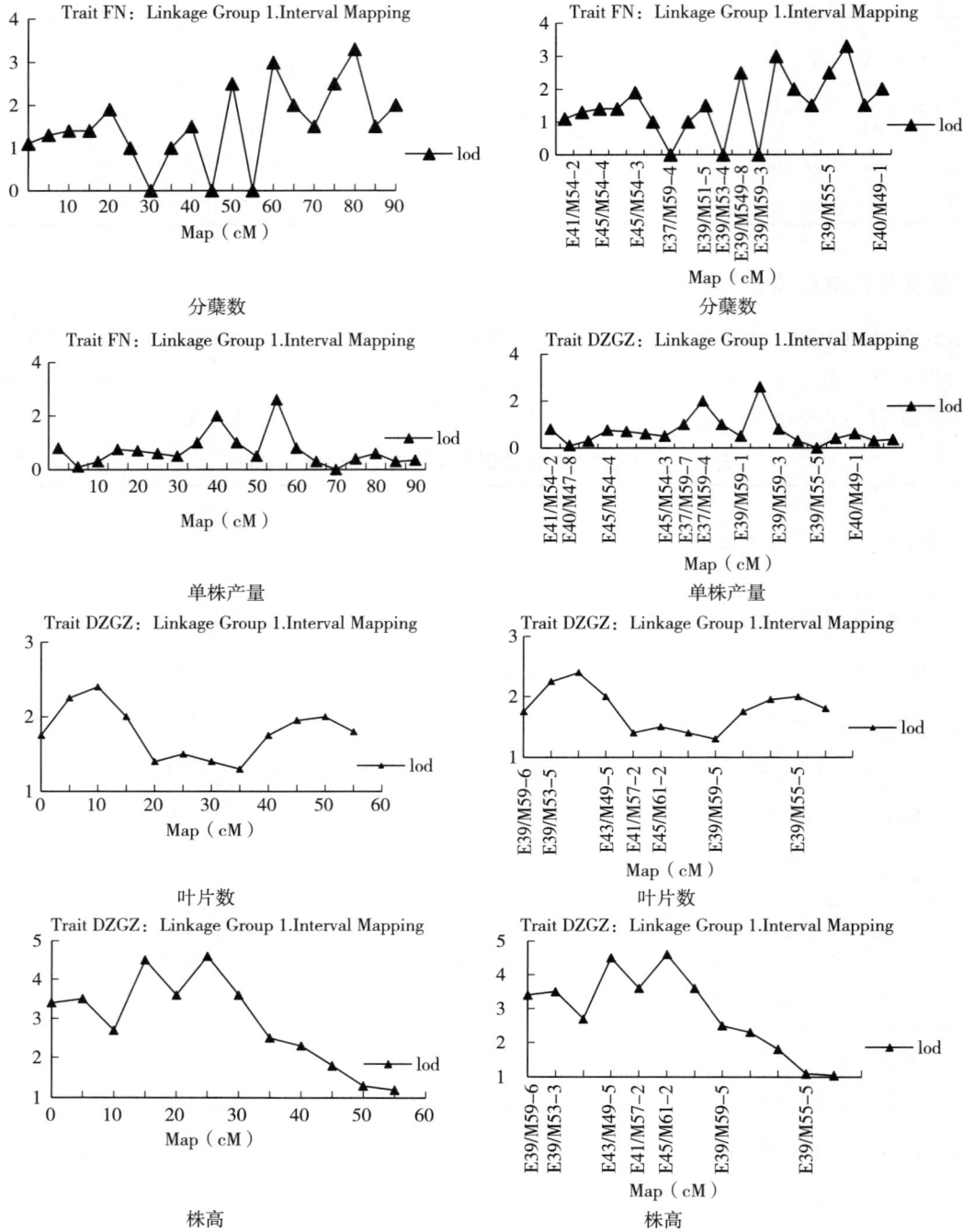

图 2 单株产量及其构成因素的 QTL 定位图

2.3.1 单株产量

两试验点检测到的 QTL 数目不同，第 1 试验点检测到 5 个 QTL，分别位于第 1、3、4、6 连锁群上，以第 4 连锁群上的 QTL 效应为最大，即位于第 4 连锁群上 E40/M47-11 附近的 QTL，可以解释总变异量的 36.22%，表现为超显性效应。单株产量的贡献率变异范围在 8.61%～36.22%，联合贡献率为 87.56%。第 2 试验点检测到 7 个 QTL，位于第 6 连锁群 E41/M60-1 附近的 QTL 效应为最大，可以解释总变异量的 28.50%，表现为超显性效应，其联合贡献率为 95.80%。另外，有 3 个为两地同时检测到，分别位于第 1 和第 6 连锁群上。

2.3.2 影响叶片数的 QTL

两试验点各检测到 4 个。在第 1 试验点分别位于第 3、7、8、10 连锁群上，第 2 试验点分别位于第 5、7、8、10 连锁群上。其中有 3 个 QTL 在两试验点均被检测到，这 3 个 QTL 分别位于第 7、8、10 连锁群上，并且，在两点的表现相同，即都表现正向超显性效应。叶片数的贡献率变异范围为 11.80%～19.61%，两试验点的联合贡献率分别为 61.86% 和 72.8%。

2.3.3 株高

两试验点分别检测到 5 个和 4 个 QTL，在第 1 试验点分别位于第 6、7、8、10 连锁群上，第 2 试验点分别位于第 3、8、10 连锁群上。在 2 个位于第 8 连锁群上 E39/M53-3 和 E45/M61-2 附近的 QTL 被两试验点同时检测到，而且效应较大，对株高的贡献率变异范围在 20.82%～25.90%，表现为显性和超显性效应。两试验点的联合贡献率分别为 90.33% 和 80.18%。

2.3.4 分蘖数

在两试验点分别检测到 5 个和 6 个 QTL。在第 1 试验点分别位于第 1、2、3、4 连锁群上，第 2 试验点分别位于第 1、2、3、7、9 连锁群上。两试验点同时检测到 3 个 QTL，其中 2 个位于第 1 连锁群上的 E39/M53-4 和 E39/M55-5 附近，另一个位于第 2 连锁群上 E45/M57-2 附近，它们分别表现为部分显性和显性效应。分蘖数的贡献率变异范围在 6.71%～51.50%，两试验点的联合贡献率分别为 94.87% 和 95.16%。

综合以上分析结果，单株产量、株高、分蘖数、叶片数等性状检测到的 QTL 数目分别为 5、5、5、4，共计 19 个 [注：第 2 试验点结果未列出，实际总共检测到 26 个 QTL（LOD>2.4）]（图 1）。

3 讨论

3.1 基因型和环境互作对 QTL 检测的影响

基因型和环境的互作导致许多控制数量性状 QTL 在不同的环境下表达水平不一致，即环境条件影响 QTL 的检测；受环境影响小的 QTL 在多个环境中均可被检测出，而受环境影响大的 QTL 在有的环境中可被检测出，在另外的环境中则不能被检测出。本研究检测出的影响产量及其构成因素的 19 个 QTL（第 1 试验点）中，有 11 个（57.89%）能在两地均被检测出。Veldboom 等在两种环境中检测出影响玉米产量及构成因子的 QTL 时，有 50% 的一致性，Yu 等在两种环境中检测到影响水稻产量及其构成因子的 QTL 中，有 41% 的一致性，本研究结果和以上研究相类似。

3.2 基因作用方式和杂种优势

杂种优势是生物界的一种普遍现象。由于杂种优势的利用在作物改良中的极端重要性，其遗传基础的研究长期以来一直受到高度重视。20 世纪初提出了关于杂种优势的"显性假说"和"超显性假说"，随后又有学者提出了上位性假说等，虽有不少学者倾向于一种或某种假说，但都缺乏进行检验的试验数据。

近年来，随着分子标记技术的应用，杂种优势的遗传机理正在逐步被揭开。Stuber 等的玉米研究结果认为，超显性效应在杂种优势的形成中有着重要作用，Xiao 等对水稻亚种间组合的研究结果认为，显性效应是杂种优势的主要遗传基础。虽然各种研究结果不尽一致，但这些研究表明的一个共同事实是，分子标记确实能为杂种优势的遗传基础研究提供方法和途径。

本试验对产量及其构成因素的 19 个（第 1 试验点）QTL 的研究中，检测到表现加性效应的有 1 个，占 5.26%，部分显性效应的有 3 个，占 15.79%，显性效应的有 6 个，占 31.58%，超显性效应的有 9 个，占 47.37%。超显性效应和显性效应在高丹草杂种优势的遗传基础中占主导地位。

3.3 QTL 定位及其相互作用在遗传育种上的应用

QTL 和分子标记之间的连锁关系一旦建立，就有希望利用分子标记对数量性状进行选择。因而

QTL 定位是连接作物遗传和育种的纽带。Stuber 通过 QTL 的回交转移，利用分子标记辅助选择对玉米组合 B73×Mo17 的 2 个亲本进行改良，结果表明，改良的 B73/Mo17 组合较原始组合 B73/Mo17 和一个高产推广组合 Pioneerhybrid3165 均增产 10％以上。然而，标记与性状的连锁强度以及标记间的相互关系又极大影响选择的效率和效果。本研究对产量 QTL 定位分析表明不仅存在单个基因的独立作用效应，而且更多地存在 2 个基因或多个基因间的相互作用形式。这样就增加了分子标记辅助选择的复杂性。因此在杂优组合亲本选配，特别是在优良组合样本的改良中，将目标基因重组聚合时应注重有利互作基因（或片段）的同时选择和固定，在育种工作中，单基因的显性互补和超显性作用一般比较有利于杂交后代超亲材料的选择。

参考文献（略）

本文原刊载于《华北农学报》，2007 年第 4 期，略有删改

黄花苜蓿种质的优良特性与利用价值

王俊杰[1,2]，云锦凤[1,2]，吕世杰[1]

(1. 内蒙古农业大学生态环境学院，呼和浩特 010018；2. 内蒙古草业研究院，呼和浩特 010018)

摘要： 黄花苜蓿是我国北方草原的优良牧草，具有许多紫花苜蓿不具备的优良特性，是苜蓿抗性育种的重要基因库。本文介绍了黄花苜蓿种质资源的分布和抗寒、抗旱、耐盐、耐牧等优良特性，并对其饲用价值、遗传育种价值和生态价值进行了评述，为筛选苜蓿抗性育种的优异种质材料提供参考依据。

黄花苜蓿（*Medicago falcata* L.）是豆科苜蓿属多年生草本植物，又称野苜蓿、镰荚苜蓿，在亚洲和欧洲都有较广泛的分布。黄花苜蓿种质所表现的最重要特性是抗寒性、抗旱性和匍匐性生长的根蘖特性。它与紫花苜蓿杂交形成了许多抗寒性强而有利用价值的杂花苜蓿，二者的种间杂交对苜蓿的进化和发展起了特别重要的作用，对扩大苜蓿的生长区域也产生了重大而深刻的影响。黄花苜蓿草质优良，营养价值与紫花苜蓿接近，适口性好，为各类家畜所喜食，可供放牧和刈割调制干草，是我国北方寒冷地区的主要优良豆科牧草之一，具有重要的饲用价值、遗传育种价值和生态价值。

国外对黄花苜蓿种质资源的研究和利用较早，目前的研究已从种质资源的搜集、保存、评价等基础研究转向了对某些特性的机理研究和种质创新的应用研究方面。我国对黄花苜蓿种质的研究起步较晚，虽然在杂交育种、细胞学鉴定、组织培养与再生体系建立、人工草地建立、天然草地改良和野生栽培驯化等方面进行了一些研究和利用，但研究的广度和深度与国外的差距较大。总体上看，目前国内的研究还没有充分揭示黄花苜蓿种质资源的优良特性和利用潜力，在一定程度上影响和制约着我国野生黄花苜蓿种质资源的有效利用和苜蓿育种的进一步发展。笔者根据国内外现有文献资料和我们的研究实践，对黄花苜蓿种质的优良特性和利用价值进行综合评述，以期能为我国黄花苜蓿种质资源的研究和创新利用提供参考。

1 黄花苜蓿的地理分布与生境

黄花苜蓿主要分布在中国、蒙古国、俄罗斯、哈萨克斯坦、巴基斯坦、印度、土耳其等国家，瑞士、瑞典、保加利亚等国家也有分布。中国的黄花苜蓿资源丰富，主要分布在东北、西北和华北草原地带，特别是在内蒙古和新疆分布最多，密度最大，常集中连片分布。根据笔者在内蒙古和新疆的实地调查，我国黄花苜蓿主要分布在海拔 600～2 000m 的沙质或沙壤质土壤上，在河滩、沟谷等低湿生境中的分布较集中，生长繁茂，株高可达 1.0～1.5m，在草甸草原和干草原植被中可成为优势种或伴生种，在局部区域可成为建群种。在干旱山坡、岩石陡坡和林缘灌丛也有少量分布，生长也很旺盛。黄花苜蓿喜温暖半干旱气候，最适宜在昼夜温差较大的气候条件下生长，是我国北方森林草原和干草原上重要的优良豆科牧草之一。

在内蒙古呼伦贝尔草原上，黄花苜蓿分布区域的主要植被组成为羊草＋黄花苜蓿＋杂类草，主要伴生植物有糙隐子草（*Cleistogenes squarosa*）、唐松草属（*Thalictrum*）、裂叶荆芥（*Schizonepeta multifida*）、蓬子菜（*Galium verum*）、瓦松（*Orostachys fimbriatus*）、达乌里胡枝子（*Lespedeza davurica*）、蒿属（*Artemisia*）、蓝刺头（*Echinops latifolius*）、麻花头（*Seratula centauroides*）、山野豌豆（*Vicia amoena*）、披碱草（*Elymus dahulicus*）、叉分蓼（*Polygonum aconogonon*）、赖草

（*Leymus secalinus*）、无芒雀麦（*Brormus inermis*）、野火球（*Trifolium lupinaster*）、草木樨状黄芪（*Astragalus melilotoides*）、华北兰盆花（*Scabiosa tschiliensis*）等。

在新疆的天山北坡及伊犁地区，黄花苜蓿生境的植被组成主要是以中生禾草＋杂类草为主，主要植物有大看麦娘（*Alopecurus pratensis* L.）、梯牧草（*Phleum pratense*）、新麦草（*Psathyrostachys juncea*）、赖草、老芒麦（*Elymus sibiricus*）、披碱草、偃麦草（*Elytrigia repens*）、无芒雀麦、鸭茅（*Dactylis glonmelata*）、草地早熟禾（*Poa pratensis*）、红三叶（*Trifolium pratense*）、白三叶（*T. repens*）、高山黄芪（*Astragalus alpinus*）、马先蒿（*Podicularis chlanthifolia*）、蓬子菜等。有些分布区伴生有紫花苜蓿（*Medicago sativa*）等苜蓿属其他种类。

2 黄花苜蓿种质的优良特性

2.1 抗寒性

黄花苜蓿比紫花苜蓿具有更强的抗寒性。国外研究认为，紫花苜蓿具有不同程度的耐寒性，黄花苜蓿因起源于西伯利亚而具有更强的耐寒性，杂花苜蓿具有中等水平的耐寒性。McKenzie 等的研究结果显示，黄花苜蓿的抗冻能力要比相同生长时期的紫花苜蓿强。韩学俊、王文乾（1995）报道，在甘肃省祁连山北麓海拔 2 600～3 500m 的山地试验结果表明，黄花苜蓿比草原 1 号杂花苜蓿的越冬性能好，在黄花苜蓿的根颈中积累了大量的碳水化合物，其中糖分含量高达 41.3％。笔者认为，这可能是黄花苜蓿抗寒能力强的一个重要原因。

根据我们在内蒙古呼伦贝尔市对黄花苜蓿连续多年的观察测定，在地处北纬 50°11′—50°12′，东经 119°35′—119°38′，年平均气温－3.1℃的额尔古纳市和地处北纬 50°20′—52°30′，东经 118°12′—122°55′，年平均气温－4.1℃的根河市连续多年的越冬率都达到 100％；在地处北纬 49°05′10.6″，东经 119°44′38.9″，平均气温－2.3℃的鄂温克自治旗连续 4 年的观测结果（表 1）表明，黄花苜蓿更适应高寒地区特殊的自然环境条件，抗寒性明显优于紫花苜蓿品种。

表 1 黄花苜蓿的越冬率（鄂温克旗）

牧草名称	越冬率（％）			
	2001 年	2002 年	2003 年	2004 年
肇东苜蓿	98	99	98	96
敖汉苜蓿	90	89	82	85
黄花苜蓿	100	100	100	100

根蘖型苜蓿被认为是从西伯利亚的黄花苜蓿与杂花苜蓿杂交的育种群体中产生，因具有大量侧根（水平根）而具较强的抗寒性，在某种程度上比黄花苜蓿亲本更抗寒。梁慧敏从生理生化角度探讨了根蘖型与直根型苜蓿抗寒性的差异。在秋季，随着温度的降低，两类根系苜蓿同工酶谱带数目的变化均与季节温度变化相一致，但根蘖型苜蓿的数值明显大于直根型苜蓿，说明前者抗寒越冬力强于后者。赵宇光报道，野生黄花苜蓿抗冻性极显著地强于紫花苜蓿。

2.2 耐旱性

迄今为止，国内外有关黄花苜蓿具有"耐旱、抗旱"特性的文献报道较多，但是关于黄花苜蓿抗旱能力评价，特别是与紫花苜蓿抗旱性比较的研究很少。因此，人们对黄花苜蓿抗旱性的认识和了解还很不够，这对黄花苜蓿种质资源的科学利用无疑会产生一定的影响。陈敏根据对野生黄花苜蓿和工农 1 号紫花苜蓿原生质弹性和黏滞性的测定结果认为，野生黄花苜蓿比紫花苜蓿抗旱性强。笔者采用反复干旱法对来自国内外的 38 份黄花苜蓿种质材料的抗旱性进行了初步鉴定，并与北疆苜蓿（*Medicago sativa*

L. cv. Beijiang)、敖汉苜蓿（*Medicago sativa* L. cv. Aohan）和肇东苜蓿（*Medicago sativa* L. cv. Zhaodong）3 个紫花苜蓿品种进行了比较。结果显示，供试的 38 份黄花苜蓿材料，在反复干旱胁迫下有 16 份成活率均达到 100%，10 份成活率为 80%～97%，5 份成活率为 70%～77%，4 份成活率为 50%～67%，只有 2 份材料的成活率为 30%，而 3 份紫花苜蓿材料的成活率在 30% 以下，只有 20%～27%。由此可见，不同黄花苜蓿种质材料的抗旱性有一定的差异，但整体抗旱能力显著高于紫花苜蓿。

2.3　耐盐性

黄花苜蓿具有一定的耐盐碱能力。由于长期的自然选择，不同分布地区黄花苜蓿种质的耐盐性存在一定的差异。俄罗斯对黄花苜蓿耐盐性的研究和利用较早，培育出了一些耐盐的品种。我国对黄花苜蓿耐盐性鉴定和评价方面的研究甚少。我们采用 NaCl 溶液胁迫，以肇东、中苜 1 号和草原 3 号苜蓿品种为对照，对采自中国、俄罗斯和蒙古国的 33 份野生黄花苜蓿幼苗耐盐性的鉴定结果显示，在土壤含盐量 0.45% 条件下，有 19 份黄花苜蓿材料的存活率显著高于中苜 1 号耐盐苜蓿品种，有 8 份材料的存活率与之接近，而肇东苜蓿和草原 3 号杂花苜蓿的存活率均显著低于中苜 1 号苜蓿。由此可见，黄花苜蓿中存在许多耐盐性强的种质材料，总体耐盐性强于紫花苜蓿，在苜蓿耐盐育种中的利用潜力很大。

2.4　耐牧特性

黄花苜蓿具有根蘖的特性，在干旱环境下呈匍匐或斜生生长，在放牧条件下也能进行光合产物的生产，并且其根颈处于地面以下可避免家畜践踏的损伤，在长期放牧条件下存活率很高。有研究认为，紫花苜蓿根部碳水化合物的消耗和贮藏具有确定的周期性模式，而黄花苜蓿再生时似乎不需要根部保持高水平的碳水化合物。

3　黄花苜蓿种质的利用价值

3.1　饲用价值

黄花苜蓿是优等牧草，营养价值高。根据呼伦贝尔市草原研究所的测定结果（表 2），营养成分总体与肇东苜蓿接近，但粗蛋白质、粗脂肪、粗灰分含量和蛋白质消化率均高于肇东苜蓿，而粗纤维含量低于肇东苜蓿。此外，维生素和矿物质含量也很丰富，含多种氨基酸，特别是动物必需的氨基酸含量高。

表 2　黄花苜蓿（孕蕾期）的营养成分含量（%）

材料	水分	粗蛋白质	粗脂肪	粗纤维	灰分	磷	钙	蛋白质消化率
黄花苜蓿	12.25	17.48	1.67	26.80	6.57	0.13	1.82	65.68
肇东苜蓿	13.76	16.00	1.55	29.66	6.20	0.22	1.60	59.38

黄花苜蓿适口性好，牛、马、羊等家畜均喜食。幼嫩的黄花苜蓿是补充畜、禽蛋白质和维生素的良好饲料，能促进幼畜发育，增加母畜的产奶量，并有催肥作用。利用黄花苜蓿与优良的禾本科牧草混播，建立人工草地或改良天然草地能够有效地防止家畜发生膨胀病，提高草地的饲用价值。

黄花苜蓿叶量丰富，叶片在草层中的分布均匀，利用价值高。野生状态下，距地面 10cm 以上的叶量最丰富，全株的茎叶比达 1∶0.8，放牧和刈割的利用价值很高。栽培条件下，黄花苜蓿的株高、冠幅和单株生物量明显提高，二级分枝数增多，叶量主要分布在 30～50cm，全株的茎叶比为 1∶0.87，更适宜刈割调制干草。

在内蒙古高寒地区栽培条件下，黄花苜蓿播种当年牧草产量较低，鲜草产量只有 1 950.0kg/hm²，干草产量 585.0kg/hm²，显著低于敖汉苜蓿；第 2 年起产量迅速增高，鲜、干草产量均比第 1 年增加 15 倍左右，鲜、干草产量分别比敖汉苜蓿增产 44.9% 和 43.9%；第 3 年鲜、干草产量继续上升，分别比第

2 年增加了 0.83 倍和 0.5 倍，比敖汉苜蓿增产了 1 倍以上（表 3）。由此可见，野生黄花苜蓿经过栽培驯化以后产量提高的潜力很大。

表 3 栽培条件下黄花苜蓿的鲜、干草产量（kg/hm^2）

名称	2001 年		2002 年		2003 年	
	鲜重	干重	鲜重	干重	鲜重	干重
敖汉苜蓿	29 514.0	9 915.0	20 955.0	6 307.5	27 013.5	6 213.0
黄花苜蓿	1 950.0	585.0	30 355.0	9 106.5	55 555.5	13 650.0

3.2 遗传育种价值

据国内外研究报道，黄花苜蓿具有两个染色体倍性水平，即二倍体（$2n=16$）和四倍体（$2n=32$）。根据我们对 28 份国内野生黄花苜蓿染色体数目的检测，黄花苜蓿以四倍体为主，分布范围最广，二倍体比较罕见，只分布在新疆，是十分珍贵的苜蓿育种材料，其染色体倍数水平低，可通过染色体加倍育成同源四倍体用于新品种选育和品种改良。

黄花苜蓿是紫花苜蓿的近缘种，在自然状态下很容易与紫花苜蓿、蓝花苜蓿和胶质苜蓿杂交，而且黄花苜蓿具有很强的抗寒、耐旱、耐盐碱、抗病虫害能力和寿命长等优良特性，具有许多紫花苜蓿所不具备的抗性基因，对于苜蓿的品种改良和新品种选育具有极其重要的价值和广阔的应用前景。因此，国内外牧草育种家一直对黄花苜蓿给予高度重视。在传统的苜蓿育种条件下，紫花苜蓿种内或品种间的遗传多样性越来越小，遗传特性越来越表现出趋于一致。黄花苜蓿与我国及许多国家已登记苜蓿品种的遗传距离较大，是苜蓿育种和品种改良的优异种质资源。李秧秧（1999）报道，仅 1999 年美国至少有 37 个新选育的苜蓿新品种是利用美国西部地区植物引种站的黄花苜蓿（PI020705）作亲本育成的。此外，黄花苜蓿在植物亲缘关系和物种进化等研究方面也具有重要价值，这方面国外研究的较多，国内目前还没有系统研究的报道。

3.3 生态价值

黄花苜蓿根系发达，主根入土深并具有匍匐性生长的水平根，可形成较密集的地下根系网络，地上部从匍匐到直立的生长习性可形成较大的株丛和冠幅，能有效地覆盖地表，减少风蚀和水蚀。在干草原、森林草原和半沙漠地区的防风固沙、水土保持、植被恢复等方面的利用潜力很大。黄花苜蓿发达的根系和较强的固氮能力可以促进土壤有机质、全氮在土壤表层的积累，改善土壤结构和肥力。此外，黄花苜蓿的耐盐特性在改良盐渍化土壤等方面也有很好的作用。

3.4 药用价值

黄花苜蓿具有宽中下气、健脾补虚、利尿等功效，主治胸腹胀满、消化不良、浮肿等病症。现代药理学研究结果表明，苜蓿中所含的黄酮、异黄酮成分具有雌激素、抗氧化、抗肿瘤等多种活性，其重要作用在于可以改变体内自身激素的生物作用。苜蓿皂苷具有抗胆固醇、抗动脉硬化的活性，能够防止内、外源性胆固醇在肠中的吸收，促进胆固醇降解和增强网状内皮系统功能，可加速 LDL 的非受体清除。苜蓿多糖具有免疫增强作用。目前，苜蓿的药用功能尚未得到很好的利用，相关研究也很少。加强对苜蓿药用价值的研究，可为苜蓿的应用开辟新的途径。

参考文献（略）

本文源自《内蒙古农业大学学报（自然科学版）》，2008 年第 1 期，略有删改

新麦草种子产量构成因子的回归与通径分析

云岚，贾秀丽，云锦凤

（内蒙古农业大学生态环境学院，呼和浩特　010018）

摘要：考察新麦草单株种子产量以及与种子产量相关的农艺性状，对多样本进行相关分析、逐步回归分析和通径分析的结果表明，单株穗数和结实率对新麦草种子产量构成的直接贡献最大，是制约新麦草种子产量的主要因素，其次是每节小花数；而每穗节数、单穗饱满种子数和结实率都通过单株穗数这一性状对种子产量产生显著的间接作用；回归分析结果显示，提高结实率对新麦草种子的增产效应最为显著。

引言

新麦草属（*Psathyrostachys* Nevski）分布于欧亚地区的草原及半荒漠地区，为多年生异花授粉植物。新麦草（*P. juncea*）起源于中亚及苏联地区，常称为俄罗斯野黑麦（Russian wildrye），也是我国西北地区重要的野生牧草，目前主要作为放牧型牧草利用。

新麦草是一种冷季型短根茎下繁禾草，植株分蘖多、叶量大，具稠密的须根系，根白色有沙套，耐牧耐盐碱，是优良的放牧型禾草。新麦草于20世纪初引入北美西部种植，现已成为该地区草场植被更新的重要牧草之一。在我国自然分布于天山、阿尔泰山和青藏高原等地，近年来在我国北方地区引种生长良好。

新麦草具有寿命长、抗旱耐寒、春季返青早等特点，且叶量丰富，蛋白质含量高，各生育期营养物质变化不大，具有良好的适口性和消化率，是马、牛、羊等家畜良好的饲草，有较强的耐盐能力。但生产中新麦草种子产量不稳定、株丛抽穗少制约了其推广种植，我国目前新麦草种植面积很小。

培育高产、优质的新麦草品种，提高新麦草种子产量是重要的育种目标之一。内蒙古农业大学经多年选择培育出了优良新麦草新品系 P8401，其原始群体引自美国农业部农业研究局牧草和草地研究所（USDA-ARS. FRRL），该品系表现出产量高、分蘖多、株丛大、叶量丰富、抗逆性强等特点。为了对新品系种子进行扩繁及进一步推广生产，也基于前人对新麦草种子生产措施的研究，本试验通过对单株种植的新品系新麦草群体进行取样，经样本相关、回归、通径分析，探讨新麦草种子产量因子对种子产量的影响效应，分析各种子产量因子对种子产量的贡献大小，为新麦草种子生产以及新品种选育提供依据。

1　试验材料及方法

1.1　试验地自然概况

试验地位于内蒙古农业大学牧草实验站，地处东经 111°41′，北纬 40°49′，海拔 1 063m。温带大陆季风气候，年平均气温 5.4℃，极端最高温度 37℃，极端最低气温−28.8℃，昼夜温差 8～20℃，年平均降水量 400mm 左右。试验地土壤为砂质栗钙土，肥力中等，pH 为 7.0～7.5。

1.2　试验材料

单株种植生长第 2 年的新麦草，株间距为 50cm×50cm，于 6 月 18 日种子成熟时单株单穗收种，完全干燥后引入室内进行观察测量。

1.3 测定项目及方法

测定项目包括单株种子总重、单株穗数、单株平均穗长、每穗节数、每节小花数、单穗饱满种子数、千粒重和结实率。共采集 180 个单株的数据。具体测定方法为：

单株种子总重用"千分之一"电子天平测定每单株收获种子总重量；测量单株所有穗长，并取平均值为单株平均穗长；千粒重用"千分之一"电子天平测每单株 500 粒种子重量，3 次重复；每穗节数、每节小花数和单穗饱满种子数是每单株随机选取 10 穗测定后取平均值，单株穗数不足 10 穗则全部测定。

单株结实率＝单穗饱满种子数/单穗小花数。

用 DPS 统计软件对所得数据进行逐步回归分析、相关分析和通径分析。

2 结果与分析

通过对种子产量因子的测定和分析，各因子变量中以 X_1 表示单株穗数，X_2 表示单株穗长（cm），X_3 表示每穗节数，X_4 表示每节小花数，X_5 表示单穗饱满种子数，X_6 表示结实率，X_7 表示千粒重（g），Y 表示单株种子重量（g）。首先对基本数据进行统计分析，各种子产量因子的初步统计参数见表 1。

表 1 各种子产量因子的统计参数比较

种子产量因子	平均值	标准差	最大值	最小值
X_1 单株穗数	19.355 9	17.885 4	71	1
X_2 平均穗长（cm）	10.705 1	1.971 9	15.6	6.85
X_3 每穗节数	25.118 6	6.231 1	39	8
X_4 每节小花数	6.005 1	1.455 9	12	4
X_5 单穗饱满种子数	89.085 6	1.541 7	175	0
X_6 结实率（g）	0.538 1	0.239 9	0.89	0
X_7 千粒重（g）	3.522 2	0.279 4	4.03	2.95
Y 单株种子重量（g）	12.893 6	9.676 8	44.74	1.16

2.1 相关分析

对上述各项数据采用 DPS 软件进行相关分析，所得各变量之间相关系数及各系数差异显著性结果见表 2，在所有变量之间的两两相关分析中，共有 6 个相关系数经显著性检验达到极显著水平，另外有 1 个达到显著水平。分别是：

单株种子产量（Y）与产量因子单株穗数（X_1）、单穗饱满种子数（X_5）相关极显著，与结实率（X_6）相关显著。各种子产量因子中平均穗长（X_2）与每穗节数（X_3）相关极显著；产量因子单株穗数（X_1）、每节小花数（X_4）、结实率（X_6）均与单穗饱满种子数（X_5）相关极显著。

表 2 种子产量因子与单株种子产量的相关分析

因子	相关系数							
	X_1	X_2	X_3	X_4	X_5	X_6	X_7	Y
X_1	1.00	0.04	0.16	0.07	0.33 **	0.15	0.02	0.86 **
X_2		1.00	0.48 **	0.21	−0.06	−0.10	0.07	0.12

（续）

因子	相关系数							
	X_1	X_2	X_3	X_4	X_5	X_6	X_7	Y
X_3			1.00	0.19	0.12	0.05	0	0.18
X_4				1.00	0.35**	−0.1	−0.04	0.12
X_5					1.00	0.83**	0.17	0.43**
X_6						1.00	0.15	0.28*
X_7							1.00	0.07
Y								1.00

注：** 表示相关系数在 0.01 水平极其显著；* 表示相关系数在 0.05 水平显著。

以上各变量的相关分析中需要重点考察的是 $X_1 \sim X_7$ 这 7 个种子产量构成因子与种子产量 Y 之间的相关系数，以反映各因子与单株种子产量的关系。相关系数大小排列顺序为：单株穗数（X_1）＞单穗饱满种子数（X_5）＞结实率（X_6）＞每穗节数（X_3）＞每节小花数（X_4）和单株平均穗长（X_2）＞千粒重（X_7）。而且其中单株穗数、饱满种子数和结实率这 3 个性状与单株种子产量的相关性均达到显著水平。上述结果说明，单株穗数和单穗饱满种子数以及结实率均对单株种子产量具有重要影响，其他因子的影响相对较小。

2.2　通径分析

将 7 个种子产量因子（$X_1 \sim X_7$）对单株种子产量（Y）做通径分析，同时分析各种子产量因子之间的间接通径效应。各种子产量因子对单株种子产量的直接通径系数见表 3。下划线数据表示种子产量因子对单株种子产量的直接作用，总通径系数 $R_z X_1 X_2 X_3 X_4 X_5 X_6 X_7 = 0.784\,49$；剩余通径系数 $R_e = 0.464\,23$。

表 3　种子产量因子与种子产量的直接通径效应

直接因子	直接通径系数						
	$X_1 \to Y$	$X_2 \to Y$	$X_3 \to Y$	$X_4 \to Y$	$X_5 \to Y$	$X_6 \to Y$	$X_7 \to Y$
X_1	0.856 4						
X_2		0.076 1					
X_3			−0.015 4				
X_4				0.124 4			
X_5					−0.138 6		
X_6						0.284 1	
X_7							0.033 1

新麦草 7 个种子产量因子对单株种子产量的直接通径系数大小顺序为：单株穗数（X_1）＞结实率（X_6）＞每节小花数（X_4）＞平均穗长（X_2）＞千粒重（X_7）＞每穗节数（X_3）＞单穗饱满种子数（X_5）。结合表 2 和表 3，总的来看，单株穗数与种子产量间的直接通径系数和简单相关系数接近且最大，说明单株穗数对种子产量起到很大的直接影响作用，提高单株穗数可以直接提高种子产量，即此项种子产量因子对种子产量的提高有绝对效果。此外，结实率和每节小花数也对种子产量有一定的直接作用，提高结实率和每节小花数也可直接提高种子产量。而单穗饱满种子数（X_5）虽与种子产量显著相关，但对种子产量并无直接作用。

表 3 中除 X_1、X_2 和 X_4、X_6、X_7 外，每穗节数（X_3）和单穗饱满种子数（X_5）对单株种子产量的直接通径均为负效应，也就是说，不能简单地通过直接通径效应说明各个产量因子对种子产量的影响，还需要研究各个产量因子对种子产量的间接通径效应，即考察它们通过哪些种子产量因子对种子产量具有影响以及不同通径影响效果的大小。

从表 4 间接通径系数的排列和比较可知，单穗饱满种子数（X_5）这一因子对种子产量的间接作用最大，而且主要是通过单株穗数（X_1）和结实率（X_6）这 2 个因素对种子产量产生较显著的间接作用（间接通径系数分别是 0.285 8 和 0.236 6）。因此，增加单株穗数和提高结实率相结合可以提高单穗饱满种子数，从而提高种子产量。此外，从表 4 中单株穗数（X_1）所对应的一列通径系数可见，每穗节数（X_3）、单穗饱满种子数（X_5）和结实率（X_6）都是通过单株穗数这一性状对种子产量有间接作用，可见单株穗数不仅对单株种子产量有直接作用，对其他因子的间接影响也是不容忽视的。

表 4　种子产量因子的间接通径效应

产量因子	直接通径系数						
	$\to X_1$	$\to X_2$	$\to X_3$	$\to X_4$	$\to X_5$	$\to X_6$	$\to X_7$
X_1		0.003 2	−0.002 5	0.009 1	−0.046 3	0.043 4	0.000 6
X_2	0.036 3		−0.007 3	0.026 5	0.008 5	−0.027 4	0.002 4
X_3	0.139 3	0.036 3		0.024	−0.017 3	0.015 5	0.000 1
X_4	0.062 6	0.016 2	−0.003		−0.048 7	−0.029 2	−0.001 4
X_5	0.285 8	−0.004 7	−0.001 9	0.043 7		0.236 6	0.005 7
X_6	0.130 8	−0.007 3	−0.000 8	−0.012 8	−0.115 4		0.005
X_7	0.014 5	0.005 4	0	−0.005 4	−0.023 8	0.043 2	

2.3　逐步回归分析

采用 DPS 进行逐步回归分析，变量 X_1、X_2、X_4、X_6 和 X_7 依次被引入模型，得回归模型为：

$$Y = -11.81 + 0.46X_1 + 0.37X_2 + 0.17X_4 + 11.46X_6 + 1.15X_7$$（相关系数 $R = 0.885\ 7$，$P_r < 0.000\ 1$）。

从逐步回归模型来看，种子产量 Y 和单株穗数（X_1）、单株平均穗长（X_2）、每节小花数（X_4）、结实率（X_6）、千粒重（X_7）有显著的线性关系，而和每穗节数（X_3）、饱满种子数（X_5）无显著相关。在以上 5 个与种子产量具有线性关系的变量中，对种子产量影响效应最大的是结实率 X_6，当其他变量固定时，它每增长 1 个单位，Y（种子产量）将平均增长 11.46（g），远远高于其他变量；其次是千粒重、单株穗数、平均穗长和每节小花数。由此可见，基于与种子产量的线性关系，结实率的提高可以大幅度提高单株种子产量。所以在生产实践中，提高结实率也是提高新麦草种子产量的主攻方向。

3　结论

（1）对单株种子产量与相关因子的考察，相关分析结果表明，单株种子产量与产量因子单株穗数、单穗饱满种子数相关极显著，与结实率相关显著。从通径分析结果来看，直接通径系数单株穗数最大，提高单株穗数对提高种子产量有直接作用，其次是结实率和每节小花数；通过间接通径系数的比较可知，产量因子每穗节数、单穗饱满种子数和结实率都是通过单株穗数这一性状对种子产量有间接作用，因此提高单株穗数不仅对提高种子产量有直接作用，其间接影响也很重要。而饱满种子数的提高对种子产量的作用不仅通过单株穗数，也通过结实率来实现。相关分析与通径分析所得结果共同表明，提高单株穗数和结实率既可以提高种子产量，又对其他产量因子有促进作用。

　　逐步回归分析所得结果与通径和相关分析结果基本一致，但回归模型也显示出相对于其他因子，种子产量对结实率最为敏感。结实率的提高可以最大幅度提高单株种子产量，这一因子也是制约新麦草种子生产的敏感因素。

　　（2）在新麦草种子生产上应注重提高单株穗数和结实率，并通过提高饱满种子数来提高种子产量。实践证明通过春季和秋季施氮肥可增加有效分蘖数并提高次年新麦草单位面积生殖枝数，因此种子生产中应增加生长后期营养以增加秋分蘖数量。提高饱满种子数可从增加种子抽穗期至灌浆期的营养和水分供应着手。新麦草开花期短，株丛抽穗开花时间不一致可能导致授粉和结实率降低；另外授粉也容易受到花期气候条件的影响，因此结实率成为限制新麦草种子产量的敏感因子。针对以上影响因素，应考虑在发育期施磷、钾或硼肥等以促进子房和胚珠的发育，以及采用人工辅助授粉等方法提高结实率，具体措施有待进一步试验研究。

参考文献（略）

本文原刊载于《内蒙古农业大学学报》（自然科学版），2008 年第 3 期，略有删改

高丹草株高与叶片数主基因＋多基因的遗传分析

逯晓萍[1]，云锦凤[2]，陈强[3]，米福贵[2]，张雅慧[1]，薛春雷[1]

（1. 内蒙古农业大学农学院，呼和浩特　010018；2. 内蒙古农业大学生态环境学院，呼和浩特　010018；3. 内蒙古鄂尔多斯市农业科学研究所，东胜　017000）

摘要：于 2005 年采用主基因＋多基因混合遗传模型，对高丹草（高粱×苏丹草）2002 GZ-1 和 2002 GB-1 杂交组合的 5 个世代（P_1、P_2、F_1、F_2、$F_{2:3}$）群体的株高和叶片数进行联合分析。结果表明：株高遗传受 2 对加性-显性主基因＋加性-显性多基因（E-2）控制；叶片数遗传受 2 对加性-显性-上位性主基因＋加性-显性多基因（E-1）控制，两性状的遗传符合 2 对主基因＋多基因混合遗传模型，主基因对株高、叶片数的表现起主要作用。株高中主基因加性和显性效应分别为 26.98、10.02 和 2.36、1.61，而多基因分别为 -6.95 和 -5.06，F_2 和 $F_{2:3}$ 的主基因遗传率分别为 77.94% 和 82.95%。叶片数主基因的加性和显性效应分别为 6.11、0.04 和 0.63、-0.09，多基因分别为 -0.16、-0.11，F_2 和 $F_{2:3}$ 的主基因遗传率分别为 89.30% 和 91.60%。表明 2 个性状是以主基因遗传为主，应在早期世代进行选择。该性状所属遗传模型的研究旨在为高丹草的遗传改良和杂种优势利用提供理论依据。

　　培育高丹草（高粱×苏丹草）的一个重要目标是提高单位面积的产量，而株高、叶片数是其生物产量的主要指标，并能表现数量性状的遗传特点。大量研究发现控制数量性状的基因效应大小不一，大者表现为主基因，小者表现为微效多基因。因而前人提出将主基因＋多基因混合遗传看作植物数量性状遗传的普遍性模型，将单纯多基因、单纯主基因看作其特例，并发展了一套 QTL 遗传模型检测的分离分析方法，将孟德尔用于研究主基因的遗传研究方法延伸到数量性状的通用模型。该方法可以判断一个数量性状的遗传是主基因遗传、多基因遗传还是主基因＋多基因混合遗传，进而估计相应的遗传参数，包括主基因对数、主基因的遗传效应、主基因的遗传方差和遗传率、多基因效应、多基因的遗传方差和遗传率等。

　　高丹草作为以利用茎叶为主的一年生禾本科优质新型饲用牧草，表现出显著的杂种优势。詹秋文等、徐文华等对杂种优势利用和饲用品质进行过报道，但在高丹草产量性状方面的研究较少。因此，本研究利用高粱［*Sorghum bicolor*（L.）Moench］314A×棕壳苏丹草［*Sorghum sudanense*（Piper）Stapf.］的 $F_{2:3}$ 遗传作图群体材料，应用数量性状主基因＋多基因混合遗传模型对株高、叶片数 2 个性状的 5 个世代（P_1、P_2、F_1、F_2、$F_{2:3}$）群体进行分析，其目的是探明各性状所属的遗传模型，并在此基础上估计其遗传效应，从而为高丹草的遗传改良和杂种优势利用提供理论依据。

1　材料与方法

1.1　供试材料

　　以高粱 314A 为母本、棕壳苏丹草和白壳苏丹草为父本配制杂交组合，并采用经过改良的一粒传法（SSD 法）自交得到 F_2 及 $F_{2:3}$ 家系。该试验在内蒙古农业大学科技园区内进行。

1.2 研究方法

于 2005 年种植供试群体的各世代材料（P_1、P_2、F_1、F_2、$F_{2:3}$）。按完全随机区组设计，3 次重复，每小区双行种植，行长 5m，行距 0.4m。田间管理同大田生产管理。每小区随机取样 10 株，对株高、叶片数 2 个性状进行考察。株高为单株最高穗尖到地面的高度（cm），叶片数为抽穗后统计主茎叶片总数（个），每个性状的每个世代材料都是取 30 株的平均。

1.3 数据分析

采用盖钧镒等提出的植物数量性状混合遗传模型主基因＋多基因多世代联合分析方法对 2 个组合 5 个家系世代的株高、叶片数进行联合分析。根据 1 对主基因（A 类）、2 对主基因（B 类）、多基因（C 类）、1 对主基因＋多基因（D 类）和 2 对主基因＋多基因（E 类）等 5 类 24 种遗传模型，通过极大似然法和 IECM 算法估计混合分布中分布参数，经 AIC（Akaike Information Criterion）值的判别、似然比测验和一组适合性测验：U_1^2、U_2^2、U_3^2（均匀性检验），nW^2（Smirnov 检验）和 D_n（Kolmogorov 检验），选择最优遗传模型，并估计主基因和多基因效应值、遗传率等一阶遗传参数和二阶遗传参数。计算软件由南京农业大学提供。

2 结果与分析

2.1 主基因＋多基因多世代联合分析的遗传模型选择

首先，将其各个世代的次数分布列于表 1、表 2。从表 1 可知，株高分离群体表现为正态分布的混合，从表 2 可知，F_1 和 $F_{2:3}$ 叶片数的平均数大于高值亲本的平均数，表明叶片数性状高值对低值为显性，而且可能存在超显性或基因间存在互作或有主基因作用并有多基因的修饰。所以，采用植物数量性状主基因＋多基因遗传模型的多世代联合分析方法对高丹草 2002GZ-1 组合的 5 个家系世代群体株高和叶片数进行分析，将不同模型的极大对数似然函数值和 AIC 值进行计算（表 3、表 4），以制定其适合的遗传模式。从表 3 可知，E-2 模型的 AIC 值最小，可能为最佳模型，经适合性检验（表 5）发现，所有统计量都没有达到显著水平，因此，E-2 模型确为最适模型，说明该组合高丹草株高性状有 2 对主基因的差异。

表 1 各世代株高表型值次数分布

世代	株高											$\bar{x}$	S^2
	<150.51	150.51~169.11	169.11~184.72	184.72~200.33	200.33~215.94	215.94~231.55	231.55~247.16	247.16~262.77	262.77~278.38	278.38~293.99	293.99~309.60		
P_1	12	16	2									151.21	28.96
F_1						2	6	8	9	5		305.4	32.52
P_2					1	3	6	9	8	3		301.8	56.01
F_2		3	7	18	29	40	34	31	18	14	6	292.6	106.82
$F_{2:3}$	2	7	13	22	33	46	40	35	18	22	10	275.35	98.56

表 2 各世代叶片数表型值次数分布

世代	叶片数										$\bar{x}$	S^2
	<8.12	8.12~8.76	8.76~9.31	9.31~9.86	9.86~10.41	10.41~10.96	10.96~11.51	11.51~12.06	12.06~12.61	12.61~13.16	13.16~13.71		
P_1				3	4	5	9	8	1			10.85	2.32
F_1				3	6	12	6	2	1			11.12	2.98

（续）

世代	叶片数											$\bar{x}$	S^2
	<8.12	8.12~8.76	8.76~9.31	9.31~9.86	9.86~10.41	10.41~10.96	10.96~11.51	11.51~12.06	12.06~12.61	12.61~13.16	13.16~13.71		
P_2		1	4	4	4	12	7					9.21	3.54
F_2	4	10	19	19	30	38	32	23	16	11	3	9.76	2.15
$F_{2:3}$	8	14	23	23	34	45	36	26	20	14	10	10.99	2.62

表 3　用 IECM 算法估计各种遗传模型的极大对数似然函数值和 AIC 值

模型	极大对数似然值	AIC 值	模型	极大对数似然值	AIC 值
A-1	−2 461.32	1 282.31	D	−2 256.12	1 228.39
A-2	−2 396.15	1 345.92	D-1	−2 281.35	1 215.85
A-3	−2 258.02	1 293.26	D-2	−2 356.43	1 210.25
A-4	−2 469.26	1 510.12	D-3	−2 328.20	1 231.36
B-1	−2 512.58	1 342.76	D-4	−2 365.18	1 267.81
B-2	−2 346.34	1 280.65	E	−2 361.17	1 262.38
B-3	−2 398.21	1 321.56	E-1	−2 264.72	1 252.49
B-4	−2 382.19	1 355.34	E-2	−2 216.85	1 192.35
B-5	−2 295.36	1 289.78	E-3	−2 276.28	1 396.56
B-6	−2 412.45	1 267.37	E-4	−2 305.45	1 392.85
C	−2 625.33	1 375.81	E-5	−2 318.33	1 276.06
C-1	−2 738.82	1 390.98	E-6	−2 296.16	1 262.89

注：AIC 值为熵最大原理与最大似然函数的关系。分别表示：1 对主基因（A）、2 对主基因（B）、多基因（C）、1 对主基因＋多基因（D）和 2 对主基因＋多基因（E），下同。

表 4　不同分离群体叶片数性状遗传模型的 AIC 值

模型	AIC 值	模型	AIC 值	模型	AIC 值
A-1	−282.58	B-5	−239.95	D-4	−272.52
A-2	−259.35	B-6	−241.58	E	−280.15
A-3	−238.07	C	−273.26	E-1	−286.26
A-4	−282.81	C-1	−275.55	E-2	−288.19
B-1	−277.92	D	−280.98	E-3	−279.95
B-2	−284.11	D-1	−265.76	E-4	−281.25
B-3	−259.56	D-2	−272.53	E-5	−275.77
B-4	−256.71	D-3	−284.75	E-6	−268.96

表 5　E-2 模型的适合性检验（括号内为概率值）

群体	统计量				
	U_1^2	U_2^2	U_3^2	nW^2	D_n
P_1	0.46 (0.48)	0.25 (0.69)	0.80 (0.36)	0.17 (>0.05)	0.18 (>0.05)
F_1	0.21 (0.66)	0.52 (0.42)	1.23 (0.28)	0.18 (>0.05)	0.15 (>0.05)
P_2	0.22 (0.91)	0.18 (0.71)	0.95 (0.31)	0.19 (>0.05)	0.23 (>0.05)

（续）

群体	统计量				
	U_1^2	U_2^2	U_3^2	nW^2	D_n
F_2	0.02（0.98）	0.01（0.92）	0.04（0.72）	0.26（＞0.05）	0.11（＞0.05）
$F_{2:3}$	0.29（0.28）	0.59（0.76）	0.01（0.99）	0.12（＞0.05）	0.09（＞0.05）

从表 4 可知，模型 E-1（2 对加性-显性-上位性主基因＋加性-显性多基因模型）和 E-2（2 对加性-显性主基因＋加性-显性多基因模型）较好。经一组适合性检验（表 6）后，确认最优遗传模型为 E-1 模型。

表 6 部分模型的适合性检验（括号内为概率值）

模型	群体	统计量				
		U_1^2	U_2^2	U_3^2	nW^2	D_n
E-2	P_1	0.17（0.68）	0.04（0.85）	0.92（0.35）	0.25（＞0.05）	0.22（＞0.05）
	F_1	4.56*	3.61（0.07）	0.56（0.46）	0.29（＞0.05）	0.35*
	P_2	0.00（0.99）	0.02（0.91）	0.23（0.68）	0.16（＞0.05）	0.21（＞0.05）
	F_2	6.92**	6.45**	0.01（0.98）	1.02**	0.16**
	$F_{2:3}$	2.63（0.12）	1.39（0.25）	2.32（0.14）	0.62*	0.19**
E-1	P_1	0.01（0.98）	0.03（0.92）	0.65（0.43）	0.19（＞0.05）	0.22（＞0.05）
	F_1	0.00（0.93）	0.02（0.89）	0.22（0.65）	0.12（＞0.05）	0.18（＞0.05）
	P_2	0.11（0.75）	0.01（0.91）	0.68（0.46）	0.16（＞0.05）	0.26（＞0.05）
	F_2	0.02（0.92）	0.05（0.88）	0.15（0.72）	0.35（＞0.05）	0.12（＞0.05）
	$F_{2:3}$	0.16（0.71）	0.16（0.72）	0.01（0.98）	0.12（＞0.05）	0.08（＞0.05）

注：* 表示差异显著，** 表示差异极显著。

2.2 遗传参数估计

将高丹草株高性状确定的 E-2 模型时全部一阶、二阶遗传参数估计值列于表 7。株高的遗传表现为两对主基因＋多基因遗传模式，而且 2 对主基因的遗传率占绝对优势，多基因的遗传率较小，相对作用微小。同样，将叶片数按最小二乘法估计的一阶遗传参数列于表 8。第一模型的 2 个主基因均表现为负向完全显性，第二模型有 $i=d_b$ 和 $j_{ab}=h_b$，这表明叶片数的第一主基因对第二主基因有显性上位作用。

表 7 株高的有关遗传参数估计值

一阶参数	估计值	二阶参数	估计值	
			F_2	$F_{2:3}$
d_a	26.98	σ_p^2	106.82	102.86
d_b	10.02	σ_{mg}^2	83.26	85.32
h_a	2.36	σ_{pg}^2	8.14	2.12
h_b	1.61	σ_e^2	32.23	32.23

（续）

一阶参数	估计值	二阶参数	估计值	
			F$_2$	F$_{2:3}$
h_a/d_a	0.79	h_{mg}^2（%）	77.94	82.95
h_b/d_b	−0.16	h_{pg}^2（%）	7.62	2.06
$[d]$	−6.95			
$[h]$	−5.06			

注：d_a 和 d_b 分别为两主基因的加性效应；h_a 和 h_b 分别为两主基因的显性效应；σ_p^2 为表型方差；σ_{pg}^2 为多基因方差；σ_{mg}^2 为主基因方差；σ_e^2 为环境方差；h_{mg}^2 为主基因遗传率；h_{pg}^2 为多基因遗传率。

表 8　各世代叶片数性状遗传参数的估计值

模型	m	d_a	d_b	h_a	h_b	i	j_{ab}	j_{ba}	l	$[d]$	$[h]$
E-2	0.28	−0.13	0.09	−0.12	−0.01					0.07	0.02
E-1	0.32	6.11	0.04	0.63	−0.09	0.04	−0.09	−0.05	0.02	−0.16	−0.11

注：m 为群体平均数；d_a 和 d_b 分别为两主基因的加性效应；h_a 和 h_b 分别为两主基因的显性效应；i 为两主基因的加性×加性、j_{ab} 为两主基因的加性×显性、j_{ba} 为两主基因的显性×加性、l 为两主基因的显性×显性、$[d]$ 为加性效应、$[h]$ 为显性效应。

　　通过亲本和 F$_1$ 同质群体提供环境误差的无偏估计（$\sigma^2=0.10$），可估计出二阶遗传参数，即 F$_2$ 和 F$_{2:3}$ 群体的主基因遗传方差分别为 1.92 和 2.40，主基因遗传率分别为 89.30% 和 91.60%；多基因遗传方差分别为 0.13 和 0.12；多基因遗传率分别为 6.05% 和 4.58%。

3　讨论

3.1　采用数量性状遗传模型的研究效果

　　经典数量遗传学只能研究基因的综合效应，不能对个别基因进行检测，对于不同基因在效应上的差别也无法区分。近年来，植物数量性状主基因＋多基因混合遗传模型分析方法已解决了这一难题，并得到了广泛应用。顾慧等应用植物数量性状主基因＋多基因混合遗传模型多世代联合分析方法，对甘蓝型油菜（Brassica napus L.）的 P$_1$、P$_2$、B$_1$、B$_2$、F$_1$、F$_2$ 6 个世代进行了抗倒伏性的主基因＋多基因的遗传分析，认为所研究组合的甘蓝型油菜的单株抗压力遗传受 2 对主基因控制。盖钧镒等在利用不同世代对大豆 [Glycine max（L.）Merrill] 的抗豆秆黑潜蝇的遗传分析中指出，不同分离世代鉴定主基因的功效不同，F$_2$ 世代的功效最低，回交世代和 F$_{2:3}$ 家系世代的功效较高；利用个别分离世代的信息只能对主基因是否存在进行鉴定，无法对多基因的存在进行鉴定，多世代的联合分析方法可以对多基因的存在进行鉴定，并且可以判断多基因是否满足加-显性模型，并进一步估计多基因的遗传效应。本研究采用 2 个组合（因 2 个组合的结果一致，所以本文中只显示了 1 个组合的数据）5 个世代 P$_1$、P$_2$、F$_1$、F$_2$、F$_{2:3}$ 的材料对高丹草的 2 个主要产量构成因子（株高和叶片数）进行了遗传分析，明确 2 个性状所属的遗传模型。因此，本研究是对高丹草产量性状遗传研究的又一补充，也为高丹草的性状选择及其育种工作提供了理论基础。

　　数量性状受环境影响较大，在研究这类性状时，不管是采用分子标记的方法还是采用遗传体系分析的方法，试验必须有一定精确度，基因型与环境的互作也不可忽视。因此，在进行试验设计时，要特别注意对试验误差的控制。

　　另外，数量性状遗传体系分析和分子标记 QTL 定位都可以研究数量性状的遗传，但是，前者不需要大量的分子生物学实验，费用较少，适用于初步分析数量性状的遗传。分子标记 QTL 定位的方法可以检测到更多的主效基因，但是费用较高，而且依赖于连锁图谱的构建。

3.2 高丹草株高、叶片数性状的遗传

高丹草株高的遗传受 2 对加性-显性主基因＋加性-显性多基因控制，并且 2 对主基因的遗传率占有较大优势，F_2 和 $F_{2:3}$ 的主基因遗传率分别为 77.94％和 82.95％，在分离世代中，环境方差占表型方差为 5.26％～31.33％，环境方差所占比例较高，说明环境对株高有一定影响。同时，株高受主基因加性效应较为明显。该研究与盖钧镒等对水稻（*Oryza sativa* L.）南京 6 号（P_1）×广丛（P_2）组合的研究结果一致。叶片数的遗传受 2 对加性-显性-上位性主基因＋加性-显性多基因控制，而且 2 对主基因的遗传率占绝对优势，F_2 和 $F_{2:3}$ 的主基因遗传率分别为 89.30％和 91.60％；所以叶片数主基因遗传以加性为主。

4 结论

本研究首次采用数量性状主基因＋多基因混合遗传体系分析方法对高丹草株高、叶片数进行了遗传分析。结果表明，株高的遗传受 2 对加性-显性主基因＋加性-显性多基因控制，并且 2 对主基因的遗传率占有较大优势，F_2 和 $F_{2:3}$ 的主基因遗传率分别为 77.94％和 82.95％，在分离世代中环境方差占表型方差为 5.26％～31.33％，环境方差所占比例较高，说明环境对株高具有一定影响。同时株高受主基因加性效应较为明显，但显性效应也占有一定比重。叶片数的遗传受 2 对加性-显性-上位性主基因＋加性-显性多基因控制，而且 2 对主基因的遗传率占绝对优势，F_2 和 $F_{2:3}$ 的主基因遗传率分别为 89.30％和 91.60％；同样，叶片数受主基因加性效应较为明显。

参考文献（略）

本文原刊载于《草地学报》，2009 年第 6 期，略有删改

氯化钠胁迫下 3 种披碱草属牧草生理特性的研究

刘锦川，云锦凤，张磊

（内蒙古农业大学生态环境学院，呼和浩特 010018）

摘要： 为研究披碱草属（*Elymus* Linn.）3 种优良牧草在盐胁迫下生理指标的变化，用浓度为 0%、0.5%、1.0%、1.5%、2.0%的氯化钠溶液分别处理老芒麦（*Elymus sibiricus* L.）、披碱草（*Elymus dahuricus* Turcz.）和加拿大披碱草（*Elymus canadensis* L.）的幼苗，处理 7d 后测定叶片组织相对含水量（RWC）、细胞膜透性、超氧化物歧化酶（SOD）活性、丙二醛（MDA）含量及游离脯氨酸（Pro）含量等抗性指标。结果表明：在盐胁迫下，随着盐浓度的增加，各材料的 RWC、SOD 活性呈下降趋势；电导率、MDA 含量随盐浓度增加呈上升趋势；Pro 含量为先上升后下降的单峰曲线。

随着全球环境的恶化，土地沙漠化、土壤盐碱化问题已日益威胁着人类赖以生存的有限的土壤资源。由于全球气温升高，降水量减少，加之不适当灌溉，干旱、半干旱区土壤次生盐渍化日趋加重。目前我国约有盐碱地 1 亿 hm^2，开发和治理盐碱地十分必要。盐碱地种植农作物产量很低，有些土地甚至不能耕种，用耐盐、抗盐牧草进行盐碱地改良是有效的经济措施之一。我国耐盐牧草资源比较丰富，近年来随着盐碱地改良的需要，各地广泛地进行了耐盐牧草品种的筛选工作，涉及的品种主要是禾本科植物和豆科植物，还有少数的其他科植物。用人工配制或从当地土壤中浸提不同比例及不同浓度的盐溶液对牧草进行耐盐性的测试。筛选工作侧重于耐盐牧草品种的搜集和资源调查，而对已筛选出的耐盐品种的进一步培育几乎没有涉及。

老芒麦（*Elymus sibiricus* L.）和披碱草（*Elymus dahuricus* Turcz.）具有抗旱、抗寒、耐盐碱、产量高等优点，在内蒙古及西北地区栽培广泛。加拿大披碱草（*Elymus canadensis* L.）为引入种，除具有上述牧草的优点外，还具有叶量大、不落粒、果后营养期长等特点，且加拿大披碱草耐盐特性尤为突出。目前国内外对 3 种牧草的研究多集中在与披碱草属（*Elymus* L.）及其近缘小麦（*Triticum aestivum* L.）族物种的系统进化，以及与近缘种的杂交及杂交后代上，专门针对 3 种牧草抗性方面的研究很少，对加拿大披碱草耐盐性的研究尚未见报道。

本文对披碱草属 3 种牧草对盐胁迫的耐受性进行了初步研究，测定了它们在氯化钠胁迫下的叶片组织相对含水量（RWC）、细胞膜透性、超氧化物歧化酶（SOD）活性、丙二醛（MDA）含量及游离脯氨酸（Pro）含量等抗性指标，为其进一步的推广利用提供理论基础。

1 材料与方法

1.1 供试材料

供试材料为披碱草、老芒麦、加拿大披碱草，来源于内蒙古农业大学牧草试验站。

1.2 试验方法

试验于 2006 年 7 月在内蒙古农业大学人工温室进行，人工温室温度控制在 27～30℃，相对湿度控制在 58%～62%。将种子放在有双层滤纸的培养皿中发芽后移入人工温室内的花盆中，花盆装风干土，盆与土共重5.2kg。每盆定株10株，3次重复。待幼苗长到21d分蘖期时，将分析纯氯化钠溶于蒸馏水中，共设0%、0.5%、1.0%、1.5%、2.0% 5个梯度。以原始干土重计算，每盆浇注盐溶液400mL，对照（0%）浇蒸馏水400mL。处理期间每2d称重1次，用蒸馏水补充蒸发水分，以保持盐浓度。盐胁迫进行到第7天时，各材料出现不同程度的叶尖枯黄、植株倒伏等受到盐胁迫毒害的形态特征变化，此时取叶片测定各项生理指标。

1.3 测定生理指标及方法

相对含水量（RWC）测定：取鲜叶称其鲜重，在蒸馏水中浸泡24h后称其饱和鲜重。最后将其在110℃下烘干，称其干重，计算公式如下：相对含水量＝（鲜重－干重）/（饱和鲜重－干重）×100%。

细胞膜透性测定：采用电导率法。取相同重量植物叶片，蒸馏水洗净，DDS-11A型电导率仪测定初始电导率，再将其置于沸水浴中煮沸15min，冷却后测定其电导率。细胞膜透性以电导率表示。电导率＝处理电导率/煮沸后电导率×100%。

超氧化物歧化酶（SOD）活性测定：取植物材料叶片0.2g，加少许磷酸缓冲液研磨得10mL匀浆，13 000 r/min下离心20min，取上清液，按顺序加入蛋氨酸缓冲液、乙二胺四乙酸溶液、核黄素溶液、蓝四氮唑溶液，阳光下显色15min，以蒸馏水为参比液，在波长56nm下测定光密度。

丙二醛（MDA）含量测定：取植物材料叶片0.2g，加少许磷酸缓冲液研磨得10mL匀浆，13 000r/min下离心20min，取上清液，加入硫代巴妥酸溶液，沸水浴加热15min，冷却后4 000r/min下离心5min，以硫代巴妥酸溶液为参比液，分别在波长532和600nm处测定光密度值。

游离脯氨酸（Pro）含量测定：采用茚三酮法，取同位同色叶片0.1g，分别置于20mL试管中，加入5mL 3%磺基水杨酸溶液，沸水中浸提10min，取出试管，冷却至室温后，吸取上清液2mL加入2mL冰乙酸和3mL显色液，于沸水中加热40min，冷却后加甲苯5mL萃取后在520nm下比色，并通过脯氨酸标准曲线计算得到脯氨酸的值。从标准曲线中得到脯氨酸的浓度，按下式计算脯氨酸含量的百分数：脯氨酸（$\mu g/g$）＝（$C \times V/a$）/W。其中：C为提取液中脯氨酸的浓度，由标准曲线中求得；V为提取液总体积（mL）；a为测定时所吸取的体积（mL）；W为样品重（g）。

2 结果与分析

2.1 氯化钠胁迫对3种牧草相对含水量（RWC）的影响

随着盐浓度增加，各材料叶片RWC均呈下降趋势（表1）。相同材料不同盐浓度在2个显著水平上差异均显著。在盐胁迫下，加拿大披碱草叶片含水量变化幅度最小，仅为18.2%；老芒麦的RWC变化最大，为22.3%，披碱草居于二者之间。在盐胁迫下，加拿大披碱草叶片保水能力强于其他2种牧草。

表1 不同材料在盐胁迫下相对含水量的差异

材料	盐浓度（%）	含水量（%）
	0	73.0Aa
	0.5	71.8Bb
披碱草	1.0	61.0Cc
	1.5	56.7Dd
	2.0	51.0Ee

（续）

材料	盐浓度（%）	含水量（%）
老芒麦	0	71.9Aa
	0.5	64.0Bb
	1.0	54.1Cc
	1.5	53.2Dd
	2.0	49.6Ee
加拿大披碱草	0	76.8Aa
	0.5	75.1Bb
	1.0	66.8Cc
	1.5	65.6Dd
	2.0	58.6Ee

注：不同大写字母表示相同草种不同浓度间显著水平为 $P<0.01$，不同小写字母表示差异显著水平为 $P<0.05$。

2.2 细胞膜透性

随着盐胁迫增加，3 种披碱草属牧草的叶片质膜透性也发生了明显变化（图 1）。经方差分析，老芒麦电导率在各个盐浓度之间均存在显著差异（$P<0.01$），叶片电导率上升快。而加拿大披碱草叶片电导率上升速度较慢，相对平稳，且在各个盐浓度处理时叶片电导率均最低，表明其叶片细胞膜系统耐受性较强。

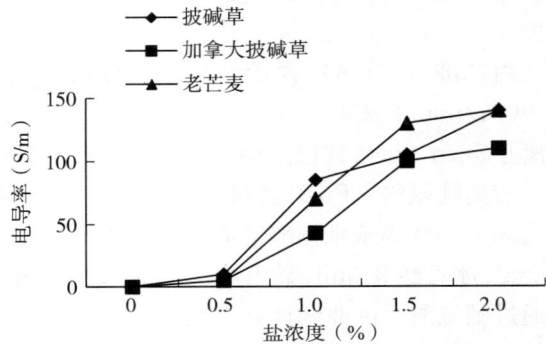

图 1　不同材料盐胁迫下电导率变化

2.3 超氧化物歧化酶（SOD）

各材料在盐胁迫下，SOD 均呈下降趋势（图 2）。经方差分析，各材料 SOD 活性在 2.0% 盐处理时均显著低于对照（$P<0.01$）。加拿大披碱草在各个盐浓度处理下 SOD 活性均高于其他 2 种材料，且变化程度没有其他 2 种材料显著，一定程度上说明该材料抵御活性氧伤害的能力较强。

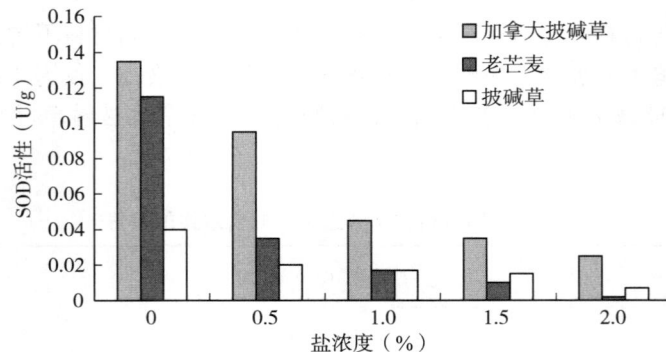

图 2　不同材料在盐胁迫下 SOD 的差异

2.4 丙二醛（MDA）含量

MDA 是膜脂过氧化的最终产物，它的积累会对膜和细胞造成一定伤害，所以其含量可以反映植物受逆境伤害的程度。不同盐浓度处理下各材料 MDA 的积累量表现出明显的增加趋势，但增幅不同

（图 3）。在盐浓度达到 2.0% 时，老芒麦与对照相比增加幅度最大，加拿大披碱草增加的幅度最小。表明在盐胁迫下，老芒麦细胞膜受伤害程度较严重，抗性较弱；而加拿大披碱草膜系统受伤害程度较轻，抗性较强；披碱草介于二者之间。

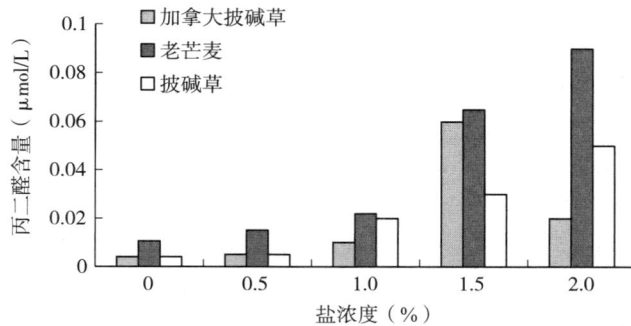

图 3　不同材料在盐胁迫下丙二醛差异

2.5　游离脯氨酸（Pro）含量

各材料在不同盐浓度处理时 Pro 含量变化很大，但变化趋势大致相同（图 4）。在低盐浓度时含量增加，盐浓度达到 1.0% 时最大，随后开始下降。各个浓度间存在极显著差异（$P < 0.01$）。在低盐浓度时，老芒麦增加速度最快，在高盐浓度时下降速度也最快，披碱草次之，加拿大披碱草变化最为缓慢。

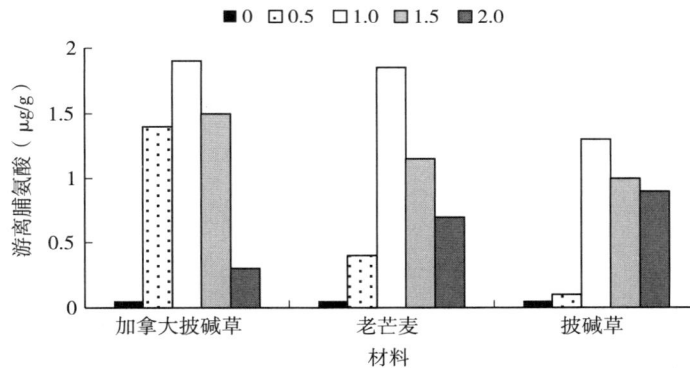

图 4　不同材料在盐胁迫下游离脯氨酸含量的差异

3　讨论

盐胁迫下，植物叶片 RWC 的变化趋势与叶片所受伤害程度呈负相关，RWC 越小，植物所受胁迫伤害越大。而细胞电导率与伤害程度呈正相关，肖雯等对 8 种盐生植物抗盐生理指标的研究结果证实，膜透性的大小反映细胞膜受损的程度，数值越大，细胞膜受到的伤害也越大。因此，细胞透性可以作为衡量植物细胞受伤害程度的指标之一。在本试验中，盐胁迫下 3 种材料叶片 RWC 明显降低，而电导率持续上升，其中加拿大披碱草叶片 RWC 下降幅度最小，电导率上升较慢；老芒麦叶片 RWC 下降幅度最大，电导率上升最快。这表明加拿大披碱草在盐胁迫下细胞膜受伤害程度较低，对盐胁迫耐受性较强。在盐胁迫下，植物膜受伤害程度与植物抗逆性密切相关。

MDA 作为膜脂过氧化作用产物，表现与细胞膜透性是一致的。当 MDA 含量大幅度上升时，表明植物体内细胞受到严重破坏，其含量也可说明植物遭受逆境伤害的程度大小：增幅越大，植物细胞受伤害程度越大。本试验结果显示，在盐胁迫下，3 份供试材料 MDA 含量均显著增加，不同材料间增幅不同。其中，老芒麦的 MDA 含量增加最多，说明其膜系统受伤害程度最大，披碱草次之，加拿大披碱草最小。这与李琼等对 6 种禾本科牧草幼苗叶片膜脂过氧化作用的研究结果（MDA 随盐浓度上升呈先上升后下降的趋势）有所不同，其原因可能与不同植物对盐胁迫的耐受机制不同有关。

SOD 是植物体内清除活性氧的第一道防线，是清除植物体内活性氧的重要酶类，对防止自由基活性氧的毒害至关重要。高 SOD 活性维持时间越长，清除自由基的能力就越强，植物的抗逆性也就越强。本试验发现，在盐胁迫下，3 份供试材料 SOD 活性均有所下降。在相同盐浓度下，加拿大披碱草 SOD 活性可维持较高水平，且随盐浓度加大其降低幅度较小；而老芒麦 SOD 活性较低，则其清除自由基能力较弱；披碱草居于二者之间。

Pro 作为植物渗透调节物质参与调节，其作用有：可作为细胞的有效调节物质；可以保护膜和酶的结构；可以作为直接利用的无毒形式的氮源，作为能源和呼吸底物，参与叶绿素合成。Pro 在逆境条件下的积累，既可能有适应性的意义，也可能是细胞结构和功能受损伤的表现，是一种伤害反应。在本试验中，3 种供试材料的 Pro 变化趋势一致，均呈现先上升后下降的趋势。Pro 变化与胁迫强度、抗性之间的关系有待进一步研究。

4　结论

（1）氯化钠胁迫使披碱草属 3 种牧草的生理生化指标发生了如下变化：随着盐浓度的增加，各材料 RWC 下降；电导率上升，即细胞膜透性增大；膜脂过氧化作用产物 MDA 含量上升；清除活性氧酶类 SOD 活性下降；Pro 含量先上升后下降。

（2）供试 3 种牧草各个指标间的变化幅度有差异。这种逆境胁迫下生理指标的变化是作为植物抗性研究的重要依据之一，可为今后 3 种牧草耐盐性的进一步研究打下基础。

参考文献（略）

本文原刊载于《草地学报》，2010 年第 5 期，略有删改

披碱草属3种牧草幼苗对水分胁迫的响应

刘锦川，云锦凤

（内蒙古农业大学生态环境学院，呼和浩特　010018）

摘要： 采用盆栽法，在3种披碱草属牧草苗期对其进行水分胁迫，测定幼苗叶片相对含水量、细胞膜透性、超氧化物歧化酶（SOD）活性、丙二醛含量及游离脯氨酸含量等指标，以对其抗旱性做初步研究。结果表明，3种牧草的叶片相对含水量呈下降趋势；细胞膜透性、超氧化物歧化酶（SOD）活性、游离脯氨酸含量及丙二醛含量均呈增加趋势。初步评价，3种牧草苗期对干旱胁迫的耐受性强弱顺序为披碱草＞加拿大披碱草＞老芒麦。

在我国北部广大干旱和半干旱地区，水分不足是限制牧草生产的重要因素。而牧草苗期对水分缺乏较为敏感，此时如遇干旱胁迫不仅威胁幼苗的生存，并对后期产量、越冬等都有一定影响。所以在稳定条件下采用盆栽控水的方法，开展苗期抗旱性的评价和鉴定，不仅可以为牧草抗旱品种的选育提供理论依据，对引种、示范推广和牧草产业化实践也具有重要指导作用。老芒麦、披碱草具有抗旱、抗寒、耐盐碱、产量高的优点，在内蒙古及西北地区广有栽培。加拿大披碱草为引入种，除具有上述牧草的优点外还具有叶量大、不落粒、果后营养期长的特点。本试验通过测定干旱胁迫下3种牧草幼苗地上部分叶片相对含水量、细胞膜透性、超氧化物歧化酶（SOD）活性、游离脯氨酸含量及丙二醛含量5个常用抗性生理指标，对披碱草属3种牧草苗期抗旱性进行了初步研究，以期为今后3种牧草的进一步推广利用提供理论基础。

1 材料与方法

1.1 材料

供试材料为披碱草（*Elymus dahuricus* Turicz）、老芒麦（*Elymus sibiricus* L.）、加拿大披碱草（*Elymus canadensis* L.），种子均来源于内蒙古农业大学牧草试验站。

1.2 方法

试验采用盆栽法，在内蒙古农业大学人工温室中进行。将种子放在有双层滤纸的培养皿中发芽后移入花盆，花盆装风干土，盆与土共重5.2kg。每盆定株10株，3次重复。待幼苗长到21d分蘖期后，一次性浇水至土壤最大含水量，之后处理组不再浇水，进行干旱胁迫处理，对照组正常浇水。期间观察各材料处理组形态特征变化。干旱胁迫进行到11d时，各材料均出现不同程度植株倒伏、叶片枯黄、卷曲等现象。此时取植株叶片，按照邹琦的方法测定生理指标。

1.3 测定生理指标及方法

1.3.1 相对含水量测定

取鲜叶称其鲜重，在蒸馏水中浸泡24h后称其饱和鲜重，然后在110℃下烘干，称其干重。

相对含水量＝（鲜重－干重）/（饱和鲜重－干重）×100%。

1.3.2 细胞膜透性测定

采用电导率法。取相同重量植物叶片，蒸馏水洗净，DDS－11 A型电导率仪测定初始电导率，再将其置于沸水浴中煮沸15min，冷却后测定其电导率。细胞膜透性以电导率表示。

电导率＝处理电导率/煮沸后电导率×100％。

1.3.3 超氧化物歧化酶（SOD）活性测定

取植物材料叶片0.2g，加少许磷酸缓冲液研磨得10mL匀浆，13 000r/min下离心20min，取上清液，按顺序加入蛋氨酸缓冲液、乙二胺四乙酸溶液、核黄素溶液、蓝四氮唑溶液，阳光下显色15min，以蒸馏水为参比液，在波长560nm下测定光密度。

1.3.4 丙二醛含量测定

取处理组植物材料叶片0.2g，加少许磷酸缓冲液研磨得10mL匀浆，13 000r/min下离心20min，取上清液，加入硫代巴妥酸溶液，沸水浴加热15min，冷却后4 000 r/min下离心5min，以硫代巴妥酸溶液为参比液，分别在波长532nm和600nm处测定光密度值。

1.3.5 游离脯氨酸含量测定

采用茚三酮法，取同位同色叶片0.1g，分别置于20mL试管中，加入5mL 3‰磺基水杨酸溶液，沸水中浸提10min，取出试管，冷却至室温后，吸取上清液2mL加入2mL冰乙酸和3mL显色液，于沸水中加热40min，冷却后加甲苯5mL萃取后在520nm下比色，并通过脯氨酸标准曲线计算得到脯氨酸的值。从标准曲线中得到脯氨酸的浓度，按下式计算脯氨酸含量的百分数：脯氨酸 $[\mu g/g（鲜样）]＝(C×V/a)/W$。式中：C 为提取液中脯氨酸的浓度（μg），由标准曲线中求得；V 为提取液总体积（mL）；a 为测定时所吸取的体积（mL）；W 为样品重（g）。

2 结果与分析

2.1 组织相对含水量（RWC）

在干旱胁迫处理下，牧草叶片含水量的变化趋势同叶片伤害率相同，叶片含水量越小，牧草所受的干旱伤害越大，该牧草的抗旱能力越弱。在干旱胁迫下，3种牧草的叶片相对含水量均有所下降（表1）。披碱草叶片相对含水量下降幅度最小，仅为10％，则其叶片保水力强于其他2种牧草，抗渗透胁迫能力较强；老芒麦叶片相对含水量下降幅度最大，为18％，则其叶片保水能力较差，抗渗透胁迫能力较弱；加拿大披碱草叶片相对含水量下降11％，居于二者之间。方差分析显示，各材料间差异显著（$P<0.01$）。

表1 干旱胁迫下不同材料的叶片相对含水量（RWC）

供试材料	对照（％）	处理（％）	较对照减少（％）
披碱草	85a	75a	10
老芒麦	88a	70b	18
加拿大披碱草	76b	65c	11

注：不同字母表示差异显著，$P<0.01$。下同。

2.2 细胞膜透性

在干旱胁迫下，供试材料的叶片细胞膜相对透性发生了改变，叶片细胞膜受到伤害，相对电导率上升（表2）。其中，老芒麦电导率增幅最大，较对照增加200％；披碱草电导率较对照增加最小，只有50％；加拿大披碱草较对照增加80％。3种材料间差异显著（$P<0.01$）。在干旱胁迫下，老芒麦细胞膜受损程度较重；披碱草较轻，其抵御渗透胁迫能力较强；加拿大披碱草居中。

表 2　不同材料在干旱胁迫下的电导率

材料	对照（%）	处理（%）	较对照减少（%）
披碱草	1.0a	1.5a	50
老芒麦	0.3b	0.9b	200
加拿大披碱草	0.5c	0.9b	80

2.3　超氧化物歧化酶（SOD）活性

在干旱胁迫下，各材料处理组 SOD 活性均高于对照组（图 1）。方差分析显示，各材料 SOD 活性在干旱胁迫前后均有显著差异（$P<0.01$），各材料间亦存在显著差异（$P<0.01$）。其中，披碱草的 SOD 活性在正常浇水和干旱胁迫下均是最高，老芒麦最低；但加拿大披碱草 SOD 增幅最小。3 种牧草的 SOD 活性为披碱草＞加拿大披碱草＞老芒麦。

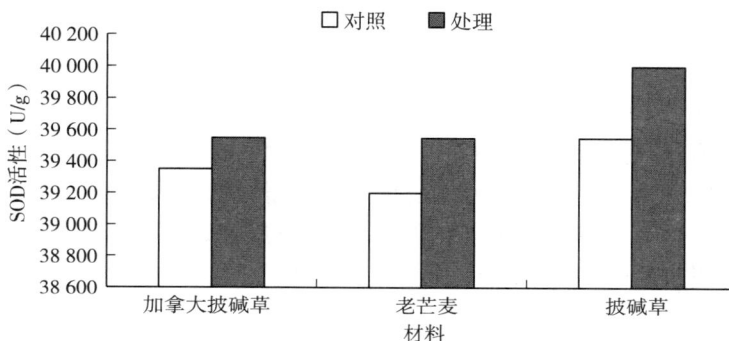

图 1　不同材料在干旱胁迫下的 SOD 活性

2.4　丙二醛含量

干旱胁迫条件下 3 种牧草的丙二醛含量均呈上升趋势（图 2）。其中，老芒麦丙二醛含量较对照增加最多，披碱草丙二醛含量较对照增加最少，加拿大披碱草丙二醛含量变化居于二者之间。各材料在干旱胁迫下的丙二醛含量呈现显著差异（$P<0.01$），表明在干旱胁迫下老芒麦受到的伤害最大，披碱草受到的伤害最小。3 种牧草的丙二醛含量为披碱草＞加拿大披碱草＞老芒麦。

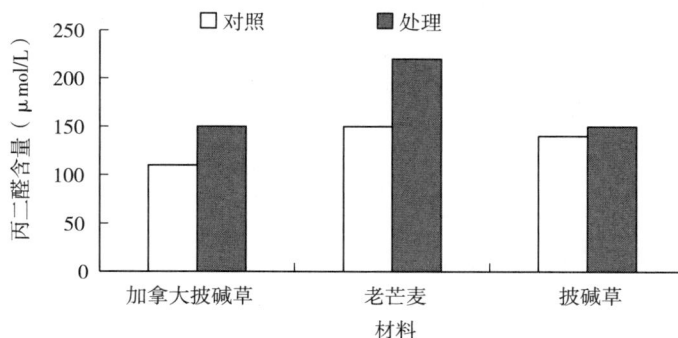

图 2　不同材料在干旱胁迫下的丙二醛含量

2.5　游离脯氨酸含量

在干旱胁迫下，3 种牧草的游离脯氨酸含量均呈增加趋势（图 3），各材料游离脯氨酸含量差异显著（$P<0.01$）。老芒麦游离脯氨酸含量与对照相比增加最多，披碱草游离脯氨酸含量与对照相比增

加最少，加拿大披碱草游离脯氨酸含量变化居于二者之间。3 种牧草在干旱胁迫下游离脯氨酸含量为老芒麦＞加拿大披碱草＞披碱草。

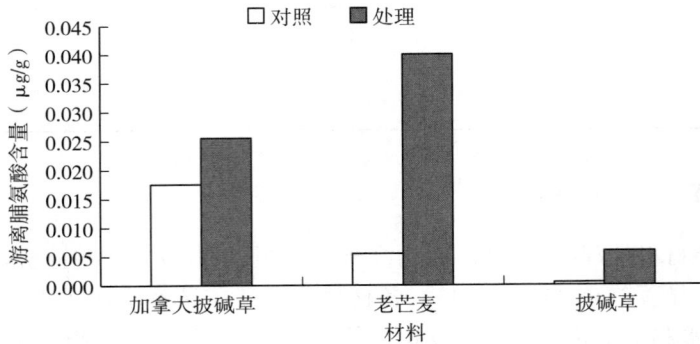

图 3　不同材料在干旱胁迫下游离脯氨酸含量

3　讨论

在干旱胁迫下，叶片相对含水量较高的植物表明其保水能力强，能经受较长时间的水分胁迫，因而抗旱性也比较高。而细胞电导率与伤害程度呈正相关，植物受到逆境胁迫时，细胞膜受损，透性增大，使电解质外渗量增大。植物在逆境下细胞电解质外渗量增加的幅度大小，可反映植物抗逆性的强弱。本试验结果表明，在受到干旱胁迫时，披碱草叶片相对含水量较高，而电导率较低；老芒麦叶片相对含水量最低，电导率最高；加拿大披碱草居于二者之间。这表明披碱草在干旱胁迫下细胞膜受伤害程度较低，抗性较强。

在水分胁迫期间，一些水解酶或与水解相关的酶，包括一些氧化酶，活性增加。SOD 是植物体内清除活性氧的第一道防线，对防止自由基活性氧的毒害至关重要。干旱胁迫下牧草的 SOD、CAT 等保护酶活性往往提高，保护细胞膜免受自由基伤害，抗旱性强的品种在逆境条件下能使保护酶活力维持在一个较高的水平，有利于清除自由基，降低膜脂过氧化水平，从而减轻膜伤害程度。高的 SOD 活性维持时间越长，清除自由基的能力就越强，植物的抗逆性越强。试验结果显示，在干旱胁迫下，3 份供试材料 SOD 活性均呈增加趋势。披碱草 SOD 活性维持较高水平；老芒麦 SOD 活性较低，则其清除自由基能力较弱，抗性较差；加拿大披碱草居于二者之间。

植物器官衰老或在逆境下遭受伤害，往往发生膜脂过氧化作用。丙二醛是膜脂过氧化的最终产物，它的积累对膜和细胞造成一定的伤害，表现与膜透性是一致的，所以其含量可以反映植物遭受逆境伤害的程度。当丙二醛含量大幅度上升时，表明植物体内细胞受到严重破坏，增幅越大，植物细胞受伤害程度越大。研究结果表明，在干旱胁迫下，3 份供试材料丙二醛含量均显著增加，不同材料间增幅不同。其中，老芒麦丙二醛含量增加最多，说明其膜系统受伤害最大，加拿大披碱草次之，披碱草最轻。

水分胁迫下与合成有关的酶活性降低是一种普遍现象，但也有一些酶活性反而受激，呈增加趋势。干旱胁迫下游离脯氨酸的增加是对干旱的一种适应。这种脯氨酸的反应或与酶调控有关。脯氨酸不仅作为植物渗透调节物参与调节，其亲水性还可以防止胁迫时组织细胞的脱水。脯氨酸的存在可以消除蛋白质分解初期产生的氨，防止其他有毒物质的积累。游离脯氨酸积累的作用有：一是可作为细胞的有效渗透调节物质；二是保护膜和酶的结构；三是作为可直接利用的无毒形式的氮源，作为能源和呼吸底物参与叶绿素的合成等；四是从游离脯氨酸在逆境条件下积累的途径来看，它既可能有适应性的意义，也可能是细胞结构和功能受损伤的表现，是一种伤害反应。试验中，在干旱胁迫下，各材料游离脯氨酸含量均呈增加趋势。其中，披碱草游离脯氨酸含量增加最少，老芒麦增加最多，加拿大披碱草居中。

4　结论

（1）在干旱胁迫下，3种牧草组织相对含水量均呈下降趋势，电导率呈增加趋势；3种牧草的SOD活性、丙二醛含量、游离脯氨酸含量均呈增加趋势。

（2）供试材料对干旱的耐受性为披碱草＞加拿大披碱草＞老芒麦。

参考文献（略）

本文原刊载于《种子》，2010年第9期，略有删改

二倍体和四倍体新麦草细胞学特性分析

齐丽娜，云锦凤，云岚，张东辉，于静怡

（内蒙古农业大学生态环境学院，呼和浩特　010018）

摘要：对蒙农 4 号新麦草二倍体和四倍体的细胞学指标进行比较分析，结果表明：四倍体蒙农 4 号新麦草体细胞染色体数目为 28（$2n=4x=28$），二倍体为 14（$2n=2x=14$）；四倍体植株叶片的长、宽较二倍体有所增加；四倍体植株的气孔增大，气孔密度和表皮毛密度减小且均与二倍体植株间存在极显著差异（$P<0.01$）。两种倍性植株的气孔大小、密度及表皮毛密度间均存在变异，其中变异幅度最小的是上表皮气孔长（6.57%），变异幅度最大的是下表皮毛密度（17.58%）。

新麦草（*Psathyrostachys juncea* Nevski）又名俄罗斯野黑麦（Russian wildrye），主要分布于欧亚地区的草原及半荒漠地区，为多年生异花授粉植物，是典型的多年生密丛型下繁禾草。蒙农 4 号新麦草（*P. juncea* Nevski cv. Mengnong No. 4）是内蒙古农业大学于 1984 年从美国农业部农业研究局牧草和草地研究所（USDA-ARS. FRRL）引入原始材料Bozoisky，采用单株种植和混合选择的方法育成的，在试验区表现出返青早、生长发育快、青绿持续期长、分蘖多、须根系发达、抗逆性强、长寿命等特点，适宜在干旱半干旱地区栽培种植，具有很高的推广应用价值。多倍体新麦草具有更多的优良性状，如美国及加拿大培育出的新麦草四倍体品种表现出比二倍体品种种子大、活力强、易发芽、植株高、叶宽而大等优良特性。目前，国内有关四倍体新麦草的育种、细胞学鉴定及相关特性研究分析的相关报道很少。本文对蒙农 4 号新麦草四倍体的体细胞染色体、气孔及毛被特性的倍性鉴定及研究分析，为新麦草属牧草的分类鉴定、遗传育种以及推广应用提供理论基础和技术体系。

1　材料和方法

1.1　材料

实验以二倍体新麦草和四倍体新麦草（蒙农 4 号新麦草）为研究材料。二倍体蒙农 4 号新麦草（$2n=2x=14$）是内蒙古农业大学从美国农业部农业研究局牧草饲料作物研究所引入原始材料Bozoisky，采用单株种植和混合选择的方法育成的。经秋水仙素诱导得到多倍体蒙农 4 号新麦草。实验材料均种植于内蒙古农业大学牧草试验站牧草种质资源圃。

1.2　方法

1.2.1　染色体数目的鉴定

采用常规染色体压片法，并根据实验材料的特点在取材时间、预处理及解离步骤时试用以下方法：①最适取材时间的确定：从 8：00—12：00 每隔 15min 连续取样。②预处理：a. 在 0℃冰水中预处理 24h；b. 0.002mol/L 8-羟基喹啉预处理 5h；c. 0.002mol/L 8-羟基喹啉与 2%秋水仙素 1∶1 混合预处理 5h。③材料的解离：a. 1mol/L HCl 中解离 5～8min；b. 1∶1 纤维素酶和果胶酶配合 0.2mol/L 盐酸。染色分别试用醋酸洋红和卡宝品红染液。

根据 Levan 等（1964）及李懋学等（1985）提出的标准，染色体计数 50 个细胞。观察细胞过程中，每盆材料至少有 3 枚根尖的 90% 以上的体细胞染色体数为 $2n=4x=28$，定为四倍体植株。

1.2.2　形态学特征的鉴定

根据镜检结果，取二倍体及四倍体新麦草材料各 10 株，在分蘖期测定植株高度（自然高度）、分蘖数、叶片长、宽。叶片的长、宽测定同一叶心下第 2 片完全展开叶全长和叶片最宽处宽度，每株重复测量 5～10 片叶。

1.2.3　气孔及表皮毛特征的鉴定

对二倍体及四倍体新麦草幼苗分蘖期的气孔和表皮毛特征进行鉴定，具体步骤如下：①取材：随机选取两种倍性的植株各 3 株，每株取同一部位的叶片各 1 片。②解离：将两种倍性新麦草叶片去叶缘，剪成 4～5cm 草段，分别放入 30％过氧化氢与冰醋酸（1∶1）混合液中，在 60℃下密封解离 20h 左右。③制片：将解离后的叶片用蒸馏水冲洗数遍后，用镊子挑取解离效果好的叶片平铺在载玻片上，滴 1 滴 1‰I$_2$-KI 染液于叶片上染色。④观察：用显微分析系统软件进行镜检、拍摄，并测定气孔的长、宽、密度和表皮毛的密度。由于所制片子中的气孔已关闭，因此，本文测量的气孔是气孔关闭状态下气孔保卫细胞的哑铃形体的长度，气孔宽度是垂直于哑铃形体保卫细胞的最宽值。每个片子至少观察 10 个视野，至少统计 30 个视野。气孔密度的计算方法：在同一倍性下测量 30 个视野的气孔器数量，取其平均值，并换算成每平方毫米的气孔数量（个/mm^2）。

1.3　数据处理

采用 Excel 2007 软件整理数据并作柱状图，采用 SAS9.0 软件对数值性状进行统计分析。

2　结果与分析

2.1　染色体数目的鉴定

根尖压片法取材方便、技术准确、所需实验仪器简单，是目前应用较多的倍性鉴定方法。实验对取材时间、预处理、解离以及染色步骤进行多种处理方法比较，最终找到了适合新麦草材料自身特点的处理方法。多倍体新麦草土培植株开始分蘖时取样，每盆材料至少剪取 5 个根尖进行染色体数目的鉴定。具体步骤如下：①取材：9：00—10：00 选取植株新生的白色幼嫩根尖，蒸馏水冲洗干净，分放入指形管中。②预处理：将指形管放入冰水中在 4℃冰箱内保存 24h。③固定：在卡诺固定液（无水乙醇∶冰醋酸＝3∶1）固定 12h。④解离：于 1mol/L HCl 中解离 5～8min。⑤染色与压片：用卡宝品红溶液染色，常规压片。⑥镜检：观察统计分裂中期不同倍性材料的细胞染色体数目，将分散好、染色体条带清晰的片子用 Olympus 显微镜摄影仪照相。

实验结果表明，秋水仙素诱导后的植株多为二倍体（$2n=2x=14$），此外还有单倍体（$n=x=7$）、三倍体（$2n=3x=21$）、四倍体（$2n=4x=28$）和非整倍体（图1）。根据染色体数目特征，可以对植株进行倍性鉴定及分类标记。

$2n=2x=14$　　　　　　　　$4n=4x=28$

图 1　二倍体和四倍体植株的染色体

2.2　形态学特征的鉴定

从表 1 可以看出，四倍体与二倍体材料的平均株高差异不显著，但四倍体植株的叶长（25.50cm）、叶宽（4.31mm）较二倍体的叶长（18.13cm）、叶宽（3.16mm）有所增加，且均存在显著差异，说明植株的形态特征与其倍性有较好的一致性。

表1　两种倍性植株的形态特征比较

倍性	株高（cm）	叶长（cm）	叶宽（mm）
二倍体	29.13a	18.13a	3.16a
四倍体	31.16a	25.50b	4.31b

注：同列相同小写字母表示不同处理间差异不显著（$P > 0.05$）。

2.3　气孔及气孔器的比较分析

2.3.1　气孔及气孔器结构特征

两种倍性的蒙农4号新麦草植株的叶片上下表皮均有气孔（图2）分布，气孔器形状及组成相同，均由两个呈哑铃型的保卫细胞及它们之间的孔口组成，保卫细胞的外侧各有1个副卫细胞。

对不同倍性植株气孔的长和宽进行方差分析可知，二倍体与四倍体植株上、下表皮气孔的长和宽均存在极显著差异（$P < 0.01$）。四倍体植株上、下表皮气孔长分别是二倍体植株气孔长的1.48倍和1.38倍，宽分别为1.24倍和1.15倍（图3）。而同一染色体倍性植株的上、下表皮气孔大小也有区别，四倍体植株上、下表皮气孔的长宽比分别为3.36和3.00，二倍体植株上、下表皮气孔的长宽比分别为4.04和3.62。以上结果表明，随染色体倍性的增加，植株叶表皮气孔的大小也有明显增加趋势。

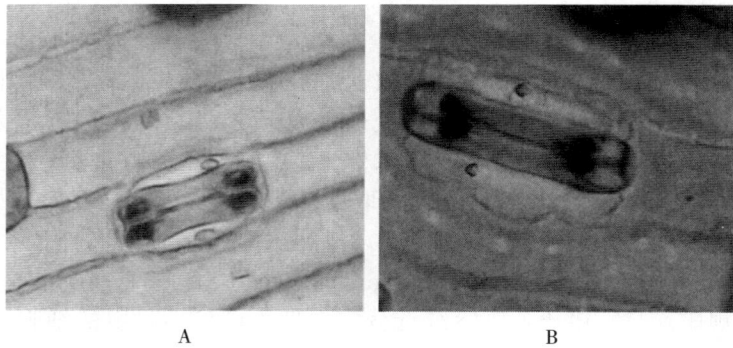

图2　二倍体和四倍体新麦草植株的气孔器

A. 二倍体；B. 四倍体。

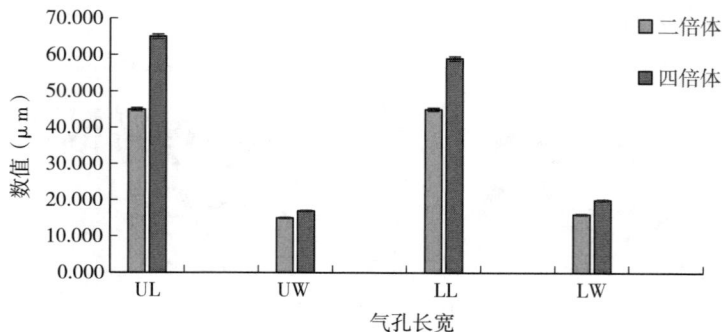

图3　植株的气孔器及表皮毛

UL：上表皮气孔长；UW：上表皮气孔宽；LL：下表皮气孔长；LW：下表皮气孔宽。

2.3.2 气孔的分布特征及其密度

蒙农 4 号新麦草的气孔呈纵行排列，沿着叶脉方向整齐分布（图 4），这符合禾本科牧草气孔分布特点。由分析结果（图 5）可知，两种倍性材料的上、下表皮气孔密度差异均极显著（$P<0.01$），通过 F 值比较得知，上表皮气孔密度的差异程度大于下表皮。二倍体植株上表皮气孔密度（110.79 个/mm^2）是四倍体的（41.67 个/mm^2）2.66 倍；二倍体植株下表皮气孔密度（150.83 个/mm^2）是四倍体的（46.96 个/mm^2）3.62 倍。

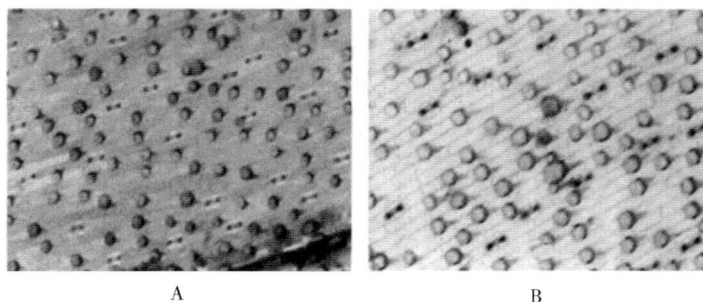

图 4　两种倍性植株气孔大小的比较
A. 二倍体；B. 四倍体。

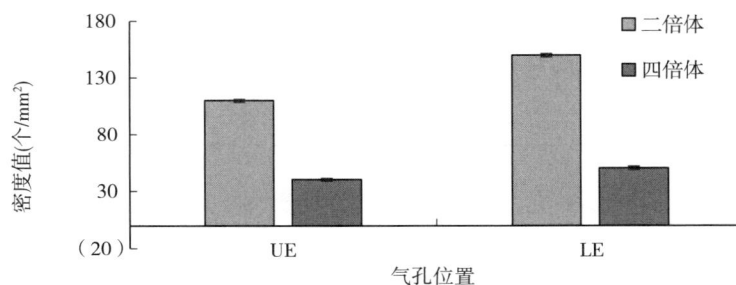

图 5　两种倍性植株气孔密度的比较
UE：上表皮；LE：下表皮。图 6 同。

2.3.3 叶表皮毛被的分布特征

两种倍性材料上、下表皮的表皮毛密度和气孔密度的特征一致（图 6）。二倍体植株上、下表皮的表皮毛密度分别为 260.90 个/mm^2 和 274.40 个/mm^2，比值为 0.95；四倍体植株上、下表皮的表皮毛密度分别为 146.36 个/mm^2 和 161.82 个/mm^2，比值为 0.90。二倍体植株的上表皮毛密度是四倍体植株的 1.78 倍，下表皮毛密度是四倍体的 1.70 倍。F 检验结果表明，两种倍性材料的上、下表皮毛密度差异均极显著（$P<0.01$）。通过 F 值比较可知，上表皮毛密度的差异程度大于下表皮毛密度。

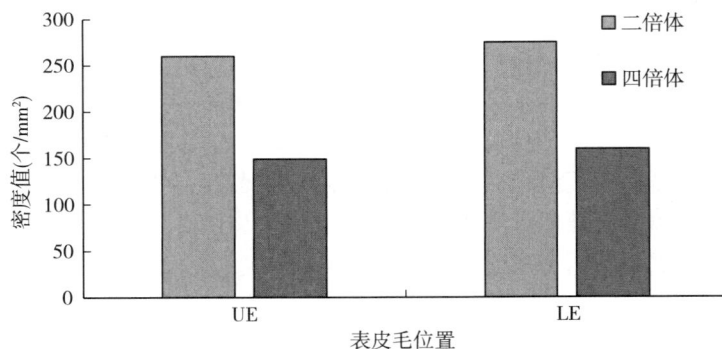

图 6　两种倍性植株叶表皮毛密度的比较分析

2.3.4 变异系数分析

由二倍体和四倍体蒙农4号新麦草变异系数（CV）分析结果可知（表2），变异不仅存在于同一倍性植株内部，同时也存在于两种倍性植株之间。在同一倍性内，二倍体蒙农4号新麦草的上、下表皮气孔长的变异系数较大（8.04％和7.16％），四倍体植株的上、下表皮气孔宽的变异系数较大（12.31％和9.94％）。上、下表皮气孔密度和表皮毛密度的变异系数都是四倍体植株的较大。两种倍性植株间变异较大的是气孔密度及表皮毛密度，其中下表皮毛密度（17.58％）变异最大；变异较小的是气孔长、宽，其中变异最小的是上表皮气孔长（6.57％）。也就是说，随着植物体细胞染色体倍性的变化，植株气孔和表皮毛特征也会随之出现不同程度的变异。

表2　两种倍性植株叶表皮特征的变异系数（％）

指标	倍性	上表皮		下表皮	
		倍性内 CV	倍性间 CV	倍性内 CV	倍性间 CV
气孔长（cm）	二倍体	8.04	6.57	7.16	6.67
	四倍体	5.13		6.43	
气孔宽（mm）	二倍体	6.55	9.99	9.62	9.65
	四倍体	12.31		9.94	
气孔密度（个/mm²）	二倍体	10.10	13.81	12.26	15.72
	四倍体	24.88		18.98	
表皮毛密度（个/mm²）	二倍体	13.77	14.68	13.01	17.58
	四倍体	15.78		20.01	

3　讨论与结论

3.1　染色体数目的鉴定

染色体计数法具有精确性高、结果可靠的特点。通过多次试验表明，9:00—10:00新麦草幼嫩根尖分裂象最多，且有丝分裂中期象最多；0℃冰水中预处理24h，方法简单，节约药品，且所得分裂象轮廓更清晰、染色体缩得更短；0.002mol/L 8-羟基喹啉与2％秋水仙素1:1混合所得的分裂象也很清楚，但不如0℃冰水中预处理24h经济方便；由于植物细胞壁含有纤维素和果胶质，故用酶解配合酸解的效果是最好的。但是酶液浪费较大且价格比较贵，所以在掌握好解离时间的基础上，用1mol/L HCl解离效果也很好，且操作方便、经济实惠；卡宝品红只对细胞核以及染色体深染，且染色速度快，操作简便，染色效果好。醋酸洋红染液整体染色较浅，效果远不如卡宝品红，故选用卡宝品红做染液。通过改进的染色体制片方法，可以将植株染色体的倍性准确快速地鉴定和标记。

3.2　形态学特征的比较

将植物外部形态特征作为对多倍体材料进行鉴定的判断标准是最简单、最直观粗放的方法，它可以为育种工作者减少工作量。巨大性是多倍体最为显著的外部形态特征，多表现为叶片长、宽增加且植株较壮等。四倍体新麦草表现出叶片长、宽及植株高均较二倍体植株有所增加的特点。李立志等以染色体倍性鉴定结果为依据，凭经验直接判断发生器官形态变异的四倍体黄皮西瓜，准确率可达91.3％。刘玉香等研究的四倍体辣椒表现出植株高大、叶片及花冠等比原品种大的特点。故外部形态特征可作为新麦草多倍体鉴定的依据之一。

3.3　气孔器特征的比较

气孔是植物叶片与外界环境之间进行气体、水分交换的主要通道，对植物的光合、呼吸、蒸腾等生理活动起着重要的调节作用，同时气孔器也是研究植物间亲缘关系及其染色体倍性的重要器官，在探讨植物系统进化和分类方面具有积极意义。气孔是一个稳定的遗传性状，气孔特征与植株倍性有一定的关系，总的趋势是随着植株倍性的增加，保卫细胞长、宽增大，气孔密度减小。四倍体蒙农四号新麦草气孔的长和宽与二倍体均存在极显著差异（$P<0.01$），且随着体细胞染色体倍数的增加，植株叶表皮气孔的大小有明显增加趋势。但四倍体的气孔及叶表皮毛密度较二倍体有所减少，且差异极显著（$P<0.01$）。通过 F 值比较可知，上表皮气孔及表皮毛密度的差异程度均大于下表皮。马爱红等对葡萄的染色体倍性及气孔性状关系的研究也得出相同结论。同时可知气孔大小与气孔密度的关系，在叶片的单位面积内，气孔越大，气孔密度就越小；反之，气孔越小，气孔密度就越大。综上可知，气孔特征可以作为新麦草遗传育种工作中倍性鉴定、分类的重要依据。

3.4 叶表皮毛特征的比较

叶表皮毛是植物叶面表皮的衍生结构，是植物长期适应生态环境的外在表现，具有保护叶片、反射阳光、防止强光灼伤、减小蒸腾、保温、防止机械损伤等功能。在生态上，许多植物的表皮毛还可以起到减小风沙的作用。四倍体蒙农 4 号新麦草上、下表皮的表皮毛均比相应的二倍体的密度要小，且表皮毛与气孔分布特征是一致的，即表皮毛形态越大其密度越小，反之则越大。这说明表皮毛的特征也可以作为新麦草倍性鉴定及分类的依据。

3.5 变异系数分析

变异系数是衡量数据变异程度的一个统计量，可以反映种内和种间各表型性状的变异情况，从而揭示其变异格局。受植株倍性变化的影响，二倍体和四倍体蒙农 4 号新麦草的两个倍性间，气孔及表皮毛的各表型性状都存在着丰富的变异，且不同表型性状的变异幅度也各不相同，其中变异幅度较大的是叶表皮气孔密度及表皮毛密度。

参考文献（略）

本文原刊载于《中国草地学报》，2010 年第 3 期，略有删改

新麦草愈伤组织多倍体诱导与倍性鉴定

云岚，云锦凤，李俊琴，郑丽娜，赵韦，齐丽娜

（内蒙古农业大学生态环境学院，呼和浩特 010018）

摘要： 以新麦草幼胚形成的胚性愈伤组织为材料，在悬浮培养基中添加不同浓度秋水仙素和 1.5％ DMSO 诱导愈伤组织染色体加倍，并对处理后的愈伤组织再生幼苗进行根尖染色体倍性鉴定。在 25℃下用 100mg/L 秋水仙素和 1.5％ DMSO 处理 72h 的愈伤组织再生植株，平均加倍细胞比例最大，为 53.58％。比较分蘖期加倍幼苗与二倍体幼苗形态差异，结果除分蘖数无显著差异外，四倍体叶片长、宽均显著高于二倍体，与混倍体叶长差异不显著。四倍体新麦草叶片气孔保卫细胞长度比二倍体增加 13.52％，差异显著。同时，四倍体叶表皮气孔之间距离也显著大于二倍体，混倍体以上气孔特征介于四倍体与二倍体之间。

新麦草（*Psathyrostachys juncea* Nevski）又名俄罗斯野黑麦（Russian wildrye）、灯芯草状披碱草，是新麦草属的主要代表种，适于在干旱半干旱地区生长，是一种多年生、长寿命的丛生禾草，具密集的基生叶。其抗寒耐旱性强，且在夏秋季节能保持较高的营养价值，因而是优良的牧草与生态建设草种。该属植物的特征是具有基本的 N 染色体组（N genome），新麦草也是新麦草属中唯一具有饲用价值的草种。由于传统方法采用化学试剂处理新麦草植株生长点或萌动种子诱导多倍体效率较低，往往难以获得有育种价值的同源多倍体后代，因而，新麦草被认为是遗传很稳定难以进行基因改造的物种之一。但由于新麦草具较低的染色体倍性水平（2n＝14），适合于开展倍性育种，因而选用新兴的育种技术开展研究具有重要的潜在价值。

目前，植物遗传育种中，组织培养已成为细胞工程、染色体工程和基因工程研究与应用的重要环节之一。不仅可直接应用于植物离体快繁，而且也越来越多地与其他育种技术相结合，丰富了草类植物育种手段，加快了育种进程。赵洁等通过组织培养研究了疏叶骆驼刺（*Alhagi sparsifolia*）茎段离体快繁技术；李红等通过紫外线辐射和 NaN₃ 化学诱变愈伤组织提高了苜蓿（*Medicago sativa*）的抗碱性；王婷婷等利用细胞工程技术对离体培养的草地早熟禾（*Poa pratensis*）丛生芽块进行高温处理，认为是获得耐热性显著提高草地早熟禾植株的有效方法。近年来，利用植物离体组织诱导同源多倍体的研究在许多植物中有报道，但多集中在农作物和蔬菜、花卉等园艺植物。诱导方法主要以化学诱导为主，即用化学药剂处理正处于分裂时期的细胞，以诱导染色体加倍。该方法操作简便、诱变谱广，是一种比较理想的多倍体诱导方法。离体材料一般有愈伤组织、胚状体和茎尖组织等，这些材料中丛生芽和茎尖等容易得到，而愈伤组织、原生质体、胚状体都需要先建立再生体系，技术难度较高，但诱导率相对也较高。随着组织培养技术的发展，采用离体组织培养加倍法可以使植物染色体加倍效率大大提高，这为新麦草多倍体的诱导提供了一条新的途径。本试验研究新麦草外植体培养过程中采用秋水仙素（colchicine）诱导愈伤组织染色体加倍的可行性，进而对加倍材料进行染色体鉴定，筛选加倍的新麦草后代。并对染色体加倍的同源四倍体幼苗与二倍体幼苗从形态、气孔等方面进行比较，为进一步筛选和培育抗性强、适应性好、高产优质的四倍体新麦草品系奠定基础。

1　材料与方法

1.1　试验材料

供试材料为蒙农 4 号新麦草品种，于 2006 年种植于内蒙古农业大学牧草试验站，试验取材时为生长第 3 年。开花期后取授粉 14d 幼胚，进行愈伤组织诱导培养和 2 次继代培养，获得生长旺盛的胚性愈伤组织。

1.2　试验方法

1.2.1　诱导愈伤组织染色体加倍

在第 2 次继代的愈伤组织中挑选生长旺盛、淡黄色、质地疏松的颗粒状胚性愈伤组织块进行悬浮培养。悬浮培养基为 MSCD 液体培养基，即 MS 基本成分＋CH（水解酪蛋白）500mg/L＋2,4-D（2,4 二氯苯氧乙酸）0.5mg/L，其中分别添加 10、50、100、500 和 1 000mg/L 秋水仙素与 1.5% DMSO（二甲基亚砜），以未添加秋水仙素液体培养基为对照，胚性愈伤组织 5g 悬浮于 40mL 液体培养基。分别于 25℃ 和 10℃ 下 4 000lx 光照、转速 80r/min 下振荡培养 24、48 和 72h，每处理 5 次重复，经过处理的愈伤组织过滤后用无菌水冲洗 3 次转入固体分化培养基［MS＋0.3mg/L NAA（萘乙酸）＋4.0mg/L 6-BA（6-苄氨基嘌呤）］培养，分化出绿苗后转入 1/2MS 生根培养基，幼苗生根后移栽于固体培养基沙培，置于 25℃、相对湿度 60% 温室培养。

1.2.2　倍性鉴定

待诱导染色体加倍后的幼苗长到开始分蘖时，取根尖进行染色体倍性鉴定。染色体压片方法参考李懋学和张敩方的方法稍有修改。每加倍苗取 3 枚根尖压片，统计各制片不同倍性细胞所占比例，计算加倍率。

四倍体细胞突变率＝（具 28 条染色体细胞数/具清晰中期分裂象细胞总数）×100%。

1.2.3　形态学鉴定

根据镜检结果，将新麦草四倍体植株（$2n=28$ 细胞在 80% 以上）、混倍体植株（$2n=28$ 细胞在 20%～80%）和对照未处理植株单株移栽于花盆。分别各取 10 株在分蘖后期测定植株高度、分蘖数、叶片长度，测微尺测量叶片宽度。叶片长度和宽度统一测量心叶下第 2 片完全展开叶全长和基部宽度。每株重复测量 5～10 片叶。将心叶下第 2 叶叶片剪下，切取基部约 0.5cm 放在载玻片上，用单面刀片将叶片的下表皮和叶肉细胞刮去，仅留一层薄而透明的上表皮，滴 1% I_2-KI 液微染，用装有目镜测微尺的 Olympus 显微镜观察测量，记录气孔保卫细胞长度、宽度、气孔间距离。每叶片随机选择测量 30 个气孔，并测量每一气孔到距其最近的另一气孔的距离。重复测量 10 个叶片计算平均值，并用 SAS 软件进行差异显著性方差分析。

2　结果与分析

2.1　愈伤组织染色体加倍

在不同处理条件下，用秋水仙素诱导新麦草愈伤组织染色体加倍后，对愈伤组织再生幼苗进行根尖染色体倍性鉴定，比较秋水仙素加倍诱导效果。得到各处理条件下染色体加倍细胞所占比例列于表 1。对未经秋水仙素处理的愈伤组织再生植株根尖细胞进行染色体分析，其中 $2n=14$ 的二倍体细胞占绝大多数，而 $2n=28$ 四倍体细胞比例为 5% 左右。经过不同浓度的秋水仙素处理后，新麦草四倍体细胞比例都有了不同程度的提高（图 1）。不同处理条件下植株染色体加倍效果不同，在 25℃ 下用 100mg/L 秋水仙素处理 72h 的再生植株，平均 $2n=28$ 细胞比例最大，为 53.58%；其次为用 500mg/L 秋水仙素 5℃ 下处理 72h，平均细胞加倍率为 41.46%；而在 5℃ 下用 50mg/L 秋水仙素处理

72h 的植株中平均细胞加倍率最低，仅为 13.34%。

表1 不同诱导条件下再生植株加倍细胞（$2n=28$）变异率

秋水仙素浓度（mg/L）	处理时间与处理温度下的加倍率（%）					
	24h		48h		72h	
	25℃	5℃	25℃	5℃	25℃	5℃
1 000	22.94	29.02	24.80	23.44	34.58	29.10
500	32.08	28.76	16.38	40.42	28.36	41.46
100	28.58	36.32	27.44	33.50	53.58	34.80
50	36.02	25.76	20.02	29.88	33.34	13.34
10	26.66	22.56	22.00	32.82	30.54	21.58
0	4.73	5.05	5.45	3.65	4.83	5.87

分析比较秋水仙素处理浓度、处理时间、处理温度各水平诱导染色体加倍效率的差异性，5 种秋水仙素浓度处理，平均细胞加倍率最高的是秋水仙素浓度 100mg/L 处理，平均加倍率为 35.70%；其次是秋水仙素浓度为 500mg/L 的处理，平均细胞加倍率为 31.24%；其他分别为 1 000、50 和 10mg/L 的秋水仙素浓度处理，平均细胞加倍率分别为 27.31%、26.39% 和 26.03%。

图1 不同倍性根尖细胞染色体
A. $2n=14$ 细胞；B. $2n=28$ 细胞。

比较处理时间对加倍效果的影响，以秋水仙素 72h 处理比 24h 和 48h 诱导细胞染色体加倍更有效，72h 处理幼苗根尖细胞染色体加倍率为 32.07%。处理 24h 和 48h 细胞平均加倍率分别为 28.87% 和 27.07%。高温和低温 2 种处理温度比较，以 5℃下诱导处理的总体效果好于 25℃，幼苗材料根尖中加倍细胞比例平均达 32.05%，高于 25℃ 处理的平均 26.62%。

根据倍性鉴定结果，综合分析秋水仙素浓度、处理时间和处理温度三项加倍诱导条件，如果不考虑三者之间的互作效应，在考查范围内可以得出新麦草愈伤组织诱导染色体加倍最佳条件为：秋水仙素浓度 100mg/L 和 1.5%DMSO、处理时间 72h 和处理温度 5℃低温处理。但从本试验实际诱导效果来看，加倍效率最高的是秋水仙素浓度 100mg/L 和 1.5%DMSO、处理时间 72h 在较高温度（25℃）下的处理，说明秋水仙素在诱导细胞染色体加倍过程中，诱导剂浓度、处理时间及处理温度存在一定互作效应。试验中高温下诱导效果好于低温，原因可能在于高温下细胞分裂活动更为旺盛，秋水仙素对细胞分裂的抑制作用更明显，但同时对组织的毒害性也更强，致使部分再生植株死亡。

2.2 加倍植株的形态学鉴定

倍性鉴定后对四倍体、混倍体及二倍体对照进行分组，待幼苗生长至分蘖期，分别测量 3 组幼苗分蘖数、株高、叶片长、宽等形态特征。3 组幼苗分蘖数差异不显著，平均分蘖数 15.0～17.1（表2）。株高差异也不显著，但四倍体植株平均株高稍高于混倍体和二倍体。四倍体叶片长度平均为 17.84cm，显著高于二倍体，但与混倍体叶长差异不显著。混倍体和二倍体叶片宽度差异不显著，但四倍体叶片宽度显著大于前两者。从形态上来看，新麦草加倍植株叶片长、宽均较二倍体有所增加。

气孔保卫细胞易于观察，是进行倍性鉴定常用依据。通过显微观察气孔保卫细胞形态和测量比较四倍体、混倍体及二倍体植株气孔器（图2），结果表明以上3组植株叶片表皮气孔在长度、宽度、气孔间距离上均有一定差异（表3）。表中四倍体叶片气孔保卫细胞长度比二倍体增加13.47%，差异显著。气孔宽度也较二倍体有所增加，但差异未达到显著水平。四倍体与二倍体植株叶表皮气孔间距离差异最显著，四倍体气孔间距显著大于二倍体，相差近1倍。混倍体以上特征介于两者之间。表明体细胞染色体加倍效应对叶片表皮气孔形态及分布具有较大影响，具体表现为随着染色体倍性增加，气孔变大、气孔间距离增加。

表2　不同倍性植株形态特征比较

植株类型	分蘖数	株高（cm）	叶长（cm）	叶宽（mm）
四倍体	15.8a	27.54a	17.84a	3.30a
混倍体	17.1a	25.33a	15.26ab	3.13b
二倍体	15.0a	24.52a	13.58b	3.11b

注：表中不同字母代表 $P<0.05$ 水平差异显著，下同。

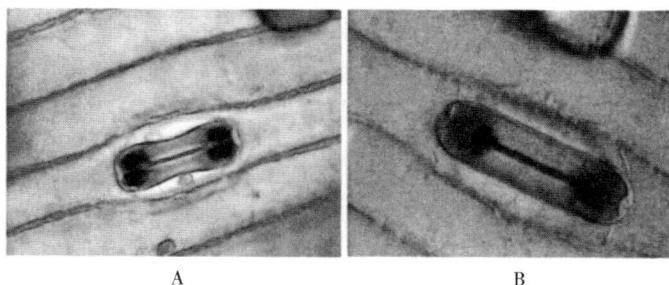

图2　不同倍性植株叶表皮气孔保卫细胞形态（10×40倍）
A. 二倍体叶片气孔；B. 四倍体叶片气孔。

表3　不同倍性植株叶表皮气孔形态特征

植株类型	气孔长	气孔宽	气孔间距离
四倍体	47.85a	14.65a	107a
混倍体	44.42ab	12.63a	104a
二倍体	42.17b	12.71a	65b

3　讨论

悬浮培养的胚性愈伤组织颗粒小，易分散，再生性强，是良好的加倍诱导材料。在一些作物及园艺植物染色体加倍研究中将愈伤组织作为诱导材料已有许多成功报道。本研究以新麦草幼胚形成的胚性愈伤组织为材料，在悬浮培养基中添加秋水仙素和1.5%DMSO诱导愈伤组织染色体加倍，并对愈伤组织再生幼苗进行根尖染色体倍性鉴定。比较不同处理条件，在25℃下用100mg/L秋水仙素和1.5%DMSO处理72h的愈伤组织再生植株，平均加倍细胞比例最大，为53.58%。分析其原因，前人研究发现在愈伤组织诱导及培养过程中常常导致细胞染色体组自然发生内源多倍化。Ramulu和Dijkhwis通过流式细胞仪对马铃薯（*Solanum tuberosum*）单倍体、双单倍体、四倍体品系的植株愈伤组织进行了DNA含量分析和细胞倍性测定，结果发现，由单倍体诱导的愈伤组织中具有DNA的1C、2C和4C峰，说明愈伤组织内部的一些细胞经历着一个多倍化过程，并且细胞具有广泛的变异倍性。在花药培养时外植体愈伤组织发生自然加倍的现象在许多作物〔如水稻（*Oryza sativa*）、小麦（*Triticum aestivum*）等〕上均有报道。这些研究结果表明，愈伤组织本身存在一定的染色体不稳定性，这种不稳定性可能有利于加倍诱导多倍体细胞的发生。

本研究得出处理新麦草愈伤组织适宜的秋水仙素浓度、处理时间及温度等诱导条件与其他植物的研究有一定差异，如崔广荣等报道文心兰（*Oncidium*）类原球茎薄切片离体诱导多倍体时以 0.2%～0.4%秋水仙素处理 10～20d 为宜；王丽艳等研究得出以 0.3%秋水仙素溶液浸泡扁茎黄芪（*Astragalus complanatus*）的茎尖 3d 为诱导多倍体的最佳处理组合；张计育等研究结果显示，用 0.3%秋水仙素浸泡处理 4d 是最佳的草莓（*Fragaria*）离体叶片诱导方法；王军玲等采用浸泡法对离体培养的鸡冠花（*Celosia cristata*）营养芽进行处理，得出以 0.15%秋水仙素溶液浸泡 36h 为诱导多倍体的最佳处理组合。即使对于同种植物，处理不同，组织结果也不完全相同，张秀丽等报道对新麦草萌动种子进行了染色体加倍，认为在室温用 0.2%秋水仙素溶液处理 3～5h，诱导加倍的成功率最高。以上结果表明秋水仙素与细胞分裂之间的相互作用机制是复杂的，物种及细胞的基因型、不同组织的生理状态对加倍诱导效果均有影响，而且多倍体诱导率的统计标准在各种文献中也不一致，因此，很难在不同物种间做出比较。

比较分蘖期加倍幼苗与二倍体幼苗形态差异，除分蘖数无差异外，四倍体叶片长、宽均显著高于二倍体，与混倍体叶长差异不显著。形态上新麦草加倍植株叶片长、宽均较二倍体有所增加。这一结果与前人研究认为染色体加倍导致多数植物营养器官大型化的结果相似。

对叶表皮气孔保卫细胞的比较发现，四倍体新麦草叶片气孔保卫细胞长度比二倍体增加 13.47%，差异显著。同时四倍体叶表皮气孔之间距离也显著大于二倍体，混倍体以上特征介于两者之间。这表明细胞染色体加倍具有使新麦草叶片气孔变大、气孔间距离增加的效应。事实上，多倍体叶片气孔增大、保卫细胞内叶绿体数目增多、气孔密度下降的现象在众多研究中均得到证实。如 Rajendra 等认为小麦等植物在进化过程中，随染色体倍性的增加，形态上具有单位面积气孔数目越来越少，而呈现气孔越来越大的变化趋势。因此，有研究认为，气孔随染色体倍性增加，周长和面积增加的特征在不同物种中具有稳定性，可以作为不同倍性植株的鉴定依据。本试验研究结果也支持了这一观点，可见气孔大型化以及气孔密度降低与染色体倍性的增加具有显著相关性，因此，针对相同新麦草材料用叶片气孔保卫细胞的长度和密度为指标可以鉴别染色体加倍植株。

参考文献（略）

本文原刊载于《草业学报》，2010 年第 6 期，略有删改

加拿大披碱草生长锥分化的观察

许圣德[1]，云锦凤[1,2,3]，赵彦[1,2]，张苗苗[1]

（1. 内蒙古农业大学生态环境学院，呼和浩特　010018；2. 内蒙古自治区草品种育繁工程技术研究中心，呼和浩特　010018；3. 草地资源教育部重点实验室，呼和浩特　010018）

摘要：为阐明加拿大披碱草（*Elymus canadensis* L.）生殖生长过程，采用显微镜常规解剖法对加拿大披碱草生长锥分化过程和发育规律进行研究。结果表明：加拿大披碱草生长锥的分化和发育是一个连续过程，可分为 8 个时期：初生期、伸长期、结节期、小穗突起期、颖片突起期、小花突起期、雌雄蕊形成期和抽穗始期；生长锥分化很不一致，拔节和分蘖几乎同时进行，形成生长锥分化在一定时期相互交错的结果，最后导致抽穗不整齐，致使抽穗时间过长；小穗发育规律性很强，主穗中上部小穗发育最快，然后向上、向下依次进行，基部小穗发育最慢。

　　加拿大披碱草（*Elymus canadensis* L.）属于禾本科披碱草属，多年生草本植物，四倍体，染色体数 $2n=28$，原产于北美。具有适应性强、耐盐碱、抗旱、抗寒、抗风沙和适口性好等优良特性。20 世纪 80 年代，云锦凤教授引进该种在国内进行栽培利用。研究发现加拿大披碱草在内蒙古地区生育期较长，种子成熟期晚。本研究以加拿大披碱草为试验材料，对其生长锥分化全过程进行解剖观察，并对生长锥长度和植株高度进行相关分析，揭示其生长发育规律，为该物种的合理利用提供可靠依据。50 年代起就有学者对小麦（*Triticum aestivum* Linn.）、大麦（*Hordeum vulgare* L.）、多花黑麦草（*Lolium multiflorum* Lamk.）、冰草［*Agropyron cristatum*（L.）Gaertn.］等禾本科植物生长锥分化和幼穗形成进行研究，但加拿大披碱草生长锥分化过程的研究尚未见报道。植物器官的分化和发育在其生长过程中具有重要意义，了解生长锥分化及幼穗形成过程与植株外部形态及物候发育特征的关系，可以为牧草栽培管理、繁殖与育种提供更科学和直观的依据。

1　材料和方法

1.1　材料

　　供试材料为 2006 年种植在内蒙古农业大学牧草试验地的加拿大披碱草植株。试验地位于呼和浩特市（E 111°41′，N 40°49′），海拔高度 1 063m，大陆性气候，年均温 5.4℃，≥10℃ 年积温 2 500℃，≥0℃ 年积温 3 000℃，年降水量 400mm，无霜期 135d，土壤为砂质栗钙土，pH 7.5，肥力中等。

1.2　方法

　　试验于 2009—2010 年进行，从每年 4 月中旬返青开始观测，7 月中旬抽穗期为止，随机标定 20 个植株，每隔 2～3d 在上午 10 点观测一次地上部分植株高度、叶片数和物候期。每隔 2～3d 取一次样，每次取 10 个枝条并测量被取枝条植株的高度，用 FAA 固定液固定保存 24h 以上。在显微镜（OLYMPUS SZX9）下解剖、照相并测量生长锥长度。用 Excel 和 SAS9.0 软件处理数据。

2　结果与分析

2.1　生长锥分化时期

加拿大披碱草生长锥发育过程始于4月中旬返青期，结束于7月初。根据其生长和发育的形态特征，按照库别尔曼的划分原则分为8个时期：初生期、伸长期、结节期、小穗突起期、颖片突起期、小花突起期、雌雄蕊形成期和抽穗始期。

2.1.1　初生期

生长锥为半球体，直径约0.1mm，锥体外面被叶原基包被，底部叶原基交互排列，生长锥未分化，属于营养生长（图1a）。

2.1.2　伸长期

生长锥开始伸长，半球体变为圆锥体，这一时期持续约4周（图1b和图1c）。

2.1.3　结节期

生长锥顶端稍下方连续形成棱状苞叶原基突起，明显地分为正面和侧面，从侧面观察为棱状，这些棱状突起成两列，交互排列，此时生长锥略呈扁平状，进入生殖生长阶段。随后生长锥两侧的每个苞叶原基纵裂为2个馒头状苞叶原基突起，突起变为4列，这一时期持续约2周（图1d~图1g）。

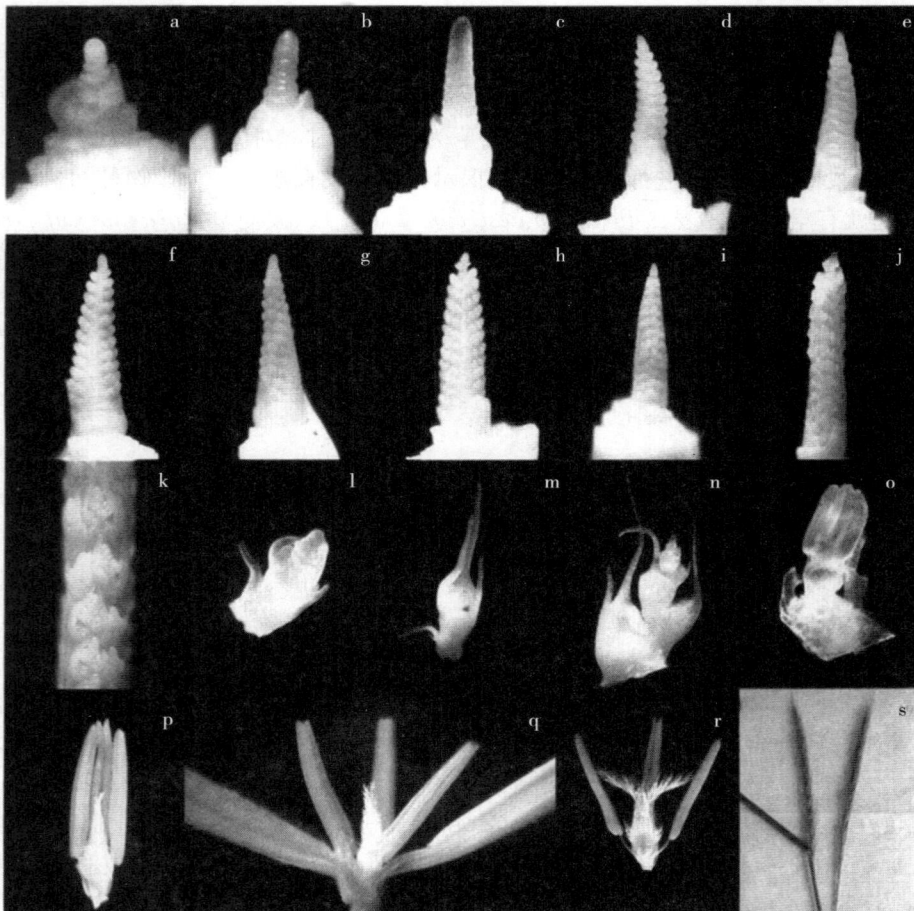

图1　加拿大披碱草生长锥分化时期

（a为初生期114×；b，c为伸长期114×，114×；d~g为结节期100×，100×，100×，100×；h，i为小穗突起期100×，100×；j为颖片突起期100×；k~n为小花突起期114×，140×，114×，114×；o~r为雌雄蕊形成期80×，40×，40×，30×；s为抽穗始期1×）

2.1.4 小穗突起期

在苞叶原基突起的腋部形成小穗原基（二次生长锥），小穗原基从正面观测为近圆形，大于苞叶原基。小穗原基首先从长柱状生长锥的中上部位发生，然后逐渐向上、向下发展。小穗原基进一步生长分化，使得整个幼穗明显呈扁平状（图 1h 和图 1i）。

2.1.5 颖片突起期

随着小穗原基的分化，小穗突起基部分化出颖片原始体，外侧颖片原始体发育快于内侧颖片原始体（图 1j）。

2.1.6 小花突起期

生长锥快速伸长，小穗被 2 个颖片原始体包裹，沿小穗轴分化出 3～5 个小花原基。同时第 1 个外稃原始体由小穗底部小花原基外侧开始发育，随后外稃长度大于颖片长度，小花由底部向顶部依次发育。生长锥的顶端此时已不再分化出苞叶原基突起，而转变为 1 小穗原基，进一步分化成 1 小穗（图 1k～图 1n）。

2.1.7 雌雄蕊形成期

首先在小花突起中形成 3 个雄蕊原始体，形成 3 个花药，花丝也慢慢伸长，然后 3 个雄蕊原始体中间分化出雌蕊原始体，不久就出现了花柱和柱头，柱头分叉（图 1o～图 1r）。

2.1.8 抽穗始期

主穗长度达到 227mm，接近成熟时长度，分化结束（图 1s）。

2.2 生长锥长度与植株高度变化

2010 年 4 月 29 日至 7 月 6 日加拿大披碱草生长锥各阶段长度变化差异较大（图 2）。从返青期开始至 4 月 29 日，初生期生长锥伸长极为缓慢。5 月 2 日至 30 日生长锥伸长速度稍加快，但仍较缓慢，长度不足 1mm，此段时间经历了伸长期、结节期。6 月 4 日至 16 日，生长锥迅速伸长，经历了小穗突起期和颖片突起期。6 月 21 日至 7 月 6 日，生长锥伸长速度达到顶峰，进入小花突起期，7 月 6 日穗已接近成熟长度，平均长 227mm，平均宽 12mm。从返青期至 5 月 30 日，植株高度缓慢变化，5 月 30 日至 6 月 29 日，植株高度变化加快，6 月 29 日抽穗期以后高度变化趋于平缓。通过对生长锥长度和植株高度的回归分析，得出生长锥长度与随植株高度变化关系的二次模型为 $y = 62.285\,20 - 4.146\,34x + 0.057\,27x^2$（$P = 0.000\,1$，$r^2 = 0.937\,1$）。

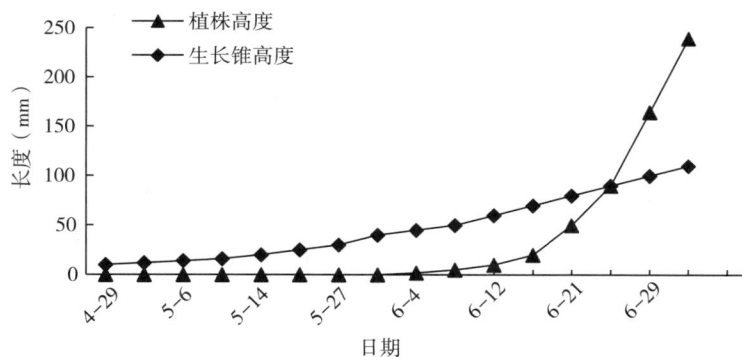

图 2 生长锥长度与植株高度变化

2.3 生长锥分化与植株形态

加拿大披碱草生长锥分化与植株外部形态、物候期有着密切联系（表 1）。生长锥分化很不一致，各个时期差异比较明显，伸长期持续时间比较长，拔节和分蘖几乎同时进行，形成生长锥分化在一定时期相互交错的结果，最后导致抽穗不整齐，致使抽穗时间过长，但是发育规律性很强。主穗中上部小穗发育最快，然后向上、向下依次进行，基部小穗发育最慢。开花从总穗中上部开始，依次是向上、向下。每个小穗则是基部先开花，然后向上依次进行。

表 1　生长锥分化与植株形态的关系（2010 年）

阶段	分化时期	持续期（d）	生长锥长度（mm）	株高（cm）	叶片数	物候期	形成时间（日/月）
Ⅰ	初生期	—	—	—	—	—	上一年秋末
Ⅱ	伸长期	28	0.31	20	1	返青期	29/4—26/5
Ⅲ	结节期	9	0.93	33	2	分蘖期	27/5—4/6
Ⅳ	小穗突起期	5	1.92	42	3	拔节期	5/6—9/6
Ⅴ	颖片突起期	12	11	64	3.5	拔节期	10/6—21/6
Ⅵ	小花突起期	8	52	88	4	孕穗期	22/6—29/6
Ⅶ	雌雄蕊形成期	7	170	96	4	孕穗期	30/6—6/7
Ⅷ	抽穗始期	16	227	104	4	抽穗期	7/7—22/7

3　讨论与结论

3.1　茎尖生长锥分化时期的划分

不同植物生长锥分化各个时期有一定差异，对于分化的等级和时期尚未形成统一看法。对于穗状花序禾草生长锥分化的划分，云锦凤等将冰草生长锥分化划分为 8 个时期：初生期、伸长期、结节期、小穗突起期、颖片突起期、小花突起期、雌雄蕊形成期和抽穗始期；同时，研究还发现，冰草幼穗发育有很强的规律性，即花序中上部的小穗最先发育，然后向上、向下顺序进行，基部小穗最后发育；小穗则是基部小花先发育，然后向上顺序进行。毛培胜等对老芒麦（*Elymus sibiricus* L.）幼穗分化过程的划分也分为 8 个时期：初生期、伸长期、结节期、二棱期、小穗突起期、颖片突起期、小花突起期、雌雄蕊形成期。贺晓等对老芒麦的幼穗分化进行了观察，将其分为 5 个时期：单棱期、双棱期、小穗分化期、小花分化期和雌蕊分化期。章崇玲等在多花黑麦草（*Lolium multiflorum* Lamk.）幼穗分化进程对种子生产性状影响的研究中，将多花黑麦草幼穗分化过程分为伸长期、单棱期、二棱期、护颖原基分化期、小花原基分化期、雌雄蕊原基分化期、药隔分化期和抽穗期共 8 个时期。加拿大披碱草属于穗状花序，各时期生长锥分化具有明显特征，接近于冰草，按照库别尔曼的划分原则划分为 8 个时期：初生期、伸长期、结节期、小穗突起期、颖片突起期、小花突起期、雌雄蕊形成期和抽穗始期。

3.2　茎尖生长锥的分化与发育规律

加拿大披碱草生长锥之间分化速度很不一致，伸长期持续时间比较长，植株拔节和分蘖几乎同时进行，形成生长锥分化在一定时期相互交错的结果，最后导致抽穗不整齐，致使抽穗时间过长，但是发育规律性很强，祝廷成对羊草［*Leymus chinensis*（Trin.）Tzvel.］拔节和分蘖的论述结果也是如此。主穗中上部小穗发育最快，然后向上、向下依次进行，基部小穗发育最慢。开花顺序与主穗的小穗发育顺序一致，每个小穗则是基部先开花，然后向上依次进行，这与云锦凤等对冰草幼穗发育的观察结果一致。加拿大披碱草结节期每个苞叶原基突起纵裂为 2 个突起，随后小穗原基从突起腋部发生，成熟时每节穗轴对应生有 2 个小穗，有少数植株每节穗轴生有 3 个小穗，对于此类植株结节期后期小穗的分化过程有待进一步研究。

3.3　茎尖生长锥分化与植株高度及物候期的关系

从茎尖生长锥的分化可以推测牧草本身生长发育的状态，从而采取相应的农业生产措施。生长锥初期用肉眼很难看到，借助显微镜找出生殖器官与营养器官发育之间的相关性，能够通过后者的生长情况来判断前者形成的阶段，如可以通过研究相同时期生长锥长度与株高的关系来初步确定茎尖生长锥分化。生长锥分化过程与物候期之间存在一定关系，生长锥伸长期和结节期分别集中于返青期和分蘖期完成；小穗突起期和颖片突起期都集中于拔节期完成，此时期小穗原基的发育及数量已确定；小花突起期处于孕穗始期，所以孕穗始期决定了小花原基的发育及数量。可以将生长锥分化作为施肥、灌溉、植物生长调节剂应用的参考，如刘克礼等研究春小麦的雌雄蕊形成期在高施磷水平处理时有延长的趋势，使小花结实率和穗粒数得以提高和增加，可适当通过增施磷肥来促进幼穗分化，达到穗大高产。加拿大披碱草结实率不高，其生长锥雌雄蕊形成期处于孕穗期，所以在孕穗期增施磷肥，可提高小花结实率并增加种子产量。

参考文献（略）

本文原刊载于《草地学报》，2011 年第 2 期，略有删改

45S rDNA 基因在新麦草染色体上的分布

云岚[1]，云锦凤[1]，王秀娥[2]，李海凤[2]，方宇辉[2]

（1. 内蒙古农业大学生态环境学院，呼和浩特 010018；2. 南京农业大学农业部细胞遗传重点开放实验室，南京 210095）

摘要：分析 rDNA 基因位点在染色体上的分布可以对新麦草染色体进行识别和分析其基因组特征。利用 FISH 和顺序 C-分带-FISH 技术将 45S rDNA 定位于新麦草细胞分裂中期染色体上，结果表明，45S rDNA 在二倍体新麦草染色体上有 6 个主要分布位点，另外几条染色体在两臂中部或长臂末端还显示出较弱的杂交信号，信号强度显示蒙农 4 号新麦草基因组具有一定杂合性。分析确定新麦草的 45S rDNA 基因主位点分别位于 N1 染色体短臂末端、N3 染色体短臂末端及 N5 染色体短臂末端，推测这 3 对染色体是 NOR 染色体。

新麦草属（*Psathyrostachys*）包含不超过 10 个种，该属植物的特征是具有基本的 N 染色体组，$2n=14$，是小麦族（Triticeae）中少有的二倍体属。该属植物具有抗旱、耐盐碱的习性，生长在砾质山坡、典型草原和荒漠草原地区。新麦草（*P. juncea* Nevski）是该属中唯一具有饲用价值的草种，不仅具有较高的饲用价值和生态价值，也具有较高的育种价值，是改良禾草及麦类作物的宝贵抗性遗传资源。

前人对新麦草的细胞学研究多集中在染色体数目与染色体结构分析方面，但在基因组分析中难以发挥作用。C-分带和 FISH（荧光原位杂交）技术在许多物种上已被成功地用于进行染色体识别，进而研究物种进化及不同物种基因组间的关系。在真核生物基因组中，rDNA 具有高拷贝数和串联重复的特性，以 rDNA 作为探针进行的荧光原位杂交可作为特定染色体识别的标记。目前已明确了小麦族中小麦、黑麦、长穗偃麦草和灯芯偃麦草、中间偃麦草和簇毛麦等多个物种 rDNA 基因位点分布特征。45S rDNA 是串联重复序列，位于核仁组织区（NOR）上，每个重复单位依次编码 18S，5.8S、28S rRNA。本研究利用 FISH 和顺序 C-分带-FISH 技术将 45S rDNA 定位于新麦草染色体上，并探讨荧光原位杂交技术流程，为新麦草基因的物理定位提供技术基础。

1 材料和方法

1.1 试验材料

以新麦草的 2 个二倍体品种山丹新麦草和蒙农 4 号新麦草为材料，种子采自内蒙古农业大学牧草试验站。

1.2 试验方法

1.2.1 根尖细胞染色体制片

取当年收获饱满种子，置于垫双层滤纸的培养皿中，于 25℃培养箱中发芽，待初生根长 2cm 时移入 28℃培养箱升温处理 2h，取根尖于 0℃冰水预处理 24h，吸干水分于卡诺氏液固定 2h，45％醋酸软化 5～10min 后切取分生组织直接压片。相差显微镜下镜检，液氮冰冻揭片。

1.2.2 标记探针

45S rDNA 由南京农业大学细胞遗传研究所王秀娥教授提供。杂交程序参照 Jiang 和陈佩度等的方法。利用缺口平移法用荧光素 Fluorescein-12-dUTP 标记 45S rDNA 探针。

1.2.3　原位杂交及信号检测

脱水后制片浸泡在 78℃的含有 70%甲酰胺的 2×SSC 溶液中变性 70s，再放入-20℃的 70%、95%、100%乙醇脱水 5min，晾干。每张制片反应总体积 15μL，其中 DNA 探针 2.5μL，100℃下变性 13min，-20℃乙醇冰浴 10min。每张染色体制片加 15μL 杂交液，盖 20cm×20cm 盖玻片，37℃过夜。分别在 2×SSC、50%FA 中洗脱未杂交的 DNA 探针。染色液为每张制片 500μL 的 1×PBS 加入 0.6μL PI，混匀染色 5min，在 1×PBS 中洗涤 4～5 次，晾干，滴 6μL 的 VECTASHIELD 胶，盖上盖片，在 Olympus BX60 荧光显微镜下观察，并用 Spot Cooled CCD 系统照相。

1.2.4　染色体 C-分带与原位杂交

C-分带过程参照 Gill 等的方法，脱水干燥后的制片分别经 0.2mol/L HCl 60℃处理 2.5min、Ba(OH)$_2$过饱和溶液室温下 7min、2×SSC 60℃处理 60min，转入用 1/15mol/L 的 2 份 Na$_2$HPO$_4$ 和 1 份 KH$_2$PO$_4$ 缓冲液稀释的 Giemsa 染液（浓度为每毫升缓冲液加 1 滴染液）中染色 2～4h。蒸馏水冲洗后晾干，滴二甲苯，在 Olympus BH2 显微镜下观察并照相。经 Giemsa 染色的制片脱色后再进行原位杂交及信号检测。

2　结果与分析

2.1　45S rDNA 在新麦草染色体上的分布特点

FISH 结果显示（图 1A、图 1B），45S rDNA 在二倍体新麦草染色体上有 6 个主要分布位点，均位于染色体端部，且各位点信号均较强，说明 45S rDNA 在二倍体新麦草基因组中的拷贝量较大。2 个品种材料存在一定差异，山丹新麦草染色体上 6 个 45S rDNA 位点信号均很强（图 1A），蒙农 4 号新麦草染色体 6 个位点中，有杂交信号的最短一对染色体上，其中一条染色体末端杂交信号较弱，如图 1B 中箭头所示，显示其基因组具有一定杂合性。除了以上 6 个主要位点外，其中几条染色体在两臂中部或长臂末端还显示出较弱的杂交信号，如图 1 中箭头所示。说明新麦草染色体上除核仁组织区主位点外的区域也有 45S rDNA 互补的串联重复序列存在，但拷贝数较小。

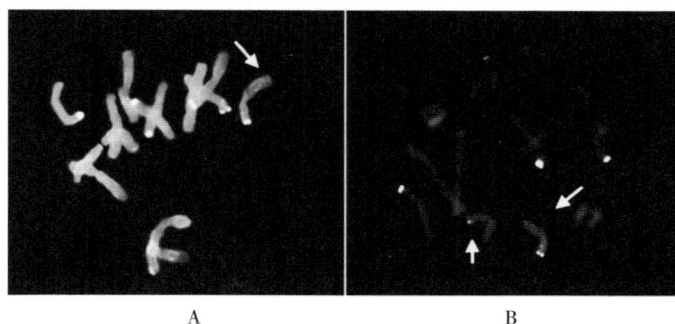

图 1　45S rDNA 荧光原位杂交
A. 山丹新麦草（2n=14）；B. 蒙农 4 号新麦草（2n=14）。

2.2　新麦草染色体组 45S rDNA 定位

为了确定 45S rDNA 位点分布与染色体具体身份间的对应关系，进一步进行顺序 C-分带与原位杂交，结果如图 2。经 Giemsa 染色后新麦草每条染色体都出现至少一条 C-分带，7 对染色体可根据各自独特的带型而彼此区分开来。新麦草 C-分带带型特征表现为以端带和近端带为主，部分染色体有中间带，很少有着丝粒带和近着丝粒带。带纹在不同材料间存在一定变异，如 N4 染色体短臂上的中间带在不同材料就具有多态性。同一物种 C-分带具有多态性和杂合性这一现象在苜蓿（*Medicago sativa* L.）、雀麦（*Bromus riparius* Rehm）等 C-分带研究中也有报道。本研究与 Wei 以及王秀娥的 *P. juncea* 分带结果相似，均以显现端带为主并有一定数量的中间带纹。但染色体在排列顺序上有差异，其中除 N1 与 Nj3、N5 与 Nj4、N6 与 Nj6 类似外，其他染色体带型均有或多或少的差异，推测是由于所用的 *P. juncea* 材料不同而造成的带型多态性。

经比较鉴定可以将 3 对 45S rDNA 位点初步定位于新麦草的 3 对染色体上（图 2 箭头所示）。经染色体排序，确定新麦草的 45S rDNA 基因分别位于 N1 染色体短臂末端，N3 染色体短臂末端，以及 N5 染色体短臂末端，且从杂交信号强度来看序列片段比较大。同时由 C-分带结果可见，这 3 对染色体在显示杂交信号的位置也显示 C-带，这表明 N1、N3 和 N5 染色体短臂末端的 C-带可能是核仁组织区带，推测这 3 对染色体是 NOR 染色体。

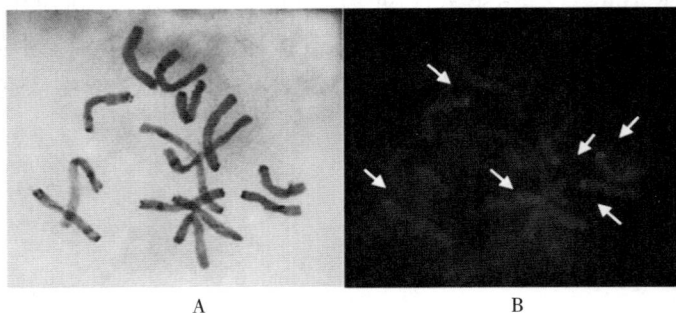

图 2 新麦草染色体顺序 C-分带和 45S rDNA-FISH
箭头示染色体上杂交信号；A. C-分带；B. 45S rDNA 荧光原位杂交。

3 讨论

由于不同物种的 C-分带带型有明显的差异，可用作鉴别物种的依据，染色体 C-分带带型的多态性和杂合性现象普遍存在，新麦草是异花授粉植物，其 C-分带显示出的多态性和杂合性也反映了该物种的这一遗传特性，表明染色体分带可在一定程度上显示出微小的种内变异。Wei 研究来自不同地理区的 10 个新麦草居群 C-分带时认为，新麦草 C-分带几乎在所有水平都存在多形性，包括不同地区间、同一地区不同居群间、同一居群不同个体间、同一个体的同源染色体间。但这并不影响染色体的识别。

在高等植物中，核糖体是合成蛋白质的场所，构成核糖体的主要成分是 rRNA 和蛋白质的复合物。编码 rRNA 的基因有两种，即 45S rDNA 和 5S rDNA。45S rDNA 的重复单位依次编码 18S，5.8S，28S rRNA。18S，26S rRNA 多基因家族与细胞分裂核仁组成区（NOR）的形成密切相关。一般在基因组中有一对或几对染色体具此位点，由它构成的核仁组织区在形态上一般表现为染色体的次缢痕。在小麦族植物小麦、簇毛麦、大麦等的基因组中，45S rDNA 都位于次缢痕上，即核仁组织区（NOR）上。该基因被认为在植物进化过程中相当保守，与核仁的形成直接相关，它在染色体上的物理位置也比较保守，一般位于染色体的次缢痕处。例如小麦的祖先种和它们衍生的多倍体种在经历了长时间的平行进化后 rDNA 的位置仍然保守。但也有报道显示，同属的二倍体物种间的 rDNA 位点数有较大的变化。例如稻属（*Oryza*）的 6 个二倍体种的 rDNA 位点数从 1 对到 3 对不等，rDNA 位点所在的染色体位置和 rDNA 重复单位的拷贝数也出现变化，甚至在亚种间和不同的栽培种间也有表现出差异的情况。栽培稻的粳稻（*O. sativa* ssp. *japonica*）只有 1 对 45S rDNA 位点，而籼稻（*O. sativa* ssp. *indica*）则有 2 对位点。

本试验结果表明，新麦草基因组中主要在 3 对染色体上具有 45S rDNA 位点，分别位于 N1、N3 和 N5 染色体短臂末端，可以初步推测这 3 对染色体是 NOR 染色体。同时也说明新麦草染色体的次缢痕可能位于染色体末端，属于端 NOR 染色体。端 NOR 染色体类型来源可能是通过染色体结构变异（如缺失、易位等）行为，将原始物种染色体随体丢失掉形成。这种染色体类型虽然较为少见，但也并非唯一情况。徐川梅将 45S rDNA 定位到栽培一粒小麦（*T. monococcum*）的 1A 和 5A 染色体的短臂末端。其他科属如 Zhang 和 Sang 用荧光原位杂交对芍药属植物（*Peonia*）的研究结果表明，rRNA 基因位于染色体的端部，并且存在易位现象。因对 2 个品种新麦草材料进行 C-分带及 FISH 过程中一直未见到随体存在，故推测新麦草染色体可能属于端 NOR 染色体。但也不排除这 2 个品种材料具有特殊性，这 3 对染色体也可能就是 Wei 所指出的 D、F 和 G 染色体，因随体丢失而观察不到，因此这一结论还有待用更多材料进一步验证。

参考文献（略）

本文原刊载于《华北农学报》，2010 年第 3 期，略有删改

加拿大披碱草新品系大小孢子发育与开花习性研究

赵彦[1,2,3]，许圣德[1,2]，云锦凤[1,2,3]，王俊杰[1,2,3]

（1. 内蒙古农业大学生态环境学院，呼和浩特 010018；2. 内蒙古自治区草品种育繁工程技术研究中心，呼和浩特 010018；3. 草地资源教育部重点实验室，呼和浩特 010018）

摘要： 为揭示加拿大披碱草新品系（*Elymus canadensis* L.）大小孢子的发育特点及开花习性，采用石蜡切片法对大、小孢子发育做了解剖研究；在开花期观测开花动态，并采用回归法分析了开花与温湿度的关系。结果表明：加拿大披碱草新品系花粉母细胞减数分裂属于连续型胞质分裂，胚囊发育类型属于单孢子胚囊。在呼和浩特地区，加拿大披碱草新品系于每年 7 月中旬、下旬开花，开花持续期约为 2 周，开花第 6 天达到高峰，盛花期约 7d，开花时间集中于每日 13：00—18：00。开花适宜温度为 28℃左右，相对湿度为 43% 左右。

披碱草属（*Elymus* L.）植物约有 150 个种，包括 StH、StY、StYW、StYP、StHY 染色体组的物种，是小麦族最大的属，大多分布于北半球温带和寒带地区。东亚和北美分布的披碱草属牧草占绝大多数，只有少数种分布于欧洲，其垂直分布于从海拔几米到 5 200m 以上的喜马拉雅山区。该属牧草品质优良，饲用价值较高，适应性强，并具有抗病虫、抗旱、高产等优良基因，是改良和培育新品种的基因资源库。

加拿大披碱草（*Elymus canadensis* L.，$2n=4x=28$，染色体组 SSH_cH_c）属多年生上繁禾草，是禾草中少有的自花授粉物种。产于北美洲草原，具有叶量大、产草量高、品质较好等优良特性。此外，加拿大披碱草对大麦（*Hordeum vulgare*）的黄萎病具有免疫作用，并且也能抗其他几种大麦病害。目前，人们已经成功地把这个种与小麦族中的十多个种进行了杂交。

20 世纪 80 年代，内蒙古农业大学云锦凤教授从美国农业部农业研究局（USDA-ARS）引进该种，在国内进行了引种、评价、选择及杂交育种等工作，开展了加拿大披碱草×老芒麦（*E. sibiricus*）、加拿大披碱草×圆柱披碱草（*E. cylindricus*）、加拿大披碱草×肥披碱草（*E. excelsus*）、加拿大披碱草×野大麦等多个种属间远缘杂交试验，成功获得杂种后代，目前正在进行杂种回交后代的高代筛选，以期获得杂种优势明显的优良新品种。同时，我们对加拿大披碱草的生物学特性特别是生长发育进行了研究，揭示了生长锥的分化过程和发育规律，并对生长锥分化与植株外部形态变化进行了相关分析，为该物种的栽培管理提供理论指导。本研究以加拿大披碱草新品系为材料，研究该品系大小孢子发育特点，开花习性以及开花与温、湿度的相关性，为新品系的繁育与利用提供有价值的理论依据。

1 材料和方法

1.1 材料

供试材料为 2008 年种植在内蒙古农业大学牧草试验地的加拿大披碱草新品系植株。试验地位于呼和浩特市（E111°41′，N40°49′），海拔高度 1 063m，大陆性气候，年均气温 5.4℃，≥10℃年积 2 500℃，≥0℃年积温 3 000℃，年降水量 400mm 左右，无霜期 135d，土壤为砂质栗钙土，pH 7.5 左右，肥力中等。

1.2　方法

2011 年 7 月上旬，在试验地的品种选育单株区随机选择 40 个单株分别做取样和观测的样本，逐日定点记载开花时间、开花数量、开花部位等，观测内容包括开花期、开花持续期、开花顺序、开花强度，方法参照《草原学与牧草学实习试验指导》牧草开花习性观测。同时测量温度和湿度，记录天气状况，直到全部挂牌植株开花结束为止。每隔 1～3d 随机取 2 个穗，用 FAA 固定液固定保存 24h 以上。石蜡制片法制片，PAS-铁矾苏木精法染色，Olympus 显微镜下观察并照相。采用 Excel2003 对试验原始数据进行整理，用 SAS9.0 统计软件进行相关分析。

2　结果与分析

2.1　小孢子发育

最初形成的花药是由一群具有高度分裂能力的细胞组成（图 1a）。随着这群细胞不断分裂，幼小的花药逐步在横切面上分化出具有四棱外形的花药雏体，形成孢原细胞（图 1b），花药最外层分化出一层表皮。随后在四个棱角处表皮细胞的内侧形成初生壁细胞和初生造孢细胞（图 1c），形成的初生造孢细胞和初生壁细胞进一步分化，形成次生造孢细胞及由初生壁细胞形成花药的三层壁（图 1d），初生壁细胞形成花药的三层壁自外向内依次为药室内壁、中层和绒毡层，呈同心排列，连同包被整个花药的表皮形成了花药壁，将次生造孢细胞包围其中（图 1d）。在初生壁细胞分裂同时，次生造孢细胞也进行减数分裂，形成四分体后，在绒毡层分泌的胼胝质酶作用下，四分体胼胝质壁溶解，四分体分离并游离在花粉囊中，形成单核花粉粒，即小孢子（图 1a～图 1g）。随后，单核花粉粒从解体的绒毡层细胞吸取营养物质，细胞体积迅速增大，经过一次胞质不均等的有丝分裂形成营养细胞（体积较大）和生殖细胞（体积较小），生殖细胞再进行一次有丝分裂形成 2 个精子，最后发育为三胞花粉粒（图 1h）。花药成熟后，药隔每一侧的两个花粉囊之间的壁破裂消失，花粉囊相互沟通（图 1i），随后花粉囊破裂，花粉粒散出（图 1j）。

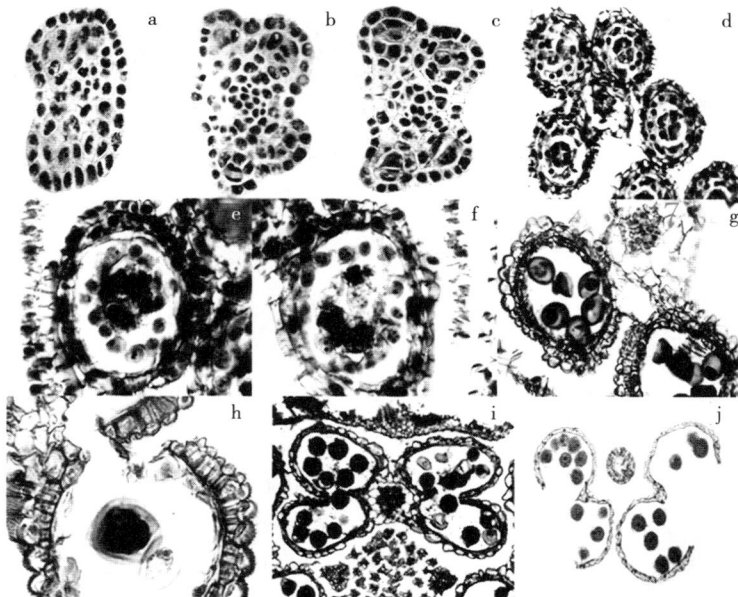

图 1　加拿大披碱草新品系雄蕊发育横切面

（a 为未分化的花药 300×；b 为孢原细胞分裂 200×；c 为形成初生壁细胞和造孢细胞 200×；d 为次生造孢细胞及由初生壁细胞形成花药的三层壁 200×；e 为小孢子二分体 400×；f 为小孢子四分体 400×；g 为单核花粉粒 300×；h 为三胞花粉粒 400×；i 为成熟花药 200×；j 为花药开裂释放花粉粒 200×）

2.2 大孢子发育

胚囊产生于珠心组织，最初是一团均匀一致的薄壁细胞，在珠被原基开始形成时，珠心内部细胞发生变化。在珠心表皮下，逐渐发育出一个与周围细胞显著不同的孢原细胞（图2a）。孢原细胞形成后，进一步发育长成大孢子母细胞。随后，大孢子母细胞进行减数分裂，产生4个大孢子，呈线形排列（图2b）。在4个线形排列大孢子中，靠近珠孔端的3个大孢子退化消失，远离珠孔端的1个大孢子进一步发育为单核胚囊，即雌配子体的第一个细胞（图2c）。单核胚囊从珠心组织吸取营养物质，体积不断增大（图2d），当单核胚囊长到相当程度后，便进行3次有丝分裂（图2e～图2h），形成8个游离核。其中胚囊最顶部的3个游离核为反足细胞，中上部为2个极核，中下部为1个卵细胞，最底部2个为助细胞。胚囊成熟时，从PAS反应看出，子房壁细胞中有大量淀粉粒，而胚囊中很少有淀粉粒（图2i）。

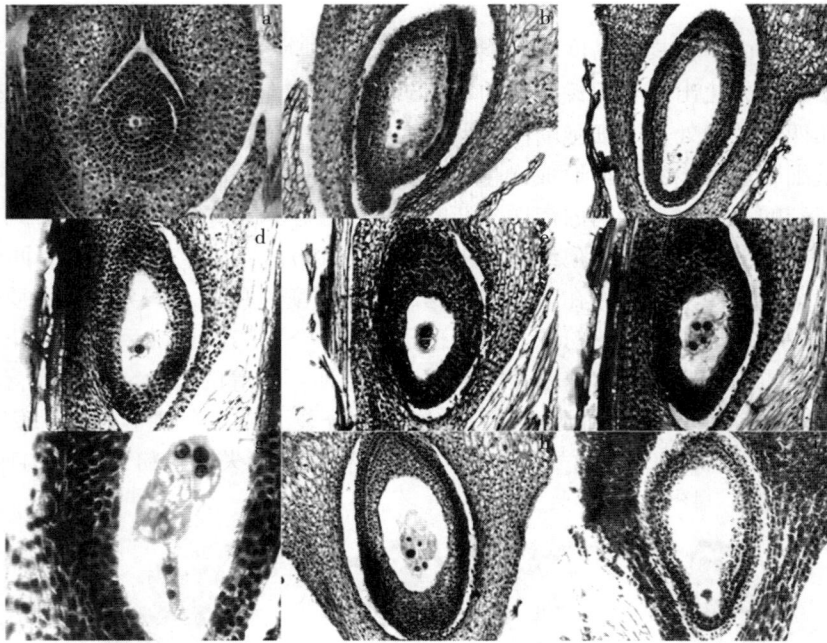

图2 加拿大披碱草新品系雌蕊发育纵切面
（a为孢原细胞200×；b为大孢子四分体时期200×；c为单核胚囊200×；d为单核胚囊体积增大200×；e为二核胚囊200×；f为四核胚囊200×；g为3个反足细胞和2个极核300×；h为2个极核、1个卵细胞和2个助细胞200×；i为成熟胚囊200×）

2.3 开花动态

从7月上旬开始对开花习性进行观测，加拿大披碱草新品系为穗状花序，花序上部1/3处的小穗首先开放，然后逐渐向上下延及；在一个小穗中，小穗下部的小花首先开放，然后顺序向上延及。开花时小穗向外展开，与主穗成约25°夹角，内外稃张开，花药露出，花药下垂，散粉，随后内外稃闭合，每个小花开花过程持续1～3min。开花持续期从7月中旬到下旬，约为2周，盛期约7d，开花第6天达到高峰期。从单个穗来看（即1个穗状花序），每个花序开花持续期约为1周，开花高峰期在第3～4天。

盛花期晴朗天气连续3d观察平均结果显示（图3），加拿大披碱草新品系开花时间集中于每日13:00—18:00，15:00—16:00，为开花高峰期。开花适宜温度为28℃左右，相对湿度为43%左右（图4）。因此，人工辅助授粉可以选择在晴天15:00—16:00。

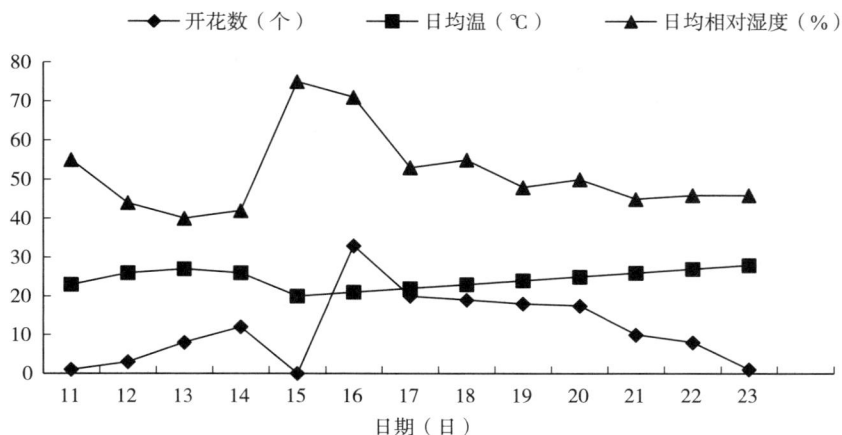

图 3 开花动态观测

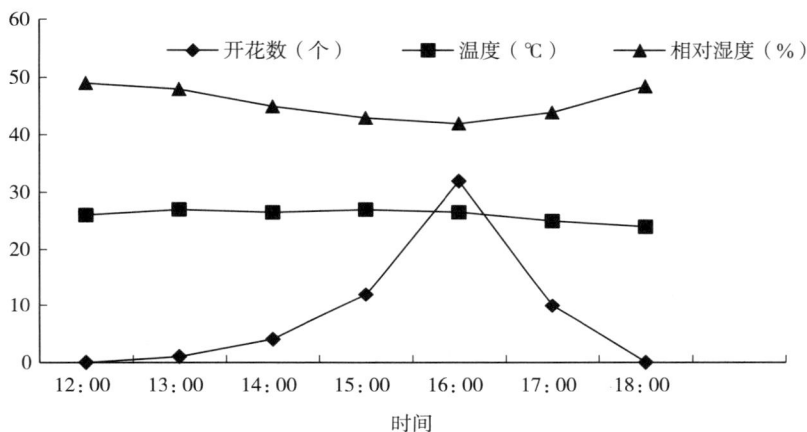

图 4 日开花动态

2.4 开花与温度的关系

如图 5 所示，开花持续期每日 15:00—16:00 开花数达到最高峰，平均每穗开花 32.61 个，此阶段温度也达到一天中最高，最高值为 27.97℃，在一天整个开花期间，温度变化幅度为 2.3℃，但温度与开花数仍显示出一定规律，即温度越高，开花数越多。通过对开花数和温度变化的回归分析，得出开花数与随温度变化关系的二次回归模型为：$y = 25.78 - 14.82x + 8.53x^2$（$P = 0.000\ 2$，$r^2 = 0.62$）。

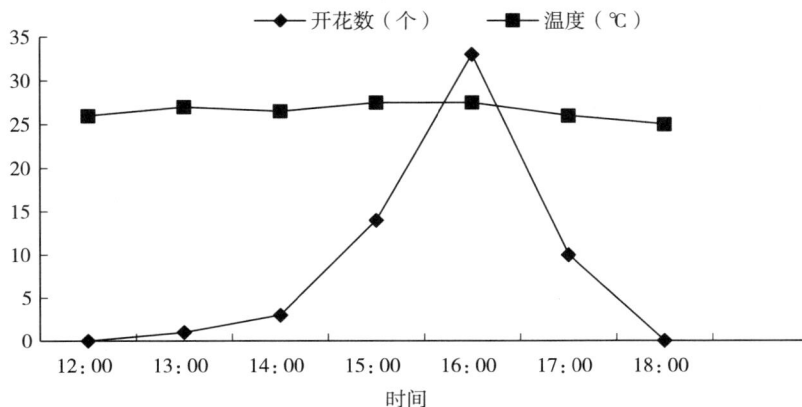

图 5 开花与温度的关系

2.5　开花与相对湿度的关系

如图 6 所示，开花持续期每日 15：00—16：00 开花数最大，此阶段空气相对湿度达到一天中最低，最低值为 42.33％，在一天整个开花期间，相对湿度变化幅度为 7.37％，相对湿度与开花数显示出一定规律，即相对湿度越低，开花数越多。通过对开花数和相对湿度的回归分析，得出开花数与相对湿度关系的二次回归模型为 $y=49.59+50.96x-29.39x^2$（$P=0.027\ 2$，$r^2=0.33$）。

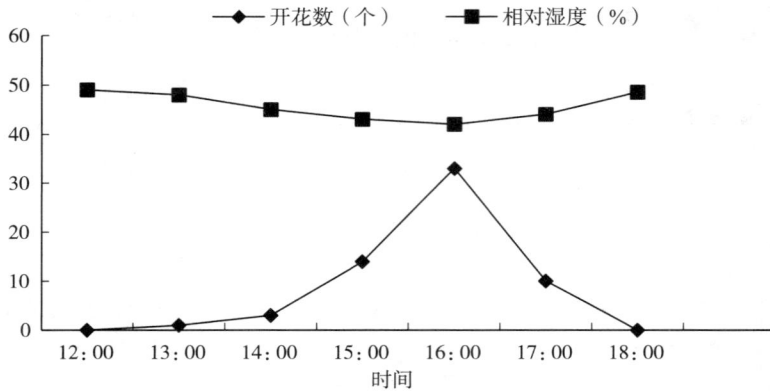

图 6　开花与相对湿度的关系

2.6　开花与温度和相对湿度的关系

由图 5、6 可知，15：00—16：00 为每日开花高峰期，此时温度和空气相对湿度分别达到一天中最高值和最低值。通过对开花数、温度和相对湿度的回归分析，得出开花数与温度和相对湿度关系的二次回归模型为：$y=153.08-8.87x_1-1.59x_2+0.13x_1^2+0.05x_1x_2+0.004x_2^2$（$P=0.427\ 7$，$r^2=0.26$）。

3　讨论

3.1　小孢子分化发育的规律

加拿大披碱草新品系花粉母细胞经减数分裂形成 4 个单倍体小孢子，最初 4 个小孢子包于胼胝质中，4 个小孢子之间也有胼胝质壁分隔，以保持减数分裂后的基因重组和小孢子的独立性。随后，胼胝质被绒毡层分泌的胼胝质酶溶解，将小孢子从四分体中释放出来，形成 4 个单核花粉粒（小孢子）。但有些植物由同一个花粉母细胞形成的 4 个花粉粒始终结合在一起，处于四分体状态，如香蒲（*Typha orientalis* Presl）、杜鹃（*Rhododendron simsii* Planch.）的花粉粒。加拿大披碱草新品系花粉母细胞第一次减数分裂完成之后便形成新壁，出现一个二分体阶段，第二次分裂面因与第一次分裂面相垂直，四分体排列在同一个平面上，即属于连续型胞质分裂，大多数单子叶植物和少数双子叶植物如夹竹桃（*Nerium indicum*）等属于此种类型。减数分裂在第一次分裂完成之后不立即形成新壁，而是在形成四分体时才产生细胞壁，新壁不相互垂直，四分体的 4 个细胞呈四面体排列，这属于同时型胞质分裂，大多数双子叶植物和部分单子叶植物（如兰科、莎草科等）属于这种类型。

3.2　大孢子母细胞分化发育的规律

大孢子母细胞发育形式随植物种类不同而异，根据解剖观察可知，加拿大披碱草新品系孢原细胞不经分裂直接长大发育为大孢子母细胞，胚囊发育类型为单孢子胚囊。而有些植物如棉花（*Gossypium*），孢原细胞先进行一次平周分裂，形成内外 2 个细胞，靠近珠孔端的是周缘细胞，远离珠孔端的是造孢细胞。周缘细胞继续分裂使珠孔附近的珠心细胞数目和层次增加，而造孢细胞直接发育为大孢子母细胞。大孢子母细胞减数分裂产生 4 个大孢子，根据 4 个大孢子中有几个参与胚囊形成，将胚囊分为 3 种不同发育类型：单孢子胚囊、双孢子胚囊和四孢子胚囊。

3.3 开花习性及开花与温湿度的关系

禾本科牧草开花期一般多在 6 月中旬、下旬至 8 月上旬，这取决于牧草从返青至开花时所需积温的多少，也与开花时的日照长短有一定的关系。加拿大披碱草新品系在晴天开花数量多于阴雨天，与日照时数呈正相关关系。禾本科牧草单穗开花的延续时间及大量开花的时间一般为 6～8d，以开花后 2～5d 开花最多；一日内开花时间也不相同，有的在清晨 3:00—5:00，有的在午后 16:00—18:00。加拿大披碱草新品系单穗开花持续 7d 左右，开花强度最大为开花后 3～4d，这与大多数禾本科牧草开花习性研究结果一致，而其一日内开花时间为 13:00—18:00，开花时间比一般禾本科牧草要长，持续 5h。

一般而言，禾本科牧草开始开花的气温在 10℃ 以上，低于 10℃ 即停止开放，开始开花的相对湿度为 80%～90%，结束时为 50%～80%，如猫尾草（*Phleum pratense*）、老芒麦等。一些原产于干旱地区的牧草开花时对湿度的要求较低，如羊草（*Leymus chinensis*）、冰草（*Agropyron cristatum*）的相对湿度为 50%～70%，有的甚至在 35%～40% 亦能大量开花。根据对加拿大披碱草新品系开花时的温湿度记载数据分析结果可知：加拿大披碱草新品系开花时要求的温度较高，日均温在 20℃ 以上，但对湿度要求较低，一般在 40%～50%，湿度大反而不利于开花（图 3、图 4、图 6）。证实了该物种耐高温、干旱的特性，同时为新品系选育成功后的开发利用提供了有价值的理论依据。

4 结论

加拿大披碱草新品系花粉母细胞减数分裂为连续型胞质分裂，胚囊发育类型为单孢子胚囊。

从总体来看，加拿大披碱草新品系于 7 月中旬开始开花，开花期约为 2 周，开花第 6 天达到高峰，盛花期约 7d，平均单株开花数达到 32 个。每穗（即一个花序）花期约为 1 周，开花高峰期在第 3～4 天。开花时间集中于每日 13:00—18:00，15:00—16:00 为开花高峰期。开花适宜温度为 28℃ 左右，相对湿度为 43% 左右。

加拿大披碱草新品系开花集中于每天光照最强且相对湿度最低的 15:00—16:00，开花期间受日照情况影响，每日开花数存在很大差异，无日照或湿度过大会导致不开花；在盛花期开花数与温度和相对湿度的回归分析中，开花数与温度回归效果较好，其二次回归模型更接近于实际值，呈正相关关系。开花数与随温度变化关系的二次回归模型为：$y=25.78-14.82x+8.53x^2$（$P=0.000\ 2$，$r^2=0.62$）。开花数与相对湿度关系的二次回归模型为：$y=49.59+50.96x-29.39x^2$（$P=0.027\ 2$，$r^2=0.33$）。开花数与温度和相对湿度关系的二次回归模型为：$y=153.08-8.87x_1-1.59x_2+0.13x_1^2+0.05x_1x_2+0.004x_2^2$（$P=0.427\ 7$，$r^2=0.26$）。

参考文献（略）

本文原刊载于《草地学报》，2013 年第 6 期，略有删改

抓住机遇，更新理念，加快草品种育种进程

云锦凤

（内蒙古农业大学生态环境学院，呼和浩特 010018）

草品种育种工作是我国草业发展的重要基础，与国家的经济建设和可持续发展密切相关。近年来，我国草业得到了迅猛的发展，各地对优良草品种及优质种子数量的需求急剧增加，使我国草品种育种工作迎来了前所未有的发展机遇。同时，我们也清醒地看到，我国草品种育种工作也面临着严峻的挑战，社会对草品种数量和质量的需求越来越大。面对这种机遇和挑战，育种的目标需要向多元化转变，传统的育种体制需要更新，育种的理论和技术水平迫切需要提高。我们需抓住机遇，开拓创新，把我国草品种育种工作推向新的历史发展阶段。

1 草品种在我国草业可持续发展中的地位和作用

草品种是我国草业可持续发展的重要基石，在保障国家生态安全、粮食安全，促进经济发展，提高人民生活水平和质量等诸方面具有十分重要的作用。

1.1 草品种是草地农牧业重要的生产资料

草品种是农牧业生产中重要的生产资料之一，对提高饲草产量、品质，增强对不良环境的抗性，扩大栽培种植区域有着重大作用。优良草品种产量增幅通常可达 20％～30％，因而是农牧业生产增收增效的重要手段。培育优良牧草品种数量的多少，新品种培育技术水平的高低，是衡量一个国家现代畜牧业发展水平的重要标志。因此，改良退化天然草地、建立优质高产人工草地和饲料基地便成为现代畜牧业发展的必由之路。

1.2 草品种是生态建设保护与建设的物质基础

在全球气候变化和环境恶化的背景下，生态环境建设已成为国家实现可持续发展和改善人类生存环境所面临的新挑战，同时，以城乡绿化、美化为重点的环境整治也是国家和社会发展的必然要求。适于植被恢复、水土保持、环境绿化和美化的草品种当之无愧地成为国家生态环境建设的物质基础，发挥着不可代替的重要作用。

1.3 草品种是草业产业化发展的重要基础

草业被称为 21 世纪的朝阳产业。草业不仅有很大的产业关联度，而且自身也有丰富的产业内涵。牧草栽培与加工产业、牧草种子产业、城乡绿化等一批子产业群构成了庞大而具有广阔发展空间的草业产业链。这个产业链的核心是优良草品种，它是实现草业产业化可持续发展的原动力，是草业及相关产业产品参与市场竞争的根本保障。

2 我国草品种育种的成就

我国牧草育种工作经过半个多世纪的发展取得了显著的成就，在我国草业发展中发挥了重要作用。

2.1 育成一批优良品种在生产中应用

采用野生引种驯化、地方品种整理、国外优良品种引进、选择育种及杂交育种等多种方法培育出一批优良草品种。截至 2014 年底，经全国草品种审定委员会审定登记的品种达 475 个，其中育成品种 177 个。这些品种相继在各地不同生态条件下推广种植，取得了显著的经济、社会和生态效益。

2.2 种质资源收集、保存、评价成效显著

到目前为止，共搜集、保存、鉴定了国内草类种质资源 500 多种 3 000 余份，从国外搜集到 300 多种 4 000 余份珍贵的草类种质材料。在国家作物遗传资源长期库的基础上，建立了 2 个国家牧草中期库，已保存草类种质 4 000 余份。在不同气候带建立了 5 处多年生牧草种质资源圃，对 3 000 多份材料的生物学特性和农艺性状及细胞学等进行了鉴定和评价，并建立了中国牧草种质资源网站，初步形成了长期库、中期库和资源圃三级保存体系。

2.3 生物新技术应用取得阶段性成果

近年来，生物技术应用和发展迅速，在草品种育种领域初步建立了重点草种的遗传转化体系，苜蓿、冰草、高羊茅、黑麦草等重点草种已获得转基因植株。传统草品种育种技术与现代生物技术相结合已开始进入实验阶段，对我国现代草品种育种技术体系的建立将产生重要影响。

2.4 草品种良种繁育和种子产业化建设步伐加快

为了满足现代畜牧业生产、生态建设和城乡绿化对草品种种子的需求，全国已建成 8 个高标准的重要草品种（苜蓿、羊草、冰草等）原种繁殖场，面积达 3 000hm²；建立种子扩繁基地 66 处，面积达 7.3 万 hm²，还在全国建立部级牧草种子检验中心 4 处。这一切都大大改变了我国草品种种子严重短缺和依赖进口的局面，进一步完善了种子检验的技术体系。

3 我国草品种育种面临的主要问题

3.1 育成的草品种数量和类型少、育种目标单一

目前，全国经审定登记的草品种仅有 475 个，而且育成品种比例较低，一些品种的生产能力、抗逆性能不突出，专用品种少。有的品种出现了严重退化，导致品种性能降低。长期以来，我国草品种育种目标主要是培育畜牧业发展需要的高产型牧草品种，用于放牧型人工草地的耐牧性和适于混播型的牧草品种少，用于生态建设、绿化观赏及其他方面需求的草品种更少，这与我国草业发展对草品种的多样化需求相差甚远。

3.2 育种方法陈旧、育种周期和品种更新换代周期长

我国育成的草品种大都是采用传统的育种技术和方法育成的，耗时长，效率低，现代生物技术在草品种育种中的应用还处于初级阶段。因而，草品种更新换代周期长，多数品种已长达十年至几十年，如公农 1 号苜蓿、公农 2 号苜蓿品种已有近 50 年的历史，这种状况很难适应可持续发展需求。

3.3 种质资源研究相对滞后

我国拥有丰富的草类种质资源，但对种质资源的研究和利用相对滞后。目前的研究还处于面上的考察、搜集、评价与入库保存阶段，缺乏对重点草种的全面考察、搜集和系统评价；对重点草种的核心种质研究甚少；特殊种质的发现和创新不足；尚未建立标准化的草类种质资源评价体系，评价信息及实物很难被育种者及时共享。

3.4 良种繁育体系不健全，草品种产业化程度低

当前，我国草产业发展很快，需要大量优良品种和高质量种子。而我国草品种的良种繁育体系很不健全，种子质量优劣混杂，市场供应严重不足，已严重影响草产业的发展。

4 加速我国草品种育种进程的建议

4.1 构建新的草品种育种目标体系

随着我国草业的快速发展和社会对草品种需求的迅速扩大，急需调整草品种育种目标，要从培育饲用型牧草品种的单一目标尽快转向培育饲用、生态、绿化美化、草田轮作品种等多元化目标。在每个一级育种目标下，应根据社会需求，确定若干二级育种目标，建立一个新的草品种育种目标体系。突出品种的区域化、功能化、系列化和实用化，加速育种进程，最大限度发挥新品种的作用。

4.2 全力推进常规育种与生物新技术育种的有效结合

在继续完善和普及常规育种理论和技术的基础上，积极探索草品种育种的高新技术。常规育种与生物新技术育种相结合，弥补传统育种方法的不足，增强对植物遗传性状改造与利用的定向性和准确性，从而提高育种的可操作性，加快育种步伐，缩短新品种更新换代周期，提高品种的质量和科技含量。

4.3 加强种质资源搜集、研究和利用

种质资源是优良草品种选育必需的育种材料，是育种科技创新的前提。我们必须加强种质资源的搜集、保存、评价和筛选等基础研究。立足国内，兼顾国外，着重对国内珍稀、濒危、特有和优异野生草类种质资源进行系统搜集和保存。优先进行当前育种目标急需的种质材料的系统鉴定、评价和筛选，以提高育种效率。

4.4 完善草品种良繁和质量监控体系

采用多元化的投入机制，在气候适宜区域建设良种繁殖基地，根据不同草品种特性确定相应的繁殖方法，建立以品种纯度为中心的分级繁殖体系，分草种、分地域制定和修订草品种的各级种子生产技术规程和质量检验规程。实行草品种良种繁育基地认证制度，对全国草品种种子繁育基地进行资格认证和技术监督，以保证牧草良种的质量。

参考文献（略）

本文原刊载于《草原与草业》，2015 年第 1 期，略有删改

白音希勒根茎冰草[*]新品种选育报告

张众[1]，云锦凤[1]，石凤翎[1]，李树森[2]，王伟[1]

（1. 内蒙古农业大学草原与资源环境学院，呼和浩特　010011；2. 正蓝旗牧草种籽繁殖场，锡林郭勒　027200）

摘要：以选择适合在内蒙古中东部寒旱区种植，适宜于放牧地、矿区植被恢复为育种目标，2002 年起内蒙古农业大学对野生根茎冰草经过多年栽培驯化，选育出白音希勒根茎冰草新品种，2018 年通过全国草品种审定委员会审定。2014—2017 年生产试验结果表明，3 年平均干草产量 7 009.9kg/hm²，平均比对照提高 17.8%，最高可达 36.6%。该品种根茎发达、抗逆性强、地被性及耐牧性优良，适于内蒙古中东部及东北地区人工草地及植被恢复工程建植利用。

　　根茎冰草（*Agropyron michnoi* Roshev.），又称米氏冰草，为冰草属旱生根茎型或根茎-疏丛型多年生草本植物，是典型的无性系植物（$2n=28$）。主要分布于草原地带的沙地、覆沙地、石砾质山坡、丘陵坡地、固定和半固定沙丘，在内蒙古浑善达克沙地、毛乌素沙地有天然分布，是沙地植被的主要成分之一，在局部区域成为优势种。根茎冰草饲用价值较高，为四季优良牧草，是内蒙古重要的牧草种草种质资源。

　　白音希勒根茎冰草（*A. michnoi* Roshev. cv. Baiyinxile）是采集内蒙古锡林郭勒盟白音锡勒牧场的野生根茎冰草种子，经过多年人工栽培驯化选育而成的栽培牧草新品种。该品种根茎发达、抗逆性强、地被性及耐牧性优良，适于内蒙古中东部及东北地区人工草地及植被工程建植利用。

1　材料与方法

1.1　选育目标

　　利用当地优良冰草种质资源，选育根茎发达、生产性能良好、地被性及耐牧性优良，适合在内蒙古中东部寒旱区种植，适宜于放牧地和矿区植被恢复工程建植利用的畜牧-生态兼用型冰草新品种。

1.2　选育过程

　　2002 年 8 月，从内蒙古锡林郭勒盟白音锡勒牧场天然草原采集野生根茎冰草种子，2003 年春季，在呼和浩特市内蒙古农业大学牧草试验地进行小区播种，2004 年开始经过 3 次播种和选择，2009 年获得了 1 个根茎发达、性状整齐新品系，暂定名为"蒙农根茎冰草"，2015 年参加全国草品种区域试验，2018 年 8 月通过全国草品种审定委员会审定，并正式定名为白音希勒根茎冰草，品种登记号 547。

1.3　品种比较试验

　　2009—2012 年以野生根茎冰草和蒙农杂种冰草（*A. cristatum*×*A. desertorum* cv. Mengnong）为对照，在呼和浩特内蒙古农业大学牧草试验地进行了品种比较试验。

---

　　[*]　品种名登记为"白音希勒根茎冰草"，地名为"白音锡勒"。——编者注

1.4 区域试验

2015—2017 年参加国家草品种区域试验。选用蒙农 1 号蒙古冰草（*A. mongolicum* Keng cv. Mengnong No. 1）作为对照，在甘肃高台、内蒙古多伦、内蒙古托克托、新疆乌苏、新疆三坪 5 个试验点进行了区域试验。

1.5 生产试验

2014—2017 年在内蒙古自治区正蓝旗牧草种籽繁殖场（简称正蓝旗）、多伦县草原工作站牧草试验场（简称多伦）、内蒙古绿帝牧草种业技术开发公司托克托县永圣域村牧草试验站（简称托克托）进行了生产试验。

2014 年 7 月，各试点选择地力水平较为一致的代表性地段，设置围栏试验区。耕耙平整，灌足底墒，适时进行播种机条播，行距 40cm，播种量 60kg/hm²，播种深度 2cm。播种当年苗期除杂草 1 次，人工灌水 1 次，以后不再进行除草和人工灌水。各试点播种情况见表 1。

表 1 生产试验各试点播种情况

试点	供试材料	播种面积	播种期（年/月/日）
正蓝旗	白音希勒根茎冰草	1 320（220m×6m）	2014/7/20
	蒙农 1 号蒙古冰草	1 320（220m×6m）	2014/7/20
多伦	白音希勒根茎冰草	1 080（180m×6m）	2014/7/22
	蒙农 1 号蒙古冰草	1 080（180m×6m）	2014/7/22
托克托	白音希勒根茎冰草	1 680（210m×8m）	2014/7/26
	蒙农 1 号蒙古冰草	1 680（210m×8m）	2014/7/26

1.6 观测内容与方法

1.6.1 物候期

采用整体估测法，连续观测记录，统计生育期和青绿期。

1.6.2 草产量

于抽穗期进行测定，用镰刀刈割，留茬 3cm，及时称取鲜重，自然干燥后，称干重（恒重），重复 3 次。

1.6.3 数据处理

试验数据采用 SAS 软件进行统计分析。

2 结果与分析

2.1 品比试验

2.1.1 物候期

2010—2012 年对 3 个冰草材料进行连续 3 年的物候期观测，结果列于表 2。

表 2 物候期观测结果

年份	材料名称	返青期（日/月）	抽穗期（日/月）	开花期（日/月）	根茎形成（日/月）	种熟期（日/月）	枯黄期（日/月）	生育期（d）	青绿期（d）
	蒙农杂种冰草	17/3	3/6	20/6	—	22/7	28/10	127	225
2010	白音希勒根茎冰草	17/3	2/6	21/6	13/7	20/7	9/11	125	237
	野生根茎冰草	17/3	26/5	15/6	30/7	15/7	9/11	120	237

（续）

年份	材料名称	返青期（日/月）	抽穗期（日/月）	开花期（日/月）	根茎形成（日/月）	种熟期（日/月）	枯黄期（日/月）	生育期（d）	青绿期（d）
	蒙农杂种冰草	25/3	4/6	21/6		22/7	20/10	119	225
2011	白音希勒根茎冰草	25/3	1/6	23/6		1/8	15/11	129	235
	野生根茎冰草	25/3	25/5	18/6		26/7	15/11	123	235
	蒙农杂种冰草	20/3	2/6	16/6		20/7	23/10	122	223
2012	白音希勒根茎冰草	20/3	28/5	20/6		28/7	11/11	130	236
	野生根茎冰草	20/3	24/5	16/6		24/7	11/11	126	236

由表 2 可以看出，3 个冰草材料从播种第 2 年开始均呈现正常的生长发育节律，3 月中旬开始返青，11 月初枯黄进入冬季休眠。野生根茎冰草较早进入抽穗期，蒙农杂种冰草和白音希勒根茎冰草稍迟 1 周左右。此规律可顺延至种熟期，野生根茎冰草较早进入种熟期，生育期约 120d；蒙农杂种冰草和白音希勒根茎冰草稍迟，生育期约 130d。种子收获后，植株经过果后营养生长期进入枯黄期，3 个冰草材料青绿期均为 230d 左右，以野生根茎冰草和白音希勒根茎冰草青绿期为最长，可达 237d。

田间观测还发现，野生根茎冰草和白音希勒根茎冰草与蒙农杂种冰草不同，生长第 2 年开花后（30/7、13/7），地下开始出现根茎，逐渐在行间连续出现根茎苗，形成愈来愈密集的根茎-疏丛型草群。而蒙农杂种冰草一直保持条播成行生长状态，不发生根茎苗。而且，白音希勒根茎冰草出现根茎的时间稍早于野生根茎冰草。

2.1.2　草产量

2010—2012 年对 3 个冰草材料进行连续 3 年的草产量测定，结果及方差分析列于表 3、表 4、表 5。

表 3　3 个冰草材料干草产量的比较（kg/100m²）

材料名称	2010 年	2011 年	2012 年	均值
蒙农杂种冰草	45.24	35.12	32.46	37.61cC
白音希勒根茎冰草	85.35	88.23	66.21	79.93aA
野生根茎冰草	64.33	60.34	52.24	58.97bB

注：表中大写字母和小写字母分别表示在 $P<0.01$ 和 $P<0.05$ 水平下的差异显著性。

由表 3 可以看出，3 个冰草材料 3 年草产量的差异较大，达到极显著水平。排序为：白音希勒根茎冰草＞野生根茎冰草＞蒙农杂种冰草。经过栽培驯化选育后的白音希勒根茎冰草性状表现比野生根茎冰草整齐，草产量也较高，第 2 年干草产量达 88.23kg/100m²。

2.2　区域试验的草产量

2015—2017 年参加国家草品种区域试验的产草量见表 4。

表 4　各试验点各年度干草产量分析表

地点	年份	品种	均值（kg/100m²）	增（减）产（%）	显著性（P 值）
	2015	白音希勒根茎冰草	56.59	−0.68	0.980
		蒙古 1 号蒙古冰草	56.98		
甘肃高台	2016	白音希勒根茎冰草	21.57	−30.19	0.410
		蒙古 1 号蒙古冰草	30.90		
	2017	白音希勒根茎冰草	48.47	12.49	0.371
		蒙古 1 号蒙古冰草	43.09		

（续）

地点	年份	品种	均值（kg/100m²）	增（减）产（%）	显著性（P值）
内蒙古多伦	2015	白音希勒根茎冰草	48.57	8.42	0.471
		蒙古1号蒙古冰草	44.80		
	2016	白音希勒根茎冰草	64.93	42.14	0.036
		蒙古1号蒙古冰草	45.68		
	2017	白音希勒根茎冰草	46.30	25.88	0.067
		蒙古1号蒙古冰草	36.78		
内蒙古托克托	2015	白音希勒根茎冰草	87.38	23.63	0.007
		蒙古1号蒙古冰草	70.68		
	2016	白音希勒根茎冰草	101.85	−20.27	0.059
		蒙古1号蒙古冰草	127.74		
	2017	白音希勒根茎冰草	102.08	2.96	0.644
		蒙古1号蒙古冰草	99.15		
新疆乌苏	2015	白音希勒根茎冰草	25.50	74.54	0.050
		蒙古1号蒙古冰草	14.61		
	2016	白音希勒根茎冰草	45.57	−8.48	0.389
		蒙古1号蒙古冰草	49.79		
	2017	白音希勒根茎冰草	23.07	−30.74	0.094
		蒙古1号蒙古冰草	33.31		
新疆三坪	2015	白音希勒根茎冰草	48.74	53.66	0.001
		蒙古1号蒙古冰草	31.72		
	2016	白音希勒根茎冰草	31.82	−9.68	0.115
		蒙古1号蒙古冰草	35.23		
	2017	白音希勒根茎冰草	28.39	17.75	0.024
		蒙古1号蒙古冰草	24.11		

注：国家区域试验结果表。

试验结果表明，白音希勒根茎冰草产草量较高，多年多点的平均干草产量为52.06kg/100m²，比对照蒙农1号蒙古冰草增产4.88%。其中，内蒙古托克托的产量最高，3年平均草产量达97.10kg/100m²；新疆乌苏产量最低，为31.38kg/100m²，地区间的差异显著。在多点多年的区域试验过程中，白音希勒根茎冰草总体表现出了较好的丰产性和适应性。

2.3 生产试验

2.3.1 物候期

2015年对3个试点物候期的观测结果列于表5。

表5 2015年物候期观测结果

试点	材料名称	返青期（日/月）	抽穗期（日/月）	开花期（日/月）	根茎形成期（日/月）	种熟期（日/月）	枯黄期（日/月）	生育期（d）	青绿期（d）
正蓝旗	蒙农1号蒙古冰草	4/4	14/6	10/7	—	12/8	30/10	130	209
	白音希勒根茎冰草	4/4	22/6	20/7	14/7	20/8	30/10	138	209
多伦	蒙农1号蒙古冰草	2/4	10/6	8/7	—	8/8	30/10	128	211
	白音希勒根茎冰草	2/4	20/6	26/7	18/7	16/8	30/10	136	211

（续）

试点	材料名称	返青期 （日/月）	抽穗期 （日/月）	开花期 （日/月）	根茎形成期 （日/月）	种熟期 （日/月）	枯黄期 （日/月）	生育期 （d）	青绿期 （d）
托克托	蒙农1号蒙古冰草	18/3	1/6	1/7	—	30/7	10/11	134	237
	白音希勒根茎冰草	18/3	8/6	8/7	10/7	6/8	10/11	141	237

试验结果表明，2个冰草材料在各试点均能够正常生长发育。由表5可见，播种第2年2个材料在各试点的返青和枯黄表现一致，托克托3月中旬返青，11月初枯黄进入冬季休眠，青绿期237d；多伦、正蓝旗相差不大，4月初返青，10月底枯黄，青绿期209～211d。

观测结果发现，新品系茎秆粗壮，叶片厚大，营养生长旺盛，生殖生长延迟，属于相对晚熟类型。从抽穗期来看，各试点新品系均比对照品种延迟1周左右。蒙农1号蒙古冰草生育期128～134d，新品系结实较迟，生育期136～141d。田间观测还发现，根茎冰草新品系与对照材料不同，生长第2年开花后，行间逐渐出现根茎苗，形成愈来愈密集的根茎-疏丛型草群，从而不断增加地上枝条和地下根茎密度，增强草地生产力和抗逆性。

2.3.2 草产量

2015—2017年对3个试点连续3年的测产结果列于表6。

表6 各试点干草产量测定结果

试点	年份	材料名称	干草产量（kg/hm²）	增产量（kg）	增产率（%）
正蓝旗	2015	蒙农1号蒙古冰草	6 024	124	2.1
		白音希勒根茎冰草	6 148		
	2016	蒙农1号蒙古冰草	6 201	452	7.3
		白音希勒根茎冰草	6 653		
	2017	蒙农1号蒙古冰草	5 228	1 654	31.6
		白音希勒根茎冰草	6 882		
多伦	2015	蒙农1号蒙古冰草	5 342	628	11.8
		白音希勒根茎冰草	5 970		
	2016	蒙农1号蒙古冰草	4 866	1 782	36.6
		白音希勒根茎冰草	6 648		
	2017	蒙农1号蒙古冰草	5 122	1 344	26.2
		白音希勒根茎冰草	6 466		
托克托	2015	蒙农1号蒙古冰草	5 806	870	15.0
		白音希勒根茎冰草	6 676		
	2016	蒙农1号蒙古冰草	7 543	1 221	16.2
		白音希勒根茎冰草	8 764		
	2017	蒙农1号蒙古冰草	7 868	1 014	12.9
		白音希勒根茎冰草	8 882		

表6数据显示，各试点3年的产草量均以白音希勒根茎冰草为高，与对照品种蒙农1号蒙古冰草相比，增产率平均达到17.74%，最高可达36.6%。

3 讨论

多年品比试验、区域试验和生产试验的结果表明，在参试的3个冰草材料中，只有白音希勒根茎冰草具有地下根茎，第 2 年开始可以形成根茎型或根茎-疏丛型草丛，条播后当年成行生长，第 2 年后逐渐形成片状草群。其他对照材料均未发现地下根茎，播后一直保持成行生长。这与《内蒙古植物志》的记载是一致的，这也是本品种与其他冰草植物最大的区别。另外，白音希勒根茎冰草具有明显的晚熟特性，生育期约为 130d，一般比其他冰草对照晚 1 周左右。

4 结论

（1）白音希勒根茎冰草地下根茎较发达。生长第 2 年田间开始出现根茎苗，增加地下根茎和地上枝条的数量。

（2）白音希勒根茎冰草在多点多年的生产试验中平均干草产量达到 7 009.9kg/hm²，比对照平均提高 17.74%；耐寒、高产、品质优良，综合性状明显优于对照品种。

（3）白音希勒根茎冰草是适合内蒙古中东部以及东北地区人工草地建植、退化草原改良及生态修复治理的优良牧草品种。

参考文献（略）

本文原刊载于《内蒙古农业大学学报》（自然科学版），2019 年第 5 期，略有删改

二、小麦族多年生牧草远缘杂交研究

几种小麦族禾草及其杂交后代农艺特性的研究

于卓[1]，李造哲[2]，云锦凤[2]

（1. 内蒙古农业大学农学院，呼和浩特　010019；2. 内蒙古农业大学生态环境学院，呼和浩特　010019）

摘要：对几种小麦族多年生禾草及其杂交后代的生育、产草量等农艺特性进行了比较研究。结果表明，加拿大披碱草×野大麦属间杂种 F_1 的生长速度偏向母本，株高呈双亲的中间型，具有父本野大麦的强短根茎特性和果后营养期长的优良特性，表现出很强的分蘖能力和再生能力，其花粉可育率为 1.19%，结实率 0，杂种的平均优势 16.98%；蒙古冰草×航道冰草种间杂种 F_1 的生长速度和株高均介于双亲中间，具有父本航道冰草分蘖和再生能力强的特性，花粉可育率为 26.75%，结实率 5.30%，杂种的平均优势 19.35%；BC_1 的生长速度呈双亲的混合型，株高、分蘖性和再生性偏向其回交父本蒙古冰草，花粉可育率为 46.67%，结实率 14.77%，BC_1 育性恢复明显。

关键词：小麦族多年生禾草；远缘杂种；生长发育；产草量特性

我国小麦族禾草种质资源丰富，具有重要的研究价值和育种价值。1994 年，笔者依据优缺点互补、生态型差异大等亲本选配原则，将国产抗旱性极强的蒙古冰草和耐盐性极强的野大麦分别与引自北美洲具高产优质特性的航道冰草和加拿大披碱草相组配进行远缘杂交，成功地获得了高度不育的蒙古冰草×航道冰草种间杂种 F_1 代和加拿大披碱草×野大麦属间杂种 F_1 代。由于 F_0 种子少，且胚乳发育不良，成熟度差，F_1 代成株率较低，当时只对十分珍贵且数量有限的 F_1 植株形态学和细胞学（主要是蒙古冰草×航道冰草 F_1 代花粉母细胞减数分裂中期 I 染色体构型）做了初步的观察研究。在此研究基础上，为了创造具有抗逆性强、高产优质综合农艺特性的禾草新种质，自 1996 年开始，用分株繁殖（无性繁殖）方式，分别将蒙古冰草×航道冰草 F_1 代和加拿大披碱草×野大麦 F_1 代扩繁成株系群体（杂种圃），并采取 F_1 代与回交亲本相邻种植、去雄套带回交方法，成功地获得（蒙古冰草×航道冰草）×蒙古冰草 BC_1 代，但未能获得（加拿大披碱草×野大麦）×加拿大披碱草 BC_1 代（因该属间杂种 F_1 有 1 组染色体丢失，为三倍体）。为了探明杂种 F_1、BC_1 代对亲本优良特性的继承情况、杂种优势及育性恢复情况，重点对其农艺特性，包括生长期、生长速度、花粉育性和结实性、再生性和株丛鲜草产量、分蘖性等进行了系统的比较研究。

1 材料和方法

1.1 供试材料及试验地概况

供试材料为加拿大披碱草（*Elymus canadensis* L.，$2n=4x=28$）、野大麦（*Hordeum brevisubulatum* Link.，$2n=4x=28$）及其属间杂种 F_1（$2n=3x=21$）；蒙古冰草（*Agropyron mongolicum* Keng.，$2n=2x=14$）、航道冰草（*Agropyron cristatum* Gaertn. cv. Fairway，$2n=2x=14$）及其种间杂种 F_1 与（蒙古冰草×航道冰草）×蒙古冰草 BC_1（$2n=2x=14$）。材料种植在内蒙古农业大学牧草试验场内，该试验场位于呼和浩特市东郊，东经 $110°$，北纬 $45°5'$，海拔 1 063m，年降水量 400mm 左右，无霜期 145d。土壤为沙壤质暗栗钙土，pH $7.8\sim8.2$，肥力适中，地下水位较高，具有灌溉条件。

1.2 研究方法

1.2.1 生长期、花粉育性及结实性观察

以上年分株繁殖的越冬株丛为对象，从早春返青期至秋季果后营养期进行详细观察记载，分析比较杂种 F_1、BC_1 代与其各自亲本的生育期（返青至种子成熟）和生长期（返青至果后营养）差异。在开花盛期随机剪取每种植物穗子 $25\sim30$ 个，放入衬有湿纱布的塑料保湿盒中带回室内镜检。剥取花药，置载玻片上，滴加少许 1‰醋酸洋红，用镊子挤压去掉药壁，使花粉充分着色，加盖玻片在 100 倍显微镜下观察统计可育与不育花粉粒数，每种材料观察 100 个视野以上。确定花粉是否可育的标准是：花粉粒大、饱满、着色深者为可育；花粉瘦小、着色浅或不着色者为不育。花粉可育率＝（可育花粉粒总数/观察花粉粒总数）×100％。在种子成熟期，从各供试植物群体中随机取 $30\sim35$ 个穗子，统计结实数和小花数，并观察记录亲本不育小花在穗部的位置和数目，以供评价结实率高低时参考。结实率＝（结实总数/观察小花总数）×100％。

1.2.2 生长速度、再生能力和分蘖能力的测定

3 项指标测定采取定株方法。春季牧草返青后自每种植物群体中选择长势良好的株丛，挖起、分株，按株行距 60cm×70cm 定植于已整好的试验区内，2 周内灌水保持土壤湿润。每个分株丛保留 6 个植株，各供试植物固定（编号挂牌）30 个分株丛用于生长速度和再生能力测定，另固定 25 个分株丛用于分蘖能力测定。①生长速度：从分蘖期开始，每隔 7d 测量 1 次株丛绝对高度（cm），直至每种植物开花期结束，计算各次测量平均值，绘出生长速度动态曲线图，用于分析比较。每种植物最后 1 次高度测量值的平均数表示其群体植株的平均高度。②再生能力：刈割后用单位时间内鲜草重量表示 [kg/（株丛·次）]。在最后 1 次生长速度测定后，第 1 次刈割其地上部称重，每种草以株丛为单位计算平均值。刈割后灌水 1 次，供第 2 次刈割。每次刈割留茬高度均为 6cm 左右。用 2 次刈割鲜草重量平均数之和表示 1 年内每种植物的平均鲜草产量（kg/株丛），并以此计算杂种的平均优势，平均优势＝（F_1－双亲平均值）/双亲平均值×100％。③分蘖能力：包括春季分蘖和夏秋分蘖。在每种植物春季拔节期和夏末秋初种子成熟期，观察统计每个定株株丛的分蘖枝条总数，计算出单株分蘖数（每个固定株丛分蘖枝条总数/6）。每种草分蘖能力强弱用 25 个固定株丛的单株分蘖数平均值表示（分蘖数/株）。

2 结果与分析

2.1 亲本及其杂交后代的生长期和生长速度

2.1.1 加拿大披碱草、野大麦及其杂种 F_1 的生长期和生长速度

属间杂种 F_1 的生长期较为特殊，从返青至果穗成熟需 151d，即生育期较♀加拿大披碱草少 9d，较野大麦多 37d（表 1）。F_1 开花持续期 20d，较加拿大披碱草早 7d，二者花期部分相遇，但与野大麦花期完全不相遇。F_1 果后营养期长达 67d（能延续到深秋 10 月 22 日），继承了野大麦的优良特性，二者全年生

长日数均为218d，较加拿大披碱草多21d。F_1果后营养期长与其具有野大麦夏秋分蘖能力强的特性有关。

加拿大披碱草、野大麦和其杂种F_1生长动态呈缓S形曲线（图1），其中野大麦的发育节律较早，从5月21日至6月11日（抽穗期至开花期）其生长速度最快。而杂种F_1和其♀加拿大披碱草发育节律均较晚，从6月18日至7月2日（抽穗期至开花期）生长速度最快，且二者的生长动态曲线基本一致，表明F_1生长速度呈偏母本的遗传倾向。

2.1.2　蒙古冰草、航道冰草及其杂种F_1、BC_1的生长期和生长速度

从表1可知，种间杂种F_1、BC_1与其双亲的生育期基本相近，即从幼苗返青至种子成熟约需138d（3月12日至8月1日）。它们的花期基本相遇，开花持续23d左右（6月15日至7月8日），这是保证其杂交和回交能获得成功的首要条件之一。

♀蒙古冰草果后营养期较短，为54d，1年内生长日数188d，比航道冰草少17d。杂种F_1继承了航道冰草果后营养期长（67d）的优良特性，全年生长日数长达205d。F_1果后营养期长是由航道冰草夏秋强分蘖特性遗传的结果。

BC_1代果后营养期介于其♀F_1代和回交蒙古冰草之间，为61d，年内生长日数197d。这说明回交可使蒙古冰草果后营养期较短的特性在其后代中得到表现。

亲本及其杂种F_1、BC_1的生长动态亦表现出"慢—快—慢"的缓S形曲线，即在生育前期（分蘖期）和生育后期（开花期）植株生长速度相对较慢，在生育中期（拔节期至抽穗期）生长速度最快（图2）。但各供试材料间存在明显差异，♀蒙古冰草生长速度相对较快，航道冰草较慢，杂种F_1居中。BC_1在6月4日（抽穗期）之前生长速度与♀F_1代相近，之后生长速度加快，最终赶上回交蒙古冰草（开花期），表明BC_1的生长速度呈双亲的混合型。

表1　供试植物生长期观测结果

牧草名称	返青（日/月）	分蘖（日/月）	拔节（日/月）	孕穗（日/月）	抽穗（日/月）	开花（日/月）	成熟（日/月）	果后营养（日/月）	生长日数（d）
♀加拿大披碱草	15/3	3/5	4/6	23/6	29/6	4/7—25/7	24/8	2/10	197
野大麦	14/3	18/4	2/5	18/5	23/5	29/5—18/6	8/7	22/10	218
属间杂种F_1	14/3	26/4	22/5	12/6	22/6	28/6—18/7	15/8	22/10	218
♀蒙古冰草	12/3	14/4	1/5	25/5	2/6	18/6—6/7	26/7	20/9	188
航道冰草	14/6	16/4	4/5	28/5	5/6	16/6—4/7	28/7	9/10	205
种间杂种F_1	13/3	17/4	6/5	31/5	8/6	17/6—8/7	1/8	8/10	205
BC_1代	14/3	16/4	3/5	26/5	6/6	15/6—5/7	30/7	1/10	197

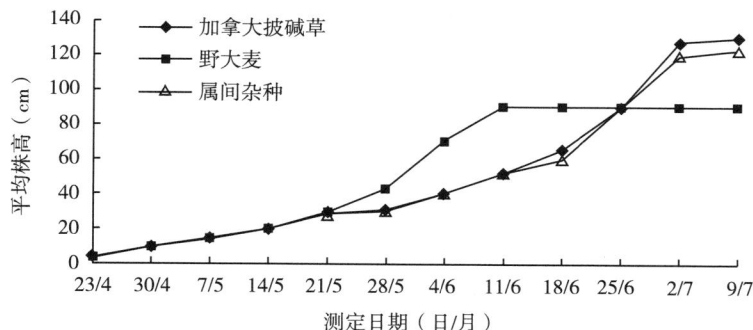

图1　加拿大披碱草、野大麦及其属间杂种F_1生长动态

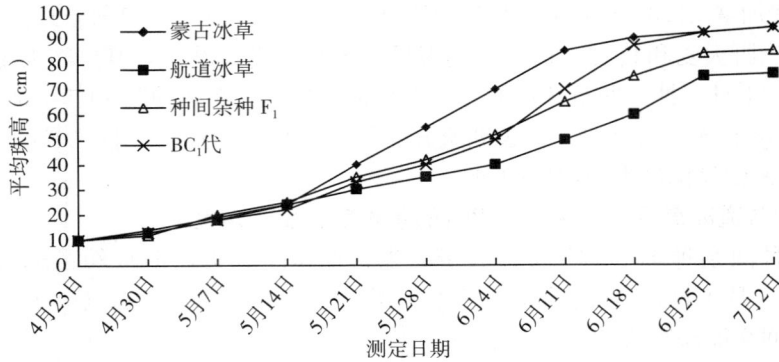

图 2　蒙古冰草、航道冰草及 F_1、BC_1 的生长动态

2.2　亲本及其杂交后代的花粉育性和结实性

2.2.1　加拿大披碱草、野大麦及其杂种 F_1 的花粉育性和结实性

亲本加拿大披碱草、野大麦的花粉可育率各为 79.77% 和 75.29%，自然结实率分别为 55.13% 和 48.31%（表 2）。属间杂种 F_1 花粉可育率极低，仅有 1.19%，且观察到花药瘦小不开裂，在开放授粉情况下结实率为 0，这说明来自双亲染色体的同源性较低。

2.2.2　蒙古冰草、航道冰草及其杂种 F_1、BC_1 的花粉育性和结实性

亲本蒙古冰草和航道冰草的花粉可育率较高，分别为 77.73% 和 83.35%，在开放授粉情况下，它们的自然结实率各为 46.59% 和 60.44%（表 2）。杂种 F_1 花粉部分可育，且观察到花药能自行开裂，花粉可育率达 26.75%，开放授粉条件下，其自然结实率为 5.30%。这说明 F_1 来自双亲染色体的同源性较高，且经过几年良好的栽培管理，杂种育性有一定的提高。BC_1 花粉可育率为 46.67%，自然结实率 14.77%，比 F_1 代分别提高了 74.47% 和 178.68%。可见，回交对杂种 F_1 育性恢复效果很明显。另外，从表 2 还可以看出，所有供试亲本的自然结实率均较低，为 46.59%～60.44%。观察发现，二倍体蒙古冰草和航道冰草的每小穗有 7～11 个小花，其中前者小穗顶端的 3～5 个小花多不结实，后者小穗上部有 2～4 个小花不结实；四倍体加拿大披碱草每小穗有 5 个小花，上端的 2～3 个小花多不结实；四倍体野大麦每小穗有 3 个小花，其中位于花序（穗子）中下部的小穗有 2～3 个小花结实，偏中上部的小穗有时中间 1 个小花结实或 3 个小花全不结实。各亲本部分小花不结实的原因似乎与小穗顶端小花退化有一定关系，例如蒙古冰草、航道冰草常有 1～2 个小花退化，加拿大披碱草有 1 个小花退化，但是各亲本退化的小花数明显少于不结实的小花数。此外，野大麦未见退化小花。由此可知，造成各亲本结实率低的原因较为复杂，可能外界环境条件影响授粉，也可能受精后营养供应不足中途死亡，还可能是遗传因素所造成，此点尚有待深入研究。

表 2　供试植物花粉育性和结实性观测结果

牧草名称	花粉育性				结实性		
	育数	不育数	总数	可育率（%）	结实总数	小花总数	结实率（%）
♀加拿大披碱草	1 171	297	1 468	79.77	1 745	3 165	55.13
野大麦	920	302	1 222	75.29	913	1 890	48.31
属间杂种 F_1	18	1 495	1 513	1.19	0	3 157	0
♀蒙古冰草	995	135	1 280	77.73	1 071	2 299	46.59
航道冰草	1 026	205	1 231	83.35	1 893	3 122	60.44
种间杂种 F_1	382	1 046	1 428	26.75	124	2 340	5.30
BC_1 代	637	728	1 365	46.67	189	1 280	14.77

2.3 亲本及其杂交后代的产量特性

2.3.1 加拿大披碱草、野大麦及其杂种 F_1 的产草量特性

由表 3 可以看出，♀加拿大披碱草平均株高和年平均每株丛鲜草量都显著高于野大麦，但其分蘖能力及第 2 次刈割再生草量远不及野大麦。加拿大披碱草产量高的原因是植株粗壮、高大，叶量多，生育期长，第 1 次刈割产草量占绝对优势，为第 2 次刈割再生草量的 4 倍；野大麦春季及夏秋分蘖能力强的原因是具有强短根茎特性。

属间杂种 F_1 平均株高介于双亲之间，其分蘖性和刈割后的再生性均很强，这是野大麦强短根茎特性遗传给 F_1 代的结果，F_1 代年平均每株丛鲜草量高，与♀加拿大披碱草相当，表现出明显的杂种优势，杂种的平均优势为 16.98％（表 3）。

2.3.2 蒙古冰草、航道冰草及其杂种 F_1、BC_1 的产草量特性

牧草以收获茎叶产量为主，而产草量高低除受外界环境条件影响外，与草种的遗传特性，如株高、分蘖性、再生性等有着密切的关系。本试验测定结果显示，♀蒙古冰草平均株高为 91.50cm，较航道冰草高 18.67cm，但其分蘖能力、刈割后的再生能力及年平均每株丛鲜草量都显著低于航道冰草（表 3）。其原因在于航道冰草为宽叶禾草，叶量大，具较强的短根茎特性，春季和夏秋分蘖枝条数均较多。种间杂种 F_1 平均株高 82.14cm，居于双亲本中间。其分蘖能力、再生能力及鲜草量均与航道冰草相近，二者差异不显著（表 3），表现为偏父本遗传。F_1 代杂种优势明显，杂种的平均优势为 19.35％。BC_1 代平均株高、夏秋分蘖数及第 2 次刈割的再生草量与其回交父本蒙古冰草无明显差异，其春季分蘖数和年平均每株丛鲜草量介于其♀F_1 和蒙古冰草中间，且与双亲差异显著（表 3）。表明回交可使这些产草量特性有向轮回亲本蒙古冰草遗传的趋势。

表 3　供试植物主要产量特性测定结果（均值）

牧草名称	平均株高（cm）	分蘖能力（分蘖数/株）		再生能力 [g/（株·次）]		鲜草量（kg/株丛）	杂种的平均优势（%）
		春季	夏秋	1 次刈割	2 次刈割		
♀加拿大披碱草	127.63a	7.93b	2.83b	1.20a	0.30b	1.50a	—
野大麦	90.42c	13.72a	14.90a	0.62c	0.53a	1.15b	—
属间杂种 F_1	117.50b	14.10a	15.32a	1.03b	0.52a	1.55a	16.98
♀蒙古冰草	91.50a	6.41c	2.61b	0.53c	0.24b	0.77c	—
航道冰草	72.83c	10.63a	5.24a	0.71a	0.38b	1.09a	—
种间杂种 F_1	82.14b	10.22a	4.95a	0.72a	0.39a	1.11a	19.35
BC_1 代	90.80a	8.09b	2.84b	0.70a	0.25b	0.95b	—

注：小写英文字母表示 $P < 0.05$ 水平差异显著性。两次刈割间隔天数：蒙古冰草、航道冰草及其杂种 F_1、BC_1 均为 64d，加拿大披碱草及杂种 F_1 为 57d，野大麦为 78d。

3　讨论与结论

3.1 杂种 F_1、BC_1 生育特性的遗传表现

植物个体发育是系统发育的基础，而系统发育遗传组成的改变则直接影响个体生长发育的模式。在相对稳定的外界环境条件下，植物远缘杂交产生的新种质即杂种后代表现什么样的生育模式，是偏双亲的某一方还是双亲的中间型或混合型以及杂种的特有型，这是育种者首先要考虑和探索的问题。因为只有了解杂种的生育特性，才能按照预定的育种目标提出相应的育种策略和采取适宜的育种手段。可以说，观察掌握杂种生育特性的遗传表现是最基础性的研究工作。

本试验观察发现，加拿大披碱草×野大麦属间杂种 F_1 代植株发育节律较晚，生长速度呈偏母本的遗传倾向。其生育期为 151d，较♀加拿大披碱草早 9d，比野大麦晚 37d，开花期长 20d，与母本的花期部分相遇。年生长日数 218d，继承了野大麦果后营养期长的优良特性，这为以后杂种后代青绿期长的单株选择提供了有价值的遗传依据。杂种 F_1 花药瘦小不开裂，花粉高度不育，可育花粉只有 1.19%，开放授粉不结实。杂种 F_1 不育是由于其染色体数目发生了变异及单价体频率高所致。

蒙古冰草×航道冰草种间杂种 F_1 代植株生长速度表现为双亲的中间型，生育期 138d，同双亲基本相近。其年生长日数与航道冰草相同，长达 205d，这是由于 F_1 代继承了航道冰草的短根茎遗传特性、夏秋分蘖较多、果后营养期长的缘故。杂种 F_1 花药能自行开裂，花粉部分可育，其可育率为 26.75%，自然结实率 5.30%。F_1 代具部分可育性的原因与其来自双亲同源杂色体二价体配对频率较高有关，同时也不可忽视良好的栽培管理条件对杂种育性恢复的促进作用。

BC_1 代植株的生长速度为其双亲的混合型，即生长前期与其♀ F_1 相同，生长后期偏向父本回交蒙古冰草；生育期为 136d，与双亲基本相近；年生长日数 197d，呈双亲的中间型。BC_1 代花粉可育率为 46.67%，自然结实率 14.77%，较 F_1 代分别提高了 74.47% 和 178.68%，表明回交对杂种 F_1 育性恢复的效果很显著。

3.2 杂种 F_1、BC_1 产草量特性的遗传表现

植物的产量特性广义上统称为经济特性，可依据人类利用目的不同进一步细分，如粮食作物和油料作物主要收获籽实，药用植物和果蔬植物可收获其根系，亦可收获其枝叶和果实，饲用植物则主要收获其茎（枝）叶。产草量特性是多基因控制的遗传特性，容易受外界环境条件影响，对于以收获绿色体——茎叶产量为主的牧草来说，与产草量有关的特性主要有株高、分蘖性和再生性等。本研究在较为一致的外界环境条件下，详细比较分析了几种小麦族多年生禾草及其杂交后代的主要产草量特性。

研究结果表明，加拿大披碱草×野大麦属间杂种 F_1 的平均株高 117.50cm，为双亲的中间型。F_1 植株分蘖性和再生性均很强，体现了父本野大麦的优良特性，这是由野大麦的强短根茎特性遗传给 F_1 代引起的。F_1 代年平均每株丛鲜草量高达 1.55kg，杂种的平均优势 16.98%。

蒙古冰草×航道冰草种间杂种 F_1 平均株高为 82.14cm，呈双亲本的中间型。其分蘖能力和再生能力较强，表现出偏父本航道冰草的遗传倾向。F_1 代年平均每株丛鲜草产量较高，为 1.11kg，杂种的平均优势 19.35%。

BC_1 代平均株高 90.80cm，夏秋平均单株分蘖数 2.84，再生性弱，这些都继承了回交父本蒙古冰草的特性。其春季平均单株分蘖数 8.09，年平均每株丛鲜草量 0.95kg。总体看，BC_1 代的产草量特性有向其轮回亲本蒙古冰草遗传的趋势。

参考文献（略）

本文原刊载于《草业学报》，2003 年第 3 期，略有删改

小麦族内多年生牧草的远缘杂交及育性恢复的研究

云锦凤，李造哲

（内蒙古农业大学生态环境学院，呼和浩特　010018）

摘要： 以国外新兴的"小麦族内多年生牧草染色体组分类系统"为理论指导，按照亲本优缺点互补的原则，对小麦族内多年生牧草进行了种、属间远缘杂交，获得了一批具有重要育种价值的杂种 F_1 代。但杂种 F_1 代高度不育，因此对其育性恢复途径进行了探讨。结果表明，16 个组合的杂交可交配性明显不同，有 14 个组合获得了杂交种子，其中有 12 个组合获得了 F_1 代植株。减数分裂不规则是造成杂种不育的重要原因。首次发现加拿大披碱草（$2n=28$，染色体组 SSH_cH_c）与野大麦（$2n=28$，染色体组 $HHH'H'$）的属间杂种 F_1 代为三倍体（$2n=21$），丢失了母本加拿大披碱草的 Hs 染色体组。杂种 F_1 代形态特征呈双亲的中间类型；F_1 代继承了亲本的优良特性，表现出很强的杂种优势。通过回交已获得 4 个组合的回交 1 代，育性有不同程度的恢复。同时也做了尝试，用秋水仙素处理分蘖期幼苗、愈伤组织和幼穗培育的再生小植株使其染色体加倍。

1　引言

　　小麦族（Triticeae）是禾本科（Gramineae）植物中与人类生存关系最为密切的一大类群。多年生牧草约占小麦族植物的 3/4，广泛分布于温带和寒温带地区。很多种类既是优良的人工栽培牧草，又是重要的水土保持植物，这些植物具有抗寒、抗旱、抗病虫害、耐盐碱、耐瘠薄或高产、优质的特性，是禾草及麦类作物品种改良非常宝贵的种质基因库。目前，我国牧草品种单一，制约着草原建设和生态环境改善的速度和规模。因此，选育抗逆性强、高产优质的牧草或品种已成为亟待解决的问题。远缘杂交既是研究物种形成、进化及亲缘关系的重要方法，也是实现不同物种间基因渐渗、创造广泛变异、选育新品种的有效途径。自 1984 年以来，我们先后从北美洲引进 1 199 份小麦族多年生牧草材料，在内蒙古农业大学牧草实验站进行引种栽培试验，同时收集了部分国产小麦族禾草，对各种材料的适应性、抗性和产量性状进行了评价，从而筛选出一批优良材料用作亲本。以国外新兴的"小麦族内多年生牧草染色体组分类系统"为理论指导，按照亲本优缺点互补的原则，对小麦族内多年生牧草进行了种、属间远缘杂交，获得了一批具有重要育种价值的杂种 F_1 代。虽然种（属）间杂种具有强大的杂种优势和突出的育种价值，但远缘杂种植株育性很低，限制了远缘杂交潜力的进一步发挥，为此，我们对远缘杂种育性恢复的途径进行了探讨。本项研究的目的在于：通过远缘杂交，揭示小麦族禾草的亲缘关系，探明杂种不育的分子细胞遗传学原因，探讨杂交后代的育种潜力及育性恢复的途径，为创造禾草新种质（新类型、新品种）奠定基础。

2　材料与方法

2.1　试验材料

　　试验材料基本情况见表 1。

表 1　试验材料基本情况

名称	染色体数	产地
冰草属（Agropyron）		
蒙古冰草（A. mongolicum）	$2n=2x=14$	中国
航道冰草（A. cristaum cv. Fairway）	$2n=2x=14$	美国
诺丹冰草（A. desertorum cv. Nordan）	$2n=4x=28$	加拿大
披碱草属 Elymus		
披碱草 E. dahuricus	$2n=6x=42$	中国
肥披碱草 E. excelsus	$2n=6x=42$	中国
加拿大披碱草 E. canadensis	$2n=4x=28$	加拿大
老芒麦 E. sibiricus	$2n=4x=28$	中国
大麦属 Hordeum		
野大麦 H. brevisubulatum	$2n=4x=28$	中国
赖草属 Leymus		
羊草 L. chinensis	$2n=4x=28$	中国
灰色赖草 L. karelinii	$2n=4x=28$	美国

2.2　试验地概况

试验地位于呼和浩特市东郊的内蒙古农业大学牧草试验站内，海拔 1 063m，年降水量 400mm 左右，无霜期 145d，土壤为沙壤质暗栗钙土，pH7.8～8.2，肥力适中，地下水位较高，具有灌水条件。

2.3　研究内容和方法

2.3.1　杂交组合

小麦族内多年生牧草的种间、属间杂交，以国外新兴的"小麦族内多年生牧草染色体组分类系统"为理论指导，按照亲本优缺点互补和国产种与引进种相搭配的原则组配亲本，杂交组合如下：

加拿大披碱草×老芒麦（E. canadensis×E. sibiricus）

披碱草×老芒麦（E. dahuricus×E. sibiricus）

加拿大披碱草×肥披碱草（E. canadensis×E. excelsus）

披碱草×野大麦（E. dahuricus×H. brevisubulatum）

蒙古冰草×诺丹冰草（A. mongolicum×A. desertorum cv. Nordan）

蒙古冰草×航道冰草（A. mongolicum×A. cristatum cv. Fairway）

羊草×灰色赖草（L. chinensis×L. karelinii）

加拿大披碱草×野大麦（E. canadensis×H. brevisubulatum）

以上组合均做了正、反交。

杂交时，对异花授粉牧草采用套袋不去雄授粉，对自花授粉牧草去雄后人工授粉或与相邻种植的父本套袋。

2.3.2　育性恢复

回交人工授粉或将杂种 F₁ 与轮回亲本相邻种植套袋。染色体加倍分别用不同浓度的秋水仙素处理幼苗、愈伤组织、幼穗再生植株；亲本及其杂交后代的育性分析采用醋酸洋红染色法统计花粉可育率，在种子成熟期统计自然结实率；细胞遗传学研究采用常规压片法观察根尖染色体数和

PMC M I 染色体配对构型；亲本及其杂交后代的形态学比较研究应用观察比较的方法对亲本及其杂交后代的株型、穗型、根系等形态特征进行比较分析；亲本及其杂交后代农艺特性的研究采用田间观察和室内分析相结合的方法对生育期、生长速度、再生性、分蘖能力产草量、抗旱耐盐性进行观察与测定；亲本及其杂交后代的分子标记鉴定运用同工酶、RAPD、SSR、分子原位杂交等方法进行鉴定。

3　结果与分析

3.1　杂交的可交配性

从表 2 可以看出，16 个组合的杂交可交配性明显不同。老芒麦×加拿大披碱草、加拿大披碱草×野大麦组合的杂交结实率较高，分别为 27.0% 和 24.7%。诺丹冰草×蒙古冰草、灰色赖草×羊草组合的杂交结实率最低，杂交均不结实。有些组合正、反交结实率相差不大，如加拿大披碱草×肥披碱草正交结实率为 19.5%，反交结实率为 12.5%；有些组合正、反交结实率相差很大，如加拿大披碱草×老芒麦反交结实率达 27.0%，正交结实率仅为 7.5%，蒙古冰草×诺丹冰草正交结实率 12.1%，而反交则不结实。可见在某些组合中，正反交对结实率的影响明显存在。在相同的管理条件下，杂种出苗率低，甚至不萌动、不出苗。有些组合的杂种即使出了苗，幼苗也细弱，且有幼苗黄化、发育迟缓、畸形、死亡的现象。在 16 个正反交组合中有 14 个组合获得了杂交种子，其中有 12 个组合获得了 F₁ 代植株。

表 2　杂交结实、出苗、成株情况

序号	杂交组合	结实			出苗			成株	
		授粉小花数	结实数	结实率（%）	播种种子数	出苗数	出苗率（%）	成株数	成株率（%）
1	加拿大披碱草×老芒麦	120	9	7.5	6	2	33.3	2	100
2	老芒麦×加拿大披碱草	230	62	27.0	12	5	41.7	2	40
3	披碱草×老芒麦	160	32	20.0	8	2	25.0	1	50
4	老芒麦×披碱草	800	56	7.0	26	3	11.5	1	
5	加拿大披碱草×肥披碱草	128	25	19.5	6	2	33.3	1	50
6	肥披碱草×加拿大披碱草	152	19	12.5	6	0	0	0	0
7	披碱草×野大麦	50	3	6.0	3	1	33.3	1	100
8	野大麦×披碱草	54	10	18.5	4	3	75.0	3	100
9	蒙古冰草×诺丹冰草	1021	124	12.1	21	2	9.5	1	50
10	诺丹冰草×蒙古冰草	918	0	0	0	0	0	0	0
11	羊草×灰色赖草	360	76	21.1	6	2	33.3	1	50
12	灰色赖草×羊草	120	0	0	0	0	0	0	0

（续）

序号	杂交组合	结实			出苗			成株	
		授粉小花数	结实数	结实率（%）	播种种子数	出苗数	出苗率（%）	成株数	成株率（%）
13	蒙古冰草×航道冰草	253	59	23.3	12	12	100	12	100
14	航道冰草×蒙古冰草	456	58	12.7	12	5	55.6	2	40
15	加拿大披碱草×野大麦	401	99	24.7	22	22	100	5	44
16	野大麦×加拿大披碱草	551	14	2.5	10	2	20	0	0

3.2 亲本及杂种的育性

由表3可以看出，多数杂种的花粉可育率极低，开放授粉情况下均不结实。个别种间杂种如蒙古冰草×航道冰草 F_1 的花粉可育率达26.8%，开放授粉情况下结实率为5.3%，这说明杂种 F_1 来自双亲染色体的同源性较高。

表3 亲本及杂种的花粉可育率与结实率

材料	花粉可育率（%）	结实率（%）
蒙古冰草	77.7	46.6
航道冰草	82.4	60.4
披碱草	87.1	39.4
肥披碱草	92.6	
加拿大披碱草	79.8	55.1
老芒麦	95.1	86
野大麦	75.3	48.3
羊草	91.2	51.2
灰色赖草	84.0	64.9
加拿大披碱草×老芒麦	0.6	0
披碱草×老芒麦	0	0
加拿大披碱草×肥披碱草	0	0
披碱草×野大麦	2.2	0
羊草×灰色赖草	0.7	0
蒙古冰草×航道冰草	26.8	5.3
加拿大披碱草×野大麦	1.1	0

3.3 杂种不育的细胞学基础

细胞学分析结果表明（表4），杂种 F_1 代减数分裂不规则，单价体出现的频率较高，减数分裂后期Ⅰ普遍出现落后染色体和染色体桥，四分体有时含有微核。减数分裂不规则是造成杂种不育的重要原因。然而，羊草和灰色赖草的杂种 F_1 在减数分裂中期Ⅰ二价体配对频率很高，单价体频率较低，配对行为较为规则，但高度不育，表明该杂种不育的原因很可能是基因不育而不是染色体组不育。

细胞学分析发现，加拿大披碱草（$2n=28$，染色体组 SSH_cH_c）与野大麦（$2n=28$，染色体组 $HHH'H'$）的属间杂种 F_1 代为三倍体（$2n=21$），有 7 条染色体丢失，该现象在禾草远缘杂交中属于首次发现。经基因组原位杂（GISH 法）鉴定，该杂种 F_1 三倍体由加拿大披破草 S 染色体组的 7 条染色体和野大麦 HH' 染色体组的 14 条染色体构成，丢失的 7 条染色体属母本加拿大披碱草的 H_c 染色体组。

表 4 亲本及杂种 PMC M I 染色体构型

材料	染色体数	单价体	棒状	价体：环状	总计	B 染色体	三价体	四价体	五价体
蒙古冰草	14	0.06	0.46	6.51	6.97	0.75	0.75		
航道冰草	14	0.03	0.37	6.62	6.99				
披碱草	42	0.06	9.05	11.88	20.93			0.04	
肥披碱草	42	0.03	0.10	20.82	20.92			0.04	
加拿大披碱草	28	0.04	1.26	12.72	13.98				
老芒麦	28		0.15	13.85	14.00				
野大麦	28	0.05	1.60	12.21	13.81		0.06	0.04	
羊草	28	0.24	2.73	11.12	13.85				
灰色赖草	28	0.14	0.20	13.70	13.90				
加拿大披碱草×老芒麦	28	5.05	2.58	8.15	10.73		0.20	0.15	0.01
披碱草×老芒麦	35	15.92			9.20		0.12	0.08	
加拿大碱草×肥披碱草	35	10.4			12.14		0.08	0.02	
披碱草×野大麦	35	7.94	6.48	4.17	10.95		1.52	0.15	
羊草×灰色赖草	28	2.29	0.21	12.18	12.39				
蒙古冰草×航道冰草	14	2.09	3.21	1.65	4.86	0.03	0.48	0.14	0.04
加拿大披碱草×野大麦	21	7.45	3.85	2.73	6.58		0.13		

3.4 杂种的形态及农艺特性

对各杂交组合 F_1 代的形态学和生物学观察发现，F_1 代株型、穗形、根系类型等特征均呈双亲的中间类型（图1）。F_1 代生长势很强，表现出很强的杂种优势，继承了亲本的优良特性，如野大麦的耐盐性强、分蘖能力强、短根茎特性及青绿期长等特性均已转移给野大麦×披碱草杂种 F_1 代，蒙古冰草×航道冰草杂种 F_1 代继承了亲本蒙古冰草的抗旱性强和航道冰草分蘖多、叶量丰富的特性。

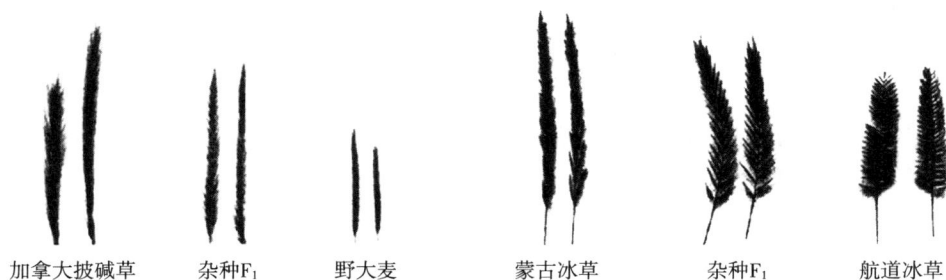

加拿大披碱草　　杂种F_1　　野大麦　　蒙古冰草　　杂种F_1　　航道冰草

图 1 亲本及杂种的穗部形态

3.5 杂种 F_1 代育性恢复

3.5.1 回交

由于各组合杂种 F_1 代均高度不育，限制了远缘杂交潜力的发挥，为此，采用回交法恢复其育性。

通过回交已获得（蒙古冰草×航道冰草）×蒙古冰草回交 1 代（BC_1），育性明显恢复，花粉可育率为 46.67％，自然结实率为 14.77％；也获得了（野大麦×披碱草）×野大麦和（披碱草×野大麦）×野大麦 2 个组合的回交 1 代，育性有不同程度的恢复。用羊草作轮回亲本，对羊草与灰色赖草的杂种 F_1 回交，获得了 3 粒回交种子。这几个杂种回交的成功将对解决禾本科牧草远缘杂种不育这一普遍性问题具有示范性的指导意义。

3.5.2 染色体加倍

3.5.2.1 秋水仙素处理分蘖期幼苗

用 0.2％的秋水仙素处理羊草与灰色赖草的杂种 F_1 分蘖期幼苗 24h，幼苗成活率为 51.5％，加倍率为 3.7％，加倍的植株为嵌合体。

3.5.2.2 秋水仙素处理幼穗愈伤组织

羊草与灰色赖草的杂种 F_1 幼穗愈伤组织经 500mg/L 秋水仙素处理 72h，加倍比率为 12.5％，加倍效率为 5.0％。

3.5.2.3 幼穗组培再生株的秋水仙素处理

加拿大披碱草与老芒麦的杂种 F_1 经过幼穗组织培养的再生小植株用 0.2％的秋水仙素处理 24h，104 株再生株移栽田间并成活，其中 35 株生长明显迟缓。细胞学分析证明有 1 株是双二倍体的变异株，幼穗培养的羊草与灰色赖草的杂种 F_1 小植株用 0.05％的秋水仙素溶液处理 24h，幼苗成活率为 52％，加倍率为 7.6％。

3.6 杂交后代的同工酶及分子标记鉴定

3.6.1 同工酶分析

研究表明，加拿大披碱草、野大麦及其杂种 F_1 分蘖期 POD 和 EST 同工酶分析呈现 7～9 和 7～11 条酶带，蒙古冰草、航道冰草及其杂种 F_1、BC_1 代的 POD 和 EST 同工酶分析呈现 6～9 和 9～10 条酶带，各亲本及杂交后代间酶谱类型均存在一定的遗传差异。披碱草和野大麦的杂种 F_1 代 POD 和 EST 同工酶谱表现为双亲的互补型或有杂种特征带，BC_1 代的 POD 和 EST 同工酶谱明显地受轮回亲本野大麦的影响。POD 和 EST 同工酶可作为禾草远缘杂种鉴定及回交后代目标性状植株检测的生化标记。

3.6.2 RAPD 分析

RAPD 分析显示，蒙古冰草和航道冰草的遗传相似系数为 0.514，其杂种 F_1 与母本蒙古冰草和父本航道冰草的遗传相似系数分别 0.750 和 0.606，表明杂种 F_1 有偏母本遗传的倾向，BC_1 代与 F_1 代和轮回亲本蒙古冰草的遗传相似系数分别为 0.600 和 0.688，说明 BC_1 代的 DNA 带型偏向轮回亲本蒙古冰草遗传。加拿大披碱草和野大麦的遗传相似系数较小，仅为 0.436，说明这两个属间种的亲缘关系较远，从而验证了传统形态学分类和染色体组分类的正确性；杂种 F_1 与加拿大披碱草和野大麦的遗传相似系数分别为 0.746 和 0.444，表明杂种 F_1 与其母本的遗传差异小，而与父本的遗传差异大。披碱草和野大麦的遗传相似系数为 0.447，表明两亲本间的遗传差异较大，杂种 F_1 的 DNA 带型偏亲本披碱草，BC_1 代 DNA 带型偏向轮回亲本野大麦。加拿大披碱草和老芒麦的遗传相似系数为 0.607 8，其杂种 F_1 代与母本加拿大披碱草的遗传相似系数为 0.761 9，而与父本老芒麦的遗传相似系数为 0.665 3，说明杂种与父本和母本在遗传关系上比父、母本之间更近，从而从分子水平上证明这是一个真实的杂种 F_1 代，而且这个杂种 F_1 代与母本在遗传上更为相像，RAPD 技术可用于禾草远缘杂交后代鉴定及目标性状植株检测的遗传标记。

3.6.3 微卫星（SSR）分析

利用小麦微卫星引物对羊草和灰色赖草及其杂种 F_1 的扩增结果表明，杂种 F_1 表现父母本条带的"互补型"，可以很好地区别杂种和父母本，SSR 标记是杂种真实性鉴定的理想分子标记。羊草和灰色赖草的遗传相似系数为 0.36，遗传差异较大。杂种 F_1 与羊草的遗传相似系数是 0.72，与灰色赖草的遗传相似系数是 0.64，说明杂种 F_1 偏向母本羊草遗传。多数回交株与轮回亲本羊草的遗传相似系数大，而与灰色赖草的遗传相似系数小，说明偏向轮回亲本遗传。

4　结论

（1）16 个组合的杂交可交配性明显不同。正反交对杂交结实率的影响明显存在。16 个正反交组合中，有 14 个组合获得了杂交种子，其中有 12 个组合获得了 F_1 代植株。

（2）减数分裂不规则是造成杂种不育的重要原因。而羊草和灰色赖草的杂种 F_1 在减数分裂中期 I 二价体配对频率很高，配对行为较为规则，但高度不育，表明该杂种不育的原因很可能是基因不育而不是染色体组不育。

（3）首次发现加拿大披碱草（$2n = 28$，染色体组 SSH_cH_c）与野大麦（$2n = 28$，染色体组 $HHH'H'$）的属间杂种 F_1 代为三倍体（$2n = 21$），有 7 条染色体丢失。丢失的 7 染色体属母本加拿大披碱草的 H_c 染色体组。

（4）杂种 F_1 代株型、穗形、根系类型等特征均呈双亲的中间类型：F_1 代生长势很强，表现出很强的杂种优势，继承了亲本的优良特性。

（5）通过回交已获得（蒙古冰草×航道冰草）×蒙古冰草回交 1 代（BC_1）植株，BC_1 育性明显恢复，也获得了（野大麦×披碱草）×野大麦和（披碱草×野大麦）×野大麦两个组合的回交 1 代，育性有不同程度的恢复。用羊草作轮回亲本，对羊草与灰色赖草的杂种 F_1 回交，获得了 3 粒回交种子。

（6）秋水仙素处理分蘖幼苗，幼苗成活率高，但加倍率低，大多为嵌合体。秋水仙素处理愈伤组织加倍率高，且易于获得纯合的加倍株。秋水仙素处理幼穗培育的再生小植株也是育性恢复的一条途径。

（7）POD 和 EST 同工酶及 RAPD 技术可用于禾草远缘杂交后代鉴定及目标性状植株检测的遗传标记。SSR 也是杂种真实性鉴定的理想分子标记。

参考文献（略）

本文源自《中国草学会第六届二次会议暨国际学术研讨会论文集》，略有删改

小麦族内几种远缘禾草及其杂交种
过氧化物酶同工酶分析

于卓[1]，云锦凤[2]

(1. 内蒙古林学院治沙系，呼和浩特　010019；2. 内蒙古农牧学院草原系，呼和浩特　010018)

摘要：采用聚丙烯酰胺垂直板电泳技术对小麦族内的加拿大披碱草、野大麦及其杂种 F_1 和蒙古冰草、航道冰草及其杂种 F_1、BC_1 的过氧化物酶（POD）同工酶做了比较研究。结果表明，每种植物的 POD 酶谱可明显分成 A、B 两区，在 B 区有 2 条位点相同的酶带，为亲本的基带；所有供试材料呈现 6～9 条酶带，亲本与其杂种后代的酶谱表型有一定差异；POD 同工酶具多态性，可作遗传标记用于杂种鉴定和回交后代目标性状植株的检测；加拿大披碱草×野大麦 F_1 具双亲各自酶谱的强带，可能 F_1 具两亲本的某些优良性状。

对小麦族内多年生牧草的远缘杂交育种工作，国外学者通过近几十年的研究已取得卓越成就，国内有关这方面的研究尚处于起步阶段。近几年来，我们将国外小麦族部分优良禾草种质导入国产禾草进行远缘杂交工作，获得了一批具有重要育种价值的杂种 F_1 和回交一代（BC_1），并对其形态学、细胞学和生物学特性做了观察和测定。

同工酶是一种特异蛋白质，是基因（DNA 片段）的直接产物，与生物的遗传、生长发育、代谢调节及抗性等都有密切关系。同工酶电泳分析技术已广泛应用于植物种质资源鉴定和远缘杂种遗传变异分析中。本试验拟对加拿大披碱草×野大麦属间杂种 F_1、蒙古冰草×航道冰草种间杂种 F_1 及其 BC_1 这几个杂交组合和其亲本的过氧化物酶（POD）同工酶进行比较分析，试图从生化角度进一步确定杂种后代的遗传变异和对亲本优良性状的继承情况，为下一步杂种的育性恢复和目标性状植株的选择提供可靠依据。

1　材料和方法

1.1　试验材料

供试材料均选自内蒙古农牧学院草原科学系牧草试验场原始材料圃，详见表1。

表 1　供试材料及来源

牧草名称	学名	来源	主要特性
♀加拿大披碱草	*Elymus canadensis*	北美草原	高产、叶量大、抗寒、抗虫、抗病
♂野大麦	*Hordeum brevisubulatum*	中国草原	具根茎、分蘖多、耐盐、易落粒
加拿大披碱草×野大麦 F_1			
♀蒙古冰草	*Agropyron mongolicum*	中国草原	叶量少、抗旱、抗寒、结实率低
♂航道冰草	*Agropyron cristatum*	北美草原	叶量大、种子产量高、抗寒、抗虫
蒙古冰草×航道冰草 F_1			
(蒙古冰草×航道冰草)×蒙古冰草 BC_1			

1.2　试验方法

取同一生育期（分蘖期）各种材料的叶片在冰浴内研磨（样品：10％甘油＝1：1.5）成匀浆，2 500r/min离心10min，取上清液置0℃以下冰箱中备用。

用聚丙烯酰胺凝胶垂直板电泳技术分离POD同工酶，胶板厚1.5mm。浓缩胶浓度4％，pH6.7，分离胶浓度7.5％，pH8.9，电极缓冲液，Tris-甘氨酸（pH8.3），每样品槽进样量50μL。初始电压100V，当前沿指示剂走出浓缩胶时改为300V，初始电流48mA，每样品槽为2.52mA。在0～4℃冰箱内电泳3.5h左右，每试样在同一胶板上重复2～3次。

POD染色采用醋酸联苯胺法，染色后的胶板用7％冰醋酸固定5～10min，清水漂洗后于暗室透光拍照，并按迁移率（Rf＝酶带迁移距离/前沿指示剂距离）、酶带染色深浅、宽度及带数绘制酶带模式图，标定酶带位置。

2　结果与分析

依据POD酶带相对迁移率（Rf值）大小和酶带集中程度，所有供试材料的酶谱从负极到正极都明显地分为两个区（图1，表2）。Rf值在0.04～0.23范围内的酶带为慢区，视为A区；Rf值在0.52～0.82范围内的酶带为快区，视为B区。每种材料在A、B两区酶带的具体情况（酶带位置、数量及强弱等）分析如下。

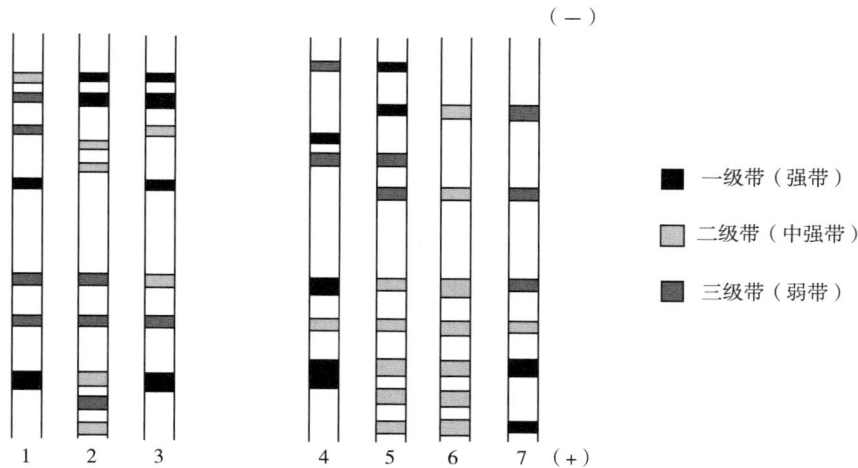

（一）

■　一级带（强带）

▨　二级带（中强带）

▨　三级带（弱带）

1　2　3　　4　5　6　7　（＋）

图1　几种远缘禾草及其杂种后代POD酶谱模式

注：1.♀加拿大披碱草；2.♂野大麦；3.加拿大披碱草×野大麦F_1；4.♀蒙古冰草；5.♂航道冰草；6.蒙古冰草×航道冰草F_1；7.（蒙古冰草×航道冰草F_1）×蒙古冰草BC_1。

表2　几种远缘禾草及其杂种后代POD酶带位置（Rf）测定结果

牧草名称	A区各带Rf值						B区各带Rf值				
	1	2	3	4	5	6	1	2	3	4	5
♀加拿大披碱草	0.07	0.09	0.14			0.22	0.52	0.57	0.71		
♂野大麦	0.07	0.09		0.16	0.21		0.52	0.57	0.71	0.75	0.82
F_1代	0.07	0.09	0.14			0.22	0.52	0.57	0.71		
♀蒙古冰草	0.04		0.15	0.19			0.52	0.57	0.64		
♂航道冰草	0.04	0.11		0.19	0.23		0.52	0.57	0.64	0.68	0.73
F_1		0.11			0.23		0.52	0.57	0.64	0.68	0.73
BC_1		0.11			0.23		0.52	0.57	0.64		0.73

2.1 加拿大披碱草、野大麦及其杂种 F_1 的 POD 酶谱情况

由图 1 可知，亲本加拿大披碱草和野大麦的 POD 酶谱有明显差异，前者呈现 7 条酶带，后者呈现 9 条酶带。其中，野大麦有 4 条特征带，即 A4、A5、B4、B5，它们的 Rf 值与加拿大披碱草不同（表 2）。杂种 F_1 的 POD 酶带数和酶带位置与母本加拿大披碱草相同，说明 F_1 继承了母本的大部分酶带表型。但就酶带的相对活性而言，在 A 区再现了父本野大麦 A1、A2 的 2 条强带，B 区出现了 1 条 B1 中强带（B1 位点上双亲均为弱带），说明 F_1 酶谱表型与双亲存在一定差异，它继承了双亲酶谱中表征活性强、含量高的酶带，可能这与杂种 F_1 对亲本某些优良性状的继承情况有关。

2.2 蒙古冰草、航道冰草及其杂种 F_1 和 BC_1 的 POD 酶谱情况

亲本蒙古冰草的酶谱呈现 6 条酶带，航道冰草为 9 条带，杂种 F_1 为 7 条带，BC_1 为 6 条带（图 1）。其酶带位置如表 2 所示。

在 A 区，蒙古冰草的 A1（弱带）与航道冰草的 A1（强带）为同位带，在该位点处 F_1 及 BC_1 均未出现酶带。A2 位点处，航道冰草为强带，F_1 为中强带，BC_1 表现为弱带。A3 位点处有蒙古冰草的 1 条特征带（强带）。A4 位点处只有蒙古冰草与航道冰草显弱带。A5 位点处的 F_1 和 BC_1 分别呈现弱带和中强带。可见，在 A 区 F_1 表现出的酶带少于两亲本，且无强带出现；BC_1 在 A 区的酶带出现位置与作母本的 F_1 相同，但酶带强弱不同。

在 B 区，蒙古冰草具 B1 强带、B2 中强带、B3 宽强带；航道冰草具 B1、B2 窄中强带和 B3、B4、B5 中强带；F_1 的 B3、B4、B5 与父本航道冰草完全相同；BC_1 具 B1 弱带、B2 窄中强带、B3 及 B5 窄强带。可见，在该区 F_1 与其父本航道冰草的酶谱特征基本相似，BC_1 因受蒙古冰草（回交父本）的影响出现了强带，说明通过回交使蒙古冰草的某些性状在 BC_1 中进一步得到表现。换言之，POD 同工酶谱可以作为回交后代目标性状植株检测的遗传标记。

另外，从图 1 和表 2 还可以看出，所有供试材料的 POD 酶谱中都有两条位点相同的酶带 B1 和 B2，它们的 Rf 值分别为 0.52 和 0.57。这说明来自小麦族的 3 个属 4 种亲本（披碱草属 1 种、大麦属 1 种、冰草属 2 种）材料及其 3 个杂种后代材料（2 个 F_1 和 1 个 BC_1）的亲缘关系相对较近，POD 酶带 B1 和 B2 可看作它们的基带。

3 讨论与结论

（1）每种试验材料的 POD 酶谱中均有 B1、B2 位点相同的 2 条酶带，它们是亲本的基带。从酶蛋白分子水平角度验证出几种亲本材料之间有较近的亲缘关系。

（2）所有供试材料的 POD 酶谱中出现 6～9 条清晰稳定的酶带，且亲本与其杂种后代（F_1、BC_1）酶谱表型存在一定差异，表明 POD 同工酶具有多态性，可作为遗传标记用于杂种的可靠性鉴定。

（3）加拿大披碱草与野大麦杂交，其杂种 F_1 代具备了两亲本 POD 酶谱中活性强而含量高的酶带，推测杂种 F_1 代可能继承了双亲的某些优良性状。

（4）（蒙古冰草×航道冰草）×蒙古冰草 BC_1 的 B5 位点呈现出 1 条来自蒙古冰草同位点的强带，表明回交亲本的某些特性在 BC_1 中得到加强，POD 同工酶标记亦可用于回交后代目标性状植株的检测。

参考文献（略）

本文原刊载于《中国草地》，1999 年第 2 期，略有删改

加拿大披碱草与老芒麦种间
杂种 F_1 的染色体遗传分析

李景环[1]，云锦凤[1]，都日斯哈拉[2]，邢婧民[2]

（1. 内蒙古农业大学生态环境学院，呼和浩特　010018；2. 内蒙古师范大学生命科学与技术
学院，呼和浩特　010022）

摘要：对加拿大披碱草与老芒麦种间杂种 F_1 的形态学和细胞学特征进行研究。结果表明，F_1 生长势明显超过双亲，穗型呈双亲中间型；杂种 F_1 的体细胞染色体核型公式为 $2n=16M+10m+2st$；F_1 为真杂种；F_1 花粉母细胞后期Ⅰ有落后染色体出现，落后染色体细胞频率达 87.37%；减数分裂中期染色体配对紊乱，形成较多的棒状二价体。

　　远缘杂交一般指不同种、属甚至不同科之间的物种杂交。通过远缘杂交，可以研究物种进化及亲缘关系，创造新物种，转移有益基因。因此，远缘杂交的研究在植物遗传及育种研究中占有重要地位，受到遗传学家及育种学家的长期关注。而杂种鉴定是远缘杂交育种中最关键环节，杂种鉴定是选育新品种的一个重要措施。其鉴定方法较多，包括形态标记、细胞学标记、生化标记和分子标记。形态学鉴定是杂种鉴定的主要手段，它可以直接体现杂种与双亲的形态区别，方法简单。当整组、整条外源染色体或片段导入植物以后，基因的互作就会使植株在形态学上发生变化（包括株高、叶色、叶形、叶长、分蘖、穗型、穗长及形状、小穗密度及蜡质、穗型、毛颖、芒等）。普通细胞学标记包括核型分析、组型分析和端体测交分析。通过对物种个体染色体形态、数目和结构的研究，可以发现某些个体比该物种正常合子染色体数增加或减少了1条（段）或若干条（段）染色体，即染色体结构和数目发生变异。各种非整倍体、结构变异染色体以及异形染色体都具有特定的细胞学特征，因此，可以将染色体形态、数目和结构的变异作为一种鉴定杂种的手段。

　　将加拿大披碱草与老芒麦杂交已获得 F_1 代植株，但 F_1 代植株的真伪鉴定成为杂交成功与否的关键。笔者采用形态学和细胞学相结合的方法对加拿大披碱草×老芒麦杂种 F_1 进行研究，以便鉴定杂种的真伪，但 F_1 高度不育，因此，对 F_1 不育机理进行了初步探讨，以期为杂种优势利用及新品种（类型）的选育提供育种材料。

1　材料与方法

1.1　试验地概况

　　试验地设在内蒙古农业大学牧草试验站。该站位于 $111°42'E$，$40°49'N$，海拔 1 063m，属典型大陆性气候，年平均降水量为 400mm，无霜期为 140d。试验地属暗栗钙土，砂壤质，肥力条件中等，土壤 pH 约 7.5，具备灌溉条件。

1.2　试验材料

　　材料来源及生物学特征见表1。

表1 试验材料的来源及生物学特征

材料	来源	生物学特征
加拿大碱草（♀）	北美	高产、叶量大、抗寒、抗虫、抗病
老芒麦（♂）	内蒙古	结实率高、抗旱抗寒、草质好、生长势好

1.3 试验设计

2005年10月，将供试的材料加拿大披碱草、老芒麦、杂种F_1从原株丛中分株栽培，每穴4株，株行距为60cm×60cm。

1.4 核型分析方法

将加拿大披碱草和老芒麦的种子放入培养皿中，采用标准发芽试验方法，将培养皿置于28.1℃恒温培养箱中。待幼根长1.5～2.0cm时，取下根尖（0.5～1.0cm）。F_1的根尖取自分蘖期植株，将F_1分蘖期植株表面的土拨开，剪下新生的根尖放在0.002mol/L的8-羟基喹啉溶液中。从供试材料的根尖压片中选出30个中期分裂象细胞进行染色体计数，以85%分裂象的染色体数来确定材料的染色体数。方法如下：

（1）预处理。将材料用0.002mol/L 8-羟基喹啉进行预处理4～6h或用秋水仙素处5h。

（2）固定。用卡诺（carnoy）固定液固定24h。

（3）酸解。用蒸馏水洗净根尖后，把根尖投入预热的60℃ 1mol/L HCl中，恒温条件下水解8min。

（4）酶解。将酸解的根尖用蒸馏水洗净后，将水吸干。然后在载玻片上滴1滴2%果胶酶与纤维素酶的混合酶，再将根尖放入其中，在室温下酶解30min。

（5）染色。吸去酶解液，滴加石炭酸品红，染色30min。选择效果最佳染液与最适染色时间。

（6）压片和镜检。将根尖及染液置于干净的载玻片上，盖上盖玻片，其上放1片吸水纸。左手指压住吸水纸的左边，右手指从吸水纸的左端向右方轻轻抹去，再用镊子在盖玻片上轻轻敲打，使细胞均匀散开。

（7）照相。把压好的片子放在显微镜下观察，查找染色体分散好的片子，在JVCTK-C1381显微摄影系统下摄像，并用Motic Images Advanced 3.2软件测量染色体的长度，进而算出染色体的核型参数。

1.5 花粉母细胞减数分裂行为的观察

在晴天，取即将抽穗的加拿大披碱草、老芒麦和F_1穗（穗顶部芒伸出旗叶小于1cm或者刚要伸出时），迅速放入装有卡诺液的玻璃瓶中，固定6h，再放入75%乙醇中保存，取花药放在2%的纤维素酶液中解离5～10min，再用石炭酸品红染色。在显微镜下观察材料的花粉母细胞减数分裂行为，每种供试材料统计100个以上细胞，并选择染色体清晰的片子在JVCTK-C1381显微摄影系统下摄像。

2 结果与分析

2.1 亲本及杂种F_1的形态学观察

形态学观察表明（图1），杂种F_1的穗形介于双亲之间，呈半弯曲形。其母本加拿大披碱草植株浅绿色，茎粗糙，穗粗大而弯曲，每节2～3小穗，颖和外稃粗糙具短毛。父本老芒麦全株粉绿色，穗状花序疏松下垂，每节2小穗，每小穗3～5花。杂种

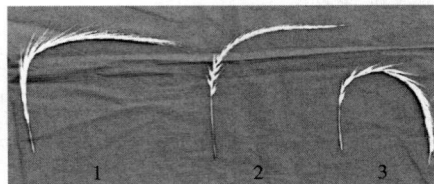

图1 加拿大披碱草与老芒麦及其杂种F_1的穗部形态

注：1. 加拿大披碱草；2. F_1；3. 老芒麦。

F₁植株灰绿色，粗糙，外稃和颖具柔毛，偏向母本加拿大披碱草。

2.2 亲本及杂种 F₁ 的根尖染色体核型分析

由图 2 和表 2 可知，加拿大披碱草染色体数为 $2n=4x=28$，染色体相对长度在 $10.40\sim4.65$，最长染色体与最短染色体之比为 $2.24:1.00$，臂比为 $1.14\sim1.35$。根据 Levan 核型分析法可知，加拿大披碱草染色体都是由中部着丝粒染色体组成，染色体核型公式为 $2n=4x=28m$。依据 Stebbin 分类可知，加拿大染色体属于 1A 类型。

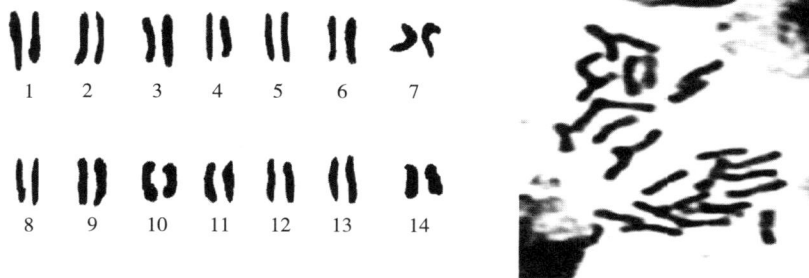

图 2 加拿大披碱草染色体核型及形态

表 2 加拿大披碱草染色体核型参数

染色体序号	染色体相对长度（%）	臂长	染色体长度比	染色体相对长度范围（%）	核型公式及类型
1	10.40	1.28			
2	9.19	1.35			
3	8.72	1.14			
4	8.31	1.28			
5	7.81	1.25			
6	7.52	1.30			
7	7.13	1.27	$2.24:1.00$	$10.40\sim4.65$	$2n=4x=28m$
8	6.65	1.25			1A
9	6.42	1.29			
10	6.25	1.32			
11	5.94	1.16			
12	5.67	1.23			
13	5.34	1.28			
14	4.65	1.25			

由图 3 和表 3 可知，老芒麦体细胞染色体数目为 $2n=4x=28$。按 Levan 等的分类标准，老芒麦染色体核型公式为 $2n=4x=22m+6sm$，依据 Stebbins 的核型分类标准属于 1B 型。

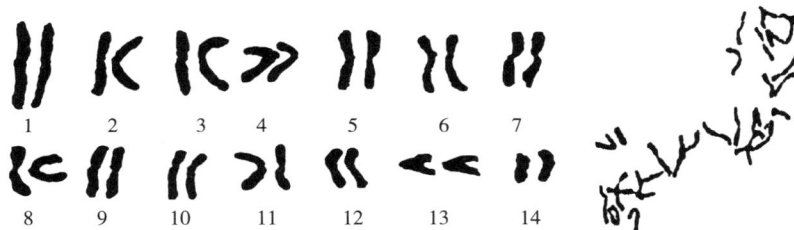

图 3 老芒麦染色体核型及形态

表3 老芒麦的染色体核型参数

染色体序号	染色体相对长度（%）	臂长	染色体长度比	染色体相对长度范围（%）	核型公式及类型
1	10.47	1.56			
2	9.23	1.25			
3	8.93	1.18			
4	7.45	1.38			
5	7.42	1.57			
6	7.36	1.38			
7	7.36	1.83	2.32：1.00	10.47~4.51	$2n=4x=22m+6sm$
8	7.25	1.28			1B
9	7.05	1.00			
10	6.99	1.41			
11	6.02	1.40			
12	5.06	1.79			
13	4.90	1.01			
14	4.51	1.72			

　　F_1的核型图及核型参数见图4和表4。F_1的染色体数目为$2n=4x=28$，染色体相对长度的变异范围在8.83~4.42，臂比值变化在1.00~3.33。其中，第1、5、7、9、11、12、13、14对染色体为正中着丝粒（M）染色体，第3对为近端着丝粒染色体，剩下的染色体为中部着丝粒染色体。正中着丝粒（M）染色体的数目增加，近中着丝粒染色体（sm）已不存在。L/S恰好为2：1，核型类型为2B。其核型公式为$2n=4x=16M+10m+2st$。因此，从核型参数来看，F_1既不是加拿大披碱草也不是老芒麦。

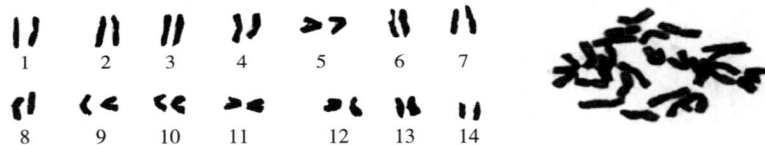

图4 F_1染色体核型及形态

表4 F_1的染色体核型参数

染色体序号	染色体相对长度（%）	臂长	染色体长度比	染色体相对长度范围（%）	核型公式及类型
1	8.83	1.00			
2	8.83	1.50			
3	8.83	3.33			
4	8.39	1.11			
5	7.95	1.00			
6	7.95	1.25			
7	7.60	1.00	2.00：1.00	8.83~4.42	$2n=4x=16M+10m+2st$
8	7.09	1.67			2B
9	6.71	1.00			
10	6.63	1.14			
11	6.18	1.00			
12	5.30	1.00			
13	5.30	1.00			
14	4.42	1.00			

2.3　花粉母细胞减数分裂行为

由表5可知，加拿大披碱草和老芒麦含有落后染色体细胞的频率较低，分别为3.96%和2.76%；F_1减数分裂后期染色体的分配出现了异常行为，染色体有落后现象（图5），落后的染色体细胞频率较高，达87.37%。F_1在减数分裂中期一部分染色体也能配对形成二价体，但染色体配对杂乱无章，棒状二价体占多数，环状二价体较少，且出现多价体。

表5　几种杂种后代的花粉母细胞减数分裂后期落后染色体的频率

材料	统计的细胞数（个）	落后染色体的细胞数（个）	落后的染色体数（个）	落后的染色体细胞频率（%）
加拿大披碱草	126	5	0～1	3.96
老芒麦	110	3	0～1	2.76
F_1代	103	90	0～6	87.37

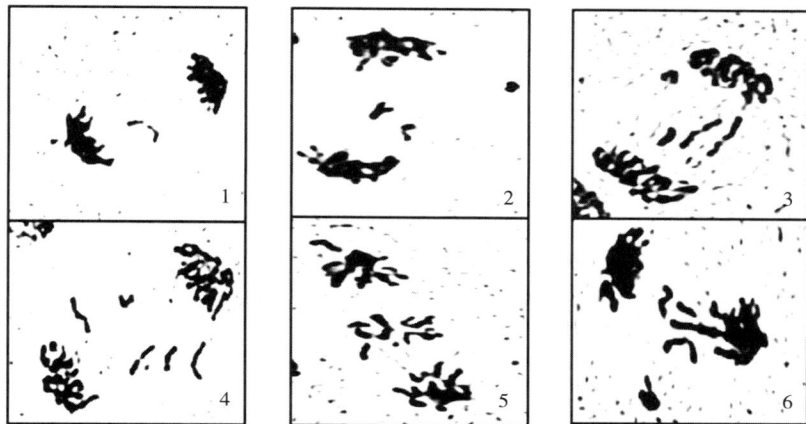

图5　F_1花粉母细胞染色体减数分裂落后染色体

注：图中数字代表落后的染色体数目。

3　结论

（1）加拿大披碱草与老芒麦均为披碱草属的异源四倍体种，两者亲缘关系较远，属地理上的远缘种。通过远缘杂交可创造出杂种优势强的披碱草新类型，为杂种优势利用及新品种（类型）选育提供育种材料。

（2）加拿大披碱草染色体都是由中部着丝粒染色体组成，染色体核型公式为$2n=4x=28m$，依据Stebbins分类标准属于1A类型；老芒麦染色体核型公式为$2n=4x=22m+6sm$，依据Stebbins的核型分类标准属于1B型；F_1的染色体数为$2n=4x=28$，核型公式为$2n=4x=16M+10m+2st$。

（3）通过形态学和染色体的核型分析可以初步确定，F_1是真杂种；但杂种F_1不结实。关于植物远缘杂种F_1不结实的原因，在多数情况下是由于亲本染色体组型差异大所致。在减数分裂中期，染色体不能正常联会，形成单价体或多价体，减数分裂后期出现落后染色体，产生异常配子，从而引起不孕，该试验也证明了这一点。

参考文献（略）

本文原刊载于《安徽农业科学》，2010年第1期，略有删改

加拿大披碱草与老芒麦及其杂种的生长规律和形态特性

王树彦[1]，云锦凤[2]，徐军[2]，杨洪琴[3]

(1. 内蒙古农业大学农学院，呼和浩特 010019；2. 内蒙古农业大学生态环境学院，呼和浩特 010018；3. 通辽市科尔沁区草原站，通辽 028020)

摘要：研究加拿大披碱草与老芒麦及其杂种的生育时期、生长繁殖特性、穗部形态及育性特征。研究结果表明：加拿大披碱草比老芒麦生育期晚30d左右，繁殖能力较弱。二者在形态学上有较大差异；其 F_1 代在生长和无性繁殖特性上表现出杂种优势，而育性极为衰退，其他特征则介于双亲之间。

禾本科小麦族植物在全世界分布很广，其远缘杂交研究应用于植物系统分类学、进化学和遗传育种学等领域。披碱草属是小麦族中最大的一个属，其加拿大披碱草（*Elymus canadensis*）主要集中分布于美国落基山脉以东地区，老芒麦（*Elymus sibiricus*）是披碱草属的模式种，主要分布在干旱草原及半荒漠地区。二者都是丛生型自花授粉禾草，抗逆性强，产草量高，是优良的杂交亲本，但其杂交一代（F_1）高度不育。研究 F_1 代及其双亲的形态特征和生长规律对于评价 F_1 代的杂种优势、分析杂种不育的原因及双亲的亲缘关系具有一定参考价值，为杂种优势的利用奠定理论基础。

1 材料与方法

1.1 供试材料

加拿大披碱草（母本）、老芒麦（父本）及其 F_1 代均由内蒙古农业大学生态环境学院"小麦族多年生禾草远缘杂种的育性恢复"课题组（项目主持人云锦凤教授）提供（表1）。

表1 供试材料基本情况

材料名称	染色体数（个）	原产地	备注
加拿大披碱草	28	北美洲	母本
老芒麦	28	内蒙古	父本
F_1	28	内蒙古	杂交一代

1.2 测定内容

1.2.1 植株生长动态

2002 年 12 月于温室播种亲本种子，移栽 F_1 代再生幼苗（幼穗培养获得），2003 年 5 月 10 日移栽田间，小区面积 30m²，行距 50cm，株距 40cm，2 周后，每隔 8d 记录绝对株高和单株分蘖数，直至成熟期，每份材料测定 30 株。记录生育期，并与 1998 年播种的亲本和 F_1 无性系比较。

1.2.2 花粉育性

醋酸洋红染色法标准：花粉粒圆形、饱满，着色深者为可育；花粉粒畸形、空瘪、着色很浅或无色者为不育。每份材料观察 100 个视野，随机选择包含 30 个以上花粉粒的视野计数。

花粉可育率＝（可育花粉粒总数/观察花粉粒总数）×100％。

1.3 结实率

在种子成熟期，从各供试材料群体中随机取 30～35 个穗，统计结实率和小花数。自交结实率在开花期前将亲本穗部套袋，1 个月后取开，成熟期统计结实率。

结实率＝（结实总数/观察小花总数）×100％。

1.4 穗部形态

在种子成熟期，从供试材料双亲群体中随机取 30 个穗，记录穗长、穗宽、每穗节数、穗轴节间长，从上、中、下随机取小穗，观察测定每小穗小花数、结实率、外穗芒长、颖片长、颖片上脉数和花药大小。

2 结果与分析

2.1 生育期观察

生长第 6 年的加拿大披碱草和老芒麦及 F_1 代的返青期基本一致，但从拔节期开始出现差异，加拿大披碱草比老芒麦晚 30d 拔节，F_1 代比老芒麦晚 5d，比加拿大披碱草早 22d。加拿大披碱草的孕穗期、抽穗期、开花期及成熟期都相应地延迟（表 2）。这说明加拿大披碱草有晚熟特性，而老芒麦则明显早熟，F_1 代介于二者之间，且偏向于父本。

表 2　加拿大披碱草，老芒麦及杂种 F_1 代的生育期（2003 年）（日/月）

材料	返青期	拔节期	孕穗期	抽穗期	开花期	成熟期
加拿大披碱草①	15/4	21/6	27/6	3/7	13/7	24/8
老芒麦①	15/4	20/5	1/6	6/6	17/6	20/7
F_1①	15/4	25/5	3/6	20/6	22/6	—
加拿大披碱草②	—	19/6	25/6	3/7	13/7	27/8
老芒麦②	—	21/6	27/6	13/7	16/7	20/8
F_1②	—	21/6	27/6	14/7	22/7	—

注：①1998 年种植；②2003 年春移栽。

在移栽第一年，加拿大披碱草在缓苗后迅速抽穗，与种植多年的加拿大披碱草的生育期同步，而老芒麦和 F_1 代在移栽之后先分蘖，然后逐步进入生殖生长期。在移栽第一年，父、母本和 F_1 代花期基本接近。

2.2 株高、分蘖数和生长动态

移栽后，亲本加拿大披碱草和老芒麦都能在 1 周左右恢复生长。在生育期内，双亲及杂种的株高变化呈现出近 S 形的生长曲线，符合普遍存在的植株生长规律。但是在生长过程中加拿大披碱草和老芒麦的生长重点有所不同，加拿大披碱草缓苗后，较迅速地完成营养生长进入生殖生长阶段，其株高在移栽初期与老芒麦没有差距，随着生育期的延长，株高差距越来越大，到成熟期（8 月 22 日），加拿大披碱草只有 69.4cm，而老芒麦达到 86.4cm（图 1）。

两个亲本在分蘖能力上差别也较大，移栽时老芒麦已经有若干分蘖苗，而大多数加拿大披碱草尚未分蘖，到 6 月 9 日，加拿大披碱草分蘖为 2.3 个，老芒麦已达 13 个。随着生长季的推移，老芒麦不断分蘖，以无性繁殖为主，比生长多年的老芒麦晚 30d 抽穗。到成熟期（8 月 22 日），老芒麦的分蘖 53.3 个，而加拿大披碱草仅 26.9 个（图 2）。

杂种 F_1 代的生长特点与老芒麦相似，移栽后 F_1 代单株先分蘖，繁殖营养体，然后进入生殖生长阶段。在生长势上，F_1 代表现出很强的杂种优势；随着生育期的延长，株高和分蘖数都迅速增加，到成熟期（8 月 22 日），株高达 87.8cm，地上分蘖平均为 88.3 个，均高于双亲（图 1 和图 2）。

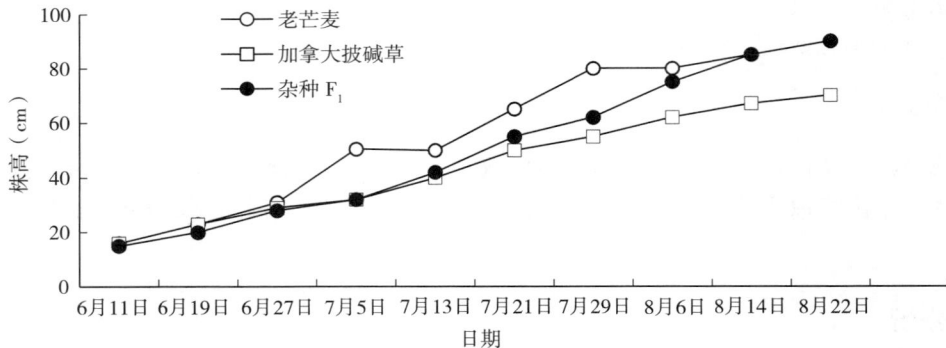

图 1 加拿大披碱草与老芒麦及其 F_1 代植株生长动态

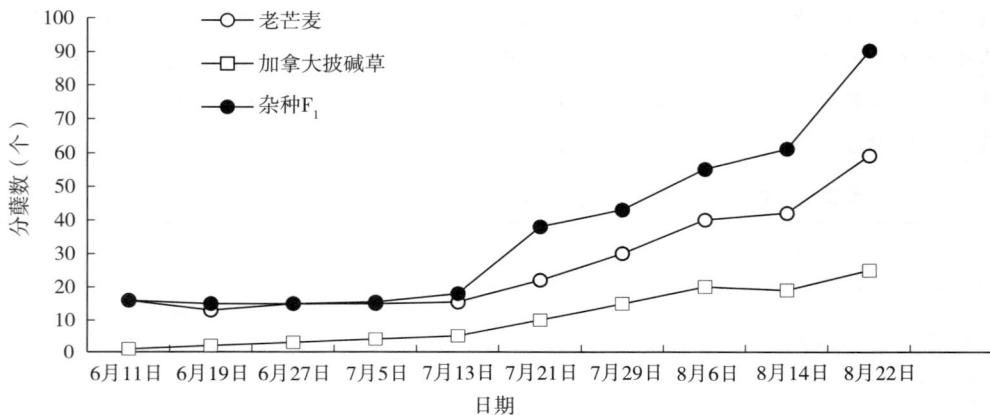

图 2 加拿大披碱草与老芒麦及其 F_1 代分蘖数动态

2.3 穗部形态

加拿大披碱草与老芒麦在穗部形态上有较大差异，主要表现在穗型、穗长、颖片大小、外稃芒长及花药大小等性状上。杂种 F_1 代的穗部特征居于双亲之间，表现为中间类型（表 3）。从穗型上看，加拿大披碱草穗子稍弯曲，老芒麦穗子弯曲而下垂，而杂种 F_1 代则介于双亲之间，可以称作半弯穗。就穗部特征而言，加拿大披碱草较为粗大，长 22.5cm，老芒麦相对稍细，长 23.6cm；杂种 F_1 的穗长超过双亲，为 25.0cm。加拿大披碱草的颖片较大，长度为 2.7cm，芒较长，而老芒麦颖片细小，长仅 0.9cm；杂种 F_1 代居二者之间（1.7cm）。加拿大披碱草的外稃芒长为 3.2cm，老芒麦为 1.8cm，F_1 代表现为中间型（2.2cm）。加拿大披碱草的花药较大，为 4.0mm，老芒麦仅为 2.1mm，而杂种 F_1 代的花药瘦小，大小与老芒麦相近。

双亲及 F_1 代穗部的相似之处主要表现在每小穗着生的小花数、穗轴节数和颖脉数等特征，每小穗上有 1～6 朵小花，穗轴节数在 19～37，颖脉数的变动在 2～4 条。从每穗的小穗特征上，加拿大披碱草与老芒麦每小穗上有 1～6 朵小花，这些特征在双亲及 F_1 代上差异不明显。经 F 测验，三者的穗长、穗宽、小穗数、穗轴长、穗轴节数、颖片长、外稃芒长、花药长度、穗结实数及穗自交结实数等性状差异显著（$P < 0.05$）。

表3 加拿大披碱草与老芒麦及杂种 F_1 代的穗部形态

形态指标	加拿大披碱草	老芒麦	杂种 F_1 代
穗形	稍弯穗	垂弯穗	半弯穗
穗长（cm）	22.5	23.6	25.0
穗宽（cm）	1.2	0.9	0.9
小穗数	55.5	50.7	59.5
每小穗小花数	3.6（1~6）	4.8（3~6）	4.7（2~7）
穗轴长（cm）	17.5	20.6	21.5
穗轴节数	26.0	31.8	31.2
穗节间长（cm）	0.67	0.65	0.69
颖片长（cm）	2.7	0.9	1.7
颖脉数	2.7（2~3）	3.0（2~4）	3.3（2~4）
外稃芒长（cm）	3.2	1.8	2.2
花药长度（cm）	4.0	2.1	2.0
穗结实数	131.6	153.1	0

2.4 育性

花粉活力测定结果表明，加拿大披碱草、老芒麦及 F_1 花粉可育率分别为 80.9%、96.0% 和 0.6%（表4）。老芒麦的结实能力较强，在正常年份，结实率能达到 86% 以上。2003 年春季温度低，结实普遍较差，老芒麦的自然结实率为 63.2%；加拿大披碱草为 44.0%；而杂种 F_1 代完全不结实。在开花期，人工套袋强迫自交后的双亲结实率分别为 49.0% 和 32.2%。结果表明，老芒麦和加拿大披碱草都是比较典型的自花授粉植物。

表4 加拿大披碱草与老芒麦及杂种 F_1 代育性特征

育性指标	加拿大披碱草（%）	老芒麦（%）	杂种 F_1 代（%）
花粉可育率	80.9	96.0	0.6
自然结实率	44.0	63.2	0
自交结实率	32.2	49.0	0

3 讨论与结论

3.1 加拿大披碱草与老芒麦的遗传关系

加拿大披碱草是北美引进种，与老芒麦相比，穗长、穗宽、小穗数、穗轴长、穗轴节数、颖片长、外稃芒长、花药长度、穗结实数及穗自交结实数等特征差异显著。另一个显著差别是生育期较老芒麦晚 30d 左右。在种植第一年，加拿大披碱草的生长势和分蘖能力不及老芒麦。从育性特征上，加拿大披碱草的花粉活力和结实率较低，但二者的自交结实能力相对较强，表明它们是典型的自花授粉植物。从分类学上，二者属地理上远缘的两个种。从核型公式上，加拿大披碱草为 $2n=4x=28=28m$（4SAT），老芒麦为 $2n=4x=28=24m+4sm$（2SAT），二者均为 1A 核型，说明二者的核型差异并不大。但从其杂种 F_1 代 PMC M I 染色体配对行为来看，二者的同源性较差，环状二价体数仅 2.58，而双亲的环状二价体均超过 13 条。形态学和细胞学的证据证明加拿大披碱草与老芒麦的遗传关系较远。

3.2　杂种优势的利用

　　经过正、反交的大量试验，结果以加拿大披碱草为母本、老芒麦为父本获得 2 个株系，杂种一代在叶形、叶色上与母本相近，在生长、分蘖及穗长方面超出了双亲，表现出较强的优势。双亲都是产草量高、抗性强的优质牧草，产量性状的差异并不明显，可能杂交后代的优良性状纯化相对容易。通过组培诱变其杂种恢复了育性，后代的育种选择仍在进行中。

参考文献（略）

本文原刊载于《草地学报》，2004 年第 4 期，略有删改

加拿大披碱草×老芒麦杂种 F_1 代的幼穗培养

王树彦[1]，云锦凤[1]，姜淑慧[2]，哈斯其木格[2]

(1. 内蒙古农业大学，呼和浩特 010019；2. 包头市草原站，包头 014030)

摘要： 在 2,4-D、6-BA 两种植物生长调节物质的不同配比下和不同培养条件下（遮光培养），对加拿大披碱草×老芒麦杂种 F_1 代的幼穗进行培养，诱导出了愈伤组织且分化成苗。试验结果表明：2,4-D 可促进愈伤组织的形成及分化，给予一定时间的遮光培养对愈伤组织的诱导有相当程度的帮助。

植物组织培养的一个重要应用是利用愈伤组织诱导染色体数目变异的易发性特点，人工诱导愈伤组织变异在再生株上表达，从而获得可遗传的变异后代，这为远缘杂种不育的解决提供了可能性。加拿大披碱草和老芒麦同属于禾本科小麦族披碱草属，均为异源四倍体，两个种的杂交为地理上远缘的种间杂交。因长期分别在不同的地理纬度条件下驯化，二者染色体组虽为一类，即 SSHH，但遗传结构上却差异很大，这是杂种不育的直接原因之一。且经多年回交也不能恢复育性，为使杂种得到保存，考虑利用人工诱导双二倍体的方法。

对整株植物进行加倍处理的困难在于加倍的分蘖芽生长竞争不过正常的分蘖芽，在生长过程中被淘汰。而愈伤组织本身处于独立的易变状态，加倍处理的诱变成功率会大大提高。本研究目的在于用幼穗培养手段获得双二倍体，将再生植株进行秋水仙素诱导，大大提高诱变率。

1 材料与方法

试验材料种植于内蒙古农业大学草原试验站。2002 年 6 月 1 日前后，取处于孕穗期（2～3cm长）的加拿大披碱草×老芒麦杂种 F_1 代的幼穗，消毒后切成 3～5mm 长的小段，接种于附加有 9 种不同植物激素配比的 MS 培养基上。由 2,4-二氯苯氧乙酸（2,4-D）、6-苄基腺嘌呤（6-BA）两种激素的不同浓度配成 9 个组合（表 1）。每一种配比接 10～12 个三角瓶，分别放在光照（12h/d）和黑暗（21d）条件下培养，观察愈伤组织的诱导情况。培养温度为（25±3）℃，光照强度 2 800lx，日光照时间为 12h。培养 30d 时统计愈伤组织的诱导率。

诱导率（出愈率）＝（长出愈伤组织的外植体数/接入培养的外植体数）×100%。

表 1 两种植物生长激素的配比设计

编号	植物激素（mg/L）	
	2,4-D	6-BA
1	2	1
2	2	0.5
3	2	0
4	1	1
5	1	0.5

（续）

编号	植物激素（mg/L）	
	2,4-D	6-BA
6	1	0
7	0	1
8	0	0.5
9	0	0

2　结果与分析

2.1　不同的植物激素配比对愈伤组织诱导的影响

9种植物激素配比下愈伤组织的诱导率见表2。由表2可知，7～9号的出愈率为0，而1～6号的出愈率均较高。方差分析表明9种配比的诱导率差异是显著的（表3），从而证明2,4-D对愈伤组织的诱导起决定性作用，而6-BA对愈伤组织的诱导没有作用。

表2　不同植物激素配比处理下的愈伤组织诱导情况

处理	诱导率（%）				
1	33.3	58.3	91.7	66.7	100.0
2	91.7	33.3	91.7	75.0	100.0
3	100.0	100.0	100.0	100.0	100.0
4	83.3	58.3	83.3	100.0	100.0
5	66.7	83.3	58.3	83.3	91.7
6	83.3	66.7	100.0	100.0	100.0
7	0	0	0	0	0
8	0	0	0	0	0
9	0	0	0	0	0

表3　方差分析

变异来源	自由度	平方和	均方	F 值
处理间	8	72 299.78	9 037.472	38.103 4
处理内	36	8 538.572	237.183 6	
总变异	44	80 838.35		

2.2　不同浓度的2,4-D对愈伤组织诱导及分化的影响

处理3号、6号虽都加入了植物生长调节物质2,4-D，但其浓度不同，对愈伤组织的诱导影响也不同。从表2可知，2mg/L的2,4-D的平均诱导率（100%）要高于1mg/L的2,4-D的平均诱导率（90.0%），而且生长势也强。而处理1、2、4、5号中均含6-BA，其诱导率都是偏低的，说明6-BA不利于愈伤组织长出。在处理7、8号中，幼穗阶段疯狂生长，形成后来成熟穗的相应形态，如内稃、外稃、护颖等，证明6-BA有促进细胞分裂的作用。在愈伤组织形成团块后，分别在处理3和处理6

培养基上进行继代培养。在分化过程中，3 号处理的愈伤组织表面先陆续出现绿点，而且分化出根，直至后来形成大量再生植株（图 1、图 2、图 3）。这说明 2mg/L 的 2,4-D 更利于愈伤组织的诱导及分化。

2.3 暗处理对愈伤组织诱导的影响

在诱导愈伤组织时，每一处理的一半予以 21d 的遮光培养再移至光照条件下，另一半直接在光照条件进行培养，其对比情况见表 4（以处理 3 为例）。暗处理比正常光照下平均提前 6d 长出愈伤组织，这说明暗处理对愈伤组织的诱导有一定的促进作用。

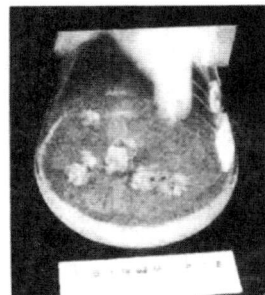

图 1　加拿大披碱草×老芒麦杂种 F_1 代幼穗培养的愈伤组织开始分化

图 2　加拿大披碱草×老芒麦杂种 F_1 代幼穗培养获得的小实生苗

图 3　加拿大披碱草×老芒麦杂种 F_1 代幼穗培养得到的矮壮的再生植株

表 4　暗处理对愈伤组织诱导的影响

编号	光照下出愈所用天数（d）	黑暗下出愈所用天数（d）
1	26	15
2	29	21
3	23	18
4	20	21
5	26	19
平均	24.8	18.8

3　讨论

植物生长调节物质是植物生命活动所必需的物质，在愈伤组织的诱导和分化时，通常采用生长素类（如 2,4-D、IAA、NAA）和细胞分裂素类（如 6-BA、KT、KIN）两大类激素。前者对诱导细胞脱分化形成愈伤组织及其生长有决定作用，后者对愈伤组织的分化和胚状体形成有重要作用。诱导愈伤组织主要使用的是生长素类，其中以 2,4-D 的效果最为显著。多数情况下，通过加入 2,4-D 可以获得愈伤组织，常用浓度为 1～2mg/L，如小麦、小黑麦、粟、山羊草、大麦、黑麦等植物。研究在 2,4-D、6-BA 的不同配比下对加拿大披碱草×老芒麦的杂种 F_1 代幼穗培养的效果也证明了这一点。

虽然 2,4-D 诱导愈伤组织的活力最高，但是在继代培养过程中可直接分化成苗是出乎意料的。通常分化培养要以细胞分裂素诱导，才能得到较高分化频率。而本试验直接以 2,4-D 即可成苗，可能与光照时间较长（12h）有关。

植物组织培养受各种环境因素的影响，其中最主要的是温度和光照。温度不仅影响细胞的增殖，还影响器官的分化。因接种时室外温度已很高，室内培养温度只能处在（25±3）℃，试验结果表明该温度范围较适合。光对细胞组织、器官的生长及分化都有很大影响，在诱导出愈阶段进行暗培养，可以使器官生长速度变慢，给出愈过程一个时间的缓和和营养的补充，试验结果表明，这种处理方法利于愈伤的组织诱导。

4　结论

（1）植物生长调节物质 2,4-D 在加拿大披碱草×老芒麦杂种 F_1 代的幼穗培养中作用显著，6-BA 不利于愈伤组织诱导。

（2）2mg/L 的 2,4-D 更利于愈伤组织的诱导和分化。

（3）暗处理有助于愈伤组织的诱导。给予暗处理可提早出愈，缩短培养时间。

参考文献（略）

本文原刊载于《中国草地》，2003 年第 4 期，略有删改

加拿大披碱草×野大麦三倍体杂种
染色体的分子原位杂交鉴定

于卓[1]，云锦凤[1]，马有志[2]，辛志勇[2]

（1. 内蒙古农业大学，呼和浩特　010019；2. 中国农业科学院作物育种栽培研究所，北京 100094）

摘要： 加拿大披碱草与野大麦2个四倍体多年生禾草杂交产生的属间杂种 F_1 为三倍体（$2n=3x=21$），丢失了与亲本染色体基数相同的7条染色体。为查明该杂种 F_1 的染色体构成，应用基因组分子原位杂交方法，将父本（♂）野大麦基因组（$H_1H_1H_2H_2$）DNA 用荧光生物素标记作为探针，以母本（♀）加拿大披碱草基因组（SSH_cH_c）DNA 作为封阻，对杂种 F_1 根尖细胞有丝分裂中期的染色体 DNA 进行原位杂交。结果表明：在三倍体杂种 F_1 21条染色体中，有14条出现偏黄色荧光信号，来自父本（♂）野大麦 H_1H_2 基因组有7条出现橙红色荧光信号，来自母本（♀）加拿大披碱草 S 基因组、加拿大披碱草 HC 基因组的7条染色体丢失。

远缘杂交是植物种质创新的有效途径。近年来，我们依据优缺点互补、生态型差异大等亲本组配原则，将产于内蒙古草原的耐盐性禾草野大麦（*Hordeum brevisubulatum* Link. ，$2n=4x=28$，染色体组 $H_1H_1H_2H_2$）与引自北美洲具高产优质特性的加拿大披碱草（*Elymus canadensis* L. ，$2n=4x=28$，染色体组 SSH_cH_c）相组配进行远缘杂交，成功地获得了高度不育的属间杂种 F_1 代，并利用分株繁殖（无性繁殖）方式，将 F_1 植株扩繁成株系群体（杂种圃）。形态学和生物学研究表明，F_1 植株形态呈双亲中间型，具有父本野大麦的强短根茎特性和再生性，生长速度呈偏母本遗传倾向，其生育期在呼和浩特地区为151d，较母本（♀）加拿大披碱草早9d，比父本（♂）野大麦晚37d，杂种的平均优势为16.98％，杂种 F_1 花药瘦小不开裂，花粉可育率1.19％，开放授粉不结实。细胞学观察发现，该属间杂种 F_1 产生了染色体数目变异，有7条染色体丢失，为三倍体（$2n=3x=21$），其花粉母细胞减数分裂中期 I（PMC MI）染色体平均配对构型为 $7.45 \, \text{I} + 6.58 \, \text{II} + 0.13 \, \text{III}$，染色体数目变异及单价体频率高造成了杂种不育，该杂种具有重要的研究价值和育种价值。

加拿大披碱草×野大麦属间杂种 F_1 丢失了与亲本染色体基数相同的7条染色体，这种现象在国内外小麦族多年生禾草远缘杂交研究中实属罕见。那么，三倍体杂种 F_1 21条染色体中来自双亲的染色体数目如何？F_1 代丢失的7条染色体属于 S 染色体组还是 H 染色体组？这是本研究拟解决的关键问题。

基因组原位杂交（GISH）是利用植物染色体组 DNA 间存在的差异，以核基因组总 DNA 为探针，直接与杂种染色体 DNA 杂交，分析检测外源染色体或染色体片段的有效方法。国内外学者应用 GISH 法已成功地识别出小麦×黑麦、小麦×大麦、小麦×大赖草、小麦×天兰冰草、黑麦×大麦、多花黑麦草×苇状羊茅等远缘杂交后代的染色体构成。本研究在我们已研究报道同工酶、RAPD、农艺特性和细胞遗传学特性的基础上，拟利用基因组荧光分子原位杂交方法，重点对加拿大披碱草×野大麦属间杂种 F_1 的染色体构成进行鉴定，以期为克服杂种不育性及深入研究染色体丢失原因提供分子细胞遗传学依据。

1　材料和方法

1.1　材料

材料为加拿大披碱草、野大麦及其属间杂种 F_1 代。亲本及杂种原始材料种植在内蒙古农业大学牧草试验场，土壤为沙壤质暗栗钙土，pH7.8～8.2，肥力适中，具有灌水条件。实验在中国农业科学院农业部作物遗传育种重点开放实验室进行。

1.2　方法

1.2.1　亲本基因组 DNA 的提取和生物素标记

亲本基因组 DNA 提取采用 CTAB 法。生物素标记探针采用随机引物法，即取 $3\mu L$ 野大麦基因组 DNA（$0.36\mu g/\mu L$）和 $7\mu L$ dH₂O，装入 1mL 离心管内封盖，置于沸水浴中变性处理 2min，迅速移至冰水中冷却 10min，使 DNA 长度变成小于 1kb 的小片段，加入 $10\mu L$ DNA Labelling buffer、$2\mu L$ 小牛血清蛋白（BSA）、$2\mu L$ Biotin-16-dUTP、$2\mu L$ Klenow 大片段、$24\mu L$ dH₂O，混匀置 38℃ 水浴内反应 3～5h，即为生物素标记探针 DNA。封阻用的加拿大披碱草基因组 DNA（$8\mu g/\mu L$）用高压灭菌锅处理 5min，使其变成小片段 DNA。

1.2.2　杂种染色体标本的制备

将 F_1 代植株移栽到装有细沙的塑料袋中，给水，自然光下培养 3～5d，观察新根长出。取根尖放入冰水混合物中预处理 1d，转入卡诺液中固定 1～2d。制片时用柠檬酸缓冲液处理根尖 10min，加适量 2% 的果胶酶和纤维素酶混合液，在 38℃ 水浴中酶解 30～40min 后，蒸馏水洗净，滴加 45% 冰乙酸压片，相差显微镜下镜检，选择染色体分散好的片子，液氮冷冻揭片，载片晾干后作为荧光原位杂交的染色体标本。

1.2.3　染色体标本预处理

在染色体制片标本上加 $600\mu L$ RNaseA 混合液（13mg/mL RNaseA $20\mu L$、$60\mu L$ 20×SSC、$520\mu L$ dH₂O），37℃ 温育酶解反应 1h 后，依次在 2×SSC、70%乙醇、95%乙醇、99%乙醇中洗涤脱水，每次洗涤 5min，取出空气干燥 30min 以上。

1.2.4　原位杂交

每标本加 $15\mu L$ 杂交液，杂交液组成为：50%甲酰胺 $8\mu L$，20×SSC $1.6\mu L$，鲑鱼精 DNA $2.5\mu L$（$10\mu g$），野大麦探针 DNA $4.2\mu L$（60ng），加拿大披碱草封阻 DNA $1.0\mu L$（$8\mu g$）。将杂交液混匀，85～92℃ 水浴中变性处理 10min，迅速转入冰水中冷却 5～10min，然后滴加到预处理过的染色体标本上，加盖玻片并用橡皮胶水封片，在分子原位杂交仪（Programmable Thermal Controller-100，MT. ResearchInc.）上 80℃ 处理 6min，使染色体 DNA 充分变性，转入 38℃ 杂交反应 10～15h。

1.2.5　漂洗

将杂交后的染色体制片在 2×SSC 中脱去盖玻片，依次在 40℃ 的 2×SSC、50%甲酰胺/2×SSC、2×SSC 和 4×SSC 溶液中分别洗涤 10min，洗去未杂交的 DNA。

1.2.6　荧光信号的放大和检测

每张染色体标本上加 50%小牛血清蛋白（BSA）/BT buffer $600\mu L$，38℃ 温育处理 5min。一次抗体反应：去掉废液，加 $70\mu L$ 荧光素异硫氰酸标记的亲和素（Fluorescein-iso-thiocyanate-Avidin，FITC-Avidin）和 1%BSA/4×SSC 混合液 $63\mu L$，38℃ 反应 1h，40℃ 的 1×BT 缓冲液中洗涤 3 次，每次 10min。加 5%羊血清蛋白（GoatSerum）/BT buffer $600\mu L$，38℃ 温育 5min。二次抗体反应：加 2%生物素标记的抗体亲和素（Bio-Anti-Avidin）/BT buffer $70\mu L$，38℃ 反应 1h，40℃ 的 1×BT 缓冲液中洗涤 3 次，每次 10min。加 50%BSA/BT buffer $600\mu L$，38℃ 温育处理 5min。加 1%FITC 标记的链霉亲和素（ExtroAvidin-FITC）/BT buffer $70\mu L$，38℃ 反应 1h，40℃ 的 1×BT 缓冲液中洗

涤 2 次，2×SSC 盐溶液中洗涤 1 次，每次 10min。荧光染料对比染色和信号检测：每制片加 1%DABCO 与 1～1.25μg/mL PI 混合液 70μL，盖玻片后指甲油封片，在暗处染色 2h 以上，用 OlympusVanox-T 高倍荧光显微镜观察，FITC 和 PI 的荧光信号分别采用绿色激发滤光片和蓝色激发滤光片检测，Kadak ISO-100 彩色胶卷照相。

2　结果

用生物素标记的野大麦基因组 DNA 作探针，以非标记的加拿大披碱草基因组 DNA 作封阻，与杂种 F_1 根尖细胞中期染色体 DNA 进行原位杂交，结果如图 1 所示。在绿色激发光下，PI 荧光呈红色；在蓝色激发光下，FITC 荧光色素呈绿色。绿色的 FITC 荧光和红色 PI 荧光对比染色相复合后，凡与生物素标记探针杂交的染色体显示黄色或黄绿色荧光，而未与探针杂交的染色体经 PI 对比染色在同样的激发光下显示橙红色荧光。杂种 F_1 的 21 条染色体中，有 14 条染色体出现偏黄色荧光信号，有 7 条染色体出现橙红色荧光信号。由此可以推断：呈现橙红色荧光信号的 7 条染色体来源于母本（♀）加拿大披碱草的 S 染色体组；而呈偏黄色信号的 14 条染色体可能来自父本（♂）野大麦的 H_1H_2 染色体组，也可能是由加拿大披碱草的 H_c 染色体组与野大麦的 H_1 或 H_2 染色体组的结合，即 H_cH_1 或 H_cH_2 的组合；F_1 丢失的 7 条染色体属于 H 染色体组。

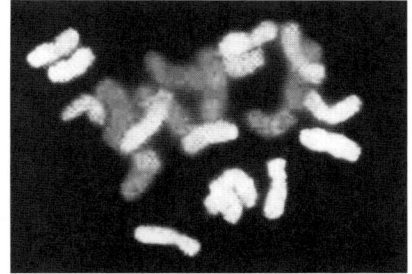

图 1　杂种 F_1 根尖细胞染色体
荧光分子原位杂交图像
注：橙红色显示 S 组 7 条染色体；
黄色显示 H_1H_2 组 14 条染色体。

由于杂交液中标记的野大麦基因组（$H_1H_1H_2H_2$）DNA 探针浓度与未标记的加拿大披碱草基因组（SSH_cH_c）的封阻 DNA 浓度比例悬殊（60ng：8 000ng，1.2.4 原位杂交），后者是前者的 133 倍，故在与 F_1 代染色体 DNA 分子杂交过程中，这些未经标记且过量的封阻 DNA 优先与自己同源的加拿大披碱草染色体 DNA 进行杂交，从而可抑制或减少标记的野大麦 H_1H_2 染色体组探针 DNA 与加拿大披碱草的 HC 组染色体 DNA 杂交，保证足够的探针 DNA 能与靶染色体——来自父本野大麦的 H_1 及 H_2 组染色体 DNA 杂交，使得野大麦 H_1H_2 组染色体表现出比加拿大披碱草 H_c 组染色体更强的杂交信号。如果 F_1 丢失的 7 条染色体是野大麦的一个 H_1 或 H_2 组染色体组，那么现有的 14 条染色体应属于 H_cH_1 或 H_cH_2 染色体组，这样尽管标记探针 DNA 能与 HC 组染色体 DNA 杂交，但其杂交信号应较 H_1 或 H_2 组染色体 DNA 弱得多。也就是说，F_1 呈现偏黄色荧光信号的 14 条染色体中应有 7 条染色体杂交信号相对较弱，而另外 7 条染色体杂交信号相对较强。事实上，实验中观察到杂种 F_1 根尖细胞 21 条染色体中，有 14 条染色体上的全部区域内均呈现出较强的 FITC 偏黄色荧光信号（图 1），据此可以推断，这 14 条染色体来源于父本（♂）野大麦的 H_1H_2 染色体组，丢失的 7 条染色体属于母本（♀）加拿大披碱草的 H_c 染色体组。

3　讨论

基因组原位杂交（GISH）是 90 年代以来在染色体研究上发展起来的一种新方法，它可以直接从 DNA 水平上检测染色体的构成和变化情况，不仅在植物体细胞有丝分裂中期和花粉母细胞减数分裂中期染色体中可以显示出异源染色体或其片段，而且可以显示异源染色质（体）在细胞分裂前期、后期及间期核中的表象，直观、准确而快速地鉴定其遗传组成。应用 GISH 法鉴定植物外源染色体或染色体易位片段在国外报道较多，国内用 GISH 法研究小麦遗传背景中的外源染色体或其片段已有报道，但在其他植物上，特别是多年生牧草远缘杂交种的染色体构成研究上还未见报道。本研究应用 GISH 法对加拿大披碱草×野大麦属间杂种 F_1 的染色体构成解析做了尝试。研究证明，三倍体（$2n = 3x = 21$）杂种 F_1 是由其母本（♀）加拿大披碱草 S 染色体组的 7 条染色体和父本（♂）野大麦 H_1H_2 染色体组的 14 条染色体构成，丢失的 7 条染色体是加拿大披碱草 H_c 组的染色体。由此说明，应用

GISH 法也是鉴定多年生禾草远缘杂交后代染色体构成的有效手段。

三倍体杂种 F_1 染色体组为 SH_1H_2，这可能是我们曾用加拿大披碱草作父本多次回交未能获得成功的重要原因之一。由此得到启示，克服杂种 F_1 的不育性宜采取诱导染色体加倍的方法，至于母本（♀）加拿大披碱草 HC 组染色体在 F_1 中消失的原因还有待深入研究。

参考文献（略）

本文原刊载于《遗传学报》，2004 年第 7 期，略有删改

加拿大披碱草×披碱草杂种 F_1 的生育及细胞遗传学研究

于卓，宋永富，李造哲，云锦凤

（内蒙古农业大学，呼和浩特　010019）

摘要： 研究加拿大披碱草与披碱草种间杂种 F_1 的生长、形态、花粉育性和细胞学。结果表明，杂种 F_1 生长势明显超过双亲，平均株高 149.31cm，穗型呈双亲中间型，株型偏向母本，生育期偏向父本，花粉可育率 1.71%，自然结实率 0，杂种 F_1 为五倍体（$2n=5x=35$），其 PMC M I 平均染色体构型为 19.04 I ＋7.45 II ＋0.28 III ＋0.02 IV，后期 I 有落后染色体和染色体桥等不规则现象。

　　植物远缘杂交可使不同物种间的优良基因重组创造新种质（新物种、新品种），它是传统育种和现代非常规育种很重要的方法之一，同时也是研究物种间亲缘关系、系统发育、进化程度的常用方法。远缘杂交存在杂交困难、杂种育性差或不育、杂种后代性状"疯狂"分离三大障碍，因而了解远缘植物间的可交配性、杂交后代结实性及性细胞染色体配对行为是远缘杂交研究的基础工作，对于确定物种间亲缘关系、系统发育、进化程度以及种质创新等具有重要指导意义。

　　小麦族是禾本科植物中与人类生存关系最为密切的一大类群，有 300 余种植物，其中多年生牧草约占小麦族植物的 3/4。一般小麦族禾草具有抗寒、抗旱、抗病虫、耐盐、耐瘠薄等优良抗性或高产、优质等特性，是牧草及麦类作物品种改良非常丰富的种质基因库。国外在小麦族多年生牧草远缘杂交育种研究方面取得卓著成就，已育成一批新品种应用于生产，收到了巨大的经济效益和社会效益，其中 Dewey 等学者做出了重大贡献。国内把小麦族多年生禾草优良抗性基因（抗病、抗旱、耐盐等）通过远缘杂交导入麦类作物的染色体工程育种已取得较大进展，但对小麦族多年生牧草间的远缘杂交育种研究还很少。本试验以隶属于小麦族的加拿大披碱草、披碱草及其种间杂种 F_1（1999 年获得）为材料，观察并测定杂种 F_1 及亲本的生长、结实性、花粉育性、细胞学特性等，旨在为揭示种间亲缘关系、评价杂种的育种潜力和克服杂种的不育性提供依据。

1　材料与方法

1.1　供试材料

　　材料选自内蒙古农业大学牧草试验场小麦族多年生禾草的亲本圃和杂种圃♀加拿大披碱草（*Elymus canadensis* L.）产于北美洲草原，四倍体（$2n=4x=28$），染色体组为 SSHH，长寿命、叶量大、高产优质、抗寒性强；♂披碱草（*Elymus dahuricus* Turcz.）产自我国北方草原，六倍体（$2n=6x=42$），染色体组为 $S_1S_1H_1H_1YY$，中寿命、种子产量高、茎叶较粗硬、抗旱性较强。种间杂种 F_1（*E. canadensis*×*E. dahuricus*）理论上为五倍体（$2n=5x=35$），染色体组为 SS_1HH_1Y 试验场位于呼和浩特市东郊，年降水量 400mm 左右，无霜期 145d，土壤为砂壤质暗栗钙土，pH 7.8～8.2，肥力适中，地下水位较高，具有灌水条件。试验于 2001 年 4—9 月分别在田间和室内进行。

1.2　研究方法

　　生长发育观察是以上年分株繁殖的越冬株丛为对象，每种供试植物随机选定 50 个株丛，自分蘖期开始每隔 7d 测量 1 次株丛绝对高度（cm），直至开花期结束计算各次测量平均产值，绘出生长速度动态曲线图。用最后 1 次测量高度的平均值表示各草种群体植株的高度，比较其穗型特征，观察记录从返青到种子成熟的生育日数（d）。花粉育性和结实性是在开花盛期随机剪取每种植物穗子 25～30 个，在室内镜检剥取穗上花药，置于载玻片上，滴加少许 1% 醋酸洋红，用镊子挤压去掉药壁，使花药充分着色，加盖玻片在 100 倍显微镜下观察统计可育与不可育花粉粒数，每种材料观察 100 个视野以上。

花粉可育性＝（可育花粉粒总数/观察花粉粒总数）×100%。

在种子成熟期，随机取 25～30 个穗子，统计结实数与小花数。

结实率＝（结实总数/观察小花总数）×100%。

1.3 染色体观察

根尖细胞（RTC）染色体观察：将亲本及其杂种 F_1 植株移入室内盆栽，使其产生不定根，取幼嫩根尖放入指形管中，适量加水，封盖后置于 0℃的冰水混合物中预处理 20～24h，卡诺液（无水乙醇：冰乙酸＝3：1）中固定 12～24h，然后在 60℃恒温下用 1mol/L 盐酸解离 10～15min，蒸馏水洗净，用改良碱性品红染色压片。镜检、统计细胞染色体数目，并选择染色体多、分散好的片子进行显微照相。

花粉母细胞减数分裂中期Ⅰ（PMC MⅠ）染色体观察：在晴天条件下，9：00—11：00 在田间剪取各供试植物孕穗期的幼穗，迅速置于装有卡诺液的玻璃瓶中，带回室内放入冰箱中固定 24h，制片时将花药置载玻片上，去药壁滴加改良碱性品红染色，加盖玻片轻敲，酒精灯上微热压片，高倍显微镜下观察，选出具有良好分散相的 PMC MⅠ染色体，统计染色体数目并照相。

2 结果与分析

2.1 植株生长发育及形态

从图 1 可以看出，加拿大披碱草、披碱草及其杂种 F_1 植株生长动态表现出"慢快、慢"的缓"S型"曲线，即在生育前期（分蘖期）和生育后期（开花期）植物生长速度相对较慢，在生育中期（拔节期直抽穗期）生长速度最快，F_1 植物生长优势明显高于双亲，♀加拿大披碱草平均株高为 127.63cm，♂披碱草为 135cm，杂种 F_1 为 149.31cm。加拿大披碱草穗型较松散，芒长，穗轴每节通常具有 24 个小穗，每小穗含小花 3～5 枚。披碱草穗型紧密，芒较短，穗轴每节通常有 2 个小穗，每小穗含 3～5 枚小花。杂种 F_1 穗型较紧密，芒较长，穗轴每节通常 2～3 个小穗，每小穗含小花 3～5 枚，即杂种 F_1 穗型呈双亲中间型（图 2-4）。F_1 株型偏向♀加拿大披碱草，叶量丰富且在植株上、中、下各部分布均匀（图 2-1、图 2-3）。由生育期观察发现，杂种 F_1 比其♀加拿大披碱草（150d）早 13d，比♂披碱草（135d）晚 2d，生育期长 137d，基本偏向其父本。

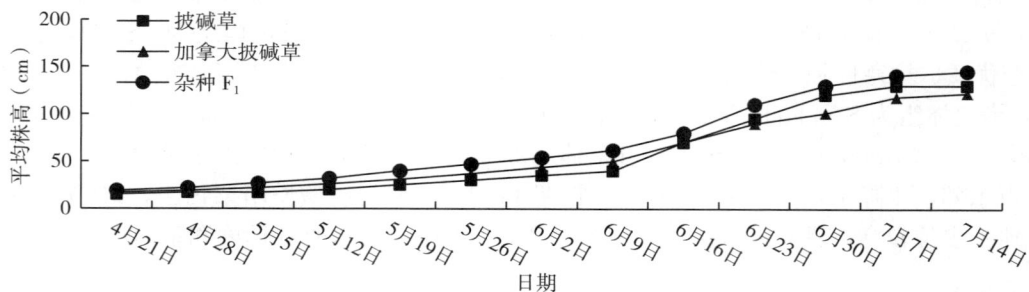

图 1 加拿大披碱草、披碱草及其杂种 F_1 植物生长动态

2.2 花粉育性和结实性

由表1可知，♀加拿大披碱草和♂披碱草的花粉可育率均较高，分别为79.77%和77.70%，自然结实率分别为55.13%和77.11%。♀加拿大披碱草结实率相对较低，其原因可能是生育期长，开花时正逢雨季，影响授粉。杂种F_1花粉可育率仅为1.71%，且观察到花药不易开裂，在开放授粉情况下结实率为0，杂种F_1不育与其来自双亲染色体配对频率有关（见细胞学结果）。

表1 供试植物花粉育性和结实性

牧草名称	花粉育性				结实性		
	育数	不育数	总数	可育率（%）	结实总数	小花总数	结实率（%）
♀加拿大披碱草	1 171	297	1 468	79.77	1 745	3 165	55.13
♂披碱草	2 446	702	3 148	77.70	2 146	3 019	71.11
杂种 F_1	56	3 228	3 284	1.71	0	1 023	0

2.3 细胞染色体特征

2.3.1 根尖细胞（RTC）染色体

♀加拿大披碱草的RTC染色体数目$2n=28$，为四倍体；♂披碱草的RTC染色体数目$2n=42$，为六倍体（表2）；其种间杂种F_1的RTC染色体数为$2n=5x=35$（244个细胞的观察结果，见表2），即F_1的染色体数目正好等于双亲染色体数目总和的平均数，为五倍体（图3-3）。

2.3.2 PMC MⅠ染色体

♀加拿大披碱草和♂披碱草PMC MⅠ二价体频率很高，分别为13.98Ⅱ和20.90Ⅱ，表明双亲的染色体配对行为比较规则（图3-1～图3-2，表2）。观察分析杂种F_1的313个花粉母细胞（PMC）在减数分裂中期Ⅰ的染色体可知，F_1平均每个细胞的二价体为7.45个，且棒状二价体显著多于环状，单价体为19.04个，三价体0.28个，四价体0.02个，在减数分裂后期Ⅰ偶尔可观察到染色体桥和落后染色体（图3-5～图3-8，图4-1～图4-8，表2）。这些结果表明五倍体F_1的PMC MⅠ染色体配对行为很不规则，单价体的普遍存在与少部分多价体、落后染色体、染色体桥的出现都是造成杂种不育的重要原因。

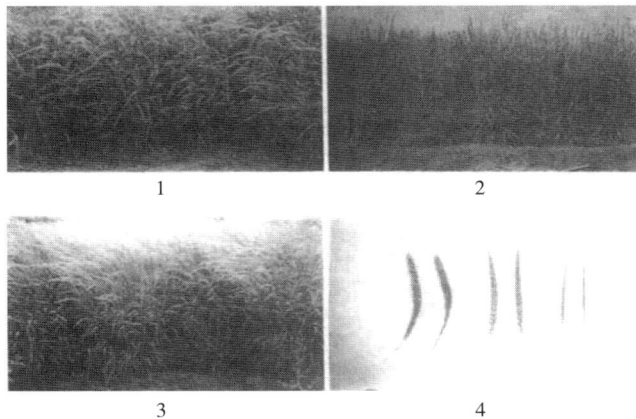

图2 亲本及F_1株型和穗型

1. ♀加拿大披碱草 2. ♂披碱草 3. 杂种F_1 4. 加拿大披碱草、杂种F_1、披碱草

表 2　亲本及杂种 F₁ 的 RTC 染色体数目和 PMC M I 平均染色体配对构型

牧草名称	观察细胞数		染色体数 2n		I	II			III	IV
	RTC	PMC M I	RTC	PMC M I		棒状	环状	总数		
♀加拿大披碱草	298	122	28	28	0.04	1.26	12.72	13.98		
					(0~2)	(0~3)	(10~14)	(13~14)		
♂披碱草	161	140	42	42	0.06	9.05	11.85	20.90		0.04
					(0~2)	(9~10)	(17~21)	(19~21)		(0~1)
杂种 F₁	244	313	35	35	19.04	6.69	0.76	7.45	0.28	0.02
					(9~28)	(2~12)	(0~3)	(2~12)	(0~3)	(0~1)

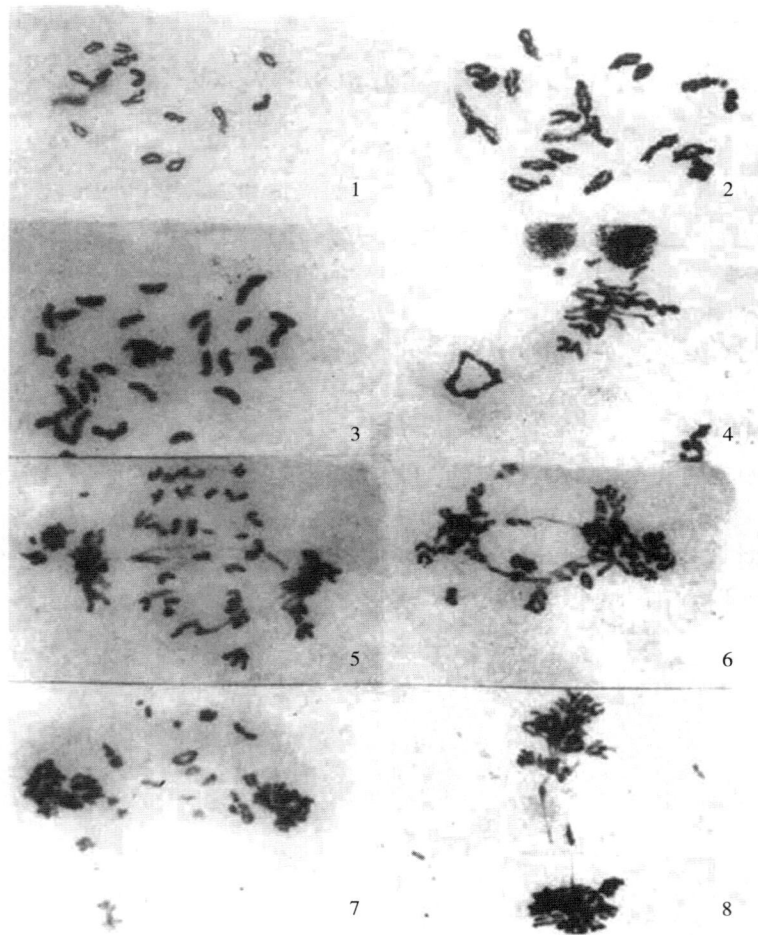

图 3　亲本及 F₁ 细胞染色体特征

1. ♀加拿大披碱草 PMC M I 染色体构型：$2n=28$（14 II）　2. ♂披碱草 PMC M I 染色体构型：$2n=42$（21 II）　3. 杂种 F₁ 体细胞染色体数目：$2n=5x=35$　4. 杂种 F₁ PMC M I 显示 1 个四价体　5~8. 杂种 F₁ 后期 I 显示染色体桥和落后染色体

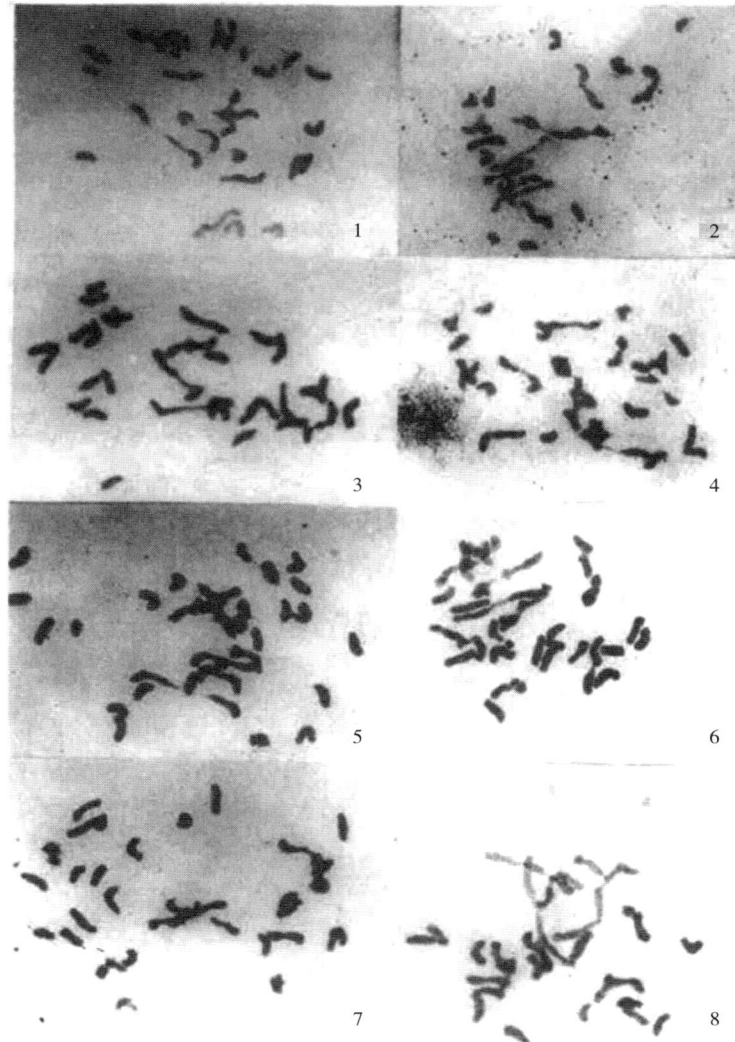

图 4 F_1 PMC M I 染色体构型

1. 17 I $+$ 9 II 2. 16 I $+$ 8 II $+$ 1 II 3. 11 I $+$ 12 II 4. 17 I $+$ 9 II 5. 23 I $+$ 6 II 6. 21 I $+$ 7 II 7. 23 I $+$ 6 II 8. 16 I $+$ 5 II $+$ 3 III

3 讨论与结论

（1）关于植物远缘杂种 F_1 不结实的原因，在多数情况下是亲本染色体组型差异大所致。一方面，染色体数量不平衡的杂种，在减数分裂时，染色体不能正常联会，形成单价体或多价体，导致不均衡分离，产生异数性的配子，从而引起不孕；另一方面，两个供试亲本各有彼此不完全相同的染色体组，F_1 减数分裂时，出现两亲本来源的染色体联会松弛（棒状多）及不联会的情况，即缺乏同源性而导致不育，本试验亦证明了这一点。

（2）F_1 植株生长优势明显高于双亲，其生长动态呈缓"S型"曲线，穗型呈双亲中间型，株型偏向♀加拿大披碱草，生育期偏向♂披碱草，株高 149.31cm，叶量丰富，育种潜力大。F_1 花粉育率 1.71%，自然结实率为 0。

（3）F_1 的 PMC M I 染色体构型为 19.04 I $+$ 7.45 II $+$ 0.28 III $+$ 0.02 IV，减数分裂后期 I 出现染色体桥和落后染色体等不规则现象。落后染色体的形成可能是双亲细胞分裂周期不同的缘故。

参考文献（略）

本文原刊载于《草地学报》，2002 年第 4 期，略有删改

披碱草和野大麦杂种 F_1 与 BC_1 代的形态学研究

李造哲，云锦凤，于卓，闫洁

（内蒙古农业大学生态环境学院草原系，呼和浩特　010018）

摘要：对披碱草和野大麦及其杂种 F_1 与 BC_1 代的形态特征进行了观察比较。结果表明，杂种 F_1 外部形态特征偏向亲本披碱草，F_1 穗长超过披碱草，小穗长、每小穗小花数、颖长、稃长也超过双亲的平均值，体现出较强的杂种优势；杂种 F_1 继承了野大麦短根茎和每节 3 枚小穗的特性，正交、反交对 F_1 植株颜色有明显影响，对 F_1 其他形状没有明显影响；BC_1 代形态特征明显偏向轮回亲本野大麦，不同株系在外部形态上有较大变异；第一颖的形状可作为亲本和杂种的特征性状，以此作为鉴别杂种真伪的重要特征之一。

　　每种植物是以各种不同的形态表现出来的，形态特征成为人们认识和区分植物种或类型的重要依据。通过形态特征来分析研究种或类型的本质，也是重要的和最简便的方法，有助于分析植物间的亲缘关系、杂种鉴定及其杂交后代的遗传变异分析。本研究拟对披碱草（*Elymus dahuricus*）和野大麦（*Hordeum brevisubulatum*）及其杂种 F_1 与 BC_1 代的形态特征进行深入细致的观察比较，从形态学角度探明杂种后代性状变异和对亲本性状的继承情况，为杂种后代目标性状植株的选择提供依据。

1　材料和方法

1.1　供试材料

　　供试材料来自内蒙古农业大学牧草试验站，详见表 1。

表 1　供试材料

编号	材料名称	编号	材料名称
1	披碱草	12	P-BC₁-8
2	野大麦	13	P-BC₁-9
3	披碱草×野大麦	14	Y-BC₁-1
4	野大麦×披碱草	15	Y-BC₁-2
5	P-BC₁-1	16	Y-BC₁-3
6	P-BC₁-2	17	Y-BC₁-4
7	P-BC₁-3	18	Y-BC₁-5
8	P-BC₁-4	19	Y-BC₁-6
9	P-BC₁-5	20	Y-BC₁-7
10	P-BC₁-6	21	Y-BC₁-8
11	P-BC₁-7	22	Y-BC₁-9

注：P-BC₁ 表示（披碱草×野大麦）×野大麦回交 1 代；Y-BC₁ 表示（野大麦×披碱草）×野大麦回交 1 代；数字表示株系，如 P-BC₁-2 表示（披碱草×野大麦）×野大麦 BC₁ 代的第 2 个株系。

1.2　观测方法

根系观察是将边根掘起，去土，观察。株高测定是随机取 30 株，求其平均值。叶片长、宽的测定是随机测量 30 株穗下倒数第 2 叶的叶片长和宽，求其平均值。穗长、穗宽、每穗节数的观测是随机测量 30 个穗子，求其平均值；而每节小穗数、每小穗小花数、小穗长、小穗宽、第一颖长、第一外稃长、第一外稃芒长等特征，均测量穗中部 5 个值，测 10 个穗子，求其平均值。

2　结果与分析

2.1　杂种 F_1、BC_1 及其亲本的营养体形态特征

披碱草和野大麦均为须根系，野大麦具强短根茎特性，杂种 F_1 和 BC_1 代不论正交或反交亦具短根茎特性，这是野大麦强根茎特性遗传给 F_1 和 BC_1 代的结果。

披碱草的植株颜色为灰绿色，野大麦为深绿色，正交 F_1（披碱草×野大麦）为深绿色，反交 F_1 为绿色，BC_1 代植株颜色亦有变异，不同株系有绿、深绿、灰绿之别（表 2）。

披碱草植株高大，平均株高 117.3cm，野大麦平均株高 87.4cm，杂种 F_1 的高度偏向亲本披碱草，正、反交对株高没有明显影响。BC_1 代株高低于杂种 F_1 代，这是受轮回亲本野大麦影响的结果，不同株系变异范围为 62.3～103.3cm。披碱草叶片长而宽大，野大麦叶片短而狭，杂种 F_1 叶片长度与披碱草接近，叶宽则介于双亲之间，正、反交对叶片长宽没有明显影响。BC_1 代叶长小于 F_1 代，不同株系变异范围较大（叶长 9.7～22.7cm，叶宽 4.9～9.2mm）。

表 2　披碱草和野大麦杂种 F_1 与 BC_1 代营养体形态特征

材料名称	株色	株高（cm）	叶片长（cm）	叶片宽（mm）
披碱草	灰绿	117.3	23.9	11.4
野大麦	深绿	87.4	14.3	8.4
披碱草×野大麦（F_1）	深绿	102.1	23.9	9.8
野大麦×披碱草（F_1）	绿	102.7	23.3	10.4
P-BC_1-1	绿	89.5	14.1	5.9
P-BC_1-2	深绿	86.9	19.5	8.1
P-BC_1-3	灰绿	85.8	11.8	4.9
P-BC_1-4	灰绿	101.2	18.1	6.5
P-BC_1-5	深绿	89.3	15.7	7.9
P-BC_1-6	灰绿	91.0	12.9	7.7
P-BC_1-7	灰绿	103.3	11.2	5.9
P-BC_1-8	灰绿	91.4	22.7	5.2
P-BC_1-9	绿	82.7	20.1	7.5
Y-BC_1-1	灰绿	99.9	12.9	5.7
Y-BC_1-2	深绿	93.3	20.4	9.2
Y-BC_1-3	绿	97.0	19.7	5.8
Y-BC_1-4	绿	62.3	18.5	8.0
Y-BC_1-5	深绿	82.7	14.8	7.8
Y-BC_1-6	绿	71.6	18.2	6.6
Y-BC_1-7	深绿	98.1	16.6	6.4
Y-BC_1-8	绿	74.5	9.7	6.1
Y-BC_1-9	绿	68.7	17.1	7.9

2.2 杂种 F_1、BC_1 及其亲本的穗部形态特征

披碱草穗状花序粗大，野大麦穗状花序细短（图1，表3）。杂种 F_1 穗长明显超过披碱草，体现出较强的杂种优势，穗宽则介于双亲之间，正、反交对 F_1 穗长及穗宽没有明显影响。BC_1 代穗长小于 F_1，变异范围为 10.3～18.6cm，穗宽变异范围为 3.5～6.1mm。

野大麦每穗节数显著多于披碱草，每节生 3 枚小穗。杂种 F_1 继承了野大麦的这一特性，每节着生 3 枚小穗。BC_1 代每穗节数接近野大麦，变异范围为 40.0～66.7，每节着生的小穗数与轮回亲本野大麦相同，均为 3 枚。披碱草小穗宽大，每小穗平均含 6.6 小花，小穗不具柄。野大麦小穗狭细，两侧小穗具柄，中间小穗不具柄，每小穗含 1 小花。杂种 F_1 小穗无柄，小穗长与宽、每小穗小花数均超出了双亲的平均值，正、反交对杂种 F_1 的小穗长、宽及每小穗小花数没有明显影响。BC_1 代小穗长度介于野大麦和 F_1 之间，不同株系变异范围较大（7.1～12.4mm）；小穗宽则明显地偏向轮回亲本野大麦，不同株系变异范围为 1.2～1.8mm；每小穗小花数受轮回亲本野大麦的影响比 F_1 显著增大，不同株系变异范围为 1.0～3.1 枚/小穗。

披碱草第一颖披针形，平均长 14.6mm；野大麦第一颖为针状，平均长 4.8mm。杂种 F_1 的形状介于双亲之间，为针状披针形，长度明显偏向披碱草，正交、反交对 F_1 颖的形状、长度影响不大。BC_1 代继承了野大麦的特性，颖为针状，长度在 F_1 与野大麦之间，偏向轮回亲本野大麦。披碱草第一外稃长为 10.2mm，芒长为 14.7mm；野大麦外稃长 6.7mm，芒长为 2.0mm。杂种 F_1 外稃长偏向披碱草，芒长则介于双亲之间，正、反交对外稃长、芒长没有明显影响。BC_1 代稃长变异范围较大（6.8～11.0mm），芒长偏向野大麦。

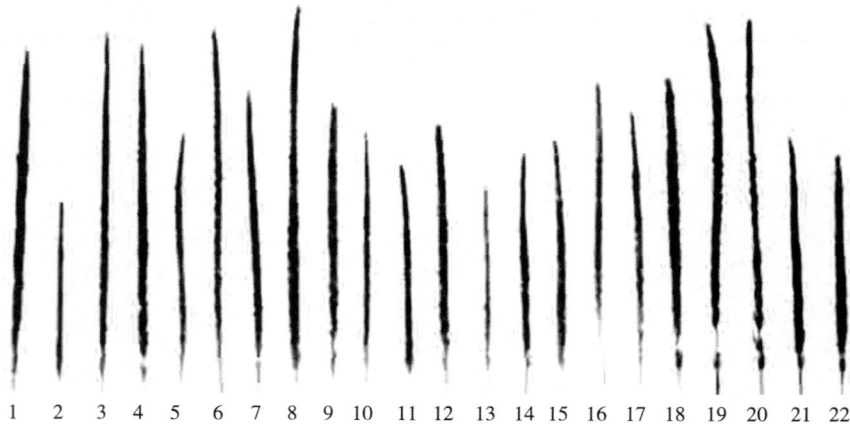

图 1　亲本及其杂交后代的穗型

1. 披碱草；2. 野大麦；3. 披碱草×野大麦；4. 野大麦×披碱草；5. P-BC_1-1，6. P-BC_1-2；7. P-BC_1-3；8. P-BC_1-4；9. P-BC_1-5；10. P-BC_1-6；11. P-BC_1-7；12. P-BC_1-8；13. P-BC_1-9；14. Y-BC_1-1；15. Y-BC_1-2；16. Y-BC_1-3；17. Y-BC_1-4；18. Y-BC_1-5；19. Y-BC_1-6；20. Y-BC_1-7；21. Y-BC_1-8；22. Y-BC_1-9。

3　结论

（1）杂种 F_1 外部形态特征偏向披碱草。F_1 穗长超过披碱草，小穗长、每小穗小花数、颖长、稃长也超过双亲的平均值，体现出较强的杂种优势。杂种 F_1 继承了野大麦短根茎和每节 3 枚小穗的特性。正交、反交对 F_1 代植株颜色有明显的影响，正交 F_1（披碱草×野大麦）为深绿色，反交 F_1 为绿色，对其他形态性状没有明显影响。

（2）BC_1 代形态特征明显偏向轮回亲本野大麦，不同株系在外部形态上有较大的变异，这是由于

表 3　杂种 F₁、BC₁ 及其亲本的穗部形态特征

材料名称	穗长 (cm)		穗宽 (cm)		每穗节数		每节小穗数	小穗长 (mm)		小穗宽 (mm)		小穗柄	每小穗小花数		第一颖形状	第一颖长 (mm)	第一外稃长 (mm)	第一外稃芒长 (mm)
	X	$X-X_p$	X	$X-X_p$	X	$X-X_p$	X	X	$X-X_p$	X	$X-X_p$		X	$X-X_p$				
披碱草	17.7	3.5	8.0	1.9	30.5	-10.4	2.6	19.5	6.3	3.6	-1.2	无	6.6	2.8	披针形	14.6	10.2	14.7
野大麦	10.8	-3.5	4.3	-1.9	51.2	10.2	3	7.0	-6.3	1.2	-1.2	两侧小穗具柄	1.0	-2.8	针状	4.8	6.7	2.0
披碱草×野大麦	19.5	5.3	5.9	-0.3	54.0	13.2	3	15.2	2.0	2.7	0.3	无	5.0	1.2	针状披针形	10.7	9.6	7.3
野大麦×披碱草	19.9	5.7	5.5	-0.7	51.0	10.2	3	14.1	0.9	3.0	0.6	无	5.2	1.4	针状披针形	10.4	9.1	5.8
P-BC₁-1	12.2	-2.1	5.1	-1.1	55.4	14.6	3	7.5	-5.8	1.3	-1.1	无	2.1	-1.7	针状	6.6	7.2	2.1
P-BC₁-2	18.6	4.4	4.7	-1.6	56.1	15.3	3	10.4	-2.9	1.6	-0.8	无	3.1	-0.7	针状	6.7	8.4	4.0
P-BC₁-3	13.0	-1.3	3.5	-2.7	51.5	10.7	3	7.4	-5.9	1.2	-1.2	两侧小穗具柄	1.0	-2.8	针状	6.6	7.0	1.7
P-BC₁-4	16.8	2.6	5.3	-0.9	56.5	15.7	3	11.1	-2.2	1.5	-0.9	无	2.6	-1.2	针状	10.6	10.1	4.4
P-BC₁-5	14.6	0.4	5.9	-0.3	51.5	10.7	3	10.0	-3.3	1.7	-0.7	无	2.6	-1.2	针状	8.1	8.7	2.2
P-BC₁-6	12.4	-1.9	4.1	-2.1	46.5	57.3	3	8.0	-5.3	1.3	-1.1	两侧小穗具柄	1.0	-2.8	针状	5.6	7.8	1.4
P-BC₁-7	10.4	-3.9	3.9	-2.3	51.6	10.8	3	7.1	-6.2	1.3	-1.1	两侧小穗具柄	1.0	-2.8	针状	5.8	6.8	1.0
P-BC₁-8	15.1	0.9	4.8	-1.4	45.0	4.2	3	12.4	-0.9	1.5	-1.1	无	3.1	-0.7	针状	9.5	11.0	4.9
P-BC₁-9	12.3	-2.0	3.6	-2.6	40.0	-0.9	3	8.6	-4.7	1.2	-1.2	两侧小穗具柄	1.9	-1.9	针状	6.5	8.2	4.3
Y-BC₁-1	12.5	-1.8	4.6	-1.6	59.1	18.3	3	7.7	-5.6	1.3	-1.1	两侧小穗具柄	1.0	-2.8	针状	5.9	7.4	1.5
Y-BC₁-2	14.1	-0.2	6.2	-0.1	49.1	8.2	3	9.8	-3.5	1.6	-0.8	两侧小穗具柄	1.3	-2.5	针状	7.2	9.0	3.3
Y-BC₁-3	16.6	2.4	5.0	1.2	59.5	18.7	3	10.1	-3.2	1.6	-0.8	无	2.9	-0.9	针状	9.4	8.0	2.3
Y-BC₁-4	14.8	0.6	4.5	-1.7	42.0	1.2	3	9.3	-4.0	1.6	-0.8	无	2.9	-0.9	针状	7.2	7.3	4.1
Y-BC₁-5	14.3	0.1	5.4	-0.8	66.7	25.9	3	8.7	-4.6	1.5	-0.8	两侧小穗具柄	1.0	-2.8	针状	8.0	8.3	2.4
Y-BC₁-6	17.8	3.6	5.3	-0.9	61.1	0.3	3	9.2	-4.1	1.5	-0.9	两侧小穗具柄	1.7	-2.1	针状	7.6	8.4	3.0
Y-BC₁-7	18.0	3.8	5.1	-1.1	50.6	9.8	3	10.2	-3.1	1.5	-0.9	两侧小穗具柄	1.0	-2.8	针状	9.4	9.6	2.9
Y-BC₁-8	12.0	-2.3	5.2	-1.0	66.2	25.4	3	8.5	-4.8	1.7	-0.7	两侧小穗具柄	2.0	-1.8	针状	6.0	7.6	1.3
Y-BC₁-9	10.3	-4.0	6.1	-0.1	51.0	10.2	3	8.8	-4.5	1.8	-0.6	无	2.4	-1.4	针状	7.3	8.0	1.9

BC$_1$代性状发生分离。

（3）披碱草第一颖为披针形。野大麦第一颖为针状，杂种 F$_1$ 颖的形状介于双亲之间为针状披针形，BC$_1$ 代所有株系第一颖均为针状。由此认为，第一颖的形状可以作为亲本和杂种的特征性状，以此作为鉴别杂种真伪的重要特征之一。

参考文献（略）

本文原刊载于《中国草地》，2002 年第 5 期，略有删改

披碱草与野大麦的属间杂交及 F_1 代细胞学分析

王照兰[1]，杜建才[1]，云锦凤[2]

（1. 中国农业科学院草原研究所，呼和浩特　010010；2. 内蒙古农牧学院草原系，呼和浩特 010018）

摘要： 本研究用披碱草与野大麦进行远缘杂交，正反交均获得杂交种子及 F_1 代植株。杂种 F_1 在芒长和株高方面介于双亲之间，而穗形外观类似于野大麦。杂种 F_1 花粉母细胞减数分裂中期 I 染色体配对构型频率为 7.94 I、10.95 II、1.52 III、0.15 IV；后期 I、II 普遍含有落后染色体、染色体桥、染色体不均等不同步分离现象。四分体普遍含有数目不等的微核。杂种 F_1 代不育。从杂种表现方面分析，0 代分蘖增多，生长期延长，叶量丰富，具有明显的育种潜力。

1　前言

　　远缘杂交生物化学和遗传学的障碍影响其在牧草育种方面的进展。近年来随着远缘杂交方法的改进，杂种胚离体培养技术的成熟，染色体显带、原位杂交和分子标记等异源染色体鉴定技术水平的提高，远缘杂交工作再度受到重视。国内外远缘杂交工作多集中在农作物方面。其主要目的是将野生牧草的优良抗性引入作物。关于牧草的远缘杂交，国外在 20 世纪三四十年代已做了许多研究，如 G. L. Stebbins 和 D. R. Dewey 等。我国的牧草资源丰富，但侧重资源收集保存，鉴定、筛选利用较少，仍处在引种、驯化、染色体计数及依靠自然变异的选择育种等研究阶段，而禾本科牧草远缘杂交工作在我国仍处于起步阶段。

　　本试验选用的披碱草（*Elymus dahuricus* Turcz.）与野大麦［*Hordeum brevisubulatum*（Trin.）Link.］均为禾本科小麦族多年生丛生禾草，为我国北方常见草种。已有的细胞学资料表明，许多属与披碱草可以杂交，特别是冰草属（*Agropyron*）、大麦属（*Hordeum*）。大麦属的远缘杂交在栽培大麦上进行较多，已有大麦属与披碱草属杂交的报道，但尚无披碱草与野大麦杂交的报道。野大麦草质柔软，营养丰富且耐盐碱，但由于侧花不育且种子成熟后穗轴节易断落，难以收获种子；披碱草产草量及种子产量均较高，但草质粗糙。利用披碱草与野大麦进行远缘杂交，旨在通过属间的远缘杂交，促使基因重组，创造杂种优势，丰富我国的牧草种质资源，为进一步选育兼具双亲优良特性的、适合我国北方生产需要的禾本科牧草新品种或新类型创造条件。本研究通过杂交可交配性、杂种出苗率、成株率、形态学、育性及花粉母细胞减数分裂中期 I 染色体行为等研究，了解双亲之间的亲缘关系及 F_1 代的杂种优势情况。

2　材料与方法

　　供试材料披碱草和野大麦采自张北县，进行正反交，互为父母本。杂交工作于 1991—1992 年在河北省张北县坝上旱农试验区进行。收获的杂交种子（F_0）连同亲本于 1993 年在内蒙古农牧学院牧草试验站温室进行育苗，成株后移入大田。细胞学分析于 1993—1994 年在内蒙古农牧学院进行。1994 年将亲本及 F_1 移入中国农业科学院草原所试验地。1994—1996 年，用分株无性繁殖法扩大 F_1 代群体。

　　杂交时将母本穗去雄后，授以父本花粉后套带。授粉后定期观察杂交穗的发育及结实情况，待种子成熟后，剪取杂交穗，收获杂交种子，统计杂交结实率等数据，杂交种子于翌年早春（2月末）在温室的营养钵内播种。5月初幼苗达到分蘖盛期时，移栽到大田。

观察有丝分裂的根尖取自发芽种子，将根尖放入盛水的指形管中，在冰瓶内（0℃）预处理22~24h后用卡诺固定液（95％酒精：冰醋酸＝3：1）固定，以醋酸洋红染色，用45％的醋酸常规压片。花粉母细胞在8：00—11：00，取处于减数分裂的亲本或杂种幼穗，置于卡诺固定液，在4℃以上冰箱中或凉爽的室温下固定24h后选取花药置于载玻片上，用改良碱性品红染色敲片。冰冻揭片，自然干燥2~4h，二甲苯透明，加拿大树胶封片，在制成的永久片上进行显微照相。花粉生活力测定是以在 I_2-KI 溶液中可染色花粉的百分率统计。

3 结果与分析

3.1 杂交结果

披碱草与野大麦在自然条件下的结实率分别为83.30％和62.1％。披碱草与野大麦正反交结实率、杂种出苗率及成株数见表1。

表1 披碱草与野大麦的杂交结果及出苗率

杂交组合	授粉小花数	结实粒数	结实率（％）	播种粒数	出苗数	出苗率（％）	成株数
披碱草×野大麦	50	3	6.0	3	1	33.3	1
野大麦×披碱草	54	10	18.5	4	3	75.0	3

由表1可见，披碱草与野大麦正反交结实率分别为6.0％和18.5％，远低于其亲本。正反交结实率有一定的差异。这可能与授粉时双亲柱头接受花粉的能力不同有关，是否有细胞质效应，仍有待研究。

3.2 亲本和杂种 F_1 的形态学特征

杂种的出苗期比亲本晚3~7d，且苗期细弱，出苗极不整齐，前后延续的时间比亲本长。成株后，植株增高，分蘖增多，生长期延长。F_1 代芒长介于双亲之间，但由野大麦的每节3小花变成每节3小穗，每小穗含2~3枚小花。穗形及其他性状类似野大麦（图版1）。F_1 植株在分株无性繁殖后，返青早、生活力旺盛。

3.3 亲本和杂种 F_1 的细胞学特性

双亲及 F_1 代细胞学分析（表2、表3）结果表明，披碱草为异源六倍体（2n＝42，图版2），PMCs M I 主要形成21个二价体（图版4），野大麦为同源四倍体（2n＝28，图版3），多数细胞在 PMQ M I 具四价体（图版5，）平均细胞四价体数为3.5。二者的细胞学行为较规则，多数细胞在 PMCs M I 无单价、三价体出现，后期 I、II 无落后染色体，四分体不具微核。F_1 多为五倍体（2n＝35，图版6），观察到的所有细胞在 PMCs M I 形成4~14数目不等的单价体，74.4％的细胞出现三价体（图版7）。后期 I、II 普遍有染色体桥、落后染色体、染色体不均等、不同步分离等现象（图版8、9、10、11），四分体普遍含有1~7数目不等的微核，平均为4.1（图版12）。如果双亲的染色体组分别用 $S_dS_dH_dH_d$ YY 和 HHH'H' 表示，F_1 的染色体组理论上为 $S_dH_dHH'Y$。F_1 PMC M I 较高的三价体频率支持了这一理论。

杂种 F_1 成熟花粉粒在 I_2-KI 溶液中不能染色，可见杂种花粉育性很低。F_1 正反交植株均未结实。

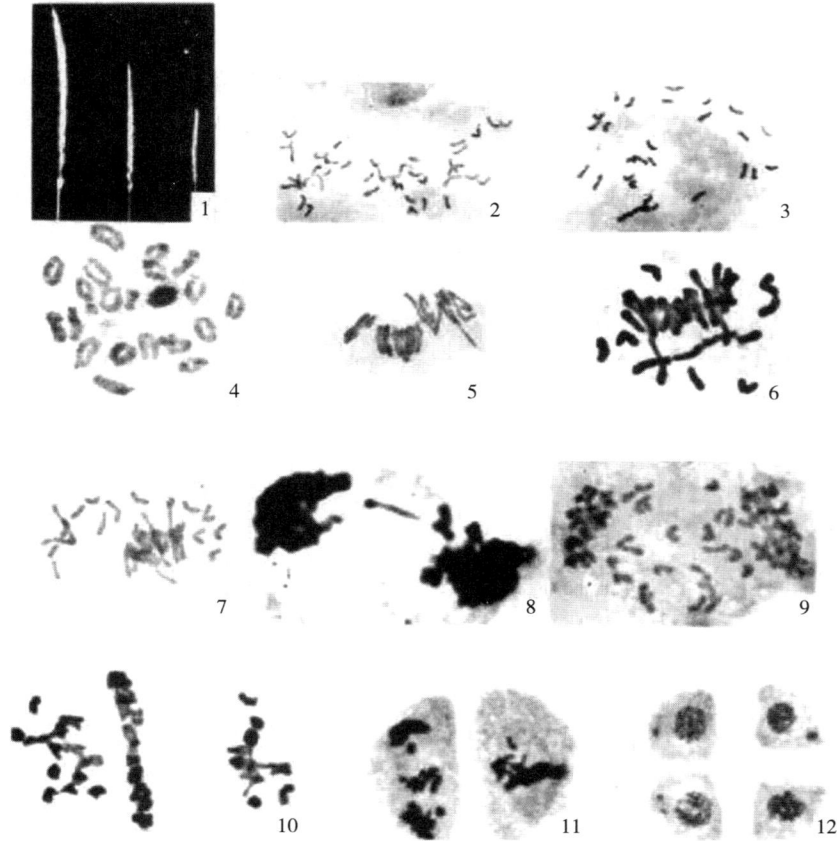

图版说明:

1. 披碱草(左)、野大麦(右)及其杂种 F_1(中)的穗形；2. 披碱草根尖细胞有丝分裂中期 $2n=42$；3. 大麦根尖细胞有丝分裂中期 $2n=48$；4. 披碱草减数分裂终变期 $2n=42$（21_{II}）；5. 野大麦减数分裂中期 I $2n=28$（$8_{II}+3_{IV}$）；6. F_1 减数分裂中期 I $2n=35$（$7_I+12_{II}+5_{IV}$）；7. F_1 减数分裂中期单价体和三价体；8. F_1 后期 I 桥；9. F_1 后期 I 落后染色体；10. F_1 后期 I 不均等，不同步分离；11. F_1 后期 II 不规则行为；12. F_2 四分体。

表 2　亲本及其植株减数分裂中期 I 特定构型细胞所占百分数

材料	I	II_{14}	II_{21}	III	IV
披碱草	3.6		93.6		
野大麦	3	2.35			97.65
披碱草×野大麦（F_1）	100			74.4	5.2

表 3　亲本及其杂种 F_1 减数分裂中期 I 染色体配对情况

材料	$2n$	观察细胞数	I	II	III	IV
披碱草	42	140	0.6	20.93		0.02
			（0~2）	（19~21）		（0~1）
野大麦	28	100	0.04	6.98		3.5
			（0~4）	（2~14）		（0~6）
披碱草×野大麦（F_1）	35	127	7.94	10.95	1.52	0.15
			（4~14）	（7~14）	（0~4）	（0~4）

注：括号内数字为百分数。

4　讨论与结论

（1）本项研究获得了披碱草与野大麦的属间杂交种子及 F_1 代植株。从杂交结实率、杂种发芽率及成株率分析，杂交双亲之间具有一定的亲缘关系，杂交较易成功，但结实率不高，正反交分别为 6％和 18％。

（2）亲本及 F_1 代细胞学分析表明，披碱草为异源六倍体，野大麦为同源四倍体。花粉母细胞减数分裂染色体配对情况为：$7.94\ \mathrm{I}+10.95\ \mathrm{II}+1.52\ \mathrm{III}+0.15\ \mathrm{IV}$。$F_1$ 较高的三价体频率，从细胞学上反映出披碱草的 H_d 染色体组与野大麦的 H、H' 染色体组之间具有一定的同源性，双亲之间可能通过染色体互换而发生基因转移。

（3）杂种 F_1 在后期 I、II 普遍出现落后染色体、染色体不均等不同步分离等现象。其原因可能是父母本的细胞周期不同所致。另外，观察到单价体的行为总是不同于其他配对的染色体，其原因仍有待研究。

（4）几乎所有的 F_1 四分体含有微核，微核大小数目不同。一般认为微核大部分是由后期 I 和后期 II 的落后染色体及染色体断片形成。

（5）F_1 植株返青早，分蘖增多，生长期延长，叶量丰富，穗型发生了明显的改变，表现出一定的育种潜力。

参考文献（略）

本文原刊载于《草地学报》，1997 年第 4 期，略有删改

羊草、灰色赖草及其杂种 F_1 生物学特性

侯建华[1]，云锦凤[2]

（1. 内蒙古农业大学农学院，呼和浩特　010019；2. 内蒙古农业大学生态环境学院，呼和浩特　010018）

摘要： 研究羊草、灰色赖草及其杂种 F_1 生物学特性。结果表明：与双亲相比，杂种 F_1 具有植株高大、叶片宽厚、叶量丰富、生长旺盛和穗粗大等特点；杂种 F_1 的生产性能特别是叶面积、茎叶比和鲜草产量具有较强的种间杂种优势，超亲优势率分别为 50.0%、27.8% 和 20.9%；分蘖能力具有负向超亲优势，负向超亲优势率为 5.7%；杂种 F_1 的粗蛋白质、无氮浸出物、粗灰分和 Ca 含量等表现出超亲优势，超亲优势率分别是 0.71%、1.00%、22.72% 和 10.00%。

为了研究赖草属（*Leymus*）的起源、进化以及其属内不同种间的亲缘关系和确定一些新种的分类地位，国内外学者从形态学、细胞遗传学、分子遗传学等方面对赖草属内不同种间的杂种做了大量研究，并取得了丰富的成果。在育种方面，Dewey（1977）合成的两个不同的种间杂种，即窄颖赖草（*L. angustus*）×灰色赖草（*L. cinereus*）和窄颖赖草×大赖草（*L. giganteus*），表现出较高的育种潜力，表明可以通过四倍体种间杂交、加倍杂种 F_1 代染色体产生异源八倍体从而创造新种质。

羊草与灰色赖草的杂交尚未见报道。本文探讨了羊草、灰色赖草及其 F_1 代形态学和生物学等特性，以期为恢复不育杂种的育性、评价和利用种间杂种 F_1，为进一步利用杂交后代选育新品种和新物种奠定基础。

1　材料与方法

1.1　供试材料

供试材料基本情况见表1。

表 1　供试材料基本情况

材料名称	染色体组	染色体数	产地
羊草	$Ns_1 Ns_1 Xm_1 Xm_1$	$2n=4x=28$	中国（China）
灰色赖草	$Ns_2 Ns_2 Xm_2 Xm_2$	$2n=4x=28$	美洲（America）
羊草×灰色赖草（F_1）	$Ns_1 Ns_2 Xm_1 Xm_2$		

试验材料种植于内蒙古农业大学牧草试验站。株行距 60cm×60cm，以 4 个分蘖为一个株丛，每份材料均定植 30 个株丛，其中 15 个用于生长速度和产草量等的测定，另 15 个用于分蘖力测定。试验于 2002—2003 年进行。

1.2　测定内容与方法

生育期观测从返青期至秋季果后营养期。

株高是开花期后，随机测定 10 个单株绝对高度，重复 3 次。叶片长、叶片宽及叶面积在开花期

随机选取 10 株，测穗下倒数第 2 叶片的叶片长和叶片宽，用 LI-3000 型叶面积测定仪测定叶面积，重复 3 次。测定生长速度是分蘖期至开花期，每隔 10d，测定 15 个分株丛的绝对高度，2 次株丛高度之差除以间隔日数为生长速度。产草量是 2 次刈割分别于开花期后和霜冻前，以株丛为单位刈割称重，留茬 5cm。茎叶比在第一次刈割测产的同时，取代表性草样 300g，将茎、叶分开（叶鞘和花序算作茎）称风干重，两者之比为茎叶比。分蘖能力是 10 月初测定各株丛的分蘖数。穗部形态是在种子成熟期，随机取 30 个穗，测定穗长、穗宽、穗节数、穗节小穗数、小穗长、小穗宽、小穗小花数、第一颖长和第一外稃长。营养成分于 5 月 24 日、5 月 27 日和 6 月 3 日分别齐地面刈割 1m² 样方，重复 3 次，将茎、叶、穗分开，风干后磨碎测营养成分。粗蛋白质、粗脂肪、粗纤维、粗灰分、Ca 和 P 分别采用国标 GB/T 6432—1994、GB/T 6433—1994、GB/T 6434—1994、GB/T 6438—1992、GB/T 6436—1992 和 GB/T 6437—1992 方法测定。无氮浸出物含量为 100％－（水分含量＋粗蛋白质含量＋粗脂肪含量＋粗纤维含量＋粗灰分含量）。

1.3 计算公式

$$超亲优势 = \frac{F_1 - HP}{HP} \times 100。$$

$$负向超亲优势 = \frac{F_1 - LP}{LP} \times 100。$$

$$中亲优势 = \frac{F_1 - (P_1 + P_2)/2}{(P_1 + P_2)/2} \times 100\%。$$

式中：P_1、P_2 代表两亲本某一性状；HP 代表双亲中某一性状的高值亲本；LP 代表双亲某一性状的低值亲本。

2 结果与分析

2.1 杂种 F_1 及其亲本的生育期

灰色赖草的返青期最早，3 月下旬开始，比羊草早 7d，杂种 F_1 介于两亲本之间（表2）。羊草从返青到拔节需 30d，灰色赖草需 48d，F_1 介于双亲之间，约需 42d，表明灰色赖草苗期生长较缓慢。但灰色赖草从拔节到开花只需 23d，羊草 29d，F_1 25d，表明灰色赖草在营养和生殖生长期发育较快。亲本及 F_1 均在 6 月初进入开花期，这是亲本间杂交和进一步回交的基本条件之一。羊草的生育日数少于灰色赖草，但其果后营养期较长（87d），所以其生长日数与灰色赖草接近，均为 190d。F_1 的生育日数介于双亲之间，生长日数多于双亲。

表 2 羊草、灰色赖草及杂种 F_1 的生育期（2003 年）

材料	返青期（日/月）	分蘖期（日/月）	拔节期（日/月）	孕穗期（日/月）	抽穗期（日/月）	开花期（日/月）	成熟期（日/月）	生育日数	枯黄期（日/月）	生长日数（d）
羊草	04/04	28/04	05/05	10/05	20/05	03/06	20/07	108	15/10	194
灰色赖草	27/03	23/04	18/05	23/05	29/05	10/06	28/07	124	16/10	191
杂种 F_1	01/04	28/04	12/05	18/05	23/05	05/06	26/07	118	18/10	198

2.2 杂种 F_1 及其亲本的生物学特性

2.2.1 生长速度

F_1 与其亲本的生长速度有差异（图1）。羊草生长速度于 5 月 22 日—6 月 2 日达到最高，平均 2.8cm/d，表明羊草在 6 月 2 日以后由以营养生长为主转入以生殖生长为主，即生长中心开始转移。

而 F_1 和灰色赖草的生长速度于 6 月 2 日—6 月 12 日达到最高，分别是 3.7cm/d 和 4.12cm/d，说明杂种 F_1 继承了亲本灰色赖草营养生长期较长的特性。纵观整个生长发育时期，灰色赖草苗期生长速率明显低于羊草，但拔节后则迅速生长，生长速度始终大于羊草，杂种 F_1 的生长速度在营养生长期具有明显的超亲优势，进入生殖生长期则具有负向超亲优势。

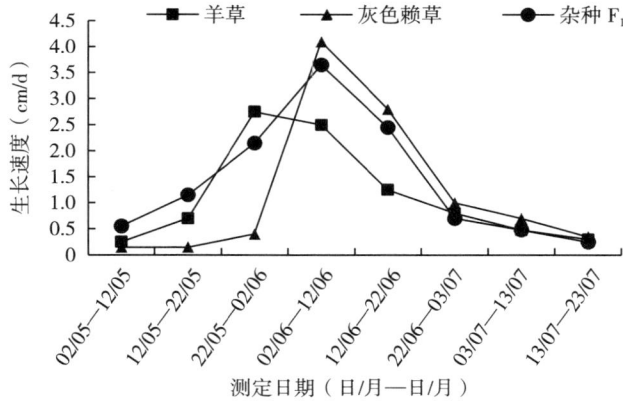

图 1　羊草、灰色赖草及杂种 F_1 的生长速度

2.2.2　株高、叶片长、叶片宽、分蘖能力及鲜草产量

除分蘖能力外，父本灰色赖草的各项指标均优于母本羊草（表 3）。在株高、叶片长、叶片宽、叶面积、茎叶比和鲜草产量上表现超亲优势，超亲优势率分别是 8.3%、38.3%、5.9%、50.0%、27.8% 和 20.9%。分蘖能力具有负向超亲优势，负向超亲优势率为 5.7%。而且，鲜草产量与株高、叶片长、叶片宽、叶面积、茎叶比和分蘖能力的相关系数都达到极显著水平（$P < 0.01$）（表 4）。

表 3　杂种 F_1 及其双亲的农艺学特征

农艺学特性	羊草	灰色赖草	杂种 F_1	双亲平均值	超亲优势率（%）	负向超亲优势率（%）	中亲优势率（%）
株高（cm）	115.5	130.8	141.7	123.2	8.3	22.7	15.0
叶片长（cm）	15.9	18.3	25.3	17.1	38.3	59.1	48.0
叶片宽（mm）	6.5	8.5	9.0	7.5	5.9	38.5	20.0
叶面积（cm²）	6.5	13.2	19.8	9.8	50.0	204.6	102.0
茎叶比	3.1	1.3	0.9	2.2	27.8	70.7	58.6
分蘖能力（分蘖数/株）	120.0	88.0	93.0	104.0	0	5.7	0
鲜草产量（g/株丛）	47.0	310.3	375.2	178.7	20.9	0	101.0

表 4　鲜草产量与农艺性状的相关系数

	株高	叶片长	叶片宽	叶面积	茎叶比	分蘖能力
鲜草产量（g/株丛）	0.984 5**	0.964 3**	0.942 4**	0.982 0**	−0.929 5**	0.879 6**

注：** 表示差异在 1% 水平显著。

2.3　穗部形态特征

灰色赖草穗粗大，穗长、穗宽、穗节数、小穗长、小穗宽等性状明显大于母本羊草（表 5）。F_1 的穗长、穗宽、小穗长、第一外稃长等性状均表现超亲优势，穗节数、穗节小穗数、小穗宽、小穗小花数、第一颖长等性状表现出超低亲优势。从穗部的另一些特征分析，羊草和灰色赖草的差异也较大，羊草的小穗在基部和中部穗轴节上孪生、上部单生；颖针状，不覆盖第一外稃的基部；外稃披针形，每小穗含6.8小花。灰色赖草的穗轴节上着生3枚小穗，颖长披针形，下部覆盖第一外稃的基部，向上渐狭呈芒状，长度明显长于小穗；外稃披针形，背部具短茸毛，每小穗含4小花。F_1基部和中部小穗孪生；顶部小穗单生，与母本羊草相近；颖披针形，覆盖第一外稃的基部，与小穗等长；外稃宽披针形，与父本灰色赖草相近，每小穗含5.7小花，介于双亲之间。

表5 杂种 F_1 及其双亲穗部形态特征

穗部形态特征	羊草	灰色赖草	杂种 F_1	双亲平均值	超亲优势率（%）	负向超亲优势率（%）	平均优势率（%）
穗长（cm）	18.5±2.86	23.7±2.33	27.0±2.29	21.1	13.9	45.9	28.0
穗宽（mm）	6.3±1.45	10.9±2.34	13.2±1.87	8.6	21.1	109.5	53.5
穗节数	19.2±2.76	31.3±3.04	24.7±2.61	25.3	0	28.6	0
穗节小穗数	1.7	3	2.1	2.4	0	23.5	0
小穗长（mm）	14.5±3.16	15.7±2.84	21.4±2.63	15.1	36.3	47.6	42.7
小穗宽（mm）	3.6±0.97	4.1±1.34	3.7±1.27	3.9	0	2.8	0
小穗小花数	6.8±1.97	4.0±1.08	5.7±2.58	5.4	0	42.5	0
第一颖形状	针状	长披针形	披针形				
第一颖长（mm）	7.0±1.33	25.1±1.63	13.6±1.44	16.1	0	94.3	
第一外稃形状	披针形	披针形	宽披针形				
第一外稃长（mm）	10.3±1.61	13.1±1.20	14.0±1.28	11.7	6.9	35.9	19.7
花药颜色	黄色和紫色	黄色	浅黄色				

2.4 营养成分

营养成分是衡量牧草经济价值和饲用价值的主要指标之一。杂种 F_1 茎、叶、穗及地上全株的营养成分与其双亲相比（表6），茎的粗蛋白质、粗纤维含量、无氮浸出物、Ca、P 含量均呈显著超亲优势；叶的粗蛋白质、粗脂肪、粗灰分、无机 P 含量呈超亲优势；穗的粗蛋白质、粗灰分呈超亲优势；全株粗蛋白质、无氮浸出物、粗灰分和 Ca 含量呈超亲优势，而粗脂肪、粗纤维、P 含量等营养成分都表现出负向超亲优势，即高于双亲中的低值亲本。由表6还可以看出，供试材料叶片的粗蛋白质含量明显高于茎和穗，而粗纤维含量则明显低于茎和穗。

表6 杂种 F_1 及其双亲的营养成分（占风干物质%）

材料	取样部位	粗蛋白质	粗脂肪	粗纤维	无氮浸出物	粗灰分	Ca	P
羊草 L. chinensis	茎	15.08	3.10	32.13	32.25	5.89	0.18	0.15
	叶	17.77	2.34	20.84	41.55	9.39	0.60	0.16
	穗	15.32	2.68	24.78	39.63	4.64	0.22	0.28
	全株	15.47	2.19	30.18	34.29	6.23	0.29	0.17
灰色赖草 L. cinereus	茎	10.08	5.06	31.58	32.92	5.19	0.20	0.27
	叶	14.16	3.12	27.57	35.25	5.94	0.22	0.27
	穗	12.05	2.80	32.65	45.68	4.41	0.12	0.40
	全株	13.52	3.34	34.13	35.13	5.94	0.30	0.58

（续）

材料	取样部位	粗蛋白质	粗脂肪	粗纤维	无氮浸出物	粗灰分	Ca	P
杂种 F_1	茎	14.21	2.23	30.9	40.35	6.49	0.57	0.44
	叶	20.25	4.51	25.55	34.88	3.80	0.33	0.58
	穗	17.18	2.25	26.33	35.47	3.64	0.16	0.33
	全株	15.58	2.29	32.16	35.48	4.59	0.33	0.29
双亲平均值	茎	12.58	4.35	31.86	32.59	5.54	0.19	0.21
	叶	15.97	2.73	24.21	38.40	7.67	0.40	0.22
	穗	13.69	2.74	28.72	42.66	4.53	0.17	0.34
	全株	14.50	2.77	32.16	34.71	6.09	0.30	0.38
超亲优势率（%）	茎	1.70	0.00	2.15	22.57	0.00	159.09	62.96
	叶	13.96	44.55	0.00	0.00	36.03	0.00	114.80
	穗	12.14	0.00	0.00	0.00	17.46	0.00	0.00
	全株	0.71	0.00	0.00	1.00	22.72	10.00	0.00
负向超亲优势率（%）	茎	40.97	0.00	3.83	25.12	0.00	216.67	193.30
	叶	43.01	92.74	7.33	0.00	59.53	50.00	262.50
	穗	42.57	0.00	19.36	0.00	20.90	33.33	17.86
	全株	20.30	4.57	5.77	3.47	26.32	13.79	70.59
中亲优势率（%）	茎	16.17	0.00	3.01	23.81	0.00	200.00	109.50
	叶	26.80	65.20	0.00	0.00	50.45	0.00	163.60
	穗	25.49	0.00	8.32	0.00	19.65	0.00	0.00
	全株	7.45	0.00	0.00	2.22	24.63	10.00	0.00

3 讨论

3.1 杂种 F_1 及其双亲植株形态特征

羊草和灰色赖草田间形态特征差别较大。羊草叶色黄绿，叶片小而薄，茎秆细弱，穗较小；灰色赖草叶色灰绿，叶片宽大且粗糙，茎秆粗壮，穗较粗大。杂种 F_1 株型介于双亲之间，叶色黄绿偏向于母本羊草，但在株高、叶片长与宽、茎叶比等性状方面则表现较强的超亲优势。因此杂种 F_1 与其双亲相比具有植株高大、叶片宽厚、叶量丰富和生长旺盛等特点。F_1 穗型介于双亲间，在穗长、穗宽、小穗长等性状方面则表现超亲优势，因而与双亲相比 F_1 穗较粗大。由此认为株高、叶片长与宽、茎叶比、穗长、宽、穗、节小穗数、小穗长等在 F_1 表现出的优势性状可作为杂种真实性鉴别的形态学依据。羊草的第一颖为针状，不覆盖第一外稃的基部；灰色赖草的颖为长披针形，明显长于小穗；F_1 颖的形状与灰色赖草相近为披针形，但明显短于小穗。所以第一颖的形状亦可以作为真假杂种的鉴定依据之一。

3.2 杂种 F_1 及其亲本的丰产性能

对于牧草而言，干（鲜）草产量可以通过株高、叶片长、叶片宽、分蘖数、生长速度等指标具体体现。本试验结果也表明：株高、叶片长与宽、叶面积、茎叶比和分蘖数与鲜草产量呈显著相关，相关系数分别达到 0.984 5、0.964 3、0.942 4、0.982 0、−0.929 5 和 0.879 6。F_1 除在分蘖能力上表现负向超亲优势外，在株高、叶片长、叶片宽、茎叶比等性状上都表现出超亲优势，表明羊草与灰色

赖草的种间杂种 F_1 在丰产性能上有较强的杂种优势，在生产中可以通过根茎无性繁殖以利用和固定其优势。

3.3　种间杂种 F_1 的研究利用思路

由于 F_1 具有很强的超亲优势或中亲优势，所以对该杂交组合的进一步选育和利用应以巩固和加强种间杂种优势为主，可以通过诱导异源双二倍体使其育性得到恢复，最终达到利用远缘杂交和多倍体的双重优势选育和创造新物种——羊赖草的目的。

参考文献（略）

本文原刊载于《草地学报》，2005 年第 3 期，略有删改

羊草与灰色赖草及其杂交种的耐盐生理特性比较

侯建华[1]，云锦凤[2]，张东晖[1]

（1. 内蒙古农业大学农学院，呼和浩特　010019；2. 内蒙古农业大学生态环境学院，呼和浩特　010018）

摘要： 用不同浓度的复盐（NaCl 60％，Na_2SO_4 40％）进行根际盐分胁迫处理，研究了羊草、灰色赖草及其杂交种的耐盐生理特性。结果表明，在 0.2％、1.0％和 2.0％盐浓度胁迫处理下，两亲本及其杂交种叶片均表现相对含水量（RWC）逐渐降低，相对电导率、丙二醛（MDA）含量、超氧化物歧化酶（SOD）活性逐渐增加，但亲本羊草和杂交种的 SOD 活性在 2.0％盐浓度胁迫下开始降低。而且杂交种对盐胁迫的敏感性与亲本灰色赖草接近，小于另一亲本羊草。

羊草（*Leymus chinensis*）又称碱草，是欧亚大陆草原区东部草甸草原上的建群种，广泛分布在我国东北及西北、华北等地区的草原上，是一种抗逆性很强的优良牧草；赖草（*Leymus secalinus*）为耐盐、抗旱的多年生根茎型禾草，生态适应幅度较大，分布较广，但面积不大，主要分布在我国北方和青藏高原半干旱、干旱地区。作者用国产种羊草与国外引进种灰色赖草进行了杂交，获得了种间杂交种（F_1）。进一步对种间杂交种（F_1）及其亲本进行耐盐性比较，为进一步利用种间杂种优势及选育新品种提供理论依据。

1 材料与方法

1.1 材料

羊草、灰色赖草、羊草×灰色赖草的杂交种 F_1。

1.2 方法

1.2.1 幼苗培育

将田间返青的供试植物幼苗（2 叶期）带回室内，置人工气候培养箱用 1/2 Hoagland 营养液水培，昼夜温度为 25/20℃，光照强度为 11 000～13 000lx，光照周期 14h/d。4 次重复，由气泵供气，定期更换培养液。

1.2.2 盐处理

待幼苗长到第 5 片叶完全展开时，进行盐胁迫处理。盐胁迫以含有 0％、0.2％、1.0％、2.0％复盐（NaCl 60％，Na_2SO_4 40％）的 Hoagland 营养液处理各材料的根系 72h。

1.2.3 叶片相对含水量的测定

采用称重法测定。

1.2.4 叶片质膜透性的测定

用 DDS-11A 型电导仪测定电导率，取待测的叶片 0.5g 置于 20mL 的具塞试管中，加 10mL 无离子水，在室温下浸泡 2h，测电导率初值，然后沸水中煮 15min，冷却至室温后测电导率终值，6 次重复。以相对电导率表示细胞膜相对透性，相对电导率＝电导率初值/电导率终值×100％。

1.2.5 丙二醛（MDA）含量的测定

取鲜叶 0.5g，加 3mL 0.05mol/L 的 Na_3PO_4 缓冲液（pH7.8），置冰浴中慢速研磨，定容到 5mL

刻度试管中，于 8 000r/min 离心 20min，上清液即为酶提取液，取上清液测定 MDA 含量。取 1.5mL 酶提取液，加入 2.5mL 0.5%硫代巴比妥酸的 5%三氯乙酸溶液，在沸水浴中加热 10min，迅速冷却，以 1 800r/min 离心 10min，测定 532nm 和 600nm 下的消光值，MDA 的含量计算参照《作物生理研究法》。

1.2.6 超氧化物歧化酶（SOD）活性的测定

酶液提取方法同上。SOD 活性测定按《植物抗性生理学》方法，酶反应体系加样次序 62.5mmol/L（pH 7.8）PBS 2.4mL、0.06mmol/L 核黄素 0.2mL、30mmol/L 蛋氨酸 0.2mL、0.003mmol/L EDTA 液 0.1mL，加 25μL 酶液、1.125mmol/L NBT 0.2mL，置于 400lx 下反应 25min 进行光化还原。测定反应液在 560nm 下的光密度值，以抑制 NBT 光化还原 50%作为一个酶单位。以上测定均为 3 次重复。

1.3 计算标准

$$某指标伤害率 = \frac{对照指标值 - 处理指标值}{对照指标值} \times 100\%。$$

$$某指标敏感指数 = \frac{处理指标值 - 对照指标值}{对照指标值}。$$

2 结果与分析

2.1 盐胁迫对相对含水量的影响

从表 1 中可以看出，两亲本及其杂交种 F_1 都是随着盐胁迫浓度的增加，其相对含水量逐渐降低。但从相对含水量的伤害率来看（图 1），在 0.2%和 1.0%盐浓度胁迫下，羊草与灰色赖草的伤害率接近，分别是 14%、25%和 11%、24%，杂交种 F_1 的伤害率分别是 7%、11%，杂交种 F_1 的伤害率明显小于两亲本；在 2.0%盐浓度胁迫下，杂交种 F_1 与亲本灰色赖草伤害率相近，分别是 38%和 32%，羊草伤害率是 49%，杂交种 F_1 的伤害率明显小于另一亲本羊草。

表 1 盐胁迫下羊草、灰色赖草及其杂交种的生理指标

材料	不同盐处理下的相对含水量（%）				不同盐处理下的相对电导率（%）			
	0%	0.20%	1.00%	2.00%	0%	0.20%	1.00%	2.00%
羊草	87.70±2.01	75.35±2.93	65.6±3.03	44.77±2.54	9.54±1.20	15.56±1.13	18.90±2.53	41.05±1.62
灰色赖草	72.53±2.84	64.28±1.96	55.11±2.33	49.05±3.40	15.04±1.34	19.97±1.25	28.41±0.91	54.27±1.00
杂交种 F_1	86.94±3.08	80.75±3.19	77.22±2.47	54.32±3.15	11.19±0.70	13.23±0.79	15.71±1.77	32.37±2.33

材料	不同盐处理下的丙二醛含量（nmol/g）				不同盐处理下的 SOD 酶活性 [U/（min·g）]			
	0%	0.20%	1.00%	2.00%	0%	0.20%	1.00%	2.00%
羊草	16.53±0.85	19.41±0.71	22.16±1.11	33.97±0.74	40.4±2.43	49.93±1.35	52.62±2.78	49.83±3.64
灰色赖草	13.52±0.96	16.61±0.84	17.08±0.94	20.14±0.88	22.00±1.18	26.0±3.90	29.62±2.66	35.48±2.47
杂交种 F_1	7.09±1.03	8.40±0.99	8.89±0.57	10.11±0.90	29.67±3.19	35.10±1.47	39.29±1.48	37.87±3.32

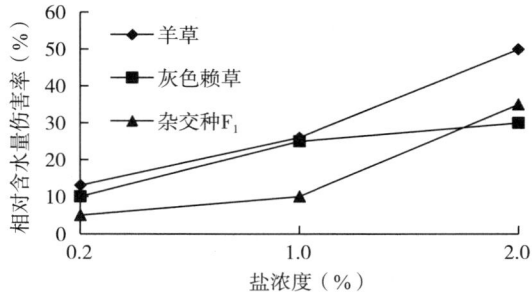

图1　盐胁迫对羊草、灰色赖草及杂交种 F_1 相对含水量

2.2　盐胁迫对电解质泄漏率的影响

植物质膜透性是细胞生理功能的一个重要指标。测定植物细胞外渗物质的电导率，可以代表植物细胞质膜透性的大小。在不同浓度盐胁迫下，亲本及其杂交种相对电导率都表现为增加，而且随着盐胁迫浓度的增加，相对电导率的值也逐渐增加（表1）。与对照相比，在0.2%、1.0%和2.0%盐浓度胁迫下，亲本羊草的敏感指数都最高，分别是0.63、0.98和3.30，另一亲本灰色赖草的敏感指数居中，分别是0.33、0.89和2.61；杂交种 F_1 的敏感指数最低，分别是0.18、0.40和1.89（图2）。

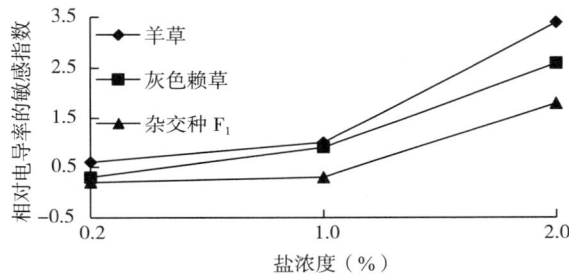

图2　盐胁迫下羊草、灰色赖草及杂交种 F_1 相对电导率的敏感指数

2.3　盐胁迫对丙二醛含量的影响

一般认为，膜系统是盐胁迫伤害的最初和关键部位，盐胁迫下膜的伤害与膜脂过氧化的增强有关。MDA是膜脂过氧化的主要产物，其含量高低是反映膜脂过氧化强弱的重要指标。从表1中看出，在盐胁迫下，MDA的变化规律与相对含水量、相对电导率的变化规律一样，都是随着盐胁迫浓度的增加，含量持续增加。但从图3来看，在0.2%盐浓度胁迫条件下，杂交种 F_1 MDA的敏感指数与羊草相近，分别是0.18和0.17，另一亲本灰色赖草的敏感指数是0.23，大于羊草和杂交种 F_1；在1.0%和2.0%盐浓度胁迫下，杂交种MDA的敏感指数与灰色赖草相近，分别是0.25、0.43和0.26、0.49，羊草的敏感指数是0.34、1.06，显著大于杂交种 F_1 和灰色赖草。

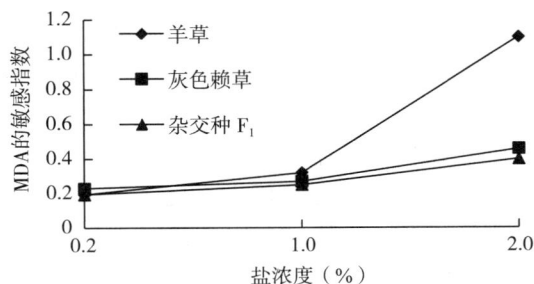

图3　盐胁迫下羊草、灰色赖草及杂交种 F_1 MDA的敏感指数

2.4 盐胁迫对超氧化物歧化酶 (SOD) 活性的影响

盐胁迫使植物产生大量自由基 (O_2、H_2O_2、OH 和 $^1O_2$ 等)，它们能直接或间接启动膜脂的过氧化作用，导致膜的损伤或破坏。SOD 是植物体内第一个清除活性氧的关键酶，能将 O_2 歧化成 H_2O_2，对 O_2 本身及其所产生的其他活性氧 (OH 和 $^1O_2$) 对机体的伤害起保护作用，因此 SOD 活性大小能较好地反映品种的抗旱性强弱。从表 1 看，盐胁迫使 SOD 活性增加，但亲本及其杂交种 F_1 对盐胁迫的敏感性不同，亲本羊草及杂交种 F_1 的 SOD 活性在 1.0% 盐浓度胁迫下达到最高，在 2.0% 盐浓度胁迫下开始下降；另一亲本灰色赖草则随着盐胁迫浓度的增加，SOD 活性持续增加。在 0.2% 盐浓度胁迫下，羊草 SOD 活性的敏感指数高于灰色赖草和杂交种 F_1；在 1.0% 和 2.0% 盐浓度胁迫下，灰色赖草的敏感指数最高，杂交种 F_1 次之，羊草最低 (图 4)。

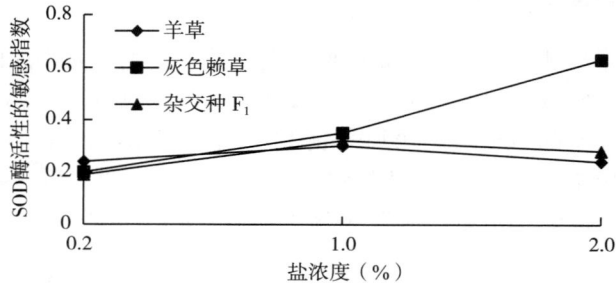

图 4　盐胁迫下羊草、灰色赖草及杂交种 F_1 SOD 的敏感指数

3　讨论与结论

很多研究结果表明，膜是产生原初胁迫和次级胁迫反应的主要部位，盐胁迫影响膜的许多方面，如膜离子的选择特性、无机及有机物质的运输、膜的分泌功能、膜质的成分及膜的超微结构等。特别是随着生物膜理论和研究技术的发展，植物逆境与膜脂过氧化的关系受到了重视。超氧化物歧化酶是活性氧清除酶系统中的第一个关键酶，MDA 是膜脂过氧化的主要产物之一。在本研究中，两亲本及其杂交种 F_1 在不同盐浓度胁迫下，SOD 活性都表现增加，MDA 含量也表现增加，这说明在盐胁迫下仍产生了一部分过剩的自由基，从而引发了膜脂过氧化作用，致使膜脂过氧化的最终产物 MDA 累积，同时也说明，SOD 的调节能力是有限的。本实验中，就同一浓度盐分胁迫下，SOD 活性增加迅速的材料，其 MDA 含量增加的幅度较小，说明两者是互相影响的。

盐胁迫对植物造成的伤害之一是导致生理伤害，造成吸水困难，使植物组织相对含水量降低而产生伤害。从本实验的结果看，在 0.2%、1.0% 浓度的盐分胁迫下，杂交种 F_1 在相对含水量上的伤害率都显著小于双亲；在 2.0% 浓度的盐分胁迫下，杂交种 F_1 的伤害率小于亲本羊草而与另一亲本灰色赖草相近。这说明两亲本及其杂交种 F_1 的抗盐 (耐盐) 性是有差别的，在低浓度和中等浓度盐分胁迫下，杂交种 F_1 的抗盐性大于两亲本；在高浓度盐分胁迫下，杂交种 F_1 的抗盐性与灰色赖草接近，大于羊草。从相对电导率的测定结果看，在不同浓度盐分胁迫下杂交种 F_1 的敏感指数都是最低，说明杂交种 F_1 在盐胁迫下细胞质膜受到的伤害较小，对盐害的抗 (耐) 性较强。本实验中的 MDA 含量的测定结果表明，杂交种 F_1 对盐胁迫的敏感性与亲本灰色赖草相近，小于另一亲本羊草。SOD 酶的测定结果亦表明杂交种 F_1 对盐胁迫的敏感性小于亲本灰色赖草，而大于亲本羊草。不同植物的抗盐方式和抗盐途径是不同的，植物抗盐能力的大小是多种代谢的综合表现，如果根据单一指标来评价植物抗盐性高低，肯定不能客观地反映植物的真实抗盐性，因此，只有多个指标的综合分析才能客观地反映其真实的抗盐性。综合以上各测定指标，杂交种 F_1 对盐胁迫的敏感性与亲本灰色赖草相近，小于另一亲本羊草。

研究和评价品种间抗 (耐) 盐性差异时，除采用多个指标做综合评定外，盐分胁迫程度或盐分胁迫时的浓度是进行抗旱性评定的一个非常重要的条件。从实验结果看，在高浓度盐分胁迫下（2.0%），叶片相对含水量急剧下降，而且下降的幅度在不同材料间的差异性变小；相对电导率、MDA 含量大量增加，SOD 活性开始下降，说明随着水分胁迫的加剧，供试各材料叶片的各项生理指标表现出适应性变化。在中等浓度（<2.0%）盐分胁迫下测定相对含水量、相对电导率、MDA 含量、SOD 活性等各生理生化指标能较好地反映出各供试材料的抗（耐）盐性。

参考文献（略）

本文原刊载于《草业学报》，2005 年第 1 期，略有删改

羊草（*Leymus chinensis*）与灰色赖草（*Leymus cinereus*）及其杂交种（F$_1$）的抗旱生理特性比较

侯建华[1]，云锦凤[2]，张东晖[2]

（1. 内蒙古农业大学农学院，呼和浩特 010019；2. 内蒙古农业大学生态环境学院，呼和浩特 010018）

摘要：用不同浓度的聚乙二醇（PEG6000）进行根际水分胁迫处理，研究羊草、灰色赖草及其杂交种的抗旱生理特性。结果表明，在 15％PEG、25％PEG、35％PEG 不同处理下，两亲本及其杂交种叶片相对含水量（RWC）逐渐降低；相对电导率、丙二醛（MDA）含量逐渐增加；超氧化物歧化酶（SOD）在 15％PEG、25％PEG 处理下，活性逐渐增加，在 35％PEG 处理下，活性开始下降。而且在 15％PEG、25％PEG 处理下，杂交种的抗旱（耐旱）性与亲本羊草相近，明显大于另一亲本灰色赖草。

羊草 [*Leymus chinensis*（Trin.）Tzvel.] 又称碱草，是欧亚大陆草原区东部草甸草原上的建群种，广泛分布在我国东北、内蒙古及西北、华北等地区的草原上，是一种抗逆性很强的优良牧草。赖草（*Leymus secalinus*）为耐盐抗旱多年生根茎高大禾草，生态适应性强，分布范围较广，但面积不大，主要分布在我国北方和青藏高原半干旱、干旱地区。灰色赖草（*Leymus cinereus*）是云锦凤教授从美国引进，它具有植株高大、结实率较高、种子大等特点。

我们把国产种羊草与国外引进种灰色赖草进行了杂交，获得了种间杂交种（F$_1$），并进一步对种间杂交种（F$_1$）及其亲本进行了抗旱性比较，希望其结果能为我国进一步利用种间杂种优势及选育新品种提供理论参考。

1 材料与方法

1.1 供试材料

羊草、灰色赖草、羊草×灰色赖草的 F$_1$ 杂交种。

1.2 处理方法

1.2.1 幼苗培育

将田间返青的供试植物幼苗（2 叶期）带回室内，置于人工气候培养箱用 1/2 Hoagland 营养液水培，昼夜温度为 25/20℃，光照强度为 11 000～13 000lx，光照周期 14h/d，4 次重复，由气泵供气，定期更换培养液。

1.2.2 干旱处理

待幼苗长到第 5 片叶完全展开时，进行胁迫处理。干旱胁迫是将每种材料置于浓度（W/V）分别是 0、15％、25％、35％的 PEG 诱导的高渗 1/2 Hoagland 营养液中 72h。

1.3　指标测定

（1）叶片相对含水量的测定是采用称重法测定。

（2）叶片质膜透性的测定是用 DDS-11A 型电导仪测定电导率，取待测的叶片 0.5g 置于 20mL 具塞试管中加 10mL 无离子水，在室温下浸泡 2h，测电导率初值，然后沸水中煮 15min，冷却至室温后测电导率终值，6 次重复。以相对电导率表示细胞膜相对透性，相对电导率＝电导率初值/电导率终值×100%。

（3）丙二醛（MDA）含量的测定是取鲜叶 0.5g，加 3mL 0.05mol/L 的 Na_3PO_4 缓冲液（pH7.8），置冰浴中慢速研磨，定容到 5mL 刻度试管中，于 8 000r/min 离心 20min，上清液即为酶提取液。取上清液测定 MDA 含量。取 1.5mL 提取液，加入 2.5mL 0.5%硫代巴比妥酸的 5%三氯乙酸溶液，在沸水浴中加热 10min 迅速冷却，以 1 800r/min 离心 10min，上清液测定 532nm 和 600nm 下的消光值，MDA 的含量计算参照张宪政主编的《作物生理研究法》。

（4）超氧化物歧化酶（SOD）活性的测定酶液提取方法同上。SOD 活性按刘祖祺主编的《植物抗性生理学》介绍的方法测定。酶反应体系加样次序：62.5mmol/L（pH7.8）PBS 2.4mL、0.06mmol/L 核黄素 0.2mL、30mmol/L 蛋氨酸 0.2mL、0.003mmol/L EDTA 液 0.1mL，加 25μL 酶液、1.125mol/L NBT 0.2mL，置于 400lx 下反应 25min 进行光化还原。测定反应液在 560nm 下的光密度值，以抑制 NBT 光化还原 50%作为一个酶活单位（U），酶活性以 U/g 表示。

1.4　计算标准

$$某指标敏感指数＝\frac{处理指标值－对照指标值}{对照指标值}×100\%。$$

$$某指标伤害率＝\frac{对照指标值－处理指标值}{对照指标值}×100\%。$$

2　结果与分析

2.1　水分胁迫下相对含水量的变化

从表 1 可以看出，在干旱胁迫下，亲本及其杂交种的叶片相对含水量表现下降。与对照相比，灰色赖草在 15%、25%诱导的干旱胁迫条件下，叶片相对含水量的下降幅度最大，即伤害率最大。羊草在轻度（15%）水分胁迫下，相对含水量的下降幅度与杂交种相近；在中度（25%）水分胁迫下，相对含水量降低幅度低于杂交种；在重度（35%）水分胁迫下，两亲本及其杂交种叶片相对含水量的降低幅度差异不明显（$P>0.05$），其结果见图 1。

表 1　水分胁迫下羊草、灰色赖草和杂交种的生理指标

	相对含水量（%）				相对电导率（%）				丙二醛含量（nmol/g）				SOD 活性（U/g）			
	0%	15%	25%	35%	0%	15%	25%	35%	0%	15%	25%	35%	0%	15%	25%	35%
羊草	85.46	75.03	70.92	18.72	8.16	8.25	12.04	20.80	23.78	27.35	28.72	31.85	40.18	46.31	49.41	42.80
灰色赖草	75.66	45.13	44.29	14.57	15.04	25.76	30.06	31.47	16.23	18.62	19.68	22.60	19.76	20.65	28.85	21.33
F_1	63.16	53.89	44.56	17.52	11.79	14.14	17.88	29.41	6.74	7.29	7.92	9.01	25.83	29.63	35.63	29.11

2.2　水分胁迫下电解质泄漏率的变化

植物质膜透性是细胞生理功能的一个重要指标。测定植物细胞外渗物质的电导率，可以代表植物

细胞质膜透性的大小。在不同程度的水分胁迫条件下，双亲及杂交种叶片相对电导率呈增加趋势，这说明水分胁迫使质膜选择性透性受到破坏（表1）。从图2看，轻度（15%）和中度（25%）水分胁迫下，灰色赖草的敏感度指数大于羊草和杂交种；在重度（35%）水分胁迫条件下，灰色赖草的敏感指数小于羊草和杂种。

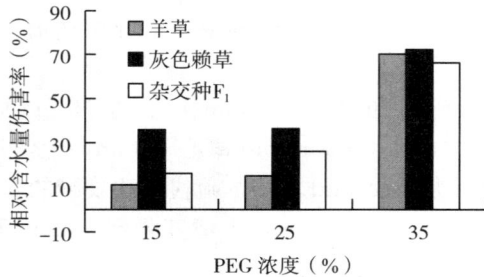

图 1　水分胁迫下羊草、灰色赖草及
其杂交种相对含水量的下降率

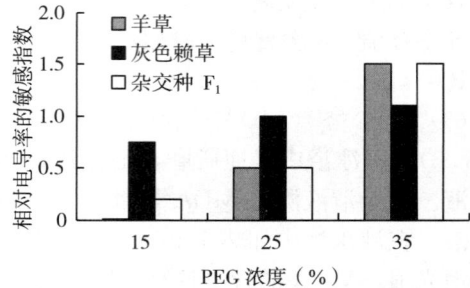

图 2　水分胁迫下羊草、灰色赖草及其
杂交种相对电导率的敏感指数

2.3　水分胁迫下丙二醛含量的变化

一般认为，膜系统是干旱（水分胁迫）伤害的最初和关键部位，干旱（水分胁迫）下膜的伤害与膜脂过氧化的增强有关。MDA 是膜脂过氧化的主要产物，其含量高低反映着植物受伤害的程度。从表1中看到，水分胁迫使 MDA 含量增加。而且，随着水分胁迫程度的加深，MDA 含量也逐渐增加。这说明水分胁迫使细胞膜的膜脂发生了过氧化作用。但亲本及其杂交种对水分胁迫的敏感程度不同，在轻度和中度水分胁迫下，杂交种的敏感指数小于两亲本；在重度水分胁迫下，杂交种的敏感指数与羊草相近，小于灰色赖草（图3）。

2.4　水分胁迫下 SOD 活性的变化

水分胁迫使植物产生大量自由基（O_2^-、OH、H_2O_2 和 $^1O_2$ 等），它们能直接或间接启动膜脂的过氧化作用，导致膜的损伤或破坏。SOD 是植物体第一个清除活性氧的关键酶，能将 O_2 歧化成 H_2O_2，对 O_2^- 本身及其所产生的其他活性氧（OH 和 $^1O_2$）对机体的伤害起保护作用，因此 SOD 活性大小能较好地反映品种的抗旱性强弱。从表1可以看出，在水分胁迫下，两亲本及其杂交种 SOD 活性与对照相比有所增加。但在重度水分胁迫下，它们增加的幅度明显的低于中度和轻度水分胁迫。这说明植物体内保护酶系统比其他生理指标对水分胁迫更为敏感。而且在轻度水分胁迫（15%）下，羊草和杂交种 SOD 活性增加的幅度明显大于灰色赖草；在中度水分胁迫（25%）下，灰色赖草和杂交种 SOD 活性的增加幅度明显大于羊草；在重度水分胁迫（35%）下，杂交种 SOD 活性的敏感指数明显大于羊草和杂交种（图4）。

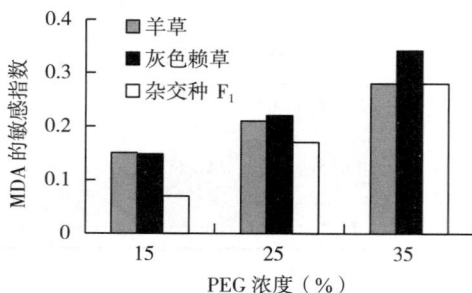

图 3　水分胁迫下羊草、灰色赖草及其
杂交种对丙二醛的敏感指数

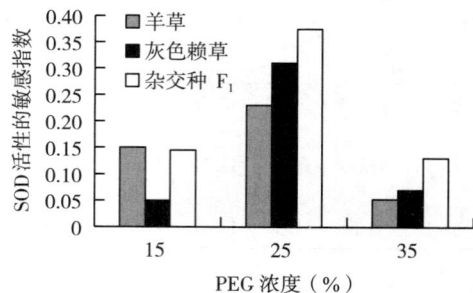

图 4　水分胁迫下羊草、灰色赖草及其杂
交种 SOD 活性的敏感指数

3 讨论

    培育抗旱、耐脊的牧草新品种或育种新材料是牧草育种工作的一个重要内容。对抗旱生理特性的研究和评价可以为杂交后代抗旱性的选择提供选择依据。许多研究表明：叶片中的相对含水量（RWC）、相对电导率、丙二醛（MDA）含量和超氧化物歧化酶（SOD）活性与植物的抗旱性有着密切的相关关系，是目前已经被广泛应用并相互关联的抗旱生理指标。本研究中，在不同的 PEG 浓度下，两亲本及其杂交种叶片中 RWC、MDA 含量、SOD 活性和相对电导率均发生了不同程度的变化。在轻度和中度水分胁迫下，杂交种在各个生理指标上对水分胁迫的敏感性低于灰色赖草，与羊草较接近。这表明杂交种（F_1）的抗旱性与母本羊草接近，大于父本灰色赖草。在重度水分胁迫下，两亲本及其杂交种对相对含水量的感性差异不大。关于相对电导率，羊草和杂交种的电解质泄漏率明显大于赖草。但在 MDA 含量、SOD 活性上杂交种的敏感性与羊草接近，并小于灰色赖草。众所周知，利用单一指标做抗旱性的评价不合适，必须有几种指标互相参照并进行综合评价。综合以上各测定指标的结果，可以看出，种间杂交种（F_1）的抗旱性明显地大于亲本灰色赖草，与另一亲本羊草接近，间或高于羊草。在研究和评价品种间抗旱性差异时，除采用多个指标进行综合评定外，干旱程度或水分胁迫程度是进行抗旱性评定的一个非常重要的条件。从本研究结果看，重度水分胁迫下（35%），叶片相对含水量急剧下降，而且下降的幅度在不同材料间的差异性变小。相对电导率、MDA 含量大量增加；SOD 活性开始下降，说明随着水分胁迫的加剧，供试各材料叶片的各项生理指标表现出适应性变化。所以笔者认为，在 25% 浓度的 PEG 胁迫下测定 RWC、相对电导率、MDA 含量、SOD 活性等各生理生化指标能较好地反映出各供试材料的抗旱性。

参考文献（略）

本文原刊载于《干旱地区农业研究》，2004 年第 4 期，略有删改

三、冰草的研究与利用

冰草属分类学研究的历史回顾

云锦凤，米福贵

（内蒙古农牧学院草原系，呼和浩特 010018）

摘要： 在冰草属植物的分类学问题上长期存在着争议，迄今为止仍有广义冰草属和狭义冰草属之分。为了使广大草地工作者了解世界冰草属分类学的过去及现状，本文回顾了自 1770 年以来冰草属分类学研究的历史，重点论述了世界上著名分类学家 Nevski、Tzvelev 和 Löve 等人的分类系统冰草属（*Agropyron* Gaertn.）是禾本科小麦族（Triticeae Dum. ＝大麦族 Hordeae Benth.）中一个多年生植物属。在分类学的研究历史上，关于它的分类地位归属问题，分类学家有着极大的分歧与争议，这因而带来了分类上的混乱和不稳定性，到目前为止仍有狭义冰草属和广义冰草属之分。

自从 1770 年 J. Gaertner 把冰草属从雀麦属（*Bromus*）中分出以后，多数学者均接受其广义的概念。按照这一传统的广义观点，冰草属是小麦族中最大的属，包括 100 多个种，广泛地分布于南北两半球的温带和亚极带地区。它包括旱麦草属（*Eremopyrum*）、偃麦草属（*Elytrigia*）、鹅观草属（*Roegneria*）、花鳞草属（*Anthosachne*）以及现在的狭义冰草属（*Agropyron*）。小麦族中几乎全部穗轴具每节 1 小穗的多年生牧草都包括在内。这样一来，广义冰草属主要成分种穗部的某些特征虽然相近，但在一些重要的生物学特征（如繁殖方式、染色体组成和生态适应性）等方面差异较大，任何熟悉广义冰草属的人都会承认它是一个生物学上异质性较大的复合种群。

1933 年苏联禾草学家 S. A. Nevski 按照非常狭义的概念把冰草属处理为只包括 13 个冠状型（crested）冰草种的属（表 1）。在这之前，苏联的禾草学家 Konstantinov（1923）已把冰草属区分为两个基本的种群：宽穗冰草（*A. cristatum*）和窄穗冰草（*A. desertorum*）（表 1）。该两个种群的成分在形态学方面有着明显的差异。

Nevski 把冰草属分为 13 个种的分类学依据主要是形态学差异，他注重单个种的生长习性（根茎型与丛生型）、穗型（线型、复瓦型及梳型）、毛被的多少及位置。除 *A. dasyanthum*、*A. tanaiticum*、*A. cimmericum* 3 个种具长根茎外，*A. michnoi* 具短根茎。1934 年，他在重新考虑了前一年的决定后，把冰草属确立为由偃麦草亚属和真冰草亚属组成。偃麦草亚属由冰草属中根茎型的种（如 *A. repens*）及一些丛生型的种（如 *A. elongatum*）组成；真冰草亚属由 1933 年划定的冰草种组成。当时许多人认为 Nevski 的这种做法是单纯地分割属，但其 1933 年对冰草属的处理也得到了一些人的认可，如在欧亚较有影响的《中国主要植物图说——禾本科》、《苏联禾本科》和《欧洲植物志》均一致同意 Nevski 把冰草属处理为仅包括冠状型冰草种的小属。

除上述按生长习性划分种外，Nevski（1934）又根据穗型的不同把其余的种分为线型穗（*A. fragile* 和 *A. sibiricum*）、近圆柱形穗（*A. desertorum*、*A. badamense* 和 *A. ponticum*）和梳型穗（*A. cristatum*、*A. pectiniforme*、*A. imbricatum* 和 *A. pinifolium*）3 类。根据叶鞘被长柔毛或是无毛，可以把两个具线型穗种区分开，其他种的区别也主要是依据穗子的毛被情况、小穗密度及茎基部是否膨大等部分器官的形态学特征划分的。如根据茎基部是否膨大可以把 *A. badamense* 和 *A. ponticum* 与 *A. desertorum* 区别开（前者基茎膨大，后者不膨大）。毫无疑问，Nevski 在决定冰草属种的分类依据时，除考虑形态学特征外，还着眼于生境和分布区。但有几个关键性的特征（如毛被情况），其分类学价值是有异议和值得怀疑的，因此，他对冰草属的处理当时在苏联也没有得到广泛采纳，而分类趋向是把所有的种合并为 *A. cristatum*、*A. pectiniforme*、*A. desertorum* 和 *A. sibiricum* 4 个种。

在 1934 年以后的 20 多年中，冰草属分类学几乎没有多大进展，直到 1960 年英国细胞分类学家 Keith Jones 才对冰草属重新进行了分类，并发表了对大量腊叶标本的研究结果。他在注重与穗密度有关的穗形、穗部被毛程度以及地理分布情况下，把冰草属划成只包括西部宽穗种（*A. pectiniforme*）、东部宽穗种（*A. cristatum*）和窄穗种（*A. sibiricum*）3 个种的属〈表 1〉。西部宽穗种的穗形为梳状，通常情况下穗子较宽，小穗无毛；这个种包括 $2n=14$、28 和 42 的染色体组；主要分布在苏联的欧洲部分（乌拉尔山脉以西）、东欧巴尔干各国和土耳其、伊朗。东部宽穗种主要产于东亚，穗宽而紧密，呈覆瓦状，颖片及外稃密被长柔毛，这些特征不仅与 Linneus 最初的描述一致，也与 Nevski（1934）的概念相同。Jones 虽然推测到 *A. michnoi* 可能是 *A. cristatum* 种群的成分，但他没有把它放入 *A. cristatum* 中，对于 *A. desertorum* 他只是采取了简单并入 *A. sibiricum* 的办法。*A. sibiricum* 种群内穗形多样，大小不一，主要分布在从里海到巴尔喀什湖的中亚地区。

北美地区没有冰草的天然野生种，现今北美的冰草都是由国外引入的。自从 1898 年首次将 5 份 *A. cristatum* 从苏联引入北美后，它的分类问题一直混淆不清。1906 年第二次将 5 份冰草材料 *A. cristatum* 和 *A. desertorum* 引入北美，很快就被北美学者归并到 *A. cristatum* 中。就是著名分类学家 Hitchcock 所著的《美国禾草手册》第一版（1935）中也仅包括了 *A. cristatum* 一个种。而 Swallen 和 Rogler（1950）重新倡议冰草属至少要包括 *A. cristatum* 和 *A. desertorum* 2 个种。随后，第二版的《美国禾草手册》（1951）已承认冰草属有 *A. cristatum*、*A. desertorum*、*A. sibiricum* 3 个种，由于人们都普遍使用 Hitchcock 手册，因此 3 个种的冰草概念在北美比较盛行。分类学家 Weintraub（1953）和 Bowden（1965）都承认 Hitchcock 所鉴定的 3 个种。略有不同的是 Weintraub 又增加了一个含糊不清的种 *A. michnoi*，而 Bowden 则按照 Jones（1960）的建议把 *A. desertorum* 和 *A. sibiricum* 合并。

加拿大萨斯卡通的禾草育种家 Knowles（1955）收集了大量引自国外的冰草标本，并把这些材料划分为 6 个生态学类型，这 6 个类型与 Nevski（1934）所认可的 6 种相同。另外，Knowles 还证实大多数四倍体冰草种间杂交相当容易，并能部分或全部产生可孕的杂种。由于在栽培条件下各个种的植株均发生了变化，高而大，再加上它们之间的杂交混杂，因此它们的遗传性状趋于一致，因而很难从 Knowles 的材料中得出明确的分类结论。

1973 年，苏联小麦族分类学权威 N. N. Tzvelev 对冰草属进行了修订，1976 年他发表了《苏联禾本科》。在 Nevski（1934）分类学处理的基础上，他提出了由多个亚种组成的分类群概念，并把苏联冰草属处理为包含 10 个种和 9 个亚种的属（表 1）。Tzvelev 认可的 *A. cristatum* 9 个亚种虽然穗较宽，但在穗部的详细特征（密度、毛被情况等）、叶形（平直和卷曲）、株丛大小、地理分布及生境等方面各不相同。尽管如此，对于一个专业造诣不深、缺乏资料、又不能像 Tzvelev 那样占有丰富腊叶标本的人来说，分清每个亚种确实很困难。

Tzvelev 对 *A. desertorum* 的处理与 Nevski 是一样的，但他否定了 Nevski 把 *A. sibiricum* 与 *A. fragile* 分开的做法，把二者作为同种异名处理。对具有强大根茎的 *A. cimmericum*、*A. tanaiticum* 和

A. dasyanthum 3 个种，Tzvelev 虽然承认它们具有种的位置，但他认为这些可能属于杂交种。无论如何，Tzvelev 是在综合考虑形态学、地理学、生态学和细胞学资料的基础上才提出这一较新的分类系统的，他不仅掌握着世界上最大量的小麦族材料，而且研究过许多类型的腊叶标本，因而他的分类处理有着极其重要的实用价值。

从 50 年代开始，细胞遗传学家已积累了大量的能反映小麦族内生物学关系的资料，如种间的杂交能力、种间杂种的染色体配对水平以及 F_1 代杂交种的结实性等。据此，Löve（1982）和 Dewey（1984）提出了冰草属的染色体组分类系统。照此理论，冰草属内所有种均由染色体组 P（或称 C）构成，其模式种为 *Agropyron cristatum*（L.）Gaertn.。冰草属具 3 个倍数性水平，即二倍体（$2n=14$）、四倍体（$2n=28$）和六倍体（$2n=42$），其中四倍体分布最普遍，二倍体分布面积小而分散，六倍体仅限于土耳其东北部和伊朗西北部地区。染色体组分类系统把冰草属划分为 *A. pectiniforme*、*A. criistatum* 和 *A. deweyi* 3 个种，其中 *A. pectiniforme* 包含 4 个亚种，*A. cristatum* 包含 21 个亚种（表1）。

表 1　不同学者对狭义冰草属的分类

Konstantinov（1923）	Nevski（1934）	Jones（1960）	Tzvelev（1976）	Löve（1984）
A. cristatum	*A. cristatum*	*A. cristatum*	*A. cristatum*	*A. cristatum*
			ssp. *cristatum*	ssp. *cristatum*
A. desertorum	*A. imbricatum*	*A. sibiricum*	ssp. *pectinatum*	ssp. *imbricatum*
			ssp. *puberulum*	ssp. *michnoi*
	A. pectiniforme	*A. pectiniforme*	ssp. *tarbagataicum*	ssp. *nathaliae*
			ssp. *kazachstanicum*	ssp. *puberulum*
	A. pinifolium		ssp. *baicalense*	ssp. *ponticum*
			ssp. *sabulosum*	ssp. *tarbagataicum*
	A. michnoi		ssp. *ponticum*	ssp. *kazachstanicum*
			ssp. *sclerophyllum*	ssp. *sclerophyllum*
	A. ponticum			ssp. *stepposum*
			A. michnoi	ssp. *birjutczense*
	A. badamense		ssp. *michnoi*	ssp. *bulbosum*
			ssp. *nathaliae*	ssp. *erikssonis*
	A. desertorum			ssp. *badamense*
			A. badamense	ssp. *desertorum*
	A. sibiricum			ssp. *sibiricum*
			A. desertorum	ssp. *fragile*
	A. fragile			ssp. *mongolicum*
			A. fragile	ssp. *pumilum*
	A. cimmericum			ssp. *pachyrrhizum*
			A. cimmericum	ssp. *dasyanthum*
	A. tanaiticum			
			A. tanaiticum	*A. pectiniforne*
	A. dasyanthum			ssp. *pectiniforme*
			A. dasyanthum	ssp. *baicalense*
				ssp. *brandzae*
			A. pumilum	ssp. *sabulosum*
			A. krylovianum	*A. deweyi*

近年来，冰草属的分类研究工作面临着分类学处理的困难，到底采用何种分类系统，这主要取决于分类学家本人所持的分类观点和依据。目前在分类学界比较推崇的是依据多种分类学方法而建立的 Tzvelev 小麦族分类系统，而反映分类单位之间亲缘关系的染色体分类系统已受到许多人的重视，随着细胞遗传学资料的积累，该分类系统必将会逐渐完善起来，并被人们采纳利用。

对于冰草分类群的命名，长期以来存在着不统一现象，以致引起冰草分类学的混乱。早期的工作者把整个种群都称作冠状冰草（Crested wheatgrass），当代大多数植物学工作者继续使用这个名称。Swallan 和 Rogler（1950）曾解释过冰草的普通名称引自拉丁文"Cristatus"（意思是冠毛状或梳子状），把这样一个名称用于窄穗冰草的分类单位会使人迷惑不解，然而他们没有提出别的名称。Weintraub（1953）曾赋予下面几个冰草种以普通名称：*A. cristatum* ＝ Creasted wheatgrass，*A. desertorum* ＝ Desert wheatgrass，*A. michnoi* ＝ Transbaikal wheatgrass，*A. mongolicum* ＝ Mongolian wheatgrass，*A. sibiricum* ＝ Siberian wheatgrass。Beetle（1961）赞同 Weintraub 对冰草的命名，但除了把 *A. cristatum* 称作 Creasted wheatgrass 和把 *A. fragile*（＝ *A. sibircum*）称作 Siberian wheatgrass 外，其他种的名称从来没有被广泛使用过。

不管冰草的穗形如何，一些学者（如 Dewey 等）仍强烈地要求把冰草属的全部分类群都称作"Creasted wheatgrass"，这一名称意味着它们是近缘种，有别于其他，如高冰草、中间冰草和西方冰草等冰草草种。

我国冰草属的分类可以认为是比较稳定的，长期以来一直延用的是建立在 Nevski（1934）分类系统上的耿以礼教授狭义的冰草属概念。30 多年来，虽然世界上的冰草属的分类几经变迁，一些分类系统又陆续建立，而我国的禾草分类界对此似乎有些故步自封，究竟如何处理这样的问题，尚待进一步研究。

冰草属植物作为牧草，由于具有较强的抗逆性，春季返青早，青绿期持续长，再加之营养丰富，家畜适口性强，因而在我国干旱、半干旱地区的草原建设中具有极其重要的地位。有关该属牧草的引种驯化、育种、生物学特性（特别是抗性）、细胞学和生态学等方面的研究工作在我国已逐步开展起来，这就要求作为基础研究工作的分类学能为上述各方面的研究奠定必要的基础。

参考文献（略）

本文原刊载于《中国草地》，1989 年第 2 期，略有删改

冰草属牧草的种类与分布

云锦凤，米福贵

（内蒙古农牧学院草原系，呼和浩特　010018）

摘要： 在叙述冰草属植物种类的基础上，就该属牧草在世界上的分布，特别是在苏联、蒙古和中国的分布情况进行了详细的论述，并对我国所产 5 种冰草的区系成分、生态适性及生境等也均作了阐述。

冰草属（*Agropyron* Gaertn.）牧草是草原地区较优良的放牧型饲用植物，其干草和种子产量以及饲用价值在草原和荒漠草原地区的禾草中占据重要地位，因而在上述各类草原的建设中也就具有重要的经济价值。

冰草属为多年生草本，通常不具根茎。秆仅具少数节，直立或基部常呈膝曲状。叶鞘紧密裹茎，叶舌膜质；叶片扁平或内卷。穗状花序顶生，硬直，穗轴节间短缩，每节着生 1 枚无柄小穗，顶生小穗常退化；小穗密集而呈覆瓦状，含 3～11 小花，颖具 1～3 脉（亦有具 5～7 脉者），两侧具宽膜质边缘，背部主脉形成明显的脊，先端具芒尖或矩芒；外稃具 5 脉，基盘明显，内稃与外稃等长或稍长，先端常 2 裂，花药长为内稃之半。颖果与稃片黏合而不易脱落。

目前，尽管全世界冰草属的分类比较混乱，不同的学者对冰草属内种群的划分还不尽相同，但比较公认的种约有 15 个。1934 年，苏联分类学家 Nevski 根据冰草属植物的形态学特征、生境和地理分布，把苏联冰草属划分为 13 个种，即冰草（*A. cristatum*）、覆瓦穗冰草（*A. imbricatum*）、栉穗冰草（*A. pectiniforme*）、针叶冰草（*A. pinifolium*）、米氏冰草（*A. michnoi*）、蓬季冰草（*A. ponticum*）、巴达姆冰草（*A. badamense*）、沙生冰草（*A. desertorum*）、西伯利亚冰草（*A. sibiricum*）、脆冰草（*A. fragile*）、刻赤冰草（*A. cimmericum*）、顿河冰草（*A. tanaiticum*）和粗毛花冰草（*A. dasyanthum*）。1976 年，苏联禾草学家 Tzvelev 根据对冰草属植物的形态学、地理学、生态学和细胞学等的研究，在 Nevski 分类学的基础上进行了修订，提出了由多个亚种组成的多态种分类群概念，并把苏联冰草属处理为含 10 个种和 9 个亚种的属。在冰草（*A. cristatum*）种下，包括 9 个亚种，这样一来，Nevski 所确定的一些种经 Tzvelev 处理则变成了亚种。虽然 Tzvelev 的分类系统考虑了 20 多年积累的细胞学资料，更具有先进性，但由于 Nevski 的分类系统沿用已久，又较方便实用，因而 13 个冰草种的概念一直沿用至今。由 Löve（1981 年）定名的杜氏冰草（*A. deweyi*）只分布于伊朗和土耳其，是一个六倍体种。

冰草属植物属于草原旱生植物类群，具有十分广阔的生态幅度，广泛地分布于南、北两半球的温带和亚极带地区。许多种在草原区多为草群中的伴生成分，有时也以亚优势种的地位出现于针茅或隐子草-针茅草原群落中。在山地草原中，冰草属植物分布也很普遍，但其多度有所下降。

冰草属植物主要分布于欧亚大陆草原区（表 1），有时在草原区北侧寒温带针叶林区、南侧欧亚大陆荒漠区以及东西侧的温带落叶林区的特殊生境中也有分布。此外，在世界范围内，冰草属的牧草主要集中分布在苏联、蒙古国和中国等一些欧亚国家。其中，在苏联分布最多，有 13 种（表 2），中国有 5 种（表 3），蒙古国有 3 种（冰草、米氏冰草和沙生冰草），日本有 2 种（冰草和米氏冰草），伊朗、土耳其也各有 2 种（冰草和杜氏冰草），希腊、西班牙、匈牙利、意大利、南斯拉夫和罗马尼亚各有 1 种（冰草）。

苏联地跨欧亚两洲，是冰草属植物最为丰富的国家之一，拥有世界上 86% 的冰草种。在苏联该属植物主要分布于欧洲部分的整个草原和南部森林草原地带，包括西西伯利亚中西部、顿河流域、伏尔加河中下游、土库曼斯坦、乌兹别克、乌克兰大部、克里米亚、远东和高加索，以及哈萨克斯坦全部地区（表2）。在蒙古国，除荒漠和荒漠草原地区以外，冰草属植物几乎出现于所有自然区中。至于欧洲其他国家，拥有的冰草种类较少，分布区也狭小。北美没有野生种的分布，迄今为止生长在北美的冰草种类都是从国外（多数从苏联）引入的。

表 1 冰草属植物在欧亚大陆的分布概况

欧亚大陆草原区	
黑海—哈萨克斯坦亚区	亚洲中部亚区
A. dasyanthum	A. michnoi
A. tanaiticum	A. cristatum
A. cimmericum	A. mongolicum
A. ponticum	A. fragile
A. badamense	A. desertorum
A. pinifolium	A. pectiniforme
A. imbricatum	A. sibiricum
A. deweyi	
A. fragile	
A. desertorum	
A. pectiniforme	
A. sibiricum	

表 2 苏联冰草属分布概况

种类	分布
粗毛花冰草	黑海地区的沙质岸边和小丘
顿河冰草	顿河下游河岸沙地
刻赤冰草	克里米亚和刻赤半岛的沙岸和斜坡
蓬季冰草	克里米亚沙地
巴达姆冰草	锡尔河沿岸帕米尔高原和阿尔泰草原坡地
针叶冰草	外高加索西部的泥炭土和石灰质土坡上
覆瓦穗冰草	乌克兰南部克里米亚伏尔加河下游外伏尔加地区高加索中亚哈萨克（卡拉套山）的石地上
脆冰草	广泛分布苏联欧洲部分的东南部，高加索，西伯利亚西部和中亚，哈萨克山地之外平原沙地与草地
沙生冰草	伏尔加低地，顿河下游，伏尔加河中下游。前高索西伯利亚西部，中亚草原黏壤土上
西伯利亚冰草	沙质草原和伏尔加河下游，西伯利亚西部和中亚的沙地上
栉穗冰草	苏联草原与欧洲部分东南部的森林草原地区（伏尔加河下游，外伏尔加地区，克里米亚，顿河下游，黑海沿岸，第聂伯河中游），高加索，西伯利亚中部和西部，中亚的栗钙土壤上
米氏冰草	西伯利亚东部河流与湖泊的岸边沙地
冰草	西伯利亚西部和东部，中亚，高加索，蒙古国

我国也是冰草属植物较为丰富的国家之一，据《中国植物志》（第九卷，第三分册）记载，共有5种4变种及1变型，主要分布于我国的华北、西北和东北地区，而以黄河以北的干旱地区种类最多，密度亦最大。从水平分布来看，其分布范围广阔，大致从东经81°至132°间，横跨50多个经度，东起东北的草甸草原，经内蒙古、华北地区向西南呈带状一直延伸至青藏高原的高寒草原区，在我国

北方 10 多个省（区）范围内形成一个连续的分布区。东区内的水热条件大体保持温带半干旱到半湿润地区的特点，其年平均气温为－3～9℃，≥10℃的积温在 1 600～3 200℃，降水量为 150～600mm，且常集中于雨季，干燥度为 1～3。此外，还有一些零星的分布区散布在新疆的阿尔泰山区、伊犁地区以及青藏高原西部边缘。在行政区划上的分布范围则是以内蒙古自治区为中心，该区的冰草种类多且分布面积广，向北延伸到蒙古，向东抵达黑龙江、吉林、辽宁的西部，南界大约到甘肃的兰州、会宁，宁夏的固原，陕西的靖边、榆林、绥德以及晋西北的河曲、偏关等地，东南伸及河北的北部，西边不连续地延伸到新疆阿尔泰和伊犁地区，向西南不连续地伸至青藏高原西缘。全国各省（区）所产冰草属植物的种类（表 3）以冰草的分布区最广，其次是沙生冰草、沙芦草（蒙古冰草）、米氏冰草，西伯利亚冰草仅产于内蒙古。

从表 3 可以看出，冰草属植物在我国仅分布在 12 个省（自治区），内蒙古的分布最多，拥有几乎全部的国产冰草种及其种下单位，且分布密度亦大，遍及全区各地；其次是河北、山西、甘肃、宁夏，东北地区的种类较贫乏，青藏高原地区仅分布有冰草 1 个种。现根据收集的资料，对表 3 中 5 种冰草的分布情况作一简述。

表 3　我国各省（自治区）冰草属植物的分布

种名	内蒙古	辽宁	吉林	黑龙江	河北	山西	宁夏	陕西	甘肃	青海	西藏	新疆
冰草	＋	＋	＋	＋	＋	＋	＋	＋	＋	＋	＋	＋
米氏冰草	＋＋			＋	＋				＋			
沙生冰草	＋＋	＋			＋	＋	＋		＋			＋
沙芦草	＋					＋	＋	＋				
西伯利亚冰草	＋											

冰草为多年生疏丛禾草，属东古北极成分，是草原区旱生与中旱生植物的代表种之一，多生于干燥草地、山坡、丘陵及沙地。冰草发育的最适条件是草原地带，在针茅草原和羊草草原等群落中，它多为伴生种或亚优势种，在砾质草原和沙质草原上可成为优势种和建群种。在冰草属内，该种的分布最为广泛，从欧洲中部和中东穿过中亚直至西伯利亚、中国北部、蒙古国和日本，其分布区横跨整个冰草属植物的分布区。它的染色体数目为 $2n=28$ 和 42。

沙生冰草为短根茎疏丛禾草，属黑海—哈萨克斯坦—蒙古成分，生长于草原和荒漠草原地带的沙地上，为沙质草原的建群种和优势种。其分布区从东欧的黑海沿岸一直到我国松辽平原、蒙古高原和黄土高原。染色体数目为 $2n=28$。

西伯利亚冰草为多年生疏丛禾草，是典型的旱生-沙生草原种，生于沙地及沙质草原上。该种分布区较狭，主要于苏联伏尔加河下游，黑海到巴尔喀什湖的中亚地区，我国仅见于蒙古高原东部浑善达克沙地及内蒙古锡林郭勒盟。染色体数目为 $2n=28$。

沙芦草为多年生疏丛禾草，属蒙古成分，是旱生-沙生荒漠草原种，出现于干草原和荒漠草原的典型沙质生境上，在草原化荒漠中多以伴生成分出现。主要分布于我国内蒙古的蒙古高原东部、乌兰察布盟、阴山南部黄土丘陵、鄂尔多斯高原及东阿拉善等地。华北、西北区的草原沙地上也有该种牧草生长。该种植物的染色体数目为 $2n=14$。Tzvelev 曾将沙芦草归并于 *A. fragile*（Roth.）Nevski种内，在这一点上与中国分类学家有异议，前者小穗长 10～15mm，颖具 3 脉，外稃具 5 脉，而后者小穗长 15～17mm，颖具 5～7 脉，外稃具 7～9 脉。二者看起来是很自然的独立种。

米氏冰草为多年生禾草，具发达的横走根茎，旱生草原种，常生于草原区的沙地和荒漠草原区的河边沙地，属东亚种。产于苏联、蒙古、中国和日本，在苏联分布于东西伯利亚河流与湖泊的岸边沙地，在蒙古国主要出现于鄂尔浑、土拉和色楞格诸河的河间地区，在中国则分布于东北及内蒙古。染

色体数目为 $2n=28$。

目前，在我国乃至世界范围内，有关冰草属植物分布的文献及资料都比较少，因此我们将有限的资料加以整理总结，撰成此文，以便为冰草属植物的引种驯化及栽培提供依据，并给致力于冰草属植物研究的同行借鉴。

参考文献（略）

本文原刊载于《中国草地》，1989 年第 3 期，略有删改

北美对冰草属牧草的研究

云锦凤

（内蒙古农牧学院，呼和浩特　010018）

冰草属（*Agropyron* Gaertn.）牧草属于禾本科的小麦族（Triticeae）。对该属的分类，历来争议较大，北美和欧亚分类学家亦持有不同看法，为此，有必要先介绍一下北美对冰草属的分类观点。

按传统概念，冰草属是小麦族中最大的一属，含 100 多个种，包括所有每节一小穗的种。这样，冰草属则成为一个在繁殖方式、染色体结构和生态适应性方面不一致的复合体。

1933 年，苏联分类学家奈沃斯基（Nevski）把传统的"广义"冰草属分成 3 个属：冰草属、鹅观草属（*Roegneria*）和偃麦草属（*Elytrigia*）。冰草属仅包括扁穗冰草（*A. cristatum*）和沙生冰草（*A. desertorum*）等疏茎型异花授粉牧草。鹅观草属则包括疏丛型自花授粉牧草，而偃麦草属则主要包括强根基异花授粉牧草种及一些疏丛型异花授粉种。我国分类学家耿以礼先生基本同意奈沃斯基的分类观点（中国主要植物图说，1965）。

北美植物学家普遍应用赫茨考克（Hitchcock）的《美国牧草手册》（1951），和包登（Bowden）的"小麦族牧草细胞学分类"（1962，1964，1965），一直沿用"广义"冰草属的概念。

20 世纪 60 年代以来，由于积累了大量细胞遗传学方面的资料，植物学家用细胞遗传学方法论述和划分小麦族牧草的属界，其手段是分析种间和属间杂种的染色体配对情况。细胞遗传学方法能反映出牧草种间的生物学关系和亲缘关系，和纯形态分类相比，其优越性显而易见。其代表人是苏联著名的分类学权威兹维洛夫，欧洲的茂达瑞斯。北美在这方面亦发表了大量文章，主要有斯泰宾斯和斯耐得、考得仁塞卡茂陶和杜威。根据染色体组分析，冰草属所有种都含同样的基本染色体组 P，多数种为同源或近似于同源的多倍体。细胞学资料进一步验证了奈沃斯基"狭义"冰草属的观点。

综合上述，北美大部分植物学家到目前为止仍采用"广义"冰草属的观点，而少数分类学家和细胞遗传学家已接受了"狭义"冰草属的分类方法。本文所论述的冰草属概念是后者。

1　冰草属牧草在北美的引进和栽培

冰草属牧草原产于欧亚大陆。在分布区类型上归为世界温带成分，主要国家有苏联（南部及西西伯利亚）、蒙古国（北部）、土耳其及伊朗。

它有着十分广泛的生态幅度，最适合发育条件是在草原地带，通常作为针茅、羊草等群落的次要成分出现，在沙质土或覆沙地段可成为优势种。此外，冰草在山地草原中也很普遍，但多度较低。

冰草是一种典型的旱生植物。它很耐寒，抗旱，对土壤要求不严格。在大量的冰草文献中，有关干旱或寒冷致死的报道是不多的。冰草耐盐渍化和水淹的能力较低。春季萌发较早，冬季保存率高。其饲用价值较高。无论放牧采食或调制干草均为马牛羊驼所喜食。其营养成分含量较高，开花期蛋白质含量为 12% 以上，含大量无氮浸出物；结实后营养成分含量迅速下降，冬季残株的蛋白质含量竟下降到 1%。

1906 年在美国栽培成功。干旱的 30 年代恰巧是冰草在美国迅速推广的时期。主要地区是北部大平原、西部草原和干燥的山间地带，其降水量在 230～400mm，其次在南部海拔 1 500m 年降水量为 300～400mm 的一些地区亦生长良好。主要用于低产退化的蒿属及灌木丛草场的改良，用作早春的放牧地，也有少量用于人工草地。据报道，在美国冰草属的栽培面积为 $32.0 \times 10^5 hm^2$，加拿大为

$10.0 \times 10^5 \, hm^2$。北美主要有 3 个种：扁穗冰草（*A. cristatum*）、沙生冰草（*A. desertorum*）以及西伯利亚冰草（*A. sibiricum*，又称 *A. fragile*）。

引进北美的扁穗冰草大多是亚种 *pecinafum*，在北美又称 *A. pecfinitorme*、*A. cristatiforme*、*A. imbricatum* 及 *A. dagnae*。本亚种有二倍体（$2n=14$）、四倍体（$2n=28$）及六倍体（$2n=42$）3 个倍性水平。其中四倍体较普遍。此亚种穗形宽，小穗呈篦齿状，常常光滑无毛，小穗与穗轴呈 $45° \sim 90°$，两颖间为 $120°$ 以上。颖与外稃尖端渐尖，芒长 $3 \sim 5mm$，北美常用术语"Fairway"作为该亚种的统称。

引入的冰草属中多数是沙生冰草，它已成为美国西部草原和山间地带的主要牧草。穗形是长椭圆形，小穗与穗轴间呈 $30° \sim 45°$，两颖之间约 $60°$，颖的压扁方向与小花相反，颖与外稃无芒或具小于 3mm 的短芒。沙生冰草全部是四倍体（$2n=28$）。北美常用术语"Standard"来代表该种。

西伯利亚冰草是北美的一个主要冰草种，它应称为 *A. fragile*，因为兹维夫洛（Tzvelev）对该种的命名在先。再者，西伯利亚冰草有点用语不当，因为它的分布远不止西伯利亚，而是从波罗的海通过高加索地区，横跨中亚到西伯利亚和蒙古。该种穗子较长，可达 15cm，呈线形。小穗在穗轴上排列紧密，两颖之间夹角约为 $45°$，颖和外稃无芒或具短芒尖。绝大多数 *A. fragile* 是四倍体（$2n=28$），但是在亚洲东部偶尔也有二倍体（$2n=14$）。

2 北美冰草属牧草的育种成就

冰草在北美干旱地区的牧草栽培中占有重要地位，因而从冰草引入时，美国和加拿大就特别重视育种工作，经过农业科技机关的多年协作努力，选育出许多适合不同地区和有不同经济利用目的的优良品种和品系，提高了冰草的产量和利用价值，对北美的畜牧业生产做出了贡献。主要的育成品种如下：

（1）"Fairway"：航道品种：它是北美育成的第一个冰草品种，在加拿大南部的塞斯凯通（Saskatoon）育成。它是一个二倍体品种，选择于 pI 19536 号（从苏联西伯利亚引入），于 1932 年推广，主要分布在加拿大西部、美国北部大平原平山间地带，在改良西部草原中起了很大作用，直到目前为止，仍然在加拿大种子生产中占有重要位置。

（2）大路品种"Parkway"在加拿大农业部塞斯凯通试验站育成，于 1969 年推广。二倍体品种，从"Fairway"中选出，育种方法是几代轮回选择，然后进行多交系后代试验，最后由 16 个无性系综合而成。在生长势、高度及叶量等方面均优于原始亲本，种子和饲草产量提高了 $7\% \sim 10\%$。

（3）王牌品种"Ruff"由美国农业部和内布拉斯加州农业试验站合作育成，选择于"Fairway"，二倍体品种，以前曾被命名为内布拉斯加 3576。育种方法是三代连续的间隔播种无性系选择。该品种是一种蔓生性的宽丛型，最适用于美国北部大平原低降水量区的早春放牧场改良，以及干旱地区的道路两旁、公园及运动场的草坪。

（4）艾非瑞木品种"Ephraim"由美国农业部森林研究所、犹他州野生动物资源之美国农业部土壤保持所以及阿里佐那、爱达荷州、新墨西哥州和犹他州的农业试验站协作育成，它是一个短根茎型品种。原始种子采集于土耳其安卡拉（Ankara）附近，特别适宜于年降水量为 $250 \sim 350mm$ 的地区。对湿度反应敏感，湿度较高会促进其根茎繁殖。

（5）诺丹品种"Nordan"在美国农业部北部大平原研究中心和北达科他农业试验站育成，于 1953 年推广。最初的原始材料来源于寒冷、干燥的苏联西伯利亚大平原。育种方法是开放自由授粉条件下的单株选择。其特点是株型更直立和整齐一致，再者种子大及幼苗强壮。

（6）顶峰品种"Summit"在加拿大农业部萨斯卡通试验站育成。亲本材料来源于苏联的西西伯利亚。它与其他沙生冰草品系基本相似。育种方法是群体选择，并特别注意去杂去劣。该品种优点是具有较高的种子产量和一致的株型，缺点是种子不易清理。

（7）"P-27"品系是一个西伯利亚冰草型品系，由美国农业部土壤保持所和爱达荷农业试验站合作育成，于 1953 年推广。其亲本最早来源于苏联的哈萨克斯坦。主要特点是具有狭窄无芒的穗形，纤细多叶的茎秆。据报道，它最适宜轻度干旱的土壤。

3　远缘杂交育种和诱变多倍体育种的进展

冰草属植物为异花授粉，容易产生天然种间杂交。大多数冰草有多倍体发育的历史，因而在远缘杂交育种和诱变多倍体育种方面有着广阔的前景。美国许多科研单位都在做这方面的工作，其中美国农业部犹他州洛根试验站是研究的重点单位。这项工作的主持人是细胞遗传学家及植物考查专家杜威（D. R. Dewey）。他先后到过苏联、土耳其、伊朗和中国等国家收集小麦族牧草种质资源，在洛根建立了一个世界上少有的小麦族牧草原始材料圃，其中以冰草属（"广义"）为主体，旨在用细胞遗传学方面研究小麦族牧草的生物学关系，并为北美的冰草育种提供丰富的原始材料。他做了大量的远缘杂交和诱发多倍体方面的工作，同时还做了一些探索性的工作，综合起来可以归纳为以下 4 方面。

3.1　二倍体冰草之间的杂交

该项工作打开了二倍体冰草之间基因流动的渠道，增加了杂种的变异，给选择提供了较雄厚的基础。当前有希望的是二倍体品种 Fairway 和蒙古冰草（A. mongolicum）的杂交。杂种后代与 Fairway 反复回交，这样既可把有希望的变异结合到杂种表达，又可以恢复后代的育性。

3.2　产生诱导四倍体冰草

该试验站已加倍二倍体冰草 Fairway，其方法是用秋水仙素处理植株（分蘖），成为诱导四倍体。诱导的四倍体植株虽比原植株高度增加一些，但产量并没有提高。特别是在鉴定和分离诱变四倍体植株工作上需要花费大量的时间精力，投资很大，这项工作的得失有待商讨。

3.3　诱变四倍体和天然四倍体杂交

这是冰草属内唯一的一个经过试验鉴定取得显著效果的远缘杂交育种项目。它属于不同种及不同倍数水平之间的杂交。首先将二倍体扁穗冰草加倍成四倍体，然后和天然四倍体沙生冰草杂交，即诱变四倍体 A. cristatum×天然四倍体 A. desertorum 杂种 F_1 代育性偏低，但具有很好的杂种优势。之后，经过几代的连续选择，改良其育性，终于获得了饲料产量高、抗逆性强及育性正常的杂种后代，经过几个地区的试验，其结论是幼苗苗壮，成活率高及饲料产量提高显著。扁穗冰草-沙生冰草杂种不久即将推广。

3.4　合并所有倍数水平成为四倍体育种群体

这是一项理论性的工作，处于探讨阶段。最直接的方法是使二倍体冰草与六倍体冰草杂交，产生四倍体杂种，然后和天然四倍体冰草杂交。该项目的不利因素是开始时二倍体冰草与六倍体冰草很难杂交成功以及获得大量杂种群体。另一种方法是诱变四倍体和天然六倍体杂交，获得五倍体杂种，然后与天然四倍体冰草杂交和回交，直到杂种群体稳定到四倍体水平。此项工作目前还没有进入育种项目。

参考文献（略）

本文刊载于《内蒙古草业》，1983 年第 1 期，略有删改

冰草属牧草产量及营养物质含量动态的研究

云锦凤，米福贵，高卫华

（内蒙古农牧学院草原系，呼和浩特 010018）

摘要：冰草返青后，随着生育期的推移产量处于不断的变化之中，到成熟期鲜草产量一直呈上升趋势，干草产量则呈双峰动态曲线，第一高峰出现在开花期，第二高峰出现在成熟期；粗蛋白质、粗脂肪、粗灰分、胡萝卜素和钙、磷含量随生育期的推移而降低，无氮浸出物和粗纤维含量则随生育期的推移而增加，随生育期的变化，各营养物质含量之间表现出明显的相关性。综合考虑干物质产量和营养物质含量，冰草放牧利用以拔节-抽穗期为宜，刈割利用应在抽穗-开花期。

1 引言

生产牧草的目的在于获得高额的茎叶产量和干物质中营养物质含量，最大限度地满足家畜的营养需要。然而在牧草生产中，其产量的增长与营养物质总含量的增长并非一致，它们除决定于牧草种（品种）、生活年限、栽培条件、收获和加工调制方法等因素外，还与牧草的生育期有着密切的关系，在不同的生育期，牧草的产量和营养物质含量变化很大。

有关冰草属牧草的产量和营养物质含量的变化规律，我国学者研究甚少。为此，我们对诺丹冰草（Nordan）、杂种冰草（Hycrest）、伊菲冰草（Ephraim）和蒙古冰草（*Agropyron mongolicum* Keng）的产量及营养物质含量从返青期到成熟期进行了研究，试图为确定冰草的合理利用时期提供依据。

2 研究方法

试验在呼和浩特市内蒙古农牧学院牧草试验站进行，供试 4 种冰草均为 1987 年春季播种，小区面积 10（2×5）m^2，6 行区，行距约 30cm，播量 15kg/hm^2。1988 年在冰草生长季内，分别在其返青期、拔节期、抽穗期、开花期、结实期和成熟期取其地上部分距地面 3cm 以上进行产量测定和营养成分分析。测产面积 1.6m^2，称量鲜重后的样品在 65℃下的烘箱内烘干后称其干重，然后将样品粉碎后装入棕色瓶内，用常规分析法进行营养成分分析。其中，粗蛋白质用凯氏定氮法测定，粗脂肪用索氏浸提法测定，粗灰分用灼烧法测定，粗纤维用酸碱依次水解法测定，钙用铬合滴定法测定，磷用钼兰比色法测定，无氮浸出物含量则由差数法计算得到。

3 结果与分析

3.1 产量动态试验结果表明（表 1），冰草返青后，随着生育期的推移产草量逐渐增加。就鲜草产量而言，在整个生长期内其动态呈上升趋势，除伊菲冰草外，其余 3 种冰草的产量在成熟期达到最高，均在 8 100kg/hm^2 以上。干草产量动态则呈双峰曲线，第一高峰是在生长最旺盛的开花期，结实期产量稍有下降，至成熟期又迅速增加，出现另一高峰。总的来看，4 种冰草干物质积累动态呈现出由低→高→稍下降→高的规律，干物质最高产量出现在开花期和成熟期。

供试 4 种冰草生育期的产量均有差别。返青到结实期以蒙古冰草的产量为最高，杂种冰草和诺丹冰草二者相差不大；成熟期则以诺丹冰草的产量最高；伊菲冰草在 6 个生育期中的产量远低于其他各种冰草，即使在其产量高峰的结实期，其干草也只有 1 598.40kg/hm^2，比同期的蒙古冰草、杂种冰草、诺丹冰草分别低 56.4%、41.6% 和 40.7%。

表1 不同生育期内 4 种冰草的鲜、干草产量（kg/hm²）

收草品种	返青期		拔节期		抽穗期		开花期		结实期		成熟期	
	鲜重	干重	鲜重	干重	鲜重	干重	鲜重	干重	鲜重	干重	鲜重	干重
杂种冰草	400.05	249.45	1 328.10	368.70	2 663.70	1 035.00	5 643.75	3 545.70	6 868.20	2 734.80	8 116.95	3 952.05
伊菲冰草	254.55	166.20	581.25	222.45	1 556.25	456.30	2 843.70	1 743.30	3 746.25	1 598.40	3 433.95	1 779.15
诺丹冰草	325.65	194.40	1 048.80	289.35	2 336.25	878.25	3 600.00	2 558.40	6 868.20	2 697.30	9 053.40	4 127.10
蒙古冰草	519.45	295.65	1 615.65	504.45	3 430.65	1 417.20	7 256.25	3 793.50	8 116.95	3 666.60	8 116.95	4 065.90

3.2 营养动态分析结果表明（表2），4 种冰草都具有较高的营养价值，特别是粗蛋白质含量同禾本科其他一些牧草相比具有明显的优势。如抽穗期羊草的粗蛋白质含量为 13.35%，老芒麦为 13.9%，而供试 4 种冰草均达到 18% 以上。

表2 不同生育期内 4 种冰草的营养成分

牧草品种	物候期	占风干物质的百分比（%）								胡萝卜素 (mg/kg)
		水分	粗蛋白质	粗灰分	粗脂肪	粗纤维	无氮浸出物	钙	磷	
杂种冰草	返青期	5.77	26.02	10.13	5.27	21.77	31.64	2.40	0.68	450.71
	拔节期	8.18	20.08	7.55	5.05	26.25	32.59	1.14	0.40	433.15
	抽穗期	4.45	19.57	7.63	5.31	26.64	36.40	1.10	0.41	281.15
	开花期	4.70	10.80	6.30	4.41	30.53	43.26	0.40	0.33	145.60
	结实期	7.93	10.10	5.37	2.87	32.74	40.99	0.09	0.26	95.20
	成熟期	8.35	9.37	5.36	2.87	31.47	42.58	0.07	0.22	70.40
伊菲冰草	返青期	6.18	27.78	10.23	5.22	20.40	30.19	1.96	0.82	494.87
	拔节期	8.76	20.52	7.55	5.00	25.98	32.12	1.07	0.43	443.12
	抽穗期	3.03	19.93	7.42	6.01	29.44	34.17	1.26	0.46	312.45
	开花期	4.69	11.60	6.00	4.10	31.65	41.96	0.56	0.31	218.15
	结实期	7.25	12.14	6.17	3.07	32.46	38.91	0.10	0.21	106.40
	成熟期	8.29	10.36	5.37	2.76	20.87	43.35	0.10	0.26	63.20
诺丹冰草	返青期	6.10	20.75	10.74	5.53	19.60	20.28	3.92	0.97	433.84
	拔节期	8.64	21.05	7.82	4.93	26.29	31.27	1.52	0.49	359.49
	抽穗期	3.84	18.81	6.93	5.05	28.77	36.60	1.01	0.47	299.48
	开花期	3.82	10.58	5.99	4.07	23.36	42.18	0.41	0.30	174.76
	结实期	7.56	10.78	5.64	3.06	32.87	40.09	0.16	0.20	90.40
	成熟期	8.72	11.56	6.67	2.22	33.78	37.05	0.08	0.28	39.60
蒙古冰草	返育期	5.03	24.30	10.09	5.53	22.38	32.67	2.05	0.60	457.71
	拔节期	8.76	19.60	7.61	4.25	29.67	30.71	1.17	0.43	433.89
	抽穗期	3.87	18.64	7.16	4.17	31.20	34.96	0.92	0.44	297.22
	开花期	4.30	10.59	5.03	3.87	35.95	40.86	0.42	0.27	139.15
	结实期	6.73	10.64	5.65	3.04	36.23	37.71	0.09	0.22	58.00
	成熟期	7.11	8.51	4.98	2.64	33.50	43.26	0.07	0.18	54.00

---

　*：1 亩=1/15hm²。——编者注

4 种冰草在不同的生育期粗蛋白质含量的变化规律基本相同。如各生育期 4 种冰草的粗蛋白质含量均以返青期为最高（在 23％以上），以后随着生育期的推移呈下降趋势，尤以返青-拔节和抽穗-开花这两个时期下降的幅度最大。粗蛋白质含量的下降是由于植物春季返青后生长速度逐渐加快，一方面大量的蛋白质用于新器官的建成，另一方面植物由营养生长转入生殖生长要消耗大量的有机质。4 种冰草中除蒙古冰草粗蛋白质含量较低外，其他 3 种较为接近。蒙古冰草含量低可能与其叶量少有关。

各冰草粗纤维含量从返青至开花期呈明显的增加趋势，除诺丹冰草外，其他 3 种均在结实期达到含量高峰。同粗蛋白质含量变化相反，粗纤维在返青-拔节和抽穗-开花期增加的幅度较大，如蒙古冰草在这两个时期分别增加了 7.29％和 4.75％。

随着生育期的变化，冰草的粗蛋白质含量逐渐下降，粗纤维含量逐渐增加，从而使冰草的饲用价值逐渐降低，特别是开花后的营养价值明显下跌。鉴于此，冰草的利用以开花期以前为最好。

粗灰分、钙和磷的含量代表着植物体内矿物质的含量。在整个生长期内，它的变化规律同粗蛋白质含量的变化一样，从返青开始呈下降趋势，其中尤以返青-拔节和抽穗-开花期下降幅度最大。相比之下，诺丹冰草返青期钙、磷含量较高，分别为 3.92％和 0.97％，随后迅速下跌，拔节期后与其他冰草无太大差别。

粗脂肪的含量除蒙古冰草从返青期开始呈急剧下降趋势外，其他 3 种冰草在抽穗期均有所增加，其中伊菲冰草达到其最高值（6.01％），比返青期高 0.79％。抽穗期过后，各种冰草的粗脂肪含量均急剧下降，至成熟期达到最低值。

胡萝卜素含量的变化在 4 种冰草间差异不大，大体都呈直线下降趋势，成熟时其含量降到最低值。无氮浸出物含量从返青期到开花期表现出明显增加趋势，4 种冰草均在开花期达到高峰值，以后随着生育期的推移，诺丹冰草呈直线下降趋势，而其他 3 种冰草在经历了结实期的低峰之后又有所增加，至成熟期达到另一高峰值。

综上所述，各营养物质之间随生育期的变化互相制约，并表现出一定的相关性。相关分析结果表明（表 3），各冰草粗蛋白质含量与粗纤维含量之间存在着很强的负相关，而粗蛋白质含量与磷、粗灰分和胡萝卜素的含量之间存在着很强的正相关，相关系数 r 分别大于 0.930 6、0.946 8 和 0.929 7。

表 3　4 种冰草主要营养成分间的相关性

牧草品种	相关系数（r）			
	粗蛋白质与粗纤维	粗蛋白质与粗灰分	粗蛋白质与磷	粗蛋白质与胡萝卜素
杂种冰草	−0.983 0	0.969 7	0.930 6	0.954 3
伊菲冰草	−0.990 0	0.946 8	0.959 9	0.929 7
诺丹冰草	−0.857 6	0.977 2	0.946 5	0.932 1
蒙古冰草	−0.903 9	0.968 6	0.988 7	0.964 8

4　结论

通过对 4 种冰草返青期到成熟期产量和营养物质含量动态的研究，得出以下初步结论：

（1）在生长季内，冰草产量处于动态变化之中。随着生育期的推移干物质积累逐渐增加，在开花和成熟期出现两个高峰值。

（2）在冰草生育前期，其粗蛋白质、粗脂肪、粗灰分、胡萝卜素及钙、磷含量均高，随着生长发育的进展而逐渐下降。特别是粗蛋白质的含量在返青-拔节和抽穗-开花两个时期下降幅度较大；而无氮浸出物和粗纤维的含量随生育期的推移而增加，其中粗纤维的增加更为明显，二者分别在开花期和结实期达到高峰值。

（3）随生育期的变化，各营养成分之间具有明显的相关性。其中，在粗蛋白质和粗纤维之间存在着很强的负相关，而粗蛋白质与粗灰分、胡萝卜素及磷的含量之间存在着很强的正相关。

（4）从牧草干物质产量及营养价值两个方面考虑，如冰草作放牧利用，以拔节-抽穗期为宜，过早利用，不仅产量低，还会损害植株幼芽，影响放牧再生；如作刈草利用，刈割时期应在抽穗-开花期，此时产草量高，营养物质含量亦较高。花期过后，草质迅速老化，营养价值及适口性很快下降。

参考文献（略）

本文原刊载于《中国草地》，1989 年第 6 期，略有删改

冰草的种子萌发、生长发育及其开花生物学

云锦凤，米福贵

（内蒙古农牧学院草原系，呼和浩特 010018）

摘要：本文根据在呼和浩特地区对冰草生物学特性等方面进行的观察和研究，报道了冰草种子萌发所需的外界条件、生长发育规律和开花生物学。结果表明，冰草是一种春季返青早、青绿期持续长、抗寒耐旱的优良牧草。

1 前言

冰草属（*Agropyron*）植物是世界温带地区重要的牧草之一，广布于草原、干旱草原和荒漠草原区，为饲用价值较高的牧草。在苏联、美国等国，其被成功地用于弃耕地植被恢复和退化草场改良。

有关冰草属分类学研究的历史和冰草属牧草的种类与分布我们已作过报道，本文仅根据1984年以来对冰草属260余份材料进行为期5年的引种栽培试验，就冰草生物学特性中有关种子萌发、生长发育和开花生物学方面的试验结果作一报告。

2 材料与方法

试验在呼和浩特市内蒙古农牧学院牧草试验站进行。该地海拔 1 063m，属典型的大陆性气候，年均降水量400mm左右，无霜期130～140d。试验地属暗栗钙土，肥力中等，土壤pH 7.5左右。地下水位较高，具备灌溉条件。供试260余份材料多数原产于苏联，其次是伊朗和土耳其，还有一些美国和加拿大的育成品种，少量是采自内蒙古的野生种。这些材料包括冰草（*A. cristatum*）、沙生冰草（*A. desertorum*）、西伯利亚冰草（*A. sibiricum*）、脆冰草（*A. fragile*）、米氏冰草（*A. michnoi*）和蒙古冰草（*A. mongolicum*）6个种。

1984年4月25日以条播方式播种了190余份材料，由于播期不适，出苗较差，于是在1985年春天采用温室育苗法对这些材料进行了重新播种。到6月21日，当温室内幼苗长至15cm左右时，单株移植到试验田。小区面积10m²（2×5），每小区4行。因材料数量多，每小区只种植2份，每份2行，每行10株，株行距约50cm。与此同时，又条播了70份材料，小区面积及行数同上。对这260余份材料，采用常规方法对其种子萌发特性、植株生长发育特性和开花习性进行研究。其中，在种子萌发过程中，用胚根露出后的种子重与未吸水膨胀的种子重之差测其种子的吸水量；用自然干燥后的萌发种子重减去未萌发种子的重量测其营养物质的消耗量。在观察冰草的生长发育及开花习性时，常采用定株、定穗和定花的方法，有时采用定株和整体相结合，同时记录天气状况（如温度、湿度等），以便分析各生物学特性与外界条件的关系。我们曾对这些供试材料逐一进行过生育期、单株性状等方面的观察和研究，后鉴于数量多、工作量大，某些生物学特性又比较相近，所以有些内容采取了对代表性种和品种的观察。为叙述方便，并总结出一些规律，在此以种或属为单位进行论述。

3 结果与分析

3.1 种子的萌发特性

冰草的种子比较小而轻，千粒重一般为2～3g，具稃、芒附属物。因种子内贮藏的营养物质较

少，故田间发芽率较低。据我们测定，春播（播深 2～3cm）于大田的冰草种子，发芽率为 10%～20%；在水、热条件较好的温室，发芽率可达 50%～60%；在实验室培养皿内可达 80% 左右。

为了搞清冰草萌发的特点及与外界因素的关系，我们研究了冰草种子萌发的吸水量、营养物质的消耗量及不同温度和水分条件对萌发能力的影响。

植物的萌发，水分是先决条件。冰草是具稃种子，吸水量较多，占种子干重的 121.9%～196.0%（表 1）。去稃处理后，颖果的吸水量为 50% 左右。在田间条件下，种子萌发所需水分主要来自土壤。试验结果证明，最适于冰草种子萌发的土壤湿度是在田间持水量为 40%～60%。当田间持水量为 15%～20% 时，种子虽能萌发，但速度慢，出苗率也低，当田间持水量达 80% 以上时，由于氧气供应不足，种子发芽率及发芽势反而降低，甚至出现种子霉烂现象。

表 1　冰草种子萌发时的吸水

种	干种子重（g/100 粒）	吸水种子重（g/100 粒）	吸水量（g/100 粒）	吸水量占种子干重（%）
蒙古冰草	0.320	0.710	0.390	121.9
冰草	0.310	0.850	0.540	174.2
沙生冰草	0.240	0.620	0.380	158.3
杂种冰草*	0.250	0.740	0.490	196.0

* 诱导的四倍体冰草×天然的四倍体沙生冰草。下表同。

温度也是种子萌发的重要条件之一。我们在 7 个温度梯度下对 4 种冰草进行的试验结果表明，冰草种子萌发的温度范围在 5～30℃，最适温度为 25℃。在 5℃ 条件下，种子虽可萌发，但发芽率显著减慢，而且不整齐，当温度达 35℃ 以上时，发芽率受到严重影响（表 2）。

表 2　不同温度条件下冰蕈种子的发芽势和发芽率

种	发芽势（%）							发芽率（%）						
	5℃	10℃	15℃	20℃	25℃	30℃	35℃	5℃	10℃	15℃	20℃	25℃	30℃	35℃
杂种冰草	0	10.2	18.4	23.0	75.0	71.3	15.7	8.3	47.2	64.5	81.3	89.0	82.3	30.2
蒙古冰草	0	7.1	9.4	10.3	33.0	4.0	3.0	5.8	31.6	43.2	65.7	65.7	39.0	19.0
沙生冰草	0	8.0	16.7	20.0	42.0	18.0	10.0	4.7	29.2	40.4	63.7	65.0	43.7	23.7
冰草	0	5.0	9.8	19.0	40.7	6.0	4.1	4.0	18.4	27.5	40.0	62.0	33.3	17.0

在冰草种子萌发过程中，如采用变温处理，对其萌发有明显影响。我们曾将杂种冰草的种子在 20℃ 条件下放置 18h，再移到 30℃ 条件下 6h 后就可发芽，且发芽率和发芽势均比最适温度（25℃）下高。

在适温条件下，种子吸水萌发，随之呼吸作用增强，消耗一定量的营养物质。冰草种子的胚与胚乳相比占的比例较小，因而在萌发过程中，营养物质消耗不多，其消耗量为萌发前种子重的 15%～25%（表 3）。

表 3　种子萌发时的营养物质消耗量

种	萌发前去稃种子重（g/100 粒）	萌发后去稃种子风干重（g/100 粒）	营养物质消耗量（g/100 粒）	$\dfrac{消耗量}{萌发前种子重} \times 100\%$
杂种冰草	0.26	0.22	0.04	15.4
冰草	0.25	0.19	0.06	24.0
蒙古冰草	0.24	0.18	0.06	25.0
沙生冰草	0.30	0.24	0.06	20.0

在光、暗条件下，冰草种子均可萌发。试验表明，光照长短对种子萌发没有明显的影响。但黑暗与光照相比，前者发芽势较低而发芽率却较高（表4）。

表4　不同光照条件下冰草种子的萌发状况

种	不同光照时间的萌发情况							
	发芽势（%）				发芽率（%）			
	24h	18h	6h	0h（全暗）	24h	18h	6h	0h（全暗）
杂种冰草	28.7	33.3	33.3	75.0	49.7	49.3	66.0	89.0
冰草	29.7	19.7	27.0	10.7	54.3	39.3	53.0	42.0
沙生冰草	23.3	17.0	26.0	22.0	43.3	31.0	47.0	65.0
蒙古冰草	35.0	16.0	16.7	3.0	67.3	41.7	49.0	65.7

上述结果表明，冰草种子的萌发是在水、热及其他条件相互配合时发生的，各种条件缺一不可，而且只有在各种外界条件处于最适时，冰草才会尽快地萌发。

3.2　生长发育特性

无论春播或夏播，当土壤水分适合时，种子播后8～10d就能出苗，如遇雨水5d左右即可出苗。出苗时首先在地面露出胚芽鞘和第一片真叶，待第一片真叶长到2～4cm时，由棕绿色变为绿色，约8d后长出第二片真叶。第三片真叶出现后，开始分蘖。

播种当年，大多数植株处于营养生长的叶丛状态，很少进入生殖生长。据我们在伊克昭盟东胜试验观察，5月10日播种者在生长结束时，有85%～90%的植株处于分蘖-拔节期，而10%～15%的植株可抽穗、开花，但不能成熟，这与苏联学者韦利奇科认为冰草是冬性作物的观点一致。冰草的分蘖能力较强，如果水分和温度条件适合，其分蘖过程可贯穿整个生长季，特别是7月底生殖生长完成以后，表现出很强的分蘖能力。在春季，条播在锡林郭勒盟白旗的冰草，当年分蘖数5～10个，而在土壤肥力尚好的东胜可达10～20个，当年株高为30～40cm。

冰草是喜凉爽的禾草，春季返青较早。呼和浩特地区3月底和4月初返青，5～7d后达到盛期。这时气候冷凉，气温和地温都不高，日均温为2～5℃，地表日均温为8～10℃，5cm土深处为5～7℃，10cm深处为3～5℃，15cm深处为2～4℃。

冰草的抗寒性也较强，在冬季寒冷的呼和浩特（最低温度-22℃以下）和锡林郭勒盟白旗（最低温度为-35℃以下）试验点均能安全越冬。在引进的260余份材料中，原产于土耳其和伊朗的少数材料越冬不好，而原产于苏联的材料却非常好，越冬率均在90%以上。

冰草返青后10～15d，上一年的主枝开始生长，并以分蘖节形成新的侧枝，由单株发育为株丛。条播第二年的单株分蘖数为20～50个，在单株间隔种植条件下，分蘖数高达100个以上。返青后约65d，时值5月下旬或6月初，植株开始抽穗。群体的抽穗比较整齐，从始期到盛期需4～6d。开花始于6月中旬，持续15～20d；盛花后约15d种子开始乳熟，7月底成熟。从植株返青到种子成熟约120d（表5）。

表5　冰草属牧草的生长期（日/月）

种类	年份	返青期	抽穗期		开花期		结实期		成熟期		枯黄期	生育期（d）	青绿期（d）
			始	盛	始	盛	始	盛	始	盛			
冰草	1986	30/3	25/5	31/5	13/6	16/6	25/6	30/6	24/7	31/7	12/11	123	225
	1987	1/4	26/5	1/6	14/6	18/6	27/6	2/7	25/7	2/8	15/11	124	228

（续）

| 种类 | 年份 | 返青期 | 抽穗期 | | 开花期 | | 结实期 | | 成熟期 | | 枯黄期 | 生育期 (d) | 青绿期 (d) |
			始	盛	始	盛	始	盛	始	盛			
沙生冰草	1986	26/3	25/5	01/5	10/6	14/6	22/6	27/6	22/7	28/7	10/11	124	226
	1987	28/3	24/5	20/5	11/6	15/6	23/6	28/6	24/7	31/7	13/11	125	227
蒙古冰草	1986	28/3	25/5	31/5	10/6	14/6	20/6	25/6	21/7	28/7	12/11	124	226
	1987	30/3	26/5	1/6	12/6	18/6	26/6	3/7	24/7	30/7	15/11	122	228
脆冰草	1986	26/3	24/5	31/5	13/6	17/6	23/6	2/7	22/7	28/7	10/11	124	226
	1987	30/3	28/5	2/6	17/6	18/6	28/6	4/7	25/7	2/8	11/11	125	227
西伯利亚冰草	1986	28/3	24/5	29/5	12/6	17/6	24/6	30/6	20/7	28/7	19/11	122	224
	1987	30/3	25/5	2/6	14/6	18/6	28/6	4/7	24/7	31/7	13/11	123	226
米氏冰草	1986	1/4	26/5	1/6	12/6	17/6	27/6	2/7	20/7	30/7	10/11	120	224
	1987	3/4	27/5	4/6	14/6	18/6	28/6	4/7	26/7	4/8	15/11	123	226

种子成熟后容易落粒，收获不及时，种子中上部率先成熟的种子就会掉落。因冰草成熟期正值雨季，此时气温也高，因而撒落在地面的种子容易萌发长成植株，从而延长群体寿命。据我们调查，一平方米面积上自落自生的冰草小苗达100多个，越冬者约有1/3。冰草的这一特性对于草场的补播和改良具有重要意义。种子成熟后，生殖枝虽枯黄，但营养枝仍呈绿色，由于水、热条件适合，这时正是营养枝形成时期，9月底营养枝高度达20cm，此后基本不再生长，但维持青绿，直到11月中旬上冻为止。这时的气温为-3～-1℃，地表温度-3～0℃，地下5cm处为-1.5～-1℃，10cm和15cm土深处分别在-0.8℃和-0.5℃左右。从返青到冬初地上部分冻死，青绿持续时间达225d左右。

冰草的再生性能一般，初花期刈割后再生草很难抽穗。据试验，在抽穗至初花期（6月上、中旬）刈割（此时正值气候干旱），再生草生长缓慢，直到7月和8月方能很好生长。因此，冰草不宜刈割利用。

冰草属牧草寿命较长。据苏联学者韦利奇科报道，其寿命约20年，但产量最高的时期是生活第3～5年。据我们在呼和浩特观察，生长在较贫瘠干旱土壤上的沙生冰草，第4年的生活力有明显下降趋势，而同期播种后在肥力和水分尚好地块上的冰草，直到第5年也无生活力衰退现象。就群体而言，因冰草种子有自落自生特性，所以草群一经建植便可维持和延用10～20年。

3.3　开花习性

冰草属牧草，大致6月中旬开始开花，初花后4～5d进入盛花期，并持续到7月初。开花比较整齐，历时约20d，这时的日平均气温为20～22℃。

花序为紧密的穗状花序，小花的开放依据在穗轴上着生位置的不同而有先后。就一个花序而言，中上部的花先开放，之后逐渐向上向下开放，基部的小花最后开放。小穗的小花开放顺序与此相反，先从基部开起，直至顶花。

冰草一穗的开花时间持续11～13d，不同种之间稍有差异，但最多相差2～3d。开花的高峰期是在初花后的4～6d，此时约有80%的小花开放，开始和近于结束时，日开花数较少（图1）。

就一日而言，在晴朗无风的条件下开花时间可从11:00持续到18:00，大量的开花集中在14:00至17:00，11:00以前不开或很少开花（图2）。开花最适宜的温度为28～32℃，相对湿度在40%左右。阴雨天不开或很少开花。

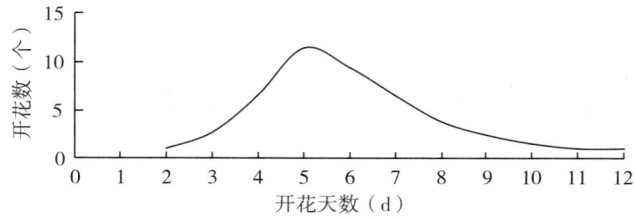

图1　冰草一穗开花动态

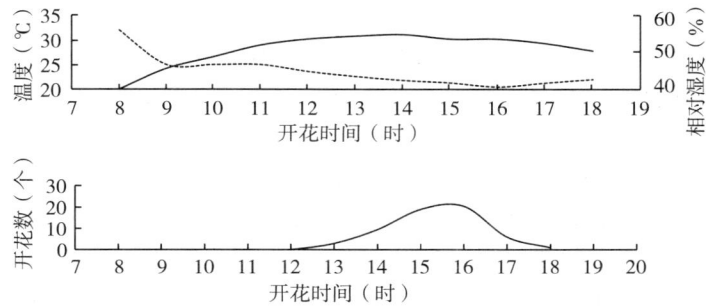

图2　冰草一日内开花动态

在适宜的温、湿度下，小花开放首先是内外稃开裂，露出黄绿色的花药顶部，经 15～20min 后，内外稃夹角加大到 45°，柱头露出，花药下垂，散出花粉，花朵正式开放。小花开放约 50min 后内外稃逐渐闭合，30min 全部闭合，开花结束。一朵小花由内外稃开始开裂到完全闭合，约需 120min。

冰草花药较大，长约 4mm，属异花授粉、高度自交不育禾草。我们曾对冰草套袋自交，其结实率为 3%～7%，而蒙古冰草自交几乎不结实。因为冰草具异花授粉特点，因而相同染色体倍数的冰草种间极易进行天然杂交，这为有性杂交培育新品种提供了极为有利的条件。

4. 结论

（1）冰草种子的萌发是在一定的温度、水分等条件相互配合下发生的。在光、暗条件下均可萌发。

（2）冰草属紧密的穗状花序。一穗的开花顺序是先从中、上部小花开起，依次向上、下开放，基部的小花最后开放。小穗的开放顺序则是先从基部小花开起直至顶花。

（3）冰草返青早，枯黄晚，在呼和浩特地区生育期为 120d 左右，青绿持续期 225d 左右。生长最迅速的时期在拔节-抽穗期。虽然其分蘖能力较强，但刈割后再生性一般。种子落粒性强，收获不及时易自落，如水热条件适宜可迅速萌发长成幼苗，这一特性对维持草群寿命十分有利。

参考文献（略）

本文原刊载于《中国草地》，1989 年第 4 期，略有删改

冰草茎生长锥分化、幼穗形成及小孢子发育

云锦凤，米福贵，杜建才

（内蒙古农牧学院草原系，呼和浩特　010018）

摘要： 冰草茎生长锥分化、幼穗的形成以及花粉母细胞减数分裂过程与结实器官的形成和产量性状密切相关。生长锥分化是一个连续的过程，可分为初生期、伸长期、结荚期、小穗突起期、颖片突起期、小花突起期、雌雄蕊形成期和抽穗始期 8 个时期。幼穗的发育规律性也很强，花序中上部的小穗最先发育，然后向上、向下顺序进行，基部小穗最后发育，小穗则是基部小花先发育，然后向上顺序进行。小孢子减数分裂发生在抽穗期，染色体在形态结构和行为表现上的特征是：中期 I 染色体配对比较规则，大多形成二价体，并具有 1～4 个四倍体，少数细胞中具三价体和单价体，除具 28 个正常数目的染色体外，大多数细胞中还具有 1～2 个超数染色体，在分裂的后期和末期有落后染色体和染色体桥出现，二分体和四分体时期可观察到微核。

1　引言

植物器官的形成和分化在其个体发育过程中具有重要意义，这是因为所有器官都具有特殊功能。在植物生长发育的某一阶段，如能了解器官的形成特点及有机体对外界条件的要求，人们就可以根据需要来加强或削弱某个器官的生长。对于禾本科作物和牧草来说，其结实器官的形成特点直接影响到许多重要经济性状的形成，如花序的小穗数、小花数、种子产量和品质、种子落粒性、籽粒的饱满度和整齐度以及抗病虫害能力等，因而对禾本科粮食作物和牧草结实器官的形成早已受到人们的重视。

20 世纪 50 年代初，苏联学者库别尔曼等人对禾本科粮食作物如小麦、黑麦和大麦等的结实器官形成进行了研究。尔日诺娃对禾本科牧草如猫尾草、狐茅及冰草等的茎生长锥分化和幼穗形成进行了探讨，不过她所指的冰草实则为中间偃麦草。我国学者亦很注意这方面的研究，但主要着重于禾谷类粮食作物，对禾草研究极少，冰草方面还未见报道。本文通过对冰草茎生长锥分化、幼穗形成和小孢子发育过程及其规律的研究，为冰草的栽培和选育工作提供依据。

2　试验材料和方法

试验于 1986 年进行。材料为 1984 年 4 月由美国引入的冰草（*Agropyron cristatum*）。该材料 1984 年 5 月 17 日播种，试验年度为生育第三年。当冰草 4 月初返青后，隔 2～3d 取样一次，每次随机取 20 个枝条，在解剖镜下观察其茎生长锥的分化过程，并进行显微照相。

冰草花粉母细胞形成时，从抽穗始期起，每隔 2～3d 取样一次，取整穗用卡诺氏固定液（酒精：氯仿：冰醋酸＝6：3：1）固定 20h，然后取出用清水冲洗数次，放入 70％的酒精中备用。用石炭酸-品红染色液染色，涂抹法制片，在显微镜下观察小孢子的发育过程，并进行显微照相。

3　结果与分析

3.1　茎生长锥及穗分化过程

生长第 3 年的冰草，在春季（4 月初）返青后不久，茎生长锥即开始形成，这时的生长锥只是一

个很小的突起。刚形成时，生长锥并不立即伸长，而是下部的叶原基先进行分化。随着幼苗的不断生长，茎生长锥很快开始分化，由初生期转入伸长期，进而又出现一系列的形态变化，直至形成穗状花序。冰草生长锥的分化是一个连续的过程，但根据其生长和分化的形态特征，按照库别尔曼的划分原则，可把冰草茎生长锥分化划分为8个时期（表1），各时期分化的特征是：初生期生长锥为半球形突起，此时茎叶原基已经形成，包被在生长锥外围（图1a）；在伸长期，生长锥开始伸长，锥体形成，很快超出基部两个茎叶原基而伸出（图1b、图1c）；到结节期，随着茎生长锥的进一步伸长，在锥体基部，茎叶原基腋内形成一些环状突起（节），并依次向上、向下发生（图1d、图1e）；小穗突起期是在叶突起腋内形成小穗突起（二次生长锥），结节期形成的叶突起则逐渐退化（图1f、图1g）；到颖片突起期，随着小穗突起的进一步分化，茎基部形成颖片突起（图1h、图1i）；进入小花突起期，小穗突起继续分化，颖片原基也开始伸长形成颖片，茎生长锥上发育最快的部位已由基部向上转移至中部小穗，在小穗突起上出现外稃突起，在其腋内形成小花突起（图1j、图1k和图1l）；雌雄蕊形成期，最明显的是在最早形成的小花突起中首先形成三个雄蕊突起，继而又在中间出现了雌蕊突起（图1m、图1n、图1o和图1p）；到抽穗始期，小穗分化结束，处于发育时期，冰草开始抽穗。

表1　冰草茎生长锥的分化过程及特征

分化过程（时期）	茎生长锥特征	物候期
初生期（Ⅰ）	呈半球形突起	返青
伸长期（Ⅱ）	超出基部两个茎叶原基而伸出	返青
结节期（Ⅲ）	基部结节	返青
小穗突起期（Ⅳ）	叶突起腋内形成小穗突起	分蘖
颖片突起期（Ⅴ）	茎基部出现颖片突起	拔节
小花突起期（Ⅵ）	小穗中小花突起	拔节
雌雄蕊形成期（Ⅶ）	发育最好的小花中雌雄蕊突起	孕穗
抽穗始期（Ⅷ）	穗形成并开始抽穗	抽穗

冰草在茎生长锥分化过程中，小穗突起的形成基本上是从下往上进行的，小穗中的小花是自下往上顺序形成的。在小花突起期，虽然小穗中大部的小花已经形成，但在小穗上部，新的小花原基却仍在继续分化。

从生育期来看，返青期的冰草生长锥基本处于器官形成的前三个时期，这一时期大约持续十几天。生长锥分化的第四、第五、第六阶段大多处在分蘖期和拔节期，第七阶段多处于孕穗期。就冰草群体而言，分化速度不一致，各阶段生长锥分化交错现象十分明显，拔节和分蘖几乎同时进行。早春分蘖的枝条，当年可开花结实。

3.2　冰草小孢子的发育

冰草小孢子的发生与其他被子植物一样，小孢子母细胞经过减数分裂而产生。当冰草花药直径为 $0.6\sim1.0$mm 时，小孢子母细胞即已形成。以后随着花药的伸长，小孢子母细胞体积增大，形态发生变化，由多面体形（图2a），逐渐变为圆形（图2b），便进入减数分裂时期，这时植株处于抽穗期。其穗下部距旗叶 $3\sim4$cm。其减数分裂过程与许多植物一样，在染色体形态结构上要发生一系列变化，但在染色体的行为表现上又具

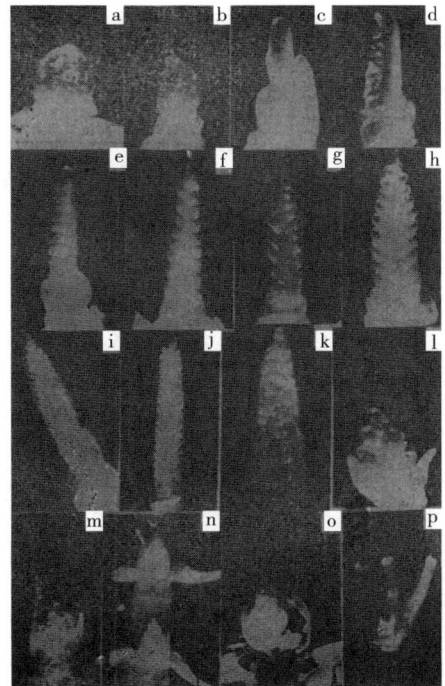

图1　冰草茎生长锥分化过程

有自己的特点，具体过程如下：

（1）前期 I：冰草小孢子母细胞的发育在这一时期持续时间最长，长度在 0.8～1.5mm 范围的花药大都处于这一时期。由于要进行 DNA 复制及同源染色体联会，所以细线期和偶线期在这一时期持续时间较长，而终变期却较短。其染色体的形态结构变化是：细线期小孢子母细胞开始分裂，核内出现细长如线状的染色体，互相缠绕成一团（图 2c），偶线期同源染色体配对，配对后的染色体仍缠绕成一团（图 2d），粗线期染色体开始收缩变粗，在制片中已能很清楚地看到，但个数难以查清（图 2e），双线期染色更为短粗，可观察到有交叉现象，联会染色体呈 8、0 等形状（图 2f），终变期染色体高度缩短，是观察染色体行为的最适时期和染色体计数的清晰时期（图 2g，前终变期）。

（2）中期 I：染色体排列在细胞中央的赤道板上，同源染色体开始互斥和分离，同时，染色体继续缩短。这一时期持续时间也很长，是观察染色体构型的最适时期，如从图 2h 可观察到 6 个棒状二价体、6 个环状二价体和 1 个环状四价体（箭头所示），它们均排列在赤道板上。此外，还有 1 对明显小于正常染色体、并不与正常染色体配对的超数染色体，被排斥在赤道板外（箭头所示）。

（3）后期 I：中期 I 结束后，染色体分为二组，分别移向两极。由于染色体分离速度不一致，冰草染色体在后期 I 有一个分散时期，此时染色体缩短到极限，也可进行染色体计数（图 2i 和图 2j）。

（4）末期 I：移到两极的染色体开始伸长、解旋，逐渐形成新核，并在细胞中央形成细胞板和细胞壁，细胞分裂为二，成为二分体（图 2k 和图 2l）。

（5）前期 I：第一次减数分裂结束后，很快又进入第二次分裂。在该期染色体互相缠绕成团状，核较二分体时期有所增大，并居于细胞中央（图 2m）。

（6）中期 I：两个子细胞的染色体浓集短缩，整齐地排列在赤道板上（图 2n）。

（7）后期 I：二分体内的各组染色体开始分离，分为两组，分别移向两极（图 2o）。

（8）末期 I：染色体移到两极后，逐渐解体形成圆形的核，在细胞中央形成壁。至此一个小孢子母细胞分裂为四分体（图 2p、图 2q 和图 2r）。四分体形成不久即彼此分开发育成单核花粉粒，减数分裂过程结束。

单核花粉粒（图 2s）持续一段时间后，细胞核进行有丝分裂，形成含一大核和一小核的双核花粉粒。其中，大核为营养核，小核为生殖核，生殖核再进行一次有丝分裂后，双核花粉粒发育成三核花粉粒（图 2t）。三核花粉粒形成初期，2 个生殖核呈圆形，以后逐渐发育成楔形（箭头所示），具有传粉受精能力，至此小孢子发育结束。

就冰草一个花序而言，中上部小穗最先发育，然后向上、向下顺序发育，基部小穗最后发育。每一小穗基部小花首先进入减数分裂期，然后向上顺序进行。在一朵小花中，冰草小孢子发育的同步性较强，从花粉母细胞成熟至花粉粒成熟几乎都是同步进行的。减数分裂过程不同时期有交错进行的现象，但以某一分裂时期的细胞为主，相邻 2～3 个时期的细胞所占比例不大。

在减数分裂过程中，除了在终变期和中期 I 清楚地观察到染色体构型外，在后期 I 和末期 I 可观察到落后染色体和染色体桥等染色体行为异常现象（图 2k、图 2q），其发生频率统计于表 2。

冰草减数分裂时，染色体的配对是比较规则的，大多形成二价体，亦有部分四价体（分别具 1～4 个），少数细胞中还有三价体和单价体出现，可见冰草属于同源或近似同源的四倍体。除正常数目的染色体外，在许多分裂的细胞中，还可观察到 1～2 个超数染色体。在中期 I，我们总计统计了 279 个细胞，其中具 1 个和 2 个超数染色体的细胞分别为 178 和 28，各占观察总数的 53.1% 和 10%，总计出现超数染色体的细胞频率为 63.1%。

小孢子在二分体和四分体时有微核出现（图 2i、图 2r），出现频率为 17.1%。一般为 2～3 个，多时可达 5～6 个。这些微核很可能来源于后期 I 或末期 I 的落后染色体和染色体桥。在末期 I 细胞核重新形成后，落后染色体以及染色体桥未能突破核膜进入核内，而是留在细胞质中形成微核。在观察中我们发现，带有微核的四分体出现频率与后期 I 及末期 I 的落后染色体和染色体桥出现频率之和非常相近，这也许可从一个侧面证实微核的来源。

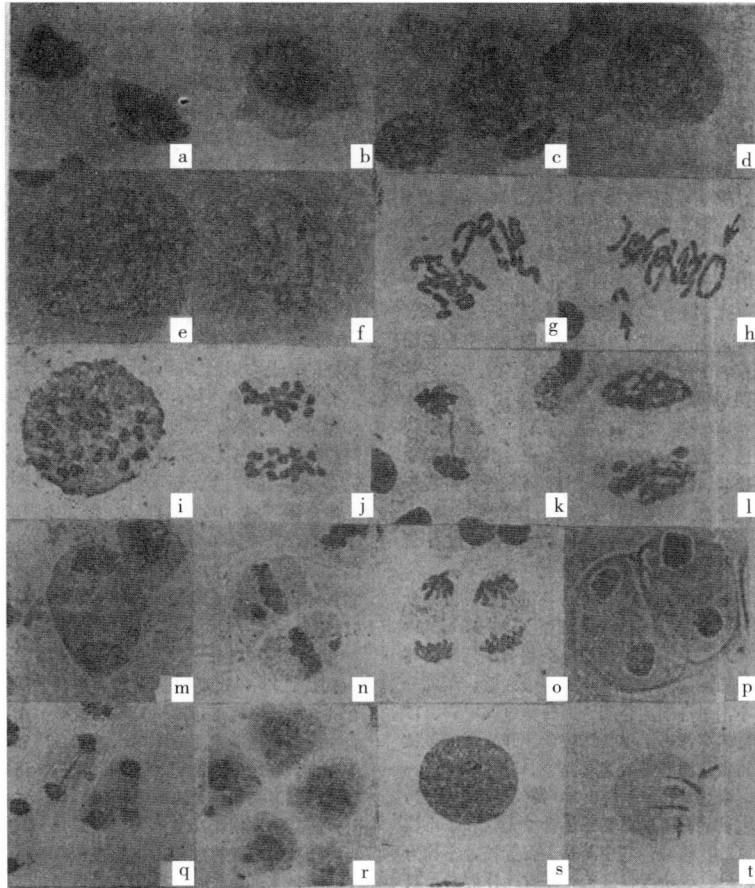

图 2　冰草花粉母细胞减数分裂过程

表 2　冰草减数分裂异常细胞发生频率

分裂时期		统计细胞总数（个）	具染色体桥的细胞		具落后染色体的细胞	
			数目	占细胞总数的百分比（%）	数目	占细胞总数的百分比（%）
后期 I	末期 I	243	18	7.4	55	22.6
后期 II	末期 II	204	9	4.4	30	14.7

4　结论

（1）冰草茎生长锥的分化是一个连续的过程，根据其外部形态特征的变化大致可分为初生期、伸长期、结节期、小穗突起期、颖片突起期、小花突起期、雌雄蕊形成期及抽穗期 8 个时期。就冰草群体而言，由于分蘖时间的差异，幼穗分化非同步进行，但其规律性强。中上部小穗发育最快，然后向上、向下依次进行，基部小穗发育最慢。小穗则首先是基部第一朵小花先发育，依次向上顺序进行。

（2）供试冰草材料为四倍体，其染色体数目为 $2n=28$。除具正常数目的染色体外，大多数细胞中还具有 1～2 个超数染色体，其大小显著小于正常染色体。

（3）冰草减数分裂发生在抽穗期，此时花序下部距旗叶 3～4cm。在减数分裂中期 I 染色体配对比较规则，大多形成二价体，并具 1～4 个四价体，少数细胞中具三价体和单价体。可见，冰草是一个同源或近似同源的四倍体。

（4）冰草小孢子发育过程中，在减数分裂的后期Ⅰ、末期Ⅰ、后期Ⅱ和末期Ⅱ有落后染色体和染色体桥出现，在二分体和四分体时期有微核出现。

参考文献（略）

本文原刊载于《中国草地》，1989 年第 5 期，略有删改

冰草的远缘杂交及杂种分析

云锦凤，李瑞芬，米福贵

（内蒙古农牧学院，呼和浩特　010018）

摘要： 蒙古冰草隶属于冰草属的二倍体种（2n＝14），原产于内蒙古。航道冰草是从北美引进的栽培品种，隶属于扁穗冰草种，亦为二倍体种（2n＝14）。为了将蒙古冰草的优良抗性基因和航道冰草的优良品质基因相结合，进行二倍体种间的远缘杂交。杂种 F_1 全部为二倍体，其形态学特征介于双亲之间。杂种 F_1 PMC M I 的染色体平均配对构型为：2.09 I、4.86 II、0.48 III、0.24 IV 及 0.19 V。杂种 F_1 较高的二价体配对频率表明，两亲本间的染色体同源程度较高。其杂种 F_1 部分花粉可育，为亲本间遗传物质的交流提供了可能性。

1　前言

冰草属牧草（Agropyron spp.）原产于欧亚大陆草原区，本属约包括 10 个种。美国细胞遗传学家 Dewey（1984）研究指出，冰草属有 3 个染色体倍数水平，即二倍体（2n＝14）、四倍体（2n＝28）及六倍体（2n＝42），其中四倍体种在自然界中占多数，主要分布在中欧、中东和中亚；而二倍体种却不普遍，从欧洲到蒙古及中国的内蒙古只有零星分布；六倍体种很少，仅出现在土耳其及伊朗的个别地区。

冰草属内各个倍性水平种均由一个基本染色体组 P 构成，在遗传方面有高度的独立性。有关冰草属的种间杂交，国外已有许多报道，国内在这方面的研究尚属空白领域。

蒙古冰草（A. mongolicum Keng）又名沙芦草，多年生丛生（或具短根茎）禾草，在我国西北、华北地区草原带有零散分布，生长于干草原和荒漠草原的沙质生境，抗寒耐旱性极强，春季返青早，青绿持续期长，茎叶柔软、适口性良好，其不足之处是叶量少，茎叶比高，品质上有待提高。

航道冰草（A. cristatwn cv. Fairway）为引自美国的栽培品种，属宽穗或拟宽穗的 A. cristatum ssp. pectinatum 分类单位（Texa）是在经济价值上较重要的二倍体物种，其形态学特征极其一致，株间变异小，通过选择改良的潜力有限。

本研究旨在通过蒙古冰草和航道冰草的种间杂交，探索两个种间基因渐渗及流动的可能性，试图将前者的优良抗性基因和后者的优良品质基因相结合，创造出新的二倍体物种，同时揭示两者的亲缘关系，为研究其演化和远缘杂交育种提供理论指导。

2　材料与方法

2.1　供试材料

供试蒙古冰草采自内蒙古农牧学院牧草试验站小麦族多年生牧草原始材料圃，原产于内蒙古巴彦淖尔盟，属二倍体种（2n＝14）。航道冰草引自美国蒙大拿州的 USDA-SCS，属二倍体品种（2n＝14），隶属于扁穗冰草种［A. cristatum（L.）Gaertn.］。

2.2　杂交方法

根据优缺点互补等亲本选配原则，进行蒙古冰草与航道冰草的正、反交试验。将母本穗在开花前

1～2d整穗、去雄、套袋隔离，1～2d后采集父本花粉，授于母本柱头，隔日重复授粉。由于冰草是较严格的异花授粉植物，也可采用不去雄杂交，将相邻种植的父、母本穗套在一个袋中，适当摇动，使之授粉。待种子成熟后收获杂交种子。

2.3 细胞学研究

有丝分裂象细胞由发芽根尖取得。将根尖放入0℃冰水混合物预处理22～24h，用卡诺固定液（95%酒精∶冰醋酸＝3∶1）固定，以醋酸洋红染色，在45%的醋酸中常规压片。花粉母细胞在8∶00—11∶00取样，选取处于减数分裂时期的亲本或杂种幼穗，置于卡诺固定液24h后，用改良碱性品红染色制片，冰冻揭片，二甲苯透明，加拿大树胶封片，制成永久性片，显微照相。

2.4 花粉育性和结实性

选取成熟花药，用浓度小于1%的醋酸洋红染色，着色正常、形状规则的花粉为可育花粉，统计其着色率。统计5个穗的每穗小花数和结实数，计算结实率。

3 结果与分析

3.1 杂交的可交配性

3.1.1 杂交的结实性

正反交组合授粉及结实特征见表1。结果表明，蒙古冰草×航道冰草，每穗结实数为3.9，结实率为23.1%，而反交组合的每穗结实数和结实率分别为2.3和12.6%。以蒙古冰草为母本的组合结实性较高，种子亦较饱满。

表1 杂交组合结实统计

杂交组合	授粉穗	小花数		结实数		结实率（%）	正反交结实率之差（%）
		总数	平均数/穗	总数	平均数/穗		
蒙古冰草×航道冰草	15	253	16.9	59	3.9	23.1	10.5
航道冰草×蒙古冰草	25	456	18.2	58	2.3	12.6	

3.1.2 杂种 F_1 代的生物学特性

两个杂交组合 F_1 的种子发芽力不一致，其中正交组合的发芽率、出苗率、成株率明显优于反交。如果以正交为100%，反交分别为其75%、55.6%及40%。就生长发育期而言，两个杂种的返青期（4月12日）比亲本（蒙古冰草4月3日、航道冰草4月1日）晚10d左右，成熟期（8月20日）比亲本（前者7月25日、后者8月1日）推迟15～20d，可见杂种生育期缓慢。但分蘖后期，杂种生长旺盛，青绿期较双亲长。

3.2 杂种及亲本的形态特征

杂种 F_1 及双亲形态特征的测定结果列于表2。正交 F_1 植株呈灰绿色，偏向母本蒙古冰草，其株高、分蘖数均高于双亲平均值，且达到极显著水平（表2）。

表2 杂种 F_1 及双亲形态特征比较

观察项目	蒙古冰草（×♀）	航道冰草（×♂）	杂种 F_1（XF_1）	双亲平均值（$\bar{X}_P$）	$\bar{X}_{F_1} - \bar{X}_P$
株高（cm）	55.9	48.7	63.4	52.3	+11.1**
分蘖数/株	6.5	9.7	11.1	8.1	+3.0**

（续）

观察项目	蒙古冰草（×♀）	航道冰草（×♂）	杂种 F_1（XF_1）	双亲平均值（$\overline{X}_P$）	$\overline{X}_{F_1} - \overline{X}_P$
穗长（cm）	8.8	4.8	7.7	6.8	+0.9**
小穗数/穗	13.7	21.0	32.7	17.4	+15.3**
小花数/小穗	8.5	7.0	9.5	7.8	+1.7**

注：表内观察数据样本容量 $n=10$（除个别外）；** 为 t 测验达 $a=0.01$ 的极显著水平。

蒙古冰草穗狭长为直线型，小穗排列疏松，小穗与穗轴呈 $15°\sim20°$ 夹角；而航道冰草为篦齿状宽穗形，小穗排列紧密，小穗与穗轴呈 $40°\sim45°$ 夹角的方式着生。杂种 F_1 的穗形基本为卵状长圆形，有别于父母本，穗长变动范围为 $6.0\sim10.0$cm，平均值为 7.7cm，高于双亲，表现出一定的杂种优势。此外，每穗小穗数、穗密度亦优于双亲（表2，图1）。

杂种 F_1 在小穗长、小穗宽、芒长、花药长度等均表现为中间型，与双亲均值差异不显著，但杂种 F_1 在每小穗小花数表现出优势。

3.3　杂种 F_1 及亲本的细胞学特征

3.3.1　亲本减数分裂时期染色体行为

亲本花粉母细胞（PMC）减数分裂时期染色体行为见表3、表4及图2～图11。蒙古冰草在减数分裂中期二价体频率高达 6.99，且多为环状二价体，单价体极少，表明其染色体配对规则。

蒙古冰草多数细胞含1条超数染色体（又称B染色体），其形态明显小于正常染色体（又称A染色体），一般情况下不易于区别，本研究结果与李立会等（1991）的报道一致，他们的研究结果表明，冰草属内含B染色体材料，主要集中在二倍体蒙古冰草中。在减数分裂后期细胞中观察到少数桥，此外其落后染色体与四分体微核数也高于航道冰草，这对一般二倍体材料的细胞学遗传行为来说是不正常的，这可能与B染色体的存在有关。

亲本航道冰草不含B染色体，PMC减数分裂中期棒状二价体出现频率稍高（图3），在后期Ⅰ的分离及四分体时期都较正常。

3.3.2　杂种 F_1 减数分裂时期染色体行为

因为反交组合的杂种 F_1 代在播种当年没抽穗，所以杂种分析只有正交 F_1 代。从PMC减数分裂中期染色体配对行为分析，二价体频率占优势（4.86Ⅱ/细胞），其中棒状二价体居多，单价体出现频率为 2.09（表3）。在具特定染色体构型细胞所占百分比中，68%的细胞含单价体，范围为 1～8 个（表4，图4～图9）。含7个二价体的细胞占13%，表明两个亲本种间的染色体组（Genome）在很大程度上是相似的，即属于同一个染色体组，但已有分化，多价体的出现也说明了这一点。

杂种 F_1 PMC减数分裂中期Ⅰ染色体行为不规则，多价体百分率高达50%（29%Ⅲ+14%Ⅳ+7%Ⅴ），后期Ⅰ落后染色体频率为 1.02，四分体时期观察到三分体及五分体，微核出现率为 1.89（表3，图10～图11）。

表3　亲本及杂种 F_1 减数分裂期染色体行为

亲本或杂种	$2n$	细胞数	Ⅰ	Ⅱ 棒状	Ⅱ 环状	Ⅱ 总数	Ⅲ	Ⅳ	Ⅴ	B染色体	落后染色体/细胞	微核/四分体
蒙古冰草	14	111	0.04 (0～2)	0.59 (0～3)	6.40 (4～7)	6.99 (6～7)				0.97 (0～1)	0.05 (0～2)	0.09 (0～1)

（续）

亲本或杂种	2n	细胞数	I	II 棒状	II 环状	II 总数	III	IV	V	B染色体	后期I 落后染色体/细胞	微核/四分体
航道冰草	14	132	0.02 (0~2)	1.06 (0~4)	5.91 (3~7)	6.97 (6~7)					0.02 (0~1)	0.01 (0~1)
杂种 F$_1$	14	104	2.09 (0~8)	3.21 (0~4)	1.55 (0~5)	4.86 (1~7)	0.48 (0~2)	0.24 (0~1)	0.19 (0~1)	0.03 (0~1)	1.02 (0~6)	1.89 (0~3)

表 4 亲本及杂种 F$_1$ 减数分裂期具特定构型细胞百分率

亲本或杂种	I	II^7	I^7+II^7	II$^{1\sim4}$	III	IV	V	B染色体	后期I 落后染色体/细胞	微核/四分体
蒙古冰草	2	98						95	9	1.5
航道冰草	1	99							4	0.7
杂种 F$_1$	38	13			29	14	7	3	85	60

3.4 杂种 F$_1$ 及双亲的花粉育性及结实性

亲本和杂种 F$_1$ 代在花粉育性及在开放授粉条件下的结实状况列于表 5。由表可知，亲本花粉着色率明显高于杂种，杂种 F$_1$ 代花粉可育性百分率达 18.9%，并且观察到少数花药可开裂，但花粉量很少，这表明该杂种具有部分可育性。

表 5 杂种及双亲的花粉可育性百分率及开放授粉结实率

亲本及杂种	<1%醋酸洋红染色 正常	<1%醋酸洋红染色 不正常	<1%醋酸洋红染色 总数	花粉可育性百分率（%）	开放授粉 授粉小穗总数	开放授粉 结实数	结实率（%）
蒙古冰草	325	91	416	78.1	948	728	76.8
航道冰草	311	26	337	92.3	1 080	967	89.5
杂种 F$_1$	60	257	317	18.9	1 105	0	0

4 讨论

蒙古冰草×航道冰草种间杂交的结实率比预期低，分析其原因有以下几点：①与外界因素有关。如杂交的机械损伤、授粉方式及杂交后的天气状况及管理等。②与亲本的遗传特性有关。本试验采用了含 B 染色体的蒙古冰草，这对杂交是不利的。③细胞学研究结果表明，蒙古冰草的 P 染色体组和航道冰草的 P' 染色体组在物种进化过程中发生了结构上的重组（Rearrangement），从三价体和四价体的出现可推断出其中一个染色体组中的两条染色体之间发生了相互易位，在杂种 F$_1$ 中形成易位杂合体，由此出现单价体、三价体及 N 形四价体等，这与 Catherine 等（1989）的观察结果一致。

5 结论

5.1 蒙古冰草与航道冰草种间正、反交结实率分别为 23.3% 和 12.7%，说明其种间有一定的可交配性。

5.2　杂种 F_1 苗期生长缓慢，分蘖后期生长较快，生育期比亲本有所推迟。其株型、穗型等介于双亲之间，而穗密度、每穗小花数高于双亲。

5.3　蒙古冰草×航道冰草杂种减数分裂中期 F_1 染色体平均配对构型为：$2.09 \text{I} + 4.86 \text{II} + 0.48 \text{III} + 0.24 \text{IV} + 0.19 \text{V}$，二价体频率较高，表明亲本间染色体组同源性较大，基因渗透是可能的。

5.4　杂种 F_1 减数分裂后期 I 出现落后染色体、桥片段及不均等分离现象；四分体时期有三分体及五分体等现象，且普遍含有微核。

5.5　蒙古冰草×航道冰草杂种 F_1 花粉部分可育，这对两亲本间基因交流及后代育性恢复提供了条件。

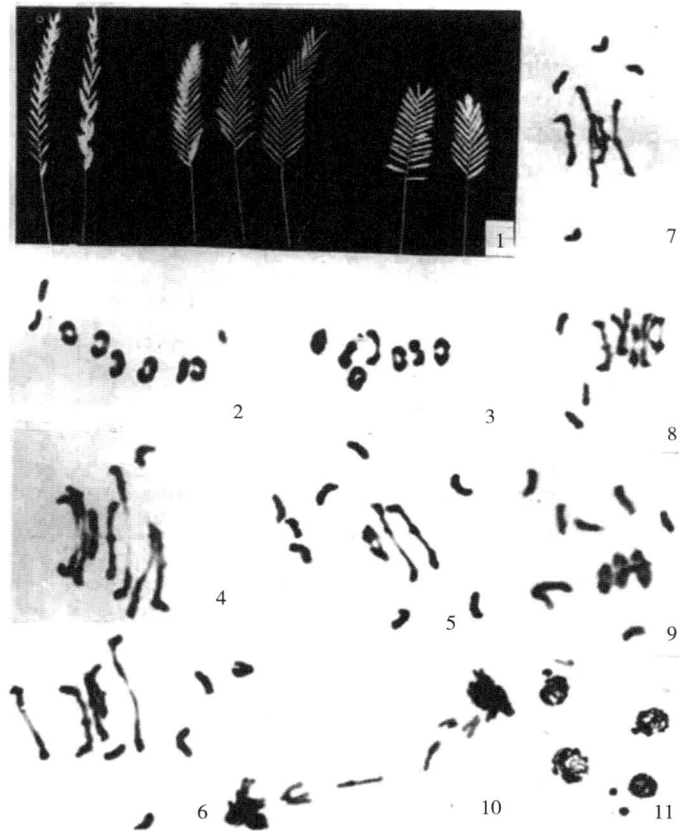

图 1　左：蒙古冰草，中：蒙古冰草×航道冰草 F_1，右：航道冰草；图 2　蒙古冰草 PMC M I $2n=14$（7 II +1B 染色体）；图 3　航道冰草 PMC M I $2n=14$（7 II）；图 4　蒙古冰草×航道冰草 F_1 PMC M I $2n=14$（1 I +5 II +1 III，V 字形）；图 5　蒙古冰草×航道冰草 F_1 PMC M I $2n=14$（8 I +3 II）；图 6　蒙古冰草×航道冰草 F_1 PMC M I $2n=14$（4 I +5 II）；图 7　蒙古冰草×航道冰草 F_1 PMC M I $2n=14$（4I+5 II）；图 8　蒙古冰草×航道冰草 F_1 PMC M I $2n=14$（3 I +4 II +1 III）；图 9　蒙古冰草×航道冰草 F_1 PMC M I $2n=14$（6 I +4 II）；图 10　蒙古冰草×航道冰草 F_1 PMC A I（落后染色体）；图 11　蒙古冰草×航道冰草杂种 F_1 四分体（有微核）。

参考文献（略）

本文原刊载于《草地学报》，1997 年第 4 期，略有删改

冰草属牧草的优良特性及利用

云锦凤，马鹤林，解新明

（内蒙古农业大学生态环境学院，呼和浩特　010018）

摘要：简要介绍了冰草属（*Agropyron* Gaertn.）牧草的种质资源、分布、生境，以及以抗旱、抗寒为主要特点的优良特性，并对其饲用价值、生态价值、遗传价值及其利用进行了评述。它必将在西部大开发生态建设中的退耕还林还草、人工草地建立、沙化和退化草地的改良、水土保持及绿化等方面发挥重要作用。

关键词：冰草属；抗逆性；饲用价值；生态价值

冰草属（*Agropyron* Gaertn.）牧草是禾本科小麦族中的多年生草本植物，广布于草甸草原、典型草原和荒漠草原区，具有广泛的地理分布和多变的生态幅度。冰草具有极强的抗旱、耐寒、耐贫瘠土壤等生物学特性，它返青早、枯黄晚，青绿持续期长，茎叶柔软，适口性好，营养成分含量高，为各类家畜所喜食，是具有重要饲用价值、生态价值和遗传价值的牧草资源。

1　种类和分布

全世界冰草属牧草约有 15 种，集中分布于俄罗斯、土库曼斯坦、乌兹别克斯坦、乌克兰、哈萨克斯坦、蒙古国、中国等一些欧亚国家。出现于草甸草原、典型草原、荒漠草原等各类草原中，属于典型草原旱生植被类群。在沙地植被中，有些种类往往成为优势成分。

我国是冰草属植物资源较丰富的国家之一，据《中国植物志》记载，我国有 5 种 4 变种 1 变型，这 5 个种是冰草（*A. cristatum*）、沙生冰草（*A. desertorum*）、根茎冰草（*A. michnoi*）、西伯利亚冰草（*A. sibiricum*）和蒙古冰草（*A. mongolicum*）。冰草广泛分布于我国的华北、西北和东北地区，而以黄河以北的干旱地区种类最多、密度最大，海拔高度主要集中在 1 000～1 500m。东起东北草甸草原，经内蒙古、华北地区向西南呈带状一直延伸到青藏高原的高寒草原区，在我国北方 10 多个省（区）内形成一个连续的分布。此外，在新疆的阿尔泰山地、伊犁地区及青藏高原西部边缘也有零星分布。其中，以内蒙古的分布最多，拥有国产的全部种类，且密度也最大。另外，在甘肃、宁夏、陕西、山西、青海、新疆等西部省区也有较广泛的分布（表 1）。

表 1　我国各省份冰草属植物的分布

种名	内蒙古	辽宁	吉林	黑龙江	河北	山西	宁夏	陕西	甘肃	青海	西藏	新疆
冰草	+	+	+	+	+	+	+	+	+	+	+	+
根茎冰草	+			+	+							
沙生冰草	+	+					+	+		+		+
蒙古冰草	+				+	+				+		
西伯利亚冰草	+											

2　品种资源

根据北美和中国的统计资料，截止到 1998 年，共育成 14 个冰草品种，其中美国和加拿大 12 个，中国 2 个。北美的品种资源如下：育成品种中属冰草（*A. cristatum*）的品种有 6 个（Fairway、Parkway、Ruff、Kirk、Ephraim 和 Douglus）；属于沙生冰草（*A. desertorum*）的品种有 2 个（Nordan 和 Summit）；属西伯利亚冰草（*A. sibiricum*）的品种有 2 个（P-27 和 Vavilov）；属杂种冰草的品种有 2 个（Hycrest、Hycrest-CD Ⅱ）。

我国育成的有内蒙沙芦草以及蒙农杂种冰草。这些冰草品种的特征特性如下：

（1）Fairway：二倍体，叶量丰富，茎叶纤细，可用作干旱地区补播以及草坪品种。

（2）Parkway：由 Fairway 中选出，在植株活力、高度及叶量上进行改良，优于原始群体。

（3）Ruff：二倍体，选自 Fairway 群体，株丛大，在北美中部大平原上用作水土保持，适于人工草地补播和植被恢复。

（4）Kirk：四倍体，种子活力高，成熟后种子植株地上保存好，芒较短，利于播种。

（5）Ephraim：四倍体，在良好的土壤水分条件下形成根茎，对水分要求较高，适于土壤保持及生态治理。

（6）Douglus：六倍体，植株生长旺盛，鲜草产量和种子产量均高，抗逆性（干旱，病虫害）强。

（7）Nordan：四倍体，抗旱性强，种子较大，幼苗活力强，易立苗，植株直立而整齐，适合于建立饲料基地和刈割干草。

（8）Summit：在种子产量和品质上比 Nordan 更为优良。

（9）P-27：四倍体，穗窄无芒，茎叶纤细，适于沙质土壤播种，青绿期保持较长时间。

（10）Vavilov：选自 P-27，叶量丰富，夏末营养体保持绿色，抗逆性（干旱和病虫害）强，种子产量和干草产量较高。

（11）Hycrest：四倍体，诱导四倍体扁穗冰草和天然四倍体沙生冰草的远缘杂交种。抗干旱和病虫害能力强，有明显的杂种优势，对不良环境条件适应强，有较高的青草和种子产量。群体内单株变异大，有进一步选择的潜力。

（12）Hycrest-CD Ⅱ：四倍体，选自 Hycrest 群体，叶量丰富，在寒冷条件下干草产量和种子活力优于 Hycrest。

（13）内蒙沙芦草（*A. mongolicum* Keng cv. Neimeng）：通过采集野生沙芦草（蒙古冰草）种子，经过多年栽培驯化而成。其特点是抗逆性很强，抗寒冷、干旱和病虫害，耐瘠薄，叶量少而纤细内卷，在干旱草原区（降水量 250～400mm）无灌溉条件下，其抗旱性优于国外任何引进冰草品种。此外，可用短根茎进行无性繁殖。种子成熟后落地萌发力强，可延长人工草地寿命，适用于天然退化草地的改良和生态建设。

（14）蒙农杂种冰草（*A. cristatum*×*A. desertorum* cv. Mengnong）：由内蒙古农业大学育成。用 Hycrest 作原始群体，经二次单株选择和一次混合选择育成，植株整齐，生长旺盛。和原始群体比较，茎叶和种子产量有显著提高，植株平均高 90～105cm，干草产量和种子产量分别为 7 500kg/hm² 和 675kg/hm²。种子成熟后茎叶仍保持鲜绿，可刈割制成优质干草。

3 饲用价值

冰草属牧草具有较高的营养价值和适口性，是牛、马、羊等家畜所喜食的牧草。其粗蛋白质、粗脂肪、粗灰分及钙、磷等含量均较高（表 2），特别是粗蛋白质的含量要高于其他禾本科牧草。

表 2 冰草与其他禾本科牧草（开花期）营养成分含量比较

牧草名称	占风干物质的百分比（%）							
	水分	粗蛋白质	粗灰分	粗脂肪	粗纤维	无氮浸出物	钙	磷
蒙农杂种冰草	7.66	11.23	5.45	2.36	36.91	36.39	1.38	0.10

（续）

牧草名称	占风干物质的百分比（%）							
	水分	粗蛋白质	粗灰分	粗脂肪	粗纤维	无氮浸出物	钙	磷
蒙古冰草	4.30	10.59	5.03	4.07	25.95	40.86	0.42	0.27
诺丹冰草	6.73	10.58	5.99	4.07	33.36	42.18	0.41	0.30
无芒雀麦	9.01	10.09	6.44	2.16	35.49	36.81	0.25	0.31
披碱草	6.62	6.98	7.67	2.12	40.71	35.90	0.41	0.23

冰草营养成分的含量和饲用价值还随生态条件的不同而有所变化。根据有关报道，气候、土壤条件对蛋白质的含量也有很大影响。

冰草具有很好的放牧稳定性，放牧利用可达 6 年以上。在春季比其他牧草返青早，这对于缓解早春家畜饲草短缺的问题具有十分重要的作用。冰草适口性最好的时期是分蘖期，此时植物体内含有较高粗蛋白、氨基酸及其他营养成分，具有很高的消化率。随着生长发育期的推进，适口性有所下降。当秋季再生草生长出后，适口性会再度回升。

总之，冰草属牧草在整个生长期内青绿持续期长，茎叶较为柔软，草质良好，营养丰富，主要作为放牧利用，也可调制干草，为各类家畜提供优质冬春饲草。

4 生态适应性及抗逆性

冰草属植物在我国分布广泛，出现于各类草原群落中，具有广泛的生态适应性。在草甸草原植被组成中，以贝加尔针茅和羊草为优势种，冰草和其他禾草作为常见种出现。在典型草原以克氏针茅为优势的成分中，蒙古冰草、沙生冰草常常作为旱生禾本科牧草成分出现。此外，冰草在山地草原分布也很普遍，但多度较低。冰草最适合的生态条件是干旱的草原地带，生长在石砾质山坡、丘陵坡地、复沙地、沙地，以及固定和半固定沙丘。在内蒙古的浑善达克沙地、毛乌素沙地有其天然的分布区，是沙地植被的主要成分之一，在局部区域能成为优势种，是维系这些地区脆弱生态平衡的重要成分，并对防风固沙、水土保持起到了重要作用。

冰草是一种长寿命疏丛型禾草，具有很强的耐寒、抗旱、抗病虫害、忍耐风沙及贫瘠土壤等优良特性。在多年生禾本科牧草中，冰草属是一类最抗寒的牧草。根据苏联的研究报道，冰草即使在非常寒冷或融、冻相互交换的冬春季节，幼苗一旦扎根其植株就不会死亡。我们的研究也指出，在内蒙古锡林郭勒盟正镶白旗（最低温度为−35℃或更低）试验点，冰草能安全越冬，它在分蘖节、地下茎和根系中贮存大量的碳水化合物和其他有机物质。此外，冰草本身形成草丛，冬季茎叶残留在茎基部，这些特点都能抵御外界不良气候的影响。

与其他多年生牧草（无芒雀麦、黑麦草、草木樨、红豆草、苜蓿等）相比，冰草被认为是非常抗旱的牧草。它具有适应干旱条件的旱生结构，如根系发达且具有沙套，叶片窄小可内卷，干旱时气孔闭合。在严重干旱时期，冰草的叶片内卷、变黄、茎部凋萎，植株呈枯死状态。但一遇降雨，便开始返青，并继续生长。在年降水量为 200～300mm 的干旱地区，冰草能很好地生长，并能获得较满意的干草和种子产量。在雨水充足的年份，冰草像其他多年生牧草一样产量可显著增加。

冰草对土壤要求不严，耐瘠薄，在黑钙土、暗栗钙土、砂壤土、沙土上均能生长。蒙古冰草和沙生冰草特别适合浅覆沙土壤。冰草在潮湿和酸性土壤中生长不良，对盐碱土有一定的适应性。据我们对冰草种子萌发期耐盐力测定结果，伊菲冰草耐盐力最强，其次是蒙农杂种冰草、诺丹冰草、Hy-crest 和沙生冰草，蒙古冰草耐盐力弱（表 3）。

表3　6种冰草材料在 Na_2CO_3-Na_2SO_4 复盐溶液下的相对发芽率

材料名称	不同盐浓度下的相对发芽率（%）				
	0.6%	0.8%	1.0%	1.2%	1.4%
伊菲冰草	92.77aA	83.13aA	75.90aA	63.86aA	61.44aA
蒙农杂种冰草	87.64aB	80.89aA	71.91aA	56.66bB	46.07bB
诺丹冰草	72.73bCD	60.23cBC	56.81bB	53.40bBC	44.32bcBC
Hycrest	76.52bC	65.43bB	58.02bB	48.15cC	39.51cBC
沙生冰草	75.00bC	65.00bCB	57.50bB	46.25cC	38.75cC
蒙古冰草	67.12cD	56.16cC	45.21cC	35.62dD	32.52cC

5　遗传学价值

冰草属植物具有3个染色体倍数水平，即二倍体（$2n=14$）、四倍体（$2n=28$）和六倍体（$2n=42$），其中以四倍体为主；蒙古冰草是罕见的二倍体物种。冰草染色组为P。

冰草属作为小麦族重要野生近缘种，一直受到遗传育种学家的重视。有关冰草属与小麦族内其他属间的亲缘关系、物种形成和种系发生的研究较多。一些学者进行了冰草属与披碱草属（*Elymus*）、偃麦草属（*Elytrigi*）、鹅观草属（*Roegneria*）、黑麦属及小麦属等属间杂交并获得了杂种。研究结果表明，二倍体冰草的P染色体组与二倍体长穗偃麦草的E染色体组之间存在着相当高的同源性，与拟鹅观草二倍体种的S染色体组间有一定的部分同源性。

据颜济（1990）的研究，冰草属的P染色体组经过修饰后，可以与S或SY染色体组结合，存在于其他物种中。李立会、董玉琛等（1991）进行了小麦与四倍体冰草如沙生冰草及根茎冰草的杂交并获得了杂种，又对小麦-冰草异源附加系的建立进行了研究。Baenziger等（1962）研究结果表明，冰草属的一些种当中存在着超数染色体（B染色体），主要集中在二倍体中，较高数目的B染色体有助于A染色体间配对和交叉频率的提高。李立会等（1991）发现含B染色体的材料不易于小麦杂交。

冰草属牧草的抗寒、耐旱和抗病虫害等优良特性可作为改良禾谷类（大麦、小麦和黑麦）作物抗性的宝贵基因库。蒙古冰草作为一个抗旱性极强的珍贵二倍体物种，染色体倍数水平低，易于诱导多倍体，通过染色体加倍育成同源四倍体，可提高其种子大小和叶量，从而促进人工草地的建植和饲草品质的改善。

6　冰草属牧草的利用

6.1　人工草地的建立

冰草具有良好的抗逆性，对土壤要求不严格，种子和鲜草产量比较高，种子易于收获，饲草品质好，营养价值丰富，易于调制干草，在草原及半荒漠地区的人工草地建设中占有重要位置。目前冰草属牧草在我国的种植面积不大，但是随着我国西部大开发战略的实施、生态建设力度的加大，冰草属牧草的种植推广将会迅速扩大。如内蒙古锡林郭勒盟南部正镶白旗、正镶蓝旗和多伦县为解决冬春饲草供应问题，建立了以蒙古冰草为主的人工草地约 $600hm^2$，多以旱作为主。他们于1989年在丘间覆沙开阔地贡淖尔和道勒格勒种植蒙古冰草 $60hm^2$。由于内蒙古春季干旱，多选择雨季播种，一般在6月底至7月初播种，采用单播，也有采用保护播种，保护作物为小麦或青莜麦。第二年干草产量 $3\,000kg/hm^2$，种子产量约 $375kg/hm^2$。有灌溉条件，干草产量 $4\,500\sim5\,250kg/hm^2$，种子产量可达 $450\sim600kg/hm^2$。

冰草除单播外，还可与其他多年生豆科牧草混播，以提高饲草的产量和品质。我们多年的试验结果表明，冰草＋紫花苜蓿（抗旱品种）、冰草＋红豆草以及冰草＋扁蓿豆是干旱地区建立人工草地适宜的混播组合。近几年，由于国内冰草种子短缺，一些地区大量从国外特别是加拿大进口冰草种子，不经过小区试验就直接大面积播种，造成不应有的损失。如 1997 年锡林郭勒盟正镶蓝旗上都河播种了加拿大沙生冰草近 200hm^2，由于当地气候干旱，幼苗长势很差，到第二年不得不全部毁种。多年的经验告诉我们，在自然条件比较差的寒冷、干旱地区种草，一定要经过试验，为大面积推广种植提供依据。内蒙古农业大学育成的蒙农杂种冰草是一个适宜于我国北方干旱地区种植的高产、优质品种，具有良好的推广前景。

6.2　天然草地的改良

多年来，由于不合理的利用，天然草地存在不同程度的退化，急需进行改良，以迅速恢复植被。冰草分布范围广，出现于各类草原群落中。冰草属植物特别是蒙古冰草种子落粒性强，在自然状态下幼苗易于定植，无性繁殖能力强，拓殖能力强，是草原及半荒漠地区沙化、退化草地改良的理想草种。

美国和加拿大没有天然野生种冰草分布，1906 年引种冰草成功。干旱的 30 年代恰是冰草在美国迅速推广的时期。特别是由于过度垦荒导致黑风暴发生后，冰草是他们用于植被恢复的主要材料。目前冰草也是用于改良退化蒿属灌丛草场的主要草种，改良后的草场用作早春的放牧地。冰草在西部干旱和半干旱地区已大面积推广种植。据报道，美国冰草属牧草改良天然草地面积为 320 万 hm^2，加拿大为 100 万 hm^2。苏联冰草属牧草的种植面积也达 167 万 hm^2。据初步统计，近 10 年来内蒙古用冰草作为播种材料进行飞播，改良沙化、退化草场达 4 000～5 000hm^2。赤峰市北部的翁牛特旗、巴林右旗和克什克腾旗改良沙化、退化草场时，采用灌木、小半灌木和禾草的混合补播，主要牧草种类有锦鸡儿、沙蒿、羊柴、披碱草和冰草，取得了较好的生态效益和社会经济效益，达到了预期的效果。呼和浩特市清水河县利用冰草和沙打旺混播组合进行黄土高原水土流失区的植被恢复，面积达 670hm^2。在沙地植被恢复中也可用冰草和达乌里胡枝子的混播组合。

6.3　防风固沙、保持水土、净化和美化环境

冰草适应性强、易建植、更新快，是长寿命的多年生牧草，一经建植便可连续生长利用多年。冰草地上营养体繁茂，且须根发达，根系庞大，可以有效地增加地面覆盖、减缓地表径流和风速、防止水土流失，保持生态系统的平衡。有些品种还具有短的根茎，既可用作饲草，也是优良的草坪草，可用于城市、庭院、旅游休闲场所和运动场地的绿化及护路和护坡等，对环境的净化和美化具有极其重要的作用。如美国即将推广的 Roadcrest 冰草品种，根茎发育好、生物量低、植株低矮、种子活力好，是一个优良的草坪型品种。

参考文献（略）

本文原刊载于《中国国际草业发展大会暨中国草原学会第六届代表大会论文集》，2002 年，略有删改

蒙古冰草 B 染色体的研究

云锦凤[1]，斯琴高娃[2]

（1. 内蒙古农牧学院草原系，呼和浩特　010018；2. 内蒙古草原勘察设计院，呼和浩特 010018）

摘要：对原产于内蒙古西部地区的蒙古冰草（*Agropyron mongolicum* Keng）进行了花粉母细胞减数分裂期染色体形态观察，发现在蒙古冰草减数分裂终变期有 1～4 条 B 染色体。它比正常染色体小，而且不与正常染色体配对，B 染色体之间可以配对。

B 染色体（B chromosome）又称作超数染色体（supernumerary chromosome）、副染色体（accessory chromosome）及额外染色体（extra chromosome）。B 染色体最早由 Kuwada（1925）在玉米中发现，之后在黑麦等禾谷类作物中相继有报道，近年来在禾本科牧草中屡见报道。B 染色体在形态、结构、遗传组成、数量变异、减数分裂及有丝分裂行为等方面有别于正常染色体（A 染色体）。

在禾本科牧草当中，有关冰草属牧草 B 染色体的报道较多，其次在无芒雀麦、羊茅、鸭茅及看麦娘等禾草中亦有报道。B 染色体在植物生长发育过程中是非必需的。但是，它对植物的生活力、育性等有一定影响。Baenziger（1962）对四倍体冰草研究指出，B 染色体控制授粉后代与正常染色体开放授粉后代相比，饲草产量下降 5.9%，种子产量下降 13.5%，小花育性下降 12.7%。并指出具奇数 B 染色体植株后代的损伤效应。Baenziger 曾对二倍体冰草栽培品种（*Agropyron cristatum*）的 B 染色体作了观察分析。Chen（1989）等对采自内蒙古的冰草材料进行细胞学观察后指出：蒙古冰草（$2n=14$）中含有较高频率的 B 染色体。李立会（1991）在进行小麦属与冰草属的杂交试验中发现，分布于我国的冰草属材料与普通小麦杂交后其杂种染色体配对频率非常高，而含有 B 染色体的冰草不易与小麦杂交，因此对不同地区的二倍体及四倍体冰草材料进行了细胞学观察，特别研究了花粉母细胞减数分裂期 B 染色体的遗传行为。

我们在对小麦族内 5 个属牧草的研究中同样发现了以上规律，即冰草属是含 B 染色体频率较高的属，而二倍体蒙古冰草又是该属内 B 染色体存在比较普遍的种。因而作者对蒙古冰草花粉母细胞减数分裂时期 B 染色体的形态和数目进行了初步观察，旨在为 B 染色体的遗传行为研究及对生长发育和繁殖的影响提供基础资料。

1　材料和方法

1.1　供试材料

供试材料为冰草属（*Agropyron* Gaertn.）的蒙古冰草（*Agropyron mongolicum* Keng）。采自内蒙古农牧学院牧草试验站的小麦族原始材料圃。土壤为沙质壤土，肥力中等。该材料原产于内蒙古巴彦淖尔盟乌拉特中旗的荒漠化草原区。

1.2　试验方法

当蒙古冰草抽穗后，穗基部距剑叶 2～3cm 时是最合适的减数分裂取样时间。在呼和浩特地区，一般是 5 月 25 日—6 月 10 日。取样时间通常以上午为宜。将冰草穗剪下，置入卡诺固定液（95% 酒精∶氯仿∶冰醋酸＝6∶3∶1）固定12～24h，待用。需要保存的材料则转入70％的酒精中，放入冰箱内备用。

取中、上部小穗的第1朵小花，挑出花药，将一枚置于载玻片上，用刀片切开，滴一滴改良碱性品红染液，染色3～4min，用解剖针捣碎花药，剔出残渣，盖上盖玻片。敲片，在酒精灯上来回移动烤片，用拇指压片，在显微镜下观察。如花药过老，可以从穗的中上部向上或往下取小穗，或从小穗基部向上取小花。将分散好的清晰片子进行照相。

2 结果与分析

蒙古冰草具有14条染色体，其染色体基数为7，是1个二倍体，即$2n=2x=14$。处于减数分裂终变期的花粉母细胞，具有7个分散的环状二价体，该期是观察染色体形态和计数的适宜时期。图2是处于减数分裂中期的花粉母细胞，7个环状二价体排列在赤道板上，该期是观察染色体配对行为的最佳时期。在我们观察的5份蒙古冰草材料中，有3份材料含有数目不等的B染色体（表1）。

表1 蒙古冰草不同材料B染色体的数目

材料编号	原产地	观察细胞数	花粉母细胞中B染色体数
M-001	内蒙古巴彦淖尔盟	186	1
M-002	内蒙古巴彦淖尔盟	165	4
M-003	内蒙古巴彦淖尔盟	102	3

由表1可见，3份材料花粉母细胞所含的B染色体数却不同。M-001材料中有1条B染色体。M-002材料中含有4条B染色体，它们不与正常染色体（A染色体）配对，4条B染色体本身配成2个环状二价体。M-003材料中含有3条B染色体，它们之间配成1个棒状三价体，不与A染色体配对。而关于染色体含量对蒙古冰草育性和产量的影响还未见报道。

Baenziger的研究认为，在含有B染色体的植物中，B染色体数通常为偶数。在本试验的3份蒙古冰草材料中，有2份含奇数B染色体。

李立会试验指出，二倍体冰草中B染色体的配对一般呈V字形，含奇数B染色体的细胞很少配对。在我们的试验中，4条（偶数）B染色体彼此配成2个环状二价体；而3条（奇数）B染色体之间亦发生了配对，表现为棒状。

李立会的试验还认为，偶数B染色体的配对一般发生在终变期，奇数B染色体的配对通常发生在中期。本试验中，在减数分裂终变期同样出现了奇数B染色体之间的配对。

无论如何，在大多数情况下，B染色体之间发生了配对，它们基本不与A染色体配对，这就表明了B染色体之间在结构上的同源性。另外，在一些情况下，也有B染色体与A染色体相粘连的现象。本试验中这种粘连现象发生在终变期。这一现象支持了B染色体起源于A染色体片段的假说。也许，这种粘连现象多发生在含奇数B染色体的花粉母细胞中。

参考文献（略）

本文原刊载于《内蒙古农牧学院学报》，1996年第1期，略有删改

蒙古冰草染色体加倍的研究

云锦凤，于卓，郭立华

（内蒙古农业大学草原系，呼和浩特 010019）

摘要：采用秋水仙素处理萌动种子的方法，对二倍体蒙古冰草的诱变效应进行了研究。结果表明：染色体加倍植株皆为二倍体（$2n=14$）和四倍体（$2n=28$）的混倍体；加倍植株在发育初期生长缓慢，其分蘖数和株高分别为对照二倍体植株的 47.76% 和 72.83%；综合种苗变异率与成苗率两个指标确定秋水仙素适宜处理浓度和处理时间是可靠的，适宜处理浓度和时间分别为 0.01% ~ 0.075% 和 2~6h；处理浓度和处理时间对蒙古冰草多倍体诱导的互作效应明显。

蒙古冰草（*Agropyron mongolicum* Keng），又名沙芦草，二倍体种（$2n=2x=14$），染色体组为PP，多年生疏丛型禾草，异花授粉，主要分布于我国内蒙古的蒙古高原东部、乌兰察布盟、阴南黄土丘陵、鄂尔多斯高原及东阿拉善等地。蒙古冰草喜生于干草原和荒漠草原的沙质生境上，常以伴生成分出现在草原化荒漠中。其优点是春季返青早、青绿持续期长、饲用价值较高，且具有抗寒、抗旱、耐风沙和耐瘠薄等特性；其缺点是叶量较少，青草产量和种子产量较低。本试验利用蒙古冰草染色体倍数性低的特点，拟通过秋水仙素诱导染色体加倍途径进行遗传改良，为进一步提高其产量和品质、培育新品种打下基础。

1 材料与方法

1.1 供试材料

材料为蒙古冰草的种子，采集于内蒙古农业大学牧草试验站原始材料圃。

1.2 秋水仙素处理方法

种子用 0.1% $HgCl_2$ 消毒 10min，清水洗净后置于 25℃ 恒温箱中进行暗萌发。待胚根露白时取出，在室温 15~20℃ 的黑暗条件下分别用 0.01%、0.025%、0.05%、0.075%、0.10%、0.15%、0.20%、0.25%、0.30% 不同浓度秋水仙素溶液进行浸渍处理，用蒸馏水浸泡种子做对照。各浓度对应的处理时间依次为 2h、6h、10h、18h、26h、34h、42h、50h，试验重复 3 次，每重复种子 50 粒。

1.3 幼苗培育

将处理后的种子用清水冲洗数次，放在衬有双层滤纸的培养皿内，在 2 000lx 的弱光下用清水培养。当苗高 1~2cm 时，移植到装有沙壤土的塑料栽培钵中置生长箱内培养。温度（20±2）℃，光照强度 10 000lx，光期13h。定期观察统计植株的成苗率、分蘖数、生长高度，计算成苗率。

某处理浓度下的平均成苗率＝（该处理浓度下不同时间的成苗株数总和/该处理浓度下不同时间的供试株数总和）×100%。

1.4 形态及染色体鉴定

从形态上观察秋水仙素处理一定时间后种苗的变异状况，计算其变异率。

某处理浓度下的平均变异率＝（该处理浓度下不同时间的形态变异株数总和/该处理浓度下不同时间的供试株数总和）×100％。

当土培幼苗长到 4～5 片真叶时，每株取新鲜的白色根尖，用 0.10％秋水仙素溶液处理 3h，蒸馏水洗净后，置 45％的醋酸洋红中 4℃下固定染色 48h。然后在 45％的醋酸溶液中压片，选择分散相好的片子，用 Olympus 显微镜观察照相。

2 结果与分析

2.1 秋水仙素处理后种苗的变异状况

秋水仙素处理后种苗的变异表现为，胚芽鞘膨大呈棒状，第 1 片真叶宽大、肥厚，叶色深绿，稍扭曲或皱缩，根尖端肿大呈鼓槌状。蒙古冰草种苗平均变异率随着秋水仙素处理浓度的增加和时间的延长而呈增加趋势（表 1）。从处理浓度看，在＞0.075％范围内，种苗平均变异率无明显差异，均接近 100％，这表明秋水仙素处理浓度超过 0.075％后其诱变效果是一致的，暗示出此浓度是蒙古冰草诱变的最高浓度界限；在 0.01％～0.05％浓度范围内，种苗平均变异率由 52.65％迅速增加到 92.34％，差异极显著，且 0.05％以下浓度的种苗变异率与 0.075％以上变异率存在显著差异，由此揭示 0.01％～0.075％是促进种苗变异的有效浓度。从处理时间上看，在＞26h 范围内种苗平均变异率差异不显著，种苗平均变异率为 95.69％～100.00％，这表明处理时间超过 26h 的诱变效果是基本一致的，意味着此时间是蒙古冰草诱变的最长处理时间界限。在 2～18h 范围内，种苗平均变异率由 72.77％迅速增加到 89.02％，其差异显著，个别达到极显著，并且 26h 以上与 18h 以下的变异率存在极显著差异，由此说明 2～18h 是促进种苗变异的有效时间。

表 1 不同处理浓度和处理时间的种苗平均变异率

处理浓度（％）	种苗平均变异率（％）	差异显著性	处理时间（h）	种苗平均变异率（％）	差异显著性
0.30	99.68	a A	50	100.00	a A
0.25	99.68	a A	42	98.88	ab A
0.20	98.90	a A	34	97.08	ab A
0.15	98.12	a A	26	95.69	b A
0.10	97.34	a AB	18	89.02	c B
0.075	97.18	a AB	10	83.61	d C
0.05	92.34	b B	6	79.16	e C
0.025	69.84	c C	2	72.77	f D
0.01	52.65	d D			

注：同列相同小写字母表示 5％水平差异不显著，大写字母相同表示 1％水平差异不显著。下同。

2.2 秋水仙素处理后的成苗状况

由表 2 可以看出，随着秋水仙素处理浓度增加和处理时间的延长，蒙古冰草的平均成苗率显著减少。当处理浓度≥0.075％、处理时间＞18h，蒙古冰草的成苗率由 20％左右降低到 2％～7％；当处理浓度≤0.05％、处理时间≤10h，其成苗率由 30％左右显著增加到 58％～82％结果。表明秋水仙素低浓度、短时间处理有利于提高蒙古冰草成苗率，而高浓度、长时间则不利于提高其成苗率。这意味着秋水仙素浓度＞0.075％、处理时间超过 18h 对于蒙古冰草多倍体诱导是不适合的。

表 2　不同处理浓度和不同处理时间下蒙古冰草的平均成苗率

处理浓度（%）	种苗平均变异率（%）	差异显著性	处理时间（h）	种苗平均变异率（%）	差异显著性
0.01	81.62	a A	2	57.86	a A
0.025	57.68	b B	6	40.97	b B
0.05	31.87	c C	10	29.44	c C
0.075	17.81	d D	18	22.22	d CD
0.10	14.21	d DE	26	15.69	e DE
0.15	7.18	e EF	34	14.02	e EF
0.20	6.40	e EF	42	10.00	ef EF
0.25	3.28	e F	50	6.94	f F
0.30	1.71	e F			

2.3　染色体倍数性鉴定与植株生长状况

2.3.1　染色体倍性鉴定

对成活植株进行根尖染色体镜检发现，有 9 株加倍成功（表 3），它们均为四倍体（图 1）和二倍体的混倍体，即同一植株的根尖组织四倍体与二倍体共存，这与 Ahloowalia（1967）用秋水仙素诱导黑麦草多倍体所得结果一致。未加倍成功者为二倍体（$2n=14$）（图 2）。四倍体与二倍体均含有 1 个超数染色体 B。

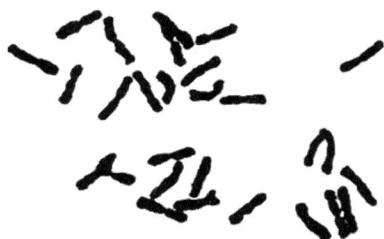

图 1　四倍体蒙古冰草体细胞染色体（$2n=28+1B$）

图 2　二倍体蒙古冰草体细胞染色体（$2n=14+1B$）

表 3　不同处理条件下蒙古冰草染色体加倍株数

处理浓度（%）	处理时间（h）	加倍成功株数
0.01	6	1
0.01	10	2
0.025	6	2
0.05	2	2
0.075	2	2

由表 3 看出，染色体加倍成功植株的处理浓度在 0.01%～0.075% 范围内，处理时间多在 2～6h 范围内。在此浓度和时间范围内，采用低浓度长时间处理和高浓度短时间处理均可获得加倍植株，如在 0.01%～0.025% 的浓度下处理 6～10h 及在 0.05%～0.075% 的浓度下处理 2h。这表明对于诱导蒙古冰草多倍体来说，处理浓度和处理时间是互作的，可以用低浓度长时间处理来达到预期效果。

2.3.2 染色体加倍植株的生长状况

通过对处理后 4 个月染色体加倍植株的分蘖状况和株高观测可知，它们的分蘖数、株高都显著低于二倍体对照（表 4），说明诱变多倍体植株生育初期的分蘖能力弱，生长缓慢。

表 4 染色体加倍植株与对照分蘖数和株高的比较

蒙古冰草倍数性	分蘖数			株高（cm）		
	变幅	平均	占对照（%）	变幅	平均	占对照（%）
混倍体（加倍植株）	2～4	3.2	47.76	13.0～24.0	18.5	72.83
二倍体（对照植株）	5～8	6.7	100	22.0～31.0	25.4	100

注：分蘖数与株高是在秋水仙素处理后 4 个月观察测定。

3 讨论

3.1 加倍植株染色体的混倍性

一些学者用秋水仙素处理菘蓝、黑麦草、冰草 Fairway 等种子曾获得多数混倍体（或称嵌合体）的加倍植株，本试验获得的蒙古冰草加倍植株也为二倍体与四倍体的混倍体。其原因是在秋水仙素诱发多倍体的过程中，只是部分细胞得到了加倍，根尖中的分生细胞处于分裂中期的染色体加倍成四倍体的可能性大，处于其他分裂时间的细胞，如分裂末期的细胞已一分为二，染色体不能加倍，仍保持二倍体；另外在混倍体植株的生长过程中，二倍体细胞具有竞争优势，如四倍体细胞不被淘汰，获得的加倍植株即为二倍体和四倍体的混倍体。在蒙古冰草多倍体育种实践中，还需要在混倍体植株间授粉，经过几代选择、鉴定才能获得真正纯合的四倍体株系。可以说，混倍体植株是由二倍体诱导四倍体植株加倍成功的标志，它为培育蒙古冰草新品种提供了珍贵的基础材料。

3.2 秋水仙素处理的适宜浓度和时间

试验结果表明，秋水仙素处理蒙古冰草萌动种子后，其种苗变异率、成苗率因处理浓度高低和时间长短而显著不同。处理浓度高、时间长，药效充分作用于分生细胞，使变异率增高，但它能使幼芽和幼根受药液的伤害增大，表现为成苗率降低。综合两项指标确定出的适宜处理浓度范围为 0.01%～0.075%，适宜处理时间为 2～6h。这与他人对几种禾本科牧草的研究结果略有不同。如诱导俄罗斯新麦草（*Psathyrostachys juncea*）的适宜浓度范围为 0.05%～0.10%，适宜时间为 12～14h；黑麦草的适宜浓度为 0.2%，适宜时间为 3h；冰草 Fairway 四倍体诱导的最佳效果是用 0.1% 的秋水仙素处理 3～6h。这说明不同植物种要求的适宜浓度和时间不同。

4 结论

（1）蒙古冰草染色体加倍植株皆为二倍体和四倍体的混倍体。

（2）染色体加倍植株的分蘖数和株高分别为二倍体对照的 47.76% 和 72.83%，加倍植株发育初期生长缓慢。

（3）随着秋水仙素处理浓度的增加和处理时间的延长，蒙古冰草种苗变异率增加，而成苗率减少，综合种苗变异率与成苗率两项指标确定适宜处理浓度和时间是可靠的。

（4）蒙古冰草多倍体诱导的适宜秋水仙素处理浓度为 0.01%～0.075%，适宜处理时间为 2～6h。在适宜处理浓度和时间范围内，高浓度、短时间和低浓度、长时间处理效果一致，即处理浓度和处理时间有互作效应。

（5）秋水仙素处理后的变异植株表现为，胚芽鞘膨大呈棒状，第 1 片真叶肥厚宽大叶色深绿，有扭曲和皱缩现象，部分根尖端肿大呈鼓槌状。

参考文献（略）

本文原刊载于中国农学会（China Association of Agricultural Science Societies）、中国草原学会（Chinese Grassland Society），《21 世纪草业科学展望——国际草业（草地）学术大会论文集》，2001 年，略有删改

蒙古冰草外稃微形态特征的变异式样

解新明[1,3]，云锦凤[2]，高艳春[1]，卢小良[3]，李秉滔[3]

（1. 内蒙古师范大学，呼和浩特　010022；2. 内蒙古农业大学，
呼和浩特　010018；3. 华南农业大学，广州　510642）

摘要：采用电镜扫描技术对蒙古冰草（*Agropyron mongolicum* Keng）6 个天然居群和 2 个栽培品种的外稃进行了观察分析。结果表明，外稃的微形态特征存在 14 种变异类型，具有丰富的多态性；从这些变异的分布格局来看，主要存在于居群内的个体间，居群间的分化并不明显，反映出了居群内变异大于居群间变异的特点。

　　蒙古冰草（*Agropyron mongolicum* Keng）（又称沙芦草）是一种具有重要经济价值、遗传价值和生态价值的牧草资源，多年来备受国内外有关专家的关注。为了摸清该种植物的多样性状况，作者进行了多年的观察与分析，并采用 RAPD 分子标记技术和等位酶分析技术对其遗传多样性进行了分析（待发表），发现了丰富的遗传多样性。

　　外稃作为禾本科植物相对保守的性状，往往被用作分族、分属、分种乃至种下等级分类的重要检索特征。对于冰草属及蒙古冰草来说也是如此，如蒙古冰草的变种毛沙芦草（*A. mongolicum* Keng var. *villosum* H. L. Yang）就是依据其外稃毛被的变异所确立的变种。随着扫描电镜的问世，人们逐渐开始将这一技术用于禾本科植物颖片和稃体的微形态特征的研究当中。为了能从多层次多角度反映蒙古冰草的遗传多样性状况，作者对在分类学中经常作为检索性状的外稃进行了电镜扫描观察与分析，试图为该种植物遗传多样性的研究提供更多的信息，为冰草属植物的分类研究提供更多的帮助，为蒙古冰草的育种实践提供指导。

1　材料与方法

　　供试材料来源见表 1。电镜扫描采用常规方法，经喷金镀膜后进行观察并拍照。

表 1　居群编号、地理位置和生境特点

居群编号	地理位置	生境特点
P1	锡林郭勒盟西乌旗	沙丘沙地
P2	锡林郭勒盟白音锡勒种畜场	沙丘沙地
P3	呼和浩特市清水河县	沙壤质坡地
P4	锡林郭勒盟正蓝旗	沙丘沙地
P5	伊克昭盟伊金霍洛旗	石砾质坡地
P6	锡林郭勒盟苏尼特左旗	石砾质山坡
P7	内蒙古农业大学牧草试验场	沙壤质耕地
P8	内蒙古农业大学牧草试验场	沙壤质耕地

2 结果与分析

2.1 外稃的毛被

蒙古冰草外稃毛被的变异很早就被有关分类学工作者所发现，但他们却并未对变异的程度和分布状况做出评价。针对这种情况，作者从居群生物学的角度出发，对蒙古冰草的外稃进行了电镜扫描观察。在放大 50 倍的情况下外稃的毛被具有如下几种变异：Ⅰ，外稃密被长柔毛；Ⅱ，外稃疏被长柔毛；Ⅲ，外稃疏被短刺毛；Ⅳ，外稃平滑无毛。其中，类型Ⅰ出现在居群 P1、P2、P4、P5、P7 和 P8 中；类型Ⅱ出现在居群 P1、P2、P4、P5 和 P7 中；类型Ⅲ出现在居群 P1、P2、P3、P4、P6 和 P7 中；类型Ⅳ出现在居群 P3、P5、P6 和 P8 中。可以看出，外稃毛被的变异（包括长柔毛和短刺毛）是相当普遍的，出现在所有的居群中，尤以沙地居群 P1、P2 和 P4 为甚，表明外稃毛被的变异与干旱性生境有某种相关性。同时，从这些变异的分布格局来看，居群间的分化并不明显，反观各个不同的居群内却具有 2～3 种不同的毛被类型，反映了居群内变异大于居群间变异这一特点。

2.2 外稃表面构造及附属物

在放大 2 500 倍的情况下，可对外稃表面的构造及附属物进行有效的观察，具体有如下几种类型：①表面平缓、非肋状，具星刺状附属物；②表面平缓、非肋状，具不规则分枝短丝状附属物；③表面平缓、非肋状，密被珊瑚礁状附属物；④表面平缓、非肋状，具不规则短棒状附属物；⑤表面平缓、非肋状，无附属物；⑥表面粗肋状，具珊瑚礁状附属物；⑦表面粗肋状，具星刺状附属物；⑧表面粗肋状，无附属物；⑨表面细肋状，无附属物。但无论在上述那种情况下都具有大小不等的疣突。从表 2 可以看出，外稃的表面构造具有肋状和非肋状之分，其中表面平缓的非肋状构造出现在除居群 P6 之外的所有居群中，而肋状构造出现在除居群 P3 之外的所有居群中，也就是说外稃表面构造是平缓的还是具肋的在居群间几乎没有差异。从外稃表面的附属物来看，几乎每个居群都存在有或无附属物两种情况，表明是否具有附属物在居群间也没有明显差异。

表 2　外稃微形态特征的变异类型

类型	毛被	表面构造	表面附属物	出现居群
A	密被长柔毛	非肋状	星刺状	P1、P2、P4、P5、P7
B	密被长柔毛	非肋状	无	P8
C	疏被长柔毛	非肋状	星刺状	P1、P5、P7
D	疏被长柔毛	粗肋状	无	P2
E	疏被长柔毛	细肋状	星刺状	P4
F	疏被短刺毛	非肋状	不规则短棒状	P3
G	疏被短刺毛	粗肋状	珊瑚礁状	P1、P2
H	疏被短刺毛	非肋状	无	P3
I	疏被短刺毛	细肋状	无	P4
J	疏被短刺毛	粗肋状	无	P6、P7
K	无毛	非肋状	不规则分枝短丝状	P3
L	无毛	粗肋状	星刺状	P5
M	无毛	非肋状	珊瑚礁状	P8
N	无毛	粗肋状	无	P6、P8

2.3 外稃微形态特征的变异类型

若将毛被特点与表面纹饰结合起来分析，外稃微形态特征可大致分为 14 种类型，详见表 2。可以看出，蒙古冰草外稃的微形态特征存在有丰富的多样性，其中类型 A 最为广泛，存在于 P1、P2、P4、P5 和 P7 这 5 个居群中；其次为类型 C，存在于 P1、P5 和 P7 这 3 个居群中；而类型 G、类型 J 和类型 N 分别存在于居群 P1、P2，居群 P6、P7 及居群 P6 和 P8 之中；其余 9 个类型（B、D、E、F、H、I、K、L 和 M）则分别为居群 P2、P3、P4、P5 和 P8 所具有。反过来看，居群 P1 具有类型 A、C 和 G；居群 P2 具有类型 A、D 和 G；居群 P3 具有类型 F、H 和 K；居群 P4 具有类型 A、E 和 I；居群 P5 具有类型 A、C 和 L；居群 P6 具有类型 J 和 N；居群 P7 具有类型 A、C 和 J；居群 P8 具有类型 B、M 和 N。不难看出，每个居群都有 2～3 种不同的变异类型，但在 8 个居群间各不同类型却环环相套，难以找出明显的界线，反映了居群间分化不明显这一特点。

3 讨论

蒙古冰草外稃微形态特征复杂的变异式样反映了蒙古冰草丰富的遗传多样性。由于外稃是小花的一部分，是生殖器官，其基本形态是在较早的发育阶段已在原基中奠定，同时也不像枝叶那样逐次生长分化，而几乎与其他花部器官同时分化，而且生长发育期也相对较短，因此受外界环境饰变的影响最小。所以，作者认为外稃微形态特征的变异式样具有相当的遗传基础，是遗传变异在外部形态上的一种表现形式。当然，表型是基因型与环境共同作用的结果，这里面也必然有环境作用的因素。但无论如何外因是通过内因而起作用的，环境饰变只能影响变异的大小，而不能影响变异的类型和幅度范围，因为它们是由遗传基因所决定的。

从这些变异的分布格局来看，主要存在于居群内的个体间，居群间的分化并不明显，也就是说这些变异几乎存在于所有的居群中，特别是外稃毛被的变异更是如此，反映出了居群内变异大于居群间变异的特点。从 RAPD 的研究结果来看，居群间的多样性指数为 0.222，居群内的多样性指数的平均值为 0.237；从等位酶的分析结果来看，各位点基因分化系数（G_{ST}）的平均值为 0.129，即只有 12.9％的变异存在于居群间，而 87.1％的变异存在于居群内（待发表）。这些数据都表明蒙古冰草居群内的遗传变异大于居群间，这与外稃微形态特征变异的分布格局不谋而合。作者认为这种现象的出现不是偶然的，而是具有某种内在的联系，是由其异花传粉的开放式繁育系统所造成的。由于本研究是一种定性分析，所以无法对变异的分布格局作出定量的判断，即无法对这些变异类型在居群内、居群间以及天然居群和栽培品种间的变异程度作出明确的划分。但在取样过程中有一个总的感受，即外稃毛被的变异在沙地居群（P1、P2、P4）中最为普遍，在非沙地居群（P3、P5、P6）中相对缺乏，而在栽培品种中则更为稀少。这也多少反映了外稃毛被的变异与生境的某种相关性。

关于外稃毛被变异的遗传基础作者未做进一步的研究，但这里有一个可供参考的例子。十字花科的 *Dithyrea wislizenii* 的角果具有被毛与无毛两种截然不同的类型，Rollins 根据居群采样发现有些居群内两种类型同时存在，进一步的研究发现，长角果被毛与否完全受一对显隐性基因的控制，无毛性状对有毛性状显性，有毛类型是隐性纯合个体，不同果实类型在杂交后代中出现典型的孟德尔式分离，故两种类型可以共存于同一居群。蒙古冰草外稃的毛被酷似这种情况，可能也是显隐性基因作用的结果，这尚须进一步的杂交试验加以证实。

参考文献（略）

本文原刊载于《植物研究》，2002 年第 2 期，略有删改

蒙古冰草表型数量性状的变异与生境间的相关性

解新明[1,2]，云锦凤[3]，卢小良[1]，李秉滔[1]

（1. 华南农业大学，广州　510642；2. 内蒙古师范大学，
呼和浩特　010022；3. 内蒙古农业大学，呼和浩特　010018）

摘要：采用多因变量线性模型方差、变异系数、主成分分析及 UPGMA 聚类分析的数量统计方法，对来自内蒙古中东部地区的 6 个天然居群和 2 个栽培品种（品系）的花序 10 个数量性状进行了分析。结果表明，蒙古冰草在花序各部的表型性状上存在有居群内及居群间的差异，同时，天然居群的变异程度大于栽培品种，而且居群间的分化与生态环境因子有着密切的相关。

从形态学或表型性状上来检测遗传变异是古老简便易行的方法，并被中外学者广为使用。特别是针对数量性状的研究由来已久，通过对一些数量性状的研究同样能分析居群的遗传变异水平和居群结构。研究的性状既包括具有分类学价值的形态性状，也包括与植物生长适应相关的生理和生活史特性（如习性、物候、结实量、种子萌发和休眠、生活力等）。由于这类表型性状的变异往往具有适应和进化上的意义，对其进行研究不仅能初步了解类群遗传变异的大小，更有助于了解生物适应和进化的方式、机制及其影响因素。特别是对一些分布广、变异性明显的种来讲，采用表型特征对其进行研究是一种十分有效的方法。同时还可以结合统计学的方法，进行诸如方差、相关、主成分、判别、聚类等运算分析，从而判定变异在居群间及居群内的大小、分布格局、功效、相互之间或与地理区域及气候因子的相关性。

蒙古冰草（*Agropyron mongolicum* Keng）又称沙芦草，它不仅具有极高的饲用价值，同时还有极高的遗传和生态价值。一方面它是一些作物（如小麦、大麦等）的野生近缘种，富含大量优良的抗性基因；另一方面又具有耐旱、耐风沙、耐贫瘠的特性，非常适合于沙地生境，是十分有效的防风、固沙、保持水土的植物。鉴于这种情况，国内外许多学者对其染色体核型及 B 染色体的行为展开了深入的研究，并发现该种植物在染色体方面存在有丰富的多态性。从形态特征来看，蒙古冰草也具有十分广泛的变异式样，其变异不仅表现在某些数量性状上，而且也表现在某些质量性状上。因此，对形态特征变异的研究可从一个侧面来反映其遗传变异的水平及与生境间的相关性。

1　材料与方法

1.1　材料

所测材料来自内蒙古中东部 6 个天然居群和 2 个栽培品种，采集地、样品容量和生境特点见表 1。所有性状的测定都统一为结实期，采取随机取样的方法进行取样。

表 1　居群编号、地理位置、样本大小和生境特点

居群编号	地理位置	样本大小（株）	生境特点
P1	锡林郭勒盟西乌旗	40	沙丘沙地
P2	锡林郭勒盟白音锡勒种畜场	40	沙丘沙地
P3	呼和浩特市清水河县	40	沙壤质坡地

（续）

居群编号	地理位置	样本大小（株）	生境特点
P4	锡林郭勒盟正蓝旗	40	沙丘沙地
P5	伊克昭盟伊金霍洛旗	40	石砾质坡地
P6	锡林郭勒盟苏尼特左旗	40	石砾质山坡
P7	内蒙古农业大学牧草试验场	40	沙壤质耕地
P8	内蒙古农业大学牧草试验场	40	沙壤质耕地

在性状选取中，主要选择了在分类学中认为比较保守的花序各部性状，虽然这些性状仍存在一定的表型可塑性，但相对于营养器官的性状则更为稳定。测试中共选取了 10 个数量性状（表 2），测得了 3 200 个数据。

表 2　单变量检验

变量	平方和	自由度	均方	F 值
穗长（cm）	2 450.819	7	350.117	94.363
穗宽（mm）	498.084	7	71.115	65.776
每穗节数（节）	7 802.788	7	1 114.684	67.364
穗轴第一节间长（mm）	608.218	7	86.888	10.473
小穗长（mm）	1 208.725	7	172.675	55.618
小穗宽（mm）	105.024	7	15.003	35.937
第一颖长（mm）	71.730	7	10.247	20.378
第二颖长（mm）	55.499	7	7.928	17.355
小穗小花数（朵）	689.738	7	98.534	52.963
第一小花外稃长（mm）	142.872	7	20.410	67.032

1.2　数据处理

在数据处理中应用了统计学的方法，对 8 个居群 10 个性状进行了多因变量线性模型方差、变异系数（CV）、主成分分析，并对居群 10 个性状的平均值进行了 UPGMA 聚类分析。以上各类分析在 SPSS8.0 和 MEGA 软件中完成。

2　结果与分析

2.1　多因变量方差

为了对各居群间的差异性进行度量，本文进行了多元方差分析（表 2 和表 3）。表 2 给出了各个单变量的平方和、自由度、均方、确切 F 值和 F 检验的显著性概率。表 3 分别给出了多变量的 4 种 t 检验（Pillai's、Hotelling's、Wilk's 和 Roy's 检验）计算的 t 值、确切的 F 值、假设检验自由度、误差自由度和 F 检验的显著性概率。

从表 3 可见，无论哪种检验方法，其显著性概率均小于 0.05，表明 8 个居群在所有性状上具有显著差异。表 2 是对每个单变量单独进行 F 检验的结果，同样 10 个性状的显著性概率均小于 0.05，进一步证明了在蒙古冰草 8 个居群间具有明显的形态学差异。

表 3　多变量检验

检验方法	t 值	F 值	假设检验自由度	误差自由度
Pillai's Trace	1.786	10.585	70.000	2 163.00
Wilk's Lambda	0.046	17.621	70.000	1 773.595
Hitelling's Trace	7.450	32.065	70.000	2 109.000
Roy's Largest Root	6.051	186.963	10.000	309.00

2.2　变异系数

变异系数（CV）是衡量数据变异程度的一个统计量。当两个或多个资料相互比较其变异程度时，单以标准差是不能满足要求的。特别是当比较的样本具有不同的单位或平均数差异很大时，欲比较其变异程度就不能采用标准差，而需用变异系数。由于作者所取的 10 个性状不仅单位不同而且平均数的差异也很大，因此，为了对蒙古冰草居群内和居群间表型性状的变异程度作出正确的评价，便采用了变异系数这个度量指标（表 4 和表 5）。

2.2.1　居群内个体间的差异

由表 4 可知，个体间的差异几乎存在于每一个居群的每一个性状当中，但其差异的程度各不相同。以穗长为例，在 8 个居群中 CV 值的变化范围为 0.154～0.351，其中居群 P5 的 CV 值最大（0.351），居群 P7 的 CV 值最小（0.154）。以居群 P1 为例，10 个性状的 CV 值也各不相同，其中穗轴第一节间长的变异程度最大，CV 值为 0.299，而变异程度最小的性状是第二颖长和外稃长，其 CV 值分别为 0.074 和 0.078。

总的来看，10 个性状中穗轴第一节间长的变异系数最大，在总居群中的平均值为 0.429，其次为穗长和每穗节数，其平均值分别为 0.228 和 0.217。在各个居群中，10 个性状的平均变异系数为 0.154～0.231，其值在 8 个居群中各不相同，表明在各个居群的个体间均存在大小不等的形态学差异，其中居群 P5 的平均变异系数最大（0.231），而居群 P1 的平均值最小（0.154），即居群 P5 的变异程度最大，居群 P1 的变异程度最小。

2.2.2　居群间的差异及其分布格局

表 5 是以居群 10 个性状的平均值二次统计处理结果，反映了这 10 个性状在 8 个居群间、6 个天然居群间及 2 个栽培品种间的变异程度。从表 5 可见，在 8 个居群间变异程度最大的是穗长（$CV=$ 0.343），变异程度最小的为小穗第二颖长（$CV=0.080$）。这又说明性状的变异程度在居群内个体间及居群间的分布是不均衡的，即在居群内性状变异程度大小，在居群间不一定得到同样大小的反映，反之亦然，说明不同的性状对相同的生态环境因子影响的反应是不同的，同样同一性状对不同生境因子影响的反应也是不同的，即生境或地理因素对性状的影响是有选择性的。

由表 5 可知，8 个居群间的平均变异系数为 0.204，这个值大于居群 P1、P2、P3、P6 和 P7 内个体间的平均变异系数，而小于居群 P4、P5 和 P8 的平均值（表 3，表 4），说明表型性状的变异在居群内和居群间的分布同样是不均衡的。当然，这既与遗传因素有关，也与环境饰变的影响密不可分。

P1～P6 是 6 个天然居群，P7 和 P8 是 2 个栽培品种。由表 5 可知，天然居群间 10 个性状的平均变异系数是 0.130，而栽培品种间的平均变异系数仅为 0.073。这充分说明了天然居群间性状的变异程度远大于栽培品种间的变异程度。这种差异很可能是由环境的异质性及地域的不同所造成的。

表 4 居群内 10 个性状的变异幅、平均值、标准差和变异系数

性状		P1	P2	P3	P4	P5	P6	P7	P8	CV 平均值
穗长（cm）	R	5.40~10.80	4.50~10.00	6.10~13.30	4.20~11.80	3.40~15.00	2.90~8.20	9.60~18.40	6.90~16.70	
	X	7.42（±0.207）	6.61（±0.210）	9.14（±0.291）	7.76（±0.330）	6.92（±0.383）	5.06（±0.210）	14.02（±0.342）	11.73（±0.392）	0.228
	S	1.312	1.325	1.838	2.084	2.425	1.327	2.165	2.482	
	CV	0.177	0.200	0.195	0.269	0.351	0.263	0.154	0.218	
穗宽（mm）	R	2.50~4.50	2.50~4.50	4.00~9.00	3.00~7.00	2.50~7.00	3.00~6.00	5.00~10.00	4.00~11.00	
	X	3.30（±0.090）	3.55（±0.093）	4.70（±0.198）	4.43（±0.141）	3.78（±0.136）	4.16（±0.130）	7.14（±0.223）	6.13（±0.236）	0.209
	S	0.575	0.586	1.250	0.888	0.820	0.862	1.410	1.493	
	CV	0.174	0.165	0.266	0.201	0.228	0.197	0.198	0.244	
每穗节数（节）	R	10.00~26.00	11.00~28.00	12.00~35.00	13.00~30.00	6.00~22.00	6.00~20.00	16.00~38.00	15.00~35.00	
	X	17.10（±0.539）	16.65（±0.636）	18.90（±0.739）	19.25（±0.480）	14.38（±0.639）	11.78（±0.444）	28.18（±0.812）	24.33（±0.745）	0.217
	S	3.140	4.023	4.673	3.160	4.043	2.806	5.134	4.709	
	CV	0.184	0.242	0.247	0.164	0.281	0.238	0.182	0.194	
穗轴第一节间长（mm）	R	2.50~10.00	2.50~11.50	4.00~17.00	3.00~24.00	2.00~22.00	2.50~8.00	4.00~19.00	2.00~18.00	
	X	5.65（±0.268）	5.23（±0.323）	7.15（±0.478）	5.74（±0.524）	6.11（±0.541）	4.64（±0.224）	9.26（±0.533）	7.34（±0.595）	0.429
	S	1.692	2.044	3.024	3.315	3.420	1.414	3.368	3.763	
	CV	0.299	0.391	0.423	0.578	0.559	0.305	0.364	0.512	
小穗长（mm）	R	7.00~11.50	6.50~12.00	8.00~15.00	6.00~15.00	6.00~12.00	6.00~13.00	10.00~20.00	9.50~20.00	
	X	9.10（±0.163）	8.58（±0.208）	10.31（±0.216）	10.83（±0.339）	10.08（±0.205）	9.60（±0.250）	14.46（±0.360）	13.40（±0.395）	0.154
	S	1.033	1.313	1.367	2.141	1.293	1.582	2.274	2.499	
	CV	0.113	0.153	0.133	0.198	0.128	0.165	0.157	0.187	
小穗宽（mm）	R	2.50~4.50	2.00~5.00	3.00~5.50	3.00~7.00	2.50~5.00	2.50~5.00	4.00~6.00	3.50~6.50	
	X	3.65（±0.074）	3.60（±0.118）	3.94（±0.092）	4.93（±0.138）	3.64（±0.086）	3.70（±0.106）	4.85（±0.081）		0.155
	S	0.470	0.744	0.579	0.874	0.543	0.668	0.509	0.683	
	CV	0.129	0.207	0.147	0.177	0.149	0.181	0.105	0.141	

（续）

性状		P1	P2	P3	P4	P5	P6	P7	P8	CV平均值
第一颖长 (mm)	R	4.00~7.00	4.00~6.00	4.00~7.50	4.00~8.50	3.50~6.50	3.00~5.50	3.50~6.00	3.00~6.50	
	X	5.25 (±0.093)	4.86 (±0.084)	5.20 (±0.093)	5.61 (±0.163)	4.66 (±0.127)	4.13 (±0.091)	4.61 (±0.102)	4.29 (±0.123)	
	S	0.588	0.531	0.586	1.028	0.804	0.575	0.645	0.775	
	CV	0.112	0.109	0.113	0.183	0.172	0.139	0.140	0.181	0.144
第二颖长 (mm)	R	5.00~7.50	4.00~7.00	5.00~8.00	5.00~8.00	4.50~7.50	3.50~6.00	4.00~6.50	4.00~7.50	
	X	5.91 (±0.069)	5.51 (±0.105)	5.98 (±0.086)	6.30 (±0.145)	5.55 (±0.124)	4.96 (±0.103)	5.35 (±0.90)	5.18 (±0.114)	
	S	0.437	0.665	0.542	0.919	0.783	0.654	0.568	0.721	
	CV	0.074	0.121	0.091	0.146	0.141	0.132	0.106	0.139	0.119
小穗小花数 (朵)	R	3.00~7.00	3.00~7.00	3.00~9.00	3.00~11.00	3.00~8.00	3.00~8.00	6.00~14.00	6.00~15.00	
	X	4.65 (±0.150)	4.65 (±0.146)	6.28 (±0.206)	6.70 (±0.268)	5.73 (±0.179)	5.55 (±0.172)	8.90 (±0.260)	8.30 (±0.291)	
	S	0.949	0.921	1.301	1.698	1.132	1.085	1.646	1.843	
	CV	0.204	0.198	0.207	0.253	0.198	0.195	0.185	0.222	0.208
第一小花外稃长 (mm)	R	4.50~7.00	4.00~6.50	5.00~8.00	4.50~8.00	4.00~6.50	4.00~6.00	5.50~8.00	5.00~8.00	
	X	5.59 (±0.069)	5.13 (±0.078)	6.09 (±0.084)	5.93 (±0.111)	5.38 (±0.085)	4.86 (±0.065)	6.96 (±0.97)	6.55 (±0.099)	
	S	0.437	0.490	0.529	0.703	0.540	0.408	0.614	0.628	
	CV	0.078	0.096	0.087	0.119	0.101	0.084	0.088	0.096	0.094
CV平均值		0.154	0.188	0.191	0.229	0.231	0.190	0.168	0.213	

注：R =变异幅；X =平均值；S =标准差；CV（变异系数）=S/X。

表5 居群间10性状的变异幅、平均值、标准差和变异系数

居群		穗长（cm）	穗宽（mm）	每穗节数（节）	穗轴第一节间长（mm）	小穗长（mm）	小穗宽（mm）	第一颖长（mm）	第二颖长（mm）	小穗小花数（朵）	第一小花外稃长（mm）	平均值
P1～P3	X	8.616	4.649	18.821	6.390	10.795	4.144	4.826	5.593	6.345	5.811	
	S	2.958	1.335	5.279	1.472	2.076	0.613	0.505	0.446	1.596	0.713	0.204
	CV	0.343	0.287	0.281	0.230	0.192	0.150	0.105	0.080	0.247	0.123	
P1～P6	X	7.196	3.987	16.343	5.753	9.750	3.910	4.952	5.702	5.593	5.497	
	S	1.432	0.537	2.840	0.849	0.825	0.514	0.520	0.467	0.836	0.470	0.130
	CV	0.199	0.135	0.174	0.148	0.085	0.132	0.105	0.082	0.150	0.086	
P7和P8	X	12.875	6.635	26.255	8.300	13.930	4.845	4.450	5.265	8.600	6.755	
	S	1.619	0.714	2.722	1.358	0.750	0.007	0.226	0.120	0.424	0.290	0.073
	CV	0.126	0.112	0.104	0.164	0.054	0.002	0.051	0.023	0.049	0.043	

2.2.3 内蒙沙芦草与蒙古冰草新品系之间的差异

内蒙沙芦草（*A. mongolicum* Keng cv. Neimeng）（P8）40个个体10个性状的平均变异系数为0.213，而蒙古冰草新品系（P7）的平均变异系数为0.168（表4）。可见前者的变异程度大于后者，说明在内蒙沙芦草基础上选育而来的蒙古冰草新品系的性状整齐度优于内蒙沙芦草。由于二者同处一个试验场，栽培管理条件也完全相同，所以这两个品种表型性状上的差异也反映了其遗传的差异。同时，蒙古冰草新品系较小的变异系数也说明了其遗传多样性较内蒙沙芦草更为单纯。

2.3 主成分分析

通过多元方差和变异系数分析，得知蒙古冰草在居群内及居群间存在着差异，并对10个性状进行了主成分分析，从而获得了这些性状之间的特征值、累积贡献率、因子负荷值等参数（表6和表7）。

由表6可见，前3个主成分的累积贡献率达到了91.528%。所以它们足以代替原始因子所代表的全部信息。结合表7可知，第一主成分中，穗长、每穗节数和小穗长等性状的信息负荷量最大。第二主成分中，穗长、穗轴第一节间长和小穗长等性状的信息负荷量最大。这两个主成分负荷量最大的性状总共4个，同时这些性状也是居群内和居群间变异系数较大的几个性状。可见，这4个性状是造成蒙古冰草表型差异的主要因素。

表6 特征值、贡献率和累积贡献率

因子	特征值	贡献率（%）	累积贡献率（%）
1	53.909	68.915	68.915
2	11.491	14.690	83.605
3	6.197	7.923	91.528
4	3.130	4.001	95.529
5	1.323	1.692	97.221
6	0.853	1.091	98.311
7	0.636	0.813	99.124
8	0.396	0.506	99.630
9	0.225	0.288	99.908
10	0.064 27	0.082 17	100.000

表7　10个性状对前3个主成分的负荷量

性状	第一主成分	第二主成分	第三主成分
穗长（cm）	2.798	1.069	0.385
穗宽（mm）	1.111	0.572	0.470
每穗节数（节）	6.126	−1.703	−0.366
穗轴第一节间长（mm）	1.486	2.076	−1.843
小穗长（mm）	1.727	1.319	1.843
小穗宽（mm）	0.045	0.170	0.311
第一颖长（mm）	0.041	0.077	0.043
第二颖长（mm）	0.033	0.118	0.047
小穗小花数（朵）	1.240	0.985	0.897
第一小花外稃长（mm）	0.624	0.223	0.176

　　图1～图3是对第一主成分中3个信息负荷量最大的性状（穗长、每穗节数和小穗长）变异程度的直观反映。可以看出，这3个性状无论在居群内还是居群间其变异程度都是各不相同的。3个性状在居群内的变异范围之大，反映了居群内个体间较大的变异性；而在8个居群间变异范围的相互重叠及相近似的标准差，又反映了居群间变异性较小的特点。值得注意的是居群P7和P8在图1～图3均显示出与其他6个居群较大的差别，表明了栽培品种（品系）与天然居群间的间断性。

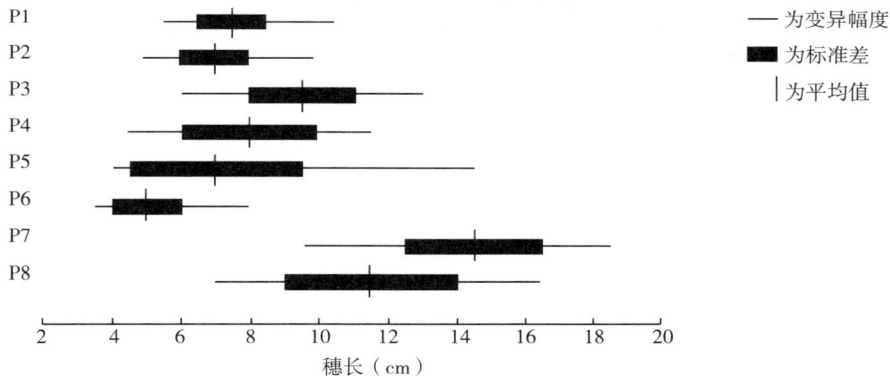

图1　穗长在居群内及居群间的变异特点

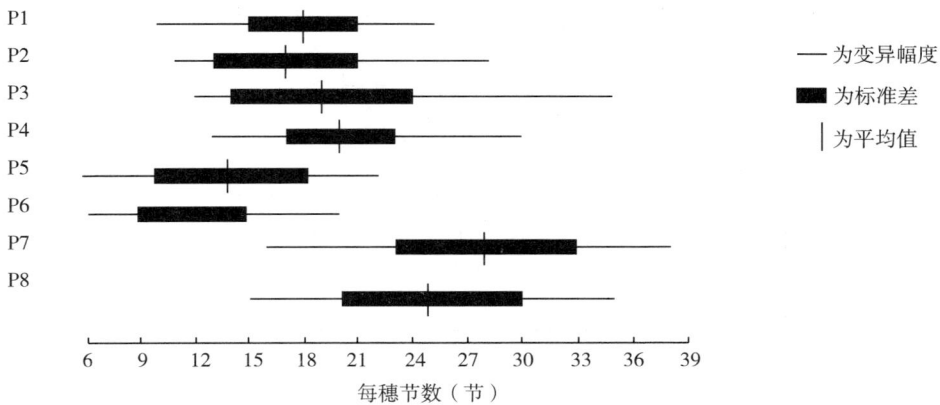

图2　每穗节数在居群内及居群间的变异特点

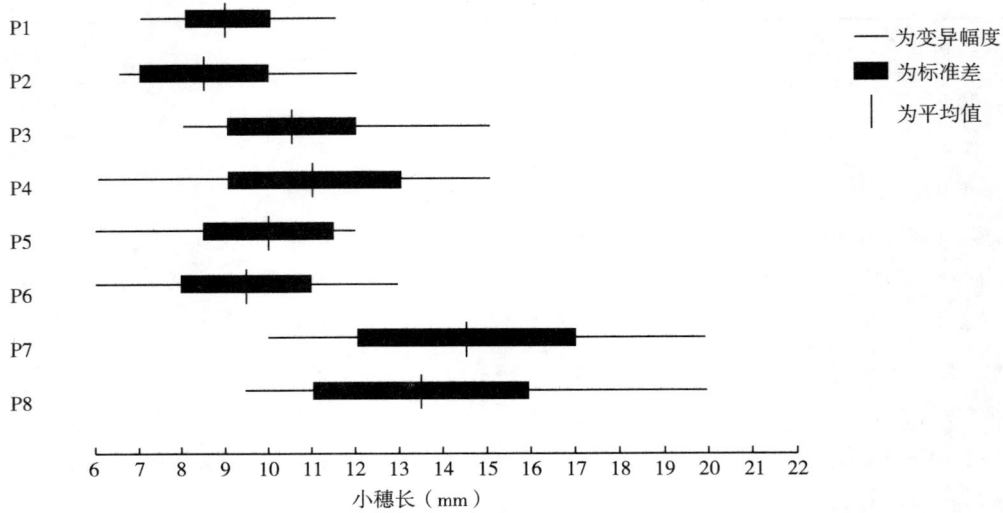

图 3 小穗长在居群内及居群间的变异特点

2.4 聚类分析

多元方差的分析表明，蒙古冰草居群间具有显著的差异。8 个居群间 10 个性状的欧氏距离系数（Euclidean distance，ED；标准化处理的值域为 0~1）见表 8。据此进行了 UPGMA 聚类分析（图 4）。

表 8 欧氏距离系数矩阵

	P1	P2	P3	P4	P5	P6	P7	P8
P1	—							
P2	0.115	—						
P3	0.140	0.188	—					
P4	0.165	0.105	0.204	—				
P5	0.220	0.277	0.198	0.254	—			
P6	0.383	0.384	0.385	0.326	0.233	—		
P7	0.286	0.299	0.159	0.282	0.285	0.424	—	
P8	0.264	0.261	0.160	0.223	0.260	0.371	0.083	—

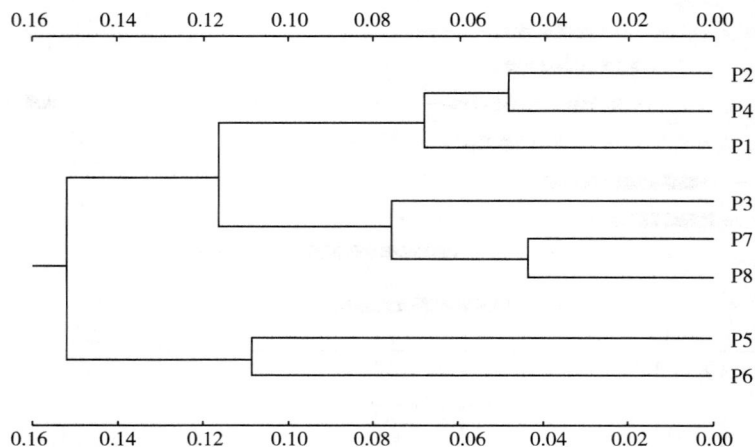

图 4 蒙古冰草 8 个居群欧氏距离的 UPGMA 聚类图

研究表明，若以结合线 $L=0.115$ 为分界线，8 个居群可分为 3 支，第一支为居群 P5 和 P6，其生境为石砾质坡地生境；第二支为沙地居群 P1、P2 和 P4；第三支则为沙壤质土生境居 P3、P7 和 P8，该支中 P7 和 P8 为栽培品种，显然这二者具有最密切的亲缘关系。从图 4 可见，蒙古冰草居群间的形态差异和分化与土壤因子有着紧密的联系。

3 讨论

研究表明，蒙古冰草在花序各部的表型性状上存在有居群内及居群间的差异。同时这种差异在居群内及居群间的分布格局是不均衡的，对于一些居群来说，其居群内的差异大于居群间的差异，而对另一些居群来说则相反。作者认为，这种不均衡现象是由于环境或地理因素对性状的选择性影响所造成的，即不同的性状对相同的生境因子或同一性状对不同的生境因子影响的反应是不相同的，这既与遗传因素有关，也与环境饰变的影响密不可分。同时，变异系数和 UPGMA 聚类分析表明，天然居群的变异程度大于栽培品种，而且各居群间的差异性与生态环境因子的异质性密切相关，具有相似生境特点的居群具有较相似的表型特征，而与异质性生境的居群相区别。因此，可以认为，蒙古冰草的形态差异是由人工选择及自然选择的持续作用所造成的。

对于一个具有广泛分布区的物种而言，其不同的个体群常常生长和分布在不同的生境中，不同的个体群之间会发生变异和分化。徐炳声认为，在诸多生态气候因子中，土壤因素在参与种内生态型的形成中起着重要作用，而且土壤因素经常在短距离内急剧变化，所以特别适合于在植物中选出小地理宗，尤其是在含有不同重金属盐的土壤上更是如此。从 UPGMA 聚类分析来看，蒙古冰草 8 个居群被归为与石砾质坡地生境、沙丘沙地生境和沙壤土生境相一致的 3 类，表明该种植物表型数量性状的变异与土壤因子有着密切的相关性，显示了土壤因子对蒙古冰草居群分化的重大影响。

参考文献（略）

本文原刊载于《生态学杂志》，2003 年第 4 期，略有删改

16 个天然冰草种群遗传多样性 RAPD 分析

李景欣[1,2]，云锦凤[2]，郭军[1]

（1. 内蒙古民族大学，通辽 028042；2. 内蒙古农业大学，呼和浩特 010019）

摘要： 采用 57 个 10 bp 随机引物，对 16 个天然冰草种群 352 个单株的基因组 DNA 进行 RAPD 多态性检测。结果表明，从 57 个 RAPD 引物中选出多态性标记的引物 11 个，检测出 125 个位点，102 个显多态性，用 Shannon 多样性指数量化的遗传多态度为 2.19，种群内和种群间遗传变异比例分别为 60％和 40％，种群间的遗传相似度在 0.770 2～0.977 6 之间，遗传距离的变化范围为 0.022 6～0.261 1；聚类分析结果表明：16 个种群大致可分为 4 类，生境和表型相近的种群基本聚为一类，与形态学研究的结果基本一致，证明物种变异与生境密切相关。

冰草（*Agropyron cristatum*）为禾本科小麦族冰草属的多年生草本植物，分布于欧亚大陆温寒带高原及沙地。冰草是一种重要的植物资源，各种营养成分相对较高，具有较高的饲用价值，抗逆性和适应性强，喜沙质土壤，耐瘠薄，可用于防风固沙、水土保持等，生态价值较高。冰草作为重要的小麦野生近缘种，对小麦白粉病、黄矮病、锈病等病害具有高度免疫性，其众多优异基因可用于小麦的遗传改良。

种质的遗传多样性评价是育种研究的重要内容，它决定了这些种质在今后育种实践中的有效利用。经典的形态学标记，利用表型来研究基因多样性，由于受环境因素的影响，有些情况下不能真实反映遗传变异，必须进行更高水平（DNA 水平）的研究。随机扩增多态 DNA（RAPD）是 1990 年由 Williams 等提出的分子标记技术，由于其快速、灵敏、简便易行，而且可以在无任何分子生物学资料的物种上直接运用，因而在植物遗传多样性及相关研究中得到广泛应用。本研究采用 RAPD 技术对冰草的遗传多样性进行分析，从分子水平探讨其遗传变异，从而为这一资源的遗传改良及合理利用和保护提供可利用资料。

1 材料与方法

1.1 材料

2002 年 8 月在内蒙古自治区冰草分布区分单株采收成熟种子，2002 年 11 月温室育苗，2003 年 5 月移栽到内蒙古农业大学试验田。本试验所采用的 16 材料分别来自呼伦贝尔盟（1 份）、通辽市（1 份）、赤峰市（3 份）、锡林郭勒盟（7 份）、达茂旗（2 份）和大青山（2 份）。

1.2 DNA 提取与 PCR 扩增

每个种群选择株丛径中等、生长正常的单株 22 株，分别剪取叶片洗净，液氮研磨备用。基因组 DNA 提取采用 CTAB 法。PCR 反应总体系 $25\mu L$，包括 $20ng/\mu L$ 模板 DNA $2\mu L$，$100pmol/\mu L$ 随机引物 $1\mu L$，10 mmol/L dNTPS $0.25\mu L$，$5U/\mu L$ TaqDNA 聚合酶 $0.2\mu L$，10mmol/L $MgCl_2$ $2\mu L$，$10\times$buffer 缓冲液 $2.5\mu L$ 及灭菌三蒸水补至 $25\mu L$。PCR 扩增反应基本程序为 94℃预变性 3min，94℃变性 1min，37℃退火 1min，72℃延伸 1min，45 次热循环，在 72℃延伸 5min。反应在 PCR 仪上进行。扩增产物用 1.5％浓度琼脂糖凝胶电泳分离 30～40min，EB 染色，紫外透射反射仪上观察

并用自动凝胶成像系统照相。

1.3　引物

筛选出适宜引物 11 个，引物序列如表 1 所示。

表 1　RAPD 引物序列

引物	序列	引物	序列
S005	TGCGCCCT TG	S315	CAGACAAGCC
S027	GAAACGGGTG	S442	ACGT AGC GTC
S053	GGGGTGAC GA	S445	CCCAGTCACT
S125	CC GAATTCCC	S446	CCACGGGAAG
S133	GGCTGCAGAA	S455	TGGCGTCCTT
S134	TGCTGCAGG T		

1.4　数据分析

样品扩增产物的电泳分离谱带在某一位点按有或无记录。存在即赋值为"1"，反之则为"0"。做 0，1 矩阵图，建立原始谱带矩阵输入计算机，据此统计位点总数、多态位点数和每个位点在群体中的分布频率。群体的多态位点百分率 P＝该群体的多态位点数/位点总数×100%。

用 Shannon 多样性指数来计算各种群的遗传多态度 H_0，平均种群内的遗传多态度 H_{pop}，以及各种群的遗传多态度总量 H_{sp}；利用 POP - GENE1.32 软件计算群体间的遗传相似度和遗传距离（D）。用 UPGMA（Unweighted pair - group method with arithmetic means）构建系统树。

2　结果与分析

2.1　多态位点百分率

根据个体间扩增产物的一致性，从 57 个随机引物中选取 11 个，对 16 个冰草群体的遗传多样性进行分析。每个引物扩增出 2～6 个可辨认的片段，共记录 125 个片段，其中 102 个显多态性，多态位点百分率为 83.00%。由统计的谱带可见，多态位点百分率因引物和群体而异。同一引物对不同的群体和个体扩增的条带数不同，说明不同的群体及同一群体的不同个体均存在较丰富的变异。图 1 为引物 S133 分别对种群 6 和 10 的 1～22 个个体扩增产物电泳图谱。表 2 列出了 11 个引物在 16 个种群扩增的总产物数。

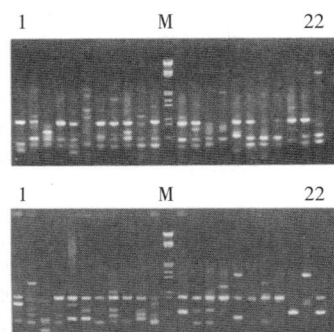

图 1　引物 S133 对冰草种群 6 和种群 10 的 1～22 个个体扩增产物电泳图谱

表 2　选取的 11 个随机引物扩增产物数量

引物	S005	S027	S053	S125	S133	S134	S315	S442	S445	S446	S455	合计
位点总数	11	15	11	14	11	13	11	9	8	10	12	125
多态位点数	11	11	10	12	10	12	9	8	5	8	6	102
多态位点百分率（%）	100	74	90	86	90	92	82	90	63	80	50	83

2.2　群体遗传多态度

利用 Shannon 多样性指数对 11 个引物所检测到的表型频率进行多样性分析，根据群体的遗传多态度（H_0），计算出平均遗传多态度（H_{pop}）和遗传多态度总量（H_{sp}）（表 3）。

表 3　由 Shannon 多样性指数估计的遗传多样性在冰草群体内和群体间的分布

引物	S005	S027	S053	S125	S133	S134	S315	S442	S445	S446	S455	均值
H_{pop}	2.80	2.12	0.95	0.61	3.02	3.91	3.14	0.97	3.50	1.20	1.71	2.19
H_{sp}	3.21	2.93	1.67	1.22	4.34	5.36	5.01	1.76	6.02	3.25	2.68	3.22
H_{pop}/H_{sp}	0.87	0.72	0.57	0.50	0.69	0.73	0.63	0.56	0.58	0.37	0.64	0.60
$(H_{sp}-H_{pop})/H_{sp}$	0.13	0.28	0.43	0.50	0.31	0.27	0.27	0.44	0.42	0.63	0.36	0.40

由表 3 可知平均群体内的遗传多态度（H_{pop}）为 2.19，群体的遗传多态度总量（H_{sp}）为 3.22。由 H_{pop}/H_{sp} 比值可见，引物 S005 和 S446 检测出群体内的最大和最小遗传变异分别是 0.87 和 0.37，种群内的遗传变异均值为 0.60。而种群间的遗传变异均值为 0.40。即种群内的遗传变异大于种群间。

2.3　遗传距离

16 个冰草种群的遗传相似度（I）与遗传距离（D）见表 4。分析结果表明，遗传相似度最大为 0.977 6（pop15 与 pop16 之间），最小为 0.770 2（pop7 与 pop13 之间）；遗传距离的变化范围在 0.022 6～0.261 1 之间。

对 RAPD 数据进行聚类分析，构建了冰草的 UPGMA 系统树（图 2）。16 个种群大致分成 2 个群系，从二级聚类结果可看出，pop13、pop14、pop15 和 pop16 聚为 1 类；pop4、pop6、pop7、pop8、pop9、pop10 聚为第 2 类；pop1、pop5 聚为第 3 类；pop2、pop3、pop11 和 pop12 聚为第 4 类。

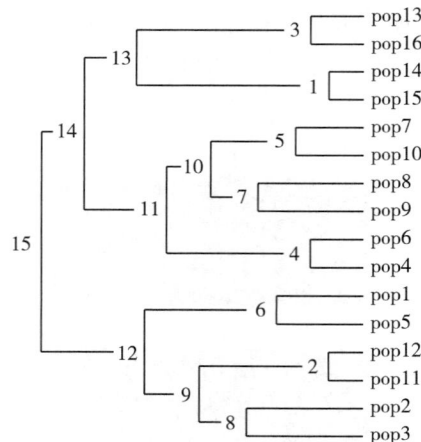

图 2　16 个冰草种群的 UPGMA 系统树

表 4　遗传多样性相似系数及遗传距离

种群	1	2	3	4	5	6	7	8	9	10	11	12	13	14	15	16
1	****	0.9708	0.8478	0.9002	0.8784	0.8672	0.8307	0.8476	0.8486	0.8561	0.8585	0.8644	0.8257	0.8520	0.8647	0.8830
2	0.0296	****	0.8429	0.9062	0.8904	0.8825	0.8452	0.8569	0.8825	0.8729	0.8646	0.9071	0.8412	0.9035	0.8812	0.9054
3	0.1651	0.1709	****	0.9529	0.8810	0.8778	0.8570	0.8632	0.8132	0.7991	0.8190	0.8369	0.7965	0.8112	0.8484	0.8218
4	0.1051	0.0985	0.0482	****	0.9199	0.9091	0.8911	0.9041	0.8269	0.8179	0.8575	0.8812	0.8319	0.8739	0.8665	0.8753
5	0.1297	0.1161	0.1267	0.0835	****	0.9730	0.8967	0.9171	0.8494	0.8337	0.8556	0.8936	0.8313	0.8595	0.8899	0.8870
6	0.1424	0.1250	0.1303	0.0953	0.0274	****	0.8988	0.9104	0.8582	0.8411	0.8583	0.8879	0.8069	0.8575	0.8845	0.8715
7	0.1855	0.1681	0.1544	0.1153	0.1091	0.1067	****	0.9299	0.8229	0.7882	0.8456	0.8670	0.7702	0.8349	0.8370	0.8295
8	0.1654	0.1545	0.1466	0.1008	0.0865	0.0939	0.0727	****	0.8345	0.8080	0.8534	0.8666	0.7801	0.8269	0.8505	0.8488
9	0.1641	0.1250	0.2068	0.1901	0.1633	0.1529	0.1959	0.1809	****	0.9555	0.9124	0.9202	0.9148	0.9125	0.8804	0.8623
10	0.1553	0.1359	0.2242	0.2011	0.1819	0.1730	0.2380	0.2132	0.0456	****	0.8745	0.8896	0.9069	0.8834	0.8425	0.8412
11	0.1525	0.1455	0.1997	0.1538	0.1559	0.1528	0.1677	0.1586	0.0916	0.1341	****	0.9689	0.8746	0.8857	0.8714	0.8635
12	0.1457	0.0975	0.1780	0.1265	0.1125	0.1189	0.1427	0.1432	0.0832	0.1170	0.0316	****	0.8919	0.9242	0.8988	0.9003
13	0.1915	0.1729	0.2275	0.1840	0.1848	0.2146	0.2611	0.2481	0.0891	0.0977	0.1340	0.1145	****	0.9306	0.8230	0.8204
14	0.1602	0.1015	0.2093	0.1348	0.1514	0.1536	0.1804	0.1901	0.0916	0.1240	0.1214	0.0789	0.0719	****	0.8836	0.8946
15	0.1454	0.1265	0.1644	0.1433	0.1166	0.1227	0.1780	0.1619	0.1273	0.1714	0.1376	0.1067	0.1948	0.1237	****	0.9776
16	0.1245	0.0994	0.1963	0.1332	0.1199	0.1376	0.1869	0.1639	0.1481	0.1729	0.1467	0.1051	0.1980	0.1114	0.0226	****

注：右上方是相似系数，左下方是遗传距离。**** 代表遗传距离为 0。

3　讨论与结论

（1）11 个随机引物共检测到 124 个位点，其中多态位点 103 个，多态位点高达 83%。这充分说明了 RAPD 检测方法的高度灵敏性。通过横向比较 RAPD 检测到的冰草属其他种多态位点百分率发现，冰草比同属的蒙古冰草（*Agropyron mongolicum*）高。

（2）16 个冰草种群的遗传相似度（*I*）与遗传距离（*D*）分析及 UPGMA 系统树构建结果表明，生境和表型相似的种群基本聚为一类，和形态学研究的结果基本一致，说明了基因与环境密切相关。

（3）冰草具有丰富的遗传多样性水平，意味其具有较高的适应生存能力和进化潜能，对保持生态系统的稳定性和多样性具有重要作用。

参考文献（略）

本文原刊载于《草地学报》2005 年第 3 期，略有删改

蒙农杂种冰草组织培养
再生和遗传转化体系的建立

霍秀文[1,2]，魏建华[3]，徐春波[2]，米福贵[2]，云锦凤[2]

（1. 内蒙古农业大学农学院，呼和浩特 010018；2. 内蒙古农业大学生态环境学院，呼和浩特 010018；3. 北京市农林科学院农业生物技术中心，北京 100089）

摘要： 以冰草属（*Agropyron* Gaertn.）中的 1 个优质种间杂种——蒙农杂种冰草（*A. cristatum* × *A. desertorum* cv. 'Mengnong'）为材料，以幼穗为外植体，建立了组织培养再生与遗传转化体系。试验中所用诱导愈伤组织的培养基为改良 MS＋2,4-D 2.0～3.0mg/L，愈伤组织诱导率平均为 83.4%；分化培养基为 MS（无附加成分），分化率达 59.6%；在 1/2 MS 培养基上生根后得到完整小植株。在此基础上，以抗除草剂基因 *bar* 为目标基因，用基因枪法转化幼穗诱导的愈伤组织，并对再生植株进行 PCR 和 Southern 鉴定，以及在含除草剂（0.5mg/L 的 Glufosinate）培养基中可正常生长的结果表明，外源基因已整合到受体基因组 DNA 中，转化率为 1.1%。

牧草生物技术研究始于 20 世纪 80 年代后期，因其应用前景不及农作物而发展滞后。在牧草转基因研究初期，多集中于少数豆科牧草。禾本科牧草由于组织培养的植株再生频率低而在转基因研究方面进展缓慢。目前可形成再生植株的禾本科牧草和草坪草约有 65 个种，30 多个属，此外对 20 多个种建立了遗传转化体系。

冰草属（*Agropyron* Gaertn.）植物为禾本科牧草，国外 20 世纪 80 年代开始有组织培养再生植株的研究报道，但冰草［*A. cristatum*（L.）Gaertn.］遗传转化的研究尚未见到任何相关报道。冰草为寿命较长的多年生疏丛牧草，广泛分布于干旱、半干旱草原和荒漠草原，抗逆性较强，春季返青早，秋季枯黄晚，茎叶柔嫩，营养丰富，适口性好，是西北干旱半干旱地区改良草场以及建立人工草地和生态建设的重要禾本科牧草之一。

为加快冰草种质改良，培育更优良的冰草品种，笔者在多年冰草种质资源搜集与育种的基础上，开展了冰草基因工程研究。以冰草属中的 1 个种间杂种——蒙农杂种冰草为材料，建立了冰草组织培养再生植株体系及冰草遗传转化体系。

1 材料与方法

1.1 材料

①供试冰草材料是由诱导四倍体冰草（*A. cristatum* cv. Fairway，$2n＝28$）和天然四倍体沙生冰草（*A. desertorum*，$2n＝28$）种间杂交育成的，1984 年由美国 USDA-ARS 注册登记推出，同年由内蒙古农业大学从美国引入，经两次单株选择和一次混合选择于 1999 年经全国牧草品种审定委员会审定，登记为育成品种，命名为"蒙农杂种冰草"（*A. cristatum* × *A. desertorum* cv. 'Mengnong'，$2n＝28$）。试验材料取自内蒙古农业大学牧草种质资源圃，生长周期为 2～5 年。②外植体：冰草幼穗（孕穗期）。③重组质粒：pBPI（含 *bar* 基因）。④试剂：酶类（TaKaRa），Glufosinate（FLUKA），DIG High Prime DNA Labeling and Detection Starter Kit Ⅱ（Roche）。⑤基因枪：PDS-1000/He（Bio-Rad）。

1.2 方法

1.2.1 愈伤组织的诱导

取孕穗期幼穗，下部浸入少量附加赤霉素（GA）2mg/L 的液体 MS 培养基中，4℃下培养 5～7d 后剥离幼穗，75%酒精消毒 30s，再用 0.1%HgCl₂ 消毒 2～4min，然后用无菌水冲洗数次。切成 2～3mm 小段，接种在不同的愈伤组织诱导培养基 MS 和改良 MS 中，并分别附加 0.5～5.0mg/L 2,4-D，蔗糖 30mg/L，琼脂 0.7%，pH 5.8。于 24～26℃暗培养 7～14d 后，观察愈伤组织形成速度和质量（表 1）。

改良 MS 固体培养基：大量元素 NH_4NO_3 956mg/L，KH_2PO_4 1 160mg/L，$MgSO_4 \cdot 7H_2O$ 370mg/L，$CaCl_2 \cdot 2H_2O$ 96mg/L；有机元素：肌醇 0.1g/L，维生素 B_1 2mg/L，烟酸 1mg/L，维生素 B_6 0.5mg/L，甘氨酸 2mg/L，MS 常规铁盐和微量元素。

1.2.2 诱导分化及植株再生

将上述愈伤组织转入分化培养基。分化培养基为 MS 培养基附加不同浓度的 KT（0、1.0、3.0、5.0、10.0mg/L）与不同浓度的 ZT（1.0、3.0、5.0、10.0mg/L），并配合使用一定浓度的 NAA（0.5、1.0mg/L）。26℃下 24h 光照培养，3 周后统计愈伤组织分化情况。将分化的小苗转入生根培养基 1/2 MS 上（无附加成分），1 周后生根形成完整小植株。

1.2.3 转化方法

以诱导培养 2 周的幼穗愈伤组织为受体，以含有 bar 基因的质粒 DNA 包裹金粉子弹，采用基因枪轰击法进行转化。轰击参数为氦压 1 100Psi，每枪金粉用量为 500μg，质粒 DNA 用量为 0.8μg。轰击后将愈伤组织转移到相同培养基上恢复培养 3～5d，然后转移到 MS 附加 Glufosinate（0.5mg/L）的培养基上筛选，生根培养基为 1/2 MS 附加 Glufosinate（0.5mg/L）。

1.2.4 PCR 检测

转基因植株以冰草总基因组 DNA 为模板，进行转化植株的 PCR 检测。SDS 法小量提取基因组 DNA；PCR 检测的引物分别对应于 bar 基因的上游序列（5′引物）和下游序列（3′引物）。分别为 5′-AT-TGGATCCATGAGCCCAGAACGACGC -3′ 和 5′-CTTGGTACCTAAATCTCGGTGACGGGC -3′。

反应条件为：95℃，7min；94℃，1min；55℃，1min；72℃，1min；72℃，7min；35 个循环。

1.2.5 Southern 检测

转基因植株用 CTAB 法大量提取和纯化转化植株基因组 DNA，经 EcoRⅠ完全消化，与 DIG 标记的 bar 基因探针杂交，未转化植株基因组 DNA 和质粒分别为阴性和阳性对照。

2 结果与分析

2.1 组织培养再生植株

2.1.1 愈伤组织的诱导

不同培养基对蒙农杂种冰草愈伤组织诱导率和愈伤组织质量的影响见表 1。接种 7～10d 后观察，MS 培养基附加不同浓度的 2,4-D 均可诱导愈伤组织，但出愈率较低，平均为 28.5%，且愈伤组织结构松散、玻璃化；而在改良 MS 培养基上，在幼穗的各部位均诱导出了淡黄色致密的愈伤组织，诱导率平均达 76.6%。

笔者所用的改良 MS 培养基总离子浓度降低至 2.6g/L，22.5mmol/L（MS 为 4.5g/L，45.2mol/L），KH_2PO_4 的浓度提高到 1 160mg/L，8.5mmol/L（MS 培养基为 170mg/L，1.2mmol/L）更利于诱导愈伤组织发生。改良 MS 培养基中 2,4-D 的浓度为 0.5mg/L 时，出愈率为 41.1%，部分外植体脱分化不成功，继续长大发育成颖片和秆片；2,4-D 的浓度在 1.0～5.0mg/L 时，愈伤组织诱导率差异不大，为 81.3%～86.1%，只是愈伤组织致密程度稍有差异。从表 1 中的趋势看，提高 2，

4-D 浓度有利于幼穗脱分化与诱导愈伤组织，但高浓度 2,4-D 会抑制愈伤组织芽的分化。使用改良 MS 培养基附加 2,4-D（1.0～5.0mg/L）可有效诱导冰草幼穗形成愈伤组织，2,4-D 的浓度以 2.0～3.0mg/L 效果为好。

表 1　不同培养基对蒙农杂种冰草幼穗愈伤组织诱导的影响

培养基	接种外植体数	形成愈伤数	诱导率（%）	愈伤组织质量
MS+2,4-D 0.5	96	23	24.0	松散
MS+2,4-D 1.0	96	27	28.1	松散
MS+2,4-D 2.0	100	33	33.0	松散
MS+2,4-D 3.0	98	34	34.7	松散
MS+2,4-D 4.0	102	24	23.5	松散
MS+2,4-D 5.0	101	28	27.7	松散
Modified MS+2,4-D 0.5	192	79	41.1	较松散
Modified MS+2,4-D 1.0	192	156	81.3	较致密
Modified MS+2,4-D 2.0	200	167	83.5	致密
Modified MS+2,4-D 3.0	196	163	83.2	致密
Modified MS+2,4-D 4.0	204	172	84.3	致密
Modified MS+2,4-D 5.0	202	174	86.1	致密

2.1.2　愈伤组织的分化诱导

分化的培养基为 MS 及 MS 附加不同浓度的 KT 和 ZT，并配合使用一定浓度的 NAA。结果显示：①在附加不同浓度细胞分裂素 KT 的试验中，仅有少数愈伤组织可分化成芽，植株再生频率低，平均只有 2.8%。与 KT 配合附加生长素类物质 NAA，浓度在 0.5～1.0mg/L，芽的分化率略有提高（7.4%）。②MS 附加细胞分裂素 ZT，芽的分化频率也较低，平均仅为 4.4% 左右，而且一些愈伤组织只分化根；同样配合使用 NAA 可略提高芽的分化率（8.2%）。③在无附加成分的 MS 培养基中，愈伤组织块由淡黄色变为鲜绿色，接着伴随有大量叶状不定芽出现。这些芽生长迅速，不久就在同一愈伤组织块上产生了丛生芽（图 2a、图 2b），有的愈伤组织在分化芽的同时也有根的分化。

在不加激素的 MS 培养基中芽分化率显著高于其他 2 种培养基，绿芽分化频率高达 59.6%。推测可能是冰草内源的细胞分裂素水平较高，也可能是由于除去 2,4-D 后，胚性愈伤组织进一步发育成完整的成熟胚结构，进而形成完整小植株。本试验中诱导愈伤组织分化的最佳培养基是 MS。

2.2　遗传转化

2.2.1　重组质粒

重组质粒 pBPI 携带 bar 基因，由玉米泛素合成酶基因启动子（Ubi）驱动，3′端连接 Nos 终止子，结构如图 1 所示。

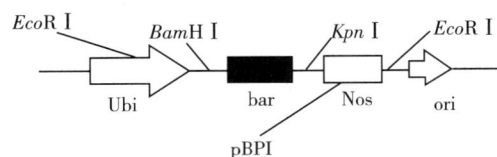

图 1　质粒 pBPI 结构简图

2.2.2　转基因植株的获得

本实验中 bar 基因的筛选剂为 Glufosinate。在筛选分化培养基中加入 0.5mg/L 的 Glufosinate 可部分抑制转化幼穗愈伤组织的分化。经基因枪轰击后的幼穗愈伤组织接种于愈伤组织诱导培养基中恢复培养

3～5d后，转入含 0.5mg/L 的 Glufosinate 的分化培养基中诱导分化，部分愈伤组织可分化成芽，并再生成完整植株（图2）。

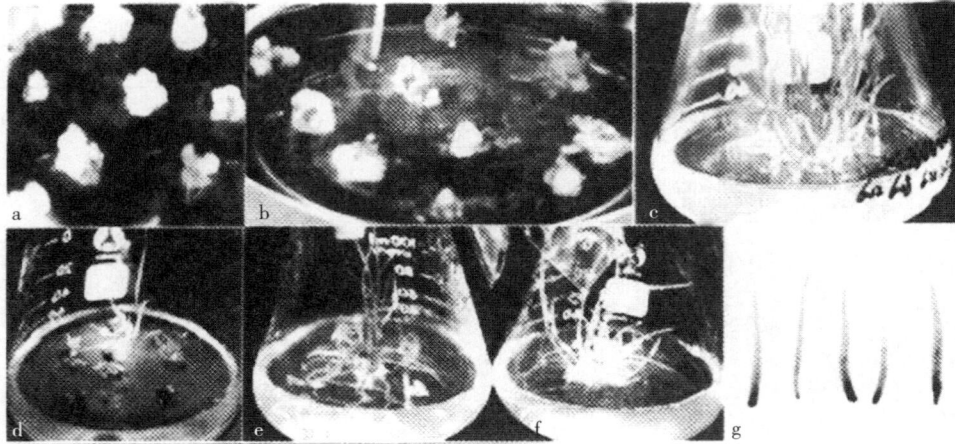

图2　蒙农杂种冰草再生植株及转基因植株

a. 诱导愈伤组织　b. 诱导愈伤组织分化　c. 再生植株　d. 抗性愈伤组织（培养基含 Glufosinate）　e. 转基因植株
（培养基含 Glufosinate）　f. 野生型对照（培养基含 Glufosinate）　g. 幼穗外植体

2.2.3　转基因植株的 PCR 和 Southern 检测

从转化冰草基因组 DNA 中经 PCR 扩增得到约 500 bp 的特异带（lane 4～7）（图3），与质粒 pB-PI 扩增结果一致（lane 2），阴性对照没有特异性扩增产物（lane 3），初步表明 bar 基因已整合到受体基因组中。pBPI 质粒中 bar 基因上游 Ubi 启动子中及下游 Nos 终止子外各有 1 个 EcoR I 酶切位点（图1）。用 EcoR I 可以切出包含完整 bar 基因的 DNA 片段，长度约 1 500bp。图4 中 Southern 结果显示，基因组 DNA 经 EcoR I 完全消化产物与 DIG 标记的 bar 探针产生的杂交信号约为 1 500bp（lane 3～7），与质粒 pBPI 经 EcoR I 完全消化后产生的杂交信号片段大小相同（lane8），而阴性对照（lane 1）没有杂交信号，表明确已获得了转 bar 基因冰草植株。转基因植株在含 0.5mg/L 的 Glufosinate 的培养基中可正常生长（图 2e），而非转基因野生型对照不能正常生长（图 2f），证实整合到转基因植株中的 bar 基因已表达，表现出对 Glufosinate 的抗性。

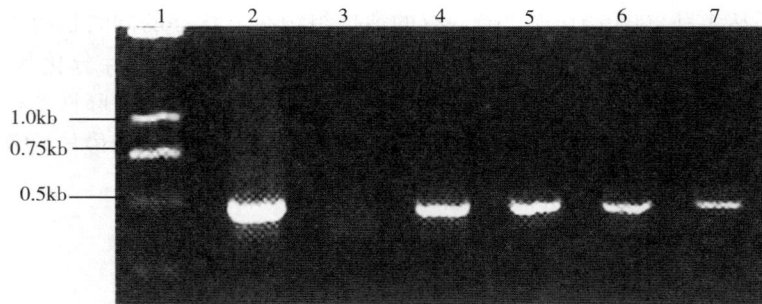

图3　转基因冰草 PCR 检测

1.DNA 分子量标准（DL2 000bp）　2.阳性对照　3.阴性对照　4～7. 部分转基因植株

2.2.4　转基因植株的遗传转化率

将 Glufosinate 筛选的抗性植株进行 PCR 检测，统计产生转基因植株的愈伤组织及抗性愈伤率和遗传转化率。表3 结果显示抗性愈伤率为 43.9%，抗性植株比率为 24.7%，而遗传转化率仅为 1.1%。同时发现在含 Glufosinate 的培养基中分化率降低为 32.5%（相对于表 2 中的分化率

59.6%），表明 Glufosinate 对分化率有影响。可见建立组织培养高频再生体系是遗传转化的首要条件。

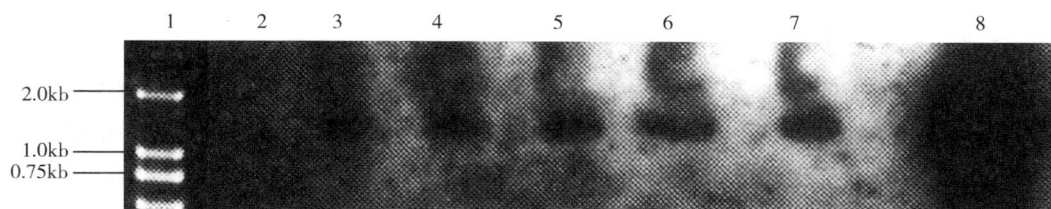

图 4 转基因冰草 Southern 检测
1. DNA 分子量标准（DL2 000bp） 2. 阴性对照 3～7. 部分转基因植株 8. 阳性对照

表 2 不同培养基对蒙农杂种冰草幼穗愈伤组织分化的影响

培养基	接种愈伤数	分化芽的愈伤数	分化率（%）
MS+1.0KT	83	4	4.8
MS+3.0KT	72	0	0
MS+5.0KT	92	6	6.5
MS+10.0KT	68	0	0
MS+1.0KT+0.5NAA	81	4	4.9
MS+3.0KT+0.5NAA	95	8	8.4
MS+5.0KT+1.0NAA	87	9	10.3
MS+10.0KT+1.0NAA	98	6	6.1
MS+1.0ZT	84	5	6.0
MS+3.0ZT	65	0	0
MS+5.0ZT	77	4	5.2
MS+10.0ZT	94	6	6.4
MS+1.0ZT+0.5NAA	88	9	10.2
MS+3.0ZT+0.5NAA	67	6	9.0
MS+5.0ZT+1.0NAA	74	4	5.4
MS+10.0ZT+1.0NAA	98	8	8.2
MS	89	53	59.6

表 3 基因枪轰击蒙农杂种冰草幼穗愈伤组织的遗传转化率

轰击的愈伤组织数	抗性愈伤组织数	分化的愈伤组织数	抗性植株数	产生转基因植株的愈伤数	抗性愈伤率（%）	分化率（%）	抗性植株比率（%）	遗传转化率（%）
3 512	1 543	1 143	867	39	43.9	32.5	24.7	1.1

3 讨论

3.1 牧草组织培养再生体系的建立

组织培养再生体系的建立是植物基因转化成功的首要条件。禾本科牧草的组织培养再生相对较难，主要是适用的外植体较单一，如幼胚、幼穗、花药、原生质体、悬浮细胞等，这些外植体或取材困难，或受季节限制不能周年供应。近年来研究者们探索了以盾片、胚轴等为外植体诱导再生植株的途径，但植株再生频率低，还需进一步优化完善离体培养条件。

3.2　冰草幼穗的取材时期

本试验以冰草幼穗为外植体诱导植株再生。选择幼穗适当的发育时期取材，对获得良好的培养结果是非常重要的。一些学者认为，孕穗期或护颖原基形成期和小花原基形成期是合适的幼穗外植体取材时期。一般根据植株外部形态可判断幼穗的发育时期，但不同生态条件下，外部形态的判断标准不同。如大田中旗叶展开，距下部第 1 片叶约 1.0～2.0cm 时，剥出的幼穗为 1.0～2.0cm；而日光温室中剥出同样大小的幼穗时其形态特征为挑旗；其他如水肥条件、生育周期等都对形态指标有影响，取材时需具体情况具体分析，不能一概而论。本研究中，笔者以幼穗大小为取材标准。在冰草幼穗发育的孕穗期，剥开的幼穗以 1.0～3.0cm 为宜，大于 3.0cm 诱导的愈伤组织在分化时其颖片和稃片易先分化形成叶芽甚至类小穗而非丛生芽；小于 1.0cm 的幼穗在消毒时易受影响失去活力。

3.3　冰草的遗传转化

已用于牧草基因转化并获得转基因植株的方法主要有：将 DNA 直接转移导入原生质体，如高羊茅、紫羊茅、匍匐剪股颖、多年生黑麦草和一年生黑麦草；硅碳纤维漩涡介导法，农杆菌介导法，基因枪轰击法等。迄今为止，禾本科牧草转基因成功多是采用基因枪法。本试验以幼穗为外植体建立了冰草组织培养再生体系，并将除草剂抗性基因 *bar* 用 PDS 1000/He 基因枪导入了在内蒙古地区有一定面积并具推广前景的优良牧草蒙农杂种冰草，获得了转基因植株，初步建立了冰草遗传转化体系，遗传转化率为 1.1%。

现有有关冰草属植物组织培养再生体系的研究报道，多集中于麦类植物与冰草属植物杂交种的胚拯救方面，尚无冰草属植物遗传转化的成功报道。笔者建立的以幼穗为外植体的冰草组织培养再生体系和利用基因枪法将抗除草剂基因 *bar* 导入冰草的转化体系，为冰草属植物种质的基因工程改良奠定了基础，也可为其他禾本科牧草的基因转化提供参考。

参考文献（略）

本文原刊载于《中国农业科学》，2004 年 5 期，略有删改

转录因子 CBF4 诱导型启动子的克隆及功能分析

霍秀文[1,2]，米福贵[2]，云锦凤[2]，魏建华[3]

（1. 内蒙古农业大学农学院，呼和浩特　010018；2. 内蒙古农业大学生态环境学院，呼和浩特　010018；3. 北京农林科学院生物中心，北京　100089）

摘要：根据已有文献及公开的拟南芥基因组序列，利用 PCR 方法从拟南芥（*Arabidopsis thaliana*）基因组 DNA 中扩增得到了转录因子 CBF4 上游的 DNA 片段，对其进行序列分析表明与 GenBank 序列高度同源，同时对其进行初步的功能分析。采用生物信息学方法对这一序列分析的结果显示这一片段具有启动子的特殊结构域；与 GUS 基因融合构建双元表达载体，转化烟草的组织特异性表达检测可见明显的 GUS 活性，初步表明所获片段为 CBF4 基因的诱导型启动子。

启动子是基因表达的重要调控元件。它决定着基因表达的种类和表达水平，也决定着基因表达的组织器官和发育阶段特异性等。目前在植物表达载体中广泛应用的启动子是组成型启动子，绝大多数双子叶转基因植物均使用 CaMV35S 启动子，单子叶转基因植物主要使用来自玉米的 Ubiquitin 启动子和来自水稻的 Actinl 启动子。在这些组成型表达启动子的控制下，外源基因在转基因植物的所有部位和所有的发育阶段都会表达。然而，外源基因在受体植物内持续、高效地表达不但造成浪费，往往还会引起植物的形态发生改变，影响植物的生长发育。为了使外源基因在植物体内有效发挥作用，同时又可减少对植物的不利影响，目前人们对特异表达启动子的研究和应用越来越重视。已发现的特异性启动子主要包括器官特异性启动子和诱导特异性启动子。例如，种子特异性启动子、果实特异性启动子、叶肉细胞特异性启动子、根特异性启动子、损伤诱导特异性启动子、化学诱导特异性启动子、光诱导特异性启动子、热激诱导特异性启动子等。这些特异性启动子的克隆和应用为在植物中特异性地表达外源基因奠定了基础。

CBF 转录激活因子是一类受低温特异诱导的反式作用因子。它们能与 CRT/DRE（C-repeat/dehydration responsive element）DNA 调控元件特异结合，促进启动子中含有这一调控元件的多个冷诱导和脱水诱导基因的表达，从而激活植物体内的多种耐逆机制。植物在受到干旱、低温、盐碱等非生物胁迫时产生多方面的生理变化，如包括多种 LEA 蛋白或亲水多肽的编码产生、脯氨酸和多种简单糖类的合成积累等，进而激活逆境反应的多种组成因子。

根据已有文献及公开的拟南芥基因组序列，本研究从拟南芥中分离了干旱诱导的转录因子 CBF4，同时从拟南芥中分离了 CBF4 上游可能为其启动子的一段 DNA 片段。根据 CBF4 的基因功能可以推测其启动子为水分胁迫诱导型的，但目前尚无相关研究报道。本研究对获得的可能为 CBF4 启动子的 DNA 序列进行了生物信息学软件分析与驱动表达的鉴定。如果利用此类型表达的启动子调节抗旱基因的表达，就可以更有效发挥目的基因的作用，对于保持植物本身的抗逆性和生理状态是十分有利的。

1　材料与方法

1.1　材料及试剂

拟南芥（*Arabidopsis thaliana*）为 Columbia186 生态型，烟草（*Nicotiana tobaccum*）为 Wisconsin 38 生态型，北京市农林科学院生物中心提供。

大肠杆菌（*Escherichia coli*）DH5α、根癌农杆菌（*Agrobacteriun tumefaciens*）C58CI、质粒 PBI121（含报告基因 GUS）pBluescript SK，均由北京市农林科学院生物中心提供。

试验所用酶类均购自 TakaRa 公司，DNA Ligation Kit Ver. 2 试剂盒、T 载体（T-Easy）购自 Promega 公司。

1.2 拟南芥总 DNA 的提取

以拟南芥幼叶为材料，以 CTAB 法提取拟南芥总 DNA（王关林和方宏筠，2002）。

1.3 CBF4 启动子片段的克隆

根据 GenBank 已报道的拟南芥 CBF4 基因的 DNA 序列，设计了 CBF4 基因上游片段（以下暂称为启动子，暂命名 *CBF4P*）的引物，由北京三博远志生物技术有限责任公司合成 DNA。3′引物：5′-ATGTAGAGTAAAATGGATTCCTT-3′；5′引物：5′-CAGGTGTGAGAGAACCAAAGT-3′。以拟南芥总 DNA 为模板扩增，PCR 反应条件为：95℃，7min；94℃，1min；55℃，1min；72℃，1min 30s；30 个循环；72℃，7min。经 1.0%琼脂电泳检测片段大小和特异性，按照 Omega 公司胶回收试剂盒操作指南纯化目的片段，将回收片段克隆到 T-Easy 载体上。对筛选到的重组子用 T7 和 SP6 引物测序。

1.4 表达载体的构建及根癌农杆菌的转化

将 T-Easy 载体上的 CBF4 启动子片段用 *EcoR* I 切下，与同样用 *EcoR* I 酶切的 pBluescript SK 质粒连接，转化大肠杆菌 DH5α 酶切鉴定。选择插入片段方向正确的重组子，提取质粒，再用 *Hind* III 和 *Xba* I 双酶切，与同时双酶切的 pBI 121 质粒连接，转化大肠杆菌 DH5α，酶切鉴定。将最终得到的重组子 pBI-CBF4P 用电转化方法转入根癌农杆菌 C58CI 中，PCR 检测筛选阳性菌株。结构如图 1 所示。

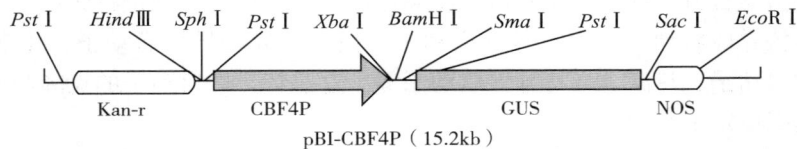

图 1 质粒 pBI-CBF4P 结构简图

1.5 组织化学法检测报告基因 GUS 的表达

1.5.1 干旱胁迫前 GUS 活性的组织染色

取含重组子 pBI-CBF4P 的转化烟草叶片（图 2-3）置于小烧杯中，进行 GUS 活性的组织染色分析。所需溶液：X-Glu 贮存液，即取 100mg X-Glu 溶于 9.6mL 的 DMF，1mol/L Na_3PO_4 缓冲液，0.5mol/L Na_2EDTA，pH8.0，10%Triton X-100。

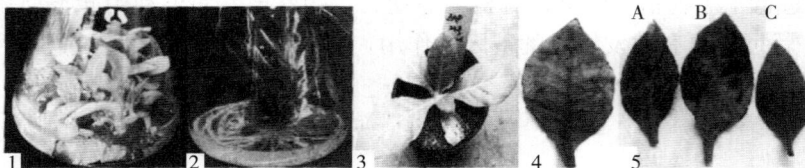

图 2 转基因烟草的 GUS 组织染色分析

注：1. 转基因烟草分化；2. 转基因烟草小植株；3. 转基因烟草移栽；4.GUS 活性染色（胁迫前）；5.GUS 活性染色（胁迫后）（A. 转基因 CBF4P 烟草；B. 阳性对照；C. 阴性对照）。

1.5.2　干旱胁迫后 GUS 活性的组织染色

把含重组子 pBI-CBF4P 转化的烟草作干旱胁迫处理，同时以含 CaMV35S 启动子的 pBI121 转化的烟草作阳性对照，未转化植株作阴性对照，7d 内不浇水。7d 后取上述材料的叶片，将外植体分别置于小烧杯中，进行 GUS 活性的组织染色分析。

2　结果与分析

2.1　CBF4 基因启动子片段的克隆

参照 GenBank 中已经发表的 CBF4 基因的上游序列设计引物，以拟南芥基因组 DNA 为模板作 PCR 扩增，经 1.0% 琼脂糖电泳，得到了约 1 200bp 的特异性扩增带（图 3），与预期结果相符。将片段回收纯化后，插入到 T-Easy 载体上，得到重组质粒。

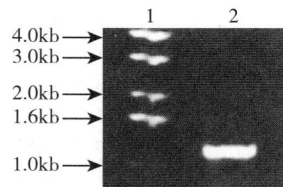

图 3　PCR 产物电泳结果
注：1. DNA marker；2. PCR 产物。

2.2　PCR 扩增片段的序列分析

经 PCR 与酶切鉴定的阳性克隆送博雅生物技术有限公司测序。根据测序结果获得每个 CBF4 基因启动子的核苷酸序列。结果表明克隆的 CBF4 启动子 DNA 片段长度为 1 269bp。在 GenBank 中可查到已注册了拟南芥 CBF4 基因，其上游完整编码序列长度为 1 267bp。图 4 为本文分离的 *CBF4* 上游序列与公开的拟南芥基因组中 CBF4 上游序列的比较结果。表明本研究获得的 CBF4 上游序列（图 4 下排）的核苷酸序列与公开发表的 CBF4 上游核苷酸序列高度同源。这二者 DNA 编码序列中有 4 个碱基存在差异，核苷酸同源性为 99%。核苷酸比较结果表明，通过 PCR 克隆的这个片段确为 CBF4 基因上游的 DNA 片段。

2.3　扩增片段的功能预测分析

由于尚无文献报道拟南芥 CBF4 启动子的功能，我们仅从公开的拟南芥基因组序列推断，其上游一段 DNA 为 CBF4 的启动子。鉴于此，我们首先用网络中的相关生物信息软件进行了分析。结果显示，该段拟南芥 CBF4 上游序列富含重复次数不同、长度不等的 A/T 重复序列，A/T 总含量为 56%。大多数植物启动子中富含 A/T 的序列都与基因转录活性的正调控有关。本文分离的拟南芥 CBF4 启动子符合这样的序列特征。

经 Softberry（http：//www.softberry.com）上 tssp（预测植物启动子）项目分析，发现此序列有 2 个可能的启动区（位置分别在 247bp、518bp 处），2 个对应的 TATA 盒，分别在 208bp、483bp 处。另有 2 个增强子序列。增强子的存在会使基因的转录频率大幅度增加。有时 1 个基因上串联着 2 个或多个 TATA 盒，可分别或有侧重地对不同的诱导物作出应答，在某些情况下也参与组织特异性的选择。由此可初步推断克隆的这段拟南芥 CBF4 上游序列可能具有启动活性和组织特异性。

利用 Softberry 上 nsitep（用统计学方法识别植物调节单元）分析，从 702 个调控元件库中检索，在所扩增的可能为拟南芥 CBF4 启动子序列中找到 14 个 Motifs，分别来自 4 个不同的调控元件。其中主要有：大麦（*Hordeum vulgare*）HVA1 基因启动子的 1 个相似的 Motifs："－"（负）链 1060-ACaCGT-GTCCTt（有 2 个碱基错配，用小写字母表示）。油菜（*Brassica napus*）*napA* 基因的 1 个相似的 Motifs："＋"（正）链 1081-GaCACTTGTC（有 1 个碱基错配）。小麦（*Triticum aestivum*）*EmBP*-1 基因的 1 个相似的 Motifs："＋"（正）链 787-ACGTGGCTC（有 1 个碱基错配）。拟南芥（*Arahidopsis thaliana*）*AtEml* 基因 1 个相似的 Motifs："＋"（正）链 865-TCAACG-TaTC（有 1 个碱基错配）；*AtEm*6 基因的 1 个相似的 Motifs："－"（负）链 519-GAtACGTGGC（有 1 个碱基错配）。

HVA1 基因是与抗旱相关的基因，*napA* 为种子贮藏蛋白基因，*AtEml* 为胚胎富集蛋白（LEA

```
   1  CAGGTGTGAGAGAACCCAAAGTTCCAGTTCCTTATATGGAAGATCCCAACACAATTATTTG
      ||||||||||||||| |||||||||||||||||||||||||||||||||||||||||||||
   1  CAGGTGTGAGAGAACCAAAGTTCCAGTTCCTTATATGGAAGATCCCAACACAATTATTTG

  61  TTATAGTGAAAAAAAACATCTTACATGGGACCAAAGGCTTTGCACCTTTGTTGTCTCAG
      |||||||||||||||  |||||||||||||||||||||||||||||||||||||||||||
  61  TTATAGTGAAAAAAA.CATCTTACATGGGACCAAAGGCTTTGCACCTTTGTTGTCTCAG

 121  GGCTTTACTTGGTCTTTAATTGAATGTACAAAGTTGATGTAAAAGCTTTGGCTCCATCGT
      ||||||||||||||||||||||||||||||||||||||||||||||||||||||||||||
 120  GGCTTTACTTGGTCTTTAATTGAATGTACAAAGTTGATGTAAAAGCTTTGGCTCCATCGT

 181  TCATGGAGTCTAGTACATTGTTTTGGGTTTTAAAAGTTTTCTGTGTTAAAGCTCGTCGTC
      ||||||||||||||||||||||||||||||||||||||||||||||||||||||||||||
 180  TCATGGAGTCTAGTACATTGTTTTGGGTTTTAAAAGTTTTCTGTGTTAAAGCTCGTCGTC

 241  TAATTGATGTTGTGTTTGGTTTTAGTTGAAAGGTTTAGACGTTTAGTAAAAAAGTTACTC
      ||||||||||||||||||||||||||||||||||||||||||||||||||||||||||||
 240  TAATTGATGTTGTGTTTGGTTTTAGTTGAAAGGTTTAGACGTTTAGTAAAAAAGTTACTC

 301  AAATTCTTGAAATCTCCTTGGCCTTGCTGATTATAAAATCAAATATTCATTTATAAAATT
      ||||||||||||||||||||||||||||||||||||||||||||||||||||||||||||
 300  AAATTCTTGAAATCTCCTTGGCCTTGCTGATTATAAAATCAAATATTCATTTATAAAATT

 361  ATGCGAAAGGGTCTAATTATTTTTGAAACCGAATCGAATGAAGACAACTCCATTTTGATT
      ||||||||||||||||||||||||||||||||||||||||||||||||||||||||||||
 360  ATGCGAAAGGGTCTAATTATTTTTGAAACCGAATCGAATGAAGACAACTCCATTTTGATT

 421  GATTTTTTTTTTGTTGTATTAAAGAATAAAAAACTCGACTGGTTCAACAAGACTGGATT
      |||||||||||||||||||||||||||||||||||||||||||||||||||||||||||
 420  GATTTTTTTTTTGTTGTATTAAAGAATAAAAAACTCGACTGGTTCAACAAGACTGGATT

 481  TCTTTAAACTACTGGTTCAATGTATTTTGGGTACATAATGAAAAAAATACACAATCCGCC
      ||||||||||||||||||||||||||||||||||||||||||||||||||||||||||||
 480  TCTTTAAACTACTGGTTCAATGTATTTTGGGTACATAATGAAAAAAATACACAATCCGCC

 541  TTGGCCACGTATCCATCTTTGGCTTAGTTGATGATGATAATACTTTTGTTTTTTGGTAAG
      ||||||||||||||||||||||||||||||||||||||||||||||||||||||||||||
 540  TTGGCCACGTATCCATCTTTGGCTTAGTTGATGATGATAATACTTTTGTTTTTTGGTAAG

 601  GCTGATGATGATAATAGTTAGAAGAAGTTCATAGAATAATCCAATGGATTTCC.AATAAT
      |||||||||  ||||||||||||||||||||||||||||||||||||||||||  |||||
 600  GCTGATGATAATAGTTAGAAGAAGTTCATAGAATAATCCAATGGATTTCCCAATAAT

 660  AAAACACAGAAATAAATATAATCCAAACAATTG.CCAAAAATAATGAATAAGAAAAGGGA
      |||||||| |||| |||| |||| |||||||||  |||||||||||||||||||||||||
 660  AAAACACCGAATTAATTATATTCCAAACAATTGGCCAAAAATAATGAATAAGAAAAGGGA

 719  CCCACACCCAAAGCTAAAAGCGCGTGGGTCAGATTACAAAAGCGAAACCCCAAACCGTG
      ||||||||||||||||||||||||||||||||||||||||||||||||||||||||||
 720  CCCACACCCAAAGCTAAAAGCGCGTGGGTCAGATTACAAAAGCGAAACCCCAAACCGTG

 779  GCTAGACAGCGGACGAACCC.GTCCCTTCAAACGTGGCTCACCTTTCGAACCACAGAGAG
      ||||||||||||||||||||  ||||||||||||||||||||||||||||||||||||||
 780  GCTAGACAGCGGACGAACCCCGTCCCTTCAAACGTGGCTCACCTTTCGAACCACAGAGAG

 838  CAGTTTACACTCCAACTGTCAAAAACGTGTTCCCATGACGTCATCCTCAACGTATCTTTA
      ||||||||||||||||||||||||||||||||||||||||||||||||||||||||||||
 840  CAGTTTACACTCCAACTGTCAAAAACGTGTTCCCATGACGTCATCCTCAACGTATCTTTA

 898  TCACTTTTTAAAACTAAAGACTGTTTTGTCTTTTTCTAAATCGTCCCCTTTCTCCGAACA
      ||||||||||||||||||||||||||||||||||||||||||||||||||||||||||||
 900  TCACTTTTTAAAACTAAAGACTGTTTTGTCTTTTTCTAAATCGTCCCCTTTCTCCGAACA

 958  CCATACTTAAATTCAATAAAATAATAAATATCAAAACTGAACCATCGAATCGGAACCAGC
      ||||||||||||||||||||||||||||||||||||||||||||||||||||||||||||
 960  CCATACTTAAATTCAATAAAATAATAAATATCAAAACTGAACCATCGAATCGGAACCAGC

1018  CACAGTACACAATACACTTAGACGAAGTAAAGTGATTCAGAAGGACACGTGTAAGTCACA
      |||||||||||||||||||||||||||||||||||||||||||||||||||||||||||
1020  CACAGTACACAATACACTTAGACGAAGTAAAGTGATTCAGAAGGACACGTGTAAGTCACA

1078  TACCGTGGGACACTTGTCGTTACCAGATCCTCCGTGTTTCTCACTTTTCTTATAAAATAA
      ||||||||||||||||||||||||||||||||||||||||||||||||||||||||||||
1080  TACCGTGGGACACTTGTCGTTACCAGATCCTCCGTGTTTCTCACTTTTCTTATAAAATAA

1138  AAAACAACACTTCTTCACTTTCTGTAATAAAAATATCTCCAAAAGTTCCAACACCTGAA
      |||||||||||||||||||||||||||||||||||||||||||||||||||||||||||
1140  AAAACAACACTTCTTCACTTTCTGTAATAAAAATATCTCCAAAAGTTCCAACACCTGAA

1198  AACATAAAAAGATAGAAAGAGAAATAAAACATCTTATCCAAAGAAAAAATGAATCCATTT
      |||||||||||||||||||||||||||||||||||||||||||||||||||| |||||||
1200  AACATAAAAAGATAGAAAGAGAAATAAAACATCTTATCCAAAGAAAAAAGGAATCCATTT

1258  TATCTCATGAT
      |
1260
```

图 4 PCR 扩增产物 *CBF4P* 与 *CBF4* 基因上游序列比较（同源性 99%）

注：上排．拟南芥 CBF4 启动子 cDNA；下排．PCR 扩增产物 CBF4P。

蛋白）基因，*EmBP*-1 为 ABA 调控元件基因，*AtEm6* 为 ABA 调节蛋白基因。ABA 能提高植物对各种不利环境的抗性，如厌氧条件、冷、冻、干旱、盐害、缺 K^+ 等，使细胞由活跃的生长状态向适应胁迫的状态转化。ABA 还能诱导吡咯啉 5-羧酸合成酶（P5CS）基因表达，也能促进脯氨酸（Pro）积累。LEA 蛋白则与植物耐脱水性密切相关。在种子的后期发育过程中，大麦类群 3LEA 蛋白-*HVA*1 在糊粉层和胚中特异表达，与种子的耐脱水性有关。ABA 在几种逆境（脱水、高盐、高温）下能快速诱导 *HVA*1 在大麦幼苗中表达。Zhu 等用水稻 Actinl 启动子将大麦 *HVA*1 基因导入水稻，转基因植株在叶片和根中均积累 *HVA*1 蛋白，其第 2 代的耐水分亏缺和耐盐能力明显提高。Xu 等

（1996）将 *HVA*1 cDNA 全序列导入水稻，获得了抗旱的转基因水稻，从而直接证实了 *Lea* 基因的干旱保护功能。这些进一步说明克隆的拟南芥 CBF4 启动子参与干旱胁迫的代谢反应，具有较强的调节干旱胁迫的功能，可能受干旱等环境条件的诱导。

2.4　GUS 活性的组织染色分析

未胁迫的含重组子 pBI-CBF4P 的转化烟草叶片经 X-Gluc 染色后，用乙醇充分脱色，只观察到极少数蓝斑出现（图 2-4）。这表明 CBF4 启动子在正常情况下不具有启动下游基因表达的功能。将干旱胁迫的转化材料经 X-Glu 染色后，用乙醇充分脱色，能明显观察到蓝斑出现。与含 CaMV35S 启动子的 PBI121 转化的材料相比，组织活性明显增强。未转化材料未显现蓝斑，表明野生型 C58CI 农杆菌没有内源 GUS 活性，可以排除农杆菌对 GUS 染色的影响。

GUS 基因稳定表达的检测初步表明，CBF4 启动子不仅具有启动下游基因表达的功能，而且其启动效率较 CaMV35S 启动子的活性增强。该结果进一步证实分离的 CBF4 基因上游序列确为 CBF4 启动子，CBF4P 不仅具备启动子功能，而且在干旱胁迫下活性较 CaMV35S 启动子的活性增强，属干旱诱导型启动子。

3　讨论

组成型启动子具有强启动功能，在植物基因工程中得到广泛应用，但缺点也是显而易见的。除了特异性差之外，CaMV35S 启动子近年来还被发现是一个重组热区，同时在动物细胞中也被检测到活性。这就使其应用于植物基因工程时存在环境风险。用组织特异性启动子代替组成型启动子具有重要意义。

转录激活因子对提高植物耐逆性起重要作用。植物在受到干旱、低温、盐碱等非生物胁迫时产生多方面的生理变化，如包括多种 LEA 蛋白或亲水多肽的编码产生、脯氨酸和多种简单糖类的合成积累等，进而激活逆境反应的多种组成因子。如果利用诱导型表达的启动子调节目的基因高效特异地表达，就可以更有效发挥目的基因的作用，且对于保持植物本身的抗逆性和生理状态是十分有利的。

参考文献（略）

本文原刊载于《分子植物育种》，2005 年第 3 期，略有删改

共转化法获得蒙农杂种冰草转基因植株

霍秀文[1]，云锦凤[2]，米福贵[2]，魏建华[3]，张辉[2]

（1. 内蒙古农业大学农学院，呼和浩特　010018；2. 内蒙古农业大学生态环境学院，呼和浩特　010018；3. 北京市农林科学院农业生物技术中心，北京　100089）

摘要：利用基因工程技术对冰草属植物进行遗传改良在国内外尚属空白，为加快冰草属植物种质改良进程，培育更为优良的冰草品种，本研究在多年冰草种质资源搜集与育种的基础上，开展冰草基因工程研究。以冰草属（*Agropyron* Gaertn.）中的一个优质种间杂种——"蒙农杂种"冰草（*A. cristatum* × *A. desertorum* cv. 'Hycrest-Mengnong'，$2n = 28$）为材料，在以幼穗为外植体建立的冰草组织培养再生体系基础上，以调控脯氨酸生物合成最后一步的关键酶的突变体基因 *p5CS* 为目标基因，*bar* 基因为筛选标记基因，进行共转化，利用基因枪轰击冰草幼穗诱导的愈伤组织。获得转基因植株；PCR 和 Southern 检测表明外源基因 *p5CS* 已整合到冰草的基因组 DNA 中；RT-PCR 检测表明目的基因已在冰草转基因植株的转录水平表达；*p5CS* 基因的遗传转化率为 0.11%。共转化法转化冰草方法可行，本研究结果可以为冰草的遗传改良提供新种质。

我国西北地区自然条件恶劣，生态环境脆弱，干旱少雨，土壤盐渍化严重，年降水量不足 300mm，属于干旱、半干旱区域。近几十年，过度放牧、不合理开垦、滥采滥伐等原因造成我国 3 亿 hm² 草地中 0.8 亿 hm² 草地严重盐渍化、沙化、退化，使原本脆弱的生态环境遭到破坏，严重制约了畜牧业的发展，恶化了生活环境。改善西部生态环境的重点是恢复林草植被，防止水土流失，加快生态环境保护和建设。当前西北地区牧草生产存在的主要问题是可利用的优良牧草品种较少，品种更新慢，有些地方生产用种都是一些老品种，甚至是未经改良的草种。如何在短期内培育出适合于我国西北部地区栽培的抗干旱、耐盐碱的牧草新品种，是摆在育种工作者面前的重大研究课题。牧草基因工程育种研究起步较晚，尽管如此，一些国家对多种牧草和草坪草进行了基因工程的研究，已获得一批转基因牧草和草坪草。这些研究主要集中在剪股颖（*Agrostis palustris*）、鸭茅（*Dactylis glomerata*）、苇状羊茅（*Festuca arundinacea*）、紫羊茅（*Festuca rubra*）、多花黑麦草（*Lolium multiflorum*）、多年生黑麦草（*Lolium perenne*）、结缕草（*Zoysia japonica*）等草坪草和紫花苜蓿（*Medicago sativa*）、白三叶（*Trifolium repens*）、红三叶（*Trifolium pratense*）、百脉根（*Lotus corniculatus*）等少数几种牧草，主要针对提高牧草和草坪草的抗病性、抗虫性以及牧草品质的遗传改良等方面。牧草经常遭受干旱、盐渍、高温、低温等非生物胁迫的不良影响，培育抗旱、抗寒和耐盐碱的牧草种、品种有重要意义。Meyer 等在建立了草地早熟禾诱导愈伤组织和高效再生系统后，将 BADH 基因用基因枪法转化草地早熟禾，得到的转基因植株在抗旱性和抗盐性方面有所提高。冰草属（*Agropyron* Gaertn.）植物是寿命较长的多年生疏丛型禾本科牧草，广泛分布于干旱、半干旱草原和荒漠草原，抗逆性较强，春季返青早，秋季枯黄晚，茎叶柔嫩，营养丰富，适口性好，是西北干旱半干旱地区改良草场以及建立人工草地和生态建设的重要禾本科牧草之一。利用基因工程技术对冰草属植物进行遗传改良在国内外尚属空白，为加快冰草属植物种质改良进程，培育更为优良的冰草品种，本研究在多年冰草种质资源搜集与育种的基础上，开展冰草基因工程研究。以蒙农杂种冰草为材料，探索冰草转化的研究，利用基因枪轰击冰草幼穗诱导的愈伤组织，获得转耐旱基因 *p5CS* 的转基因植株，为培育耐旱冰草新品种提供转基因新种质。目的基因是调控脯氨酸合成酶的基因

$p5CS$（Δ^1-吡咯啉-5-羧基合成酶基因），是脯氨酸生物合成最后一步的关键酶。本文所用的 $p5CS$ 是从乌头叶豇豆中分离的，现已被证实在转基因烟草中可耐受 200mmol/L NaCl，脯氨酸含量比对照高 10～18 倍。

1　材料与方法

1.1　材料

①蒙农杂种冰草（$A. cristatum \times A. desertorum$ cv. 'Hycrest-Mengnong'，$2n=28$）取自内蒙古农业大学牧草种质资源圃，生长周期为 2～5 年。②外植体冰草孕穗期的幼穗。③PBI121-P5CS（含目的基因 $p5CS$）、pBPI（含 bar 基因）、大肠杆菌（$Escherichia coli$）DH5α、根癌农杆菌（$Agrobac-terium tumefaciens$）C58CI 等均由北京市农林科学院生物中心提供。T-Easy 载体购自 Promega 公司。④试剂来源酶类，Glufosinate，DIG High Prime DNA Labeling and Detection Starter Kit Ⅱ，TRIZOL Reagent 和 ThermoScript RT-PCR System，DNA Ligation Kit Ver.2，硅胶树脂试剂盒等分别由 TaKaRa、FLUKA、Roche、Invitrogen、TaKaRa 和北京天为时代科技有限公司提供，引物由天为公司合成。⑤基因枪采用 PDS-1 000/He 型，产自 Bio-Rad 公司。

1.2　方法

1.2.1　构建植物表达载体

重组质粒 pHBP5CS 携带 $p5CS$ 基因，由玉米泛素合成酶基因启动子（Ubi）驱动，3′端连接 Nos 终止子，质粒大小为 6 820bp，结构如图 1 所示。重组质粒携带 bar 基因作为筛选标记基因，同样由 Ubi 驱动，3′端连接 Nos 终止子，质粒大小为 5 320bp，结构如图 2 所示。

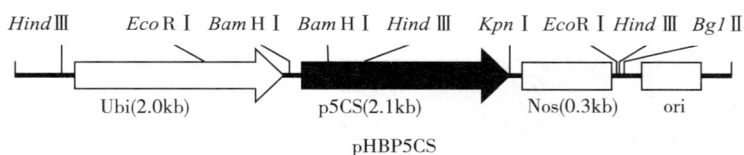

图 1　重组质粒 pHBP5CS 结构简图

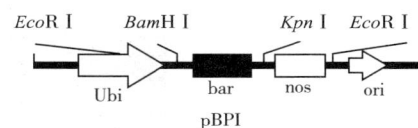

图 2　重组质粒 pBPI 结构简图

1.2.2　转化方法

以诱导培养 21～42d 的幼穗愈伤组织作为外源基因的受体，以分别含有目的基因 $p5CS$ 和 bar 基因的质粒 DNA 包裹金粉子弹（4:1），采用基因枪轰击法进行共转化。阻挡板至样品距离为 12cm，轰击压力为 1 100psi，真空度为 27～28Pa。每枪金粉用量为 500μg，每枪质粒用量为 0.8g。轰击后将愈伤组织转移到相同培养基上恢复培养 3～5d，然后转移到愈伤诱导筛选培养基（改良 MS+2，4-D 2.0mg/L+Glufosinate 0.7mg/L+蔗糖 3%+琼脂 0.7%，pH5.8），暗培养 2 周筛选抗性愈伤，然后转移到分化筛选培养基（MS+KT 0.2mg/L+Glufosinate 0.7mg/L+蔗糖 3%+琼脂 0.7%，pH5.8），26℃下 24h 光照培养筛选抗性植株，每 20d 继代 1 次。生根培养基为 1/2 MS+Glufosinate 0.5～0.7mg/L。把获得的转基因植株移栽在温室和田间（图 3）。

1.2.3　PCR 检测转基因植株

以冰草总基因组 DNA 为模板，进行转化植株的 PCR 检测。SDS 法小量提取基因组 DNA；PCR 检测的引物分别对应于 $p5CS$ 基因的上游序列（5′引物）和下游序列（3′引物），5′-TGCTCGTAT-CAGTGCTCAGCC-3′和 5′-ACTAAT TCCAACCTCTGCGCC-3′，目标扩增产物为 2 100bp。反应条件为 95℃预变性 7min；94℃变性 1min，56℃退火 1min，72℃延伸 1min 40s，35 个循环；72℃保温 7min。

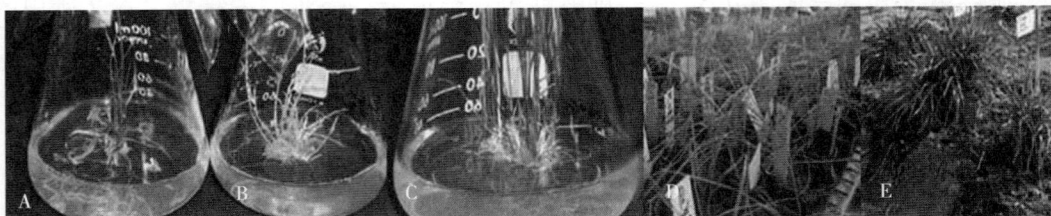

图 3 转基因冰草植株

A. 转基因植株（培养基含 Glufosinate） B. 野生型对照（培养基含 Glufosinate）
C. 转基因冰草小植株 D. 转基因植株移栽温室 E. 转基因植株移栽大田

1.2.4 Southern 检测转基因植株

用 CTAB 法大量提取和纯化转化植株基因组 DNA，经 $EcoR$ I 完全消化，与 DIG 标记的 $p5CS$ 基因探针杂交，未转化植株基因 DNA 和质粒分别为阴性和阳性对照。

1.2.5 RT-PCR 检测转基因植株

采用 TRIZOL Reagent（Invitrogen）提取总 RNA，反转录采用 ThermoScript RT-PCR System（Invitrogen），PCR 反应体系与扩增程序同常规 PCR，参见 1.2.3，对 PCR 产物进行凝胶电泳分析。

2 结果与分析

2.1 转基因植株的 PCR 检测

转化的冰草基因组 DNA 经 PCR 扩增后得到约 2 100bp 的特异带（lane2～lane6）（图 4），与质粒 pHBP5CS 扩增结果一致（lane8），阴性对照没有特异性扩增产物（lane7），初步表明 $p5CS$ 基因已整合到受体基因组中。

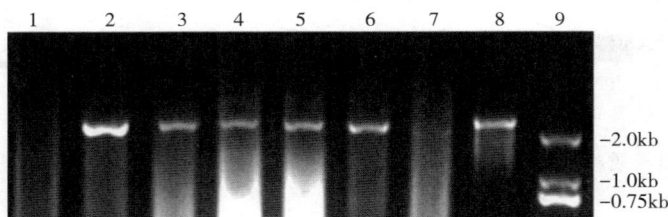

图 4 转基因冰草 PCR 检测（$p5CS$）

1～6. 部分转基因植株 7. 阴性对照 8. 阳性对照 9. DNA 分子量标准（DL2000）

2.2 转基因植株的 Southern 检测

质粒 pHBP5CS 中 $p5CS$ 基因上游 Ubi 启动子 1 392bp 处及下游 Nos 终止子外各有 1 个 $EcoR$ I 酶切位点（图 1）。用 $EcoR$ I 可以切出包含完整 $p5CS$ 基因的 DNA 片段，长度约 3 100bp。图 5 中 Southern 结果显示，基因组 DNA 经 $EcoR$ I 完全消化产物与 DIG 标记的 $p5CS$ 探针产生的杂交信号约为 3 100bp（lane1～lane4），与质粒 pHBP5CS 经 $EcoR$ I 完全消化后产生的杂交信号片段大小相同（lane6），而阴性对照（lane5）没有杂交信号，表明外源基因 $p5CS$ 确已整合到冰草基因组中。

2.3 转基因植株的 RT-PCR 检测

分别以冰草转基因植株和野生型植株纯化的 mRNA 为模板，用 OligodT 为引物进行反转录。以反转录获得的 cDNA 为模板，用 $p5CS$ 基因的引物进行 PCR 扩增，获得了特异性扩增产物。图 6 显示了 p5CS 基因特异性扩增产物的电泳结果。转化植株总 RNA 反转录后经 PCR 扩增得到 2.1kb 左右的 DNA

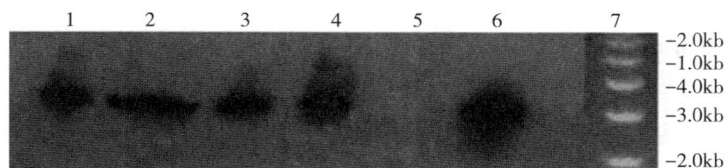

图 5 转基因冰草 Southern 检测（p5CS）

1～4. 部分转基因植株 5. 阴性对照 6. 阳性对照 7. DNA 分子量标准（1kb Marker）

片段（lane 1～lane 4），与阳性质粒 pHBP5CS 扩增结果一致（lane 6），阴性对照没有特异性扩增产物（lane 5）。RT-PCR 特异性扩增产物的获得表明外源基因 p5CS 在受体基因组的转录水平表达。

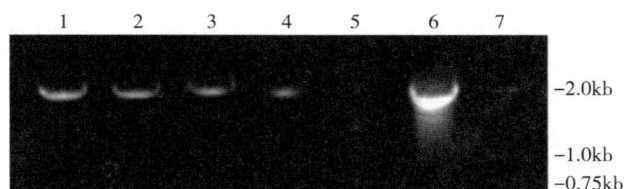

图 6 转基因冰草特异性 RT-PCR 扩增产物（p5CS）

1～4. 部分转基因植株 5. 阴性对照 6. 阳性对照 7. DNA 分子量标准（DL-2 000bp）

2.4 转基因植株的遗传转化率

将 Glufosinate 筛选的抗性植株进行 PCR 检测，统计产生转基因植株的愈伤组织及抗性愈伤率和遗传转化率，结果见表 1。结果显示，抗性愈伤率为 36.1%，抗性植株比率为 18.6%，而 p5CS 基因遗传转化率仅为 0.12%。从表 1 中可见 p5CS 基因遗传转化率较 bar 基因遗传转化率（0.76%）低，可能与质粒大小不同有关。含 bar 基因的质粒为 5 320bp，而含 p5CS 基因的质粒为 6 820bp，较小的外源 DNA 片段更利于整合到受体基因组内。

表 1 基因枪轰击冰草幼穗愈伤组织的遗传转化率

轰击的愈伤组织数	抗性愈伤组织数	分化的愈伤组织数	抗性植株数	产生转基因植株数	抗性愈伤率（%）B/A	分化率（%）C/A	抗性植株比率（%）D/A	遗传转化率（%）E/A
19 200	6 923	5 342	3 562	145	36.1	27.8	18.6	0.76 (bar)
				23				0.12 (p5CS)

3 讨论

3.1 冰草的遗传转化方法

已用于牧草基因转化并获得转基因植株的方法主要有：将 DNA 直接导入原生质体，如高羊茅、紫羊茅、葡匐剪股颖、多年生黑麦草和多花黑麦草，硅碳纤维漩涡介导法，农杆菌介导法，基因枪轰击法等。迄今为止，禾本科牧草转基因植株的成功报道大多采用基因枪转化。本试验采用共转化法将脯氨酸合成酶基因 p5CS 用 PDS-1000/He 基因枪导入了在内蒙古地区有一定面积并具推广前景的优良牧草蒙农杂种冰草，获得转基因植株，为冰草属植物种质的基因工程改良和其他禾本科牧草基因转化提供参考。

3.2 影响基因转化频率的因素

受体材料的生长状态 受体材料的生长状态是影响基因枪转化率的一个关键因素。实验中发现选择生长速度快、比较致密的愈伤组织作为受体材料，其耐受力增加，可有效减轻基因枪轰击对其造成的伤害，植株再生频率和遗传转化频率均可提高；而疏松的愈伤组织耐受力差，受伤害程度大，导致植株再生频率和遗传转化频率下降。

恢复培养　受体材料被基因枪轰击后会受到不同程度的损伤，因此，需要恢复培养以修复损伤。过早进行筛选，外源基因转化尚未完成；过迟进行筛选，未转化的细胞可能逃脱而成活。利用基因枪法转化，视外植体被轰击所受损伤程度而定，一般恢复 3～7d，最长 15d 即可进行筛选。笔者研究发现，幼嫩的受体材料恢复培养的时间应适当延长，否则会严重影响转化植株再生频率及遗传转化频率。

选择培养中除草剂 Glufosinate 选择压的确定　筛选强度与选择剂浓度、筛选时间呈正相关。理论上讲，选择剂浓度及筛选时间的确定应该能够使对照（未转化）组织或细胞全部致死，但实际上，在致死筛选强度下，抗性愈伤很难再生植株。Glufosinate 有较强的毒性，影响愈伤组织的分化，使分化率和再生植株大幅度降低。试验采取在低浓度下筛选，选择时间延长，在生根培养基中也添加 0.5～0.7mg/L Glufosinate。

3.3　共转化

近几年来，转基因作物的安全性问题日益受到人们的重视，其可能导致的潜在生态风险性，成为人们关注与争论的焦点，这些问题主要是由于抗生素或除草剂抗性的选择标记基因存留于转基因植物中引起的。根据有关安全性评估部门的报道，使用新霉素磷酸转移酶（npt II）作为选择标记基因不存在健康或安全方面的问题，然而除草剂（bar）基因的漂流问题（如防止产生恶性杂草等）已引起人们的重视。当 bar 基因只作为筛选基因而不是目的基因时，应当尽量去除 bar 基因。

共转化方法作为一种剔除标记基因方法不需要附加的选择标记或切除系统，相对来说比较简单。将目的基因和选择标记基因分别克隆到 2 个不同的质粒载体上，基因枪转化后，它们可能整合到植物不同染色体或同一染色体的不同位置上，在减数分裂过程中，标记基因和目的基因将发生分离，从而可以剔除选择标记基因，通过 PCR 检测可以筛选到只含功能基因而不含标记基因的转基因植株。

本试验所用的共转化法是将目的基因和筛选标记基因分别克隆于 2 个载体质粒 pBPI 和 pH-BP5CS 中，利用基因枪技术将目的基因和 bar 基因一起导入受体冰草，有利于在转基因分离后代中分别针对目的基因和 bar 基因设计不同引物，通过 PCR 检测，获得只含目的基因而无标记基因的转基因植株，将仅作为筛选标记的标记基因分离出去，从而增加转基因植株的安全性，为转基因植物的产业化消除隐患。利用共转化法还能进行多个基因的同时转化。

3.4　转基因植株的耐旱性

以上述转基因植株为材料，分别测定其叶片相对含水量、质膜透性、脯氨酸含量等耐旱指标，结果反映出转基因植株的耐旱性高于阴性对照植株，说明 p5CS 基因已经在冰草植株体内表达，为最终获得耐旱性状稳定的新品种提供了理论依据（另文发表）。

4　结论

以冰草属中的一个优质种间杂种——"蒙农杂种"冰草为材料，以调控脯氨酸生物合成最后一步的关键酶的突变体基因 p5CS 为目标基因，以 bar 基因为筛选标记基因，进行共转化，利用基因枪轰击冰草幼穗诱导的愈伤组织获得转基因植株；p5CS 基因的遗传转化率为 0.12%。本研究结果可为冰草的遗传改良提供新种质。

参考文献（略）

本文原刊载于《中国农业科学》，2006 年第 10 期，略有删改

不同放牧压力下冰草种群可塑性变化的初步研究

赵萌莉[1]，云锦凤[1]，珊丹[1]，韩冰[2]，桂满全[3]

（1. 内蒙古农业大学生态环境学院，呼和浩特　010018；2. 内蒙古农业大学生物工学院，呼和浩特　010018；3. 达赉湖国家级自然保护区管理局，海拉尔　021000）

摘要： 研究放牧对草原的影响以及植物对草地退化的响应机制对合理利用草地资源、保持草地生态系统的健康、平稳发展具有重要作用。从 11 个表型性状上探讨了不同退化梯度下冰草种群的变化，结果表明：冰草在营养枝和生殖枝长度、数目、穗部形态及种子千粒重等 11 个表型性状上存在着丰富的变化，不同的表型性状的变化幅度和变化的来源各不相同，其中变化幅度最大的是穗重（0.41），随放牧压力增加，穗重变小；变化幅度最小的是每穗小花数（0.11）。11 个表型性状反映出的变化中平均大约有 32.5％变化来自种群间，其余大部分变化（67.5％）来自种群内部。

冰草属牧草是一种非常重要的资源植物，许多种类具有极高的饲用价值，是各类家畜喜食的牧草，同时还具有极高的生态价值和遗传价值。一方面，它是一些作物（如小麦、大麦等）的野生近缘种，富含大量优良的抗性基因；另一方面，它具有耐旱、耐风沙、耐贫瘠的特性，非常适应于沙地生境，是较好的防风固沙、保持水土的植物。冰草属植物集中分布于俄罗斯、土库曼斯坦、乌兹别克斯坦、乌克兰、哈萨克斯坦、蒙古国、中国和一些其他欧亚国家。出现于草甸草原、干草原、荒漠草原等各类草原中，属于干草原旱生植被类群。在沙地植被中，有些种类往往成为优势成分。作为一种重要的种质资源，冰草属植物已经引起了国内外众多研究人员的重视，从分类学、细胞学、育种学等方面展开了深入细致的研究工作，并对该属的某些种如蒙古冰草的遗传变化进行了有益的探讨。但是，目前对于其在放牧压力下的适应机制的研究仍很薄弱。本研究以广泛分布于内蒙古草原地带的冰草［*Agyopyron cristatum*（L.）Gaertn.］为对象，利用野外生态学调查方法，分析了其在同一草地类型不同退化程度草地上种群的形态变化，以探索放牧强度与其表型性状变化的相互关系及其放牧压力下冰草的适应机制。

1　研究区域自然条件和研究方法

研究区域位于内蒙古锡林郭勒盟正蓝旗，地处东经 115°—116°42′、北纬 41°07′—43°12′，属中温带大陆性季风气候。冬季漫长寒冷，夏季短促温热。该地区年均温 1.41℃；≥0℃积温 2 442.6℃；≥5℃积温 2 300℃；≥10℃积温 1 883℃；无霜期 107d；年降水量 366.8mm，其中 66％集中在 7—9 月。年大风日数（≥8 级）约 60d 左右。土壤类型为栗钙土。

本研究地点选在一居民点附近，从居民点到打草场的围栏样地，根据李博草地退化分级标准，沿退化系列分为重度退化、中度退化、轻度退化、无退化群落，各样地群落情况见表 1。对不同退化梯度群落调查于 2003 年 8 月进行。野外采用样方（1m×1m）进行群落调查，每个梯度 4 次重复，结果见表 1。

表型性状调查根据物候期进行，每个梯度随机选取 50 个株丛，分单株测量枝条数、植株的生殖枝长度、营养枝长度、穗宽、穗长、小花数；并于种子成熟期分单株采集种子，每单株采集 1 穗，室内统计每穗的种子数；每个种群选成熟饱满的种子计算千粒重，对各种群的穗粒数及千粒重进行统计分析。数据采用 SAS、Excel 进行统计分析和方差检验。

表1 不同退化样地群落特征

退化梯度	植被高度（cm）	植被盖度（%）	群落建群种	群落优势种
重度退化	2～8	5～20	克氏针茅、星毛委陵菜、二裂委陵菜	苔草、二裂委陵菜
中度退化	10～30	20～40	克氏针茅、冷蒿、星毛委陵菜	冷蒿
轻度退化	20～40	40～60	克氏针茅、大针茅、冷蒿	多根葱、冰草、糙隐子草
无退化	30～60	60～90	克氏针茅、大针茅	大针茅、冰草、糙隐子草

2 结果与分析

2.1 不同放牧压力下冰草枝条的变化

对不同放牧压力下冰草的生殖枝高度与数目、营养枝条高度与数目的测量统计表明，冰草的表型性状在放牧压力下发生了不同程度的变化。从表2可以看出，营养枝和生殖枝长度随着放牧压力的增加而变短，其中在无退化样地最长为29.06cm和63.33cm，重度退化样地最短，分别为10.09cm和21.09cm；在轻度退化样地和中度退化样地，营养枝和生殖枝的长度分别为18.09cm和6.09cm。营养枝数目和生殖枝的数目与其长度有相同的变化趋势，也是以无退化样地最多，平均为28.61个/株和16.39个/株；其次为轻度退化样地，分别为19.61个/株和6.07个/株；中度样地为13.30个/株和2.45个/株；重度样地为9.10个/株和1.49个/株。可见，随着放牧压力的增加，冰草的株丛变小，营养枝条数量减少，繁殖性能也随之减弱，表现为生殖枝条数量减少，高度下降。

方差分析结果（表2）表明，营养枝条的高度和数目在无退化样地和轻度退化样地均呈显著差异（$P<0.05$），轻度退化样地放牧与中度和重度间也有显著差异（$P<0.05$），而中度和重度间则无差异。生殖枝高度在四个放牧压力间均表现出显著差异（$P<0.05$），生殖枝数目在轻度退化样地与中度和重度间也有显著差异（$P<0.05$），而中度和重度间则无差异。这说明放牧对冰草的营养生长和繁殖均有一定影响，随着放牧压力的增加，营养生长和繁殖受阻，放牧压力越大，营养生长和繁殖越差。

表2 不同放牧压力下冰草的枝条长度与数量的显著性检验

种群	无退化	轻度退化	中度退化	重度退化
营养枝高度（cm）	29.06A	20.02B	13.34C	10.09C
营养枝数目（个/株）	28.61A	19.61B	13.30C	12.10C
生殖枝高度（cm）	63.33A	45.00B	40.23C	21.09D
生殖枝数目（个/株）	16.39A	6.07B	2.45C	1.49C

注：T-tests（LSD），$P=0.05$；同行相同字母表示差异不显著。下表同。

2.2 不同放牧压力下冰草穗部形态的分化

植物的穗部特征在种子植物的分类和系统演化研究中占有十分重要的作用，也是研究植物生态适应性的重要内容，不同放牧压力下的冰草的 6 个穗部特征和种子千粒重分析见表 3。

表 3 冰草穗部特征和种子千粒重的差异显著性分析

种群	无退化	轻度退化	中度退化	重度退化
小穗数（个/生殖枝）	17.35A	17.00A	16.53B	13.35C
小花数（个/小穗）	6.12A	6.21A	5.67A	5.28A
结实数（粒/小穗）	0.81A	0.78A	0.54B	0.21A
穗宽（cm）	0.14A	0.10B	0.08B	0.07B
穗长（cm）	3.37A	3.21A	2.22B	1.23C
穗重（g）	0.10A	0.09A	0.06B	0.04B
种子千粒重（g）	2.48A	1.67B	1.01C	0.92C

由表 3 可见，冰草的穗部特征均因放牧压力不同而产生差异，除小花数在轻度退化样地放牧下略有增加外，都表现为下降趋势，其中小穗数在无退化样地时为 17.35 个/生殖枝，轻度退化样地为 17.00 个/生殖枝，中度和重度分别为 16.53 个/生殖枝和 13.35 个/生殖枝。方差分析表明：无退化样地与轻度退化样地放牧间无差异，而与中度和重度间差异较为显著（$P<0.05$），中度与重度也差异显著（$P<0.05$）。每穗小花数在 4 个种群中虽然从无退化样地的 6.12 个/小穗降至 5.28 个/小穗，但差异不显著（$P>0.05$）。每小穗结实数在无退化样地为 0.81 粒/小穗，轻度退化样地为 0.78 粒/小穗，二者无差异；在中度和重度分别为 0.54 粒/小穗和 0.21 粒/小穗，二者差异显著（$P<0.05$），且与无退化和轻度退化样地放牧间也有显著差异（$P<0.05$）。穗宽在无退化样地和轻度退化样地分别为 0.14cm 和 0.10cm，在中度和重度则为 0.08cm 和 0.07cm。方差分析还表明，无退化样地、轻度退化样地和中度放牧下的穗宽与重度放牧间存在显著差异（$P<0.05$），而无退化样地、轻度退化样地、中度退化样地之间则无显著差异。穗长也表现出随放牧压力增加而下降的变化趋势，在无退化样地是 3.37cm，轻度退化样地为 3.21cm，中度和重度分别为 2.22cm 和 1.23cm，方差分析显示无退化样地和轻度退化样地间无显著差异，但与中度、重度差异显著（$P<0.05$），中度、重度间也有显著差异（$P<0.05$）。穗重无退化样地与轻度退化样地放牧无显著差异；中度与重度放牧二者之间也无显著差异，但无退化样地和轻度退化样地放牧与中度和重度差异显著（$P<0.05$）。种子千粒重表现为无退化样地与轻度退化样地及中度间差异显著（$P<0.05$），轻度退化样地与中度退化间也存在显著差异（$P<0.05$），而中度与重度间则无显著差异。

2.3 冰草形态特征变化的大小、变化来源及变化式样

对不同放牧压力下冰草的营养枝高度、营养枝数目、生殖枝高度、生殖枝数目、小穗数、小花数、结实数、穗宽、穗长、穗重 10 个表型性状的测量统计表明，冰草在这些性状上都存在着不同程度的差异。为了解这些性状的变化幅度，计算了每个表型性状的变化系数的平均值，将变化分解为种群内变化和种群间变化，通过各方差分量的百分比，进一步说明变化的来源。

同一表型性状各种群的变化系数数值差别很大，各性状的变化幅度从每穗小花数的 0.11 到穗重的 0.41 不等，按变化幅度由大到小顺序排列的 10 个性状是：穗重（0.41）＞生殖枝高度（0.40）＞每小穗结实数（0.38）＞营养枝高度（0.34）＞营养枝数目（0.31）＞穗长（0.28）＞每生殖枝小穗数（0.27）＞穗宽（0.21）＞每穗小花数（0.11）。由此顺序可以看出，10 个表型性状在 4 个种群之间的变化大小，即随着放牧压力的改变，冰草的每穗小花数在四个种群间变化最小，最稳定；穗重在各种群之间的变化最大，这一性状最不稳定，而且随放牧压力的增加穗重变小，说明放牧影响到冰草的有性繁殖。

各种群间方差分量和种群内方差分量及变化相对量 VST（种群间方差分量占总方差的百分数），各表型性状的变化相对量差异很大，营养枝长度平均有 32％的变化存在于种群间，营养枝数目则有 18％的差异存在于种群间；生殖枝长度和数目平均有 23％和 33％的变化存在种群间；每小穗小花数平均有 35％的变化存在于种群间，其余 65％的变化存在于种群内；每穗小花数平均有 55％的变化存在于种群间，其余的变化存在于种群内；每小穗结实数平均有 30％的变化存在于种群间，其余的变化存在于种群内；穗长和穗宽平均分别 33％和 36％的变化存在于种群间，其余的变化存在于种群内；千粒重平均有 34％的变化存在于种群间，其余变化存在于种群内。

对冰草的 11 个表型性状的不同层次的方差分析表明，在这 11 个性状的变化中，种群内方差分量百分比的平均值为 67.5％，种群间变化相对量（VST）平均为 32.5％。即在 11 个表型性状的变化中，有大约 32.5％来自种群间，其余大部分来自种群内部，这表明放牧压力导致的形态变化占有 32.5％。可见，由于放牧压力不同引起的冰草在表型上的变化较大。

3 讨论与结论

通过差异显著性分析表明，3 个退化种群在营养枝高度、营养枝数目、生殖枝高度、生殖枝数目几个方面与正常样地种群相比均存在着较为显著的差异（$P < 0.05$）。营养枝高度在 3 个退化种群均缩短；3 个退化种群与正常样地种群相比，生殖枝的数目都有显著减少。植株表现出小型化，随着放牧利用压力的增加，小型化愈加显著，聚类分析也表明，放牧压力下冰草的表型性状发生的改变随放牧压力的增加而增大，特别是在重度放牧压力下，冰草在表型上发生了与其他样地较大的变化，小型化最明显，这与针茅属植物在放牧压力下的表型可塑性变化一致。

由于放牧的扰动，不同放牧压力的冰草在营养枝、生殖枝高度及数量上均有响应，发生有规律的变化。不同放牧利用强度对草地牧草生殖分配及种子重量均有影响，这与包国章的研究结果（随着草地退化程度的加重，鸭茅生殖分配份额减少，尤其在重度利用草地上，生殖枝形成的数量显著减少）一致。即随着草地的退化，营养枝、生殖枝高度变短。

不同退化系列草地，冰草种群的形态性状虽发生了改变，但 11 个表型性状反映出的变化大部分来自种群内部（67.5％），平均大约有 32.5％变化来自种群间。可见，不同表型性状反映出的种群间变化相对量各不相同，各表型性状受放牧压力的影响改变程度的差异亦不同。

参考文献（略）

本文原刊载于《中国草地学报》，2006 年第 1 期，略有删改

蒙古冰草肌动蛋白基因片段的
克隆与组织表达分析

云锦凤[1,2,3]，赵彦[1,2]，石凤敏[1]，王俊杰[1,2]

（1. 内蒙古农业大学生态环境学院，呼和浩特　010018；2. 内蒙古自治区草品种育繁工程技术研究中心，呼和浩特　010018；3. 草地资源教育部重点实验室，呼和浩特　010018）

摘要： 本研究利用同源序列法分离蒙古冰草 Actin 基因同源片段，并分析蒙古冰草 Actin 基因在根、茎、叶中的表达特征。根据禾本科植物小麦 Actin 基因的保守序列设计 1 对引物 A1，经 RT-PCR 扩增，从蒙古冰草 cDNA 中克隆到 1 个长度为 541bp 的 Actin 基因片段，使用 DNAman 和 DNAUSER 等分子生物学软件进行序列分析，结果表明，该序列编码 179 个氨基酸，并推测该片段具有 Actin 超基因家族的保守结构域，含有 1 个 ATP 结合位点，抑制蛋白结合位点和胶溶蛋白结合位点；该基因片段的氨基酸序列与小麦 Actin 基因的同源性为 99%，与玉米同源性为 96%，与水稻同源性为 93%。组织器官特异性表达分析结果表明，该基因在根、茎、叶中的表达量恒定。将该基因片段命名为 *MwACT1*，并在 GenBank 中登记注册，登录号为 FJ490410。

肌动蛋白（actin）是真核生物中普遍存在的一种重要的蛋白质。1942 年首先在肌肉组织中分离得到。随后在真菌、藻类、高等植物都发现肌动蛋白的存在。1966 年首次从黏菌细胞中分离纯化出肌动蛋白。它是构成细胞骨架和肌肉肌小节的主要成分，执行着重要的生理功能，如细胞分裂、细胞运动、细胞形状变化、内吞作用、胞吐作用以及多种细胞运动如顶端生长、细胞器运动、胞质环流、花粉管生长等。高等动植物中，肌动蛋白都是由多基因编码。这些基因高度相似，通过多轮复制由一个基因祖先进化而来。肌动蛋白是由 375～377 个氨基酸残基所组成的单一多肽链的球状蛋白质，分子量为 42kD。生物体中包含 7 个肌动蛋白基因，编码不同的肌动蛋白同工蛋白质。肌动蛋白氨基酸在序列上和长度上具有高度的保守性和同源性，暗示了肌动蛋白在植物体生命过程中的重要性。随着分子生物学的发展，对肌动蛋白的研究逐渐深入到分子水平，克隆到一些肌动蛋白基因，并对基因结构及表达调控进行了深入研究，尤其是植物花粉中肌动蛋白的研究在近年取得很大成就，使肌动蛋白的理论研究与生产实践相结合，具有广阔的应用前景。迄今为止，已在许多高等植物中克隆到了 Actin 基因。然而，有关蒙古冰草 Actin 基因的研究还鲜有报道。

蒙古冰草（*Agropyron mongolicum*），又名沙芦草，禾本科冰草属，为多年生二倍体异花授粉草本植物，$2n=14$，染色体组为 PP。原产于中国北部沙漠以南边缘地带，内蒙古、山西北部、陕西北部、甘肃、宁夏一带都有分布，生境为沙地或沙质草原，是干旱草原和荒漠地带的重要牧草。该物种不仅具有极高的饲用价值，而且具有多种可为作物改良的抗性基因，是国家二级珍稀濒危植物和急需保护的农作物野生近缘种。另外，它具有抗旱、耐风沙、耐瘠薄的特性，可用于防风固沙、保持水土。有关蒙古冰草的抗逆性研究正相继开展，本研究以蒙古冰草为材料，用 RT-PCR 方法克隆蒙古冰草 Actin 基因片段，进行了序列分析，与其他高等植物肌动蛋白基因的相似性进行了比较，并分析内源 Actin 基因的组织表达特征。

1　材料与方法

1.1　材料

蒙古冰草由内蒙古农业大学牧草试验站提供种子，2008 年 3 月在生态环境学院智能型温室播种，在苗期取整株进行总 RNA 提取。

1.2　试验方法

1.2.1　引物的设计及合成

从 GeneBank 中查找禾本科小麦（AB181991）已知的 Actin 基因序列，运用 DNA-man 软件辅助分析设计 1 对特异引物 A1，送至上海生工生物技术公司合成。

A1：上游引物 5′-T TCGT T TGGACCT TGC TGGC -3′，下游引物 5′-G CACT TTCCAGCA-GA TGTGG -3′。

1.2.2　蒙古冰草总 RNA 的提取

采用北京天为时代公司的总 RNA 提取试剂 Trizol，具体操作步骤如下：

（1）称取蒙古冰草植株 100mg，液氮研磨后盛放在预冷无酶（Rnase Ⅰ）的 1.5mL 离心管中，加入 1 000μL Trizol RNA 提取试剂，混匀，放置 5～10min；

（2）4℃，12 000r/min 离心 10min；

（3）小心吸取上层水相转移至新离心管中，加入 200μL 氯仿，震荡混匀，静置 3～5min；

（4）4℃，12 000r/min 离心 15min；

（5）小心吸取上层水相转移至新离心管中，加入 500μL 异丙醇，混匀，静置 5～10min；

（6）4℃，12 000r/min 离心 20min；

（7）加 75％乙醇（焦碳酸二乙酯，DEPC 水配制），摇匀，4℃，12 000r/min 离心 5min；

（8）弃上清，室温晾干 5～10min，加无 Rnase 水 100μL 溶解；

（9）取 5μL RNA 加指示剂，电泳观察 RNA 质量，－70℃超低温冰箱保存备用。

1.2.3　RT-PCR 扩增 Actin 基因片段

以蒙古冰草总 RNA 为模板，使用 Quant Reverse Transcriptase 试剂盒（购自北京天为时代公司）合成第一链 cDNA。扩增 Actin 基因片段所用的 25μL 反应体系包括：Premix Taq 12.5μL，cDNA 模板 1μL（约 30ng），上、下游引物各 2μL，灭菌超纯水补齐体积。反应程序为 95℃预变性 2min；95℃变性 30s，58℃退火 1min，72℃延伸 1min，30 个循环，72℃10min；4℃保存。

1.2.4　RT-PCR 产物的回收及克隆

PCR 产物经 1.5％的琼脂糖凝胶电泳分离，将目的 DNA 片段用天为时代公司 UNIQ-10 柱式琼脂糖凝胶回收试剂盒回收纯化，取 5μL 回收产物与 pGM-T 载体 16℃连接过夜，连接产物转化大肠杆菌感受态细胞，溶菌肉汤（Luria-Bertani，LB）培养基筛选，挑取白斑，提取质粒，聚合酶链式反应（polymerase chain reaction，PCR）验证插入片段。

1.2.5　测序与序列比较

样品送至上海生工测序。同源性检索和序列分析采用 NCBI（www. ncbi. nlm. nih. gov/BLAST）和 DNAman 等软件进行分析。

2　结果与分析

2.1　蒙古冰草肌动蛋白基因片段的克隆

以蒙古冰草 cDNA 为模板，A1 引物对经 PCR 扩增出 1 条约 500bp 的片段（图 1）。经连接、转化、检测，将鉴定为阳性的单克隆（图 2），送至上海生工进行测序。

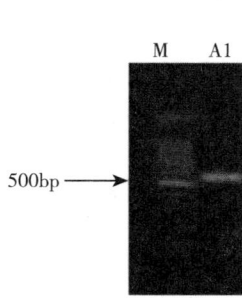

图 1　A1 引物的 PCR 扩增结果

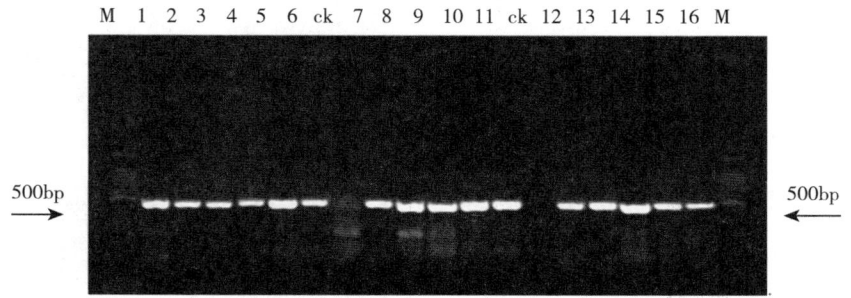

图 2　阳性克隆的 PCR 检测结果

2.2　目的基因的序列分析

测序结果表明，扩增获得的片段长度为 541bp，利用 NCBI（www. ncbi. nlm. nih. gov/BLAST）和 DNAman 等软件进行分析，推测该基因片段编码 179 个氨基酸（图 3），暂定名为 *MwACT1*。将其登录 Gen-Bank，登录号为 FJ490410。

```
1    TTCGTTTGGACCTTGCTGGCCGTGACCTCACGGATAATCTAATGAAGATCCTCACAGAGA
1     R   L   D   L   A   G   R   D   L   T   D   N   L   M   K   I   L   T   E
61   GAGGATACTCCCTCACAACAACCGCCGAGCGGGAAATTGTCAGAGACATAAAGGAGAAGC
20    R   G   Y   S   L   T   T   T   A   E   R   E   I   V   R   D   I   K   E   K
121  TTGCTTACGTGGCCGTCTTGATTATGAGCAGGAGCTGGAAACGGCCAGGAGCAGCTCCTG
40    L   A   Y   V   A   V   L   D   Y   E   Q   E   L   E   T   A   R   S   S   S
181  TGGAGAAGAGCTATGAGATGCCCGATGGTCAGGTTATTACAATTGGATCAGAAAGGTTCA
60    V   E   K   S   Y   E   M   P   D   G   Q   V   I   T   I   G   S   E   R   F
241  GGTGTCCTGAGGTGCTCTTCCAGCCATCTCATGTTGGTATGGAAGTTCCTGGTATACACG
81    G   V   L   R   C   S   S   H   L   M   L   V   W   K   F   L   V   Y   T
301  AAGCGGACATACAATTCCATCATGAAATGTGATGTCGATATCAGAAAGGATTTGTACGTA
100   E   A   T   Y   N   S   I   M   K   C   D   V   D   I   R   K   D   L   Y   G
361  ATGTTGTTCTCAGTGGAGGTTCTACCATGTTTCCTGGAATTGCTGATCGCATGAGCAAAG
120   N   V   V   L   S   G   G   S   T   M   F   P   G   I   A   D   R   M   S   K
421  AGATCACGGCCCTTCCTAGCAGTATGAAGGTTAAAGTTATTGCCACCTGAAAGGA
140   E   I   T   A   L   P   S   S   M   K   V   K   V   I   A   P   P   E
481  AATACAGTGTCTGGATTGGTGGCTCTATTTTGGCCTCTCTTAGCACTTTCCAGCAATGTG
160   K   Y   S   V   W   I   G   G   S   I   L   A   S   L   S   T   F   Q   Q   C
541  G
```

图 3　*MwACT1* 的核苷酸序列以及推导的氨基酸序列下划线为引物序列 A1

2.3　*MwACT1* 氨基酸序列的同源性分析

将蒙古冰草 *MwACT1* 的氨基酸序列与 GenBank 中其他植物的肌动蛋白基因（Actin）氨基酸序列进行同源性比较（图 4），结果显示，在禾本科内，*MwACT1* 与小麦（*Triticum aestivum*）的氨基酸序列同源性为 99%，与玉米（*Zea mays*）的同源性为 96%，与水稻（*Oryza sativa*）的同源性为 93%，与毒麦（*Lolium temulentum*）的同源性为 92%，与大麦（*Hordeum vulgare*）的同源性为 91%；与豆科灌木柠条（*Caragana korshinskii*）的同源性为 90%。分析结果表明，蒙古冰草 *MwACT1* 与其他植物 Actin 基因的氨基酸序列的同源性均在 90% 以上。

MwACT1 基因氨基酸序列在 GenBank 中进行 Blastp 分析发现该基因具有 Actin 超基因家族的保守结构域（图 5），*MwACT1* 基因序列中含有一个 ATP 结合位点（ATP binding site），抑制蛋白结合位点（profilin binding site）和胶溶蛋白结合位点（gelsolin binding site），说明 *MwACT1* 是 Actin 超基因家族的成员。

图 4　*MwACT*1 基因氨基酸序列同源性比较

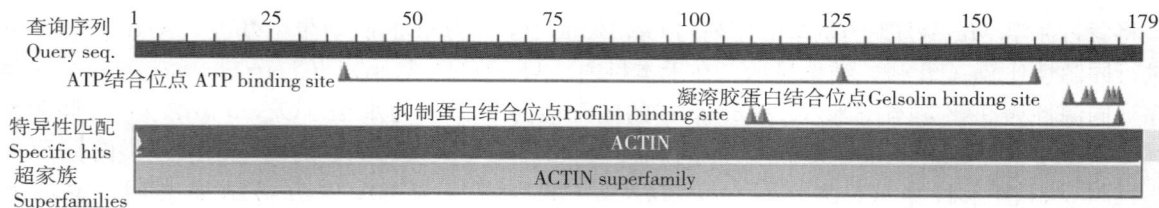

图 5　*MwACT*1 基因保守结构域分析结果

2.4　*MwACT*1 与其他植物 Actin 基因的聚类分析

利用 NCBI 中的 BLAST 软件和 DNAman 软件，对 MwACT1 与已知的 14 个植物 Actin 基因在氨基酸水平上进行聚类分析（图 6）。结果显示，这 15 种植物 Actin 基因可划分为 5 个类群，其中 *MwACT*1 与禾本科植物小麦和玉米的 Actin 基因聚为一类；拟南芥（*Arabidopsis thaliana*）、油菜（*Brassica* *napus*）、大豆（*Glycine max*）、棉花（*Gossypium hirsutum*）、荷花（*Nelumbo nucifera*）和毒麦的 Actin 基因聚为一类；烟草（*Nicotiana tabacum*）和大麦的 Actin 基因聚为一类；番茄（*Lycopersicon esculentum*）与柠条和紫花苜蓿（*Medicago sativa*）的 Actin 基因聚为一类；水稻单独为一类。

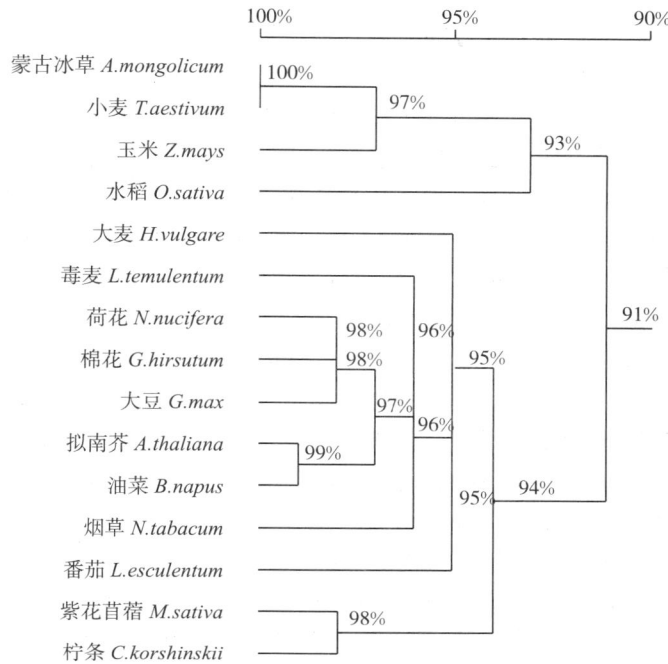

图 6 Actin 基因的聚类分析图

聚类结果显示，不同科属植物的肌动蛋白（如拟南芥、荷花、油菜、大豆、棉花和毒麦等的肌动蛋白）聚为一类，这说明单子叶植物与双子叶植物的肌动蛋白在进化过程中相互交叉，由此推测高等植物肌动蛋白基因家族起源于一个早于单、双子叶植物分化前的共同祖先，这与李园莉等、阎隆飞的研究结果一致。

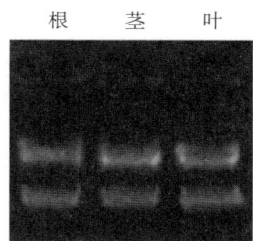

图 7 蒙古冰草根、茎、叶总 RNA 质量检测

2.5 *MwACT1* 的组织器官特异性表达分析

采用 RT-PCR 技术对蒙古冰草 *MwACT1* 基因进行组织器官特异性表达分析，分别提取蒙古冰草根、茎、叶的总 RNA，分别取 $5\mu L$ 用于紫外分光光度计测 RNA OD 值，$5\mu L$ 用于 1‰琼脂糖电泳检测 RNA 质量和浓度（图 7）。取浓度相同的总 RNA 反转录成 cDNA，以此为模板，利用引物 A 1 进行扩增，分别取 $10\mu L$ 电泳。重复 3 次 PCR 扩增，电泳，结果显示（图 8），内源 *MwACT1* 基因在蒙古冰草根、茎、叶中的表达量基本一致，没有明显差别。

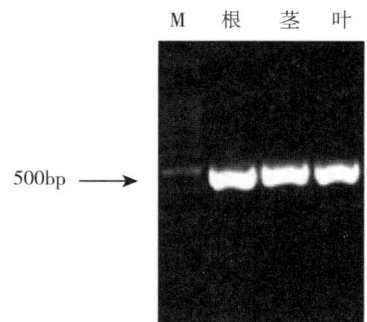

图 8 *MwACT1* 基因组织特异性表达结果

3 讨论

随着高等植物肌动蛋白及其基因的深入研究和资料积累，有利于了解植物肌动蛋白的保守性和变异性与生命起源和进化的关系，尤其是组织和器官特异性表达研究对植物的改良，特别是重要经济作物的改良具有重要的价值和广泛的应用前景。植物细胞骨架的基础科学研究对植物育种具有十分重要的意义。我国草种质资源丰富，目前，如何保护和有效利用这些

资源至关重要。蒙古冰草是禾本科冰草属中珍贵的二倍体物种，因此它在进化中的位置是很重要的。赵彦通过对蒙古冰草的抗逆性基因同源性研究认为，蒙古冰草基因与农作物小麦同类基因高度同源，从遗传进化方面阐明了蒙古冰草与小麦亲缘关系最近。从理论上支持了蒙古冰草是小麦野生近缘种这一观点，确定了蒙古冰草是小麦抗性改良基因资源的理想物种。Actin 基因广泛参与真核细胞的生理过程，其重要性不言而喻，随着越来越多的肌动蛋白基因（Actin）的克隆和序列测定，对基因本身结构、功能和表达的分析越来越精确，有利于促进肌动蛋白基因在作物改良上的应用研究。因而克隆蒙古冰草的肌动蛋白基因具有更为重要的意义和实用价值。

大多数研究资料认为，植物肌动蛋白起源于一个共同的祖先，通过复制和变异而被保留下来。很多保守的基因在进化过程中都积累能够造成氨基酸改变的核苷酸，其变异的程度与演化的时间呈正相关。植物肌动蛋白的核苷酸替换率约为每亿年 1%。这种高度的保守性暗示着肌动蛋白基因在生物进化过程中承受较大的选择压力。分子进化研究通常都是利用这些具有保守性且进化速率恒定的蛋白质或其 DNA 序列，这就需要大量的分子资料和信息。肌动蛋白及其基因研究的深入和资料的积累会有利于了解肌动蛋白的保守性和变异性与生命起源和进化的关系。同时对肌动蛋白基因表达的研究也具有重要的生物学意义。但是，由于植物材料的特殊性和对植物肌动蛋白的研究起步较晚，造成植物肌动蛋白研究的滞后。对植物肌动蛋白基因序列所知还很有限，尤其缺少在生物进化中具有重要地位的植物肌动蛋白基因序列。目前，基于植物肌动蛋白基因的分子树已经有人绘制，但这个分子树上的成员还很少。同时，肌动蛋白基因是一个多基因家族，一般具有多个拷贝，种内与种间的基因变异范围几乎一致，这使得情况变得复杂。已经绘制的分子树，只是一个基因树，离绘制物种树和系统发育树还有很大的差距。目前迫切的工作是要尽可能多的克隆具有代表性的植物肌动蛋白基因。本研究所克隆的蒙古冰草肌动蛋白基因就是一个有代表性的植物肌动蛋白基因，大大丰富了肌动蛋白研究的资料库。

本文原刊载于《草业学报》，2011 年第 2 期，略有删改

冰草形态学与细胞学的研究

高海娟[1]，云锦凤[2]，李红[1]

(1. 黑龙江省畜牧研究所，齐齐哈尔　161005；2. 内蒙古农业大学生态环境学院，呼和浩特 010018)

摘要：冰草（*Agropyron cristatum*）是异花授粉植物，种群内株丛间变异较大，存在着丰富的遗传多样性。研究结果表明，冰草形态方面存在多种变异类型，地下茎形成了疏丛型、疏丛-根茎型、根茎型 3 种类型；叶片表皮被毛有上下表皮均密被刺毛，上表皮被较密微毛、下表皮被较少微毛，上表皮被少微毛、下表皮光滑无毛变异类型；种子外稃有密被长柔毛、疏被短柔毛、光滑无毛变异类型。染色体研究查明，冰草染色体存在二倍体和四倍体 2 个倍性水平，二倍体冰草染色体为 14 条，核型公式为 $2n=14=10m$（1sat）$+4sm$（2sat），核型类型为 1A 型；四倍体冰草染色体为 28 条，核型公式为 $2n=28=22m+6sm$，核型类型为 1A 型。

冰草（*Agropyron cristatum*）为禾本科小麦族冰草属的多年生牧草，广泛分布于欧亚大陆温带草原，是典型的旱生植物，茎叶柔嫩，营养丰富，适口性好，具有极高的饲用价值，既可用于放牧，亦可刈割。此外，冰草有很强的抗逆性和适应性，耐瘠薄，可作为干旱地区水土保持和园林绿化植物，生态价值较高，是我国北方地区人工草地建植和天然草地补播首选的牧草。

冰草属植物为异花授粉植物，种群内株丛间变异较大，在形态和形态解剖方面表现出丰富的多样性。李景欣等对采自内蒙古不同生态区冰草 14 个天然居群的 280 个个体的 10 个穗部性状进行测定，分析结果表明，14 个居群在所有穗部性状上均存在显著差异，特别在穗长、每穗节数、穗轴第 1 节间长和小穗长等性状差异表现尤为明显，充分揭示了冰草不同种群间及种群内不同个体间丰富的遗传变异。解新明等采用电镜扫描技术对蒙古冰草（*A. mongolicum*）6 个天然居群和 2 个栽培品种的外稃进行观察分析，结果表明，外稃的微形态特征存在 14 种变异类型，具有丰富的多态性。解新明和杨锡麟对冰草属 5 种植物的叶片表皮结构和横切面结构进行了观察，发现叶片远轴面的表皮结构对冰草属属下等级的分类具有一定的意义，5 种冰草区别特征主要表现在长细胞的大小、细胞壁波纹状弯曲的程度、成对短细胞的数目、气孔带的数目、副卫细胞的形态以及微毛和刺毛等表皮附属物的分布与形态特征上。

细胞学的研究主要是染色体的形态结构，包括染色体的数目、大小、形状、主缢痕和次缢痕的相对位置等，并根据至少 5 个细胞测量值的平均值绘制出核型模式图或核型图，通过对核型的对称性、随体的特征、B 染色体的数目等特征来对遗传多样性加以分析。前人对披碱草（*Elymus dahuricus*）、新麦草（*Psathyrostachys juncea*）、苜蓿（*Medicago* sp.）、山羊豆（*Galega officinalis*）、紫茉莉（*Mirabilis jalapa*）等植物细胞学方面研究报道很多。阎贵兴等研究分析结果显示，冰草属植物除沙芦草（*A. mongolicum*）是二倍体外，大部分都是同源四倍体。云锦凤和斯琴高娃对蒙古冰草花粉母细胞减数分裂染色体观察，发现有 B 染色体的存在。李景欣等对 6 个不同居群冰草的染色体进行研究，结果表明：各居群染色体数目 $2n=28$，均为同源四倍体，但居群间存在核型多样性，说明冰草在细胞水平表现出丰富的多样性。目前研究表明，冰草属有 15 个种，3 个倍性水平，即二倍体（$2n=14$）、四倍体（$2n=28$）和六倍体（$2n=42$），其中四倍体分布最普遍，二倍体分布面积小而分散，六倍体仅限于土耳其东北部和伊朗西北部地区。本文研究了冰草种内个体间在形态学、生态生物学及细胞学方面的差异，为研究冰草的遗传多样性提供基础资料，从而为冰草的栽培、育种提供依据。

1 材料与方法

1.1 材料及试验区自然概况

供试材料为冰草，采自内蒙古锡林郭勒盟苏尼特右旗干旱区冰草产业化生产技术试验示范基地，该材料原产于内蒙古赤峰敖汉旗，为野生种。试验区地理位置为 111°9′—114°16′E，41°56′—43°46′N，属于荒漠草原区。海拔 897～1 000m。气候属中温带干旱大陆性气候，降水量 150～250mm，蒸发量大多在 2 500mm，土壤类型为典型棕钙土。

1.2 试验方法

①壕沟法观测地下茎特征，并绘制地下茎特征图；②制作叶片表皮徒手切片，光学显微镜下观察叶上下表皮被毛并拍照；③解剖镜下观察种子外稃被毛并拍照；④采用根尖压片法进行染色体制片，以萌发冰草种子的根尖和株丛地下根尖为试验材料制作染色体标本。根尖放入 0.002kg/mol 的 8-羟基喹啉溶液中，预处理 3～4h；卡诺固定液（乙醇∶冰醋酸＝3∶1）固定 18～24h；1mol/L 的 HCl 60℃处理 12min；用卡宝品红染液染色制片显微拍照。选取处于分裂中期较为典型、染色体分散好、着丝点清晰的 5 个细胞染色体照片，计算统计染色体长臂长、短臂长、臂比等参数。染色体类型根据 Levan 等方法分析，核型类型根据 Stebbins 的分类标准划分。

2 结果与分析

2.1 形态学特征

冰草是多年生草本植物，茎直立，叶扁平，多分蘖。须根系发达，多分布在地下 20～30cm 处。根系外具沙套，沙套由根系分泌物和细砂凝结而成，沙套起到预防外力对根系造成机械损伤和保持根系周围一定湿度的作用，为根系生长提供有利环境。

冰草为了适应不同的土壤环境，地下茎形成了疏丛型（图 1-A）、疏丛-根茎型（图 1-B）、根茎型（图 1-C）3 种类型，多样的地下茎类型能更好地适应土壤中水分和温度的变化，以保障种群的生存和获得稳定的产量。根茎是枝条在土壤中的变态，具有茎的结构和根的作用。

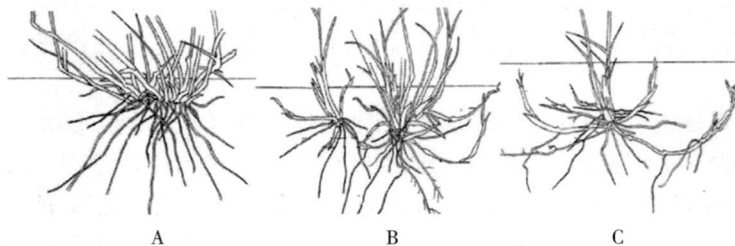

图 1　冰草地下茎类型

注：A 为疏丛型；B 为疏丛-根茎型；C 为根茎型。

茎秆直立或基部膝曲状弯曲，上部紧接花序部分无毛或被短柔毛，株高 40～100cm。

叶鞘紧密裹茎，叶舌膜质，顶端截平而微有细齿，叶片长 5～15cm，宽 2～5mm，质较硬而粗糙，多内卷。

穗状花序较粗壮，矩圆形或两端微窄，长 2～6cm，宽 8～15mm，每节着生 1 小穗，小穗无柄，小穗紧密平行排列成 2 行，整齐呈篦齿状，含 3～7 朵小花，长 6～12mm。颖舟形，脊上连同背部脉间被长柔毛，具略短于颖体的芒，芒长 2～4mm。

冰草的叶上下表皮分布表皮毛，其表皮毛有 2 种类型，一类为微毛，一类为刺。微毛是由表皮细胞突起衍生而成的附属物，其形体微小、先端浑圆，细胞壁加厚（图 2-A）；刺毛基部膨大成圆形、下陷于表皮细胞中，中上部呈尖刺形，具有厚而木质化的细胞壁，其上有许多突起（图 2-B）。冰草叶片表皮被毛表现出了丰富的形态多样性，有上下表皮均密被刺毛（图 2-C），上表皮密被微毛、下表皮疏被微毛（图 2-D），上表皮被少微毛、下表皮光滑无毛（图 2-E）3 种变异类型。

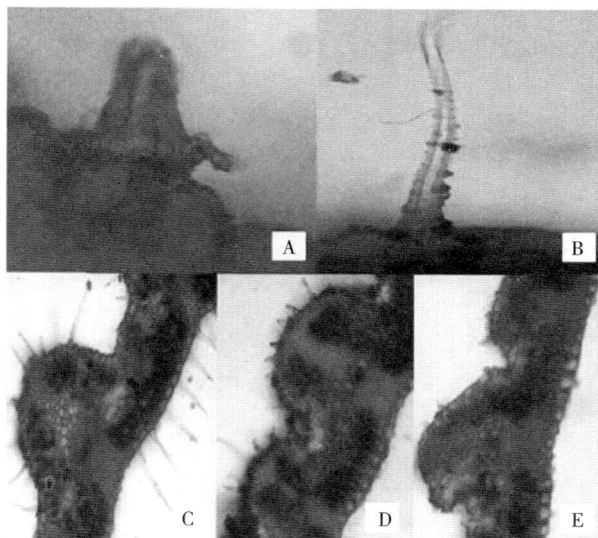

图 2　冰草叶片表皮毛特征

注：A 为表皮微毛×100；B 为表皮刺毛×100；C 为上、下表皮均密被刺毛的叶×40；D 为上表皮被较密微毛、下表皮被较少微毛的叶×40；E 为上表皮被少微毛、下表皮光滑无毛的叶×40。

外稃是禾本科植物小花的重要组成部分，其复杂多变的形态特征构成了禾本科植物分族、分属、分种以及种下等级分类单位确立的主要检索特征之一。冰草种子外稃有密被长柔毛（图 3-A）、疏被短柔毛（图 3-B）、光滑无毛（图 3-C）3 种变异类型。

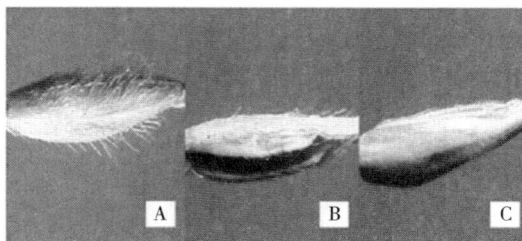

图 3　冰草种子外稃被毛特征

注：A 为微外稃密被长柔毛的种子；B 为微外稃疏被短柔毛的种子；C 为外稃光滑无毛的种子。

2.2　染色体分析

2.2.1　染色体数目及倍性

选取典型的冰草种子进行发芽，以便进行细胞学研究。此外，在田间选择不同株型的植株，取其根尖进行染色体数目及倍性鉴定。对冰草有丝分裂中期的细胞进行染色体观察和统计，其数目及倍性分析结果见表 1，染色体的形态及数目见图 4，即冰草染色体分为二倍体和四倍体 2 个倍性水平。

表1 染色体数目统计及倍性分析

观察细胞数（个）	染色体数（条）	出现率（%）	倍性分析
130	9	2	二倍体：染色体数 $2n=14$，染色体基数 $x=7$
	11	3	
	12	6	
	14	89	
100	22	4	四倍体：染色体数 $2n=28$，染色体基数 $x=7$
	25	3	
	27	7	
	28	86	

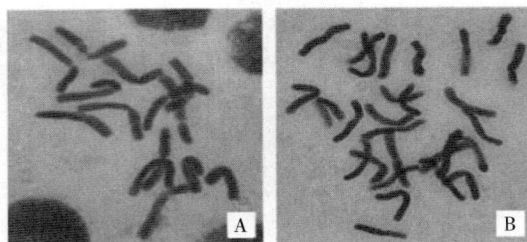

图4 2个倍性水平冰草染色体

注：A为二倍体；B为四倍体。下图同。

2.2.2 染色体核型

测量统计5个分散清晰的细胞，2个倍性水平冰草染色体各参数（长臂长、短臂长、总长、臂比、相对长度）见表2、表3，核型分析见表4。

表2 二倍体冰草核型分析

染色体序号	长臂长（μm）	短臂长（μm）	总长（μm）	臂比	相对长度（%）	类型
1	17.5	10.5	28.0	1.67	18.43	m
2	15.8	9.1	24.9	1.74	16.39	sm
3	13.6	8.2	21.8	1.66	14.35	m
4	11.8	9.1	20.9	1.30	13.76	m
5	12.2	7.5	19.7	1.63	12.97	m
6	12.4	6.3	18.7	1.97	12.31	sm
7	10.6	7.3	17.9	1.45	11.78	m

表3 四倍体冰草核型分析

染色体序号	绝对长度（μm）			相对长度（%）			臂比	类型
	长臂	短臂	总长	长臂	短臂	总长		
1	14.7	11.3	26.0	5.20	4.00	9.20	1.30	m
2	13.0	11.0	24.0	4.60	3.89	8.49	1.18	m
3	14.8	8.4	23.2	5.24	2.97	8.21	1.76	sm
4	12.7	8.6	21.3	4.50	3.04	7.54	1.48	m
5	12.5	8.5	21.0	4.42	3.01	7.43	1.47	m

（续）

染色体序号	绝对长度（μm）			相对长度（%）			臂比	类型
	长臂	短臂	总长	长臂	短臂	总长		
6	12.8	8.0	20.8	4.53	2.83	7.36	1.60	m
7	12.3	8.4	20.7	4.35	2.97	7.32	1.46	m
8	11.8	7.9	19.7	4.18	2.79	6.97	1.49	m
9	11.5	7.7	19.2	4.07	2.72	6.79	1.49	m
10	10.9	7.5	18.4	3.86	2.65	6.51	1.45	m
11	11.0	6.9	17.9	3.89	2.44	6.33	1.59	m
12	9.6	7.9	17.5	3.40	2.79	6.19	1.22	m
13	11.1	5.9	17.0	3.93	2.09	6.02	1.88	sm
14	9.8	5.7	15.5	3.47	2.01	5.48	1.72	sm

表4　2个倍性水平冰草核型比较

染色体	核型公式	染色体长度比	臂比大于2的染色体的百分比	核型类型
二倍体	$2n=14=10m（1sat）+4sm（2sat）$	1.56	0	1A
四倍体	$2n=28=22m+6sm$	1.68	0	1A

　　二倍体冰草染色体总长度151.9μm，平均长度为21.7μm，长度变异为17.9～28.0μm，臂比为1.45～1.97，第2、6号染色体为近中部着丝点染色体 sm 型，其他染色体为中部着丝点染色体 m 型，7号染色体发现随体，核型公式为$2n=14=10m（1sat）+4sm（2sat）$，属1A核型；四倍体冰草染色体总长度为282.2μm，平均长度为20.16μm，长度变异为15.5～26.0μm，臂比为1.18～1.88，第3、13、14号染色体为 sm 型，其他染色体为 m 型，没发现随体，核型公式为$2n=28=22m+6sm$，属1A核型。此结论与阎贵兴等所得冰草属植物均为1A核型的结论一致。2个倍性水平冰草染色体配对见图5，核型模式见图6。

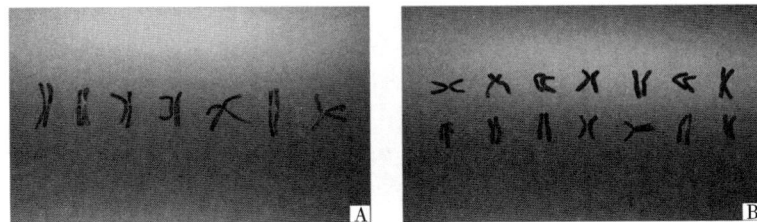

图5　2个倍性水平冰草中期染色体配对

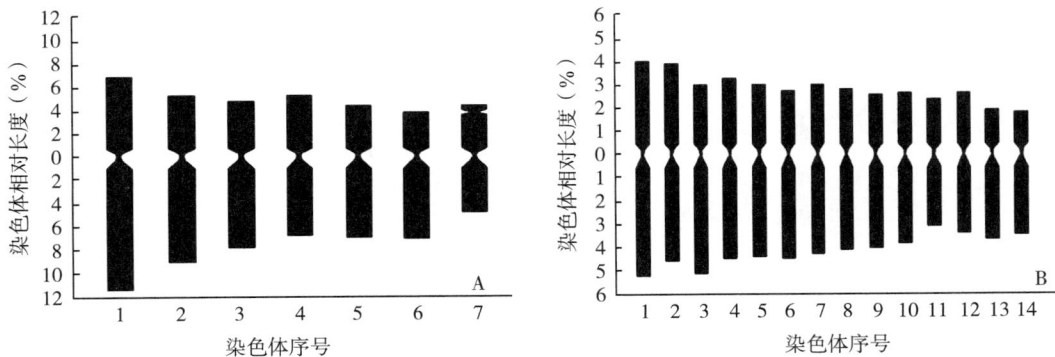

图6　2个倍性水平冰草核型模式

3 结论

冰草是异花授粉牧草，种群内株丛间存在着丰富的多样性。冰草地下茎形成了疏丛型、疏丛-根茎型、根茎型 3 种类型；叶片表皮被毛有上下表皮均密被刺毛，上表皮被较密微毛、下表皮被较少微毛，上表皮被少微毛、下表皮光滑无毛变异类型；种子外稃有密被长柔毛、疏被短柔毛、光滑无毛变异类型。冰草丰富的形态和生态生物学多样性是在严酷条件下为适应环境而形成的重要特征特性。冰草染色体存在着 2 个倍性水平，一个为二倍体，核型公式为 $2n=14=10m$（1sat）$+4sm$（2sat），核型类型为 1A 型；另一个为四倍体，核型公式为 $2n=28=22m+6sm$，核型类型为 1A 型。在以前有关冰草细胞学研究报道中，二倍体多存在于蒙古冰草，而对二倍体冰草的报道罕见，今后将对珍贵的二倍体冰草类型进行进一步研究。在染色体制片过程中取材时间是关键，不同植物的细胞分裂周期及分裂高峰期各不相同，在试验过程中发现冰草的最佳取材时间为 8:20—9:00；对材料进行预处理时间及解离时间在制片环节中也很重要。本试验中最佳预处理时间为 4h，解离时根尖放入 60℃的水浴锅中解离 12min 效果最佳，注意每次进行下一步处理时都需要多次冲洗根尖。

参考文献（略）

本文原刊载于《草业科学》，2010 年第 1 期，略有删改

蒙古冰草 MwLEA3 基因 ihpRNA 表达载体的构建

石凤敏[1,2]，云锦凤[1,2,3]，赵彦[1,2]

（1. 内蒙古农业大学生态环境学院，呼和浩特　010018；2. 内蒙古自治区草品种育繁工程技术研究中心，呼和浩特　010019；3. 内蒙古农业大学草地资源教育部重点实验室，呼和浩特 010019）

摘要：采用 RT-PCR 方法从蒙古冰草中克隆出 MwLEA3 基因的特异性 cDNA 序列，并连入克隆载体 pGM-T 中。根据植物中 ihpRNA 原理，成功构建了 35S 启动子调控的具有 MwLEA3 基因反向重复结构的 ihpRNA 表达载体 pART27-MwLEA3（HB）-MwLEA3（EX），并通过冻融法转化将 MwLEA3 基因的 ihpRNA 表达框架成功导入根癌农杆菌 LBA4404 中。

　　植物胚胎发育晚期丰富蛋白（Late-embryogenesis-abundant protein，LEA protein）是在种子成熟过程逐渐产生的，通常是在植物胚胎发生后期种子内大量积累的一系列蛋白质，广泛存在于高等植物中。其中，第 3 组 LEA 基因具有结构特征最明显、序列保守性强等优点，受到人们的广泛关注，在小麦、大麦、油菜、大豆、棉花和玉米等多种植物中都有关于第 3 组 LEA 蛋白或基因的报道，众多研究证明第 3 组 LEA 蛋白具有干旱保护功能。

　　RNA 介导的基因沉默是指在进化中高度保守的由双链 RNA（double stranded RNA，dsRNA）诱导细胞内与之同源的互补 mRNA 降解，从而阻断相应基因的表达，出现转录后水平的基因沉默（post transcriptional gene silence，PTGS），生物体产生相应的功能缺陷表型。研究发现，带有柄环结构的双链 RNA 特别是带有内含子（intron）的 ihpRNA 诱导的靶基因沉默，无论在诱导的频率上还是在基因沉默的程度上均优于共抑制或反义 RNA 技术，其诱导的靶基因沉默转基因植株性状可以稳定遗传。近年来，RNA 基因沉默技术发展迅速，已经成为一种高效、可靠的抑制植物基因表达，验证基因功能和改良植物品质的有力工具，得到了广泛应用。

　　本研究利用基因工程技术，根据 RNA 基因沉默原理，构建了蒙古冰草 MwLEA3 基因的 ihpRNA 表达载体 pART27-MwLEA3（HB）-MwLEA3（EX），并将该表达载体转化到根癌农杆菌 LBA4404 中，以期为进一步研究蒙古冰草 MwLEA3 基因的遗传转化及功能鉴定奠定基础。

1　材料与方法

1.1　材料

1.1.1　菌株与质粒大肠杆菌（*E. coli*）TOP10 感受态购自天为时代生物工程公司；农杆菌 LBA4404 由内蒙古大学生命科学学院张鹤龄教授惠赠；质粒 pHANNIBAL、pART27 由澳大利亚 Peter M Waterhouse 博士惠赠。

1.1.2　酶和试剂 Taq DNA 聚合酶、限制性内切酶、RNA 提取试剂盒、反转录试剂盒、DNA 回收试剂盒、连接试剂盒、质粒小量抽提试剂盒均购自 TaKaRa 公司和天为时代生物工程公司；其他常规试剂采用进口分装或国产分析纯；引物合成及基因测序由上海生工生物工程公司完成。

1.2 方法

1.2.1 蒙古冰草 MwLEA3 基因片段的克隆

根据载体质粒及 MwLEA3 基因位点分布情况，应用 DNAman 软件设计特异性引物，考虑到目的片段在 ihpRNA 表达载体的插入位置和顺序，分别在引物的 5′ 端插入不同的限制性内切酶酶切位点。引物序列如下：Primer1：5′-GAATTC AAGCTTAGTGGTGGTGGTT-GGTGTTGT-3′（*EcoR* Ⅰ & *Hind* Ⅲ）；Primer2：5′-CTCGA GGATCCGACAGGGCAGATGATGGTCT-3′（*Xho* Ⅰ & *Bam*H Ⅰ），由上海生工生物工程公司合成。

取自然干旱 7d 后蒙古冰草叶片，参照北京天为时代生物工程公司的总 RNA 提取试剂盒说明书提取总 RNA，用 Quant Reverse Transcriptase 合成第一链 cDNA。以反转录得到的 cDNA 第一链为模板，通过 RT-PCR 扩增蒙古冰草 MwLEA3 基因部分 cDNA 片段。PCR 反应体系为：cDNA 1.0μL，TaqMix 12.5μL，上下游引物各 1.0μL，加 ddH$_2$O 至 25μL。PCR 扩增程序：94℃ 预变性 5min；94℃ 变性 30s，65℃ 复性 30s，72℃ 延伸 60s，30 个循环；72℃ 后延伸 10min。

RT-PCR 扩增产物经琼脂糖凝胶电泳分离，回收纯化后连接到克隆载体 pGM-Tvector 上，连接产物转化大肠杆菌（TOP10）感受态细胞，经过蓝白斑筛选并提取质粒 DNA，经过 PCR 和酶切方法鉴定后送至上海生工生物工程公司测序。

1.2.2 ihpRNA 表达载体的构建与鉴定

根据植物中 ihpRNA 原理，将 RT-PCR 得到的 MwLEA3 基因的部分 cDNA 片段分正反向连入植物表达载体，具体操作过程如下：

①用 *Hind* Ⅲ-*Bam*H Ⅰ 分别双酶切质粒 pGM-T-MwLEA3 和载体 pHANNIBAL，回收 pHANNI-BAL（HB）片段与 MwLEA3（HB）片段，将两个片段连接为质粒 pHAN-MwLEA3（HB）；

②用 *EcoR* Ⅰ-*Xho* Ⅰ 分别双酶切质粒 pHAN-MwLEA3（HB）和 pGM-T-MwLEA3，回收 pHAN-MwLEA3（HBEX）和 MwLEA3（EX），并将两个片段连接为中间表达载体 pHAN-MwLEA3（HB）-MwLEA3（EX）；

③用 *Not* Ⅰ 单酶切质粒 pART27 与 pHAN-MwLEA3（HB）-MwLEA3（EX）（2），回收 11kb 的线状 pART27 与 4kb 的 MwLEA3（HB）-MwLEA3（EX）片段，将两个片段连接为 ihpRNA 表达载体 pART27-MwLEA3（HB）-MwLEA3（EX）。

1.2.3 ihpRNA 表达载体转化根癌农杆菌及检测

制备根癌农杆菌 LEA4404 感受态细胞，并用质粒小量抽提试剂盒提取 ihpRNA 表达载体 pART27-MwLEA3（HB）-MwLEA3（EX）质粒 DNA，采用冻融法转入根癌农杆菌 LBA4404 感受态细胞中，在含 50mg/mL 卡那霉素的 YEB 固体培养基上筛选阳性克隆，对转化得到的单菌落进行 PCR 鉴定。

2 结果与分析

2.1 蒙古冰草 MwLEA3 基因片段的克隆

以蒙古冰草总 RNA 经 RT-PCR 扩增获得的 cDNA 为模板，以 Primer1 和 Primer2 为特异引物进行 PCR 扩增。PCR 产物经电泳得到一条与预期大小相符的特异性条带（图 1），片段大小约为 520bp。将其回收后克隆到 pGM-T 载体上，提取阳性克隆质粒 DNA，以其为模板进行 PCR（图 2）和酶切（图 3）鉴定并测序。测序结果经 BLAST 及 DNAman 等软件分析对比表明本研究所得到的 MwLEA3 片段符合构建 ihpRNA 表达载体的需要，并将所获得的带有 MwLEA3 片段的重组质粒命名为 pGM-T-MwLEA3。

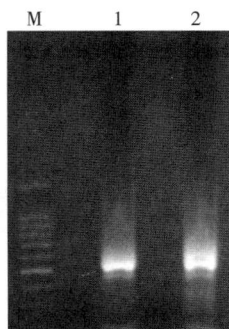

图 1 MwLEA3 基因片段

M. 100bp DNA Marker 1、2. MwLEA3 目的基因

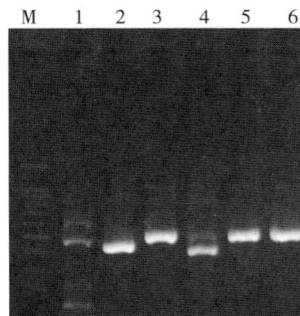

图 2 pGM-T-MwLEA3 质粒 PCR 检测

M. 100bp DNA Marker 1~6. pGM-T-MwLEA3 质粒 PCR

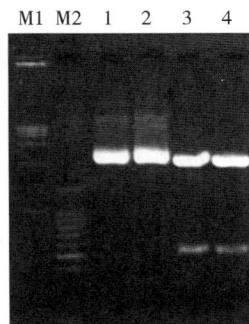

图 3 pGM-T-MwLEA3 的酶切检测

M1. DL15 000 M2. 100 bp DNA Marker 1、2. pGM-T-MwLEA3 质粒 3、4. pGM-T-MwLEA3 质粒酶切

2.2 ihpRNA 表达载体的构建与鉴定

根据植物中 ihpRNA 原理，将 RT-PCR 得到的 MwLEA3 基因的部分 cDNA 片段分正反向连入植物表达载体，构建流程如图 4 所示。

2.2.1 中间表达载体 pHAN-MwLEA3（HB）-MwLEA3（EX）的构建与鉴定

首先，用 *Hind*Ⅲ-*Bam*HⅠ双酶切质粒 pGM-T-MwLEA3 与载体 pHANNIBAL，回收 pHANNI-BAL（HB）片段与 MwLEA3（HB）片段（图 5），并用 T4 DNA 连接酶连接，转化到大肠杆菌 TOP10 感受态细胞中，经 LB 固体培养基筛选后进行 PCR（图 6）及 *Hind*Ⅲ-*Bam*HⅠ双酶切鉴定（图 7），获得重组质粒 pHAN-MwLEA3（HB）；然后用 *Eco*RⅠ-*Xho*Ⅰ双酶切质粒 pHAN-MwLEA3（HB）与 pGM-T-MwLEA3，回收 pHAN-MwLEA3（HBEX）和 Mw-LEA3（EX），并进行连接转化，抗生素筛选后进行 PCR、*Hind*Ⅲ-*Bam*HⅠ及 *Eco*RⅠ-*Xho*Ⅰ双酶切鉴定（图 8），获得中间表达载体 pHAN-MwLEA3（HB）-MwLEA3（EX）。

2.2.2 ihpRNA 表达载体的构建与鉴定

用 *Not*Ⅰ分别酶切质粒 pART27 与中间表达载体 pHAN-MwLEA3（HB）-MwLEA3（EX）（图 9），回收 11kb 的 pART27 片段与 4kb 的 MwLEA3（HB）-MwLEA3（EX）片段，用 T4 DNA 连接酶连接，转化到大肠杆菌 TOP10 感受态细胞中，用含有 50mg/mL 卡那霉素的 LB 固体培养基筛选后进行 PCR 鉴定（图 10），获得 ihpRNA 表达载体 pART27-MwLEA3（HB）-MwLEA3（EX）。其中，MwLEA3（HB）的插入方向与 35S 启动子的方向相同，MwLEA3（EX）的插入方向与 35S 启动子的方向相反（图 4），这种结构使转录产物通过杂交形成 ihpRNA，从而使 MwLEA3 基因沉默。

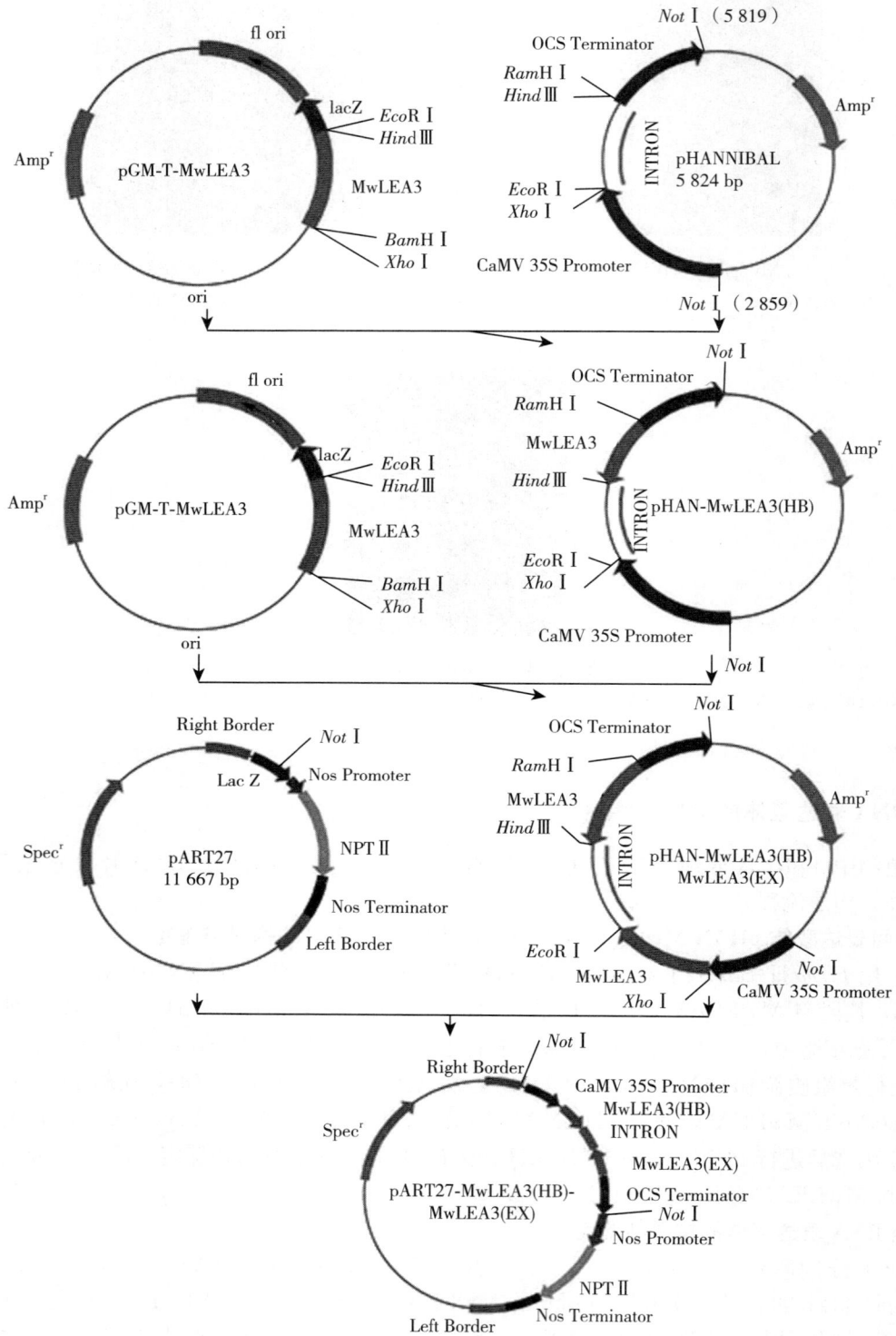

图 4 ihpRNA 表达载体的构建示意图

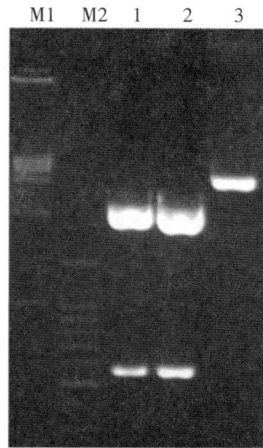

图5 pGM-T-MwLEA3 以及 pHANNIBAL 载体双酶切

M1. DL15000 M2. 100bp DNA Marker 1、2. pGM-T-MwLEA3 质粒双酶切 3. pHANNIBAL 载体双酶切

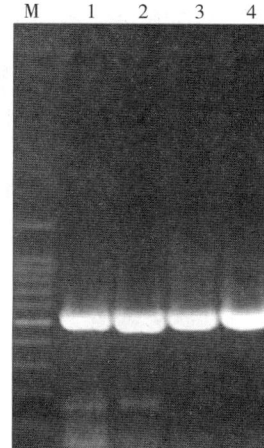

图6 pHAN-MwLEA3（HB）质粒 PCR 检测

M. 100bp DNA Marker 1～4. pHAN-MwLEA3（HB）质粒 PCR

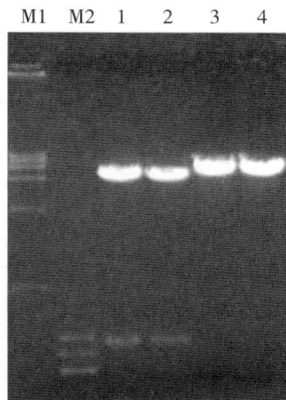

图7 pHAN-MwLEA3（HB）*Hind*Ⅲ-*Bam*HⅠ双酶切检测

M1. DL15000 M2. Marker Ⅰ 1、2. pHAN-MwLEA3（HB）质粒 *Hind*Ⅲ-*Bam*HⅠ双酶切 3、4. pHAN-MwLEA3（HB）质粒

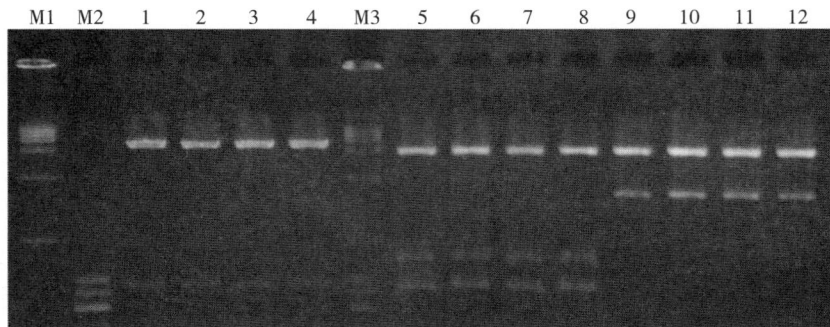

图8 pHAN-MwLEA3（HB）-MwLEA3（EX）质粒 PCR 及双酶切检测

M1. DL15000 M2. Marker Ⅰ M3. DL15000&Marker Ⅰ 1～4. pHAN-MwLEA3（HB）-MwLEA3（EX）质粒 PCR 5～8. pHAN-MwLEA3（HB）-MwLEA3（EX）质粒 *Hind*Ⅲ-*Bam*HⅠ双酶切 9～12. pHAN-MwLEA3（HB）-MwLEA3（EX）质粒 *Eco*RⅠ-*Xho*Ⅰ双酶切

2.3 ihpRNA 表达载体转化根癌农杆菌及检测

将已构建的 ihpRNA 表达载体 pART27-MwLEA3（HB）-MwLEA3（EX），通过冻融法导入根癌农杆 LBA4404 感受态细胞中，用卡那霉素进行筛选，对转化得到的单菌落用 MwLEA3 基因的特异引物 Primer1 和 Primer2 进行 PCR 鉴定（图 11）。经检测，ihpRNA 表达载体 pART27-MwLEA3（HB）-MwLEA3（EX）已成功转入农杆菌 LBA4404 中，可直接用于后续的遗传转化。

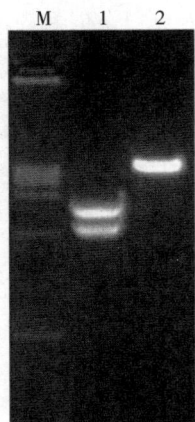

图 9　中间表达载体和 pART27 载体 *Not* I 酶切
M. DL15000　1. 中间表达载体 *Not* I 酶切
2. pART27 载体 *Not* I 酶切

图 10　ihpRNA 表达载体 PCR 检测
M. 100bp DNA Marker　1～4. ihpRNA 表达载体 PCR

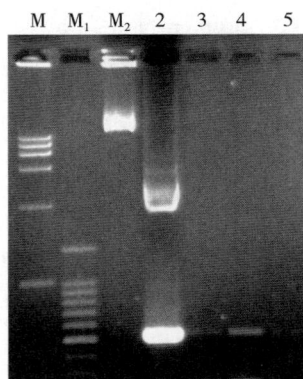

图 11　ihpRNA 表达载体转入农杆菌 PCR 检测
M1. DL15000　M2. Marker I　1. Part27 载体质粒 PCR
2. pGM-T-MwLEA3 质粒 PCR　3～5. ihpRNA 表达载体转入农杆菌 PCR

3　讨论

RNAi 是基因转录后沉默的一种方式，是生物界古老而且进化上高度保守的现象之一。它能够高效地关闭生物体内某一基因的表达，产生相应的功能缺陷表型，从而确定特定基因的功能。因此，RNAi 作为一种反向遗传学工具对分析植物基因功能和品质遗传改良具有非常重要的作用。可用于沉默植物基因的 RNA 结构有正向（cosuppression）RNA、反向（antisense）RNA、发卡 RNA（hairpinRNA，hpRNA）和含有内含子的发卡 RNA（intron-containing hairpin RNA，ihpRNA）。其中带有内含子的 ihpRNA 表达载体导入植物体后，在转录过程中产生含 intron 的 mRNA 发卡结构，形成稳定的双链 RNA（dsRNA）诱导同源的内源基因，平均可以得到约 90% 的沉默转基因株系，具有较高的沉默效率。目前，带有内含子的发卡结构 RNA（ihpRNA）高效克隆和表达载体用于特定基因表达调控及功能研究是 RNAi 技术应用在植物研究的热点之一。

　　本试验中在扩增 MwLEA3 目的基因片段时，在所设计的上下游特异引物 5′端分别添加了一对酶切位点，这样设计酶切位点比设计正反序列两对引物要方便，在合成引物、目的基因扩增、序列测序等方面大大节省了物力和财力。这两对酶切位点位置的设计是成功构建 ihpRNA 载体的关键。因为要构建含有内含子的 ihpRNA 表达载体，在内含子两端的目的基因序列 MwLEA3 必须是反向重复的。根据载体酶切位置及目的基因中酶切位点分布设计引物，PCR 扩增将得到"EcoR I -Hind Ⅲ-目的基因-BamH I -Xho I"结构的基因片段，分别经过 Hind Ⅲ-BamH I 双酶切和 EcoR I -Xho I 双酶切后，可以得到正确的 ihpRNA 结构。另外，因为 EcoR I 和 Xho I 酶切位点分别在酶切位点 Hind Ⅲ、BamH I 的外侧，如果先进行 EcoR I -Xho I 双酶切，再用 Hind Ⅲ-BamH I 双酶切，会导致先前构建到载体上的目的基因被切下来，无法构建载体。因此，需要先对 pHANNIBAL 载体进行 Hind Ⅲ-BamH I 双酶切，连接目的基因得到 pHAN-MwLEA3（HB）重组质粒，再进行 EcoR I -Xho I 双酶切，把目的基因反方向连接到 pHAN-MwLEA3（HB）重组质粒内含子的另一端。由此可见，在进行试验设计时，要对各种因素进行综合考虑才能达到最优的效果。

　　本研究利用基因工程技术，根据 RNAi 技术原理，成功构建了蒙古冰草 MwLEA3 基因的 ihpRNA 表达载体 pART27-MwLEA3（HB）-MwLEA3（EX），将该表达载体成功转化到根癌农杆菌 LBA4404 中，以期为进一步研究蒙古冰草 MwLEA3 基因的遗传转化及功能鉴定奠定基础。

参考文献（略）

本文原刊载于《生物技术通报》，2011 年第 5 期，略有删改

蒙古冰草 Afa 家族串联重复序列克隆及染色体定位

赵彦[1,2]，窦全文[3]，云锦凤[1,2]，王俊杰[1,2]

（1. 内蒙古农业大学生态环境学院，呼和浩特　010018；2. 草地资源教育部重点实验室，呼和浩特　010018；3. 中科院西北高原生物研究所，西宁　810008）

摘要： Afa 家族串联重复序列因只出现在小麦及小麦族近缘属物种而得名，本研究从蒙古冰草中克隆得到一个 Afa 家族序列，长度为 233bp，命名为 *pAmAfa*1，该序列在 GenBank 中进行同源序列比对，结果表明该序列与大多数小麦族其他物种的 Afa 家族串联重复序列存在较高的相似性；系统进化分析表明，蒙古冰草 *pAmAfa*1 序列与大赖草 *pLrAfa*3、*pLrAfa*5 序列聚在一起，表明蒙古冰草 P 染色体组与大赖草的 N、X 染色体亲缘关系较近。为了明确 Afa 家族串联重复序列在蒙古冰草染色体上的位置，采用双色荧光原位杂交技术，以 *pAmAfa*1 为探针检测到杂交信号出现在染色体的末端或近端部的区域，每条染色体上都有杂交信号，表明 Afa 家族串联重复序列普遍存在于 P 染色体组中。

The first clone of tandem repetitiveAfa-family sequences，pAsl，is cloned from *Aegilops squarrosa* L.（$2n=14$，genome DD），and described as a D-genome species repetitive sequence，and the sequences homologous to pAsl exist in many genomes of the tribe Triticeae. The repeat units are about 340bp long. The tandem arrays of Afa-family repeats are dispersed in several subtelomeric and interstitial chromosomal regions，and，therefore，have been used as chromosome markers.

Tribe Triticeae（Gramineae）include many wild species，all the genomes recognized in this tribecontain seven chromosomes. Mongolian wheatgrass（*Agropyron mongolicum* Keng）（$2n=2x=14$，PP）is one of perennial wild relative species of wheat，the species is a narrow-spiked diploid（*A. fragile* ssp. *mongolicum*）distributing in desert grassland and typical grassland of China. Long-term evolution and adaptation to harsh conditions make Mongolian wheatgrass rich in tolerance genes for a range of biotic and abiotic stresses such as pest and fungal attacks，drought，cold，barren and high salinity. In view of all these attributes，Mongolian wheatgrass has been proposed to be a valuable genetic resource in forge grass and crop improvement for resistances or tolerances. There are abundant germplasm resources of Mongolian wheatgrass in Northwest China. However，up to now，the evolutional lineages of the species and relationship with wheat have not been revealed.

In this study，Afa-family sequences were isolated from Mongolian wheatgrass，and the characters were examined in order to provide valuable evidence for the genetic evolution of Mongolian wheatgrass.

1　Materials and Methods

1.1　Plant materials

Wild Mongolian wheatgrass species（$2n=2x=14$，PP）were collected from its natural habitat in Xilingol prairier，Inner Mongolian，China.

1. 2 Cloning and sequencing

Genomic DNA was extracted from Mongolian wheatgrass using CTAB method. Genomic DNA as template was amplified by PCR with pAsl specific primers (AS-A 5′-GATGATGTGGCTTGAATGG and AS-B 5′-GCATTTCAAATGAACTCTGA). The fragments were cloned into pUC19 in *Escherichia coli* strain DH5a and sequenced by Shanghai Sangon Biological Engineering Technology & Services (Shanghai, China).

1. 3 Sequence and phylogenic analysis

Sequences were analyzed with DNAman and DNAuser software. Sequence homology with the nucleotide database of GenBank was analyzed using BLAST tools. The phylogeny of the sequences was analyzed by computer software, DNAman. full, version, v5. 2. 2.

1. 4 FISH analyses

Slides for fluorescence in situ hybridization (FISH) were prepared by the acetocarmine squash method using root-tip meristem cells. The *pAmAfa*1 was labeled with biotin-14-dATP and detected with avidin-FITC according to Mukai. Images were taken with a cooled CCD camera and analyzed with IPLAB SPECTRUM computer software (Signal Analytics).

2 Results

2. 1 Molecular cloning and Sequence analysis of *pAmAfa*1

An Afa-family gene from Mongolian wheatgrass was 233 bp and AT rich (61.2%), named as *pAmAfa*1 (GenBank accession no. KC990463), which was similar to the Afa-family sequences of other Triticeae species.

NCBI Blastn results (Fig. 1) showed that the max identical degree was 95% between the sequence of *pAmAfa*1 and *pPjAfa*2 (GenBank accession no. AB022724.1), between the sequence of *pAmAfa*1. and contig ctg447 from *Triticum aestivum* chromosome arm 3DS-specific BAC library (GenBank accession no. HE774676.1), and was 94% between the sequence of *pAmAfa*1 and Aegilops tauschii chromosome 1Ds prolamin gene locus, complete sequence (GenBank accession no. JX295577.2). Blast analysis showed that the sequence of *pAmAfa*1 had higher homology with the Afa-family sequences of other Triticeae species.

2. 2 Phylogenic analysis

To know the relation of the Afa-family sequences from Mongolian wheatgrass with those of other Triticeae species, 27 Afa-family sequences from the seven diploid and two tetraploid species were chosen at random from GenBank (Table 1). These sequences were analyzed by the NJ method, and clustered by DNAman (Fig. 2). The Afa-family sequences from Mongolian wheatgrass was clustered with *pLrAfa*3 and *pLrAfa*5 (Fig. 1), *Afa-mon*2 was clustered with *ptuAfa*1 and *ptuAfa*3, they had the same genome (AA). Since *Afa-4DCSL*5; *Afa-4DCSL*7, *Afa-4DCSL*8, *Afa-WCSL*9, *Afa-5DCSL*1, *Afa-6DCSL*2, *Afa-6DCSL*2 and *Afa-7DCSL*1 were characterized to be AABB genome specific (Table 1), the cluster was designated as AABB. Significant clusters were indicated by bars with the name of the genome from which they were derived.

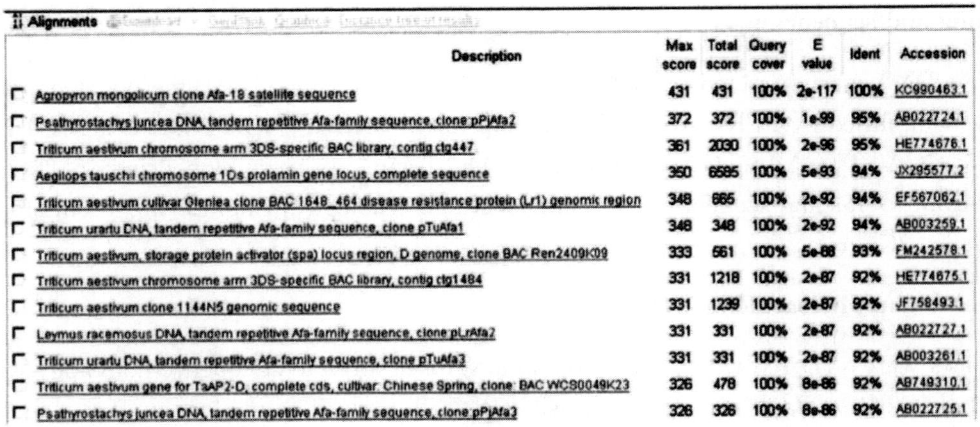

Alignments

Description	Max score	Total score	Query cover	E value	Ident	Accession
Agropyron mongolicum clone Afa-18 satellite sequence	431	431	100%	2e-117	100%	KC990463.1
Psathyrostachys juncea DNA, tandem repetitive Afa-family sequence, clone:pPjAfa2	372	372	100%	1e-99	95%	AB022724.1
Triticum aestivum chromosome arm 3DS-specific BAC library, contig ctg447	361	2030	100%	2e-96	95%	HE774676.1
Aegilops tauschii chromosome 1Ds prolamin gene locus, complete sequence	350	6585	100%	5e-93	94%	JX295577.2
Triticum aestivum cultivar Glenlea clone BAC 1648_464 disease resistance protein (Lr1) genomic region	348	665	100%	2e-92	94%	EF567062.1
Triticum urartu DNA, tandem repetitive Afa-family sequence, clone pTuAfa1	348	348	100%	2e-92	94%	AB003259.1
Triticum aestivum, storage protein activator (spa) locus region, D genome, clone BAC Ren2409K09	333	561	100%	5e-88	93%	FM242578.1
Triticum aestivum chromosome arm 3DS-specific BAC library, contig ctg1484	331	1218	100%	2e-87	92%	HE774675.1
Triticum aestivum clone 1144N5 genomic sequence	331	1239	100%	2e-87	92%	JF758493.1
Leymus racemosus DNA, tandem repetitive Afa-family sequence, clone:pLrAfa2	331	331	100%	2e-87	92%	AB022727.1
Triticum urartu DNA, tandem repetitive Afa-family sequence, clone pTuAfa3	331	331	100%	2e-87	92%	AB003261.1
Triticum aestivum gene for TaAP2-D, complete cds, cultivar: Chinese Spring, clone: BAC WCS0049K23	326	478	100%	8e-86	92%	AB749310.1
Psathyrostachys juncea DNA, tandem repetitive Afa-family sequence, clone:pPjAfa3	326	326	100%	8e-86	92%	AB022725.1

Fig. 1 The Blastn results of *pAmAfa*1 sequences

Table 1 Detail information of Afa-family sequences

Afa sequence name	Origin	Genomes	GenBank accession No.
Afar-4DCSL5	*Triticum turgidum* subsp. *durum* DNA	AABB	AB003212
Afa-4DCSL7	*Triticum turgidum* subsp. *durum* DNA	AABB	AB003214
Afa-4DCSL8	*Triticum turgidum* subsp. *durum* DNA	AABB	AB00325
Afa-4DCSL9	*Triticum turgidum* subsp. *durum* DNA	AABB	AB003216
Afa-5DCSL1	*Triticum turgidum* subsp. *durum* DNA	AABB	AB003217
Afa-6DCSL2	*Triticum turgidum* subsp. *durum* DNA	AABB	AB003221
Afa-6DCSL2	*Triticum turgidum* subsp. *durum* DNA	AABB	AB003221
Afa-7DCSL1	*Triticum turgidum* subsp. *durum* DNA	AABB	AB003223
*Afa-dur*1	*Triticum turgidum* subsp. *durum* DNA	AABB	AB003235
*Afa-cer*3	*Secale cereale* DNA	RR	AB003228
*Afa-cer*4	*Secale cereale* DNA	RR	AB003229
*Afa-vur*2	*Hordeum vulgare* DNA	HH	AB003252
*Afa-vur*4	*Hordeum vulgare* DNA	HH	AB003254
*Afa-spe*3	*Aegilops speltoides* DNA	DD	AB003242
*pAsAfa*2	*Aegilops triuncialis* var. *triundalis* DNA	DD	AB3256
*pTuAfa*1	*Triticum urartu* DNA	AA	AB003259
*pTuAfa*2	*Triticum urartu* DNA	AA	AB003260
*pTuAfa*3	*Triticum urartu* DNA	AA	AB003261
*pTuAfa*4	*Triticum urartu* DNA	AA	AB003262
*pPJAfa*2	*Psathyrostachys juncea* DNA	NN	AB022724
*pPjAfa*3	*Psathyrostachys juncea* DNA	NN	AB022725
*pLrAfa*2	*Leymus racemosus* DNA	NNXX	AB022727
*pLrAfa*3	*Leymus racemosus* DNA	NNXX	AB022728
*pLrAfa*5	*Leymus racemosus* DNA	NNXX	AB022730
*Afa-mon*3	*Triticum monococcum* DNA	AA	D82989
*Afa-mon*1	*Triticum monococcum* DNA	AA	D82987
*Afa-mon*2	*Triticum monococcum* DNA	AA	D82988
*pAmAfa*1	*Agropyron mongolicum* DNA	PP	KC990463

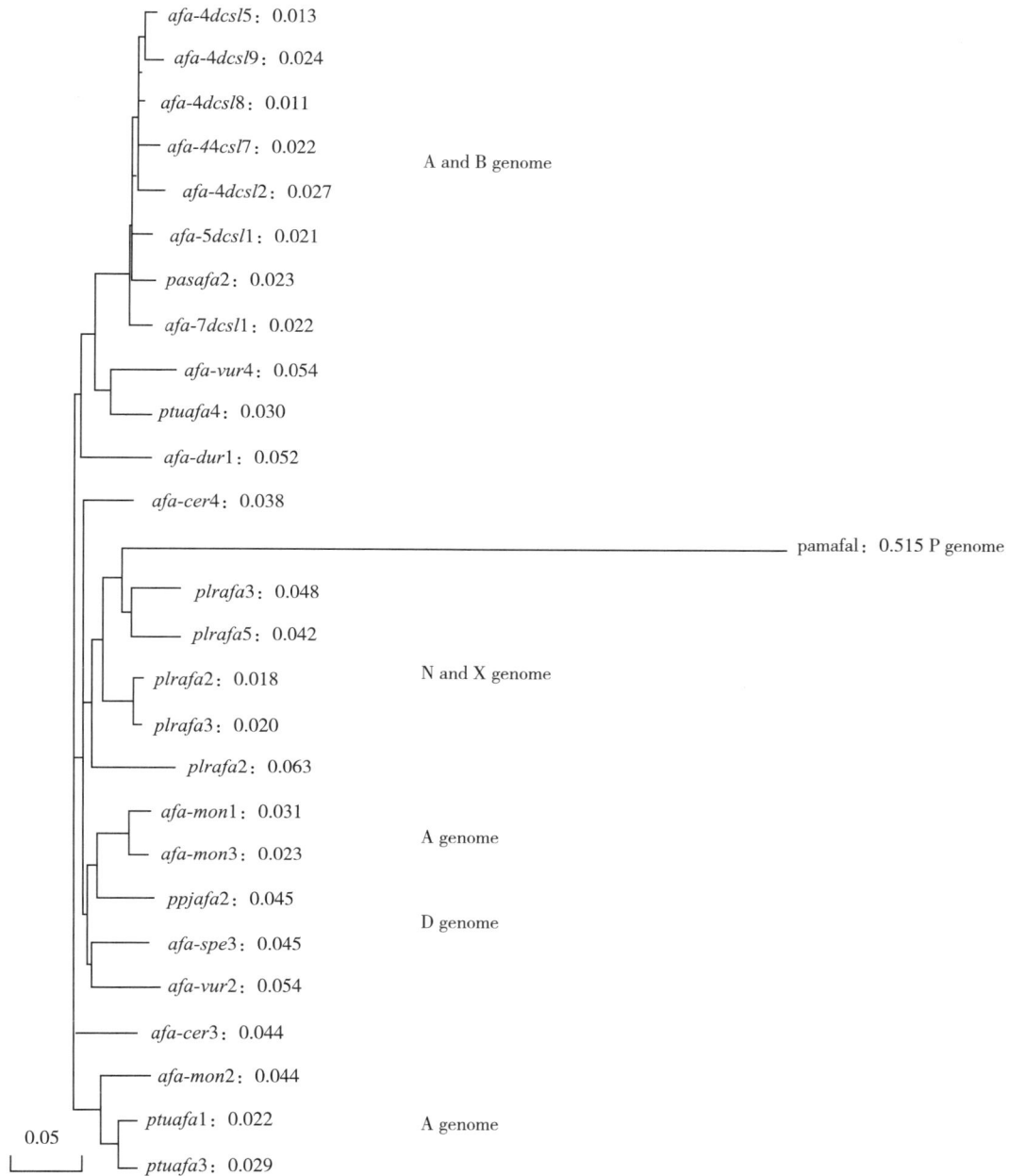

afa-4dcsl5：0.013
afa-4dcsl9：0.024
afa-4dcsl8：0.011
afa-44csl7：0.022
afa-4dcsl2：0.027
afa-5dcsl1：0.021
pasafa2：0.023
afa-7dcsl1：0.022
afa-vur4：0.054
ptuafa4：0.030
afa-dur1：0.052
afa-cer4：0.038
pamafal：0.515 P genome
plrafa3：0.048
plrafa5：0.042
plrafa2：0.018
plrafa3：0.020
plrafa2：0.063
afa-mon1：0.031
afa-mon3：0.023
ppjafa2：0.045
afa-spe3：0.045
afa-vur2：0.054
afa-cer3：0.044
afa-mon2：0.044
ptuafa1：0.022
ptuafa3：0.029

A and B genome

N and X genome

A genome

D genome

A genome

0.05

Fig. 2　Phylogenic tree of the Afa-family sequences from Mongolian wheatgrass

2.3　FISH analyses

To know if both or only one of the genomes of Mongolian wheatgrass carried the Afa-family sequences，FISH was carried out using $pAmAfa1$ as the probe. The signals appeared and dispersed in the telomeric regions and subtelomeric regions of all chromosomes （Fig. 3），and were very strong. This finding indicated that Pgenomes contained Afa-family repeats.

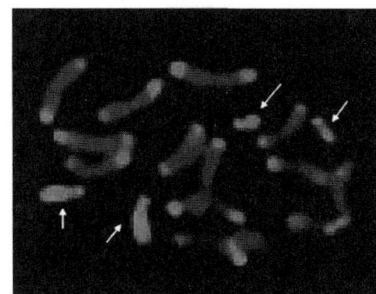

Fig. 3　FISH of Mongolian wheatgrass metaphase chromosomes （$2n=2x=14$） probed with $pAmAfa1$
Note：The arrows show B chromosomes. Scale bar＝10μm

3　Discussion

3.1　Genetical property and phylogenic analysis of Afa-family sequence

A previous investigation of Nagaki demonstrated the important properties of the Afa-family sequences. There was highly variable copy number per genome among species; the sequences in the genomes including more copies were more uniform; there was no chromosome specificity in the sequences within genomes; No large-scale transposition or conversion took place between genomes during the past 7 000 years; the neighboring sequences were the most similar with each other.

*pAmAfa*1 sequence cloned from *A. mongolicum* Keng was the most similar to other Afa-family sequences in Triticeae species. Our findings were consistent with the above. The DNA sequences of the Afa-family clones chosen at random from NCB1database were analyzed. To know the relation of the Afa-family sequences from *A. mongolicum* Keng with those of other Triticeae species, 28 repeated units amplified by PCR with AS-A and AS-B primers were analyzed by the NJ method (Fig. 2). The finding indicated that P genome had homology with N and X genome, and *A. mongolicum* Keng existed earlier than *L. racemosus* and *P. j uncea*. So it was supported that P genome was a donor of N and X genomes, or there was a transposition or conversion among P, N and X genomes.

3.2　Chromosomal localization ofAfa-family sequence

In repetitive sequences located in specific locations, such as ribosomal RNA genes and subtelomeric repetitive sequences, the gene conversion probably played an important role for the homogenization of repetitive sequences because such sequences were closely positioned by telomere association on nuclear membrane in interphase nuclei. However, Afa-family sequences were widely distributed not only in subtelomeric but also in interstitial regions. pHvAU, a Afa-family repetitive sequences isolated from barley distinguished each barley chromosome by in situ hybridization.

To know if both or only one of the genomes of *A. mongolicum* Keng carried the Afa-family sequences, FISH was carried out using *pAmAfa*1 as the probe, and the sequence hybridized with all telomeric regions and subtelomeric regions of the chromosomes. The signals appeared mostly at two ends of the chromosomes. This finding indicated that P genome contained Afa-family repeat sequences, and there was no chromosome specificity in the sequences within genomes.

4　Conclusion

*pAmAfa*1 sequence cloned from *A. mongolicum* Keng is most similar with other Afa-family sequences in Triticeae species. This sequence can be used for the phylogenic analysis of Triticeae species. P genome must have homology with N and X genome; *pAmAfa*1 sequences are located in the telomeric regions and subtelomeric region of the every chromosomes of *A. mongolicum* Keng. P genome contains Afa-family repeat sequences, and there is no chromosome specificity in the sequences within genomes.

Acknowledgement

This work was supported by National Nature Science Foundation of China (No. 31260578, No. 31160479).

参考文献（略）

本文原刊载于《草地学报》，2015 年第 3 期，略有删改

四、人工草地建设与草种应用研究

冰草在内蒙古中西部地区的产量试验

云锦凤，米福贵，林栋

（内蒙古农牧学院草原系，呼和浩特　010018）

摘要：本试验供试品种为国外引入的诺丹冰草、伊菲冰草和杂种冰草，以蒙古冰草作对照。试验地点设在呼和浩特市、固阳和东胜。两年的产量试验结果表明，诺丹冰草干草产量最高，稳定性亦好，蒙古冰草表现了很好的丰产性和抗旱潜力。

冰草属于寿命较长的多年生丛生禾草，抗寒，耐旱性很强，春季返青早，青绿持续期长，茎叶柔嫩，营养丰富，是我国北方干旱、半干旱地区改良天然草场和建立人工草地的适宜草种。我国冰草属牧草计有5种，但到目前为止，还没有注册品种。为了尽快选出适宜的冰草品种，满足生产需要，我们从国外引入冰草材料260余份，经过在呼和浩特地区引种试验，筛选出了诺丹冰草、杂种冰草和伊菲冰草3个适应性较好的品种，以蒙古冰草为对照进行了多点试验，其目的在于进一步考察其适应性和产量表现，为推广种植提供依据。

1　试验地概况

试验在呼和浩特、伊克昭盟东胜及包头市固阳县进行。前二者所处的植被带为干草原区，后者为荒漠草原区。各试验地概况见表1。

表1　试验地基本概况

试验地	海拔高度 （m）	年降水量 （mm）	7月平均温度 （℃）	1月平均温度 （℃）	试验地土壤 质地	试验地 土壤肥力
呼和浩特	1 063	400.2	21.9	−13.1	沙壤土	中等
东胜	1 460	399	20.6	−11.0	沙质土	中等
固阳	1 328	321	20.7	−15.2	沙质土	中等偏低

2　试验材料与方法

供试材料有诺丹冰草、杂种冰草、伊菲冰草和巴彦淖尔盟蒙古冰草。诺丹冰草（Nordan）是美国一个较古老的沙生冰草品种，四倍体（$2n=28$），植株间变异小，植株整齐而直立，种子大且有较强的活力，易定植。杂种冰草（Hycrest）是美国农业部1985年注册的新品种，由诱导四倍体冰草和天然四倍体沙生冰草远缘杂交育成，有较强的杂种优势，株间变异大，有选择潜力。伊菲冰草（Ephraim）为四倍体冰草，具短根茎，其亲本原产于伊朗，较喜水分。蒙古冰草（*Agropyron mongolicum* Keng）采于巴彦淖尔盟中旗，已栽培驯化约十余年，未经任何选择，茎细弱，叶量少，抗旱能力强，是少有的二倍体冰草种。

试验设 4 次重复，采用随机排列，小区面积 15m²，7 行区，行距 40cm，1986 年 5 月 15 日第一次播种，条播，播量为 22.5kg/hm²，1987 年 7 月进行重复播种，1988 年 7 月 15 日测产，刈割高度距地面约 5cm，刈后自然风干，称重。采用变量分析法和品种丰产性及稳定性测验法对数据进行处理。

3 结果和分析

3 个试验点上 4 种冰草生长第二年的产量变量分析和品种稳定性及丰产性测验结果分别列于表 2 和表 3，第三年的产量变量分析和品种测验数据见表 4 和表 5。

从表 2 可以看出，品种间产量差异达到 5% 的显著标准，试验点之间的产量差异达到 1% 极显著标准，试验点和品种互作间的差异达到极显著标准。可见，某些品种只适应某些地区，而不适应另一些地区。

表 2　变量分析（3 个点，4 个品种，4 次重复，生长第二年）

变异来源	DF	SS	MF	F
重复	9	28.836 43	3.204 047	
B（地点）	2	262.106 5	131.053 2	40.902 4 **
A（品种）	3	231.301	77.100 35	5.119 733 *
A×B	6	90.356 69	15.059 45	6.747 484 **
机误	27	60.260 26	2.231 861	
总变异	47	672.860 8		

从表 3 可以看出，诺丹冰草（A_2）产量最高，小区平均产量为 5.277 92kg，折合 3 518.61kg/hm²。其次为蒙古冰草（A_4）、杂种冰草（A_1）和伊菲冰草（A_3）。诺丹冰草（A_2）、蒙古冰草和杂种冰草的干草产量之间无显著差异，而三者与伊菲冰草之间产量差异显著，伊菲冰草的主效应为负值，即 -3.649 375。就品种稳定性而言。蒙古冰草（A_4）的互作变异系数最小，为 7.736 8。由此可见，该品种在各试点产量变异小，比较稳定，同时也说明蒙古冰草的抗旱能力强，无论在降水量少的固阳试点，还是在降水量较高的呼和浩特试点均能获得稳定的产量。诺丹和杂种冰草的稳定性居中，伊菲冰草最低。

表 3　冰草的品种测验（生长第二年）

品种	丰产性			稳定性		
	小区平均产量（kg）	主效应	5% 的差异显著性水平	品种互作效应方差	品种基因型互作方差	互作变异系数
（A_2）	5.277 92	2.060 627	a	4.432 474	4.014	18.98
（A_4）	4.881 667	1.268 127	a	0.989 057 2	0.570 583 3	7.736 8
（A_1）	4.407 92	0.320 625 3	a	2.249 204	1.830 73	15.347 9
（A_3）	2.422 9	-3.649 375	b	3.623 909	3.205 435	36.946 63

各试点生长第三年冰草干草产量的变量分析（表 4）表明，4 个品种的产量之间存在差异，达到 5% 标准。3 个试验点之间产量差异极显著，试验点和品种互作间的产量差异达到极显著标准，这与生长第二年相一致。

表4　变量分析（3个点，4个品种，4次重复，生长第三年）

变异来源	DF	SS	MF	F
重复	9	33.971 19	3.774 577	
B（地点）	2	156.731 1	78.365 54	20.761 41**
A（品种）	3	215.696 2	71.898 72	6.781 886*
A×B	6	63.609 5	10.601 58	6.964 527*
机误	27	41.100 1	1.522 226	
总变异	47	511.108 1		

表5表明，生长第三年各品种的丰产性与第二年完全一致，诺丹冰草（A_2）最高，为4.314 58kg，折合2 876.4kg/hm²；伊菲冰草最低，为1.541 25kg，折合1 027.5kg/hm²。诺丹、蒙古、杂种冰草与伊菲冰草产量差异显著，前3个品种间产量差异不显著。从品种稳定性考虑，蒙古冰草（A_4）的互作变异系数最小，为14.489 05，说明蒙古冰草在3个试点上的产量表现比较稳定；其次为杂种冰草和诺丹冰草；伊菲冰草最不稳定，互作变异系数高达26.012 72。

表5　冰草的品种测验（生长第三年）

品种	丰产性			稳定性		
	小区平均产量（kg）	主效应	5%的差异显著性水准	品种互作效应方差	品种基因型互作方差	互作变异系数
（A_2）	4.314 58	2.151 25	a	4.248 32	3.962 902	23.069 48
（A_4）	3.911 23	1.344 584	a	1.570 026	1.284 609	14.489 05
（A_1）	3.188 75	−0.100 416 7	a	1.204 423	0.919 005 2	15.031 72
（A_3）	1.541 25	−3.395 417	b	0.928 367 9	0.642 950 6	26.012 72

4　结论

（1）在3个试点的冰草干草产量品种比较试验中，无论是生长第二年还是生长第三年，诺丹冰草产量均居首位，高于对照蒙古冰草，杂种冰草低于对照，但三者产量差异不显著。这3个品种均可推广种植。

（2）伊菲冰草产量远低于对照蒙古冰草，也低于诺丹冰草和杂种冰草，它与其他3个品种产量差异显著。不宜推广种植。

（3）蒙古冰草为栽培驯化不久的冰草，在各试点均提供了稳定而较高的产量，是一个很有前途的抗旱育种材料。

参考文献（略）

本文原刊载于《中国草地》，1990年第1期，略有删改

冰草属植物在内蒙古干旱草原的建植试验

谷安琳[1]，云锦凤[2]，Larry Holzworth[3]

（1. 中国农业科学院草原研究所，呼和浩特　010010；2. 内蒙古农牧学院，呼和浩特 010010；3. 美国农业部土壤保持局）

摘要： 对冰草属当地材料和北美引进品种在内蒙古干旱草原旱作条件下的建植试验表明，当地的蒙古冰草（AGMO$_1$、AGMO$_2$）和西伯利亚冰草（AGSI）都具有广泛的适应性，无论播种期干旱与否，均可获得较好的建植效果，在较好的降水条件下有极显著的增值。当地的沙生冰草（AGDE）在干旱生境中可发挥建植优势，其建植水平不会因降水条件好转而提高。北美引进品种 Hycrest、Kirk、Fairway、P-27、Parkway、Synthetic-H 和 Ephraim 在旱作条件下建植成功与否取决于播种期的降水条件，如果降水条件较好，可以获得与当地材料同等水平的建植效果。

冰草属植物原产于欧亚大陆温寒地区，19 世纪末引入北美。由于它们具有长寿、耐旱、耐牧等特性，在北美广泛用于降水量少于 400mm 的干旱半干旱地区的草原补播和矿区、路边的植被恢复。冰草属植物是内蒙古草原植被的重要组成成分，有的种在某些地区还可以成为当地的优势种。对冰草当地资源与北美注册的改良品种在内蒙古干旱半干旱地区的建植比较试验表明，我国冰草资源作为重要的补播材料在草地改良中有广阔的利用前景。

1　自然条件

本试验在呼和浩特南郊和达茂旗哈雅牧场进行。前者位于阴山山脉以南暖温型典型草原带，属半干旱大陆性气候；后者处于阴山山脉以北乌兰察布高平原中温型荒漠草原带，为干旱大陆性气候。试验地及所在地区的主要自然条件如表 1 所示。

表 1　试验地区和地点自然条件

地点	海拔（m）	气候					土壤			植被	
		年均温（℃）	年降水量（mm）	6—9 月降水量占全年降水量（%）	6—9 月平均相对湿度（%）	无霜期（d）	质地	表层有机质（%）	表层 pH	优势种	常见种
呼和浩特南郊	1 065	6.2	400.2	76	60.5	127～131	砂质	0.6～1.0	7.5～8.5	白草 冰草 赖草 大针茅	蒿属，扁蓿豆，达乌里胡枝子，牛枝子，一年生杂草
达茂旗哈雅牧场	1 375	2.8	268.8	84	55.4	112～126	壤质	1.0～1.8	<7.0	短花针茅 冷蒿 糙隐子草	蒿属，多种黄芪和棘豆，一年生杂草

2　试验材料与方法

供试材料为冰草属牧草，计 11 份（表 2）。试验设 3 次重复，随机区组。每份材料小区条播 4

行，行长 6m，行距 30cm。播种前清除原植被。有手控播种器播种，播量为每一延长米有效种子 100 粒左右。分别于 1991 年和 1992 年播种（1991 年为干旱年份，呼和浩特和哈雅 6—9 月降水总量分别比历年平均值少 27.4％和 42.8％，1992 年降水为平年）。试验期不施肥，不灌水，禁牧，播种当年清除杂草一次。

表 2 试验材料

品种或代号	种名	种子来源
AGDE	*Agropyron desertorum* 沙生冰草	巴彦淖尔盟巴音哈太
AGMO$_1$	*Agropyron mongolicum* 蒙古冰草	内蒙古农牧学院（巴彦淖尔盟）
AGMO$_2$	*Agropyron mongolicum* 蒙古冰草	中国农业科学院草原所（锡林郭勒盟）
AGSI	*Agropyron sibiricum* 西伯利亚冰草	巴彦淖尔盟巴音哈太
Ephraim	*Agropyron cristatum* 伊菲冰草	Aberdeen PMC，美国
Fairway	*Agropyron cristatum* 航道冰草	Bridger PMC，美国
Kirk	*Agropyron cristatum* 苛克冰草	Bridger PMC，美国
Parkway	*Agropyron cristatum* 帕克维冰草	Bridger PMC，美国
Hycrest	*Agropyron cristatum×A. desertorum* 杂交冰草	Aberdeen PMC，美国
P-27	*Agropyron fragile* 西伯利亚改良冰草	Aberdeen PMC，美国
Synthetic-H	*Agropyron fragile* 综合冰草	Logan ARS，美国

每年 8 月底到 9 月初同期进行评价指标测定。测定指标主要是植丛盖度（％）、植株活力（等级）和叶平均自然着生高度（cm）。用 AHP 层次分析法将三项指标进行综合测评权重，根据实测值求出每一小区的综评值。采用综评值进行结果分析。

3 结果与分析

取建植第三年（1991 年播种）的评价结果进行变量分析。结果表明（表 3），品种间和品种与地点互作的 F 测验均达到 1％的显著标准，地点间达到 5％的显著标准。由于品种与地点存在互作，我们对品种间的极差测验分地点进行（表 4），对地点则分品种进行（表 5）。

表 3 建植第三年（干旱年份播种）的变量分析

变异来源	DF	SS	MS	F	$F_{0.05}$	$F_{0.01}$
重复	2	50.4				
品种	10	27 717.4	2 771.7	30.97	2.06	2.77
地点	1	399.3	399.3	4.46	4.07	7.27
品种×地点	10	3 494.3	349.4	3.90	2.06	2.77
机误	42	3 756.9	89.5			
总变异	65	35 418.3				

表 4 小区综评值的差异显著性（LSR）

呼和浩特郊区试验点				达茂旗哈雅试验点			
品种	小区平均综评值	差异显著性		品种	小区平均综评值	差异显著性	
		5％	1％			5％	1％
AGMO$_1$	48.49	a	A	AGMO$_1$	67.92	a	A
AGMO$_2$	34.82	ab	AB	AGDE	55.22	ab	A
AGSI	32.08	ab	AB	AGSI	50.56	b	A
AGDE	23.75	be	BC	AGMO$_2$	48.56	b	A

（续）

呼和浩特郊区试验点				达茂旗哈雅试验点			
品种	小区平均综评值	差异显著性		品种	小区平均综评值	差异显著性	
		5%	1%			5%	1%
Synthetic-H	10.21	cd	C	Kirk	2.34	c	B
P-27	6.49	d	C	Hycrest	1.76	c	B
Kirk	6.40	d	C	Synthetic-H	1.47	c	B
Fairway	4.95	d	C	Parkway	0.95	c	B
Hycrest	4.12	d	C	Ephraim	0.64	c	B
Ephraim	2.08	d	C	P-27	0	c	B
Parkway	1.91	d	C	Fairway	0	c	B

注：$SE=5.46$。

表4表明，就品种的主效应而言，干旱年份播种者，呼和浩特郊区试验点以 $AGMO_2$ 的平均综评值最高，与 AGDE 和7个引进品种有极显著差异，与 $AGMO_1$ 和 AGSI 差异不显著。AGDE 与当地其他材料相比，在呼和浩特郊区试验点建植最差，但它同样优于引进品种，除了与 Synthetic-H 差异不显著外，与其他6个引进品种都有显著性差异。哈雅试验点以 $AGMO_1$ 的平均综评值最高，其次是 AGDE。4个当地材料在哈雅试验点与7个引进品种都有极显著差异。显然，两个地点干旱年份播种的结果有比较一致的趋势，即当地材料的建植水平均优于引进品种。

表5 不同品种地点间的差异显著性

品种	小区平均综评值		$|d|$
	呼和浩特郊区	哈雅	
AGDE	23.75	55.22	31.47**
$AGMO_1$	34.82	67.92	33.10**
$AGMO_2$	48.49	48.56	0.07
AGSI	32.08	50.56	18.48**
Ephraim	2.08	0.64	1.44
Fairway	4.95	0	4.95
Kirk	6.40	2.34	4.06
Parhway	1.91	0.95	0.96
Hycrest	4.12	1.76	2.36
P-27	6.49	0	6.49
Synthetic-H	10.21	1.47	8.74

注：$P=2$，$LSR_{0.05}=15.62$，$LSR_{0.01}=20.80$。

从表5可以看出，地点主效应差异仅对 AGDE、$AGMO_1$ 和 AGSI 显著或极显著。三者均以哈雅试验点建植较好。

虽然表4和表5间接地说明了品种与地点的互作效应，但是通过互作值可以更清楚地了解这些效应的差别。由于7个引进品种的地点主效应差异均不显著，而且在品种主效应中都与当地材料有显著或极显著差异，故本文仅对4个当地材料进行互作值比较（表6）。

显然，$AGMO_1$ 和 AGDE 与哈雅点的互作值最高，比之二者与呼和浩特郊区点的互作值和 $AGMO_2$ 与哈雅点的互作均有极显著增值（分别为33.03和31.40）。其次是 AGSI 与哈雅点的互作值比之 AGSI 与呼和浩特郊区点互作和 $AGMO_2$ 与哈雅点互作显著增值18.41，但比之 $AGMO_1$ 与哈雅点互作减值 14.62。

表6　4个当地冰草材料与地点的互作值

材料	小区平均综评值		差数	互作值	
	呼和浩特郊区点	哈雅点			
AGMO$_2$	48.49	48.56	−0.07		
AGMO$_1$	34.82	67.92	−33.10	33.03**	
AGSI	32.08	50.56	−18.48	18.41*	−14.62
AGDE	23.75	55.22	−31.47	31.40**	−1.63	12.99

注：$P=2$，$LSR_{0.05}=15.62$，$LSR_{0.01}=20.80$；$P=3$，$LSR_{0.05}=16.43$，$LSR_{0.01}=21.73$；$P=4$，$LSR_{0.05}=16.93$，$LSR_{0.01}=22.33$。

　　综合分析表明，AGMO$_1$在两个地点都有较好的适应性，但与在呼和浩特郊区相比在哈雅能表现出更好的建植优势。AGMO$_2$虽然在呼和浩特郊区点的品种主效应最好，但其综评值差数最小，说明对两个地点的适应性是一致的。AGSI 的地点主效应差异说明它更适应于哈雅，但是在呼和浩特郊区建植时与呼和浩特郊区点最好的 AGMO$_2$之间并无显著差异，可见它同样适应于这两个地点。AGDE 的地点主效应差异极显著，在哈雅建植的效果远远高于在呼和浩特郊区点，而且与 AGMO$_2$在呼和浩特郊区点建植有极显著差异，说明它对呼和浩特郊区点的适应性相对差一些。引进的 7 个品种中，仅 Synthetic-H 在呼和浩特郊区点有一定的建植，其他 6 个品种在两个地点表现都很差，有的植丛盖度为 0。由此可见，如果选择干旱年份播种，这些品种建植成功的可能性很小。

　　对呼和浩特郊区点不同播种年份建植水平的分析表明，播种期的降水条件对所有供试冰草的建植都有影响，除 AGDE 外，平年播种者均有极显著增值，AGDE 则以干旱年份播种表现较好。从极差测验可以看出（表7），引进品种 Hycrest 和 P-27 的综评值超过了当地材料，其他几个引进品种都有较高的综评值。这说明如果在降水较好的年份播，这几个引进品种也会达到令人满意的建植水平。

表7　降水平年播种的品种极差测验（LSR）

品种	小区平均综评值	差异显著性	
		5%	1%
Hycrest	67.43	a	A
P-27	65.59	a	A
AGMO$_2$	64.50	a	AB
Kirk	62.59	a	AB
AGSI	60.22	a	AB
Synthetic-H	58.16	ab	AB
AGMO$_1$	55.03	ab	ABC
Fairway	53.56	ab	ABC
Ephraim	41.68	be	BC
Parkway	33.33	cd	CD
AGDE	19.79	d	D

注：建植第二年，$SE=5.33$。

4　结论

　　（1）来源于锡林郭勒盟的蒙古冰草（AGMO$_2$）对中温荒漠草原和暖温型典型草原有比较一致的适应性，建植水平良好，适于用作这两个地区的补播草种。

（2）来源于巴彦淖尔盟的蒙古冰草（AGMO$_1$）和西伯利亚冰草（AGSI）在中温荒漠草原区的建植效果虽然高于在暖温型典型草原区，但对后者同样有较好的适应性。二者均可用作这两个地区的补播草种。

（3）来源于巴彦淖尔盟的沙生冰草（AGDE）在中温型荒漠草原表现出良好的建植优势，宜作这一地区的补播草种。

（4）北美引进的 7 个品种均可在内蒙古暖温型典型草原区旱作条件下建植，但必须选择在降水丰年或降水平年的年份播种，否则建植很难成功。

参考文献（略）

本文原刊载于《中国草地》，1994 年第 3 期，略有删改

西方牧冰草和羊草在内蒙古西部草原的建植试验

谷安琳[1]，云锦凤[2]，Larry Holzworth[1]

（1. 中国农业科学院草原研究所，呼和浩特　010010；2. 内蒙古农牧学院，呼和浩特 010010；3. 美国农业部土壤保持局）

摘要：西方牧冰草 5 个品种和羊草在内蒙古西部地区旱作条件下的建植水平均受播种当年降水条件的影响。干旱年份播种，幼苗存活率低，建植水平差。降水量接近或高于平年年份播种，西方牧冰草和羊草均可获得较好的建植效果，其中西方牧冰草品种 Rosana 和 Arriba 显著优于当地羊草。

西方牧冰草（*Pascopyrum smithii*）原产于北美，引进中国已有几十年历史，它和羊草（*Leymus chinensis*）均为小麦族多年生根茎型禾草，并有比较相似的广幅生态适应性。西方牧冰草在北美降水量为 200～500mm 的温带区域内可以充分发育，并与旱生丛生禾草（针茅、垂穗草、假鹅观草等）共同组成了北美混合草原显域生境的代表群落，该群落在结构与功能上十分相似于中国北方典型草原带的羊草-针茅（隐子草）群落。和羊草一样，西方牧冰草在干旱半干旱地区的隐域盐化或碱化草地中还常常形成群聚。在自然状况下，西方牧冰草和羊草通过种子繁殖和建植都比较困难，这是由于二者的种子休眠和较低的幼苗活力所致。若冬季湿度较好，则可以打破种子休眠，促使其春季萌发，而且一旦建植便可以忍受长期干旱，靠根茎系统增加其植丛盖度。

美国农业研究局于 70 至 80 年代先后培育出 5 个西方牧冰草品种，已广泛用于干旱半干旱区的植被恢复和草原补播。由于西方牧冰草种子结实率及产量优于羊草，所以若它在内蒙古地区旱作条件下达到与羊草同等或高于羊草的建植水平，则可以考虑把它作为羊草的替代材料用于中国北方干旱草原的补播。本试验目的在于了解 5 个西方牧冰草品种和羊草在同等干旱条件下的建植水平。

1　试验地点及所在地区自然概况

本试验在呼和浩特南部郊区（简称呼郊）、乌兰察布市达茂旗海雅乡（简称海雅）和伊克昭盟（现鄂尔多斯市）达拉特旗王二窑乡（简称达旗）3 个地点进行。呼郊点位于阴山山脉以南的土默川平原，在植被地带划分上属暖温型典型草原，但由于垦植历史悠久，这里已无地带性天然植被，仅局部可见羊草或赖草次生群落。海雅点位于阴山山脉以北的乌兰察布高平原，这里为纯牧区，地带性植被为中温型荒漠草原。达旗点位于鄂尔多斯高原库布齐沙漠的北部边缘，自然植被为沙地半灌木草原。试验地区和地点主要自然概况见表 1。

2　试验材料与方法

2.1　试验材料

供试材料见表 2。

2.2　试验方法

各点田间试验均采用随机区组设计，3 次重复。每一小区（材料）条播 4 行，行长 6m，行距 30cm。播种前清除原植被，试验期不灌溉，不施肥，禁牧，播种当年出苗后清除杂草 1 次。用手控播种器播种，播量为每米 100 粒。播种时间为 1991 年 6 月中旬和 1992 年 5 月下旬。

表 1　试验地区及地点主要自然概况

| 地点 | 海拔（m） | 气候 | | | | 土壤 | | | | 植被 | |
		年均温（℃）	年降水量（mm）	6—9 月降水量占全年降水量（%）	1991 年 6—9 月降水量比历年同期降水量平均降水少（%）	无霜期（d）	质地	表层有机质（%）	表层 pH	优势种	常见种
呼郊点	1 065	6.2	400.2	76	27.4	127～131	砂壤	0.6～1.0	7.5～8.5	白草 冰草 大针茅 赖草	蒿属，扁蓿豆，达乌里胡枝子，一年生杂草
海雅点	1 375	2.2	268.8	78	42.8	112～126	壤质	1.0～1.8	<7.0	短花针茅 冷蒿 糙隐子草	蒿属，豆科多年生种，一年生杂草
达旗点	1 100	6.4	286.8	80	31.9	134～150	砂质	0.3～0.7	8.0～9.0	碱蓬 油蒿	牛心朴子，苦豆子，一年生杂草

表 2　试验材料和方法

品种或编号	种名	来源
Arriba 阿瑞伯	*Pascopyrum smithii*	New Mexico，美国
Barton 巴顿	*Pascopyrum smithii*	Kansas，美国
Rodan 诺丹	*Pascopyrum smithii*	North Dakota，美国
Rosana 诺萨那	*Pascopyrum smithii*	Montana，美国
Walsh 威尔士	*Pascopyrum smithii*	Montana，美国
$LECH_2$ 羊草	*Leymus chinensis*	内蒙古赤峰

2.3　评价方法

每年 8 月底至 9 月初进行田间评价指标测定，包括植丛盖度（%）、活力（等级）和叶平均高度（cm）。用 AHP 层次分析法对 3 项指标进行综合测评权重，植丛盖度为 0.722，活力为 0.205，叶平均高度为 0.073。根据实测值求出每一材料小区的综评值，结果分析取综评值。

3　结果与分析

3 年试验结果主要评价值见表 3 和表 4，变量分析见表 5。

变量分析表明，干旱年份播种仅地点效应存在极显著差异，品种、建植年限以及各种互作均无显著差异。由此说明，西方牧冰草的 5 个品种与当地羊草 $LECH_2$ 在干旱条件下的建植水平基本一致，而且在建植 1～3 年内植丛扩展速度都比较缓慢。从表 3 可以看出，3 年后的植丛盖度仍然普遍很低，达旗点相对较高，但最高值也没有达到 20%。

表3　3个地点1991年播种、建植第三年结果

品种	呼郊点		海雅点		达旗点	
	平均植丛盖度（%）	平均综评值	平均植丛盖度（%）	平均综评值	平均植丛盖度（%）	平均综评值
Arriba	2.3	5.81	1.0	3.19	13.7	11.72
Barton	2.3	5.31	0.3	1.06	18.3	15.11
Rodan	5.7	6.18	0.3	0.95	7.3	8.17
Rosana	2.7	4.54	9.0	8.69	9.0	9.25
Walsh	2.7	4.64	0.3	0.71	15.0	13.02
LECH$_2$	2.0	5.16	2.7	4.91	11.7	11.85

表4　呼郊点不同播种年份建植第二年结果

品种	1991年播种		1992年播种	
	平均植丛盖度（%）	平均综评值	平均植丛盖度（%）	平均综评值
Arriba	2.0	3.43	70.0	54.78
Barton	1.3	2.67	56.7	45.17
Rodan	7.7	7.50	60.0	47.10
Rosana	7.7	7.05	75.0	57.74
Walsh	5.7	5.74	61.7	47.43
LECH$_2$	0	0	36.7	30.10

表5　变量分析（1991年播种，6品种、3地点、3评价年限、3重复）

变异来源	DF	SS	MS	F	$F_{0.05}$	$F_{0.01}$
重复	2	241.61	120.81			
品种	5	267.56	53.51	1.93	2.30	
地点	2	1 211.67	605.84	21.86	3.09	4.82
年限	2	124.34	62.17	2.24	3.09	
品种×地点	10	176.98	17.70	<1		
品种×年限	10	211.88	21.19	<1		
地点×年限	4	93.66	23.42	<1		
品种×地点×年限	20	381.05	19.05	<1		
机误	106	2 938.32	27.72			
总变异	161	5 647.07				

极显著的地点效应是由于大气降水以外的其他水分补给所致。播种当年（1991年）3个地点均处于十分干旱状况，6—9月所获得的降水比历年同期平均值少27.4%~42.8%，有效降水没有造成地区性明显差异。但是，3个地点的地下水位不同则可导致土壤水分条件的明显差异。呼郊点地下水深1.7~4.0m，海雅点深20m，达旗点深1.5~2.0m。在缺少大气水分补给时，海雅点的土壤干燥程度显然远远大于呼郊点和达旗点。但是呼郊点因根茎型杂草（白草、赖草）危害十分严重，抵消了土壤湿度优势。所以，试验地的水分条件在干旱年份以达旗点较好。对地点平均效应的极差测验也表明（表6），达旗点的建植最好，与呼郊点和海雅点的差异均达到了极显著水平。由此看来，在十分干旱的气候条件下，较好的地下水补给对这些试验材料的建植产生了有利的作用。

表6 地点差异显著性（LSR）

地点	6个品种平均综评值	差异显著性	
		5%	1%
达旗点	9.54	a	A
呼郊点	4.64	b	B
海雅点	3.13	b	B

注：$SE=0.72$，$V=106$。

播种年份的降水条件对试验材料的建植影响是显而易见的。如表4所示，降水为平年的1992年播种的材料，比干旱年份1991年播种的所有材料的建植水平都有大幅度的提高，分析表明达到了极显著水平。西方牧冰草5个品种在1992年播种第二年的植丛盖度都超过了50%，高于羊草。极差测验表明（表7），Rosana和Arriba最好，二者的综评值显著高于羊草；其次是Walsh、Rodan和Barton，介于前二者和羊草之间。可见，如果播种避开干旱年份，西方牧冰草5个品种均可以达到与羊草同等或高于羊草的建植水平。

表7 品种差异显著性（LSR）

品种	小区平均综评值	差异显著性	
		5%	1%
Rosana	57.74	a	A
Arriba	54.78	a	A
Walsh	47.43	ab	A
Rodan	47.10	ab	A
Barton	45.17	ab	A
$LECH_2$	30.10	b	A

注：1992年播种，建植第二年；$SE=6.38$，$V=22$。

4 结论

（1）无论西方牧冰草各品种还是羊草$LECH_2$，均可作为内蒙古西部地区草原的补播材料。

（2）西方牧冰草和羊草在内蒙古西部地区播种的建植水平与当年的降水量关系甚大。干旱年份播种，幼苗存活率低，建植水平差；播种当年降水量接近或高于平年时，均可获得较好的效果。

（3）西方牧冰草品种Rosana和Arriba显著优于当地羊草$LECH_2$。

参考文献（略）

本文原刊载于《中国草地》，1994年第4期，略有删改

几种豆科牧草在内蒙古干旱草原的建植试验

谷安琳[1]，Larry Holzworth[2]，云锦凤[3]

（1. 中国农业科学院草原研究所，呼和浩特　010010；2. 美国农业部土壤保持局；3. 内蒙古农牧学院，呼和浩特　010018）

摘要：对不同来源的 14 份豆科种质材料在内蒙古干旱半干旱草原区进行了建植评价试验。扁蓿豆和赤峰沙打旺适应范围广，在试验区建植效果最佳，和林沙打旺在暖温型典型草原区建植较好，直立黄芪、胡枝子和牛枝子在荒漠草原区的建植率高于典型草原区，草木樨状黄芪、北美岩黄芪和 4 个北美杂交苜蓿旱生性差，建植率受播种当年降水条件的严重影响。2 个羊柴在自然条件下种子萌发率和幼苗成活率低，建植十分困难。

1　引言

利用豆科植物作干旱草地的补播材料，可以为草地生态系统补充氮素，改变退化草地草群结构，以达到增加土壤肥力、提高草地生产力水平的目的。通过对内蒙古草原最常见的野生、栽培优良豆科牧草和北美利用比较广泛的几个豆科栽培品种在内蒙古草原区旱作条件下建植水平的评价，为豆科牧草草种和品种在不同类型草地的利用提供基础资料。

2　试验地及所在地区自然概况

建植试验在内蒙古自治区呼和浩特南郊和乌盟达茂旗海雅乡进行。前者位于暖温型典型草原区，但地带性天然植被已被破坏；后者位于中温型荒漠草原区，天然植被保存尚好。试验地及所在地区自然条件见本刊 1994 年第 3 期。

3　试验材料和方法

3.1　试验材料

试验材料共 14 份，其中内蒙古当地野生材料 7 份，栽培品种 2 份；北美引进栽培品种 5 份（表 1）。

表 1　供试材料及其来源

材料编号	种名	种子来源	备注
ASAD$_1$	*Astragalus adsurgens* 沙打旺	和林	栽培品种
ASAD$_2$	*Astragalus adsurgens* 直立黄芪	巴彦淖尔盟	野生种
ASAD$_3$	*Astragalus adsurgens* 沙打旺	赤峰	栽培品种
ASME	*A. melilotoides* 草木樨状黄芪	伊克昭盟	野生种
9024808	*Hedysarum boreale* 北美岩黄芪	美国	未注册品种
HEFR$_1$	*H. fruticosum* var. *laeve* 羊柴	清水河	野生种
HEFR$_2$	*H. fruticosum* var. *laeve* 羊柴	巴彦淖尔盟	野生驯化种

（续）

材料编号	种名	种子来源	备注
LEDA	*Lespedeza davurica* 达乌里胡枝子	巴彦淖尔盟	野生驯化种
LEPO	*L. potaninii* 牛枝子	巴彦淖尔盟	野生驯化种
Ladak	*Medicago sativa* × *M. falcata* 杂交苜蓿	美国	注册品种
Ranger	*Medicago sativa* × *M. falcata* 杂交苜蓿	美国	注册品种
Spredor-2	*Medicago sativa* × *M. falcata* 杂交苜蓿	美国	注册品种
Travois	*Medicago sativa* × *M. falcata* 杂交苜蓿	美国	注册品种
MERU	*Melissitus ruthenicus* 扁蓿豆	巴彦淖尔盟	野生驯化种

3.2　试验方法

试验设计为随机区组法，3 次重复。小区条播 4 行，行长 6m，行距 60cm。播种前清除原植被。试验期不施肥，不灌溉，禁牧，播种当年清除杂草一次。播种量为每米 60 粒。播种期为 1991 年 6 月中旬和 1992 年 5 月下旬。1991 年为干旱年份，植物生长期所获降水比历年同期平均值少 27%～43%；1992 年为降水平年。

3.3　评价方法

每年 8 月下旬到 9 月初同期对植丛盖度、活力和植株平均高度等项目进行评价和指标测定。用 AHP 层次分析法将项目指标综合测评权重。取综评值进行变量分析和多重比较。

4　结果与分析

对 14 份种质材料的综评值进行不同水平的变量分析，结果列于表 2 和表 3。上述两组变量分析表明，除地点效应不显著外，材料、建植期、播种年份以及材料与各因素的互作等效应均达到了极显著水平。

表 2　干旱年份播种建植 3 年的变量分析（材料 14，地点 2，重复 3，建植年限 3）

变异来源	DF	SS	MS	F	$F_{0.05}$	$F_{0.01}$
重复	2	551.30	275.65			
材料	13	13 324.68	1 024.98	21.34**	1.80	2.28
地点	1	162.76	162.76	3.39	3.91	
建植年限	2	797.89	398.95	8.31**	3.06	4.75
材料×地点	13	3 301.59	253.97	5.29**	1.08	2.28
材料×年限	26	4 708.88	181.11	3.77**	1.57	1.89
地点×年限	2	543.66	271.83	5.66**	3.06	4.75
材料×地点×年限	26	2 630.98	101.19	2.11**	1.57	1.89
机误	166	7 974.48	48.04			
总变异	251					

表 3　不同播种年份建植 2 年的变量分析（呼和浩特南郊试验点，材料 14，重复 3，播种年份 2）

变异来源	DF	SS	MS	F	$F_{0.05}$	$F_{0.01}$
重复	2	621.62	310.81			
材料	13	16 584.73	1 275.75	12.93**	1.90	2.48
播种年份	1	24 566.20	24 566.20	248.92**	4.02	7.12
材料×年份	13	8 159.16	627.63	6.36**	1.90	2.48
机误	54	5 329.35	98.69			
总变异	83					

4.1　材料效应

由于材料与地点、建植期和播种年份等因素均存在着互作效应，因此材料差异在不同水平的极差测验中也有所不同（表 4、表 5）。

在呼郊试验点的种质材料效应中，建植最好的是来源于赤峰的沙打旺和巴彦淖尔盟的扁蓿豆，无论何种水平比较，它们均表现优异，尤其干旱年份播种的建植优势最显著。其次是来源于和林的沙打旺，它在干旱年份播种的建植率显著或极显著优于除上述两种材料外的其他材料。就降水为平年播种的建植率而言，除了当地的两种羊柴和牛枝子外，其他都表现优异，特别是北美的 4 个杂交苜蓿品种的植丛盖度均在 80% 以上，与当地最好的赤峰沙打旺和扁蓿豆保持为同一水平的建植率。

表 4　豆科牧草在呼和浩特南郊试验点的差异显著性（LSR）

干旱年份播种三年综合水平					干旱年份播种建植第三年					平年年份播种建植第二年				
材料	平均综评值	平均植丛盖度（%）	差异显著性 0.05	0.01	材料	平均综评值	平均植丛盖度（%）	差异显著性 0.05	0.01	材料	平均综评值	平均植丛盖度（%）	差异显著性 0.05	0.01
ASAD₃	30.29	34.5	a	A	ASAD₃	40.46	45.0	a	A	Ranger	70.29	91.7	a	A
MERU	22.09	26.1	b	AB	MERU	30.53	38.3	ab	AB	ASAD₃	66.55	83.3	a	A
LEDA	17.23	20.1	bc	BC	ASAD₁	23.32	21.7	b	BC	Spredor-2	65.25	85.0	a	A
Ranger	15.33	16.9	bcd	BCD	LEDA	11.51	12.3	c	CD	Travois	64.34	83.3	a	AB
ASAD₁	13.78	10.8	bcde	BCD	Ranger	8.55	5.3	c	CD	Ladak	64.16	83.3	a	AB
Spredor-2	12.26	13.1	cdef	BCDE	Travois	7.47	5.3	c	D	MERU	61.70	81.7	ab	AB
ASAD₂	10.01	9.4	cdefg	CDE	Ladak	7.29	5.3	c	D	LEDA	60.10	78.3	ab	AB
Ladak	8.87	8.8	cdefgh	CDE	ASME	7.11	5.7	c	D	ASAD₁	45.82	56.7	bc	ABC
Travois	8.17	7.3	defgh	CDE	Spredor-2	6.67	4.0	c	D	ASAD₂	40.71	51.7	c	BC
LEPO	7.19	5.9	defgh	CDE	ASAD₂	5.94	3.7	c	D	ASME	36.45	46.7	c	C
ASME	4.88	3.1	efgh	DE	HEFR₂	4.38	1.0	c	D	9024808	32.18	41.0	c	CD
HEFR₂	4.37	2.0	fgh	DE	LEPO	4.25	3.0	c	D	HEFR₁	13.30	12.3	d	DE
9024808	1.00	0.4	gh	E	9024808	0	0	c	D	HEFR₂	6.77	3.3	d	E
HEFR₁	0.51	0.2	h	E	HEFR₁	0	0	c	D	LEPO	2.69	1.3	d	E

海雅试验点建植最好的是来源于巴彦淖尔盟的直立黄芪和扁蓿豆，二者干旱年份播种稳定期的建植率显著高于其他材料，植丛盖度都达到了 50% 以上。显然，它们对旱生生境有较强的适应性。其次，建植较好的是来源于巴彦淖尔盟的胡枝子、牛枝子和来源于赤峰的沙打旺，它们的植丛盖度均达到或超过了 30%。

表5　豆科牧草在海雅点的差异显著性（LSR）

	干旱年份播种三年综合水平				干旱年份播种建植第三年				
材料	平均综评值	平均植丛盖度（%）	差异显著性		材料	平均综评值	平均植丛盖度（%）	差异显著性	
			0.05	0.01				0.05	0.01
MERU	27.03	34.9	a	A	ASAD$_2$	44.11	56.7	a	A
LEDA	21.05	27.1	ab	AB	MERU	43.60	56.7	a	A
ASAD$_2$	21.03	25.7	ab	AB	LEDA	27.57	35.0	b	B
LEPO	15.29	19.0	bc	BC	LEPO	26.20	33.3	b	B
ASAD$_3$	14.67	20.0	bc	BCD	ASAD$_3$	21.30	30.0	b	BC
ASAD$_1$	8.31	8.3	cd	CDE	ASAD$_1$	10.11	10.0	c	CD
ASME	5.64	4.3	d	CDE	ASME	8.35	7.3	c	CD
Ladak	5.44	4.8	d	CDE	Ladak	4.03	2.0	c	D
Ranger	3.57	3.7	d	DE	Travois	3.09	1.3	c	D
Travois	3.50	1.3	d	DE	9024808	2.28	1.0	c	D
Spredor-2	2.86	3.3	d	E	HEFR$_1$	1.21	0.7	c	D
9024808	2.48	1.2	d	E	Ranger	1.02	0.3	c	D
HEFR$_2$	1.73	0.7	d	E	HEFR$_2$	0	0	c	D
HEFR$_1$	0.85	0.5	d	E	Spredor-2	0	0	c	D

4.2　建植期效应

由于材料和地点与建植年限的互作极显著，建植期效应则因材料和地点不同而异，主要有下述3种情况：①建植率逐年增加。在材料效应中表现比较好的普遍属于这种情况，如扁蓿豆、2个沙打旺材料在呼郊点和海雅点，达乌里胡枝子、牛枝子、直立黄芪在海雅点连续3年的建植率第二年显著高于第一年，第三年又显著或极显著高于第二年。②建植率逐年下降。胡枝子、直立黄芪和4个北美杂交首蓿在呼郊点干旱年份播种当年建植较好，植丛盖度达到30%左右，但第二年显著减少，第三年成活植株所剩无几（鉴于这些材料的来源、原产地以及海雅点的试验，排除对它们越冬性的怀疑）。③建植率连续3年低水平。草木樨状黄芪、2个羊柴材料、北美岩黄芪在呼郊点和海雅点的建植，牛枝子在呼郊点和北美杂交首蓿在海雅点的建植都属于这种情况。这些材料播种当年种子萌发率和幼苗成活率低，植丛盖度均不超过10%，多数为0~5%，第二年和第三年仍保持这种低水平的建植率。

一般来说，多年生豆科植物的建植稳定期出现在第三年以后，因此，建植第三年的评价结果便可以反映出稳定期的建植水平。

4.3　播种年份效应

表3变量分析中，呼郊试验点不同降水年份播种的建植效果 F 值达到1%显著水平。对14份种质材料分别进行分析，除2个羊柴材料和牛枝子外，其他材料的年份差异均显著或极显著。其中，引进品种北美岩黄芪、4个杂交首蓿和当地的草木樨状黄芪在降水平年播种可以获得很成功的建植，但干旱年份播种的建植效果则很差。

5　结论

（1）扁蓿豆（MERU）和赤峰沙打旺（ASAD$_3$）适应性广，干旱条件下建植率高，在内蒙古荒漠草原区和典型草原区可以广泛利用。

（2）和林沙打旺（ASAD$_1$）适应于典型草原区，即便干旱年份播种，仍然可以获得较好的建植效果，但不适应于荒漠草原区。

（3）来源于巴彦淖尔盟的直立黄芪（ASAD$_2$）、胡枝子（LEDA）和牛枝子（LEPO）对旱生生境适应性较强，宜在荒漠草原区利用。

（4）草木樨状黄芪（ASME）、北美岩黄芪（9024808）及4个杂交苜蓿（Ladak、Ranger、Spredor-2、Travois）抗旱力相对较弱，建植率受播种当年降水条件的影响。在典型草原区，干旱年份播种成活率低，但在降水平年播种则可获得与本地最适材料同等水平的建植率。这些种或品种不宜在荒漠草原区利用。

（5）来源于乌盟清水河和巴彦淖尔盟的羊柴（HEFR$_1$、HEFR$_2$），在自然状态下种子萌发率低，如果种子不经过特殊处理，即便有较好的降水条件，仍然不易萌发，而干旱条件下，即便有个别种子萌发，其幼苗成活率也很低。这些因素限制了羊柴的建植水平。该种是否宜作天然草地的补播材料尚需探讨。

参考文献（略）

本文原刊载于《中国草地》，1994年第6期，略有删改

羊草和牧冰草旱作条件下的牧草产量分析

谷安琳[1]，Larry Holzworth[2]，云锦凤[3]，戎郁萍[4]，贾丰生[1]，翁森红[1]

（1. 中国农业科学院草原研究所，呼和浩特　010010；2. 美国农业部自然资源保护局；
3. 内蒙古农牧学院，呼和浩特　010018；4. 中国农业大学，北京　100094）

摘要：对中国产羊草和引自美国的牧冰草共7份材料/品种在内蒙古半干旱地区旱作条件下进行了牧草产量试验。试验结果指出，在建植2～6年期间，所有供试材料的牧草产量年际变幅都比较大，但羊草的变异系数相对低于牧冰草。牧草产量的年际变化受4—7月降水量和牧草生长年限的双重影响，但建植4～5年以后则主要受生长年限的影响。就牧草产量平均值和稳产性而言，羊草 LECH-IMC 最好，牧冰草 Walsh 最差；牧冰草 Arriba、Barton、Rodan 和 Rosana 对内蒙古半干旱地区的草地补播有利用潜力。

1　引言

羊草（*Leymus chinensis*）和牧冰草（*Pascopyrum smithii*）同为小麦族多年生根茎禾草，具有相似的广幅生态分布和种系发生上的亲缘关系。前者是中国温带半干旱地区典型草原的主要建群种，后者是北美温带干旱半干旱地区混合型草原的优势种之一，两者对中轻度盐碱化草甸生境也有良好的适应性。羊草牧草品质优良，是中国少有的耐旱型根茎禾草，并具有一定的耐盐性，对天然草地补播、人工草地建立和盐碱荒地改良都有重要意义。但其种子产量较低，不能满足中国草地植被建设对其种子的需求，使其在生产中的利用受到限制。美国育成的牧冰草品种与羊草相比种子产量较高，对北美的草地补播和植被恢复等起到了重要作用。为了解牧冰草在中国温带半干旱地区的利用潜力，以期为中国的草地植被建设补充新的根茎型禾草种质资源，从1992年开始我们连续6年对羊草和牧冰草进行了适应性和牧草产量比较试验。

2　试验地点、材料和方法

2.1　试验地点

试验地点设在呼和浩特以南23km 中国农科院草原研究所试验场内。该地海拔 1 065m；年均温 6.2℃，≥10℃年积温 2 800～3 000℃；无霜期 127～131d；年均降水量400mm，6—9月降水量占全年降水量的70%以上。地带性植被为暖温型典型草原，试验地点为次生植被，植物组成以大针茅（*Stipa grandis*）、达乌里胡枝子（*Lespedeza davurica*）和白草（*Pennisetum centrasiaticum*）为主，其次为蒿属（*Artemisia* spp.）、羊草（*Leymus chinensis*）、赖草（*Leymus secalinus*）、扁蓿豆（*Melissitus ruthenica*）和一年生杂类草。土壤为沙壤质碱化草甸土，表层土壤 pH 为 7.5～8.5，有机质含量为 0.6%～1.0%。

2.2　材料

中国北方产羊草材料2份，引自美国的牧冰草品种5份（表1）。

表 1 试验材料及来源

品种/材料	种名	来源
LECH-IMC	羊草 *Leymus chinensis*	中国内蒙古呼和浩特
LECH-Chif	羊草 *Leymus chinensis*	中国内蒙古赤峰
Arriba	牧冰草 *Pascopyrum smithii*	美国 New Mexico
Barton	牧冰草 *Pascopyrum smithii*	美国 Kansas
Rodan	牧冰草 *Pascopyrum smithii*	美国 North Dakota
Rosana	牧冰草 *Pascopyrum smithii*	美国 Montana
Walsh	牧冰草 *Pascopyrum smithii*	美国 Montana

2.3 方法

随机区组排列，三次重复。小区面积 $6 \times 1.2 m^2$，行距 30cm。播种前清除原植被。用手控播种器播种，播量为每米 100 粒。1992 年 5 月下旬播种。播种当年为降水丰年。试验期间不灌溉，不施肥，禁牧，播种当年出苗后清除根茎杂草一次。从第二年开始，每年 8 月下旬测产。取连续 5 年的干草产量值进行分析。

3 结果与分析

方差分析（表 2）表明，牧草产量各品种间差异不显著，年度间差异和品种与年度互作极显著。

表 2 试验材料产量方差分析

变异来源	DF	SS	MS	F	$F_{0.05}$	$F_{0.01}$
区组	10	1 109 254.09				
品种	6	1 477 631.32	246 271.89	2.20	2.51	
年度	4	9 533 777.87	2 383 444.47	48.25**	2.52	3.65
品种×年度	24	2 690 293.73	112 095.57	2.27**	1.70	2.12
随机误差	60	2 963 851.24	49 397.52			
总变异	104	17 774 808.25				

3.1 产量的年度变化

分析表明，年度间的产量变化主要与生长季降水量和牧草的生长年限有关，表现为如下两种变化趋势（图 1）。

3.1.1 随生长季降水量变化

2 个羊草材料和牧冰草 Barton、Rodan 5 年的产量值与生长季降水量的偏相关系数高于与生长年限的偏相关系数。如果以 4—7 月降水量作一条年度变化曲线，可以看出，除 1997 年外，这几个品种/材料的产量年度变化与这条曲线较为相近（图 1-I），它们的最高产量值均出现在降水丰年（1994 年）。这说明生长季降水量的年度变化对这 4 个品种/材料的产量年度变化有较大的影响。

1997 年牧冰草 Barton 和 Rodan 没有获得产量，羊草的产量也是几年中的最低值，并没有随当年降水量的增加而增产。虽然 1997 年夏季出现了少见的持续高温，对该年度的牧草产量无疑会产生不利影响，但更主要的原因是 1997 年为牧草建植的第六年，随着牧草生活年限的增长，土壤紧实度也在逐年增加，必然影响牧草根茎的生长，导致牧草产量下降。所以上述牧草的产量变化在受生长季降水量影响的同时，也受牧草生长年限负效应的影响，其中牧冰草 Barton 和 Rodan 与生长年限的偏相

关 R^2 值分别达到 0.848 2 和 0.723 7。

3.1.2 随植物生长年限变化

牧冰草 Arriba、Rosana 和 Walsh 3 个品种建植以后，牧草产量随生长年限发生变化，均以建植第二年产量最高，以后逐年下降（图 1-Ⅱ）。其中，Arriba 在降水丰年的产量值下降不显著，Walsh 和 Rosana 分别在第五年和第六年没有获得产量。

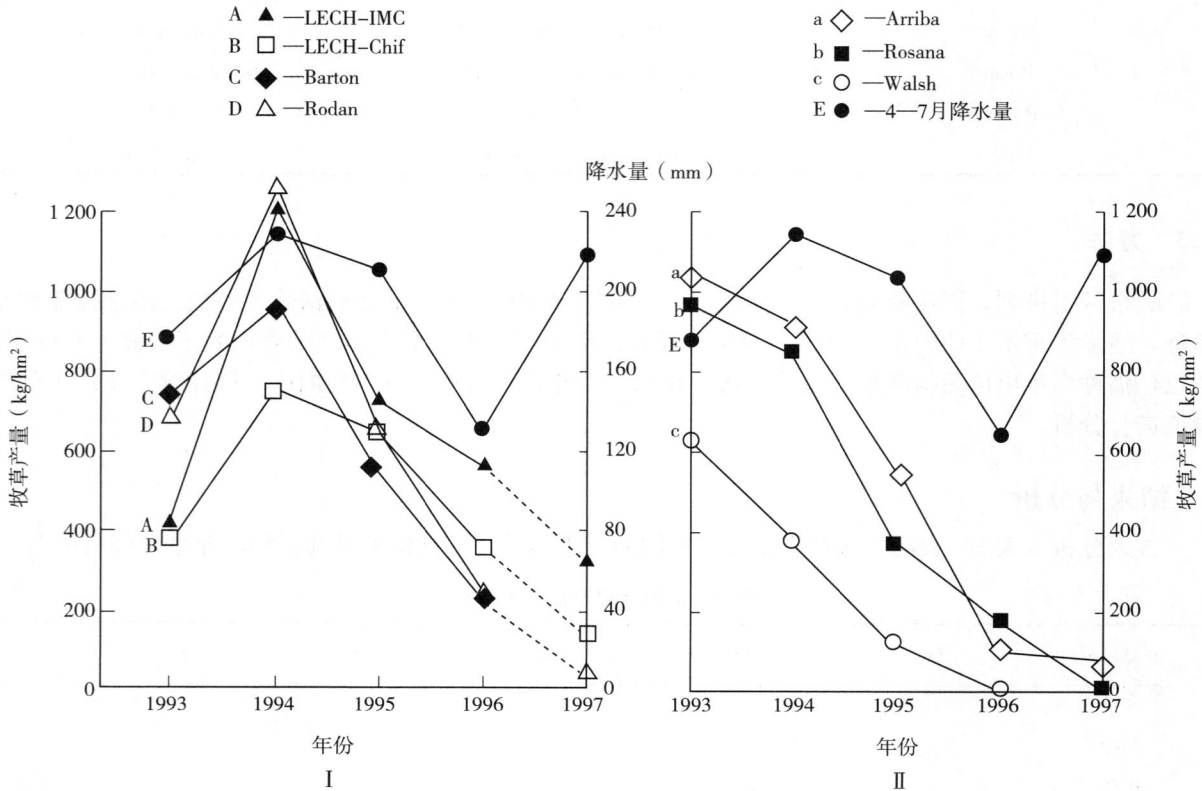

图 1　牧草产量与 4—7 月降水量及生长年限的年度变化

3.2 稳产性

对各品种/材料 5 年的牧草产量稳产性分析表明（表 3），羊草 LECH-IMC 和 LECH-Chif 的变异系数（CV）最小，稳产性回归系数（b）小于 1；牧冰草几个品种的变异系数都比较高，回归系数均大于 1。由此说明，羊草 2 份材料的稳产性比牧冰草各品种相对要高，而在牧冰草品种中 Barton 相对稳产，Walsh 稳产性最差。

表 3　牧草产量平均值、标准差、变异系数、稳产性回归系数及决定系数

品种/材料	$\overline{X}$（kg/hm²）	S（kg/hm²）	CV（％）	b	r^2
LECH-IMC	644.26	337.27	52.53	0.75	0.56
LECH-Chif	466.64	237.93	50.99	0.57	0.65
Arriba	533.36	435.08	81.57	1.23	0.91
Barton	510.26	397.71	77.94	1.18	1.00
Rodan	567.94	485.56	85.49	1.42	0.97
Rosana	483.54	433.30	89.61	1.20	0.87
Wlash	233.52	278.10	119.09		

4　结论与讨论

（1）在禁牧、旱作条件下，羊草和牧冰草的牧草产量差异不显著，但就 5 年的平均产量和稳产性而言，羊草 LECH-IMC 最好，牧冰草 Walsh 最差，其他品种/材料居中。虽然表 3 所示羊草的稳产性决定系数 r^2 值偏低（0.56～0.65），即估测其稳产性的可靠程度较小，但其变异系数可作辅助说明。

（2）羊草 LECH-IMC、LECH-Chif 和牧冰草 Barton、Rodan 在建植 5 年内，牧草产量的年度变化受 4—7 月降水量的影响较受牧草生长年限的影响显著，降水丰年产量最高。5 年以后则随生长年限的增加产量下降。

（3）牧冰草 Arriba、Rosana 和 Walsh 牧草产量随生长年限发生变化，建植第二年产量最高，以后逐年下降。Arriba 在建植 5 年内，降水丰年产量下降不显著。

（4）供试的根茎禾草在建植 4～5 年以后，随着土壤紧实度的增加，根茎繁殖受到限制，影响牧草产量。

（5）牧冰草除 Walsh 外，其他品种对内蒙古半干旱地区的草地植被建设有一定的利用潜力。

参考文献（略）

本文原刊载于《中国草地》，1998 年第 2 期，略有删改

几种豆科牧草旱作条件下的产量分析

谷安琳[1]，Larry Holzworth[2]，云锦凤[3]，戎郁萍[4]，贾丰生[1]，翁森红[1]

（1. 中国农业科学院草原研究所，呼和浩特　010010；2. 美国农业部自然资源保护局；
3. 内蒙古农牧学院，呼和浩特　010018；4. 中国农业大学，北京　100094）

摘要：对选自中国和美国的 12 份豆科牧草材料/品种在内蒙古干旱和半干旱地区旱作条件下进行了牧草产量试验和分析。来源于内蒙古当地的豆科牧草产量显著优于引自北美的供试品种。在干旱地区，直立黄芪、扁蓿豆、达乌里胡枝子和牛枝子适应性较好，其中直立黄芪牧草产量最高。在半干旱地区，沙打旺牧草产量最高，但稳产性低于扁蓿豆和达乌里胡枝子。来源于北美的供试材料在内蒙古干旱地区不能收获牧草，在半干旱地区降水丰年播种可收获一定产量。生长季降水量和牧草的生长年限对牧草产量的年际变化有重要影响，影响程度因牧草种性及其生境不同而异。

1　引言

为了给中国北方天然草地补播豆科牧草提供选种方面的科学依据，我们在内蒙古干旱半干旱地区旱作条件下对中美豆科牧草共 12 个材料/品种的牧草产量进行了为期 7 年的评价试验。

2　试验地点、材料和方法

2.1　试验地点及自然条件

试验地点设在内蒙古呼和浩特市南部郊区和包头市达茂旗海雅牧场，自然条件列于表 1。

2.2　供试材料

来源于内蒙古中西部地区的野生驯化材料 5 份，栽培品种 2 份，美国西部地区广泛应用的品种 5 份（表 2）。

表 1　试验地点自然条件

自然条件	试验地点	
	呼和浩特市南郊	海雅牧场
海拔（m）	1 065	1 375
年均温（℃）	6.2	2.8
≥10℃的年积温（℃）	2 800～3 000	2 000～2 400
无霜期（d）	127～131	112～126
1991—1996 年均降水量（mm）	407.5	279.8
湿润度	0.3～0.4	0.2～0.3
地带性植被	暖温型典型草原	中温型荒漠草原

（续）

自然条件	试验地点	
	呼和浩特市南郊	海雅牧场
主要植物组成	*Stipa grandis*, *Lespedeza davurica*, *Pennisetum centrasiaticum*, *Leymus chinensis*, *Melilotoides ruthenica*	*Stipa breviflora*, *Artemisia frigida*, *Cleistogenes songarica*
土壤类型	草甸土	棕钙土
质地	砂壤	壤质
表层有机质（%）	0.6～1.0	1.0～1.8

表 2　试验材料及来源

材料/品种		种名	种子来源
ASAD-Helin	沙打旺-H	*Astragalus adsurgens*	内蒙古和林格尔
ASAD-Chif	沙打旺-C	*Astragalus adsurgens*	内蒙古赤峰
ASAD-Baiy	直立黄芪	*Astragalus adsurgens*	内蒙古巴盟中旗
ASME-Yi	草木樨状黄芪	*Astragalus melilotoides*	内蒙古伊盟
LEDA-Bai	达乌里胡枝子	*Lespedeza davurica*	内蒙古巴盟中旗
LEPO-Bai	牛枝子	*Lespedeza potaninii*	内蒙古巴盟中旗
MERU-Bai	扁蓿豆	*Melissitus ruthenica*	内蒙古巴盟中旗
9024808	北美岩黄芪	*Hedysarum boreale*	美国 Colorado
Ladak	杂种苜蓿	*Medicago sativa*×*M. falcata*	美国 Montana
Ranger	杂种苜蓿	*Medicago sativa*×*M. falcata*	美国 Montana
Spredor-2	杂种苜蓿	*Medicago sativa*×*M. falcata*	美国 Montana
Travois	杂种苜蓿	*Medicago sativa*×*M. falcata*	美国 Montana

注：巴盟指巴彦淖尔盟，伊盟指伊克昭盟（现鄂尔多斯市）。

2.3　方法

随机区组排列，三次重复。小区面积 $14.4m^2$（6m×2.4m），行距 60cm。播种前清除原植被。用手控播种器播种，播量为有效种子 60 粒/m。试验期间不灌溉，不施肥，不清除杂草，禁牧。1991 年 6 月中旬在呼和浩特和海雅试验地播种。因 1991 年为旱年，播种当年部分品种/材料建植失败；1992 年 5 月下旬在呼和浩特重复播种。从建植第 2 年开始，每年 8 月下旬测产一次，风干牧草，取干草产量值进行分析。

3　结果与分析

3.1　品种效应

3.1.1　旱年播种的品种效应

旱年播种，建植的材料仅有 6 份，均产于内蒙古（表 3）。品种效应因地点而异。分析表明建植的 6 份材料在呼和浩特试验点 4～6 年期的牧草平均产量差异达到了 1% 或 5% 的显著水平，2 个不同来源的沙打旺产量最高，扁蓿豆次之，牛枝子和直立黄芪最差。从表 3 可以看出，随着牧草生长年限的增加，品种间的差异显著性在缩小。海雅试验点的结果则截然不同，6 份材料 4 年的平均产值差异不显著，但随着生长年限的增加，品种间的差异显著性加大，6 年的平均产量值达到了显著水平，直立黄芪和扁蓿表现最好，沙打旺产量最低。

表 3　旱年播种平均干草产量的极差测验（LSR）（kg/hm²）

材料	呼和浩特 (1992—1995 年)			呼和浩特 (1992—1997 年)		材料	海雅 (1992—1995 年)		海雅 (1992—1997 年)	
	平均产量	0.05	0.01	平均产量	0.05		平均产量	0.05	平均产量	0.05
沙打旺-H	1 491	a	A	994	a	直立黄芪	266	a	261	a
沙打旺-C	1 414	a	A	943	a	扁蓿豆	219	a	201	ab
扁蓿豆	618	b	B	458	ab	达乌里胡枝子	77	a	119	bc
达乌里胡枝子	108	c	BC	119	b	牛枝子	62	a	108	bc
牛枝子	54	c	C	57	b	沙打旺 2	119	a	79	bc
直立黄芪	40	c	C	27	b	沙打旺 1	52	a	35	c

3.1.2　降水丰年播种的品种效应

在呼和浩特降水丰年播种的材料中，产于北美的岩黄芪和内蒙古的牛枝子建植期短，牧草产量低，其他材料/品种的建植期均在 4 年以上。LSR 测验表明（表 4），内蒙古当地材料均优于北美品种。其中，2 份沙打旺材料的平均产量最高，与北美的 4 个苜蓿品种差异极显著；其次较好的为达乌里胡枝子和扁蓿豆。北美 4 个苜蓿品种间的差异不显著。

表 4　降水丰年播种材料的干草产量极差测验（1993—1997 年）

品种/材料	平均产量 (kg/hm²)	0.05	0.01
沙打旺-H	1 957	a	A
沙打旺-C	1 415	ab	AB
达乌里胡枝子	855	bc	BC
扁蓿豆	756	bc	BC
直立黄芪	416	c	BC
草木樨状黄芪	415	c	BC
杂种苜蓿 Spredor-2	269	c	C
杂种苜蓿 Ladak	267	c	C
杂种苜蓿 Ranger	234	c	C
杂种苜蓿 Travois	199	c	C

3.2　牧草产量年度变化

试验表明，多数供试材料的牧草产量年度变化主要受生长季降水量和牧草生长年限的影响，影响程度因牧草种性及其生长环境中的其他因素不同而异。各材料/品种的产量变化分述如下，有关数据见表 5。

3.2.1　沙打旺

表 5 和图 1-A、图 1-B 所示，两个来源的沙打旺在不同地点和不同年份播种的产量年度变化趋势一致，高峰值出现在第 3 年或第 4 年，即使该年份为旱年。不同年份播种的试验表明，如果第 3 年或第 4 年生长季降水量充足，牧草产量比旱年同龄期高 34%～68%，说明降水量对这两年的牧草产量影响较大。4 年以后，产量急剧下降，年限负效应的影响远远大于降水量正效应的影响。沙打旺在海雅试验点的定植期为 5 年，在呼和浩特可达 6 年。

3.2.2　直立黄芪

直立黄芪在海雅试验点适应性良好，建植水平较高，建植率的年度变异系数仅 20.50%，但牧草

表 5　牧草产量 (kg/hm²) 变化的有关资料

材料/品种	呼和浩特干旱年份播种					呼和浩特降水丰年播种					海雅旱年播种				
	6年平均产量	最高产量	年份	4—8月降水量为常年值的%	产量变异系数(%)	5年平均产量	最高产量	年份	4—8月降水量为常年值的%	产量变异系数(%)	6年平均产量	最高产量	年份	4—8月降水量为常年值%	产量变异系数(%)
		最高产量、年份及降水量					最高产量、年份及降水量					最高产量、年份及降水量			
沙打旺-H	994	2 737	3	79.42	119.81	1 415	3 669	3	143.24	98.74	35	111	3	76.73	127.23
沙打旺-C	943	2 119	3	79.42	101.05	1 957	3 568	3	143.24	65.70	73	166	4	108.54	99.79
直立黄芪	27	92	4	143.24		416	1 192	2	79.42	121.17	261	578	4	108.54	83.10
草木樨状黄芪	0					415	1413	3	143.24	134.90	0				
达乌里胡枝子	119	161	6	86.90	39.26	855	1 508	3	143.24	48.71	119	245	7	104.48	71.89
牛枝子	57	90	5	108.65		67	158	6	119.19	92.12	108	206	7	104.48	74.14
扁蓿豆	458	861	4	143.24	70.02	756	1 432	3	143.24	66.93	201	380	3	76.73	60.20
北美岩黄芪	0					96	232	3	143.24		0				
杂种苜蓿 Spr.	0					267	441	2	79.42	51.10	0				
杂种苜蓿 Lad.	0					234	497	2	79.42	72.34	0				
杂种苜蓿 Ran.	0					269	503	2	79.42	64.70	0				
杂种苜蓿 Tra.	0					199	399	2	79.42	80.23	0				

产量的年变幅较大,与生长季降水量密切相关。如图 2-A 所示,产量峰值均出现在降水较好的年份。

3.2.3 草木樨状黄芪

草木樨状黄芪在呼和浩特降水丰年播种可获得建植,但建植后牧草产量极不稳定,变异系数高达 134.9%,产量高峰在第 3 年(降水丰年),极显著高于其他年份。

3.2.4 达乌里胡枝子和牛枝子

达乌里胡枝子在呼和浩特降水丰年播种,生长良好,建植率从第 2 年开始一直稳定在 50% 以上,产量变异系数也相对较小。牛枝子在呼和浩特地区虽能建植,但地上部分生长缓慢,未能形成产量。两者在海雅试验点均有很高和稳定的建植水平,但由于它们的旱生特性,茎由地面分枝,且匍匐生长,地上生物量增长缓慢,因此牧草产量不高。分析结果表明,产量年度变化与生长年限显著正相关,即产量逐年增加(图 2-B),最高值在第 7 年(本试验的最后观测年)。

3.2.5 扁蓿豆

扁蓿豆的适应性广泛,与地点的互作效应不显著。如图 1-C 和图 2-A 所示,其产量高峰出现在第 3 年或第 4 年。试验表明,第 3 年如遇降水丰年,牧草产量比旱年同龄期大幅度增产;如遇旱年,则与水量丰沛的第 4 年产量相差甚微,说明扁蓿豆的牧草高产期在第 3 年。分析结果还表明,其产量的年度变化与 4—8 月降水量及其生长年限分别存在着密切的正负相关关系,与后者的负偏相关系数稍大于前者的正偏相关系数。

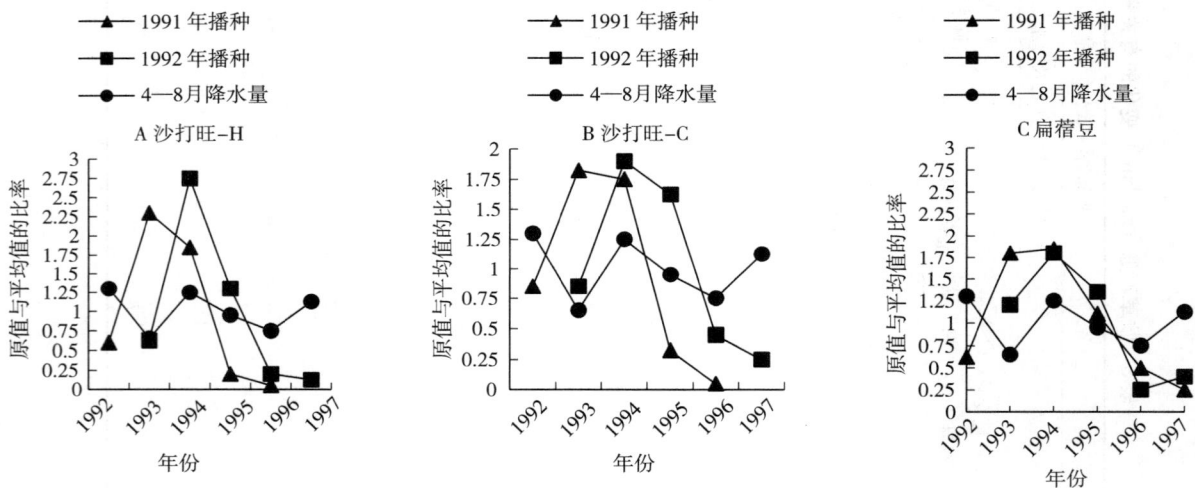

图 1　豆科牧草在呼和浩特试验区的产量年度变化

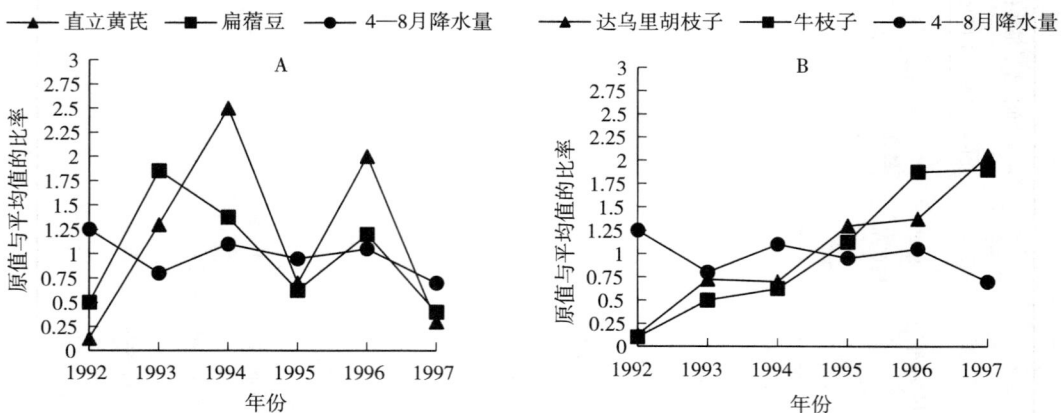

图 2　豆科牧草在海雅试验区的产量年度变化

3.2.6　北美品种

引自北美的豆科牧草仅在呼和浩特降水丰年播种建植成功，定植后牧草产量低。4个杂种苜蓿品种的牧草产量与生长年限密切相关，均在第2年最高，以后逐年下降。北美岩黄芪牧草产量最高值为232kg/hm²，出现在降水丰年。

4　小结

（1）在内蒙古半干旱地区旱作条件下，沙打旺在定植第3年和第4年牧草产量高，适于半干旱地区的草原补播，但利用年限较短。扁蓿豆和达乌里胡枝子的牧草产量低于沙打旺，但定植期长，稳产性高于沙打旺，是适于草原补播的优良长寿豆科牧草。

（2）在内蒙古干旱地区旱作条件下，直立黄芪和扁蓿豆产草量相对最高，适于荒漠草原的补播利用。达乌里胡枝子和牛枝子虽然牧草产量较低，但由于它们有较高的建植率和较长的定植期，对恢复荒漠草原植被有重要意义。

（3）草木樨状黄芪和来源于北美的供试品种在内蒙古的干旱生境建植困难，在半干旱地区虽可建植，但牧草产量较低，不宜旱作或补播利用。

（4）多数供试材料的牧草产量年度变化与生长季降水量和牧草生长年限相关，两者的影响程度因牧草种性及其生长环境不同而异。同时，这两个因素可以减缓或增加彼此的正负效应。

（5）随着生长年限的增加，供试材料的品种效应在干旱地区差异显著性增大，在半干旱地区差异显著性缩小。

参考文献（略）

本文原刊载于《中国草地学报》，1998年第5期，略有删改

农牧老芒麦良繁播种期试验研究

张众[1]，云锦凤[1]，王润莲[1]，李树森[2]，韩跃林[1]

（1. 内蒙古农业大学生态环境学院，呼和浩特　010018；2. 正蓝旗牧草种籽繁殖场，锡林郭勒　027200）

摘要： 2001—2004 年在内蒙古正蓝旗育草站进行了 4 年良繁播种期试验。从 2001 年 7 月至 2002 年 8 月每隔半月播种一次，观测不同时期播种对农牧老芒麦当年种子萌发出苗、幼苗生长及对每年种子产量和品质的影响，以期探索最佳播种期。一个完整年度播种期的试验结果表明，3 月底至 10 月底为可播种期；农牧老芒麦的 3 个适播期为早春（土壤解冻至 4 月中旬）、夏秋（6 月底至 8 月底）和冬初（10 月底至土壤冻结）。在灌溉条件下，早春 4 月中旬前播种，当年可以正常结实；夏秋雨季播种，易于抓苗保苗，翌年返青生长良好，种子产量高；冬初为最佳播种期，既有利于翌年早春种子萌发和幼苗生长、正常结实，又可合理调配播种机具和人力，特别是可以避开当地春季风沙，保证播种安全。

根据饲草料作物品种特性及产区自然气候和生产条件确定适宜的播种期，对于牧草种子生产意义重大。国内外有关研究结果表明，适时播种对于提高作物种子产量和品质、有效防治杂草及病虫害、降低生产成本等方面具有十分重要的作用。农牧老芒麦（*Elymus sibiricus* L. cv. Nongmu）为禾本科披碱草属国产优良牧草品种，因其产草量高、适应性较强、易于推广种植，在我国北方地区种植普遍。近年来我们发现，经过多年种植该品种退化较为严重，表现为牧草产量下降、生产年限缩短。2001 年以来，我们在内蒙古锡林郭勒盟正蓝旗进行了该品种原种良繁基地建设和良繁技术试验研究，旨在保持和改善该品种的优良特性，扩大原种种子数量，降低生产成本，提高种植效益。本试验通过周年分期播种试验观测，初步摸清了农牧老芒麦在当地条件下的适宜播种期。

1　试验地概况

正蓝旗牧草种籽繁殖场（又名正蓝旗育草站）位于内蒙古锡林郭勒盟正蓝旗上都音高勒镇正北 7km 处，地处北纬 42°16′、东经 115°57′，海拔高度 1 300m，年均降水量 300mm，全年蒸发量 1 800mm，春季风沙多发，夏季干旱频繁；年平均日照时数 3 000h，年平均气温 1.5℃，≥10℃的年积温 1 700～1 900℃，无霜期 120d 左右，初霜 9 月底，终霜 5 月中旬，平均风速为 3.2～4.8m/s；土壤为沙质栗钙土，自然肥力中等。

2　供试材料

供试牧草品种为自行培育的农牧老芒麦，种子采自内蒙古农业大学科技园区牧草试验站牧草品种保种圃，2000 年 8 月采收，在常温条件下贮藏一年，播前晾晒、清选去杂。2001 年 7 月播前测得种子净度为 83.0%，千粒重为 3.2g，出苗强度为 214 苗/g。

3　试验方法

3.1　选地与整地

选择立地条件适中、有代表性的地块。试验地地势平坦、开阔，土壤为沙质栗钙土，疏松干燥，自然肥力中等。耕地时经验性地施入腐熟粪肥 30t/hm²。播前耕翻（耕深 25cm）、耙糖、精细制床，并喷灌补墒。

3.2　播种期

试验期内全年共播种 15 次，具体时间详见表 1。

3.3　播种与管理

实行手工钩锄开沟，人工撒籽、覆土、镇压。条播，南北向播种，每次播种 4 行，行长 10m，行距 40cm，播种量 1g/m，播深不超过 2cm；出苗后随时拔除杂草，干旱时及时喷灌浇水。

4　结果与分析

经过一年（每隔半月播种 1 次，共 15 次）完整的年度播期试验，对田间出苗、生长发育及种子生产性能进行了观测。结果表明：当地种植多年生牧草的可播种期较长，一般为 3 月底至 10 月底，其余时间为不可播种期（非播种期）；农牧老芒麦播种当年幼苗生长及翌春返青、生长与种子品质和产量都随播种日期的不同而表现出较大的差异（表 1、表 2）。

试验结果表明，不同时期播种主要影响当年的出苗、保苗及种子产量和品质。春季早播易于早出苗，当年即可收获种子；夏秋播种当年不能抽穗结实；冬初播种翌年早春出苗。播种当年生长良好的植株，第二年开始早春返青及生长状况趋于一致，种子产量一般可达到 1 000kg/hm² 以上（表 2）。

在灌溉条件下，早春地表解冻后即可播种。早春播种有利于抢墒出苗，且光照柔和不伤苗，幼苗生长良好；同时幼芽经过高低温交替变化诱导，有利于分化抽穗。但早春适播时间较短，且当地春季多风，易造成播种困难。4 月中旬后播种，当年不能正常结实。由表 1、表 2 可以看出，4 月 1 日播种，种子能够正常萌发出苗、抽穗结实，当年即可获得理想的种子产量（852.0kg/hm²）；4 月 15 日播种，种子虽能正常萌发出苗、分蘖和拔节，但抽穗不整齐，抽穗率低，种子成熟差，成熟期极不一致，而且产量低（仅 192.0kg/hm²）。

夏初由于土壤墒情较差，加之气候逐渐干热，播后出苗不良，死苗现象严重，造成抓苗保苗困难，且当年仅有个别植株抽穗。由表 1 还可以看出，5 月 16 日至 6 月 15 日播种，出苗及生长情况一般，当年抽穗率不足 2%。夏末秋初雨季来临，水热条件适宜，有利于种子萌发出苗、幼苗分蘖及营养生长。例如，本试验 6 月 30 日至 8 月 26 日播种，出苗及生长良好，但当年不抽穗。

秋末播种，因气温下降不利于种子萌发，田间表现为出苗迟缓、不整齐、出苗率低。由表 1、表 2 可以看出，9 月 10 日和 25 日播种，出苗不良，当年不分蘖；10 月 10 日播种，当年不出苗；9 月 25 日和 10 月 10 日播种，翌年春季返青出苗差，种子产量低。这是由于 9 月 25 日以后播种，当年幼苗弱小，越冬时易受冬春低温伤害而影响正常生长发育，以及部分种子发芽后因受冬春低温伤害而不能形成正常幼苗，翌年田间密度小。秋末冬初因土壤开始封冻，可进行寄籽播种，虽当年不出苗，但翌春随土壤解冻、气温回升种子可及时萌发，出苗及生长良好，有利于种子生产。由表 1、表 2 可以看出，10 月 25 日播种当年不出苗，翌春出苗生长良好，种子产量为 1 008.0kg/hm²。

表 1　不同日期播种对出苗及生长发育的影响

播种期（月.日）	当年				翌年			
	出苗	分蘖	抽穗	结实	返青/出苗	分蘖	抽穗	结实
4.1	良好	良好	良好	良好	良好	良好	良好	良好
4.15	良好	良好	抽穗少，不一致	抽穗少，种子成熟期不一致	良好	良好	良好	良好

（续）

播种期 （月．日）	当年				翌年			
	出苗	分蘖	抽穗	结实	返青/出苗	分蘖	抽穗	结实
5.1	风沙大，无法播种							
5.16	不良	不良	个别	—	良好	良好	良好	良好
5.31	不良	不良	个别	—	良好	良好	良好	良好
6.15	不良	不良	个别	—	良好	良好	良好	良好
6.30	良好	良好	不抽穗	—	良好	良好	良好	良好
7.19	良好	良好	不抽穗	—	良好	良好	良好	良好
7.27	良好	良好	不抽穗	—	良好	良好	良好	良好
8.11	良好	良好	不抽穗	—	良好	良好	良好	良好
8.26	良好	良好	不抽穗	—	良好	良好	良好	良好
9.10	不良	不分蘖	—	—	良好	良好	良好	良好
9.25	不良	不分蘖	—	—	不良	良好	良好	良好
10.10	不出苗	—	—	—	不良	良好	良好	良好
10.25	不出苗	—	—	—	良好	良好	良好	良好

表2　不同日期播种对种子生产的影响

播种期 （月．日）	当年				翌年			
	成熟性	千粒重 （g）	3月后发 芽率（%）	产量 （kg/hm²）	成熟性	千粒重 （g）	返青率 （%）	产量 （kg/hm²）
4.1	成熟期一致， 成熟度高	3.2	95.2	852.0	良好	3.4	96.3	1 006.5
4.15	成熟不一致， 成熟度低	2.2	66.3	192.0	良好	2.9	95.7	918.0
5.16	成熟不一致， 成熟度差	1.2	9.3	18.0	良好	2.9	86.3	1 014.0
5.31	不能成熟	—	—	—	良好	3.0	76.8	862.5
6.15	不能成熟	—	—	—	良好	3.1	78.4	789.0
6.30	不能成熟	—	—	—	良好	3.3	80.3	861.0
7.19	不能成熟	—	—	—	良好	3.3	85.8	873.0
7.27	不能成熟	—	—	—	良好	3.5	96.3	1 014.0
8.11	不能成熟	—	—	—	良好	3.4	93.2	1 017.0
8.26	不能成熟	—	—	—	良好	3.4	96.3	1 026.0
9.10	不能成熟	—	—	—	良好	3.0	92.2	717.0
9.25	不能成熟	—	—	—	良好	2.9	76.8	579.0
10.10	不能成熟	—	—	—	良好	2.8	74.4	567.0
10.25	不能成熟	—	—	—	良好	3.7	87.3	1 008.0

5　小结

（1）当地11月中旬至翌年3月中旬为非播种期，土地封冻不能耕作；3月底土壤开始解冻进入牧草播种期，至10月底土壤封冻前均可播种。根据季节性规律，多年生牧草在可播期内有3个适播期：早春、夏秋和冬初。

（2）在适宜水分或灌溉条件下种植农牧老芒麦，春季早播有利于生长和分化，4月中旬以前播种当年即可收获种子。

（3）夏秋播种雨热条件充沛，易抓苗保苗，且幼苗生长良好，可安全越冬，翌年种子产量高；但播种日期应不迟于8月底。

（4）冬初土壤封冻前进行寄籽播种，种子可以在土壤中安全越冬，翌年早春在适宜条件下及时发芽出苗，并能获得理想的种子产量。因此，当地及类似地区在灌溉条件下生产农牧老芒麦种子时，以冬初寄籽播种为最佳。

参考文献（略）

本文原刊载于《中国草地》，2005年第4期，略有删改

新麦草新品系生物学特性及生产性能研究

云锦凤[1]，王勇[1]，徐春波[2]，云岚[1]

（1. 内蒙古农业大学生态环境学院，呼和浩特　010018；2. 中国农业科学院草原研究所，呼和浩特　010010）

摘要： 对新麦草新品系及对照山丹新麦草的物候期、生长速度、草层结构、开花习性、产量性状等生物学特性和生产性能的研究结果表明，该品系具有抗寒、耐旱性强、返青早、生长发育快、青绿持续期长、分蘖多、须根系发达、开花整齐和产量高等优良特点，适宜于干旱半干旱地区栽培，具有很好的推广种植前景。

新麦草属（*Psathyrostachys* Nevski）是禾本科（Gramineae）小麦族（Triticeae）中较小的一个属，全世界约 10 种，主要分布于欧亚地区的草原及半荒漠地区。新麦草原产于中亚和西伯利亚，在我国自然分布区位于天山、阿尔泰山和青藏高原等地。我国现有 4 个新麦草野生种，另外还有育成的品种——山丹新麦草和紫泥泉新麦草，均登记为野生栽培种。北美在新麦草育种上做了大量工作，美国和加拿大目前已育成新品种 7 个，主要用于干旱及半干旱地区永久草地的补播和人工旱作放牧场的建设。为了提高新麦草的产量和品质，从 20 世纪 80 年代初我们进行了新麦草新品种的选育，1984 年从美国农业部农业研究局牧草饲料作物研究所引入原始材料 Bozoisky，采用单株种植和混合选择选出新品系 P8401，1994—1996 年与国外新麦草新品种进行品比试验，2001—2004 年又与山丹新麦草进行了品比试验。多年的试验研究及栽培实践表明，新麦草新品系在试验区表现出返青早、产量高、生长发育快、青绿持续期长、分蘖多、基部叶量丰富、须根系发达、抗逆性强、长寿命等特点，适宜在干旱半干旱地区栽培种植，具有很好的推广应用价值。现就该品系在呼和浩特地区的生长发育情况、生物学特性及生产性能进行报道，为新品种审定登记、科研、生产提供基础依据。

1　研究材料及方法

试验在呼和浩特市内蒙古农业大学牧草试验站进行。研究材料为新麦草新品系（*Psathyrostachys juncea*），对照为山丹新麦草［*Psathyrostachys juncea*（Fisch.）Nevski cv. Shandan］。对比试验，3 次刈割留茬 5cm，3 次重复。2002 年 7 月 27 日播种，条播，行距 60cm，播量 18.75kg/hm²，小区面积 10m²（2m×5m）。

2　观测内容及方法

2.1　物候期及生长速度

新品系及对照各生育期均以 50％植株进入该物候期计。返青后定株 10 株，每隔 10d 记录垂直高度、叶片长度。于每个生育期选取 50cm 样线测定枝条数量，三次重复。

2.2　草层及根系结构

在花期测定草层结构，自地面起每 10cm 一层，每层 20×30cm，分别测量各层的生物量及茎、叶、花序重量,三次重复。地面下每 10cm 一层分别测量植株每层根系的重量,三次重复。

2.3 开花习性

采取整体、定株、定穗、定花的方法观察整体、一日与一穗开花动态,同时记录当时的温度和湿度情况。

2.4 穗部性状

成熟期采集一米样线内全部成熟穗,测定穗长、穗宽、穗重、每穗小穗数、每穗种子粒数、单穗种子净重等指标,五次重复。

2.5 产量性状

于不同生育期测定鲜草产量,同时测茎叶比,每次刈割留茬 5cm,三次重复。成熟期测定种子产量,五次重复。

3 结果与分析

3.1 物候期

新麦草新品系不同年度间生育期相差不大,前后不到 5d,这可能与春天返青时温度高低有关。在呼和浩特地区,生育期平均 100～105d。新品系前期生长迅速,从返青到孕穗需要 40～50d,为生育期的 2/5;后期生长较为缓慢,从抽穗到成熟需 50～55d 完成当年生活周期。开花始于 5 月底 6 月初,持续 10～15d,这一时期是进行杂交的最适时期,但由于开花时间比其他牧草早,因而花期与其他牧草不遇。盛花后一周左右开始结实,整个结实期需 20～30d(表 1)。

表 1 新麦草新品系与山丹新麦草不同年度物候期比较(月/日)

年度	品种	返青/出苗	分蘖	拔节	孕穗	抽穗	开花	结实	枯黄	生育天数(d)
2002 (第1年)	新麦草新品系	8/10—8/18	9/15 始	—	—	—	—	—	—	
	山丹新麦草	8/9—8/16	9/10 始	—	—	—	—	—	—	
2003 (第2年)	新麦草新品系	3/19—4/20	4/21—5/1	5/2—5/8	5/9—5/14	5/15—5/31	6/1—6/9	6/10—7/3	11/1—11/17	106
	山丹新麦草	3/20—4/20	4/21—5/3	5/4—5/11	5/12—5/16	5/17—5/31	6/1—6/12	6/13—7/3	10/26—11/14	105
2004 (第3年)	新麦草新品系	3/24—4/10	4/11—4/20	4/21—5/1	5/2—5/10	5/11—5/24	5/25—6/3	6/4—7/3	11/3—11/15	101
	山丹新麦草	3/26—4/13	4/14—4/22	4/23—5/2	5/3—5/10	5/11—5/24	5/25—6/3	6/4—7/3	11/1—11/13	99

通过三年的物候期观测发现,新麦草新品系各物候期较山丹新麦草均提前 2～4d。新品系从播种到出苗历时 5d,较对照早 1d,这种特性不仅出现在同一年度,也表现于不同年限间。在相同气候、水肥条件下,新麦草较其他禾本科牧草如冰草、披碱草、老芒麦等具有返青早、成熟快等特点,返青早于其他牧草 7～10d,种子成熟则早 20d 左右,整个物候期在 100～105d。

3.2 生长速度

新品系及山丹新麦草生长速度在整个生育期呈 S 形曲线（图 1）。返青至拔节期生长缓慢，此时期为根及分蘖芽旺盛生长期；抽穗期后生长速度加快，盛花期后则转为生殖生长期，营养生长变缓；结实期到种子成熟，营养生长基本停止，茎叶储藏的营养物质用以供应种子发育。总体来看，新品系在生育期各阶段的生长速度均快于山丹新麦草。在整个生长季内，四年生新品系的生长速度为 1.44cm，三年生新品系为 1.21cm，而三年生山丹新麦草为 0.91cm。

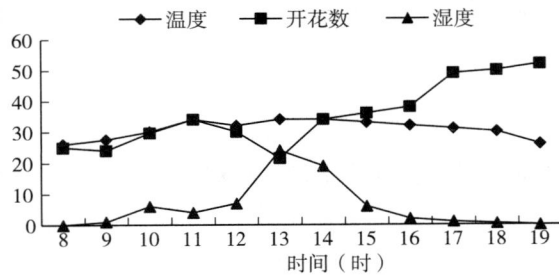

图 1 新麦草新品系、山丹新麦草生长速度曲线

当栽培条件相同时，单位面积产草量很大程度上取决于品种的株高、叶量及分蘖数量。孕穗及抽穗期是禾本科牧草利用的最佳时期，抽穗期的株高在供试品种之间差异较大，2003 年新品系绝对高度 29.22cm，比对照山丹新麦草高 10.71cm，相对增幅为 57.86%；2004 年为 58.19cm，增幅为 26.67%。叶片是为植株提供营养的重要器官，同时也是牧草被家畜利用的主要部分，因此叶片的生长快慢对于牧草的生产价值具有重要意义。新品系叶片长度的生长速度在前期较山丹新麦草的生长速度快 0.307cm/d，中期快 0.121cm/d，后期快 0.125cm/d。整个生长季山丹新麦草日均叶子长度增加 0.41cm，新品系增加 0.5cm。叶片宽度两品种差别甚微，新品系略优于山丹新麦草（表 2）。

表 2 新麦草新品系与山丹新麦草叶部生长速度比较（cm/d）

项目	品种	前期生长（返青至分蘖）	中期生长（抽穗至开花）	后期生长（开花至成熟）
叶长	三年生新麦草新品系	0.784	0.343	0.128
	三年生山丹新麦草	0.477	0.222	0.003
叶宽	三年生新麦草新品系	0.003	0.002	0.000
	三年生山丹新麦草	0.003	0.001	0.000

枝条数是鲜草产量的主要决定因子之一。从图 2 可知，新麦草新品系在花期枝条数多于对照 28～74 个，增幅为 10%～26%。另外，新品系四年生殖株枝条数高出二年生植株 16.5%，说明随年限增加新品系枝条数目也相应增加。

3.3 草层结构及根层结构

3.3.1 草层结构

结实期地上部分总生物量主要集中在距离地面 30cm 层内。叶层主要集中于植株下部，最高密度位于地上 10～20cm 内。花序多集中于上部，90～120cm 层内花序最多。地上 30～80cm 内生物量以茎为主，茎重由下层至上层递减。从草层结构可以看出，新麦草新品系为典型的下繁禾草。新麦草为喜光植物，基部的叶层生物量堆积势必会影响植物体叶片光合作用，从而影响新麦草的生长发育，因此适当稀植将有利于枝条特别是生殖枝的生长发育。

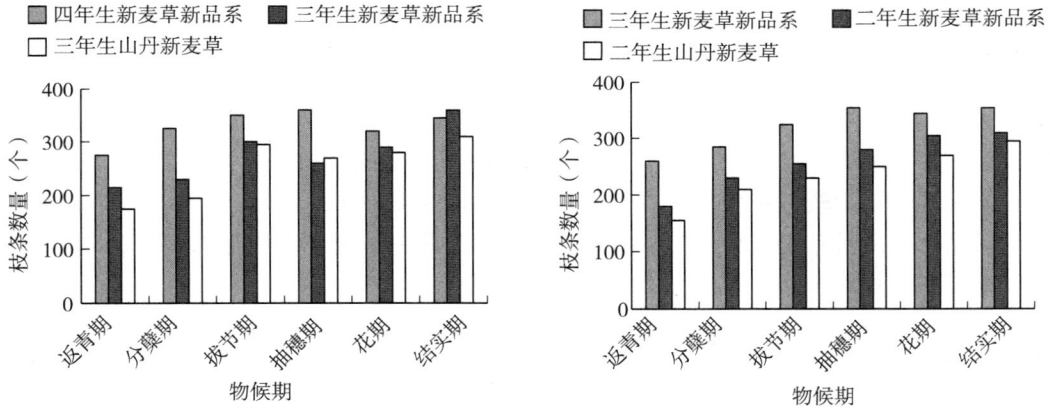

图2 新麦草新品系与山丹新麦草枝条数量比较

3.3.2 根层结构

新麦草根系为须根系，具有短而强壮的根茎，根系发达并具有沙套。在距地面0~30cm土层中，0~10cm土层地下生物量占到整个地下生物量的79.37%（包括根系和土表下的茎基部分及分蘖芽），地下0~50cm层内生物量为总生物量97.67%，70cm以下的生物量非常少。四年生新品系的根系主要分布于土表下0~50cm范围内，最深可达地下100cm，这十分有利于吸收土壤水分和营养。

3.4 开花习性

3月底返青后，经过70d左右进入花期（一般为5月下旬至6月上旬），开花比较整齐，整个花期延续15d左右，盛花期约为7d。新品系生殖枝条发育不同步，在7月初结实收获时仍有少量孕穗期的枝条。

3.4.1 一日开花动态

通过观察发现，在晴朗、无风的条件下，新麦草新品系从9:00到19:00都有开花，但上午开花较少，开花时间主要集中在12:30到15:30。开花适宜温度为32~35℃，相对湿度在20%~36%之间（图3）。阴雨天开花推迟，阴雨天过后开花才可能发生，并且是集中开放。若花期遇到连阴雨天气，则开花授粉及种子产量明显地受到影响。

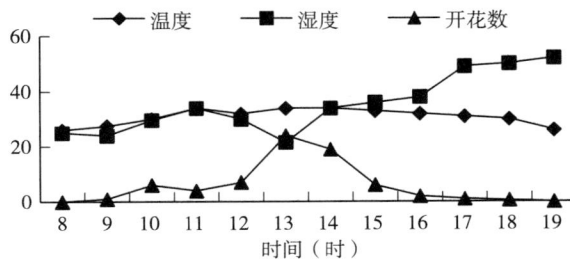

图3 新麦草新品系单一花序一日内开花动态

3.4.2 单穗开花动态

新麦草新品系为紧密的穗状花序，每穗30~35节，每节2~4小穗，每小穗2~3花，开花时一穗顺序是中部先开，再由穗中部向两端开放。其上的小花依据穗轴上着生位置顺次开放，即靠近穗轴的小花先开放。

3.4.3 小花的开放

小花开放时，内外稃首先张开，当外稃张开15°左右时，可见红紫色花药；外稃角度达到45°左右时，经3~5s花药下垂，借助风开始散粉，雄蕊完全伸出垂落约需1min；内外稃张开后约10min

开始闭合，30min 完全闭合，完成开花整个过程。开花全程大约需要 35min。

3.5 穗部性状

测定结果（表3）表明，不同年限新麦草新品系的穗长、穗宽基本没有差别，说明新品系在相同栽培条件下穗部形态较一致。从单穗种子净重来看，四年生新品系较三年生增重 0.08g，增幅 18%，这可能是四年生种子产量较三年生植株有较大幅度提高的主要原因之一。

三年生新品系与山丹新麦草穗部性状差别较大，新品系的各项测定指标均优于山丹新麦草。小穗数及穗宽增幅最大，均达 25%；千粒重增幅最小，仅为 0.8%。

表 3　新麦草新品系与山丹新麦草穗部主要性状比较（单穗）

品种	穗长 (cm)	穗宽 (cm)	穗重 (g)	小穗数 (穗)	种子粒数 (粒)	种子净重 (g)	结实率 (%)	千粒重 (g)
新麦草新品系（四年生）	14.1	1	0.6	97	224	0.52	40.71	3.79
新麦草新品系（三年生）	14.1	1	0.51	110	203	0.44	41.77	3.63
山丹新麦草（三年生）	11.9	0.8	0.43	88	169	0.37	41.17	3.60

3.6 鲜草、干草产量

试验对生长第 2 年、第 3 年以及第 4 年的新麦草产量进行了测定。从不同年限的新麦草产草量动态看，同一品种不同年限及不同品种之间均存在差异，新品系与山丹新麦草连续两年的产草量结果表明（表4），新品系鲜草及干草产量均高于山丹新麦草，差异显著。在利用第 3 年，新品系产草量较山丹新麦草增加一倍以上，差异显著。新品系不同年限之间鲜草及干草产量逐年递增，差异显著，这表明新品系随利用年限增加产草量稳步提高，第 4 年种子田抽穗期干草产量达 4 082.7kg/hm²。

表 4　新麦草草产量比较（抽穗期）

年份	品种	鲜草产量 (kg/hm²)	干草产量 (kg/hm²)	鲜干比	籽实产量 (kg/hm²)
2003	三年生新品系	9 486.9a	2 913.6a	3.26	327.6
	二年生新品系	6 417.6ab	1 678.2b	3.82	0
	二年生山丹	3 962.1a	950.9c	4.17	0
2004	四年生新品系	12 835.2a	4 082.7a	3.14	457.1a
	三年生新品系	9 877.5b	2 949.9a	3.35	295.2b
	三年生山丹	4 352.9c	1 265.1b	3.44	211.2b

注：小写英文字母表示 P<0.05 水平差异显著性。

新麦草不同年限、不同品种在不同生育期产草量测试结果（图4、图5）表明，新品系及山丹新麦草产量曲线均呈S形，且在拔节期到抽穗期生物量增加明显，尤以新品系增长最快。二年生新品系在花期—结实期产草量呈下降趋势，说明虽然二年生植株抽穗开花枝条较少，但也同样保持生殖生长期生长缓慢的规律。同时还表明，新麦草鲜草、干草产量趋势一致，但植物体干物质积累较水分积累增长慢。

从产草量数据来看（表4），2004 年，三年生新品系干草产量抽穗期达 2 949.9kg/hm²，第 4 年可能是植株生长和种子产量的一个高峰期，在第 4 年新品系种子产量与山丹新麦草及三年生植株具有显著性差异，产量为 457.1kg/hm²，第 3 年新品系种子产量为 295.2kg/hm²，山丹新麦草为 211.2kg/hm²。

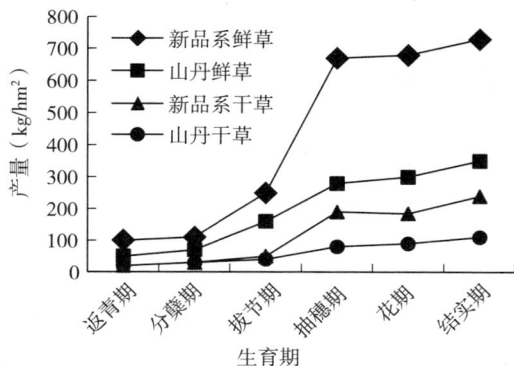

图 4　三年生新麦草不同生育期产量变化曲线

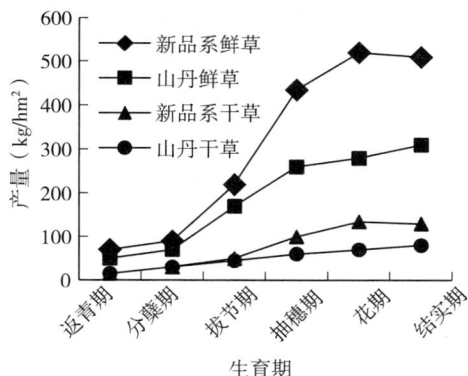

图 5　二年生新麦草不同生育期产量变化曲线

4　讨论与小结

（1）在呼和浩特地区连续三年的试验结果表明，新麦草新品系返青早，一般在 3 月 20 日左右；生长发育快，7 月初即可成熟，整个生育期 100～105d；营养生长期长，11 月中旬枯黄，青绿期长达 270d 左右。

（2）地上及地下部生物量层次结构研究证实，新麦草是典型的下繁禾草，基部叶量丰富，主要分布于距地面 30cm 范围内，占地上总生物量的 53.25%，新品系花期株高在 120～140cm；新品系根系主要分布于地下 50cm 范围内，0～50cm 生物量占到地下总生物量的 97.67%，根系最深入土约 100cm。地下 0～10cm 根重占地下全部根重的很大部分，0～10cm 区域是田间除草及施肥灌溉时最易触及区域，在除草及施肥灌溉时应尽量避免伤及根系，以不致影响植株正常生长发育。

（3）新麦草新品系开花较为整齐一致，一般为 5 月下旬至 6 月上旬，盛花期 7d 左右。株丛内少数枝条发育较慢，生育期推后。日开花集中于晴天 13:00—18:00。新麦草新品系穗形整齐，种子约 200 粒/穗，千粒重 3.79g 左右。

（4）二年生新麦草新品系干草产量 1 678.2kg/hm²，第 3 年约为 2 900kg/hm²（2003 年为 2 913.6kg/hm²，2004 年为 2 949.9kg/hm²），第 4 年 4 082.7kg/hm² 左右，第 4 年进入产草高峰期；新品系干草、鲜草产量均优于山丹新麦草，在拔节到抽穗期产草量有较高增长速率。几年的种子产量数据显示，新品系在生长第 4 年进入生长和产量高峰，种子产量为 457.1kg/hm²。

（5）新麦草新品系是一种适宜在干旱及半干旱地区栽培种植的优良禾草，既可用作放牧，又可用于生态建设，其推广前景十分广阔。

参考文献（略）

本文原刊载于《中国草地学报》，2006 年第 5 期，略有删改

不同播种因素对蒙农1号蒙古冰草种子
产量和品质的影响

张众，云锦凤，逯晓萍，王润莲，温超，贾利霞

（内蒙古农业大学生态环境学院，呼和浩特 010018）

摘要： 2002—2003 年在内蒙古正蓝旗牧草种籽繁殖场进行了田间试验，旨在探索在当地自然气候和生产条件下，蒙古冰草种子田的适宜播种技术。经播种行距、种肥量和播种量三因子三位级正交试验结果表明：条播行距是影响蒙农 1 号蒙古冰草种子产量和品质的主要因子，种肥量和播种量为次要因子；建植蒙农 1 号蒙古冰草种子田时，条播的最适行距为 38cm；用撒可富作种肥的适宜施用量为 157.8kg/hm²；播种量以 13.3～52.6kg/hm² 为宜。

田间密度是影响作物种子生产的重要因素。合理密植不仅可以提高种子产量和品质，而且又可有效地控制田间杂草、降低成本、提高生产效益。生产实践证明，选择适宜的播种行距和播种量是实现田间合理密度的关键；适当施用种肥可为幼苗早期生长提供营养补充。蒙农 1 号蒙古冰草（*Agropyron mongolicum* Keng cv. Mengnong No. 1）为禾本科冰草属多年生抗逆型草饲作物新品种，因其抗旱、抗寒性极强，是建植生态型和放牧型人工草地的良好牧草材料，在我国北方干旱、半干旱地区具有重要的推广应用价值。本试验目的在于确定蒙农 1 号蒙古冰草种子田建植的适宜播种行距、种肥量和播种量，为新品种扩繁提供理论指导。

1 材料和方法

1.1 试验区概况

试验在内蒙古正蓝旗牧草种籽繁殖场进行。试验地位于北纬 42°16′、东经 115°57′，海拔高度 1 300m，属于中温带大陆性季风气候，春季风沙多发、干旱频繁，夏季短促温热，秋季降水集中，冬季严寒漫长；年均降水量 350mm，年均蒸发量 1 800mm，年均日照时数 3 000h，年均气温 1.5℃，≥10℃的年积温 1 700～1 900℃，无霜期 120d，初霜 9 月中旬，终霜 5 月中旬；土壤为沙质栗钙土，pH 7.0～7.5。试验区土壤肥力适中，围栏、机具及灌溉系统完善。

1.2 试验材料

供试材料为内蒙古农业大学自主培育的抗逆型草饲作物新品种——蒙农 1 号蒙古冰草，种子来源于内蒙古农业大学牧草试验站原种田，2000 年 7 月收获，种子净度 82.2%，千粒重 2.2g，出苗强度 202 苗/g；种肥为撒可富（多元复合肥，中国阿拉伯化肥有限公司生产），总养分含量 40%，N∶P∶K=16∶16∶8。

1.3 田间试验方法

1.3.1 试验设置

本试验为三因子三位级农业正交试验，3 个因子分别为行距、种肥量和播种量。试验按正交表设计，共 9 个处理，小区面积 30m²，随机排列，2 次重复。小区试验方案见表 1。

表 1　小区试验技术方案

小区号	处理组合	A 行距（cm）	B 种肥量		C 播种量	
			（g/m）	（kg/hm²）	（g/m）	（kg/hm²）
1	A1B1C3	19	1.0	52.6	2.0	105.3
2	A2B1C1	38	1.0	26.3	0.5	13.3
3	A3B1C2	57	1.0	17.5	1.0	17.5
4	A1B2C2	19	3.0	57.8	1.0	52.6
5	A2B2C3	38	3.0	78.9	2.0	52.6
6	A3B2C1	57	3.0	52.5	0.5	8.8
7	A1B3C1	19	6.0	315.6	0.5	26.3
8	A2B3C2	38	6.0	157.8	1.0	26.3
9	A3B3C3	57	6.0	105.0	2.0	35.0

1.3.2　播种、田间管理与种子收获

于 2002 年 7 月 21 日播种，人工开沟条播，覆土 1cm。苗期灌水 1 次，及时除杂草，保持各小区间隔为裸地。于生长第 2 年种熟期（2003 年 8 月 3 日）分别收获各小区种子，用人工方法收割、脱粒、晾晒、清选，待种子完全干燥后，称重，计算种子产量。

2　结果与分析

2.1　种子产量

各小区种子产量测定结果列于表 2。由表 2 可以看出，9 个小区种子产量由大到小的排序是：8＞5＞2＞9＞3＞6＞7＞4＞1，各小区平均种子产量分别为：664.26、614.84、582.66、486.44、421.23、387.67、112.48、100.21 和 75.65kg/hm²。其中，位列第 1 的 8 号小区的种子产量最高，约为第 9 位的 1 号小区的 9 倍，表明不同的试验条件会对种子产量产生较大的影响。同时也表明，第 8 小区试验条件最佳，其因子组合为 A2B3C2，具体条件是：行距 38cm，种肥量 6.0g/m（157.8kg/hm²），播种量 1.0g/m（26.3kg/hm²）。由表 2 还可以看出，行距不同位级处理间的极差值最大（524.48），种肥量不同位级处理间的极差值次之（61.21），播种量不同位级处理间的极差值最小（34.29），表明行距对种子产量的影响较大。方差分析（表 3）结果也表明，3 个因子中，行距对种子产量的影响较大，达到极显著水平；种肥量的影响次之，达到显著水平；播种量对种子产量的影响不显著。影响种子产量因子的主次顺序为：行距＞种肥量＞播种量。

q 检验（表 4）结果表明，行距不同位级处理中，以行距 38cm 的平均种子产量为最高（620.59kg/hm²），57cm 居中（431.78kg/hm²），19cm 最低（96.11kg/hm²），各位级间的差异均达到显著水平；在种肥量的不同位级处理中，以位级 3（6.0g/m）的种子产量最高（421.06kg/hm²），与其他 2 个处理的差均达到显著水平；播种量的不同位级处理间的差异不显著，但以位级 2（1.0g/m）处理的种子产量为高（395.23kg/hm²）。

表 2　各小区种子产量测定结果

小区号	处理	A 行距	B 种肥量	C 播种量	种子产量（kg/hm²）				位次
					Ⅰ	Ⅱ	和	平均	
1	A1B1C3	1	1	3	72.69	78.61	151.3	75.65	9
2	A2B1C1	2	1	1	614.21	551.11	1 165.32	582.66	3

（续）

| 小区号 | 处理 | A行距 | B种肥量 | C播种量 | 种子产量（kg/hm²） | | | | 位次 |
					Ⅰ	Ⅱ	和	平均	
3	A3B1C2	3	1	2	455.74	386.72	842.46	421.23	5
4	A1B2C2	1	2	2	92.65	107.77	200.42	100.21	8
5	A2B2C3	2	2	3	634.20	595.48	1 229.68	614.84	2
6	A3B2C1	3	2	1	359.62	415.72	775.34	387.67	6
7	A1B3C1	1	3	1	125.29	99.67	224.96	112.48	7
8	A2B3C2	2	3	2	621.58	706.94	1 328.52	664.26	1
9	A3B3C3	3	3	3	453.51	519.37	972.88	486.44	4

表3 种子产量方差分析

变异来源	平方和	自由度	均方	F值	$F_{0.05}$	$F_{0.01}$
区组（重复）	56.534	1	56.534	0.04	5.32	11.26
行距	846 784.692	2	423 392.346	313.81**	4.46	8.65
种肥量	13 335.194	2	6 667.597	4.94*	4.46	8.65
播种量	4 338.187	2	2 169.093	1.61	4.46	8.65
误差	13 491.800	10	1 349.180			
总和	878 006.408	17				

表4 三因子各位级间种子产量差异性比较

因子		各小区平均产量（kg/hm²）	显著性LSR 0.05	0.01
行距（cm）	38	620.59	a	A
	57	431.78	b	B
	19	96.11	c	C
种肥量（g/m）	6.0	421.06	a	A
	3.0	367.57	b	A
	1.0	359.85	b	A
播种量（g/m）	1.0	395.23	a	A
	2.0	392.31	a	A
	0.5	360.94	a	A

2.2 种子品质

种子品质以种子千粒重表示，千粒重大，表明种子品质好；千粒重小，表明种子品质差。各处理小区种子千粒重测定结果列于表5，各因子对种子千粒重影响的方差分析结果列于表6，q检验结果列于表7。

表 5 各小区种子千粒重测定结果

小区号	处理	A 行距	B 种肥量	C 播种量	Ⅰ（g）	Ⅱ（g）	和（g）	平均（g）	位次
1	A1B1C3	1	1	3	1.80	1.84	3.64	1.82	9
2	A2B1C1	2	1	1	2.03	1.99	4.02	2.01	6
3	A3B1C2	3	1	2	2.20	2.24	4.44	2.22	2
4	A1B2C2	1	2	2	1.83	1.85	3.68	1.84	8
5	A2B2C3	2	2	3	2.14	2.10	4.24	2.12	4
6	A3B2C1	3	2	1	2.22	2.24	4.46	2.23	1
7	A1B3C1	1	3	1	1.90	1.92	3.82	1.91	7
8	A2B3C2	2	3	2	2.03	2.01	4.04	2.02	5
9	A3B3C3	3	3	3	2.17	2.15	4.32	2.16	3

表 6 种子千粒重方差分析

变异来源	平方和	自由度	均方	F 值	$F_{0.05}$	$F_{0.01}$
区组（重复）	0.000 02	1	0.000 02	0.01	5.32	11.26
行距	0.362 13	2	0.181 07	72.49*	4.46	8.65
播种量	0.006 93	2	0.003 47	1.39	4.46	8.65
种肥量	0.001 73	2	0.000 87	0.35	4.46	8.65
误差	0.004 18	10	0.002 50			
总和	0.395 80	17				

表 7 三因子各位级间种子千粒重差异性比较

因子		各小区平均种子千粒重（g）	显著性 LSR	
			0.05	0.01
行距（cm）	57	2.203	a	A
	38	2.050	b	B
	19	1.857	c	C
种肥量（g/m）	3.0	2.063	a	A
	6.0	2.030	a	A
	1.0	2.017	a	A
播种量（g/m）	0.5	2.050	a	A
	2.0	2.033	a	A

由表 5 可以看出，9 个小区种子千粒重由大到小的排序是 6＞3＞9＞5＞8＞2＞7＞4＞1，各小区种子千粒重分别为：2.23、2.22、2.16、2.12、2.02、2.01、1.91、1.84 和 1.82g。其中，排名前 6

位的 6 个小区 6 号、3 号、9 号、5 号、8 号和 2 号小区的种子千粒重均超过 2.0g，达到正常品质要求；位列第 1 的 6 号小区的种子千粒重值最大，比位列第 9 位的 1 号小区重 0.42g，约为 1.2 倍，表明不同的试验条件也会对种子千粒重产生较大的影响。同时也表明，第 6 小区的试验条件最佳，其因子组合为 A3B2C1，具体条件是：行距为 57cm，种肥量为 3.0g/m（52.5kg/hm²），播种量为 0.5g/m（8.8kg/hm²）。由表 5 还可以看出，行距不同位级处理间的极差值最大（0.346），种肥量不同位级处理间的极差值次之（0.046），播种量不同位级处理间的极差值最小（0.023），表明行距对种子千粒重的影响较大。方差分析（表 6）结果也表明，3 个因子中，行距对种子千粒重的影响较大，达到极显著水平；种肥量和播种量的影响不显著。影响种子千粒重因子的主次顺序也为：行距＞种肥量＞播种量。

q 检验（表 7）结果表明，行距不同位级处理中，以行距 57cm 的种子千粒重为最大（2.203g），38cm 居中（2.050g），19cm 最低（1.857g），各位级间的差异均达到显著水平；在种肥量的不同位级处理中，以位级 2（3.0g/m）处理的种子千粒重最大（2.063g），与其他 2 个位级处理的差异不显著；播种量的不同位级处理间的差异也不显著，但以位级 3（0.5g/m）处理的种子千粒重最高（2.050g）。

2.3 各因子的作用

2.3.1 行距

行距的大小会直接影响田间的出苗数量及植株的生长发育，并和播种量一起调控田间密度，从而影响种子产量与品质。本试验中不同的行距直接导致不同的试验结果。试验观测与方差分析结果显示，3、6、9 号和 2、5、8 号小区的种子千粒重均达到正常品质要求（2.0g），它们的行距分别为 57cm 和 38cm；其中 8、5 号和 2 号小区的种子产量又位列前 3 名，分别达到 664.26kg/hm²、614.84kg/hm² 和 582.66kg/hm²，特别是位列第 1 的 8 号小区的种子产量最高，约为位列第 9 的 1 号小区的 9 倍。因此，综合分析认为，行距为 19cm 时，因田间密度过大，不利于植株抽穗结实；行距为 57cm 时，虽然单株穗生长发育良好，种子产量高，品质好，但大田种子总产量较低；而最适宜的播种行距为 38cm，可在保证种子品质的同时获得高额的种子产量。

2.3.2 播种量

播种量的大小无疑会直接影响田间的出苗数量，并和行距一起调控田间密度，从而对种子产量和品质产生影响。分析结果表明，本试验中 3 个不同位级的播种量均属于适宜的播种量范围。位级 1 虽然播种量小，出苗数少，但在适宜的行距下分蘖增强；位级 3 播种量虽大，出苗数多，但分蘖减弱。从总体上看，3 个不同位级的播种量只会影响当年的出苗数量，而生活第 2 年以后的草群可以通过自我调节，使得田间生殖枝条数趋于一个相对稳定的值，田间密度达到相对稳定状态。因此，生产中可以根据实际种子品质和生产条件在适宜的播种量范围内选择最适的播种量，并尽量减少种子用量，降低生产成本。

2.3.3 种肥量

本试验发现，蒙农 1 号蒙古冰草种子细小，内含营养物质较少，播种时适量施用撒可富作种肥，可为幼苗早期生长提供营养补充，为种子的高产优质奠定物质基础。而且不同位级的种肥施用量均对播种当年幼苗生长和分蘖起到良好的促进作用，进而提高第 2 年的种子产量和品质。综合分析认为，种肥量以位级 3（6g/m）较为适宜，可以在保证种子品质的同时获得高额的种子产量。

3 结论

通过试验分析得出以下初步结论：在当地自然和生产条件下，行距是影响蒙农 1 号蒙古冰草种子产量和品质的主要因子，种肥量和播种量为次要因子；建植蒙农 1 号蒙古冰草种子田条播的最适行距为 38cm，适宜种肥量为 6g/m（折合 157.8kg/hm²），播种量在本次试验条件下以 0.5～2.0g/m（折合 13.3～52.6kg/hm²）为宜。

参考文献（略）

本文原刊载于《华北农学报》，2006 年第 6 期，略有删改

蒙农杂种冰草种子田追肥效应初探

张众，云锦凤，李艳萍，温超，王润莲

（内蒙古农业大学生态环境学院，呼和浩特 010018）

摘要： 蒙农杂种冰草（*Agropyron cristatum* × *A. desertorum* cv. Mengnong）为优良牧草新品种，具有较强的适应性和良好的生产性能。2005 年在呼和浩特市巴彦镇项目区，对五年生种子田进行了尿素、磷酸二铵和复合肥等 3 种肥料、15 个处理的追肥试验。结果表明：尿素可以促进营养生长，增加株丛高度和枝条数量，而对于种子生产作用不大；磷酸二铵效果较好，枝条总数、生殖枝数、小花数和结实率都有明显提高，NP_4（300kg/hm^2）处理的种子产量增加 454.0kg/hm^2，利润增加 12 270.0 元/hm^2，追肥效应在 15 个处理中位居第二；复合肥对种子生产效果最为明显，可以大幅度增加枝条总数、生殖枝数、生殖枝比例、小花数和结实率。其中以 NPK_3 处理（225kg/hm^2）为最好，株高达 68.4cm，比对照增高 19.9cm，地上生物量达 195.2g，是对照的 3.3 倍，地下 0～40cm 根系的总重为最高（99.4g），为对照的 2.3 倍，表现种子产量增加 489.5kg/hm^2，生产利润增加 13 695.0 元/hm^2。

蒙农杂种冰草（*Agropyron cristatum* × *A. desertorum* cv. Mengnong）为禾本科冰草属多年生优良牧草新品种，具有抗旱、耐寒性强、青绿期长、饲用价值高的特点，适宜在我国北方干旱、半干旱地区人工草地建设中推广应用。合理施肥是改善土壤肥力，延长种子田生产年限，提高生产效益的有效手段。通过对蒙农杂种冰草种子田进行了不同肥种和施肥量的追肥试验，观测不同处理条件下株丛生长及种子生产因素的变化，并进行经济效益分析，以期确定适宜的追肥技术方案，为种子田管理提供指导。

1 试验地概况

试验地设在呼和浩特市巴彦镇乔家营村的呼和浩特市赛罕区水务局节水灌溉示范区内。该地位于北纬 40°10′，东经 111°45′，海拔高度 1 050m。属于大青山前冲积、洪积平原，地势平坦，土壤为淡栗钙土，土层深厚，自然肥力一般；年均气温 6.3℃，7—8 月最热，平均 27.9℃，1—2 月最冷，平均 −18.3℃；无霜期 140d，年均降水量 400mm。

试验在五年生蒙农杂种冰草种子田（2001 年 5 月 20 日播种建植）中实施。由于土壤肥力较差，管理水平较低，特别是 2003 年、2004 年连续遭受严重自然干旱，该种子田越冬返青不良，植株长势下降，种子产量大幅度衰退。经测定，2004 年 10hm^2 种子田只收获种子 980kg。

2 实验内容与方法

2.1 施肥与管理

于 2005 年 5 月 6 日拔节初期追肥，追肥后及时用"小白龙"明管漫灌，灌溉量约为 1 000t/hm^2。
3 种肥：尿素（N 46%）、磷酸二铵（P$_2$O$_5$ 46%，N 18%）、复合肥（N：P$_2$O$_5$：K$_2$O=10：8：7）。
15 个施肥量处理：设＞5kg/hm^2、150kg/hm^2、225kg/hm^2、300kg/hm^2、375kg/hm^2 等不同施肥量处理，分别以 N_1、N_2、N_3、N_4、N_5 与 NP_1、NP_2、NP_3、NP_4、NP_5 和 NPK_1、NPK_2、NPK_3、

NPK$_4$、NPK$_5$表示。施肥方法：用拖拉机牵引施肥机作业，一次性完成开沟、施肥、覆土等程序，沟深 10cm，各处理面积均为 1 400m^2（140m×10m）。

2.2 观测项目及方法

2.2.1 株丛高度、地上部与根系分层结构

选取有代表性的枝条 10 个，测量自然高度（地面至穗顶）取平均值。于蜡熟期选取有代表性的样行 30cm。齐地面刈割地上部，按自然状态自茎基部向上每隔 10cm 分别剪断分层，室内自然阴干（恒重）后，分别称重，分析不同施肥处理地上生物量（茎、叶、穗）和草层重量。40cm 土层、30cm×30cm×10cm 的土方，用尼龙网袋在水中漂洗根系，晾干（恒重）后称重，分析不同施肥处理根系分层结构的变化。结果列于表 1、表 2。

表 1 不同处理对株高及地上生物量分层分布的影响

处理	第1层（%）	第2层（%）	第3层（%）	第4层（%）	第5层（%）	第6层（%）	第7层（%）	地上生物总量（g）	株高（cm）
ck	26.3	27.9	20.1	15.3	10.4	0	0	59.6c	48.5c
N$_1$	22.8	25.5	23.3	15.2	13.2	0	0	72.9c	48.8c
N$_2$	21.3	22.3	20.4	13.7	12.7	9.6	0	88.0c	53.1bc
N$_3$	16.9	20.9	24.3	16.2	12.6	9.4	0	102.3bc	54.3bc
N$_4$	17.2	21.0	24.0	15.7	12.8	9.3	0	102.7bc	53.5bc
N$_5$	18.1	22.7	23.0	13.8	13.5	9.3	0	90.7c	52.3bc
NP$_1$	20.3	21.3	21.8	13.9	12.8	9.9	0	87.2c	53.5bc
NP$_2$	18.5	20.4	24.1	15.0	12.5	9.5	0	95.1c	54.3bc
NP$_3$	17.2	21.4	23.6	16.8	12.1	8.9	0	110.6bc	54.9bc
NP$_4$	18.2	20.9	23.0	16.8	12.2	8.9	0	108.0bc	53.6bc
NP$_5$	18.2	21.0	23.0	16.9	12.5	8.4	0	103.0bc	53.5bc
NPK$_1$	13.8	16.8	18.1	19.7	19.8	11.9	0	149.8b	56.8b
NPK$_2$	13.8	15.5	16.3	18.7	18.2	10.7	6.7	171.3ab	63.8ab
NPK$_3$	13.0	16.1	17.9	18.6	16.5	10.0	7.9	195.2a	68.4a
NPK$_4$	14.2	16.5	18.1	18.9	15.7	9.2	7.1	191.3a	67.6a
NPK$_5$	15.3	17.8	17.9	18.9	14.0	8.9	7.2	172.3ab	65.5ab

表 2 不同施肥处理对根系重量分层分布的影响

处理	第1层 g	第1层 %	第2层 g	第2层 %	第3层 g	第3层 %	第4层 g	第4层 %	总重（g）
ck	20.7	48.8	11.5	27.1	8.0	18.9	2.2	5.2	42.4c
N$_1$	21.4	45.6	12.6	26.9	9.1	19.4	3.8	8.1	46.9c
N$_2$	22.2	44.3	13.3	26.5	10.0	20.0	4.6	9.2	50.1c
N$_3$	23.4	42.1	14.6	26.3	11.8	21.2	5.8	10.4	55.6bc
N$_4$	24.2	42.0	15.0	26.0	12.0	20.8	6.4	11.1	57.6bc
N$_5$	24.1	58.6	15.2	26.1	12.3	21.1	6.6	11.3	58.2bc
NP$_1$	22.7	43.2	13.7	26.1	11.8	22.5	4.3	19.1	52.5bc
NP$_2$	24.6	56.1	16.1	28.9	11.7	21.0	3.3	5.9	55.7bc
NP$_3$	28.8	44.3	20.2	31.1	11.8	18.2	4.2	6.5	65.0bc

（续）

| 处理 | 第1层 | | 第2层 | | 第3层 | | 第4层 | | 总重 |
	g	%	g	%	g	%	g	%	(g)
NP$_4$	27.2	43.0	21.1	33.4	11.4	18.0	3.5	5.5	63.2bc
NP$_5$	26.6	43.0	21.2	34.3	10.8	17.5	3.2	5.2	61.8bc
NPK$_1$	22.6	42.5	16.7	31.4	11.3	21.2	2.6	4.9	53.2bc
NPK$_2$	31.2	40.4	26.5	34.3	13.0	16.8	6.5	8.4	77.2b
NPK$_3$	42.6	42.9	29.4	29.6	18.2	18.3	9.2	9.3	99.4a
NPK$_4$	42.4	44.5	28.1	29.5	16.4	17.2	8.4	8.8	95.3a
NPK$_5$	40.6	45.8	26.6	30.0	14.8	16.7	6.6	7.4	88.6ab

2.2.2 种子产量及其构成因子

于完熟期选取 100cm 样行，刈割，测定枝条数/m、生殖枝数/m、小穗数/穗、小花数/小穗、种子数/穗、千粒重，并计算结实率和表现种子产量。结果列于表3。

结实率＝试样种子数/试样小花数×100％＝（种子数/穗）÷（小穗数/穗）×（小花数/小穗）×100％。

表现种子产量（kg/hm²）＝种子数/m×千粒重/10⁶×行长（m/hm²）＝生殖枝数/m×（种子数/穗）×千粒重/10⁶×14 286m/hm²。

表 3 施肥对种子产量及其构成因子的影响

处理	枝条数/m	生殖枝数/m	生殖枝百分比（%）	小穗数/穗	小花数/小穗	种子数/穗	结实率（%）	千粒重（g）	表现种子产量（kg/hm²）
ck	135.0c	94.0c	69.6ab	28.3b	5.3b	65.1bc	43.4ab	2.2a	192.3c
N$_1$	268.0b	153.0b	57.0b	29.3ab	6.4b	79.1b	42.2ab	2.3a	397.7bc
N$_2$	286.0b	158.0b	55.2b	27.5bc	6.8a	80.0b	42.8ab	2.3a	415.3bc
N$_3$	397.0a	158.0b	39.8c	27.4bc	6.4b	68.2bc	38.9b	2.4a	369.5bc
N$_4$	355.0a	136.0bc	38.3c	26.5bc	5.6b	52.1c	35.1b	2.2a	222.7c
N$_5$	322.0ab	137.0bc	42.5c	23.2c	5.1b	41.8c	35.3b	2.3a	188.2c
NP$_1$	260.0b	183.0ab	70.3ab	31.2a	5.8b	81.8b	45.2a	2.3a	491.9b
NP$_2$	253.0bc	185.0ab	73.1a	28.8b	6.2b	74.8b	41.9ab	2.4a	474.5b
NP$_3$	320.0ab	206.0a	64.3b	30.1ab	6.4b	82.3b	42.7ab	2.3a	557.1ab
NP$_4$	354.0a	213.0a	60.1b	31.3a	6.4b	88.5ab	44.2a	2.4a	646.3a
NP$_5$	333.0ab	191.0ab	57.4b	30.5ab	6.3b	86.7ab	45.1a	2.3a	544.1ab
NPK$_1$	250.0bc	191.0ab	76.4a	29.6ab	6.9a	92.3ab	45.2a	2.4a	554.1ab
NPK$_2$	277.0b	197.0a	71.1ab	31.7a	7.0a	99.9a	45.0a	2.2a	618.5a
NPK$_3$	284.0b	210.0a	73.9a	32.2a	7.1a	103.3a	45.2a	2.2a	681.8a
NPK$_4$	275.0b	198.0a	72.0a	30.1ab	7.0a	92.1ab	43.7ab	2.1a	547.1ab
NPK$_5$	268.0b	189.0ab	70.5ab	28.6b	7.0a	84.5ab	42.2ab	2.1a	479.1b

2.2.3 成本及效益

按现行生产方式和市场价格，计算生产成本、产值和经济效益。结果列表于表4。

表 4 成本、产值及效益分析

处理	成本增加 （元/hm²）	增产种子 （kg/hm²）	产值增加 （元/hm²）	利润增加 （元/hm²）
N₁	600.0	205.4	6 162.0	5 562.0
N₂	750.0	223.0	6 690.0	5 940.0
N₃	900.0	177.2	5 316.0	4 416.0
N₄	1 050.0	30.4	912.0	−138.0
N₅	1 200.0	−4.1	−123.0	−1 323.0
NP₁	675.0	299.6	8 988.0	8 313.0
NP₂	900.0	282.2	8 466.0	7 566.0
NP₃	1 125.0	364.8	10 944.0	9 819.0
NP₄	1 350.0	454.0	13 620.0	12 270.0
NP₅	1 575.0	351.8	10 554.0	8 979.0
NPK₁	630.0	361.8	10 854.0	10 224.0
NPK₂	810.0	426.2	12 786.0	11 976.0
NPK₃	990.0	489.5	14 685.0	13 695.0
NPK₄	1 170.0	354.8	10 644.0	9 474.0
NPK₅	1 350.0	286.8	8 604.0	7 254.0

3 结果与分析

3.1 株丛高度及地上部分层结构

由表 1 可以看出，不同施肥处理均可增加株丛高度和地上生物量。其中以复合肥 NPK₃ 处理的效果最为明显，株高达 68.4cm，比对照增高 19.9cm，地上生物量达 195.2g，是对照的 3.3 倍，差异均达到极显著水平。由表 1 还可以看出，不同施肥处理对于株丛地上部茎、叶、穗的空间分布有较大的影响。不施肥时，株丛较矮，地上生物量主要分布于第 1 层、第 2 层，重量百分比为 54.2%；追肥后茎叶空间分布重心上移，茎叶主要分布于第 2 层、第 3 层、第 4 层，就 NPK₃ 而言，第 1 层、第 2 层生物量百分比为 29.1%，第 3 层、第 4 层、第 5 层生物量占 53.0%。

3.2 根系分层分布

由表 2 可以看出，蒙农杂种冰草根系在土中的分布较浅，主要在 0～20cm 土层，占根系总重量的 70%～80%。施肥后根系重量明显增加，其中以 NPK₃ 处理地下 0～40cm 根系的总重为最高（99.4g），为对照的 2.3 倍，差异达到极显著水平，但仍集中分布在 0～20cm 土层，占根系总重量的 72.4%。这表明施肥可以促进蒙农杂种冰草浅层根系增加。

3.3 种子产量及其构成因子

3.3.1 表现种子产量

由表 3 可以看出，各施肥处理对表现种子产量的影响不同，除 N₅ 处理外，其余 14 个处理的表现种子产量均比对照有不同程度的增加，其中以 NPK₃ 处理的增加值为最大，达到 681.8kg/hm²，为对照的 3.5 倍，差异达到极显著水平；位居第 2 的 NP₄ 处理表现种子产量达到 646.3kg/hm²，为对照的 3.4 倍，差异也达到极显著水平。

3.3.2 枝条数与生殖枝比例

由表3可以看出：施肥后各处理的枝条数、生殖枝数和生殖枝百分比都有不同程度的提高。就枝条总数而言，以 N_3 处理为最高，达397个/m，为对照的2.9倍，差异达到极显著水平；就生殖枝数而言，以 NP_4 处理为最高，达213个/m，为对照的2.3倍，差异达到极显著水平；就生殖枝百分比而言，以 NPK_1 处理为最高，达76.4%，比对照增加6.8%，差异达到显著水平，比最小值的 N_5 处理增加1倍，差异达到极显著水平。

3.3.3 花穗数、结实率与千粒重

由表3可以看出，施肥后各处理的小穗数/穗、小花数/小穗、种子数/穗、结实率都有不同的变化，N肥处理起到了降低的作用，而NP肥和NPK肥均有促进作用。其中，以 NPK_3 处理值为最大，分别达到32.2个小穗/穗，比对照增加3.9个小穗/穗，差异达到极显著水平；7.1个小花/小穗，比对照增加1.8个小花/小穗，差异达到极显著水平；103.3粒种子/穗，比对照增加38.2粒种子/穗，差异达到极显著水平；结实率为45.2%，比对照增加1.8%，差异达到显著水平。由表3还可以看出，各施肥处理对种子千粒重的影响不大。

3.4 成本及效益分析

由表4可以看出，各施肥处理对经济效益的影响不同，除 N_4、N_5 处理外，其余13个处理的种子生产利润比对照均有不同程度的增加，其中以 NPK_3 处理的增加值为最大，达到13 695.0 元/hm^2。这表明合理施肥对于恢复蒙农杂种冰草退化种子田生产、提高生产效益具有重要的作用。

4 结论

(1) 追施尿素（N 46%）可以明显促进蒙农杂种冰草的营养生长，增加株丛高度和枝条数量，但对于生殖枝数量、小花数、千粒重等种子产量构成因子的促进作用不大。

(2) 追施磷酸二铵（P$_2$O$_5$ 46%，N 18%）对于蒙农杂种冰草种子田生产效果较好。在5个施肥量处理中，以 NP_4（300kg/hm^2）处理的效果最为明显，结果使枝条总数、生殖枝数、小花数和结实率都得到明显提高，种子产量增加454.0kg/hm^2，利润增加12 270.0 元/hm^2，追肥效应在15个处理中位居第2。

(3) 复合肥（N：P$_2$O$_5$：K$_2$O＝10：8：7）对于蒙农杂种冰草种子生产的效果最为明显。追肥不仅增加了枝条总数、生殖枝数和生殖枝比例，而且小花数和结实率都得到明显提高，使得种子产量增加，生产利润提高。

(4) 5个施肥量处理效果呈正态分布，以 NPK_3 处理（225kg/hm^2）为最好，株高达68.4cm，比对照增高19.9cm，地上生物量达195.2g，是对照的3.3倍，地下 0～40cm 根系的总重为最高（99.4g），为对照的2.3倍，表现种子产量增加489.5kg/hm^2，生产利润增加13 695.0 元/hm^2。

参考文献（略）

本文原刊载于《内蒙古农业大学学报》（自然科学版），2006 年第4期，略有删改

施肥对草原 3 号杂花苜蓿种子产量的影响

吴建新，云锦凤，张众

（内蒙古农业大学生态环境学院，呼和浩特 010018）

摘要：采用"3414"二次回归设计，研究了氮、磷、钾肥配施对草原 3 号杂花苜蓿种子产量的影响。结果表明，磷肥的增产作用最大，其次为钾肥，氮肥的影响最小；最高产量预期值达到 578.55kg/hm² 的最佳施肥方案：氮肥 81.0～114.75kg/hm²，磷肥 218.75～262.0kg/hm²，钾肥 96.0～138.0kg/hm²，氮、磷、钾比例为 N：P_2O_5：K_2O＝1：（1.76～2.08）：（1.17～1.33）。

草原 3 号杂花苜蓿（*Medicago varia* Martin. cv. Caoyuan No. 3）为豆科多年生牧草饲料作物新品种，由内蒙古农业大学培育而成，2002 年 12 月通过全国牧草品种审定委员会审定（品种登记号：243）。该品种耐旱、耐寒，适应范围广，产草量高，饲草品质好，是建植优质高产人工草地的优良草种。近年来，随着我国西部大开发战略的全面实施，生态环境建设力度不断加大，草原 3 号杂花苜蓿的产业化进程得到快速发展。种植面积的扩大使种子需求量逐年增加。因此，草原 3 号杂花苜蓿优质高产种子生产技术研究显得十分迫切。

1 试验区概况

本试验设在赛乌素草籽繁殖场，隶属于内蒙古自治区鄂尔多斯市鄂托克前旗，地处北纬 37°44′—38°44′，东经 106°26′—108°32′，境内海拔 1 300～1 400m。该区属于温带大陆性气候，四季分明，春季回温快，夏季短而热，秋季温度下降明显，冬季漫长而寒冷。年日照丰富，辐射强烈，少雨干旱，降水量少，蒸发量大。初霜一般出现在 9 月下旬至 10 月上旬，终霜一般在 4 月下旬至 5 月上旬，无霜期约为 128d。年均降水量 273.7mm，最大积雪厚度 9cm，年均蒸发量 2 472.1mm，连续无降水日数 88d。年均气温 7.2℃，≥10℃年积温 2 987℃，年日照时数 3 098.5h。试验地土壤为风沙棕钙土，土壤主要农化性质见表 1。

表 1　试验地土壤主要农化性质（mg/kg）

土壤类型	取样地点	有机质	全效氮	速效磷	速效钾
风沙棕钙土	内蒙古鄂托克前旗赛乌素	10.8	0.5	8.1	138.0

2 试验设计与种植管理

2.1 试验设计

采用"3414"小区试验设计，即 3 种肥料，分别设置 4 个不同施肥量水平，共设 14 个处理（包括对照）。每个处理重复 3 次，共计 42 个小区，小区面积均为 7.5m²（3m×2.5m）。具体见表 2、表 3。

表 2　试验因子与水平处理编码表 （kg/hm²）

施肥量水平	因子		
	X_1 （N）	X_2 （P_2O_5）	X_3 （K_2O）
0	0	0	0
1	67.5	87.5	60.0
2	135.0	175.0	120.0
3	202.5	262.5	180.0
变化区间 Δj	67.5	87.5	60.0

表 3　施肥处理试验设计表

处理号	因子			处理号	因子		
	X_1 （N）	X_2 （P_2O_5）	X_3 （K_2O）		X_1 （N）	X_2 （P_2O_5）	X_3 （K_2O）
1 （ck）	0	0	0	8	2	2	0
2	0	2	2	9	2	2	1
3	1	2	2	10	2	2	3
4	2	0	2	11	3	2	2
5	2	1	2	12	1	1	2
6	2	2	2	13	1	2	1
7	2	3	2	14	2	1	1

2.2　种植管理

2005 年 4 月 7 日播种，条播行距 60cm，播量 7.5kg/hm²，随播种施入种肥。播种前进行灌溉增加底墒，分枝期和初花期分别灌水 1 次，苗期注意除草。试验肥料为尿素 （含 N≥46%）、重过磷酸钙 （含 P_2O_5≥46%）、硫酸钾 （含 K_2O≥50%）。将肥料按单行用量分别称重包装，结合播种一次性施入，开沟深度 5cm，及时覆土。

2.3　观测内容与方法

本试验主要观测实际种子产量。2006 年 8 月，当 70% 荚果变成黑褐色时，人工收割，晒干，脱粒，选样测定 1m 样行的种子产量，重复 3 次。测定结果见表 4。

表 4　施肥试验测定结果 （kg/hm²）

处理号	种子产量	处理号	种子产量
1 （ck）	380.40	8	397.05
2	462.90	9	427.65
3	508.05	10	426.60
4	384.15	11	489.75
5	503.25	12	395.85
6	534.45	13	472.95
7	549.75	14	408.90

3　结果与分析

应用 SAS 和 Excel 软件进行数据分析和图表制作，利用计算机建立施氮量 （X_1）、施磷量

（X_2）、施钾量（X_3）（编码值）与产量（Y，kg/hm^2）关系的数学模型，并采用降维法进行单因素和交互效应分析。

3.1　施肥对实际种子产量影响的数学模型

以施氮量（X_1）、施磷量（X_2）、施钾量（X_3）为决策变量，以产量（Y）为目标函数，建立施肥与实际种子产量关系的三元二次回归方程，其回归模型为：

$$Y = b_0 + b_1 X_1 + b_2 X_2 + b_3 X_3 + b_{12} X_1 X_2 + b_{13} X_1 X_3 + b_{23} X_2 X_3 + b_{11} X_1^2 + b_{22} X_2^2 + b_{33} X_3^2$$

回归方程为：

$$Y = 24.98 - 1.019 X_1 + 3.941 X_2 + 1.899 X_3 - 0.374\ 2 X_1^2 - 0.0414\ 8 X_2^2 - 2.268 X_3^2 - 1.060 X_1 X_2 + 2.522 X_1 X_3 + 0.833\ 4 X_2 X_3$$

经方差分析，$F_{失拟} = 2.016 > F_{0.05} = 6.00$，$F_{模型} = 36.283 > F_{0.01} = 2.82$，$F$ 检验结果表明，失拟性检验未达到显著水平，模型达到显著水平，二次方程与实际情况拟合较好，可以用此模型进行优化分析和生产决策。

3.2　单因素效应分析

对种子产量的单因素效应采用降维法进行分析。将回归方程中的 2 个因素固定在 0 水平，求出 N、P、K 一元降维偏子回归模型，对某因素效应进行分析，分别计算不同水平下的种子产量，其效应曲线见图 1。

$$Y_1 = 24.98 - 1.019 X_1 - 0.374\ 2 X_1^2$$
$$Y_2 = 24.98 + 3.941 X_2 - 0.0414\ 8 X_2^2$$
$$Y_3 = 24.98 + 1.899 X_3 - 2.268 X_3^2$$

由图 1 可见，在 $0 \leq X_i \leq 3$ 范围内，3 种肥料对种子产量的影响不同。单独施用氮肥时，随施肥量增多，种子产量呈明显下降趋势，这与刘贵河等人的研究结果一致；单独施用磷肥对种子产量具有很强的增产作用，随着磷肥用量的增多，种子产量呈增长趋势；单独施用钾肥时，产量增加不明显，试验结果与前人的研究结果相同。从图中还可以看出种子产量在 1 水平时达到最高，增加施用量会引起种子产量下降。可见，在 3 种肥料中，施用磷肥非常重要，而且随着施磷肥量的增加，产量还有增加的趋势，说明在高产栽培条件下，必须增施足够量的磷肥。

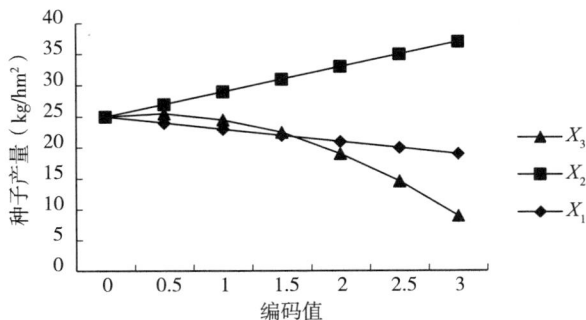

图 1　单因素产量效应曲线

3.3　交互效应分析（图 2）

3.3.1　种子产量与施氮、施磷水平

由"降维法"得到种子产量与施氮肥量、施磷肥量子模型为：

$$Y_{12} = 24.98 - 1.019 X_1 + 3.941 X_2 - 0.374\ 2 X_1^2 - 0.0414\ 8 X_2^2 - 1.060 X_1 X_2$$

由图 2 可知，在设计范围内氮肥和磷肥混施导致种子产量下降，尤其是高水平的氮肥和磷肥混合施用的下降幅度更明显，说明施用氮磷肥与种子产量呈明显的负相关性，即氮肥与磷肥混施不利于种子产量的提高，这与前人的研究结论一致。

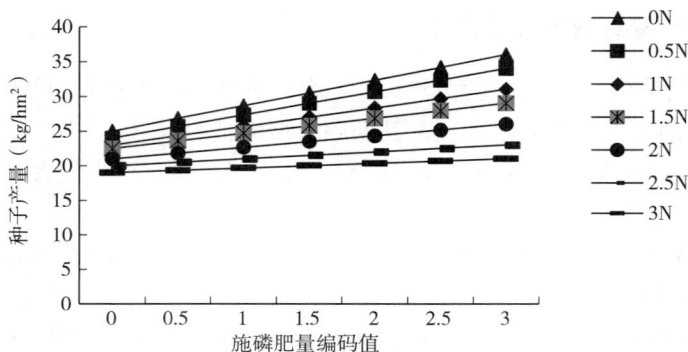

图 2　氮磷交互作用产量效应曲线

3.3.2　种子产量与施氮、施钾水平

由"降维法"得到种子产量与施氮肥量、施钾肥量子模型为：

$$Y_{13}=24.98-1.019X_1+1.899X_3-0.374\,2X_1^2-2.268X_3^2+2.522X_1X_3$$

由图 3 可知，在设计范围内（$0 \leqslant X_i \leqslant 3$），钾肥施用量过低或过高时，种子产量都会相对较低，尤其当施用高水平钾肥和低水平氮肥时，种子产量的下降幅度更加明显。当钾肥施用量在 $0 \leqslant X_3 \leqslant 3$ 范围内变化，氮肥的施用量在 $0 \leqslant X_1 \leqslant 1$ 变化时，种子产量随着氮肥施用量的变化呈现出不同程度的变化，即在钾肥施用量一定的情况下，种子产量随着氮肥施用量的减少而增加；而氮肥的施用量在 $1 \leqslant X_1 \leqslant 3$ 范围内变化时，种子产量随着氮肥施用量的变化也呈现出不同程度的变化，即种子产量随着氮肥施用量的增加呈现出开口向下的抛物线，具体表现为种子产量在氮肥施用量在 $1 \leqslant X_2 \leqslant 2$ 范围内变化时，呈现出逐渐增加的趋势。当钾肥施用量一定时，种子产量随着氮肥施用量的增加而增加，氮肥施用量在 2 水平时，种子产量达到最高，氮肥施用量在 $2 \leqslant X_2 \leqslant 3$ 范围内变化时，呈现出逐渐降低的趋势。

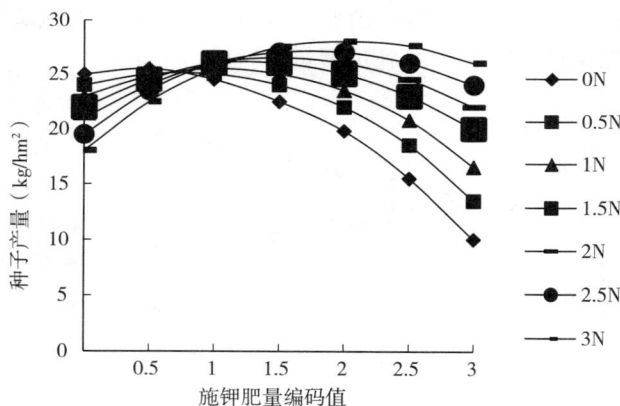

图 3　氮钾交互作用效应曲线

3.3.3　种子产量与施磷、施钾水平

由"降维法"得到种子产量与施磷肥量、施钾肥量子模型为：

$$Y_{23}=24.98+3.941X_2+1.899X_3-0.041\,48X_2^2-2.268X_3^2+0.833\,4X_2^2$$

由图 4 可知，在设计范围内，磷肥施用量过低或过高，钾肥施用量过低时，种子产量相对较低，尤其在低钾和高磷时种子产量最低；当磷肥在 $0 \leqslant X_1 \leqslant 3$ 范围内时，随钾肥施用量的增加，种子产量有不同程度的增加，但超过一定量时种子产量反而下降。当钾肥的施用量在 $0 \leqslant X_3 \leqslant 1.5$ 范围内时，种子产量随着钾肥施用量的增加而增加，但超过一定量时种子产量反而下降，尤其在施用高水平的磷肥和低水平的钾肥时，种子产量下降幅度更加明显，表明钾肥与磷肥的混施在不同范围内表现出正、负不同的效应。由图 4 还可以看出，虽然施用高水平的钾肥使种子产量下降，但比施用低水平钾肥时的种子产量要高，说明钾肥与磷肥混施对种子产量的提高是有效果的，只是要注意钾肥与磷肥两者用量的合理配比，就能获得较好的种子产量。

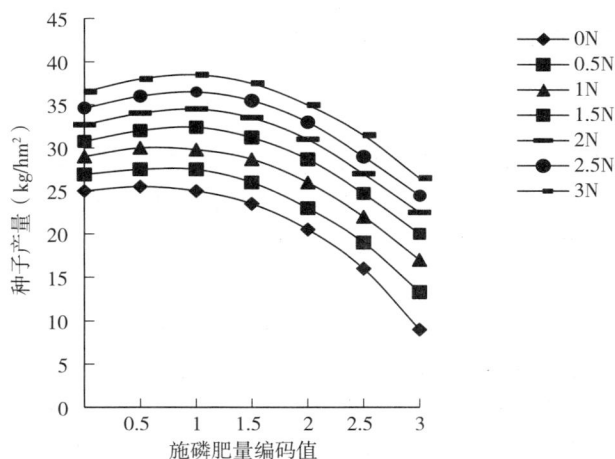

图 4　磷钾交互作用效应曲线

4　氮、磷、钾肥料的最佳配比组合

运用计算机对"3414"设计表以及试验结果进行全因子优化组合分析，得到在供试条件下种子产量大于 $495kg/hm^2$ 的方案有 27 个，占全部组合的 33%。供试条件下影响种子产量各因素编码值的最佳配比组合范围：$X_1=1.2\sim1.7$，$X_2=2.5\sim3.0$，$X_3=1.6\sim2.0$，$N：P_2O_5：K_2O=1：（1.76\sim2.08）：（1.17\sim1.33）$，将编码值换算得出氮、磷、钾肥料用量的最佳配比组合范围是氮肥 $81.0\sim114.75kg/hm^2$，磷肥 $218.75\sim262.0kg/hm^2$，钾肥 $96.0\sim138kg/hm^2$，最高产量预测值为 $578.55kg/hm^2$。

5　结论

（1）单因素效应分析结果表明，在 3 种肥料试验中，单独施用每种肥料与种子产量的关系呈不同的曲线变化。单施氮肥造成种子产量的减产，单施磷肥能够明显增加种子产量，单施钾肥在一定的施肥量内可以增加种子产量，但超过一定施肥量则造成种子产量的减产。3 种肥料对产量的影响大小顺序为：施磷量＞施钾量＞施氮量，并且从试验分析结果看出，在高产栽培条件下，仍需要施用一定量的氮肥。

（2）交互作用效应分析结果表明，不同氮、磷、钾肥料用量的配比对种子产量有不同程度的影响。氮肥与磷肥的混合施用使种子产量呈现出负效应，造成种子产量的减产；氮肥与钾肥的混合施用、磷肥与钾肥的混合施用在合理的用量配比内呈现出明显的正效应，使种子产量明显增加，超过一定用量的配比不再增加种子产量。

（3）种子产量要获得 $495kg/hm^2$ 以上，除做好其他田间管理工作外，最佳施肥措施为：氮肥 $81.0\sim114.75kg/hm^2$，磷肥 $218.75\sim262.0kg/hm^2$，钾肥 $96.0\sim138.0kg/hm^2$。氮、磷、钾配比为 $N：P_2O_5：K_2O=1：（1.76\sim2.08）：（1.17\sim1.33）$，最高种子产量预测值为 $578.55kg/hm^2$。

参考文献（略）

本文原刊载于《草业与畜牧》，2007 年第 3 期，略有删改

蒙农 1 号蒙古冰草种子田建植技术研究

张众[1]，云锦凤[1]，温超[1]，贾利霞[1]，李树森[2]

（1. 内蒙古农业大学，呼和浩特　010019；2. 正蓝旗牧草种籽繁殖场，锡林郭勒　027200）

摘要：2001—2004 年在内蒙古正蓝旗草籽场进行了 4 年蒙农 1 号蒙古冰草种子田建植技术的田间试验。结果表明：早春或秋末冬初为最佳播种期；条播的最适行距为 38cm，撒可富作种肥的适宜施用量为 157.8kg/hm^2，适宜播种量 13.3～52.6kg/hm^2。

蒙农 1 号蒙古冰草（*Agropyron mongolicum* Keng cv. Mengnong No. 1）是内蒙古农业大学经过 3 代单株选择育成的多年生牧草新品种，具有抗旱耐寒、优质高产、适于人工栽培等优良特性，是我国北方干旱、半干旱地区天然草地改良和沙漠化土地治理的良好牧草材料。本试验目的在于通过田间试验，探索并确定蒙农 1 号蒙古冰草种子田建植时，适宜播种期、播种行距、种肥量和播种量，为新品种种子田建植提供理论指导。

1　品种概况

品种登记号：305

品种名称：蒙农 1 号蒙古冰草

登记日期：2005 年 11 月 27 日

育种者：内蒙古农业大学——云锦凤、张众、于卓、解新明、赵景峰

品种特性：本品种系采用系统选育法对内蒙沙芦草进行了 3 代单株选择培育获得的一个新品种。该品种不仅保持了原始群体抗寒、耐旱、青绿期长的优良特性，而且株丛高度增加，分蘖能力增强，田间整齐度提高，表现出更好的生产性能，牧草产量明显提高，抽穗期干草产量可比原始群体提高 25%～30%；同时，由于叶的数量增多，叶片面积增大，营养价值也得到明显改善。而且新品种的种熟期比较集中，更利于收获优质种子，种子萌发出苗整齐一致，更有利于人工栽培生产。该品种适用于我国北方年降水量 200～400mm 的干旱、半干旱地区天然草地改良和沙漠化土地治理。

2　试验地概况

试验地设在内蒙古正蓝旗草籽场内。该场位于北纬 42°16′，东经 115°57′，海拔 1 300m。中温带大陆性季风气候，春季风沙多发、干旱频繁，夏季短促温热，秋季降水集中，冬季漫长严寒。年均降水量 350mm，年均蒸发量 1 800mm，年均日照时数 3 000h，年均气温 1.5℃，≥10℃ 的年积温 1 700～1 900℃，无霜期约 130d，初霜 9 月底，终霜 5 月中旬；试验区土壤为沙质栗钙土，pH 7.0～7.5，肥力中等；围栏、灌溉设施及耕播机具配套完善。选择地势平坦、开阔，土质疏松，自然肥力适中的试验地块，撒施腐熟粪肥 30t/hm^2。播前进行耕翻（深 25cm）、耙糖，制作小区。

3　供试种子

种子来源于内蒙古农业大学牧草试验站原种田。2000 年 7 月收获，播前测定种子净度 82.2%，千粒重 2.2g，出苗强度 202 苗/g；种肥选用多元复合肥撒可富，由中国阿拉伯化肥有限公司生产，总养分含量 40%（N∶P∶K＝16∶16∶8）。

4　播种期试验

4.1　播种与管理

从 2001 年 7 月 27 日开始，每隔半月播种一次，直至土地封冻；翌春土壤解冻后继续进行连续分期播种。2001 年共播种 7 次（日/月）：27/7、11/8、26/8、10/9、25/9、10/10、25/10；2002 年共播种 8 次：1/4、15/4（1/5 因沙尘暴不能播种）16/5、31/5、15/6、30/6、19/7、30/7。人工开沟，南北向条播，每次播种 4 行，行长 10m，行距 40cm，播种量 1g/m，播深不超过 2cm；出苗后随时拔除杂草，干旱时及时喷灌浇水。

4.2　结果、分析与讨论

适时播种对于种子生产意义重大，不仅可以提高作物种子产量和品质，而且能够有效防止杂草及病虫害，降低生产成本。经过一个完整年度的播期试验（每隔半月播种 1 次，共 15 次），对蒙农 1 号蒙古冰草田间出苗、生长发育及种子生产性能的观测结果列表 1、表 2。

观测结果表明：蒙农 1 号蒙古冰草在当地的可播期较长，一般从 3 月底至 10 月底。播种当年幼苗生长及翌春返青、生长发育及种子品质和产量都会随播种期的不同而表现出较大的差异：

（1）春季早播，易于早出苗，当年即可收获种子；夏秋播种，当年不能抽穗结实；冬初播种，翌年早春出苗；当年不同时期播种、生长良好的植株，第二年开始生长发育逐渐趋于一致，种子产量一般可达 327.5～752.5kg/hm²。

（2）蒙农 1 号蒙古冰草幼苗耐寒性强，早春地表解冻后即可播种。早春播种有利于抢墒出苗，且光照柔和不伤苗，幼苗生长良好；同时，幼芽经过高低温交替变化诱导，有利于分化抽穗。但早春适播时间较短，4 月中旬后播种，当年不能正常结实。由表 1 可以看出：4 月 1 日播种，当年即可获得正常种子产量（446.5kg/hm²）；4 月 15 日播种，抽穗率低，种子成熟性差、产量低。

（3）当地春季多风，易造成播种困难。2002 年 5 月 1 日，因沙尘暴，不能按计划播种。

（4）夏初土壤墒情较差，天气逐渐干热，播后出苗不良，死苗现象严重，抓苗保苗困难，且当年仅有个别枝条抽穗。5 月 16 日至 6 月 15 日播种，当年抽穗率不足 1％。

（5）夏末秋初，雨季来临，水热条件适宜，有利于种子萌发出苗、幼苗分蘖及营养生长。6 月 30 日至 8 月 26 日播种，出苗及生长良好，但当年不抽穗。

（6）秋末播种，因气温下降，不利于种子萌发，田间出苗迟缓，出苗率低。9 月 10 日和 25 日播种，出苗不良，当年不分蘖；10 月 10 日播种，当年不出苗。9 月 25 日和 10 月 10 日播种，翌年春季返青与出苗差，种子产量低（仅 300kg/hm² 左右）。这是由于 9 月 25 日以后播种，当年幼苗弱小，越冬时易受冬春低温伤害而影响正常生长发育，以及部分种子发芽后因受冬春低温伤害而不能形成正常幼苗，翌年田间密度小。

（7）秋末冬初，土壤开始封冻，进行寄籽播种，当年不出苗，但翌春随土壤解冻，气温回升，种子及时萌发，出苗及生长良好，有利于种子生产。10 月 25 日播种，当年不出苗，翌春出苗生长良好，种子产量为 667.0kg/hm²。

表 1　不同播种期对出苗及生长发育的影响

播种期 （月.日）	当年				翌年			
	出苗	分蘖	抽穗	结实	返青/出苗	分蘖	抽穗	结实
4.1	良好	良好	良好	良好	良好	良好	良好	良好
4.15	良好	良好	抽穗少	抽穗少	良好	良好	良好	良好

（续）

播种期	当年				翌年			
（月.日）	出苗	分蘖	抽穗	结实	返青/出苗	分蘖	抽穗	结实
5.1	风沙大，无法播种。不一致，种子成熟期不一致							
5.16	不良	不良	个别	—	良好	良好	良好	良好
5.31	不良	不良	个别	—	良好	良好	良好	良好
6.15	不良	不良	个别	—	良好	良好	良好	良好
6.30	良好	良好	不抽穗	—	良好	良好	良好	良好
7.19	良好	良好	不抽穗	—	良好	良好	良好	良好
7.27	良好	良好	不抽穗	—	良好	良好	良好	良好
8.11	良好	良好	不抽穗	—	良好	良好	良好	良好
8.26	良好	良好	不抽穗	—	良好	良好	良好	良好
9.10	不良	不分蘖	—	—	良好	良好	良好	良好
9.25	不良	不分蘖	—	—	不良	良好	良好	良好
10.10	不出苗	—	—	—	不良	良好	良好	良好
10.25	不出苗	—	—	—	良好	良好	良好	良好

表 2　不同播种期对种子生产的影响

播种期	当年				翌年			
（月.日）	成熟性	千粒重（g）	3月后发芽率（%）	产量（kg/hm²）	成熟性	千粒重（g）	返青率（%）	产量（kg/hm²）
4.1	成熟期一致，成熟度高	2.1	85.5	446.5	良好	2.2	86.3	654.5
4.15	成熟期不一致，成熟度低	1.9	76.3	157.5	良好	2.1	82.3	486.5
5.16	成熟期不一致，成熟度差	1.2	49.3	18.0	良好	2.0	81.2	487.5
5.31	不能成熟	—	—	—	良好	2.0	75.8	497.5
6.15	不能成熟	—	—	—	良好	2.1	78.7	527.5
6.30	不能成熟	—	—	—	良好	2.2	80.6	592.5
7.19	不能成熟	—	—	—	良好	2.2	85.4	664.0
7.27	不能成熟	—	—	—	良好	2.2	86.5	752.5
8.11	不能成熟	—	—	—	良好	2.2	85.8	746.5
8.26	不能成熟	—	—	—	良好	2.2	84.6	682.5
9.10	不能成熟	—	—	—	良好	2.1	85.7	338.0
9.25	不能成熟	—	—	—	良好	2.0	79.7	327.5
10.10	不能成熟	—	—	—	良好	2.0	76.8	361.0
10.25	不能成熟	—	—	—	良好	2.2	86.7	667.0

5　行距、种肥量和播种量试验

5.1　试验方法

采用三因子三位级农业正交试验。三因子分别为行距、种肥量和播种量，试验按正交表设计，共 9 个处理，小区面积 30m²，随机排列，2 次重复。于 2002 年 7 月 21 日播种；人工开沟条播，覆土 1cm。苗期灌水 1 次，及时拔锄杂草，保持各小区间隔 1m 空地。第 2 年种熟期（2003 年 8 月 3 日）

分别收获各小区种子。采用人工方法收割、脱粒、晾晒、清选,待种子完全干燥后,称重,计算种子产量。

5.2 结果、分析与讨论

田间密度是影响种子产量和品质的重要因素。合理密植不仅可以提高种子产量和品质,又可有效地控制田间杂草、降低成本、提高生产效益。适当施用种肥可为幼苗早期生长提供营养补充。本次试验测定结果与分析列于表3、表4。

由表3可以看出,9个小区种子产量由大到小的排序是:8>5>2>9>3>6>7>4>1,其中,位列第1的8号小区的种子产量最高,为664.26kg/hm²,约为第9位1号小区75.65kg/hm²的9倍;种子千粒重由大到小的排序是:6>3>9>5>8>2>7>4>1。其中,排名前6位的6个小区6号、3号、9号、5号、8号和2号小区的种子千粒重均超过2.0g,达到正常品质。表明不同栽培条件会对种子产量和品质产生较大影响。同时也表明,第8小区的栽培条件最佳:行距38cm,种肥量6.0g/m,播种量1.0g/m。三因子中,行距对种子产量和千粒重的影响较大,达到极显著水平;种肥量和播种量的影响较小(表4)。

表3　各小区种子产量与千粒重测定结果

小区号	处理	A 行距 (cm)	B 种肥量 (g/m)	C 播种量 (g/m)	种子产量 (kg/hm²)	种子千粒重 (g)
1	A1B1C3	19	1.0	2.0	75.65	1.82
2	A2B1C1	38	1.0	0.5	582.66	2.01
3	A3B1C2	57	1.0	1.0	421.23	2.22
4	A1B2C2	19	3.0	1.0	100.21	1.84
5	A2B2C3	38	3.0	2.0	614.84	2.12
6	A3B2C1	57	3.0	0.5	387.67	2.23
7	A1B3C1	19	6.0	0.5	112.48	1.91
8	A2B3C2	38	6.0	1.0	664.26	2.02
9	A3B3C3	57	6.0	2.0	486.44	2.16

表4　三因子各位级间种子产量与千粒重差异性比较

因子		种子产量 (kg/hm²)	千粒重 (g)
行距 (cm)	19	96.11c	1.857c
	38	620.59a	2.050b
	57	431.78b	2.203a
种肥量 (g/m)	1.0	359.85b	2.017a
	3.0	367.57b	2.063a
	6.0	421.06a	2.030a
播种量 (g/m)	0.5	360.94a	2.050a
	1.0	395.23a	2.027a
	2.0	392.30a	2.033a

6 结论

在当地条件下建植蒙农 1 号蒙古冰草种子田时，早春或冬初为最佳播种期，适宜的条播行距为 38cm，种肥量为 6.0g/m（折合 157.8kg/hm²），播种量为 0.5～2.0g/m（折合 13.3～52.6kg/hm²）。

参考文献（略）

本文原刊载于《中国草学会牧草育种专业委员会 2007 年学术研讨会论文集》，略有删减

氮磷钾多元复合肥对蒙农 1 号蒙古冰草种子
生产效应研究

张众，云锦凤，逯晓萍，温超，贾利霞

（内蒙古农业大学，呼和浩特　010019）

摘要： 2002—2006 年在内蒙古正蓝旗进行了田间追肥试验，旨在探索 NPK 多元复合肥对蒙古冰草种子生产效应。结果表明：不同施肥期以及同期一次性不同施肥量水平处理对蒙古冰草生长发育及种子产量构成因子均有较大影响。蒙古冰草种子田经过 3 年连续产种后，第四年表现种子产量急剧下降，仅为第一年的 35.9%。如果第三年种子收获后及时追施 NPK 多元复合肥 150kg/hm²，可使次年种子产量大幅度提高，达到 1165.4kg/hm²，为不追肥的 5.2 倍。

　　肥料是影响种子生产的关键因素，它不仅影响种子产量与品质，而且决定多年生牧草饲料作物有效生产年限的长短。特别是在确定了适宜生产区域和种子田建植方式之后，田间土壤营养条件就成为制约生产的关键因素，农谚称"有收无收在于水，多收少收在于肥"，而且有水无肥往往也会导致花而不实。本次试验目的在于探索 NPK 多元素复合肥对蒙农 1 号蒙古冰草种子产量构成因子的影响，为有效恢复多年生种子田生产能力，提高种子产量和品质，延长种子田生产年限提供适宜的追肥技术方案。

1　试验区概况

　　试验地设在内蒙古正蓝旗牧草种籽繁殖场内。该地位于北纬 42°16′、东经 115°57′，海拔 1 300m，属于中温带大陆性季风气候，春季风沙多发、干旱频繁，夏季短促温热，秋季降雨集中，冬季漫长严寒；年均降水量 300mm，年均蒸发量 1 800mm，年均日照时数 3 000h，年均气温 1.5℃，≥10℃的年积温 1 700～1 900℃，无霜期 120d，初霜 9 月中旬，终霜 5 月中旬；土壤为沙质栗钙土，pH 7.0～7.5。试验地土壤肥力中等，围栏、耕播机具及灌溉系统配套完善。

2　材料和方法

2.1　试验材料

　　蒙农 1 号蒙古冰草（*Agropyron mongolicum* Keng cv. Mengnong No. 1）为国产型冰草新品种，由内蒙古农业大学培育而成（国家品种登记号 305），其饲草品质好，耐旱性较强，适于北方天然草地补播改良。本次试验在 2001 年 7 月播种建植、连续产籽 3 年的蒙农 1 号蒙古冰草良繁试验区中进行。NPK 多元复合肥（撒可富）由中国阿拉伯化肥有限公司生产，总养分含量 40%（N∶P∶K＝16∶16∶8）。

2.2　田间试验方法

2.2.1　不同追肥期试验

　　选择地力及生长较为均匀的地段设置试验小区。小区面积为 20m²（4m×5m），每小区内种植 10 行，行距 38cm。3 个不同的追肥期分别为：2004 年种子收获后果后营养期（T1），2005 年春季返青期（T2）和孕穗期（T3）。以不追肥为对照。一次性施肥量均为每小区 30g（折合 150kg/hm²）。在行间手工钩锄开沟 7cm 深，均匀撒肥（对照小区只开沟，不撒肥），及时覆土并灌水。

2.2.2　不同施肥量试验

设 3 个施肥量处理：75kg/hm²、150kg/hm²、300kg/hm²，3 次重复，以不施肥为对照。追肥期均为 2005 年 8 月 11 日收获种子后的果后营养期。于 2006 年开花后进行田间测定。

3　结果与分析

3.1　追肥期试验

不同生长发育时期的追肥试验结果列于表 1。

表 1　不同时期追肥对种子产量及其构成因子的影响

处理	生殖枝数（个/m）	小穗数（穗）	小花数（个/小穗）	种子数（初穗）	千粒重（g）	潜在种子产量（kg/hm²）	实际种子产量（kg/hm²）
ck	124c	19c	5bc	38c	1.894ab	557.8c	223.1c
T1	192a	30a	8a	110a	2.165a	2 534.4a	1 165.4a
T2	160b	26ab	6b	72b	2.032ab	1 268.0b	585.2b
T3	126c	28ab	7ab	87ab	2.242a	1 384.2b	617.3b

3.1.1　不同时期追肥效果及最佳追肥期确定

在施肥量相同的情况下，追肥时间不同会对生长发育及种子产量产生很大的影响。3 个不同时期追肥处理中，即果后营养期（T1）、返青期（T2）、孕穗期（T3），以果后营养期（T1）的追肥效果为最好，田间表现为株丛高大，分蘖旺盛。开花期测定时，株丛高度以 T1 处理为最高，达到 108cm，比对照增高 32cm；分蘖数达到 226 个/m，为对照（124 个/m）的 1.8 倍。由表 1 可以看出，各施肥处理种子产量构成的各因子以及潜在种子产量和表现种子产量的观测值均比对照有所增加。特别是 T1 处理的生殖枝数量增加较多（达到 192 个/m），潜在种子产量较高，达到 2 534.4kg/hm²，是 T2 处理的近 2 倍、T3 处理的 1.8 倍，差异达到极显著水平。但是，种子千粒重较小，究其原因：蒙农 1 号蒙古冰草为多年生草本，牧草及种子产量高，消耗营养多。

采收种子后追肥灌水，可以及时补充水分与营养，尽快恢复再生，促进夏秋分蘖，经过冬春低温冷冻处理，来年才可分化花芽，抽穗开花，并于冬前储存足够营养物质，有利于安全越冬，为来年生长发育奠定了良好基础，第二年生长旺盛，有利于开花结实。而且，此时水热条件好，植株生命活动旺盛，肥效发挥好。另外，收获种子后施肥，便于田间操作，对生长点破坏小；返青期追肥也可增加当年春季分蘖数量，促进抽穗开花，提高种子产量，但效果不如前者，此时追肥应注意把握适当的时间，过早会因温度低抑制肥效的正常发挥，过晚则会在田间操作时，因轮胎碾压、人为践踏造成花芽的机械损失，影响抽穗结实；孕穗期追肥效果最差，一方面由于此时株丛的生殖枝数已经达到稳定状态，追肥不能增加生殖枝数，另一方面株丛生长繁茂，将近封垄，田间施肥操作困难，容易造成枝芽损伤，影响开花结实，导致减产。

因此，种子收获后的果后营养期为追肥的最佳时期，对蒙农 1 号蒙古冰草的种子产量与品质至关重要。

3.1.2　果后营养期追肥对植株生长发育的影响

2004 年 8 月 15 日种子收获 3d 后进行追肥，至 10 月 10 日植株开始枯黄时进行取样测定，结果见表 2。

表2　果后营养期追肥对当年植株生长发育的影响^①

处理	当年分蘖数 （个/m）	株丛高度 （cm）	地上部再生 生物量（g/m）	叶片数 （片/枝）
ck	286	20	102	3～4
T1	574	38	287	6～8
增加值	288	18	185	2～3

注：①枯黄前测定。

由表2可以看出，收获种子后及时追施复合肥对当年再生十分有利。经过50d的果后营养期生长，秋季分蘖数达到574个/m，是对照的2.0倍；同时，充足的养分条件促进了植株地上部的生长，至枯黄前株丛高度达到38cm，为对照的1.9倍，地上部再生生物量达到287g/m，为对照的2.8倍，单枝条的叶片数达到6～8片，最多可达11片，为对照的2倍。

由表1、表2可以看出，果后营养期（T1）追肥，第二年株丛高大，分蘖旺盛，种子产量大幅度提高。开花期株丛高度达到108cm，比对照（76cm）增高32cm；分蘖数226个/m，为对照（124个/m）的1.8倍；生殖枝数为192个/m，抽穗率为90.0%；而且构成种子产量的其他因子的值均有不同程度的增加，每穗小穗数达到30个，为对照（19个）的1.6倍，每穗小花数达到8个，比对照（5个）增加3个，增长率为60%。表明夏秋种子收获后及时追肥，可以促进果后营养期生长，繁茂的生长发育使安全越冬得到保障，特别是增加夏秋分蘖数量，心芽经过冬春低温处理，有利于抽穗结实，为来年种子产量的提高奠定了基础。

3.1.3　果后营养期追肥对种子产量的影响

由表1可以看出，在肥种和施肥量相同的情况下，追肥时间不同会对潜在种子产量和表现种子产量产生很大的影响。3个不同时期追肥处理的潜在种子产量和表现种子产量均比对照有所增加，其中以果后营养期（T1）的追肥效果为最好，潜在种子产量和表现种子产量分别达到最大值2 534.4kg/hm² 1 165.4kg/hm²，为对照（557.8kg/hm²和223.1kg/hm²）的4.5倍和5.2倍，并且分别是T2处理的2.3倍和2.6倍，T3处理的2.4倍和2.8倍，差异达到极显著水平。潜在种子产量和表现种子产量是由品种的遗传特性和环境条件共同决定的，同时潜在种子产量又是表现种子产量的前提和基础，而高的表现种子产量又是实现高额实际种子产量的先决条件。在品种特性相对稳定的情况下，生境条件就成为决定种子产量高低的重要因素。试验结果表明，种子收获以后及时追肥对于蒙农1号蒙古冰草的种子生产至关重要，可以大幅度提高潜在种子产量，为获得高额的实际种子产量奠定基础。

3.1.4　果后营养期追肥对种子千粒重的影响

由表1可以看出，在肥种和施肥量相同的情况下，追肥时间不同会对种子千粒重产生较大的影响。3个不同时期追肥处理的种子千粒重均比对照有所增加，差异达到显著水平。其中以孕穗期（T3）的追肥效果为最好，种子千粒重达到最大值2.242g，比对照（1.894g）增加18.4%，并且分别比T1处理（2.165g）增加3.6%，T2处理（2.032g）增加10.3%。结果表明，追肥补充营养可以增加种子千粒重，提高种子品质，而且，孕穗期追肥对增加蒙农1号蒙古冰草种子千粒重的效果更为明显。

3.2　不同肥种与施肥量试验

2005年8月16日种子收获4d后进行追肥，并于当年10月6日植株开始枯黄时和第二年开花后分别进行取样测定。不同肥种与施肥量的试验测定结果列于表3、表4。

表3　不同肥种及施肥量对当年植株生长发育的影响^①

处理	当年分蘖数 （个/m）	株丛高度 （cm）	地上部再生 生物量（g/m）	叶片数 （片/枝）
ck	243c	21bc	93bc	3～4

（续）

处理	当年分蘖数 （个/m）	株丛高度 （cm）	地上部再生 生物量（g/m）	叶片数 （片/枝）
NPK$_1$	343b	27ab	123b	5～6
NPK$_2$	554a	32a	267a	5～7
NPK$_3$	556a	33a	272a	5～7

注：①枯黄前测定。

表4　不同施肥量对种子产量及其构成因子的影响

处理	生殖枝数 （个/m）	小穗数 （穗）	小花数 （个/小穗）	种子数 （粒/穗）	千粒重 （g）	潜在种子产量 （kg/hm²）	实际种子产量 （kg/hm²）
ck	90c	19c	5c	42c	1.834ab	392.0c	173.3c
NPK$_1$	132bc	27a	8a	80ab	2.104a	1 297.4b	480.5b
NPK$_2$	178a	28a	9a	102	2.222a	2 491.8a	1 008.6a
NPK$_3$	176a	29a	9a	97a	2.152a	2 471.4a	918.5a

由表3、表4可以看出，在追肥期相同的情况下，施肥量不同会对生长发育及种子产量产生很大的影响。追肥可以恢复蒙农1号蒙古冰草种子生产能力，延长种子田生产年限。但不同处理的追肥效果不同，其中以 NPK$_2$ 的潜在种子产量和表现种子产量值最大，分别达到 2 491.8kg/hm² 和 1 008.6kg/hm²，潜在种子产量是对照的 6.4 倍，其次是 NPK$_3$，为2471.4kg/hm²，但二者处于同一水平，差异不显著。

4　结论

种子田经过3年连续产种后，种子产量大幅度下降，如不进行追肥，第四年的表现种子产量只有 223.1kg/hm²，而合理追肥可以达到 1 165.4kg/hm²，为不追肥的 5.2 倍。

就一次性追肥而言，适宜在种子收获后及时追肥。此时处于夏秋暖季，水热条件适宜，有利于充分发挥肥效，促进果后营养期株丛生长，形成一定数量的夏秋分蘖枝，为来年种子高产奠定基础。果后营养期追肥当年秋季枯黄前分蘖数达到 574 个/m，株丛高度达到 38cm，地上部再生生物量达到 287g/m，单枝条的叶片数达到 6～8 片。第二年开花期株丛高度达到 108cm，分蘖数 226 个/m，生殖枝数为 192 个/m，抽穗率为 90.0%，小穗数/穗达到 30 个，小花数/穗达到 8 个。

追肥时应选择多元复合肥，营养全价，可以收到一次性追肥的良好效果，降低多次追肥的生产成本。施肥量以 150～300kg/hm² 为宜。

参考文献（略）

本文原刊载于《华北农学报》，2007 年第 S3 期，略有删改

印度落芒草引种栽培试验初报

胡向敏，云锦凤，王勇

（内蒙古农业大学生态环境学院，呼和浩特　010018）

摘要：对从美国引进的印度落芒草在内蒙古呼和浩特的产量、营养动态、生物学特性进行了研究。结果表明：印度落芒草具有返青早、枯黄迟、青绿期长、分蘖能力强、叶量较丰富、抗性强、利用价值高等优点；从产量和营养动态来看，印度落芒草的最佳利用时期是开花期；常规管理条件下印度落芒草能较好地适应呼和浩特地区的土壤及气候条件，可在我国北方半干旱地区作为优良牧草和生态建设草种推广应用。

印度落芒草（*Oryzopsis hy menoides*）是禾本科落芒草属多年生密丛型、冷季型禾草，主要分布于美国西部、加拿大南部和墨西哥，其种子蛋白质含量高，可人食，可以建植牧场放牧、防风固沙、美化环境。印度落芒草作为干旱草原地区优良的禾本科牧草之一，抗旱性和抗寒性较好，但种子的落粒性和休眠性限制其广泛利用。目前，国内关于印度落芒草的报道较少，本试验对印度落芒草引进到内蒙古呼和浩特地区后的生长特性及利用价值进行初步研究，旨在为印度落芒草在我国北方干旱和半干旱地区的引进利用提供依据。

1　试验区自然概况

试验地设在内蒙古呼和浩特市内蒙古农业大学科技园区牧草试验站内，地处东经 111°48′、北纬 40°48′，海拔 1 063m，日气温最高值和最低值分别为 36.9℃ 和 −33℃，年均气温 5.4℃，≥10℃ 年积温 2 915℃，年降水量 400mm，主要集中在 7—9 月，无霜期 135d，壤土，土层深厚，有机质 1.18%，碱解氮 34.53mg/kg，有效磷 20.26mg/kg，有效钾 140mg/kg，pH 7.0～7.5。

2　材料和方法

2.1　材料

印度落芒草（*Oryzopsis hy menoides*）种子于 1998 年引自美国犹他州立大学。

2.2　方法

2004 年 5 月 10 日播种，播种前平整土地，播后灌水保墒，每年在拔节期追施尿素，干旱时及时灌水，除草 2～3 次。小区面积 12m² （3m×4m），行距 30cm，播深 2～3cm。2007 年对产量、营养成分、鲜干比等性状进行测定。

2.2.1　物候期

主要观察返青期（出苗期）、分蘖期、拔节期、孕穗期、抽穗期、开花期、成熟期，每周观察 2～3 次，以小区 80% 植株进入某一生育期为标准，最后统计生育天数。

2.2.2　产量和鲜干比

各个物候期随机取样，面积 1m²，留茬 5～7cm 刈割后测定鲜重、干重和鲜干比。干重为自然风干重，5 次重复。

2.2.3 营养成分

在各个物候期采集样品，风干后进行粗蛋白质、粗纤维、粗脂肪、粗灰分测定。用凯氏固氮法测粗蛋白质，醚浸提法测粗脂肪，酸碱依次分解法测粗纤维，高温灼烧法测灰分，3 次重复。

2.2.4 叶片数和分蘖数

返青期随机选 1m 样线植株在各个物候期进行观测，5 次重复。

2.2.5 种子千粒重

随机取成熟饱满的种子 1 000 粒称重，3 次重复。

3 结果与分析

3.1 生育期

印度落芒草播种当年生长缓慢，仅处于营养生长阶段。播种后 1 周左右开始出苗，10d 左右齐苗。每年 4 月初返青，4 月中旬开始分蘖，5 月 10 日左右拔节，5 月 17 日开始孕穗，5 月 23 日左右开始抽穗，5 月底开花，6 月 5 日左右开始结实，6 月底种子成熟，生育期 85～91d。

3.2 产量

由图 1 可知，印度落芒草鲜草产量动态呈双峰曲线，第一个高峰是生长旺盛的开花期，结实期稍有下降，至成熟期出现第二个高峰。开花期鲜草产量 0.87kg/m²，占总产量的 89%。印度落芒草干草产量在整个生长期内呈上升趋势，开花期到结实期干草产量增加不明显，结实期到成熟期干草产量明显增加。

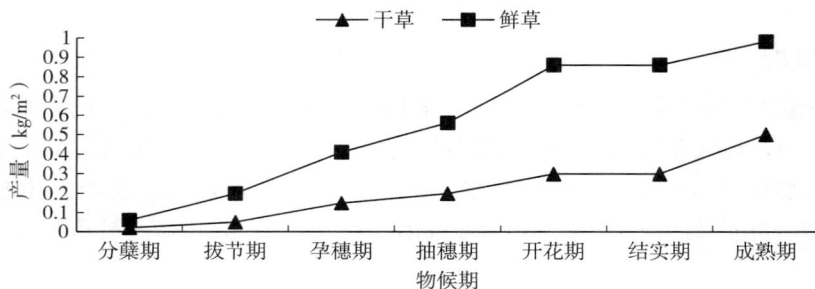

图 1　印度落芒草各生育期产量动态

3.3 株高与鲜干比

由图 2 可知，印度落芒草高度变化呈 S 形曲线，从分蘖期到孕穗期生长速度增加缓慢，孕穗期平均株高达到 44cm；孕穗期到开花期生长速度迅速增加，开花期平均株高达到 81cm；开花期到成熟期生长速度增加缓慢，成熟期平均株高达到 88cm。印度落芒草在整个生育期内鲜干比总体上呈下降趋势（鲜干比从 3.01 变化到 2.13），从分蘖期到孕穗期下降，孕穗期到结实期变化平缓，从结实期到成熟期又下降。鲜干比反映牧草的干物质积累程度和利用价值，是晒制青干草、青贮饲草的主要依据之一，印度落芒草从孕穗期至成熟期均可调制青干草。

3.4 营养物质

从图 3 可知，印度落芒草的粗蛋白质含量以分蘖期最高，为 11.28%，以后随着生育期的推移呈下降趋势。粗纤维含量在整个生育期内的变化与粗蛋白质含量变化相反，表现为逐渐增高，粗纤维由抽穗期到成熟期含量增加较快，成熟期含量达到高峰（32.36%）粗灰分和粗脂肪含量随着生育期的

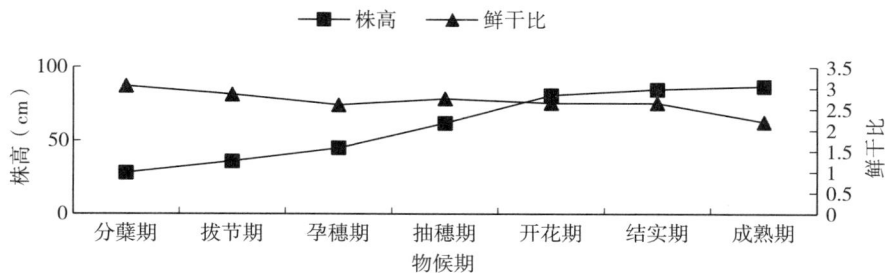

图2 印度落芒草各生育期株高与鲜干比动态

推移逐渐降低。随着生育期的变化，粗蛋白质含量逐渐下降，粗纤维含量逐渐增加，从而使印度落芒草的饲用价值降低，特别是开花以后的营养价值明显下降。因此，印度落芒草适宜刈割利用时期应为开花期。

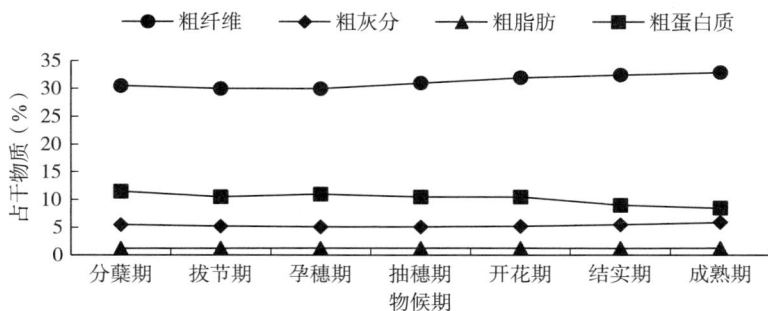

图3 印度落芒草各生育期营养物质动态

3.5 分蘖数与叶片数

从图4可知，印度落芒草拔节期出现分蘖的第一个高峰，达到523个枝条/m左右；从拔节期到开花期分蘖数变化平缓，结实期出现分蘖的第二个高峰，达到660个枝条/m左右；结实期以后分蘖数不再增加。印度落芒草叶片数从分蘖期到拔节期迅速增加，拔节期叶片数达到1 568片/m；抽穗期出现了叶片数的最高峰，达到1 714片/m；进入生殖生长以后营养物质主要供给开花、结实，叶片数开始下降，结实期又开始增加，这与开花期植株下部叶片枯黄以及结实期分蘖数增加有关。

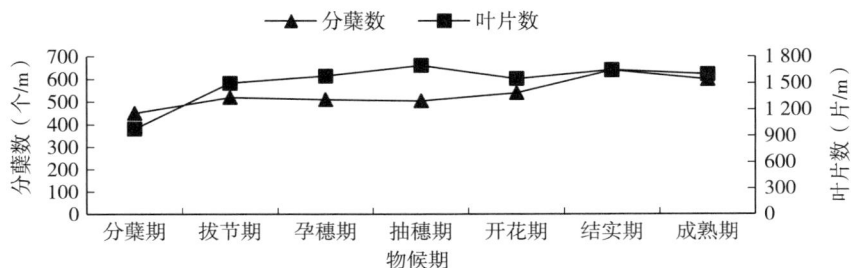

图4 印度落芒草各生育期分蘖数和叶片数动态

3.6 形态特征与抗逆性

印度落芒草株高35~88cm，茎秆直立，叶面通常较光滑，长8~40cm，宽0.8~2.9mm，圆锥花序，长8~20cm，花序开展，分枝纤细。颖长2.9~4.5mm，芒长4~8mm，花粉囊长0.6~1.2mm。种子千粒重3.13g。在4年多的引种栽培期间，印度落芒草生长状况良好，生长期没有发生虫害，越冬良好。

4 结论

（1）印度落芒草 4 月初返青，6 月底成熟，生育期短，在内蒙古相似地区可以进行种子繁殖。其营养体青绿期很长（从 4 月初返青至 11 月初），可长期提供青绿饲料。

（2）印度落芒草开花期牧草产量占整个生育期产量的 89%，开花期后粗蛋白质含量迅速下降，开花期其平均株高达到 81cm，鲜干比变化平稳，利用印度落芒草青饲、调制青干草的合理时期应为开花期。

（3）印度落芒草结实期分蘖数最高，达到 660 个枝条/m 左右，属于密丛型禾草，早春分蘖快，可以很快覆盖地面，减少风蚀和扬沙的形成和危害；抽穗期叶片数最高，可达到 1 714 片/m，叶量较丰富，属于均匀分布型禾草，既可放牧利用也可割草利用。

（4）印度落芒草较抗旱、抗寒、抗病虫、耐瘠薄，建植后不需特殊管理，栽培措施简单易行，易于推广应用，可建植人工打草场和补播天然草地。

（5）印度落芒草具有姿态优美的圆锥花序，开花期以后纤维含量高、含水量低，自然干燥后不易变形，是良好的干花材料。

参考文献（略）

本文原刊载于《中国草地学报》，2009 年第 3 期，略有删改

五、草产业发展

抓住机遇开创我国苜蓿产业化发展新局面

云锦凤，孙启忠

（1. 内蒙古农业大学生态环境学院，呼和浩特　010018；2. 中国农业科学院草原研究所，呼和浩特　010018）

摘要： 随着农业产业结构和种植业结构调整及生态环境治理的深化，牧草及饲料作物在农牧业生产中的作用越来越重要，苜蓿产业化发展的时机已成熟。推进苜蓿产业化发展首先要积极扶持龙头企业，进行苜蓿产品深加工，扩大种植规模，提高苜蓿生产、加工过程中的科技含量和机械化程度，尽快建立和完善我国苜蓿产品质量标准体系。

苜蓿在我国虽然栽培历史悠久，但产业化程度较低。随着畜牧业的快速发展、种植业结构调整和西部大开发战略的进一步实施，苜蓿的作用将会越来越被人们所重视。2001 年在北京举办的《首届中国苜蓿发展大会》，在我国草业发展史上具有划时代的意义，它掀开了我国草业产业化的序幕，把苜蓿作为我国草业产业化发展的突破口，加快其产业化进程时机已成熟。

1　开创苜蓿产业化新局面的有利条件

1.1　农业产业结构调整，为苜蓿产业化发展提供了机遇

我国农业经过多年的连续发展，部分地区出现了农村或农民经济增长缓慢的局面，为了改变这种局面，优化农业和农村经济结构，培育农村经济发展新的增长点，优化农业区域布局，促进优势农产品和特色农产品向优势产区集中，形成优势农产品产业带，最近，农业部发布了《全国优势农产品布局规划》，肉牛肉羊和奶牛被划定在 11 个优势农产品中。肉牛肉羊发展目标：到 2007 年，把中原、东北 2 个肉牛优势产区和中原、内蒙古中东部及河北北部、西北和西南 4 个肉羊优势产区建成具有国际竞争力的肉牛、肉羊产业带，区内牛羊产量提高 30％以上，优质牛羊肉的比重由目前不足 5％提高到 20％以上；奶牛发展目标：到 2007 年，东北、华北及京津沪 3 个优势产区奶牛存栏数量达 280 万头，年均递增 12％左右，奶牛平均单产提高 20％左右，鲜奶产量年均递增 15％～18％。众所周知，我国肉牛、肉羊及奶牛个体生产能力低的主要原因除家畜品种外，饲草料不足、饲草饲料质量差，饲养管理水平低也是重要的原因之一。苜蓿作为"牧草之王"在今后将会成为这些产区的支柱性饲草，在提高奶牛、肉羊单产中将会起到决定性作用。

1.2　种植业结构调整，为苜蓿产业化发展提供了空间

随着我国粮食产量基本实现了供求平衡和适应市场经济发展需求，从农业可持续发展的角度出发，在20世纪80年代国家要求实施"三元"种植结构，进入90年代，这种种植模式在生产实践中得到了发展。苜蓿由于具有以下优点：①产量高（美国干草可达18t/hm²），营养价值高（粗蛋白质含量达18%以上）；②利用年限长，种植一次可利用4～5年；③根系发达和生物固氮能力，可改良土壤结构，增加土壤肥力等，已成为"三元"种植结构中的首选饲料作物。美国采用苜蓿与粮食作物轮作的实践表明，苜蓿能够显著地提高土壤肥力，保证粮食的持续高产。多年来，以种植苜蓿为主的草产业的发展为美国创造了巨大的经济效益和生态效益，苜蓿草产品生产的发展也带动了其他相关产业的发展，从而引发了农业布局调整的新局面。目前，我国种植业结构调整已成为我国农业现代化发展的必然趋势，苜蓿产业将在农业结构调整中显示出越来越重要的作用。

1.3　生态环境治理和西部大开发，为苜蓿产业化发展增添了活力

从我国现状来看，全国生态环境总体趋于恶化，特别是西部干旱区草地生态环境令人担忧，治理西部地区生态环境具有全局性的战略意义。根据国务院颁布的《全国生态环境建设规划》和国家《"十五"计划纲要》，到2010年全国治理"三化"草地3300万hm²，新增人工草地和改良草地5000hm²，退耕还林还草25°以上坡耕地670万hm²。为了实现上述目标，国家相继启动了退耕还林还草、京津风沙源治理、退牧还草和已垦草原退耕还草等重大工程，各级政府正组织农牧民和社会力量因地制宜地推行生态环境治理，将我国西部地区建设成生态功能健全、产业可持续发展的生态安全带。这些工程的启动为我国草业发展提供了良好的机遇，苜蓿作为抗逆性强、适应性广的优良豆科牧草，对改善生态环境、防风固沙、水土保持、美化环境、增加农牧民收入起到了不可替代的作用。

1.4　国内外市场的需求，拉动了苜蓿产业化发展

随着我国奶业的快速发展，苜蓿产品的市场需求呈现强劲的增长势头，苜蓿产品的市场基本形成和逐渐完善。为了适应市场需求，苜蓿草产品不断推新。到目前为止，已开发的草产品有草捆、草块、草颗粒、草饼、草粉、叶块、叶粒和浓缩叶蛋白等。据预测，目前国内优质草产品市场容量约1000万t，而全国年产商品苜蓿草产品不足20万t，远不能满足需求。苜蓿潜在市场巨大，如果在年产5000万～6000万t饲料中添加5%的优质苜蓿草粉，每年需要苜蓿草粉250万～300万t。国际市场对苜蓿产品的需求主要集中在日本、韩国和东南亚地区，每年约需300万t苜蓿干草，我国苜蓿产品进入国际市场具有明显的地理优势，目前有不少苜蓿草产品已进入日本、韩国、中国香港等国家或地区的市场。

2　目前苜蓿产业化中存在的问题

2.1　种植、管理、收获、加工过程中科技含量低，影响苜蓿生产水平

目前，我国优良苜蓿品种较少（已审定注册的品种仅37个），加之原种数量少，良种产量低，远远满足不了生产和生态建设的需求。苜蓿种植管理粗放，播种、田间管理、病虫害防治、收获时间、原种繁殖等生产过程和草产品加工过程缺乏科学理论和先进技术的指导，从而影响了苜蓿产量及产品的质量。

2.2　产品质量标准体系不健全，质量参差不齐

我国苜蓿产品质量标准严重滞后，影响了苜蓿标准化生产、管理、加工和产品质量的控制。苜蓿草产品多数存在质量问题，特别是苜蓿种子生产和繁殖体系不健全，种子普遍存在品种混杂、纯净度

低的现象，不能以质论价，降低了产品的市场竞争力。产品加工、包装不规范，给运输和销售带来一定困难。

2.3　机械化程度低，降低了商品率

苜蓿生产与加工过程中的机械化程度低是制约我国苜蓿产业化的主要因素之一。目前，适宜我国苜蓿种植区域面积小、地块分散的小型机械少，在苜蓿生产过程中多数为人工操作，其结果是降低了苜蓿干草及种子产量和质量，导致商品率不高，现有大型机械由于价格偏高，生产者难以承受，这些是导致苜蓿生产和加工过程中机械化程度低的主要原因。

3　开创苜蓿产业化新局面的对策

3.1　制定优惠政策，积极扶持龙头企业

目前，我国农牧民对苜蓿产业化认识程度还不高，有关部门应制定优惠政策，积极扶持农牧民种植利用苜蓿，实现生产专业化、种植规模化、管理企业化、营销市场化的新型苜蓿产业。众所周知，苜蓿为多年生牧草，播种当年和生长第二年生物产量较低，所以在播种当年和生长第二年应适当地减免农业税。另外，可结合西部退耕还草生态环境治理工程，对种植苜蓿的农牧民进行适当的补贴，引导他们自觉地进行苜蓿种植，扩大苜蓿生产规模。

苜蓿在我国产业化程度较低的主要原因是缺乏龙头企业的带动，没有形成规模化、集约化和商品化生产。龙头企业在推动我国苜蓿产业化中具有重要作用，各地应根据江泽民"扶持龙头就是扶持产业化，扶持产业化就是扶持农民"的讲话精神，制定优惠政策，鼓励和扶持龙头企业，支持苜蓿种植、产品加工骨干企业，实现优质苜蓿产品生产基地建设，科研开发、生产加工、营销服务一体化经营。可喜的是近几年我国涌现出一批苜蓿生产与加工企业，成都大业国际投资股份有限公司采用"公司＋农户"的经营方式，向农户发放种植苜蓿贷款，与农户签订"以草还贷"合同，保护了农牧民种植苜蓿的积极性和经济利益。"公司＋农户"或"企业＋基地"的形式可以把分散的农牧民组织到苜蓿产业链中，形成较大的苜蓿供货市场，增强苜蓿草产品的市场竞争力。苜蓿主产区应大力扶持苜蓿产品的深加工企业，从而促进当地苜蓿的规模化生产，提高苜蓿的商品率，增加产品的附加值。

3.2　建立与完善产品质量标准体系，适应市场要求

标准化是现代化大生产的产物，是组织现代化生产的重要手段。随着现代科学技术的不断发展以及生产规模的不断扩大，没有标准化便不可能有高质量、高速度。苜蓿产业作为一种新兴产业，目前我国苜蓿生产、产品加工还未实现标准化，苜蓿产品质量不太稳定。要尽快制定苜蓿产品的质量标准和等级分类体系，改变国内市场一无细化标准、二无检验制度、三不按质论价的状况。1989 年由国家标准局制定发布了饲用苜蓿草粉定级标准（编号为 GB 10389—1989），干草和草颗粒定级标准可参照草粉定级标准执行。

认真贯彻执行国颁牧草种子检验标准，加强牧草种子检验队伍建设，装备先进的检测检验仪器，对符合国家牧草种子分级标准的合格种子应发给合格证书，以保证苜蓿种子质量。

3.3　加大苜蓿生产、产品加工机械的研发力度，促进其机械化

在实现我国苜蓿生产、产品加工机械化的过程中，应加大对苜蓿种植、产品加工机械的研究与产品开发力度，特别是要加快低成本、小型机械的研发，以适应目前我国农民小规模耕作的现状和经济承受力。在提高我国苜蓿生产、加工等机械国产化水平的同时，要加快国外先进机械设备及技术的引进、消化、吸收和示范工作，特别是对我国暂时研发有困难而又急需要的小型机械设备，通过各种渠道尽快引进，经过研究部门的消化、吸收和改进进行开发研制。对于苜蓿的经营者，应加大苜蓿机械

化的宣传、示范和推广力度，对某些机械在推广中应实行一定的优惠政策，只有让使用者认识到机械化的好处，他们才会自觉地应用或使用机械，苜蓿生产才能逐步实现机械化。

3.4 转变观念，提高苜蓿的种植地位

苜蓿是世界上栽培面积最大的牧草，许多国家均把苜蓿作为重要的饲用作物，在美国，苜蓿已成为四大作物之一，种植面积达 1 000 万 hm²，阿根廷 750 万 hm²，加拿大 250 万 hm²。与国外相比，我国苜蓿生产较为落后，全国苜蓿种植面积仅为 183 万 hm²，产草量也较低。由于农牧民对苜蓿缺乏认识，苜蓿种植一直得不到重视，常采用广种薄收的方式，多数地方将苜蓿种在低产田或弃荒地或土壤瘠薄的沙地、盐碱地上；不少地区种植后采取粗放管理，没有像其他作物一样对待。苜蓿和其他农作物一样，同样需要良好的生长条件，只有这样才能获得优质高产。加快草业科学技术的普及，对农（牧）民进行培训，尽快让他们掌握先进的牧草生产、加工实用技术。在种植结构调整和生态治理中，鼓励和扶持他们扩大种植规模，与企业联合发展苜蓿基地，实现以"市场牵龙头，龙头带基地，基地连农户"的苜蓿种植生产格局。

3.5 品种是苜蓿产业发展的物质基础，应优先发展

优良品种是获得高产、优质苜蓿的内在因素，不论采取任何先进机械和技术，都必须通过良种才能发挥作用。为了适应我国苜蓿产业化的发展，应加强培育和繁殖本国优良品种；并科学地引进国外品种。因为品种具有地域性，本国的育成品种对当地自然气候、土壤条件有很强的适应性，特别是在环境条件严酷的寒冷、干旱地区，当地苜蓿品种有着明显的优势。引进国外优良品种是一条快捷、省力的途径，在大面积播种以前，应切实做好对引进品种适应性和产量性状的试验研究，避免盲目引种带来的损失。

优良品种是科技的结晶，在短时间内大量引入国外品种能缓解国内市场对苜蓿种子的需求，并对我国苜蓿产业化发展起到了促进作用。但从长远看，对于我国这样一个自然条件复杂多样的大国，必须建立稳定的牧草育种科学研究队伍，采取教学、科研、企业联合攻关的形式，应用常规与生物新技术，持续开展基础理论和应用技术研究，根据市场需求源源不断开发出苜蓿新品种及配套技术，为我国苜蓿产业可持续发展提供物质保证。

本文原刊载于中国草学会《第二届中国苜蓿发展大会论文集》，2003 年，略有删改

牧草育种与我国草业可持续发展

云锦凤

（内蒙古农业大学生态环境学院，呼和浩特　010018）

摘要： 牧草育种工作是我国草业发展的重要基础。我国牧草育种工作经过半个多世纪的发展取得了显著的成就，在我国草业可持续发展中发挥了重要作用。通过对我国牧草品种的社会需求变化和制约牧草育种快速发展因素的分析，提出加速我国牧草育种进程的对策和建议：①建立我国新的牧草育种目标体系和技术体系；②加强牧草种质资源的研究和利用；③建立国家牧草育种中心和牧草品种区域试验委员会；④开展协作攻关，提高育种效率；⑤完善草品种良繁和质量监控体系，建立牧草品种知识产权保护机制；⑥依靠科技进步，培养创新人才，加强国际交流。

牧草育种工作是我国草业发展的重要基础，与国家的经济建设和可持续发展密切相关。当今在"可持续发展"思想指导下，实现经济、社会和环境的协调发展已成为世界各国共同追求的目标。近年来，我国实施了以西部大开发为标志的可持续发展战略，随着全国生态环境建设、农牧业产业结构调整以及城乡绿化和环境整治工作的不断深入，我国草业得到了迅猛的发展，各地对优良牧草品种及优质种子数量的需求急剧增加，使我国牧草育种事业迎来了前所未有的发展机遇，牧草育种工作逐渐得到了全社会的广泛关注，科研、生产和产业化开发队伍不断壮大，取得了一批卓有成效的研究和建设成果，在我国经济、社会和环境可持续发展中发挥了重要作用。同时，我们也清醒地看到，加入WTO后，随着草业产业化进程的快速推进，我国牧草育种工作也面临着严峻的挑战，社会对牧草品种数量和质量的需求越来越高，而且趋于多样化、区域化、系列化和规范化。面对这种机遇和挑战，育种的目标需要向多元化转变，传统的育种体制需要更新，育种的理论和技术水平迫切需要提高。我们需要在科学发展观的指导下不断开拓创新，把我国牧草育种推向新的历史发展阶段。

1　牧草品种在我国草业可持续发展中的地位和作用

牧草品种与社会、经济和环境可持续发展的关系越来越紧密，是我国草业可持续发展的重要基石，在保障国家生态安全、粮食安全，促进经济发展，提高人民生活水平和质量等诸多方面具有十分重要的作用。

1.1　牧草品种是草地农牧业重要的生产资料

牧草品种是农牧业生产中重要的生产资料之一，对提高饲草产量与品质、增强对不良环境的抗性，扩大栽培种植区域有着重大作用。优良品种产量增幅通常可达20％～30％，因而是农牧业生产增收增效的主要手段。培育优良牧草品种数量的多少，新品种培育技术水平的高低，已成为衡量一个国家畜牧业发展水平的重要标志。世界上一些草地畜牧业发达的国家均十分重视优良牧草品种的培育工作，并在育种的技术手段和水平等方面取得令人瞩目的进展。由于受人口膨胀、资源匮乏、环境恶化等因素的影响，传统的草原畜牧业在草地急剧退化的压力下遇到了前所未有的发展阻力，饲草料供应短缺，草畜矛盾日益突出。因此，改良天然草地、建立优质高产人工草地和饲料基地便成为现代畜牧业发展的必由之路，而草地改良和人工草地的建设都需要有优良的牧草种和品种作保证。可见，优良牧草品种是保障现代畜牧业可持续发展的重要生产资料。

1.2　牧草品种是生态环境保护与建设的物质基础

改善生态环境，实现人类社会可持续发展已成为世界各国的共识。我国在西部大开发战略中把生态环境建设放在首位，以植被恢复、风沙源治理、退耕还林还草以及退牧还草为重点的一大批生态建设工程相继大规模地实施。同时，在全国环境整治中，以城乡绿化、美化为重点的环境建设工程也广泛展开。适于水土保持、绿化和环境美化的草品种当之无愧地成为这些环境建设工程的物质基础，发挥着不可代替的重要作用。

1.3　牧草品种是草业产业化建设和发展的重要基础

在我国，草业被称为 21 世纪的朝阳产业，草业不仅有很大的产业关联度，而且自身也有丰富的产业内涵，牧草栽培与加工产业、牧草种子产业、城乡绿化产业等一批子产业群构成了庞大而具有广阔发展空间的草业产业链，这个产业链的核心是优良牧草品种，它是实现草业产业化可持续发展的原动力，是草业产品参与市场竞争的根本保障。

2　我国牧草育种的成就及对草业发展的贡献

我国牧草育种工作经过半个多世纪的发展取得了显著的成就，在我国草业发展中发挥了重要作用。

2.1　育成一批优良品种在生产中应用

采用野生引种驯化、地方品种整理、国外优良品种引进、选择育种及杂交育种等多种方法培育出一批优良牧草品种。截至 2005 年年底，经全国牧草品种审定委员会审定登记的品种达 320 个，其中育成品种 127 个。这些品种相继在各地不同生态条件下推广种植，取得了显著的经济、社会和生态效益，极大地推动了我国草业产业化的进程。如中国农科院畜牧所育成的中苜 1 号苜蓿品种，可在平均含盐量 0.3% 的盐碱地上获得高产，目前已在黄淮海地区、河北、山东、内蒙古等地推广种植，有力地促进了当地草地畜牧业发展。

2.2　种质资源收集、保存、评价成效显著

到目前为止，共搜集、保存、鉴定国内牧草种质资源 500 多种 3 000 余份，从国外搜集到 300 多种 4 000 余份珍贵的牧草种质材料。在国家作物遗传资源长期库的基础上，建立了 2 个国家牧草中期库，已保存牧草种质 4 000 余份。在不同气候带建立了 5 处多年生牧草种质资源圃，对 3 000 多份材料的生物学特性和农艺性状及细胞学等进行了鉴定和评价，并建立了中国牧草种质资源网站，初步形成了长期库、中期库和资源圃三级保存体系。科技部正在实施的"牧草植物种质资源标准化整理、整合及共享试点"（平台）项目，通过牧草描述规范、评价标准、信息与实物共享等方面的建设，整理、整合全国牧草种质资源。这些成果将为我国牧草育种和草业可持续发展奠定基础。

2.3　生物新技术应用取得阶段性成果

我国牧草生物新技术应用始于 20 世纪 70 年代，近年来，在国家"863"和自然科学基金等项目资助下，牧草生物技术应用和发展迅速，在牧草育种领域初步建立了重点牧草的遗传转化体系，苜蓿、冰草、高羊茅、黑麦草等重点草种已获得转基因植株。中国农科院畜牧所成功地将 RAPD 标记用于耐盐苜蓿后代的选择；北京农业生物技术中心已利用分子标记将多枝赖草的抗黄萎病基因进行了定位。我国传统牧草育种技术与现代生物技术相结合已开始进入实验阶段，对我国现代牧草育种技术体系的建立将产生重要影响。

2.4 牧草育种基础理论研究取得了重要进展

在牧草生理学、细胞学、孢粉学、细胞遗传学等基础研究和远缘杂交、染色体加倍及其后代育性恢复等技术研究方面都取得了突破性进展，出版了《中国苜蓿》《牧草育种技术》《中国草地饲用植物染色体研究》等多部研究专著和大量学术论文。这些成果必将对牧草育种和草业科学的理论和技术创新起到推动作用。

2.5 牧草良种繁育和种子产业化建设步伐加快

为了满足草地畜牧业生产、生态建设和城乡绿化对草类品种种子的需求，利用国债资金在全国建成 8 个高标准的重要牧草（苜蓿、羊草、冰草等）原种繁殖场，面积达 3 000hm²；建立种子扩繁基地 66 处，面积达 7.27 万 hm²。大大地改变了我国牧草种子严重短缺和依赖进口的局面。与此同时，在全国建立部级牧草种子检验中心 4 处，实施了牧草种子标准化，进一步完善了牧草种子检验的技术体系。通过项目的带动，既推广了牧草优良品种，也促进了牧草良种繁育的开展，从而加速了我国牧草种子产业化的步伐。

2.6 对外学术交流与合作日趋广泛和务实

改革开放以来，随着国家经济和科学技术的快速发展，国际学术交流十分活跃，合作成果显著。从国外引进了优异种质和品种资源、先进的育种方法和技术及管理理念，与国外的科研合作与技术交流更加频繁和务实，我国草业技术开发潜力和发展空间日益受到国际社会的广泛关注。这为提升我国牧草育种水平、加快牧草育种速度创造了有利条件。

3 我国牧草育种面临的主要问题

3.1 育成的牧草品种数量少，育种目标单一

目前，全国经审定登记的品种仅有 320 个，而且现有的牧草品种中，育成品种比例较低，一些品种的生产能力、抗逆性能不突出。有的品种由于自然、管理和繁种不当等原因，出现了严重退化，品种性能降低，这种现状远远不能满足日益增长的社会需求。

长期以来，我国牧草育种目标主要是培育畜牧业发展需要的牧草品种，用于生态环境建设的生态草品种、绿化观赏草品种及其他方面需求的品种很少，如我国草坪草种子需求量很大，由于自己没有育成品种而主要依赖进口。此外，现有品种的区域化、系列化程度低，这与我国草业发展对草品种的多样化需求相差甚远。

3.2 育种方法陈旧，育种周期和品种更新换代周期长

我国育成的牧草品种大都是采用传统的常规育种技术和方法育成的，耗时长，效率低，现代生物技术在牧草育种中的应用还处于起步阶段。近年来，我国开始运用生物技术作为辅助手段进行牧草育种的尝试，但国际上已经在应用现代生物技术培育抗病虫、抗除草剂的牧草新品种方面取得了很大进展。我国主要农作物约每 5 年进行品种的更新换代，而牧草的更新换代已长达 10 年至 20 年，公农 1 号苜蓿、公农 2 号苜蓿品种已有近 50 年的历史，却依然是生产中的当家品种，这种状况很难适应可持续发展需求。

3.3 牧草种质资源研究严重滞后

我国拥有丰富的牧草种质资源，与发达国家相比，对牧草种质资源的研究和利用相对滞后。目前的研究还处于面上的考察、搜集、评价与入库保存阶段，且入库保存的数量很少；缺乏对重点草种的

全面考察、搜集和系统评价；应用现代生物技术对牧草种间、种内各材料之间变异方面的系统研究薄弱；对重点草种的遗传多样性、核心种质等的研究甚少；尚未建立牧草种质资源标准化的评价体系、评价信息及实物很难被牧草育种者及时共享。

3.4　牧草品种试验体制不健全，品种审定标准不够完善

区域试验是牧草品种选育过程中的重要环节，牧草品种审定已经进行了 10 多年，全国性的牧草品种区域试验网络尚未建立起来，育种者自行安排区域试验。因此，很难对牧草新品种做出科学的评价，这在某种程度上影响了牧草审定品种的质量、权威性和推广应用。全国牧草品种审定委员会自成立以来能够如期地进行全国性的品种审定工作，但在品种审定过程中，许多性状评审标准没有明确制定，与农作物相比，在一些评审环节和内容上还不够完善。

3.5　良种繁育体系不健全，牧草品种产业化程度低

当前，我国牧草产业化发展很快，需要大量优良品种的高质量种子。而我国牧草的良种繁育体系很不健全，国家相关部门没有对牧草良种繁殖进行监管，造成良种繁殖的无序状态，牧草种子优劣混杂，优良品种在良繁过程中很快丧失品种特性和增产潜力，致使牧草种子市场受到很大影响，进而影响到草业产业化进程。

3.6　从事草类育种的单位和人员较少，经费来源无保证，缺乏协同合作

目前，我国的牧草品种主要由高校和研究单位自行选题研究和培育，而且多数由一个单位的少数人独立完成，很少进行多学科和跨单位的合作研究和攻关。国家在牧草育种上投入较少，科研经费不足。虽然近年来有少数企业参与牧草育种，但主要是对国外引进品种进行简单的适应性试验，很少真正参与培育具有自主知识产权的新品种。这种状况限制着我国牧草育种的快速发展。

3.7　牧草品种知识产权保护十分薄弱，育种者权益难以得到保护

我国在 1997 年公布实施了《中华人民共和国植物新品种条例》，但是在具体实践中存在着有法不依、执法不严的现象，育种者权益并未能得到很好的保护，从而影响到育种事业健康发展。

4　加速我国牧草育种进程的对策与建议

4.1　构建新的牧草育种目标体系和技术体系

随着我国草业的快速发展和社会对草品种需求的迅速扩大，急需调整牧草育种目标，要从培育饲用型牧草品种的单一目标尽快转向培育饲用、生态、绿化美化、草田轮作品种等多元化目标。在每个一级育种目标下，应根据社会需求，确定若干二级育种目标，建立一个新的牧草育种目标体系。该体系应突出牧草品种的区域化、功能化、系列化和实用化，有利于加速牧草育种进程，并最大限度地发挥牧草新品种的作用。

根据我国牧草育种技术的发展现状，在继续完善和普及牧草常规育种理论和技术的基础上，积极探索牧草育种的高新技术，将太空育种、分子育种等高新技术与常规育种结合起来，构建我国现代牧草育种技术体系，提高培育牧草新品种效率，加快育种步伐，缩短新品种更新换代周期。

4.2　加强种质资源搜集、研究和利用

据报道，我国约有被子植物 3 万种，其中有 4 000 种受到威胁，约 1 000 种珍稀植物列入濒危的名单中，从 20 世纪 50 年代起，草地生态环境日趋恶化给草地生物物种及遗传多样性带来诸多的负面影响，而生物物种及遗传多样性是牧草育种极宝贵的原始材料。因此，收集、保护、鉴定牧草种质资

源对可持续选育牧草新品种尤为重要。从草业可持续发展的战略出发，我们应不断地扩大对全球牧草种质资源的搜集与交换，加速我国牧草基因库建设，进一步完善以国家库、圃为核心的牧草种质资源保存体系。有计划地对已经搜集到的种质材料进行系统的研究，筛选出符合不同育种目标需要的育种材料，并进行种质资源的创新，为育种工作提供丰富的遗传资源。

4.3 建立牧草育种中心，成立国家级牧草品种区域试验委员会

我国牧草育种人员短缺、资金不足，社会又急需适于产业化发展的新品种。鉴于这种状况，建议成立两个国家级牧草育种中心（北方地区以苜蓿育种为主，华中地区以红、白三叶为主）。其任务是：组织各学科协作攻关，为各地区收集、保存和提供育种的种质资源，培养牧草育种人才，尽快解决难度大、耗时长、以基因工程为重点的新品种培育问题。

为了提高新品种的质量和水平，严格对登记的品种进行把关，建议尽早成立国家牧草品种区域试验委员会，并对该委员会组成、区试方法、内容、地点等制定出一个切合实际的章程，以便于实施和操作。

4.4 开展协作攻关，提高育种效率

牧草育种是一项周期长、难度大的系统工程，涉及遗传学、育种学、分类学、生理生化学等多门学科的知识，必须集聚各学科的精兵强将，才能尽快选育出高质量的优良品种。发达国家新品种的培育都是集各学科的专家组成科研梯队合作攻关，涉及区域试验需通过跨地区协作方可完成品种培育全过程。如美国的许多牧草品种，一般均有 2~4 个跨地区研究和推广单位合作完成。

据统计，国内经营牧草以及与草有关的企业已有 5 000 余家，产值在 500 万元以上的有 50 余家，这些草业公司特别是种子公司经费充实，它们应积极参与到牧草育种工作。事实上西方国家的种子公司在经营草类种子的同时都在培育具有自主知识产权的牧草新品种，企业应该成为科技创新的主体，这也是种子公司发展壮大的必由之路。

4.5 完善草品种良繁和质量监控体系，建立牧草品种知识产权保护机制

采用多元化的投入机制，全国不同气候区域建设良种繁殖基地，根据不同牧草特性确定相应的繁殖方法，建立以品种纯度为中心的分级繁殖体系，由国家主管部门依照《种子法》，分草种、分地域制定和修订各种草品种的各级种子生产技术规程和质量检验规程。同时，实行草品种良种繁育基地认证制度，成立全国草品种繁育基地认证机构，对全国草类品种种子繁育基地进行资格认证和技术监督。依法对牧草良种生产企业和农户进行监督指导和田间检验，以保证牧草良种的质量。

采用先进技术，如 DUS（Distinctness、Uniformity、Stability）测试技术等，建立我国牧草品种鉴定技术体系，对申请登记、生产和经营的侵权牧草品种进行 DUS 测试，并加大《中华人民共和国植物新品种条例》的宣传、执法和监督力度，依法查处侵权行为。建立保护育种者权益和研发积极性的有效机制。

4.6 依靠科技进步，培养创新人才，加强国际交流

21 世纪是知识经济时代，知识是最重要的资源，人才是最重要的资本，掌握知识是前提，应用知识是根本，创新知识是关键。依靠创新人才进行科技创新，解决牧草育种的难点和问题。高素质人才培养的根本在教育，要高度树立"科教兴国""科技是第一生产力"的思想，在立足自己培养的同时，把有潜力的青年人有针对性地送到国外进行专门培养，也可通过引进人才来扩大育种队伍。在科技迅速发展的今天，国际学术交流和合作是国家科技进步、经济发展的重要途径，也是培养创新性人才的重要渠道。通过广泛的国际学术交流与合作，促进我国草业迅速发展。

总之，全体牧草育种工作者要抓住当前草业发展的大好机遇，正视我国牧草育种工作的实际，明

确今后的努力方向，利用我们所拥有的资源优势、政策优势和社会环境优势，以孜孜不倦的精神、创造性的劳动，奋发图强，致力草学，在 21 世纪使我国牧草育种走向产业化、现代化，为我国草原畜牧业的可持续发展做出应有的贡献。

参考文献（略）

本文原刊载于《中国草业发展论坛论文集》2006 年，略有删改

关于加快我国牧草育种科技创新的思考

云锦凤，王俊杰

（内蒙古农业大学生态环境学院，呼和浩特 010018）

摘要： 在实施自主创新、建设创新型国家战略的关键时期，如何加快我国牧草育种科技创新步伐，更好地发挥中国草学会在建设创新型国家战略中的作用是摆在全国草业科技工作者面前的重要课题，在分析制约我国牧草育种快速发展因素的基础上，提出了加速我国牧草育种科技创新的对策和建议：①制定我国牧草育种中、长期发展规划；②建立牧草育种中心，成立国家级牧草品种区域试验委员会；③高度重视牧草种质资源的搜集、整理和研究；④大力加强牧草育种新技术、新理论的研究和应用；⑤全力推进常规育种与生物新技术育种的有效结合；⑥多途径、多层次培养创新人才。

当前，我国正处在实施自主创新、建设创新型国家战略的关键时期。中国草学会是由全国草业科技工作者自愿组成的社会团体，负有"孕育创新思想，激发创造活力"的重要功能，是国家创新体系的重要组成部分。我国牧草育种研究起步较晚，经过几代草业工作者的不懈努力下，特别是改革开放以来，已取得了很大成就，但与日新月异的科技进步和日益增长的社会需求相比，无论是牧草育种的速度还是科技创新能力都存在明显的差距。近20年来，在国家牧草登记品种中，育成品种的比例没有明显提高，标志着品种科技含量和创新水平的自主创新性成果甚少。这不能不引起我们的高度重视，特别是在实施建设创新型国家战略的关键时期，我们必须审时度势地思考这一问题。本文根据我国牧草种质资源和育种研究的基础和现状，结合笔者的工作实践，就加快我国牧草育种科技创新所面临的亟待解决的关键问题提出几点初步的认识，以期能够为我国草业科技创新管理体系和技术体系的形成提供参考。

1 制定我国牧草育种中、长期发展规划

科技发展规划是科技创新的方向和目标。长期以来，我国还没有针对牧草育种的科技创新制定出系统的发展规划，牧草的品种选育大都是育种工作者根据自己的认识和现有条件进行的，不可避免地造成育种目标零乱，育种技术方法不够规范，品种特性不突出，不能很好地与社会需求相吻合等现象，在一定程度上影响了牧草育种的快速发展，也使得现有的牧草登记品种不能很好地发挥重要作用。因此，尽快制定我国牧草育种的中、长期发展规划，确定我国牧草育种发展方向和总体目标，根据社会需求，分区域建立牧草育种目标体系，并建立牧草育种合作机制，完善牧草育种管理体系和技术体系已成为促进我国牧草育种科技创新亟待解决的关键问题。

2 建立牧草育种中心，成立国家级牧草品种区域试验委员会

我国牧草育种人员短缺，资金不足，社会又急需适于产业化发展的新品种。鉴于这种状况，建议成立两个国家级牧草育种中心（北方地区以苜蓿育种为主，华中地区以红、白三叶为主）。其任务是组织各学科协作攻关，为各地区收集、保存和提供育种的种质资源，培养牧草育种人才，尽快解决难度大、耗时长、以基因工程为重点的新品种培育问题。

区域试验是牧草品种选育过程中的重要环节，牧草品种审定工作已经进行了十多年，由于种种原因，全国性的牧草品种区域试验网络尚未建立起来，育种者安排区域试验的地点、规模和质量难以得

到保障。因此，很难对牧草新品种进行科学和公正的评价。这在某种程度上影响了牧草审定品种的质量、权威性和推广应用。为了提高新品种的质量和水平，严格对登记的品种进行把关，建议尽早成立国家牧草品种区域试验委员会，并对该委员会组成、区试方法、内容、地点等制定出一个切合实际的章程，以便于实施和操作。

3 高度重视牧草种质资源的搜集、整理和研究

牧草种质资源作为生物多样性研究、牧草和农作物育种的物质基础，是牧草育种科技创新的前提。"巧妇难做无米之炊"，无论在任何历史时期，也无论采用什么样的先进技术，没有丰富的优异种质资源，不可能育出好的品种，更谈不上品种创新。因此，牧草种质资源是牧草育种科技新的源泉和基础。国家科技部目前正在实施的"牧草种质资源基础平台项目"在我国牧草种质资源搜集、整理整合、信息与实物共享以及相关标准和规范制定等方面取得了显著成效，无疑对牧草育种的创新提供了有利条件。但是，从目前的情况来看，已整理整合入库的种质材料中绝大多数没有进行系统研究，特别是与育种密切相关的种质鉴定和评价研究尚未开展或很不完善，育种学家很难发现和掌握优异的种质材料，在很大程度上限制着牧草育种的快速发展。因此，从牧草育种发展的整体策略来看，应该高度重视牧草种质资源的研究。

3.1 进一步加强国内外牧草种质资源的搜集、保存、评价和优异种质筛选等基础研究

从牧草育种的角度考虑，种质资源搜集和保存应该采取"立足国内，兼顾国外"的策略，要着重对国内珍稀、濒危、特有和优异野生牧草种质资源进行有计划的系统搜集和保存，并加强对当地"乡土草种"的搜集。同时，根据国内牧草育种的需要，有目的地引进国外种质资源，也就是说，要注重种质资源搜集、保存对加速牧草育种进程的实际效果。对于搜集和保存的种质资源，应根据不同地区的育种基础和主要目标，有计划地分步开展鉴定、评价研究和优异育种材料筛选。优先进行当前牧草育种目标急需的种质材料的系统鉴定、评价和筛选，以提高育种效率。在这方面可以开展跨地区的合作，联合开展共同育种目标所需的种质资源评价和筛选研究。这样可集中优势和技术力量，加快育种进程。

3.2 加速开展牧草种质资源创新的研究和应用

牧草育种的一个重要途径就是创造、发现和利用植物的突变。由于自然演变进程缓慢，并带有偶然性和局限性，而品种选育具有区域性和优异性状的确定性，因此完全依靠自然突变的发现很难加快育种进程。种质创新也被称为"预育种"，是利用各种不同类型的种质资源，采用各种培育手段和技术，将某些植物种质资源所特有的有利性状转移到某一植物上，从而创造出具有突出性状的新种质。育种学家能够很方便地对这些新种质进行遗传加工和育种利用，从而可显著加快育种进程。因此，种质创新已成为当今国内外研究的热点领域。我国在这方面已经开展了一些工作，但从育种发展的需求来看，还需要进一步加强这方面的研究，这是我国牧草育种创新的重要基础。

4 大力加强牧草育种新技术、新理论的研究和应用

牧草育种科技创新的主要内容是理论创新和技术创新，有了理论和技术创新，才能够提高品种的科技含量，进而促进品种创新。要充分运用现代生物技术、生物信息技术、计算机与网络信息技术等新技术手段，加强牧草育种的基础理论研究和新技术开发，丰富和完善牧草育种理论，提高育种技术水平，从而加快牧草育种的创新步伐。随着现代生物技术的飞速发展，生物技术育种在农业领域得到广泛应用，一些发达国家在农业生物育种方面的成果及其产业化高速发展的事实已经展示出生物技术在植物育种领域的无穷魅力和广阔的发展前景。特别是生物技术在培育高产、优质、抗病虫和抗逆性能好的植物新品种中显示出巨大的潜力，据统计，目前世界上进入田间试验的转基因植物已达 1 500

余种，全世界种植转基因作物的国家已达 20 多个，种植面积高达 9 000 多万 hm²，仅 2005 年转基因作物市场销售额就达 50 多亿美元，全球因减少了杀虫剂的使用使环境污染降低了 14%。生物育种研究已成为当今世界范围的研究热点。这是一个大趋势，无疑也是牧草育种科技创新的主要方向。国内外已在牧草育种领域开展了大量的生物技术研究，取得了十分可喜的成绩，使牧草育种的理论和方法得到了极大的完善和提高。目前，基因组学的研究已成为植物基因资源挖掘的基本科学平台，分子育种成为植物育种的主要手段之一。我们应该在牧草育种的新技术和新理论的研究上加大力度，尽快形成我国牧草育种科技创新的理论体系和技术体系，从而加快科技创新的步伐。

5　倡导常规育种与生物新技术育种的有效结合

牧草育种新理论、新技术的研究和应用不是对传统育种的淡化，更不是简单的否定或抛弃，而是在为进一步发展和完善常规育种寻找新的动力和方向。常规育种不但是成功而有效的，而且是成绩显著的，并具有不可否认的创新性内涵。但是，我们必须清醒地认识到，在当今社会发展日新月异的背景下，常规牧草育种的长周期和低效率显然已经不能满足社会对草品种与日俱增的迫切需求。因此寻找弥补常规育种不足的途径和方法是加快育种进程，最大限度满足社会对草品种需求的必然选择。从育种学角度讲，常规育种是牧草育种的基本方法，离开了常规育种，任何新技术育种都将是"空中楼阁"。因此，常规育种与生物新技术育种的完美相结合才是牧草育种科技创新的本质和科学内涵。这一点在国内外已取得成功的生物技术育种实践中已得到证明。

常规育种与生物新技术育种相结合的基本策略是利用植物组织及细胞培养技术，原生质体培养及融合技术，重组 DNA 技术，基因转化技术及基因表达调控技术等现代生物技术手段，弥补传统育种方法的不足，增强对植物遗传性状改造与利用的定向性和准确性，从而提高育种的可操作性，加快育种进程，提高品种的质量和科技含量。

6　多途径、多层次培养创新人才

21 世纪是知识经济时代，知识是最重要的资源。人才是最重要的资本，掌握知识是前提，应用知识是根本，创新知识是关键，草业科技创新的关键在于拥有创新思维和能力的人才。因此，加速培养我国牧草育种创新人才是草业科技创新实现新的跨越式发展的关键因素之一。

学术交流是自主创新的源头之一，是培养创新型人才的重要渠道。营造良好的学术交流氛围，提高学术交流的质量是推动牧草育种科技创新不可忽视的重要手段。通过同行之间的交往和交流，有利于创新人才的成长和脱颖而出。我们要对学术交流中产生的非物质性科技成果有高度重视，这些非物质性科技成果在科技创新中具有极为重要的作用。因此，我们应该利用一切有利条件，努力搭建高质量的学术交流平台，创造有利于增强创新意识、孕育创新思想、提高创新能力和激发创新欲望的学术环境。广大牧草育种科技工作者特则是青年学者应该积极主动参加学术活动，并充分利用这个平台，广泛交流与学习，提高创新能力。

开展跨地区、跨行业和多途径、多层次的国际间科技合作也是培养创新人才的重要途径。通过广泛的科技合作和科研实践，可以快速培养出综合素质高、创新意识强、善于合作、勇于攻克难关的创新型人才，通过富有实效的国际合作，可深入了解和掌握国际发展趋势和前沿动态，学习和借鉴国外同领域研究和技术开发的先进经验，有利于创新型人才的快速成长。

总之，科技创新是历史赋予我们草业科技工作的光荣使命，建设创新型国家的伟大战略已进入关键时期。全国草业科技工作者特别是青年学者，要抓住当前草业发展的大好机遇，明确今后的努力方向，以科学发展观为指导，团结协作，为加快我国牧草育种科技创新步伐做出应有贡献。

本文原刊载于《中国草学会青年工作委员会学术研讨会论文集》，2007 年，略有删改

构建牧草安全供应体系，推进草业产业化发展

云锦凤

（内蒙古农业大学，呼和浩特　010019）

1　问题的提出

1.1　对草畜矛盾的反思

我国草原畜牧业中的草畜矛盾由来已久。长期以来，不论是国家层面还是地方层面都致力于草畜矛盾的解决，农业部还于 2005 年 1 月公布了《草畜平衡管理办法》，但是现在草畜矛盾依然尖锐，草畜矛盾已成为草原生态保护和畜牧业可持续发展中难以突破的"瓶颈"。草畜矛盾不仅阻碍草原畜牧业的发展，而且引发了一系列的草原生态问题，导致我国草原生态恶化的趋势还没有从根本上得到扭转。在牧民发展畜牧业中，增加牲畜数量是经济发展的必然规律，但同时也应提高牧草的产量，增加牧草的供给量，只有这样才能实现草畜平衡，过牧问题才能得到解决。倘若不是这样，草畜矛盾就得不到解决，过牧现象就难以消除，草原生态恢复就得不到保障。因此，提升牧草生产能力和供给能力是草原保护与建设的核心，没有足量的牧草来满足牲畜的要求，草畜矛盾就不能从根本上解决。

1.2　对牧草安全与粮食安全的思考

随着我国饲料工业的迅速发展，饲料粮用量逐年增加。1978 年饲料粮占粮食的比重仅为 15.0%，1990 年为 24.4%，2003 年达到 38.0%，预计 2010 年将达到 45.0%，饲料粮消费对我国粮食安全的影响越来越大。目前，我国优质禾本科和豆科牧草在家畜日粮中的使用率还较低，特别是在奶牛日粮中的使用率很低，只有大城市附近的奶牛场的奶牛有幸吃上苜蓿干草、羊草等。但大多个体奶农养奶牛仍停留在劣质秸秆类粗饲料（玉米秸、麦秸和稻秸）与三大料（玉米、麸皮、饼粕）的简单混合上。草食家畜对粗纤维的消化率可达 50%～90%，可将牧草转化为畜产品，一方面用肉蛋奶来替代粮食，保证食物安全；另一方面大力发展草食家畜，可减缓饲料粮对粮食安全的压力，发挥"粮藏于草"和"草替代饲料粮"的作用。

1.3　三鹿奶粉事件的警示

三鹿奶粉事件虽然使我国奶业遭到重创，但也从侧面说明优质牧草对现代奶业养殖的重要性。这一事件警示我们倘若没有优质牧草的支撑，发展优质高产的奶业就没有了基础，奶业发展就会出现问题。紫花苜蓿是高蛋白质牧草，可惜这对我国绝大多数奶牛而言是一种奢望。奶业发达国家都非常重视优质牧草在奶牛日粮中的供应，如美国威斯康星州的牛奶产量排全美第二，该州的农业主要围绕奶牛产业形成了苜蓿优势产业，每头奶牛的年平均产量为 9 056kg；日本北海道的超级奶牛日粮中优质牧草占 50% 以上，每头超级奶牛的年平均产量达 20t 之多。这说明奶牛业的健康发展无不与优质牧草有关。我国《奶业整顿和振兴规划纲要》的目标之一是到 2011 年奶牛单产达 5.5t。要实现这一目标，就要改变目前奶牛的日粮结构，增加优质牧草在日粮中的比例，在苜蓿和全株青贮玉米种植上有突破性进展。

1.4　草原灾害的教训

我国草原畜牧业还没有完全摆脱受制于自然的状态，畜牧业灾害频发，肆虐我国草原的常见灾害有几十种，使畜牧业遭受巨大的损失，如1990—2000年间新疆每年冬春因复合型灾害造成牲畜死亡达100万头（只）。今年入春以来，内蒙古中西部部分地区出现了50年一遇的严重干旱，牧草生长及畜牧业生产受到严重影响，目前内蒙古因旱已造成166万人、427万多头（只）牲畜饮水困难。突发性灾害的危害更大，如寒潮、强风、大雪多发生在冷季，此时草原处在枯草期，牲畜采食量不足，膘情差，勉强维持生长，若遇寒潮、强风、大雪覆盖草原等灾害，牲畜无法采食牧草，且又缺乏牧草贮备，易造成大量死亡，酿成灾害。2000年初内蒙古、新疆12个地（市、州）60个县连降大雪，酿成畜牧业特大"白灾"。从灾害成因和特点及各地实际情况看，降低灾害损失，关键是灾害发生时要有足够牧草供应，特别是要保证局部重灾区能及时获得牧草供应。

1.5　牧草产业技术体系建设的希望

2007年农业部、财政部共同启动50个现代农业技术体系，牧草产业技术体系就是其中之一，要求草业要加快产业化发展的步伐。然而，与农业的其他产业相比，牧草产业化程度较低，产值不显著，这与我国是一个草原大国极不相称。目前，在草业经济中，以草原畜牧业为主导的产业形式还没有从根本上改变，经济增长主要依赖家畜数量的增长，而以草产品为主的产业形式在我国草业经济中还没有起到主导作用。苜蓿在我国已有2 000多年的历史，但至今没有形成优势产业，而美国种植苜蓿的历史不到200年，苜蓿产业已成为美国农业的主要产业，每年的产值在100亿美元以上。目前，我国虽然启动了牧草产业技术体系的建设，但是牧草生产加工体系、政策体系和服务体系的建设和完善工作倘若滞后，就会影响到牧草产业技术体系的发展和作用的发挥。因此，我们应该抓住机遇，尽快完善和建设牧草产业化发展体系，只有这样，国家牧草产业技术体系才能根据牧草实际问题进行针对性研究，牧草产业技术体系才能发挥更大、更好的作用。

2　构建牧草安全供应体系之管见

2.1　政策保障体系

目前在草原保护与恢复方面国家启动了多项生态保护与建设工程，先后实施了京津风沙治理、退牧还草、牧草种植基地等重大工程，并相继出台了一系列方针、政策。在草原生态保护与建设中，牧草生产得到加强，特别是在20世纪90年代末和21世纪初，苜蓿产业迅速崛起，涌现出不少苜蓿种植和加工企业。然而，由于缺乏有效的草产业政策扶持，受粮食比较效益提高的影响，不少草业企业受到冲击，效益严重下滑，草产业发展受困。草产业是基础性产业，在发展过程中需要政策的保障。因此，要加强草产业政策的研究和制定，积极扶持牧草种植业和加工企业，将牧草种植与作物种植同等对待，种植牧草良种应像种植玉米等作物良种一样享受补贴，只有这样，农民才能有种植牧草的积极性，牧草种植业才能得到持续发展。对涉草企业，应有适当的优惠政策，鼓励这些企业进行草产品（包括草产品、种子产品）的研发、加工。尽快启动牧草产业化项目，以推动牧草产业化发展，提升牧草产业化水平。

2.2　技术支撑体系

国家牧草产业技术体系建设项目的启动为我国牧草产业化发展提供了技术支撑，该体系的建设将对我国牧草产业化发展起到积极的推动作用。要以增加牧草生产总量、提高牧草供应能力为核心，加快牧草品种的改良，加强优质牧草（饲料作物）高效生产关键技术的研究，加大优质高产人工草地、饲料基地建植技术的推广力度；加强草产品的研发、加工及贮藏技术的研究，优化TMR技术，尽快制定草产品的质量标准和安全生产规程，建设和完善优良草产品质量认证体系；加快小型机械研发，尽快实现牧草加工机械的国产化。

2.3 生产加工体系

牧草生产和加工是牧草产业化发展的基础，也是主体。目前，我国牧草生产能力总体水平不高，牧草种植零散，规模化生产不强，小生产与大市场、分散经营与综合产业之间的矛盾突出，有许多牧草加工企业由于原料不足而处于停产半停产状态。因此，建立规模化、标准化的牧草生产基地已势在必行。要加快牧草生产基地的建设，首先要结合草原生态建设项目，在基础好、条件优势明显的地区（如农牧交错地区）建立牧草生产基地，尽快形成较大规模的牧草生产基地，增加牧草供应能力，为加工企业提供稳定充足的原料，保证企业经济效益和带动力。同时，应积极扶持龙头企业。龙头企业是推进草产业发展的关键环节，它既连接农户又连接市场，具有承上启下的作用，因此要围绕牧草产业，着力培育龙头企业，把建设牧草生产基地、培育企业和疏通销售渠道作为一个系统工程来考虑。

2.4 服务功能体系

加强草业生产技术服务组织建设，强化服务功能，是提高牧草生产技术水平的关键环节。要加强基层草业技术服务队伍的建设，提高基层草业服务站专业技术人员的服务水平。围绕牧草生产加工基地建设开展技术服务，为农牧民提供生产、加工、贮藏、运输、信息、资金、技术等的系统化服务。要大力发展农牧区多种形式的合作经营组织，包括各种草业专业协会、联户或农户与其他单位及个人组成的专业合作社、从事草业产品购销的中介组织等，培养农民专业性营销队伍，开辟绿色通道，让农牧民有组织地进入流通领域，促进草产品流通。培育优势草产品，实现草产品的区域化布局、规模化生产，培育 TMR 配送中心，建立储草中心或基地，实现标准化管理、专业化服务，促进草产品的有序流通。

3 措施建议

3.1 坚持"两手抓、两手硬"的原则，处理好草原保护与产业化发展的关系

在草业发展中，应遵循以生态为根本、产业为关键、效益为目标的生态经济发展观，坚持"两手抓、两手硬"的原则，既要抓草原生态保护，也要抓牧草产业发展。在草原生态保护中要发展牧草产业，在牧草产业发展中要保护草原生态，实现以生态保障产业发展，以产业发展支撑生态保护，达到草业健康持续发展。在草原生态建设中，国家已启动了不少的工程项目，草原生态保护与建设事业得到了长足发展。与其相比，牧草产业化发展相对滞后，生产水平还达不到畜牧业发展的需求，牧草供应量还不能满足家畜的需求量。因此，应尽快启动牧草产业化项目，以解决我国牧草紧缺的问题，缓解日益严重的草畜矛盾，为草原生态保护提供足量的物质支撑。

3.2 转变观念，提升牧草的地位

受传统观念的影响，牧草与作物不平等、牧草与家畜不平等的现象仍然存在，在种植业中作物可得到补贴，而牧草没有补贴，家畜良种有补贴，而优良牧草没有补贴的问题还没有得到解决。由于偏见，牧草在我国农业中一直不被重视，苜蓿等牧草都种植在作物不能生长或生长不好的地中，与种植在好地中的作物进行经济效益比较，得出的结论是种苜蓿的效益不如种作物好。苜蓿已成为美国的四大作物之一，2008 年苜蓿面积占耕地的 14%（约 2 470 万 hm^2），年产值超过 100 亿美元，其经济效益不比玉米等其他作物差。日本是人多地少的国家，但为了增加牧草的供应量，从 2004 年开始实施了提高牧草自给率的计划，拿出大量的耕地种植牧草，计划到 2015 年牧草自给率由 2004 年的 24% 提高到 35%，牧草生产总量由 441 万 t 增加至 603 万 t。国内外苜蓿生产证明，苜蓿种植在适宜生长

的环境中的经济效益不比作物差。转变观念，要给牧草与作物、牧草与家畜同等待遇，确立牧草在种植业中的重要地位、畜牧业中的基础地位、草产业中的主导地位。

3.3　调整种植业结构，积极推行粮、经、饲的三元结构

《国家粮食中长期规划纲要》明确提出"调整种植结构，逐步扩大优质高效饲料作物种植"，并提出 2010 年牛奶产量达到 4 410 万 t，2020 年牛奶产量达到 6 700 万 t 的规划目标。这为引草入田，调整种植业结构，实行粮、经、饲的三元种植结构提供了理论依据，为"粮藏于草"和"草替代饲料粮"提供了可能。首先应在奶牛带、肉牛肉羊优势产区建立牧草生产基地，鼓励农牧交错区退耕还草、农区低产田种植优良牧草，改粮、经二元结构为粮、经、饲三元结构，像重视农作物一样重视牧草，应得到补贴政策，把种草养畜视为国家粮食安全的重要组成部分。这对保障我国粮食安全、保障畜产品质量安全具战略意义。

3.4　加快小型牧草收获加工机械研究，提高草业机械化水平

机械化是实现草业产业化、现代化的关键。目前我国草业机械化程度还较低，机械化水平低已成为制约我国牧草产业发展的主要因素之一。主要问题是大中型机械较多，不适宜我国目前牧草小规模、分散种植经营模式。另外，售价较高，农牧民难以承受，所以限制了机械化的普及与应用。其次是牧草机械服务不到位，一方面导致农牧民不能正确使用机械设备，机械故障不断，坏了的机械农牧民又无法修理，技术人员不能经常到户进行维修，使机械使用寿命缩短外；另一方面新的机械上市后，农牧民不能很快了解和掌握其使用方法，影响机械的普及应用。因此，今后要加强"轻、小、简、廉、牢"的小型机具的研发与生产，建立和完善机械服务体系。从作业、供应、维修、培训和开发等环节，搞好政策、技术、信息等草业机械的服务。

本文原刊载于中国草学会《2009 中国草原发展论坛论文集》，略有删改

建立苜蓿商品化生产示范基地，促进奶业安全发展

云锦凤

（内蒙古农业大学，呼和浩特 010018）

当前，随着我国经济大力发展，国人越来越关注我们的生活质量和食物安全。草业可以在家畜养殖和畜产品质量生产中发挥重大作用，2010 年 12 月，由中国畜牧业协会草业分会组织国内草业相关领域的院士、专家、学者向国务院提交了一份建议书——"关于大力推进苜蓿产业发展的建议"，倡议启动"苜蓿-奶业安全工程"和"种苜蓿、喂奶牛行动"，得到温家宝总理和国务院的高度重视，温家宝总理和主管农业的回良玉副总理都做了批示。尤其是温家宝总理明确批示"赞成。要彻底解决牛奶质量安全问题，必须从发展优质饲草产业抓起。"总理批示体现了中央政府对草业发展的高度重视和支持，批示直接将草产业发展与食品安全联系起来，赋予了草业发展的新的战略意义。

1 基地建设是苜蓿产业化的基本形式

苜蓿是"牧草之王。具有良好的营养价值和饲草转化效率。我国是苜蓿种植的传统大国。据统计，全国苜蓿种植面积 146.7 万 hm^2，主要分布在北方省区，主要有 3 种种植生产方式：①农民自种，自收、自用，没有商品生产；②生态建设工程，退耕还林还草工程，草地建设工程，退牧还草工程，草原补播工程等；③公司和小型农场经营生产苜蓿草产品。虽然苜蓿种植面积很大，但商品生产能力很小，产业化程度很低。实际形成规模并可流通的商品草生产的苜蓿面积只有 1.3 万～2 万 hm^2，主要由各类大中小型草业公司经营。经营良好、具备生产经营能力的公司约十几家。

多年来我国苜蓿种植以环境治理和植被恢复为主，没有纳入农业生产体系，我国苜蓿生产以农民自产自用为主，只能满足小农经济和家庭养殖的初级需要，随着大农业产业化进程，优质牧草的产业化生产开始纳入议事日程，苜蓿产业化生产的模式和经验急需建立和推广，尤其是苜蓿-奶业安全生产的工程体系，其特点不同于农民种草也不同于农民种粮，而是高于农民粮食生产的规模化、机械化的现代生产模式。专业生产贯穿于种植、栽培和加工利用的全过程。所以苜蓿产业化生产应该以基地生产和现代专业化生产形式为主。为此建议，根据苜蓿生产区域和加工需要的环境气候条件，在甘肃河西戈壁、内蒙古鄂尔多斯、赤峰草原退耕区、宁夏荒漠灌区、山东黄河三角洲、黑龙江低湿盐碱区、河南黄河古道泛滥区等具有土地面积和水资源条件的肥农耕区建立不同模式的苜蓿产业带示范工程区。

2 基地建设的主要原则

根据专业要求，示范基地总规模应该达到 6.66 万 hm^2，可满足 50 万头规模化饲养高产奶牛需求；这意味着示范基地建成后，每年可产优质苜蓿干草 60 万 t，每年可向奶牛养殖业提供 10 万 t 以上粗蛋白质，3.5 亿 kcal① 的能量。在科学饲养条件下可以增加牛奶产量 60 万 t，牛奶蛋白可由现在的 2.8% 提高到 3% 以上，乳脂率由现在的 3% 提高到 3.4% 以上，从而达到国际基本标准；基地完成后可提供优质安全牛奶 300 万～400 万 t。

示范基地建设的原则应该是：①以成熟龙头企业为核心，以科技单位为支撑，以农民合作组织为

---

① 卡为非法定计量单位，$1cal \approx 4.186J$。——编者注

辅助，以政府指导为保证，以规模化、专业化生产为目标，稳健起步；②示范基地建立的是商品草基地，生产可流通的草产品，符合优质草质量标准，逐步具备和美国草产品的竞争能力；③建立准入制度，企业需经过选拔竞争进入示范基地。

示范基地组建要总结许多经验和技术途径：①总结苜蓿产成品的监控程序，保证苜蓿质量，保证提供高质量的苜蓿干草、草颗粒、草粉；②探讨土地利用改良形式，总结不与粮食争地的经验，总结节省土地消耗、提高土地的利用率的途径；③总结龙头企业培育，快速形成产业优势的途径；④总结苜蓿良种和苜蓿先进的栽培技术的引进和推广，真正实现"良种良法"的途径；⑤总结各种先进的机械设备的利用，并可以通过园区内同业租借或区内专业联合以及社区集中采购，最大限度地发挥设备的效率，减少能源消耗，利于环保；⑥可以大规模地起到展示和示范作用，便于新技术、新产品向牧民推广，直接的起到教育和培训农民的作用。

示范基地选址原则应该是：①坚持避免与粮争地原则；不在粮食的高产地区建基地；②坚持苜蓿适宜地种植原则；尽量结合饲料粮种植地和适合种草而不适合种高产粮食作物的沙荒地、轻度盐碱地等种植；③在具备能够进行规模性的水利设施的条件下建基地；④在土地相对平坦、相对集中连片的地区建；⑤在距离奶牛相对集中的区域较近的地区或省区建；⑥尽可能在已有成功企业的作业区范围内建园。

苜蓿产业化示范基地的建立必将为现代草业的发展和推进优质高效养殖业做出贡献。

本文原刊载于中国畜牧业协会《第四届（2011）中国苜蓿发展大会论文集》，略有删改

建设美丽草原　促进生态文明建设

云锦凤

摘要： 大力推进生态文明建设是关系人民福祉、关乎民族未来的长远大计。因此，必须把生态文明建设放在突出地位，始终贯穿于草原生态文明建设中，促进美丽草原的建设。草原是我国面积最大的绿色生态屏障，与森林一起构成我国陆地生态系统的主体。草原也是畜牧业发展的重要物质基础和牧区农牧民赖以生存的基本生产资料，更是草原文化的载体。建设美丽草原维护国家生态安全不仅是实现生态文明的战略举措，也是生态文明建设的主要内容，更是加快草原地区发展的迫切需要和实现现代化的重要途径。

党的第十八届三中全会明确提出，紧紧围绕建设美丽中国深化生态文明体制改革，加快建立生态文明制度，健全国土空间开发、资源节约利用、生态环境保护的体制机制，推动形成人与自然和谐发展现代化建设新格局。草原与耕地、森林、湿地、海洋等自然资源一样，是我国重要的战略资源。草原是我国面积最大的绿色生态屏障，与森林一起构成我国陆地生态系统的主体。草原也是畜牧业发展的重要物质基础和牧区农牧民赖以生存的基本生产资料，更是草原文化的载体以及农牧民的精神家园。因此，草原不仅是生态建设的主体，更是生态文明建设的主要对象，必须肩负起建设生态文明的历史使命。建设生态文明是时代赋予草原新的历史使命，迫切要求草原发挥更大的作用。

1　建设美丽草原、维护国家生态安全是实现生态文明的战略举措

草原作为地球的"皮肤"，在防风固沙、涵养水源、保持水土、净化空气以及维护生物多样性等方面具有十分重要的作用。在党中央、国务院的高度重视下，近几年我国草原生态建设已经取得了举世瞩目的成就。"十一五"以来，国家不断加大力度推进草原重大生态工程建设，各地下功夫集中治理生态脆弱和严重退化草原，草原生态发生了一些趋好性变化，草原生态环境加剧恶化的势头初步得到遏制，重大生态工程区草原生态加快恢复，部分重点草原地区生态环境明显改善。突出表现为工程区内植被组成发生显著变化，多年生牧草增多，可食鲜草产量提高，有毒有害杂草数量下降，生物多样性明显好转，区域生态显著改善。2006—2011年，全国天然草原鲜草产量均在93 800万 t 以上，2011年，受北方大部草原降水偏多影响，草原植被长势较好，全国天然草原鲜草产量首次突破10亿 t。草原为维护国家和全球生态安全做出了重大贡献，也为建设生态文明奠定了坚实基础。

从总体看，我国草原生态状况仍十分严峻，建设生态文明依然任重道远。长期以来，由于受全球气候变暖等自然因素影响，加之人为开垦草原、超载过牧、破坏草原植被的现象十分严重，草原不断退化，生态持续恶化。生态恶化已成为我国经济社会可持续发展的最大制约因素，生态差距已成为我国与发达国家的最大差距。加强草原保护和建设，不仅有利于防止水土流失，改善空气状况，遏制生态环境恶化趋势，而且也是建设美丽草原、维护国家生态安全，实现生态文明的主要举措。

2　建设美丽草原是生态文明建设的重要内容

生态文明之所以被摆上如此重要地位有其历史的必然性和重大的现实意义。人类自从进入工业文明以来，在创造辉煌的物质文明、精神文明的同时，也带来了难以承受的草原资源危机、生态灾难、环境危机，以致草业发展滞后，牧民生活水平改善缓慢，草原生态遇到了前所未有的挑战。多年来，

党和国家高度重视草原生态文明，注重草原资源保护，注重草原畜牧业产业结构调整，注重草原畜牧业经济增长方式的转变。2000—2005 年，中央投资各类草原保护建设资金 90 多亿元，先后实施了天然草原植被恢复与建设、牧草种子基地建设、草原围栏、天然草原退牧还草、京津风沙源治理等草原保护建设工程项目，取得了良好的生态、经济和社会效益。同时，牧区人畜饮水、饲草料基地等生产生活基础条件大为改善。通过保护建设，项目区草原植被得到初步恢复，防风固沙和水土保持能力显著增强，生态环境明显改善，农牧民种草养畜热情高涨，以草定畜、科学养畜的意识得到增强。

2007 年，国务院批准《全国草原保护建设利用总体规划》。依据总体规划，农业部组织编制了退牧还草工程规划、西南岩溶地区草地治理工程规划、草业良种工程规划、草原防灾减灾工程规划、草原自然保护区建设工程规划、牧民人草畜三配套工程规划和农区草地开放利用工程规划等。2006—2011 年，国家在草原生态保护建设方面的投入逐年增加，累计投入中央资金 351.9 亿元。其中国家累计投入中央资金 139 亿元，用于实施退牧还草工程、京津风沙源治理工程、西南岩溶地区草地治理试点工程等一系列草原保护建设工程，工程取得了良好的生态、经济和社会效益。

3 建设美丽草原是加快草原地区发展的迫切需要

我国草原大多分布在少数民族地区和边疆地区，这些地区贫困人口比较集中，经济社会发展相对落后，农牧民收入与全国平均水平相比还有较大差距，是实现小康社会建设目标的重点和难点，也是建设"生产发展，生活宽裕，乡村文明，村容整洁，管理民主"社会主义新农村的重点和难点。草原畜牧业是草原地区的优势产业，加快地区发展必须发挥产业优势，做大做强草原畜牧业。加强草原保护建设，合理利用草原资源，对于促进扶贫开发、巩固民族团结、维护边疆稳定、建设和谐社会具有特殊重要的意义。

党中央、国务院高度重视草原牧区工作，近几年出台了一系列促进牧区发展、草原生态改善的新政策。2011 年国务院发布《关于促进牧区又好又快发展的若干意见》，明确在牧区发展中必须坚持"生产生态有机结合、生态优先"的基本方针，按照以人为本、改善民生，因地制宜、分类指导，深化改革、扩大开放的原则，采取更加有力的政策措施，加快牧区发展，保障国家生态安全，促进民族团结和边疆稳定，推动区域协调发展。为此，国家启动实施草原生态保护补助奖励政策；国务院批准《关于完善退牧还草政策的意见》。与以前的草原政策相比，国家新出台的各项草原生态保护建设政策具有支持强度大、包含内容宽、涉及范围广和惠及牧民多的显著特点，草原政策实现了新突破，这也标志着我国草原发展理念发生新变化，草原的战略地位得到重大提升，草原的功能定位进一步明确。

4 建设美丽草原是实现现代化的重要途径

畜牧业发达程度是一个国家现代农业发展水平的重要标志。加强草原保护建设，促进草原畜牧业发展，可以有效增加畜产品供给，保障国家食物安全。草原是牧区经济发展的重要基础，草原畜牧业是其经济发展的支柱产业。加强草原保护建设，转变草原畜牧业生产方式，可以有效扩大农牧民就业，增加农牧民收入，繁荣牧区经济。通过加强饲草料基地建设、推行舍饲圈养、实施划区轮牧、优化畜群结构、加快牲畜出栏周转等措施积极引导牧民转变放牧方式，逐步控制牲畜数量，有效减轻天然草原放牧压力。

在合理利用天然草原的同时，积极发展草地农业，实行草田轮作，可以优化农业结构，有效培肥地力，提高农业综合生产能力。2011 年全国保留种草面积 1 951.1 万 hm^2，其中内蒙古、甘肃、四川、新疆和黑龙江等省区为主要牧草种植省区，分别占全国种草总面积的 22.1%、13.6%、9.3%、7.1%和 7.1%。2011 年全国商品草生产面积为 203.3 万 hm^2，其中内蒙古、黑龙江、吉林、四川和甘肃等省区为主要商品草种植省区，分别占全国商品草生产面积的 25.8%、25.4%、16.5%、13.7%、6.8%。

近年来，随着我国农业产业结构的不断优化、生态保护的不断推进和畜牧业的不断发展，特别是奶业对苜蓿需求量的不断增加，我国苜蓿种植业得到了持续快速发展，种植水平不断提高，种植规模不断扩大，产业化程度不断提升，经济效益、生态效益和社会效益不断凸显，苜蓿作为保障我国奶业健康、高效发展的基础产业，作为保障我国生态安全、草原畜牧业可持续发展的重要产业，作为保障我国草业产业化、现代化发展的支柱产业的地位已经形成，到 2012 年全国苜蓿总面积达 302.8 万 hm²，提供商品 80 万～100 万 t。

5 建设美丽草原是草原文化建设的基本需求

草原文化是世代生息在草原上的先民、部落、民族共同创造的一种与草原自然生态相适应的文化，这种文化包括人们的生产方式、生活方式以及与之相适应的民族习惯、政治制度、思想观念、宗教信仰与文学艺术等。草原文化是中华多元文化的重要组成部分，是我国历史上众多草原族群和民族在草原特定的自然地理区域内和漫长的历史过程中创造、累积、发展的适应草原生态和环境的一种文化形态，是中华文明的主源之一。草原是草原文化产生的源泉，是草原文化传承和演变的载体，是草原文化未来发展的根本依托。

近年来，党和政府对文化建设给予了极大关注，要求把文化作为国家软实力加以重视和建设。在党的十五届五中全会通过的《中共中央关于制定国民经济和社会发展第十个五年计划的建议》中，第一次在正式文件中使用了"文化产业"的概念，为草原文化保护、挖掘、传承、创新及文化产业的发展展现了良好的愿景。党的十七大提出了我国经济建设、政治建设、文化建设和社会建设"四位一体"的方针，并首次提出建设生态文明的理念，要求"要积极发展公益性文化事业，大力发展文化产业，激发全民族文化创造活力，更加自觉、更加主动地推动文化大发展大繁荣。"2009 国务院常务会议讨论并原则通过了《文化产业振兴规划》。党的十八大则将大力推进生态文明建设独立成篇，提出社会主义现代化经济建设、政治建设、文化建设、社会建设和生态文明建设"五位一体"的总体布局，首次把"美丽中国"作为未来生态文明建设的宏伟目标。把生态文明建设摆在五位一体的高度来论述，彰显出中华民族对子孙、对世界负责的精神。我们提倡建设美丽草原是对建设美丽中国的重要贡献；加强草原文化建设是草原生态文明建设的核心内涵。但是，如果没有建设美丽草原作为依托，草原文化建设就会是无源之水，生态文明建设也将是无本之木。

草原文化就是一种生态文化，生态文化是人与自然和谐发展的生存方式，以崇尚自然为特质。所以，传承和发展草原文化实际上也是保护草原、建设美丽草原的需要。当人们的价值取向由以人类为中心主义转变为人与自然和谐相处的文化理念时，保护草原、建设美丽草原、构建生态文明才会变成一种发自内心的自觉行动。

当前，由于草地退化、改变用途、城镇化、草原居民生产和生活方式的转变等，许多优秀的草原文化正在丢失。这种文化的丢失实际上使建设美丽草原失去了原动力。因此，建设美丽草原是草原文化建设的基本需求，而草原文化建设更是建设美丽草原的关键。

本文原刊载于《中国草学会 2013 学术年会论文集》，略有删改

第二篇

学科建设与人才培养

草业科学研究生教学改革思路

韩国栋，云锦凤，王明玖，刘德福

（内蒙古农业大学生态环境学院草业科学系，呼和浩特 010018）

摘要： 对我国草业科学研究生教学现状进行了调查和分析研究之后，认为应该从课程设置、研究方向以及学位论文方面修订研究生培养方案；从培养研究生的综合能力、实践能力和创新能力方面提高研究生教学质量。

随着我国教育的改革和发展，草业科学研究生招生规模不断扩大，草业科学博士学位和硕士学位的授权单位也在不断增加，这是我国草业科学发展和研究生培养的良好条件。我国草业科学研究生教育的历史较短，研究生教育质量需要在不断总结经验中逐步提高，促进我国草业科学研究生教育的发展，为国家经济建设培养更好的高学历人才。在许多老一辈草业科学工作者的关怀下，我国草业科学研究生教育取得了很大成绩，形成了一套完整的教学培养方案，对保证研究生的教学和培养质量方面发挥了重要作用。然而，随着草业科学的发展，其内涵不断扩大，研究生的研究方向也需要拓宽，培养方案、课程设置和培养措施也应作相应的调整，以适应新时期研究生培养的需要。基于此，我们根据农业部局"农（教研）1998 年 43 号"文件进行了硕士研究生、博士研究生培养方案的修订，提出了草业科学硕士、博士研究生的培养方案，请各位前辈和同行给予批评指正，以便进一步完善，促进我国草业科学研究生的培养，为国家输送更多的合格人才。

1 研究生培养方案的修订

1.1 研究方向

草业科学传统上的研究方向有两个：①天然草地资源、生态与管理；②人工草地栽培、育种。随着草业科学学科内涵的扩展，草业科学的研究内容除了涉及草地的物质生产以外，还要研究草地的环境保护功能。所以，将草业科学的研究方向扩展为 4 个，即①草地资源、生态与管理；②饲草料遗传育种、栽培与加工；③草原保护与草地环境；④植被恢复与城乡绿化。通过研究方向的调整，扩大了草业科学的发展空间，培养适应社会发展需要的各种人才。

1.2 课程设置

课程学习是研究生培养的重要环节，研究生课程设置要尽量注意把握科学、合理的原则，注重课程结构和功能的关系，课程设置为培养目标服务，对硕士生以保证具有坚实的基础理论和系统的专门知识为主；对博士研究生以保证具有坚实宽广的基础理论和系统深入的专门知识为主。研究生课程设置以学位课为重点，包括专业基础课和专业课。这些课程体现草业科学学科的主要知识结构和学科内涵，对不同的研究方向具有较好的涵盖性，对培养目标的实现有重要作用。选修课主要为各个研究方向服务，体现本学科的特色和优势，在导师指导下选修。硕士和博士研究生课程的设置应互相衔接，硕士生以打基础为主，博士生以拓宽思路为主。培养方案确定的课程要求认真编写教学大纲，以保证教学质量。

1.3 学位论文

学位论文工作是研究生培养的重要组成部分，是对研究生进行科学研究或承担专门技术工作的全面训练，是培养研究生创新能力、综合运用所学知识发现问题、分析问题和解决问题能力的主要环节。硕士学位论文的选题应面向草业建设主战场，面向实际应用，学位论文要有新见解；博士学位论文应体现现代草业科学学科的发展水平和草业建设的实际需要，具有创新性的研究成果。为保证研究生学位论文质量，我们采取了以下措施：①重视组建研究生指导小组特别是博士研究生指导小组的作用，保证了选题的前沿性；②重视开题报告工作，在论文进行前、进行中和初稿形成时，进行交流和评议，完善研究计划和论文；③规范论文评审和答辩工作，严把答辩关；④鼓励学生在攻读学位期间发表论文，在实践中锻炼成长。

2 提高研究生教学质量的思考

我国草业科学研究生培养虽然取得了一些成就，但离我国经济建设的要求和国外先进国家有很大的差距。今后草业科学研究生教育改革的思路可从以下几方面考虑。

2.1 培养研究生的自学能力

由于我国长期的灌输教学方式的影响，目前研究生教学仍存在以教师讲授为主的现象，这十分不利于研究生的培养，影响研究生分析问题和解决问题能力的提高，限制了其创造性充分发挥。今后，教师要对课程进行提纲挈领的介绍，然后让学生广泛查阅文献资料，独立自学，并撰写读书报告。当然，这需要各校有足够的文献资料可供使用。

2.2 编写完善研究生教材

草业科学研究生教材数量紧缺是影响研究生教学质量的一个重要原因。在国外，虽然研究生没有固定的教材，但是，供研究生使用的参考教材和参考书很多。而我国适合于草业科学研究生教学的参考书很少，极其不利于人才的培养。现在中国科学院组织出版了一系列的研究生教材，效果很好。建议组织有关院校编写一些研究生教材，以满足教学的需要。

2.3 加强实验室和实习基地的建设

实验室和实习基地是研究生进行科学研究的场所，良好的实验研究条件是造就优秀人才的摇篮，我们要多方筹集资金，加强实验室和实习基地的建设。

2.4 提高"研究生讨论"课的效果

目前，研究生讨论课的主要形式是以讲座的形式为主，且以教师为主，不利于学生的交流和能力的培养。今后应以学生为主，在论文综述、实验进行中和实验完成后分别针对论文选题进行，以学生为主体，就论文选题进行深入的讨论，保证论文的质量。同时，使学生在研究生讨论中得到锻炼和提高。

2.5 鼓励创新

草业科学学科是一门新兴的学科，其学科体系在不断的完善中。因此，创新的潜力是巨大的。我国是一个草原大国，其草地资源具有它的特殊性。要鼓励研究生特别是博士研究生进行创新性研究，发表创新性的研究成果，赶上国际先进水平。

参考文献（略）

本文原刊载于《草原与草坪》，2002 年第 4 期，略有删改

为草学教育奠基，为草原科学拓荒

今天，我们欢聚在美丽的草原青城——呼和浩特，共同庆贺我国草业界前辈章祖同先生从教 50 年，这是我国草业界的一件大事。同时，今年也是章祖同先生的八十寿辰，我谨代表中国草学会以及我本人向各位前辈、各位来宾、各位学者和同学们表示热烈的欢迎，并向章祖同先生致以崇高的敬意和真诚的祝福！

章祖同先生是新中国成立以后比较系统地研究草地科学的第一代科学家。早年，他翻译了大量苏联的草原科学文献，在当时草原科学资料极为稀少的年代，其意义可想而知。例如，他翻译的俄罗斯经典著作《草地经营—附草地学基础》在当时草原界几乎人手一册，现在已成为传世之作。20 世纪 60 年代初，章祖同教授在苏联援华专家的指导下，参与完成了内蒙古草原定位站的建立，并亲自主持呼伦贝尔盟试验站的试验工作，积累了大量宝贵的第一手资料，为草业科学的进一步发展奠定了基础。他多次参与草原科学考察，主持出版了一系列草地资源著作。他参与了我国第一个草原专业的创建过程，为我国草原科学的发展和草原专业人才的培养做出了重要贡献。此外，章祖同先生还参与了中国草原学会、内蒙古草原学会的筹建工作，曾担任中国草原学会常务理事、内蒙古草原学会副理事长，为学会的创立和发展做了大量细致的卓有成效的工作。

作为章祖同先生的学生和同事，先生严以律己、宽以待人、豁达开朗、淡泊名利、默默奉献的人格魅力，一丝不苟、认真严谨的治学精神，脚踏实地、求真务实的工作作风，时刻给我以激励，成为我在工作和教学中的榜样。

最后，我预祝章祖同教授从教 50 年座谈会取得圆满成功，让我们共同祝贺祖同先生八十寿辰，祝福祖同先生生活愉快，健康长寿！

本文是时任中国草学会理事长云锦凤 2004 年 7 月在章祖同教授从教 50 年座谈会上的贺词

要继承和发扬王栋先生严谨治学的科学精神

值此"王栋草业科学奖颁奖暨第三届中国草业科学青年科学家论坛"在贵州大学隆重召开之际，我谨代表中国草学会并以我个人的名义向大会表示祝贺，并向获得王栋草业科学奖的全体研究生表示衷心的祝贺。

草业科学青年科学家论坛是全国草业科学界年轻学者和研究生交流研究成果、经验的平台，也是推动我国草业科学发展和人才培养的一个重要环节。本次论坛在贵州大学召开，一定会有力地推动和促进我国南方草业科学的发展。贵州大学是我国现代草业科学奠基人王栋先生早年工作过的地方，希望全体青年学者和研究生能够继承和发扬王栋先生严谨治学的科学精神，把我国草业科学的发展作为己任，为我国草业科学的发展做出自己应有的贡献。

由于准备 2008 年国际草地会议的有关事宜和审查研究生毕业论文，我不能与会，十分遗憾，深表歉意。在此我通过组委会谨向洪绂曾名誉理事长，农业部草原监理中心、草原处领导，贵州大学等有关领导，及与会的全体同仁表示衷心问候。

本文是 2006 年 6 月给"王栋草业科学奖颁奖暨第三届中国草业科学青年科学家论坛"的贺信，略有删改

发挥学会优势，推进我国草业科学教育发展

金秋十月，我们相约在这风景秀丽的历史名城长沙，由中国草学会教育专业委员会主办、湖南农业大学承办的中国草学会草业教育专业委员会第四届全国代表大会暨第九次草业科学专业教学工作研讨会在美丽的湖南农业大学隆重开幕了。

在此，我谨代表中国草学会对此次会议的召开表示热烈的祝贺！向光临会议的各位领导、各位来宾和全体与会代表表示热烈的欢迎和诚挚的问候，并通过大家向全国从事草业科学教育领域的专家、教授和奋斗在草业教育第一线的广大教职工致以亲切的问候和美好的祝愿！向为本次会议筹备和组织过程中付出辛勤劳动、为会议顺利召开做出贡献的湖南农业大学表示最诚挚的谢意！出席本次会议的领导有原农业部副部长、全国政协常委、中国草学会名誉理事长洪绂曾教授，湖南农业大学周清明校长，湖南省林业厅胡长清副厅长，湖南省畜牧局张光辉总畜牧师。

草业科学教育的发展与我国社会、经济和科技的发展紧密相连，与我国草业的兴起和草业产业化的迅猛发展是密不可分的。当今世界在"可持续发展"思想指导下，实现经济、社会和环境的协调发展已成为世界各国所共同追求的目标。草业科学教育在我国未来的社会、经济和环境的可持续发展中发挥着越来越重要的作用。中国草学会成立草业教育专业委员会，就是要团结和组织全国草业教育领域的专家、学者，在总结、分析草业科学教育发展历史和现状的基础上，进一步改革和完善草业科学教育教学体系，确立适宜的学科发展方向，推进我国草业教育的可持续发展，更好地为我国的经济发展和环境建设培养优秀专业人才和提供技术支撑。

为了推动我国草业教育的快速发展和提升教育教学水平，中国草学会于 2000 年成立了草业教育专业筹备委员会，经过 6 年多的不懈努力和辛勤工作，民政部今年已批准中国草学会正式成立教育专业委员会。这是全国草业教育工作者值得庆贺的一件大事，无疑将对全国草业教育的发展产生重要影响。为此，我们必须对我国草业教育的发展现状和亟待解决的重大问题要有清醒的认识，确立近期和长期工作目标，切实为我国草业教育的可持续发展做出贡献。

教育专业委员会从筹备到成立先后经历了较长时间，一些老前辈为此付出了大量的心血，在此向他们表示衷心的感谢。

近年来，随着草业科学内涵的扩大和人才的社会需求变化，全国开展草业教育的学校日益增多，招生规模在扩大，人才培养模式和培养目标因地区差异而发生变化。在草业教育可持续发展中出现了许多新问题，如教学内容大幅增加，亟待增设本科二级专业；研究生教育教学体系需进一步完善，学科地位需要提升；师资队伍建设不平衡，需在加强师资培养的同时，广泛开展校际合作；国际教育合作发展缓慢，急需吸收国外先进的办学模式、教学方法及好的教育体制等。这些问题需要我们的专业委员会协调、组织有关部门和全国草业教育工作者共同研究和解决。

在全球经济一体化的今天，随着知识经济时代的到来，世界各国政府都对教育的改革和发展给予了空前的重视，知识创新和技术创新已被许多国家纳入新时期国家发展战略之中，广泛开展国际教育交流与合作成为各国促进教育发展的重要途径。因此，我国的草业科学教育必须改革传统的教育体制和人才培养模式，充分利用我国加入 WTO 的有利条件，广泛开展国际草业教育交流，吸取国外先进的教育理念和办学经验，建立面向世界开放的多元化草业教育体制和先进的草业科学教育体系，使我国的草业科学教育整体达到世界先进水平。

本次会议的主要任务有两项：一是产生中国草学会教育专业委员会新一届理事会；二是草业科学教学工作研讨。会议主题是"新时期草业科学专业教育的可持续发展"，会议期间，我们将围绕这个

主题广泛展开研讨。令我们高兴的是本次会议是两届研讨会出席人数和单位最多的一次，许多老前辈不顾年事已高、路途疲劳来参加会议，他们要为会议作精彩报告，充分体现了我们前辈对教育事业的关怀和厚望，希望大家充分利用这段宝贵的时间，广泛交流、认真讨论、共同切磋、取长补短，使本次大会能够切实取得预期的成果。

各位代表、朋友们，新时期我国的草业教育机遇与挑战并存，拼搏与成功同在，让我们携手共进，充分发挥学会人才优势和桥梁作用，为推进我国草业教育快速发展做出努力和贡献。

最后，预祝大会圆满成功！祝各位代表工作顺利！

本文是时任中国草学会理事长云锦凤 2006 年 10 月在中国草学会草业教育专业委员会第四届全国代表大会暨第九次草业科学专业教学工作研讨会上的开幕词

模块顺序教学法的设计与应用

王俊杰，云锦凤，王勇，石凤翎

（内蒙古农业大学生态环境学院，呼和浩特　010018）

摘要： 任何一种教学方法都需要有一个完善和发展的过程，都需要在广泛的教学实践中进行修正和改进。本文阐述了模块顺序教学法：体现"理论教学与实践教学并重""重视引导学生进行研究性学习、探究性学习和协作学习""重视学生思维能力、动手能力、创新意识与创新能力培养"等现代教育理念。

随着科学技术的飞速发展和社会日新月异的进步，社会对人才的要求正在经历着由传统的"知识型、智力型"向当今的"能力型和综合素质型"转变，教育教学改革已引起世界各国政府的普遍关注，世界范围内的教学方法改革正在不断地推陈出新，许多新的方法都是为了有效实现新的教学目标、为了解决教学实践中的现实问题而提出来的。无论是美国布卢姆的"教育目标分类学理论"、苏联赞科夫的"教学与发展理论"，还是我国提出的"素质教育"思想，都在体现着"教育正在越出历史悠久的传统教育所规定的界限，正逐渐在时间上和空间上扩展到它的真正领域——整个人的各个方面"。因此，"促进学生的全面和谐发展、提高学生的综合素质"已经成为当今世界范围内学校教育教学改革的共识。教学方法是为了实现教学目标、完成教学任务，教师的教和学生的学的相互作用所采取的方式、手段和途径。随着国内外教育教学理念的不断更新和教学目标的转变，教学方法的改革无疑成为高等院校教学改革的重点内容，国内外同类院校和同类课程在这方面开展了许多卓有成效的研究和探索，提出了一些新的教学方法和改革思路，值得我们去学习和借鉴。任何教学方法改革都应该是对前人已有成果的概括、提升、综合和创新，只有继承与发扬多种方法的精华并不断完善和创新，才会使我们的教学实践有长足的进步。面对新的挑战，我们只有善于学习借鉴新的方法，并结合自己的教学实践不断创新和发展，才能使我们的教学焕发出新的生机与活力，培养出符合时代要求的创新型人才，使我们所从事的高等教育事业健康而持续的发展。

正是基于这样一种思想和认识，笔者在学习借鉴各种教学方法精华的同时，结合多年教学实践提出了"模块顺序教学法"，并在我校草业科学学科的特色课程——牧草及饲料作物育种学中进行了初步应用和探索，取得了一点成效。本文对"模块顺序教学法"的设计和应用实践进行了初步总结，旨在与同行进行交流和探讨，并为相近课程的教学改革提供参考。

1　模块顺序教学法设计的思路和原则

1.1　设计依据

教学方法是师生为实现教学目标而采取的手段和行为方式，是一种有明确目的指向的行动过程，是保证教学活动有序进行的手段。教学活动应该由许多有序的活动组成，如课程相关知识的顺序，教学内容相互联系的顺序，教学时间的顺序以及学生认知的顺序和知识、智能与素质培养的顺序等。这些教学活动序列在教学系统中的排列不是处在同一个平面上，而是形成一个由时间、内容和效果组成的三维结构。教学方法的作用就是把时间、内容和效果这三维有机地结合起来，使整个教学活动有序而连贯、系统而有效地进行，保证在一定的时间内完成预期的教学内容，并达到一定的效果，进而完成教学目标。因此，整个课程的教学过程和教学内容应该是由若干个独立而又相互联系的模块组成，并且这些模块在时间上和空间上也应该是有顺序的。

1.2　设计原则

包括 4 个方面：①符合学生掌握和应用知识的心理学与生理学规律，在教学内容和教学环节安排上体现"由浅入深，循序渐进"的原则。②有利于学生开展研究性学习、探究性学习和协作学习，充分体现"理论教学与实践教学并重"，打破课程学时和授课时间的限制，构建"阶段教学，全程实践"的教学模式。③有利于提高学生创新意识和创新能力，充分发挥科研促进教学的积极作用，促进"教学与科研紧密结合"和"教学与科研平衡发展"。④有利于体现现代教学活动的个性色彩，注重研究型和创新型人才培养，突出"个别教学，因材施教"。

2　模块顺序教学法的基本内容与设计思路

在现代教育理念指导下，依据上述原则和草业科学专业课实践性强、受季节性影响大、试验和研究周期长等特点，我们在多年教学实践中不断总结、归纳和提升，设计了适宜综合性和实践性强的专业课教学方法，我们称之为"模块顺序教学法"，主要内容为：

（1）将教学过程分为"理论教学（含实验）"和"实践教学"两大模块。理论教学（含实验）单独为一个模块完成教学计划的课程总学时，目的是为了保证理论教学的系统性、完整性和知识的连续性，有利于学生学习和掌握。实践教学单独划分为一个模块并单独开设，不占课程总学时（课程实验除外），主要是考虑到课程的实践性、季节性和减少理论课的学时压力，目的是体现理论与实践并重，打破课程学时和授课时间的限制，强化"阶段教学，全程实践"。考虑到教学条件和教学环境的时空关系，模块排序为理论教学→实践教学。

（2）将理论教学模块划分为"基本知识与原理""基本技术与方法""现代技术与手段""应用创新与范例""成果应用与产权"等若干子模块。目的是使课程内容的作用与教学目的更加明确，内容间的相互联系和逻辑关系更加清晰，易于学生了解和掌握课程的整体结构及各模块的学习目标，符合学生的认知和学习规律。本着由浅入深、循序渐进的原则，各子模块的教学排序为基本知识与原理→基本技术与方法→现代技术与手段→应用创新与范例→成果应用与产权。

（3）将实践教学模块划分为"课程实验""技能实践""创新实践"和"前沿动态"等子模块。目的是针对人才培养层次和提高课程整体教学效果的需要，使实践教学贯穿于课程教学与专业教育的全过程。在模块的设计上重点体现"夯实基础，提高能力，因材施教，瞄准前沿"的教学目标，模块的排列顺序设计为课程实验→技能实践→创新实践→前沿动态。

课程实验是配合理论教学内容而设计的实验，分为验证性实验和创新性实验两部分内容。通过验证性实验，增加学生对所学理论和方法的感性认识，更好地理解本课程的基本知识和基本原理；通过创新性实验使学生了解和掌握基本理论和基本方法在创新性研究中的应用，培养学生掌握发现问题、分析问题和解决问题的基本方法，激发学生的学习热情，培养学生学习课程的兴趣，打好课程的理论与实践基础。

技能实践是通过学生实际操作使理论与实践相结合，加深对理论知识的理解，熟练掌握课程的基本方法和技能，进而提高学生实际动手能力，运用基本理论和技能发现和解决问题的能力以及运用所学知识和方法进行科学研究的基本能力。同时，增强学生的团结合作意识，培养协作学习和独立完成工作的能力及尊重科学的良好科研道德风范。

创新实践是为了发现和培养对本课程研究领域有兴趣、有志向和有培养潜力的学生，为学生进一步学习和开展创新性研究创造机遇、搭建平台。创新实践与教师科研项目相结合，以完成毕业论文的方式，采用一对一的教学方法指导学生进行创新实践，进一步提高其综合运用知识能力和独立进行创新性研究的能力，为培养研究型人才提供平台。

3 模块顺序教学法在牧草与饲料作物育种学教学中的应用

3.1 模块划分与排序

将教学过程划分为理论教学和实践教学两大模块，顺序为理论教学→实践教学。在理论教学模块中，根据内容情况划分为8个子模块，模块名称及模块教学顺序为课程概况与安排→基本知识与原理→基本方法与技术→综合方法与应用→现代技术与手段→成果登记与产权→成果应用与推广→应用创新与范例，见表1。在实践教学模块中，依据教学目的及教学环节的联系，划分为4个子模块，模块名称及模块教学顺序为课程实验→课程实习→创新实践→前沿动态。其中，课程实验与理论教学模块同步进行，学时包括在理论教学总学时内，课程实习和创新实践单独安排，不占用课程总学时，前沿动态与创新实践同步安排，见表2。

表 1　理论教学模块组成及教学内容

顺序	子模块	教学内容	学时
1	课程概况与安排	课程介绍、教学安排、绪论	2
2	基本知识与原理	繁殖方式及品种类型；育种目标；种质资源	6
3	基本方法与技术	引种、选择育种；杂交育种；诱变育种；杂种优势种利用；倍性育种；远缘杂交	18
4	综合方法与应用	抗病虫育种；抗逆育种；品质育种	4
5	现代技术与手段	生物技术育种（组织培养；分子标记技术；转基因技术等）	4
6	成果登记与产权	品种审定标准、要求、程序、方法；知识产权保护	2
7	成果应用与推广	良种繁育技术、品种推广	2
8	应用创新与范例	主要牧草育种方案和育种程序的设计与制定	8

表 2　实践教学模块组成及内容

顺序	子模块	教学内容	学时
1	课程实验	倍性育种实验、生物技术实验	8
2	技能实践	针对理论教学中的技术和方法设计的16个实习内容	2周
3	创新实践	参与课程组教师科研项目，完成毕业论文	6个月
4	前沿动态	专题讲座、学术报告	若干次

注：课程实习单独开设，安排在理论课和实验课结束后进行，不占用理论课（含实验）的学时；创新实践安排在课程计划学时完成之后的专业实习中进行，采用分散实习，与毕业论文相联系，不占用课程学时。

3.2 教学组织方式

根据本课程内容的组成、模块顺序及内容间的相互联系，教学内容的组织分为3个阶段进行：

（1）理论教学阶段：由理论课和实验课组成，以理论教学为主，完成教学计划的全部学时。课堂教学旨在使学生掌握牧草与饲料作物育种的基本概念、基本原理、基本方法，了解和掌握本领域发展动态和学术前沿，培养学生创新思维能力，注重拓宽学生的知识面和开阔视野。实验课单独开设，与课堂教学同步进行。实验内容注重研究创新实验，调整验证性实验，使研究创新实验内容占实验学时的50%以上；创新实验包括细胞工程和基因工程操作技术等内容，注重学生操作技能和发现问题、分析问题及解决问题能力的培养。此阶段采用蒙、汉两种语言授课，重在"夯实基础"。汉语班采用汉语单语授课，逐步增加英语授课，实现英、汉双语授课。蒙语班采用蒙、汉双语授课，以提高蒙古族学生的专业汉语水平，满足自治区对掌握蒙、汉双语专业人才的需求，拓宽民族学生就业和深造的范围。

（2）技能实践阶段：在理论课和实验课结束后，牧草与饲料作物生长旺季集中进行教学实习，作为独立教学单元组织，不占用理论教学学时，在校内教学基地完成，为期2周。此阶段教学旨在使理论与实践相结合，重在"提高能力"。通过教师讲解、示范与学生实际操作，进一步提高学生学好本门课程的自觉性和主动性，增强学生的感性认识，加深并巩固学生对课堂理论教学的理解。同时，设置一定数量的综合性、设计性内容，培养学生从事相关领域科学研究的基本素质和技能。学生在教师的指导下独立完成实验所涉及的内容，并提交实习报告。通过实习报告和实习中的表现考查学生掌握知识的系统性和运用能力。

（3）创新实践阶段：第六学期末至第七学期开学前（6月底至8月底）和第八学期（3月上旬至6月上旬）在校内外多个基地同时分散进行，累计6个月。结合专业综合实习和毕业论文进行，由课程组教师提出实践和论文内容方向，学生根据个人兴趣和发展方向自由选择，人数由课程组根据学生选题结果确定，每年不固定。选题后由指导教师结合课程组教师的科研项目，指导学生参与科研部分内容，学生独立完成设计、实施和结果分析等全部过程，最后完成毕业论文，教师对学生参加实践的全过程进行一对一的指导和监控。此阶段重在"因材施教"，提高学生动手能力和解决实际问题的能力，培养应用与研究创新相结合的复合型专业人才，同时为进一步的研究生教育奠定基础。

3.3 考核方法

依据课程内容改革的需要，对考试方式进行了相应的改进。

（1）课程总成绩是由三部分组成的加权总成绩，即理论课考试成绩（加权系数0.7）、课程实验成绩（加权系数0.1）、技能实践成绩（加权系数0.2）。理论课成绩采用闭卷笔试，百分制评定成绩；课程实验以试验报告成绩考核，百分制评分；技能实践（实习）以学生实习报告、考勤和实习表现综合考核，百分制评分。为了加强实践教学的考核力度，"课程实验"和"技能实践"子模块成绩不合格者，子模块单独重修，理论课成绩有效，但该门课程当年成绩以不及格记，待重修及格后与理论课成绩一同加权记入总成绩。

（2）创新实践以毕业论文的形式单独考核，与学校有关管理规定相结合，采用优秀、良好、中等、及格、不及格五级评分制。成绩不合格者，不予颁发学士学位证书。

3.4 应用效果

由于模块顺序教学法在牧草及饲料作物育种学课程教学中的应用，学生学习本课程的积极性不断增强，实际动手能力明显提高，由于不同教学阶段学生接触的知识和技能变化较大，学生的知识面不断拓宽，接受和掌握的新知识、新技能更多，在完成实践教学环节之后，学生的综合素质明显提高。毕业生在全国同类高校和社会同行单位中广泛得到好评。特别是参加"创新实践"的学生越来越多，经过此阶段的"因材施教"，学生毕业论文水平和考研率明显提高，从这里考入全国各地的研究生在实践能力、研究能力以及科研素质等方面普遍得到研究生培养单位的高度评价。牧草及饲料作物育种学课程2002年获得内蒙古自治区级优秀示范课程，2006年被评为内蒙古自治区精品课程。

4 结语

模块顺序教学法是基于广义教学方法的概念而设计的，较好地体现了"理论教学与实践教学并重""重视引导学生进行研究性学习、探究性学习和协作学习""重视学生思维能力、动手能力、创新意识与创新能力培养"等现代教育理念，符合知识经济时代培养具有敏锐观察力、丰富想象力、独特知识结构和强烈风险意识的创新型人才的要求。但是，任何一种教学方法都需要有一个完善和发展的过程，都需要在广泛的教学实践中进行修正和改进。教学有法，教无定法，任何一种教学方法都有其优点和不足，更有其适宜的应用范围。我们愿与致力于教学改革的同仁一道探索现代教学方法改革的新途径，为繁荣我国草业科学的高等教育事业做出努力。

参考文献（略）

本文原刊载于《内蒙古农业大学学报》（社会科学版），2007 年第 4 期，略有删改

发挥优势，加快我国草业科学教育的改革和发展

金秋八月，天高气爽。我国刚刚结束了令人激动和振奋的奥林匹克运动会。一个月前，我们自己也成功举办了世界草学界的"奥林匹克"——2008 世界草地与草原大会。今天，我们又欢聚在这风景秀丽的塞上古城银川，参加由中国草学会教育专业委员会主办、宁夏大学承办的第十届草业科学专业教学工作研讨会。在此我谨代表中国草学会对此次会议的顺利召开表示热烈的祝贺！向光临会议的各位领导、各位来宾和全体与会代表表示热烈的欢迎和诚挚的问候，并通过大家向全国从事草业科学教育领域的专家、教授和奋斗在草业教育第一线的广大教职工致以亲切的问候和良好的祝愿！向为本次会议筹备和组织过程中付出辛勤劳动的同志们和为会议顺利召开做出贡献的宁夏大学表示最诚挚的感谢！

2008 年对中国草业是极不平凡的一年，由中国草学会和内蒙古自治区共同承办的 2008 世界草地与草原大会，在国家相关部委和单位的大力支持下，在国际草地与草原大会两大组织的协助下，在全国草学界同仁积极参与和共同努力下，取得了圆满成功。来自世界 70 多个国家的 1 500 多名代表出席了大会，代表们对会前、会中、会后考察、专题研讨，会议特邀发言和讨论非常满意，给予了很高的评价，一致认为这是世界两大草业学术组织的第一次成功合作，在世界草业发展史上具有里程碑式的意义。本次会议对我国草学界产生了重大影响，对促进我国草业科学和相关学科的科学研究、教学、草业经济、文化和产业的发展，促进中外学术交流与合作，把中国草学推向世界产生深刻影响。特别是在会议筹备期间一批年青学者得到了锻炼和成长，会议为我国草学界培养了人才，积累了经验。

草业科学教育的发展是我国草业的兴起和草业产业化发展的基础和保障。当今世界在"可持续发展"思想指导下，实现经济、社会和环境的协调发展已成为全人类所共同追求的目标。草业科学教育在我国未来的社会、经济和环境的可持续发展中发挥着越来越重要的作用。中国草学会草业教育专业委员会在筹建期间和成立以来不断地组织全国草业教育领域的专家、学者总结、分析草业科学教育发展的历史和现状，改革和完善草业科学教育教学体系，确立适宜的学科发展方向，筹划未来的发展目标，推进我国草业教育的可持续发展，为在新的形势下培养创新性人才进行着积极探索和努力，为推动草学会的工作做出了重要贡献。

在上一届研讨会上，我们根据近年来草业科学内涵的扩大和人才的社会需求变化，根据全国开展草业教育的学校日益增多、招生规模逐渐扩大、人才培养模式和培养目标因地区差异而发生变化的实际情况，提出了在草业教育可持续发展中出现的许多新问题，如教学内容大幅增加，亟待增设本科二级专业；研究生教育教学体系需进一步完善，学科地位需要提升；师资队伍建设不平衡，需在加强师资培养的同时，广泛开展校际合作；国际教育合作发展缓慢，急需吸收国外先进的办学模式、教学方法及好的教育体制等问题。这些问题我们至今远未得到很好解决，需要继续致力于探讨，并积极向国家相关部门提出建议。同时，日益严峻的全球粮食安全问题、能源问题、环境问题也使我们不得不思考草业科学教育将如何应对；抓住怎样的机遇，才会使我们发展得更好更快。

在我国经济社会迅速发展的今天，国家对教育的改革和发展给予了更多的重视，提出了更高要求。提倡知识创新和技术创新、培养创新人才，已成为我国高等教育发展的战略目标。因此，我国的草业科学教育必须顺应新的历史形势，逐步改革传统的教育体制和人才培养模式，按科学发展观的要求，广泛开展国内和国际交流合作，发挥优势，凝练特色，进一步开放，建立更加科学和先进的草业科学教育体系，为使我国的草业科学教育迈进世界先进行列而不懈努力。

　　本次会议的主题是"深化教学改革，突出专业特色，提高草业科学人才培养质量"，会议期间，我们将围绕这个主题广泛展开研讨，汇报成果，总结经验，提出问题、共同切磋、取长补短，我们相信大会一定能够取得预期的成果。

　　最后，预祝大会圆满成功！祝各位代表工作顺利，身体健康！

　　本文是时任中国草学会理事长云锦凤教授 2008 年 8 月在中国草学会草业教育专业委员会主办的全国高校第十届草业科学专业教学工作研讨会上的讲话

我国"草原专业"50华诞寄语

2008年是中国人最为难忘的一年，也是全世界难忘中国的一年。

汶川大地震后的抗震救灾展现了中国人的伟大与博爱，赢得了世界的赞誉。

北京奥运会向全世界展示了中国的历史文化底蕴和改革开放的丰硕成果，"无与伦比的奥运会"博得了全世界的喝彩。

世界草地与草原大会为中国草原带来了生机与活力，为全世界的草原人搭建了一个空前的交流与合作平台。内蒙古草原的博大胸怀和中国草原人的时代风范令全世界为之称赞。

今天，我们又迎来了令中国草原人难忘的历史时刻——我国"草原专业"的50华诞！内蒙古农业大学在全国率先创立的"草原专业"开创了中国草原科学普通高等教育的先河。几代草原人经过半个世纪的艰苦创业、开拓创新，不断谱写着新的篇章。今天的内蒙古农业大学草业科学专业已从单一的草原教学拓展为具有3个本科方向、4个硕士点、3个博士点和1个博士后流动站的多层次、全方位的教育科研体系。拥有教育部"草业与草地资源"重点实验室和中央与地方共建"草地资源与保护"特色优势学科实验室、"内蒙古草品种育繁工程中心"等教学科研平台。草业学科充分依托内蒙古的区位优势、得天独厚的资源优势和国家的政策优势，形成了鲜明的民族特色、区域特色和文化特色，被评为自治区重点学科，农业部和国家重点学科，自治区品牌专业，国家品牌专业和特色专业。

光阴荏苒，岁月峥嵘。从草原到草业科学的专业发展和提升推动着我国草产业的崛起和迅猛发展。中国的草产业被誉为21世纪的朝阳产业，草业的可持续发展需要高素质的专业人才。感谢草原学友对专业发展的爱心支持，感谢国内外同行单位和社会各界的热情帮助与关爱。中国草原的明天将更加绚丽多彩！

本文是云锦凤教授2008年12月对内蒙古农业大学"草原专业"成立50周年庆典的寄语

抓住机遇，促进有中国特色的草业科学教育的发展

金秋八月，骄阳似火，天气依然热情，人更热情。在新疆农业大学的盛情邀请之下，我国草学教育界的各位同行和朋友非常高兴地欢聚到了令人神往的"我们新疆好地方"，参加由中国草学会草业教育专业委员会主办、新疆农业大学承办的第十一次草业科学专业教学工作研讨会。在此，我谨代表中国草学会对此次会议的顺利召开表示热烈的祝贺！向光临会议的各位领导、各位来宾和全体与会代表表示热烈的欢迎和诚挚的问候，并通过大家向全国从事草业科学教育的专家、学者和奋斗在草业教育第一线的广大教职工致以诚挚的问候和良好的祝愿！向为本次会议筹备和组织过程中付出辛勤劳动的同志们及为会议顺利召开做出贡献的新疆农业大学表示衷心的感谢！

草业科学专业教育工作研讨会已成功举办了十次。

在过去发展的基础上，我国草业的发展呈现了许多新的机遇，面临着更多的挑战。维护国家生态安全和粮食安全，应对全球气候变化，推动低碳经济与发展低碳社会，开发清洁能源，发掘和弘扬草原优秀文化，促进民族团结和边疆和谐稳定，都需要草业做出更大的贡献。而草业科学教育的发展无疑会起着最关键的作用。今年的中央1号文件对草原问题和草业发展提出了许多新的要求；刚刚结束不久的中央西部大开发工作会议，让我们对草业的未来充满了期待；去年，经过多方努力，我国草业科学学科由二级学科晋升为一级学科的论证工作已经完成，有望在今年获得批准。听说已在网上公布。如何根据这些新的、有利的形势，对草业科学教育及时进行调整和改革，适应社会的需要，办出有中国特色的草学教育来，是摆在我们每个人面前的艰巨任务，这也是我国草业科学教育自立于世界草学之林的关键机遇。

中国草学会草业教育专业委员会自成立以来不断地组织全国草业教育领域的专家、学者总结、分析草业科学教育发展的历史和现状，改革和完善草业科学教育教学体系，确立适宜的学科发展方向，筹划未来的发展目标，为在新的形势下培养创新性人才进行着积极探索和努力，草业教育专业委员会是中国草学会所属二级委员会中工作最有成效、活动最为积极的领域之一，也为推动草学会的工作做出了重要贡献。本次大会，大家将围绕草业本科生教育、研究生教育及科研和开发情况展开研讨和交流，定会取得预期的成果。

我们在前两届研讨会上提出的在草业教育可持续发展中出现的许多新问题，如晋升为一级学科后增设本科二级专业问题，研究生教育教学体系的重新确立和进一步完善的问题，师资队伍建设不平衡问题，国际教育合作发展缓慢的问题，国外先进的办学理念、模式、教学方法引进和吸收问题等，都远未得到很好解决，需要继续进行交流探讨。

希望各位代表能积极汇报成果，总结经验，共同切磋、取长补短，厘清我们今后进一步发展的思路，提出促进有中国特色的草业科学教育发展的关键问题，并进行深入研讨。

本次研讨会恰逢我国著名草原学家许鹏教授八十华诞。尊敬师长，继承老一辈的优良传统是中华民族的美德，祝许鹏教授健康长寿。

各位代表、朋友们，在我国草业科学教育面临新的机遇和挑战面前，我们必须携起手来，共同应对。中国草学会草业教育专业委员会人才济济，组织力量强大，社会影响面大，我们应很好利用这一优势，为建设有中国特色的草业科学教育而不懈努力。

最后，预祝大会圆满成功！祝各位代表工作顺利，身体健康！

本文是时任中国草学会理事长云锦凤在全国高校第十一届草业科学专业教学工作研讨会上的开幕词

努力拼搏，奉献社会

各位领导、同学们：

上午好！

今天是生态环境学院 2011 级研究生开学典礼。首先，我代表全体指导老师对同学们的到来表示热烈欢迎，并祝贺你们经过自己努力拼搏，如愿进入内蒙古农业大学，获得了继续学习和深造的机会。

同学们，今天对你们来说是人生的一个新起点。从今天开始，你们将翻开人生新的一页，作为同龄人中思想活跃、最具发展潜力的一个群体，你们一定满怀雄心壮志，谋划自己美好的未来。在此，我根据自己体会向你们提出以下几点希望：

第一，要树立远大理想，要有为国家繁荣富强、伫立于世界民族之林而奋斗的豪情壮志，勇于承担社会责任。理想是人生的动力来源、学习工作的动力。我们都是学农业的，要树立为国家实现农业现代化奋斗的雄心壮志，为"三农"服务的志向，要以高度的责任心和使命感激励自己。

第二，培养自己的创新意识。我们建设创新型国家，一定要培养创新型人才。研究生的学习与本科生有主要区别，本科生以学习为主，研究生的任务是学习和研究，以搞科学研究为主。研究生要在研究中学习，在研究中创新，要在研究中主动性学习，关注本学科发展前沿，独立思考，善于发现问题，勇于提出问题。要创新、要充分了解前人的成果，不然就会重复别人已经做过的事。要创新就要深入实际，根据生产实践需求提出问题、解决问题、实现创新。

第三，培养自己严谨的科研态度，严谨的科研作风是科研工作者的基本素质。这是科学研究中获取真实结果的前提，大家养成踏踏实实做学问、认认真真求索。抵制学术浮夸，更反对学术造假，以自己的诚实劳动、求真的精神向国家、向家人、向自己做出答卷。

第四，培养团结、协作的团队精神，科学研究只有通过科技群体的共同努力，相互协作，才能取得大成果，达到科学顶峰，一个人本事再大，单打独斗成不了大器。尊重别人，团结友爱，形成合力是事业成功的基础。

此外，希望同学们要主动和导师沟通，你们在学习、科研、生活、工作等方面遇到问题找导师，共同面对，导师永远是你们的良师益友！

同学们，我们正处在一个伟大的变革时代，国家正面临着一个重大的战略机遇期，同学们的命运也同样如此。希望大家抓住机遇，努力拼搏，成长成才，奉献社会。

谢谢大家！

本文是云锦凤导师在内蒙古农业大学生态环境学院 2011 级研究生开学典礼上的讲话

开拓进取，为内蒙古的经济建设和社会繁荣再立新功

正当全国人民喜迎"十八"大之际，自治区党委和政府今天在这里召开全区科学技术奖励及创新大会，隆重表彰在科技进步中做出突出贡献的科技工作者，这充分体现了自治区党委、政府对科技工作的高度重视和对科技工作者的亲切关怀。借此机会，我谨代表全体获奖人员，向自治区党委、政府表示衷心的感谢！

我是一名高等院校教师。自 1963 年毕业以来，一直从事牧草育种的教学和科研工作。20 世纪 80 年代改革开放初期，为了培养内蒙古社会经济发展所需的建设人才，自治区在财政困难的情况下，拨出专项经费，把我们首批 20 名科技人员送到美国深造。1983 年回国后，利用从国外带回的 1 199 份珍贵牧草种质资源，针对内蒙古草原畜牧业和生态建设的实际需要，先后育成了 10 个适应我区种植的抗寒、耐旱牧草新品种，并形成了新品种"育、繁、推"产业体系，在我区及相邻省区推广应用面积 750 多万 hm^2。

2008 年 6 月，我作为中国草学会理事长，组织中国草学会与内蒙古自治区政府联合组织召开了世界草地和草原大会。在国家相关部门和自治区党委、政府的大力支持下，会议取得巨大成功，对宣传中国和内蒙古改革开放以来各项事业取得的成就、促进国际科技交流与合作起到了重要作用。

今天，我在这里代表全体获奖人员发言，感到十分荣幸。我们取得的每一项成绩都离不开自治区党委、政府对科技工作的重视与关怀，离不开各级科技管理部门的指导和支持，离不开全区广大科技工作者的精诚团结和共同努力，离不开与我们共同创业、共同奋斗的科研团队。

内蒙古自治区正处于推进经济结构调整、转变发展方式、提高经济增长实效的关键时期。广大科技工作者要树立强烈的使命感和责任感，坚持科学发展观、弘扬科学精神，倡导学术诚信，克服学术浮躁，勇于探索创新。在自治区党委、政府的正确领导和各级科技管理部门的大力支持下，以服务自治区经济社会发展为己任，求真务实、开拓进取，创造出更加光辉的业绩，为内蒙古的经济建设和社会繁荣做出更大的贡献！

本文是云锦凤教授 2012 年 10 月 18 日在内蒙古自治区科学技术奖励及创新大会上代表获奖单位和个人的发言，略有删改

第三篇

学会建设与学术交流

致力草学，推进草业

各位顾问、专家、教授，各位代表：

中国国际草业发展大会暨中国草原学会第六届代表大会在主办单位、协办单位的共同努力和全体代表的积极参与下，历时4天，圆满地完成了会议预定的各项议程，是一次成功的大会、胜利的大会。在此，我代表第六届理事会对以洪绂曾教授为理事长的第五届理事会的全力支持表示衷心感谢，对特意赶来参加本次大会的国际草地大会（IGC）常任理事会主席薇薇安·艾伦女士及其他外国朋友表示诚挚的谢意。同时，感谢北京市人民政府自始至终对会议的关注，通州区农业部门的大力支持和企业家的赞助。

这次会议是中国草原学会发展史上一次规模空前的大会，参加这次会议的不仅有来自草业界教学、科研和管理部门的代表，而且有许多企业界人士参加，特别是许多外国专家和学者参加了大会，会议人数近千人。大会学术交流和研讨进行得很有成效，本次会议的特点是融学术交流、成果与产品展示洽谈、企业家论坛及参观考察于一体，其学术水平和层次较高，促进了草业界的交流和合作。

会议顺利地完成了换届选举，产生了以我为理事长的新一届理事会。这是组织上和同志们对我们的信任和鞭策，在此我表示衷心的感谢！同时，我们也深切地感到责任重大，恐有负众望，但我们会竭尽全力扎实工作，带领新一届理事会把学会的事情办好。希望今后能够得到在座各位的大力支持，特别是洪绂曾名誉理事长鼎力相助！

中国草原学会是我国草学界最高学术机构，是一个群众性的组织，做好学会的工作需要草业界同仁的共同努力。大家把这么重的担子交给我们，虽然感到有一定的压力，但有前几届特别是上一届理事会打下的良好基础，又有年轻并富有朝气的新一届理事会的支持，新一届理事会对今后工作充满信心和希望，这是因为：

第一，进入21世纪，我国的草业遇到了千载难逢的大好机遇，受到了党和国家的高度重视，得到了社会的普遍认可，几代草学界人士为之奋斗的草业正步入一个快速、健康发展的阶段。

第二，上届理事会在洪绂曾理事长的带领和全体会员的共同努力下，在学术交流、学科建设、产业发展、国际交流、学会自身建设、科学普及和教育培训等方面做了大量卓有成效的工作，积累了宝贵的经验，为新一届理事会进一步做好工作奠定了坚实的基础。

第三，我们有一个好的理事会，在本届理事会组成中，具有高学历的中青年占到很大比例，他们思维敏捷，创新能力强，富于开拓精神，尤其是在本届理事会新组成了一个强有力的秘书处，这些都为做好学会工作提供了保证。

第四，有中国草原学会各专业委员会、各省（区）草原学会、全国广大会员的大力支持及有关企业的积极参与。

第五，有洪绂曾名誉理事长的栽培和扶助，有以任继周院士、祝廷成教授、许鹏教授、王培教授等老一辈科学家组成的顾问团作后盾。

目前，我国正面临着农业产业结构调整和西部大开发的机遇，生态环境治理与经济发展，加入WTO农牧业生产和产品应对，这些都为学会工作提出了更高的要求。尽管我们的能力有限，但我们会积极主动地向各位前辈学习和请教，不断提高自己的工作能力和水平，团结全体会员，努力把学会的工作做好，不辜负大家的期望。在此，就今后学会的工作谈几点想法：

（1）依靠全体会员，紧紧围绕"学会是学术交流的主渠道、科学普及主力军、国际民间科技交流主代表、党和政府的参谋助手和桥梁纽带作用"这一宗旨，积极为国家经济建设和草业发展服务。要继续坚持民主办会的原则，充分调动和发挥各位顾问、副理事长、秘书处和各位理事的主观能动性，群策群力，形成一个良好的运行机制，使大家能够创造性地开展工作。

（2）增强服务意识和学会的凝聚力、战斗力，积极扩大影响。为此，要密切与主管部门的关系，加强与各省区草原学会、草业科研及生产企业单位的联系，协调各专业委员会的工作，通过不同方式为草业工作者服务，争取赢得全体会员的信任和对学会工作的支持，增强自我发展能力，树立良好的社会形象。

（3）加强国际学术交流与合作，为争取 2007 年 IRC、2009 年 IGC 两个国际草地学术会议在我国召开做准备，特别是要在已有工作的基础上按照国际草地会议申办的要求，加大申办工作力度，有计划有步骤地开展工作。

（4）加强草业宣传及对学会所属期刊的管理工作，力争规范运作，再创新高。同时，为适应形势对科技和人才的需要，争取早日促成草业教育专业委员会的成立。

各位领导、专家、代表，中国草业正处于充满生机与活力的发展阶段，挑战与机遇并存，愿我国草业界同仁齐心协力，致力草学，推进草业，把我国草业推向新阶段。

本文是中国草学会云锦凤理事长于 2002 年 5 月在中国国际草业发展大会暨中国草原学会第六届代表大会闭幕式上的讲话

为世界草业的发展和科技创新做出更大贡献

　　"中国草学会第六届二次会议暨草业科学与技术创新国际学术研讨会"在主办单位中国草学会、内蒙古自治区人民政府、国家自然科学基金委员会和承办单位内蒙古农业大学、内蒙古自治区农牧业厅、科学技术厅、科学技术协会、中国农业科学院草原研究所的积极筹备和精心组织下，通过全体会员的大力支持和全体工作人员的不懈努力，今天在美丽的青城呼和浩特隆重开幕了。

　　这是一次不同寻常的盛会。第一，我国草业科学和草业产业化正以前所未有的速度积极推进，步入历史上最好的发展时期，形成了科技、产业、教育、人才培养、学术交流多头并进的格局，为草学和草业工作者提供了千载难逢的历史机遇。我们要通过大会集中研讨，充分交流，探索如何抓住机遇的新途径，推动我国草学的进一步发展。第二，全球气候变化和人们对草地资源需求的不断加大，人口、资源、环境、生态、经济、管理等诸因素之间的矛盾越来越突出，对草业可持续发展提出了严峻挑战。如何应对这种挑战，是我国也是全世界草学界面临的重大课题，需要我们共同探讨，尤其在草业科学理论和技术创新方面有所作为。这也是本次会议的主题。第三，我国的草学工作者正处于新老交替的重要时期。老一代科学家们和草学工作者在中国草学的建立、发展和人才培养方面创造了辉煌的业绩，打下了坚实的基础。更多的年轻一代草学工作者已经成长起来，成为支撑中国草学大厦的栋梁和骨干，新的学术思想和技术成果不断涌现，让我们看到了中国草学更美好的未来。中国草学界有着"传帮带"和相互合作、相互关心、相互支持的优良传统，本次会议要为新老学者相互交流、学习、研讨提供一次机会，创造一个好的氛围。第四，我国将在 2008 年召开国际天然草原大会（IRC）和国际草地大会（IGC）的联合大会。目前已获得 IRC 的举办权，并正在积极争取 IGC 的举办权，本次会议的重要宗旨就是全面总结我国近年来在草业科学技术发展、草地建设、草地保护及草业产业化方面的成就，吸取国内外草地生产与管理的先进经验，寻找我们的不足和差距，为开好国际草地大会建言献策，做好思想准备。

　　在此，我谨代表中国草学会向前来参加研讨会的全体代表表示热烈的欢迎。同时，我要向内蒙古自治区人民政府、国家自然科学基金委员会以及会议承办单位表示衷心的感谢，向参加会议组织、筹备、接待工作的同志们表示诚挚的谢意。我要特别指出的是，国际草地大会本届主席薇薇安·艾伦女士、国际天然草原大会本届主席吉姆·欧若克先生及秘书长戈登·金先生专程前来参加大会并进行学术和工作考察，让我们以热烈的掌声对他们表示欢迎和感谢！

　　同志们，我国有 4 亿 hm^2 草地资源，草业的发展是以丰富的草地资源为基础和依托的。草地集中分布于西部的不发达地区，自然生态条件脆弱，人们对草地的依赖性很强，这些地区未来经济社会的可持续发展在很大程度上仍然取决于对草地保护、管理、建设和利用的状态及对草地资源多方面价值的认识和发掘。我国草地资源的经济价值、生态价值、文化价值、环境保护价值等都是巨大的，"草"在发展国民经济、维持良好生态和环境、提高国民生活水平和质量、保护生物多样性、保障食物安全、传承和发展历史文化、加强民族团结、促进民族繁荣等方面都起着不可替代的作用，这也是我国草地资源的特殊性。

　　在过去的草地管理和利用过程中，我们出现过偏差，有过失误，过分强调了草地资源的经济功能，忽略了其他功能；过分地进行了索取，轻视了投入；过多地依赖于传统和粗放的管理方式，没有充分认识科学技术的巨大作用，因而导致了草地退化、水土流失、生态恶化、农牧民生活贫困化的恶果。今天，人们在科学发展观和可持续发展理论的指导下，在草业系统工程理论的推动下，对草地资源多功能价值的认识比以往任何时候都更加科学和理性，全社会都对草、草地和草业有了更多和更深入的理解。党和政府对加强草地保护与建设采取了一系列重大措施，已经取得成效。全国人大常务委员会公布了新修订的《中华人民共和国草原法》，国务院成立了农业部草原监理中心，各地方都加强了草原监理工作。广大的草地科技教育和管理工作者都在更广泛的领域、更多的层面上探索有中国特色的草业发展之路。草业产业化呈现出蓬勃发展的势头，多元化、规模化、个性化企业的发展为草业注入了无限的活力。草业人才培养的数量和质量都在大幅度提高。我们完全有理由相信，我国的草业将会在国民经济和社会发展、国家生态安全、文化进步、民族团结等多方面起到越来越重要的作用，为世界草业的发展和科技创新做出更大贡献。

2008 年在我国召开国际草地会议，这是国际草学界为我们提供的一次机会，我们要充分运用好这次机会，把各项工作做得更好。在此，我要特别感谢内蒙古自治区人民政府及相关部门，感谢呼和浩特市人民政府，感谢内蒙古农业大学等单位，他们已经支持中国草学会为召开 2008 年国际草地会议做了大量卓有成效的准备工作，使我们有信心把这次大会开成功。

祝大会获得预期成果！

祝中外专家在呼和浩特度过难忘的时光！

本文是时任中国草学会理事长云锦凤 2004 年 7 月在中国草学会第六届二次会议暨草业科学与技术创新国际学术研讨会上的开幕词

关于赴南非参加国际天然草原大会及争办
2008 年国际草地会议情况的汇报

2003 年 7 月 26 日至 8 月 1 日，中国草学会代表团和内蒙古自治区人民政府代表团受国际天然草原大会（IRC）连委会和第七届 IRC 组委会邀请，共同参加了在南非德班举行的第七届 IRC。中国草学会代表团由云锦凤理事长、韩建国副理事长和南志标副理事长带领，由内蒙古代表团、北京代表团和甘肃代表团共同组成。内蒙古自治区人民政府代表团是在内蒙古农业大学的倡议下，受自治区人民政府派遣，由畜牧业厅副厅长赵存发（团长）和内蒙古农业大学 4 位教授（成员）组成的。两代表团的任务一是参加大会的学术活动，二是向大会正式提交在中国内蒙古自治区举办 2008 年 IRC 和国际草地大会（IGC）联合会议的申请报告并进行答辩。

会议期间，两代表团所有成员齐心协力，不辞辛苦，努力工作，进行了精心准备，分头与 IRC 常设委员会（连委会）进行了深入细致的交流，与 IGC 主席及部分委员进行了积极沟通和深入磋商。在连委会扩大会议上，云锦凤理事长就申办报告和办会能力做了正式陈述，代表团成员分头答辩，回答了连委会委员的各种问题。内蒙古赵存发团长在闭幕式上代表自治区政府发言，表明对在内蒙古办会的坚定支持。代表团还对会议的设施、服务、环境和各项活动都进行了考察学习。在大会连委会和本届大会组委会的帮助下，设立了专门的中国展台。两代表团以展台为阵地，与来自世界各国的与会专家和学者进行了广泛交流，展示和发放了宣传材料，播放了两部介绍中国及内蒙古草地的 CD 片，不失时机地向代表们介绍中国、中国草地和内蒙古草地，引起了与会者对中国和内蒙古的浓厚兴趣。许多代表表示支持 2008 年在中国办会并愿意到中国来。

根据讨论表决，IRC 连委会在闭幕式上宣布，同意 2008 年在中国内蒙古召开第八届 IRC 和第二十一届 IGC 联合大会，主会场设在呼和浩特市。大会对申请材料、答辩及代表团所做的多方面工作给予了高度称赞，尤其是主办地政府派代表团协助申办会议在 IRC 历史上为首次，对申办成功起到了重要作用。连委会对中国草学会今后进一步争取 IGC 的批准和大会筹备提出了一系列意见和建议。大会由连委会提名，表决通过由内蒙古农业大学赵萌莉教授担任本届大会连委会东亚和中亚区委员。申办工作取得了圆满成功。

大会结束后，新一届 IRC 连委会全体成员和本届大会组委会设晚宴招待中国草学会代表团和内蒙古代表团，对申办下一届大会成功表示祝贺。

1 国际草地会议的有关情况

IRC 和 IGC 是国际草学界最有影响的两大学术会议组织，每 4 年分别举行一次大会，在各大洲轮流召开，被称为草地学术界的"奥林匹克"。

IRC 已举办过 7 届会议，IGC 已举办过 19 届会议，我国曾多次派团参加两会，但尚未取得过两会的主办权。

IRC 主要以天然草原为主，IGC 则涵盖了草地科学与管理的各个方面。两会涉及的具体内容都非常广泛，包括草地科学研究、成果推广、生态保护、政策法律、生物多样性、家畜饲养、饲料科学、农学和林学、土地利用、人口与环境、贫困与脱贫、草地文化、生态旅游、自然保护区等 20 多个专题。

两会都设有常设委员会（或称连续委员会），由主席和各大洲或地区的委员代表组成，负责对大会的相关事务进行管理和表决。

　　按照两会章程，第八届 IRC 和第二十一届 IGC 将分别于 2007 年和 2009 年召开。中国草学会经过与两会的长期讨论与协商，终于使两会达成了 2008 年在中国召开联合会议的口头意向，但没有得到多数连委会委员的认可。本次申办 IRC 获得成功并得到 IGC 的支持为 2004 年申办 IGC 并在 2005 年第二十届爱尔兰都柏林大会获得通过确定了胜局。

2　在中国及内蒙古召开国际草地会议的意义

　　中国是世界第二草地资源大国，草地类型多样，生物多样性丰富，在世界草地科学研究中具有举足轻重的地位。中国草地既有世界草地的共性，又有很强的特殊性，在畜牧业发展、生态保护、少数民族文化发展与保存、多功能利用等方面具有不可替代的作用。在草地科学研究、草地政策与立法、草地社会、文化、经济研究及草地可持续发展等方面都取得了巨大成就。但到目前，中国同世界各国之间在草地学术方面的交流和合作还十分有限，彼此间的了解不够深入，成为在该领域扩大开放和技术交流合作的限制因素。

　　在中国召开一次 IGC 或 IRC 是几代中国草地学家的共同愿望。中国草原学会曾进行过积极争取，但由于多种原因而未获成功。本次申办 IRC 和 IGC 联合会议，中国草学会把内蒙古确定为主办地，得到了国务院的批准，副总理李岚清同志做了批示；前任内蒙古自治区人民政府云布龙主席、乌云其木格主席都做了批示，充分体现了国家和自治区对会议的重视和支持。在准备申办期间，自治区政府和中国草学会曾多次邀请两会连委会成员到内蒙古考察，自治区政府郝益东副主席、雷·额尔德尼副主席等领导对争取在内蒙古召开国际草地大会都非常重视。农业部、自治区人民政府、呼和浩特市人民政府、呼伦贝尔市人民政府、中国科协、中国农学会、中国林学会、中国科学技术咨询服务中心、甘肃省生态研究所、任继周院士等都发函给中国草学会或两会主席，表示对主办 2008 年会议的支持。

　　中国草学会负责准备申请材料的各位同志都本着对工作积极负责的态度，认真完成了分担的任务。

　　内蒙古农业大学是中国草学会的理事长单位，校领导把申办国际草地会议当作学校义不容辞的责任。李畅游校长多次与自治区政府主要领导沟通，商讨在内蒙古办会事宜，表示了对中国草学会和对自治区作为会议主办地的坚定支持。李校长还在现场办公，责成生态环境学院领导牵头，组成以云锦凤理事长为主的申办材料编写组，负责申办材料的编写、汇总、编辑、印刷和与两会的联络。生态环境学院在人、财、物方面提供了很大支持。编写组成员克服了"非典"造成的不利影响，分工负责，夜以继日，反复讨论，逐渐使申请材料符合 IRC 和 IGC 连委会的要求。学校还多次接待两会的考察团，加深了彼此间的了解和信任。本次南非会议，学校又建议自治区政府派出协助申办代表团，向大会展示了内蒙古专家学者的工作能力及语言交流能力，受到了大会的重视和肯定。

　　虽然申办联合会议的难度和风险更大，但由于得到多方面的支持和承诺，准备充分，措施得力，宣传到位，答辩顺利，与两会连委会主席及委员联络顺畅，IRC 最终批准下一届学术会议将于 2008 年在中国举办，并与 IGC 召开联合会议。

　　本次争取到国际草地会议的主办权，其意义不仅仅在于会议本身，它是改革开放 20 多年来我国在各方面取得巨大成就的综合体现，是草业科学取得的进步得到国际社会认可的标志，更反映了各国草地学家想通过大会了解中国和中国草地，并在此基础上加强与中国在草业科学领域进行经济技术合作的强烈愿望，也是中国草地科研与产业走向世界、融入国际社会的重要途径。

　　中国草学会把会议主办地选在内蒙古呼和浩特市，主要是考虑了内蒙古草地在中国草地中的代表性和重要地位，也看中了内蒙古草地科学研究、草业产业化发展、草地经济和草地文化发展、草地生态保护以及草地科学教育在全国的重要影响，更看中了内蒙古各级政府对办会的积极态度和随着经济发展而不断增强的办会能力。

　　通过举办 IRC 和 IGC 联合会议，组织好到内蒙古草原及全国重点地区的会前、会中和会后考察，可以扩大对这些地区的宣传，为在草地建设、环境保护等多方面扩大经济技术交流，吸收国外先进技术和管理经验，吸引外资起到积极作用，使我国草业上一个新台阶。

3 南非会议的经验及不足

在南非召开的 IRC 是一次成功的会议，代表们感到轻松、愉快、组织有序、服务周到，报告交流充分、富有成效。

办会成功的经验有以下几点：①有功能完备、设施齐全的国际会议中心，实行商业化运作。会议的各项服务性工作全部由会议中心完成，由多个公司参与，包括注册、主会场、分会场、演出场、餐饮、休息、论文展示、信息服务、考察旅游、交通、货币兑换、摄影、小商品及纪念品出售、设备提供等多种功能及服务。②有完善的接待条件。会议中心附近有充足的宾馆、饭店供代表选择。会议的集体用餐简便、快捷、规范、有效。③交通运输通畅。各种交通工具的安排一目了然，保证代表能及时在饭店和会议中心之间往返以及会议考察旅游，组织效率高，没有造成车辆和时间的浪费。④开幕式、闭幕式简单、欢快，个性化强烈。文艺活动具有浓郁的民族特色。⑤考察点及路线选择合理，使代表感到充实、愉快。⑥代表的随行人员活动丰富多彩，紧凑充实。

会议存在以下不足：①社会治安条件差，代表的安全没有保证。由于南非社会治安总体状况差，加之会议的保安措施不力，一部分代表遭到黑人抢劫。中国代表一行 7 人在白天遭到多名黑人拦路抢劫，虽然未造成损失，但产生了不小的心理压力。德国等其他部分国家的代表也有类似经历。②会议内容有调整，但未及时通知参会代表。③论文展示过于简单，缺少专门时间使作者与代表沟通。④会中考察专业化程度欠缺。⑤餐饮方面没有考虑各国间的习惯差别，以西餐为主，缺少多样化。

4 对中国草学会下一步工作的几点建议

由于 2008 年国际草地会议为 IRC 和 IGC 的联合会议，加上中国经济发展和社会安定形势的吸引以及奥林匹克运动会的召开，参会代表人数会超过以往任何一次国际草地大会。初步预计，国外代表为 1 500 人，陪同人员 500 人，国内代表 1 000 人，这对主办城市呼和浩特提出了更高要求。因此，内蒙古代表团已向内蒙古自治区人民政府进行了参会的书面汇报并提出了工作建议。

中国草学会下一步应做好以下几方面工作：

（1）在适当的时候召开常务理事会（由秘书处决定），汇报总结前一阶段工作，讨论做好下一步工作的具体计划，并向上级主管部门报告。

（2）第二十届 IGC 将于 2005 年 6 月 26 日—7 月 1 日在爱尔兰（Ireland）都柏林（Dublin）由爱尔兰草地学会和英国草地学会联合主办召开。2004 年 6 月前，中国草学会向 IGC 连委会递交 2008 年在中国召开与 IRC 联合会议的申请，得到批准后，由中国草学会理事长向大会作陈述报告。

建议继续组织力量，补充、修改和完善申请材料，特别是财务预算，做好 IGC 的申请工作。除了中国草学会外，建议内蒙古及计划进行会前和会后考察的省份派代表团参加第二十届 IGC，学习其办会经验。对整个会议的设施及组织管理状况进行考察，以提高我们的办会质量。

（3）与有关部门协调，建议呼和浩特市政府把蓝天绿地工程及基础设施建设和美化、亮化等工程坚持抓下去。下大气力抓好城市卫生。城市卫生首先从厕所抓起。外国人到中国来感觉最头疼的问题是公厕少、卫生条件差。厕所问题已影响到了中国人的形象。在南非，任何一处公共厕所包括黑人居住的落后地方都非常干净卫生，空气清新，必备自动冲水设备、洗手和干手设备、卫生纸、纸巾、残疾人专用设施等，没有苍蝇、蛆虫；所有厕所都不收费，但管理得很好。我们应该给与会者创造这样的环境。

（4）建议具有考察点的省区作出规划，及早动手，对考察点重点进行建设，形成一批高水平的示范点，向全世界展示中国草业的发展水平。

（5）中国草学会要积极努力，多渠道筹集部分资金，专门用于大会申办准备、基本设备购置、对外信息联络、外宾接待、学习考察等。

（6）向全国的草学工作者发出倡议，积极准备，为在我国召开的 IRC 和 IGC 做出贡献。

本文是云锦凤理事长 2003 年 8 月代表中国草学会赴南非参加第七届国际草原大会（IRC）及争办 2008 世界草地与草原大会做的汇报报告

中国草学会牧草育种专业委员会
成立 22 年工作回顾与展望

中国草学会牧草专业委员会自 1981 年成立至今已走过了 22 年的历程。立草为业已成为全民的共识，致力草学、推进草业，把中国草业推向现代化、产业化的任务已摆在我们面前。在这个重要时刻，总结牧草育种专业委员会所走过的历程、取得的成绩、存在的问题，展望未来，必将推动我国牧草育种向更高的阶段迈进。

1 学术活动

（1）1981 年 11 月 23—28 日，中国草原学会和内蒙古草原学会在内蒙古呼和浩特市联合召开了全国牧草及饲料作物引种、育种及良种繁育学术讨论会，参加会议的代表 97 人，大会收到论文 44 篇，会上宣读论文 27 篇。经过与会代表协商，成立了中国草原学会牧草育种学组，由彭启乾任组长，董景实、额木和任副组长，董景实兼任秘书长。大会建议成立全国和省区牧草品种审定委员会。

（2）中国草原学会牧草育种学组第二次学术讨论会于 1986 年 8 月 15—18 日在兰州举行，参加会议的代表 50 人，大会收到论文 34 篇。会议交流了经验和成果，其中早熟沙打旺的选育和推广，紫花苜蓿×扁蓿豆、苇状羊草×黑麦草，金黄后玉米×玉米，多年生二倍体、四倍体玉米×墨西哥玉米的远缘杂交，利用组织培养选育耐盐苜蓿新品种的研究受到与会者的重视。大会选举产生了牧草育种学组第二届领导成员，组长马鹤林，副组长耿华珠、李守德、额木和。

中国草原学会牧草育种学组第三次学术讨论会于 1989 年 10 月 31 至 11 月 3 日在南京市召开，各省市代表 47 人参加了会议，收到论文 41 篇。会议主要交流了当前牧草育种工作的技术和经验、存在问题，研究了如何加快牧草育种工作的步伐。

1992 年 9 月 15—19 日，在北戴河召开了中国草原学会牧草育种学组第三届代表大会暨第四次学术讨论会，到会人员 46 人，收到论文 39 篇。会议中心议题是交流三年来牧草育种工作的成就和经验，除对进一步搞好牧草育种工作进行总结交流之外，也对如何加快饲料作物的育种问题进行了深入讨论。在此基础上建议国家建立牧草研究中心，并成立国家牧草品种区域试验网。

1992 年中国草原学会改为一级学会后，牧草育种学组作为二级学会组织，更名为中国草原学会牧草及饲料作物育种委员会。大会选举产生了第三届牧草及饲料作物育种委员会领导成员。会长马鹤林，副会长云锦凤、耿华珠、陈德新等。

1996 年 8 月 4—7 日，中国草原学会牧草及饲料作物育种委员会第四届全国会议暨第五次学术讨论会在内蒙古自治区呼和浩特市举行，出席会议的代表 40 人，会议收到论文 27 篇。为实现 21 世纪我国牧草育种目标，与会代表就 20 世纪末、21 世纪初我国育种目标、方法及措施做了广泛的讨论。会议经过协调，选举产生了由 18 人组成的第四届委员会。会长云锦凤，副会长曹致中、鲍健寅、李聪、卢小良、杨爱莲。

2000 年 10 月 29 日至 11 月 4 日，中国草原学会牧草育种委员会第五届会议暨第六次学术讨论会在云南省昆明市召开，与会代表 42 人，收到论文 23 篇。会议的中心议题是牧草育种与西部大开发，代表们就育种的权益保护、牧草育种、良种繁育、种子推广及流通系统建立，全国牧草区域试验网的建立，21 世纪我国牧草育种的目标和方法进行了认真的讨论。会议经过协商，选举产生了第五届委员会。会长云锦凤，副会长曹致中、李聪、卢小良、杨爱莲、奎嘉祥、顾洪如。

2 我国牧草育种工作取得的成绩

2.1 育成了一批优良品种应用于生产

广大牧草育种工作者经过近半个世纪的拼搏，由引种驯化开始，直至大规模的品种选育，截止到2002年底，我国已登记注册牧草新品种（包括草坪草）及饲料作物品种250个，其中育成品种101个，地方品种40个，引进品种69个，野生栽培品种24个，其他诸如饲料作物、草坪、绿肥作物、水土保持作物品种16个。从这些数字上看，应该说牧草育种取得了长足的进步。更加可喜的是，在各类品种中，育成品种逐年增多，据统计，截止到1995年，全国各类品种合计163个，其中育成品种55个，育成品种占各类品种的33.7%，到了2003年，仅仅8年的时间，育成品种总数已达到101个，占各类品种总数的40.4%。与其他各类品种相比，育成品种产量高、品质好、优良特性多，育成周期长，难度较大。育成品种逐年增多是我国牧草育种工作成就的一个重要标志。这些育成品种在生产中已发挥了重要的作用，如早期选育的"公农1、2号"和"草原1、2号"苜蓿累积推广面积达20余10万 hm²，选育的"中苜1号"苜蓿具有抗盐、耐旱、耐瘠薄和生长迅速等多种特点，截止到2003年，"中苜1号"苜蓿已在黄、淮海地区推广种植3万多 hm²，并正在向内蒙古、甘肃、宁夏等地区逐步推广。

已登记注册的狼尾草属的10个品种共同特点是产量高、品质好、抗逆性强，在长江流域和两广地区已大面积种植，累积推广面积已达7万多 hm²，取得了较大的经济效益。

特别应该指出的是，华南农业大学南方草业中心利用远缘杂交优势和特有的光温生态节律基因调控技术育成的"华农一号"青饲玉米，是用墨西哥玉米自交系和甜玉米自交系杂交而成。该品种最高产量可达75t/hm²。不仅在南方广为种植，且在内蒙古自治区多个引种试验点试种，产量和品质达到国内外同类青饲料的最高水平。

与其他草类相比，草坪草育种相对滞后，国内城市绿化、足球场、高尔夫球场绿地的建立均为国外引进，花掉了大量外汇。江苏省农科院植物研究所从国内外搜集的近600份的狗牙根原始材料中，经过系统选育方法选育出坪用价值高且适应性强的矮细型系列狗牙根新品种，累积推广面积已达250万 m²。

其他各类登记注册的牧草及饲料作物品种在各省市自治区多种生态环境条件下，推广种植起到了重要作用。

2.2 牧草育种的基础理论研究有一定进展

牧草新品种培育在很大程度上取决于育种的基础理论研究的程度。伴随牧草新品种选育的进程加快，牧草育种的基础研究有了一定的进展。马鹤林、康玉凡等人以多靶单击模型拟合效应曲线，经电子计算机处理所作的89种豆科牧草草种和品种适宜辐射剂量及敏感性分析，为牧草辐射育种提供了可靠的适宜剂量。阎贵兴、云锦凤等人完成的我国草地上20科91属254种饲用植物的染色体数目、生境和地理分布；以列表形式介绍了8种37属172种饲用植物的核型特征以及我国中温带草原重要野生饲用植物中二倍体和多倍体植物的频率和自然分布规律，这些研究结果不仅对植物的起源、演化、种群关系、植物细胞分类有一定影响，更重要的是对指导植物种间杂交、属间杂交、人工异源等倍体合成、重组 DNA 等今后创造新物种都有重要作用。在我国，牧草中的无融合生殖的研究一直是个空白。赵桂琴、曹致中等所做的早熟禾无融合生殖的研究对于牧草杂种优势的利用、杂种优势的固定都是开创性的研究工作。云锦凤、于卓、李造哲等多年来所作的小麦族禾草种间、属间远缘杂交细胞遗传特性的研究；赵巧丽、孙桂贞等所做的羊草小孢子发生、雄配子体形成、双受精作用、胚胎发育；卢欣石完成的中国苜蓿92个地方品种资源秋眠性评定；郭江波、赵来喜等所作的中国苜蓿地方品种遗传多样性研究；李世雄、王彦荣等人所作的中国苜蓿品种种子产量性状的遗传多样性；杨青川、苏加楷等所作的"中苜一号"紫花苜蓿耐盐遗传特性初步研究；汪恩华、刘杰等所作的形态与分子标记用于羊草种质鉴定与遗传评估的研究等基础研究，必将对我国牧草育种产生重要影响。

由耿华珠主编的《中国苜蓿》，宛涛、卫智军主编的《内蒙古草地现代化植物花粉形态》，阎贵兴、云锦凤等主编的《中国草地饲用植物染色体研究》及甘肃农业大学孙吉雄主编的《草坪学》，由耿华珠主编的《中国野生牧草的栽培和利用》等专著，对我国牧草及草坪草育种工作的开展起到了很大的促进作用。

2.3 生物技术在牧草育种中的应用已取得阶段性成果

我国生物技术是在国外重组 DNA 技术、细胞培养技术以及生物反应技术等影响下，于 20 世纪 70 年代开始起步的。1980 年黑龙江畜牧所和中国农科院草原所分别培养出苜蓿花药植株是一个重要标志。进入 80 年代后，我国先后有 20 多个研究单位近百余人从事各种牧草的组织培养，到目前已把豆科、禾本科等 30 多种牧草培养成功，应该说为生物技术在我国起步奠定一定的基础，但目标不明确，涉及草种又太多，没有取得能在生产上应用的成果。

"863" 计划的实施以及在国家自然基金的资助下，我国牧草的生物技术又向前推进了一步。表现在：①以直接操作 DNA、RFLP 的 RAPD 技术为代表的分子标记技术得到了广泛应用，如 RAPD 对苜蓿地方品种多样性的研究，分子标记技术在苜蓿育种中的应用，早熟禾属植物种间关系的 RAPD 的分析，RAPD 技术在苜蓿耐盐遗传育种中的应用，苜蓿基因组 DNA 提取和 RAPD 反应条件优选等。②应用生物技术对耐盐牧草及草坪草的耐盐机理、耐盐 DNA 的提取及 RAPD 标记引物的筛选等。③利用农杆菌介导的基因转化工作取得了一定进展，如发根农杆菌介导的百脉根的基因转化，利用农杆菌将抗除草剂的 *bar* 基因导入草原 1 号苜蓿的研究以及用基因枪以 *bar* 为目标基因，轰击冰草幼穗诱导的愈伤组织，获得了一批转基因冰草植株等研究，这些研究成果均为今后基因转化工作打下了基础。

2.4 收集一大批牧草及饲料作物资源

为了推进牧草及饲料作物的育种工作，我国已收集、保存、鉴定一大批牧草及饲料作物种质资源，包括 29 科 184 属 567 种，共 3 296 份材料，从 31 个国家收集到 21 科 123 属 306 种，共 4 093 份材料，并完成了 3 186 份材料的抗逆性和细胞学方面的鉴定工作，为今后牧草及饲料作物育种提供了宝贵的原始材料。

3 值得关注的几个问题

3.1 在注意品种数量的同时，应着重提高品种的质量

1990 年，包括引进品种、野生种、地方品种和选育品种仅仅 49 个，可到 2001 年，仅仅 10 年的时间，通过审定登记的各类品种就达 232 个，平均每年登记 23 个新品种，可谓高速度。更令人吃惊的是同一单位，同一人同一草种连续 4 年登记 4 个品种，还有同一人同一草种同一年登记 3 个品种，这在国内外植物育种史上未曾见过。这与我国农作物在同一地区只种 1 个或 2 个品种（也有是同一人选育的）是大相径庭的。

评价鉴定一个品种好坏的标准是单位面积产量、大面积总产量、品质和最终产值。回顾我国已登记的牧草品种，特别是选育品种，除少数诸如"公农 1 号""公农 2 号""草原 1 号""草原 2 号"以及最近登记的"中苜 1 号"苜蓿品种较大面积推广，并取得较大经济效益处，其他登记注册的选育品种基本上没在生产上大面积应用。有个别的登记品种登记后就根本没在生产上应用过，这是很可惜的。

另外，目前已登记注册的 101 个选育品种中除少数外，90% 以上的选育品种并没有在有关杂志、学术刊物上阐明所选育品种的实施方案、方法、品比试验、区域试验以及生产试验的过程。这样不仅不能使其他育种者从中学到一些好经验、好方法，更重要的必然使人们对你选育的新品种的真实性质疑。为此，建议已登记注册的或正在准备注册的选育品种一定要有所选品种的实施方案、方法技术

等。并再次呼吁国家成立全国性的品种区域试验网，以使在申报时，提供公平可靠、数据准确的试验资料。这样才能使一个育成品种在生产上发挥作用，并提高全国牧草品种审定委员会的权威性。

一个品种的存在，质量核心是科技。21世纪将是知识经济的时代，知识就是最重要的资源，人才就是最重要的资本，掌握知识是前提，创新知识是关键，广大牧草育种工作者必须要有啃硬骨头的精神，孜孜不倦地努力学习，掌握现代育种理论，培育出精良的牧草新品种，不仅打出省（区），更要跨出国门。一定要克服短视行为，不能把不成熟的东西急急忙忙地拿出来。

3.2 加大新品种良种繁育力度

牧草新品种育成后推广不出去是一个不争的事实，分析原因，一是科技成果与市场需求脱节，二是科技成果转化资金不足，三是新品种的科技含量不高等。以苜蓿为例，当前全国已注册的各类品种达35个，栽培面积已达130万 hm²（有材料显示近160万 hm²），但使用审定品种作为人工草地播种的不过30余万 hm²，仅占人工草地面积的23%，其中80%以上又是苜蓿地方品种，以选育的苜蓿品种建立的人工草地仅为5万多亩。

为适应国家西部开发建设项目的启动，适应加入WTO，参与国际竞争这一现实，必须强调以下三点：第一，种子生产由粗放型生产向集约化大规模生产转变；由行政区域内自给性生产向社会化、国际化市场竞争转变；由分散的小规模生产经营向专业化大型企业集团转变；由科研、生产、经营相互脱节，向育、繁、推、销一体化转变。第二，要采取得力措施，促进我国牧草种子质量大幅度提高。第三，国家或省、直辖市、自治区设立良种繁育专项资金，建立良种繁殖场，令人欣慰的是有些省区又开始筹建牧草种子良种繁殖场。

3.3 牧草种子公司积极参与牧草新品种的选育

在西方发达国家，很多品种均是由种子公司进行选育的，在俄罗斯除牧草及饲料作物研究所从事牧草育种外，他们有12个牧草育种中心担负着牧草育种工作。

据统计，我国经营牧草以及与牧草有关的企业或公司已有5 000余家，产值在500万以上的有50家。他们资金雄厚，人才济济，信息灵通，他们应是牧草育种的主力军，应动员他们的成员积极加入牧草育种专业委员会，并拿出必要的资金投入牧草饲料作物及草坪草的育种工作，以增强我国牧草育种的后劲。

4 对我国牧草育种工作的展望

在西部大开发、生态环境建设及农业从二元结构向三元结构调整的战略进程中，草业正在成为可持续发展中的朝阳产业和新的经济增长点。当前，以苜蓿为龙头的草业产业化正以不可阻挡之势，在大半个中国掀起了高潮，各级领导和广大群众发展草业的积极性空前高涨，草业产业化已成为规模宏大的现实的生产实践。在这种背景下，牧草育种工作者必须适应草业发展的潮流，以孜孜不倦的精神、创造性的力量，奋发图强，把牧草育种推向一个新阶段。

4.1 适应苜蓿产业化的需要

目前应着重选育一批高产抗病、适应集约化生产的耐高肥、高水、不倒伏的苜蓿新品种。羊草在我国主要分布在东北草原和内蒙古高原，面积多达12 166 159hm²，面积之大超过任何草种，是继苜蓿之后第二个具有产业化价值的草种，应把羊草的育种放在重要位置上。南方草地是我国持续开发的后备农业资源，宜于近期开发利用的草地达1 333万 hm²，如进行开发和高效利用，就相当于一个新西兰的生产规模，在南方这块草地上，广泛分布着白三叶和红三叶，代表营养物质主要成分的粗蛋白质，白三叶达19.3%～24.5%，红三叶则达到19.43%。三叶草、黑麦草和鸭茅进行混播效果极佳。因此，在南方务必加强三叶草新品种的选育工作。在我国热带地区，柱花草是一个重要的豆科牧草，应引起育种家的关注。

4.2 重视常规育种

我国干旱、半干旱地区总面积约占全国总面积的 58.1%，干旱给农牧业带来严重的危害和损失，已成为发展农牧业的限制因素。另外，我国现有盐碱地 9 913.37hm²，因我国牧草育种仍处在初期阶段，人才少，资金缺乏，现在已登记注册的 100 多个选育品种中全部是常规育种法选育出来的，即使西方发达国家，目前所使用的农作物和牧草品种也几乎 99% 以上是采用常规育种方法选育出来的。因此，当今过分强调生物技术在育种中的作用，而忽视常规育种显然是片面的。

4.3 加快我国生物技术的开发应用

国内外科学家纷纷预言，21 世纪将是生物学世纪，农业的发展以生物技术为主角，也将是生物技术的鼎盛时期。有人推断，到 21 世纪初，运用生物技术和其他增产措施增产的粮食将占世界粮农增产的 5/6，并预计抗虫、抗病毒的农作物得到推广。到 2030 年，现代生物技术将全面改造农业，从而使农业生产的面貌彻底改观，生物技术将在农业上掀起一场新的绿色植物的革命。

正因如此，生物技术产业正在世界范围内崛起，而且竞争十分激烈。美国有 3 个生物技术研究中心，用于生物技术开发经费已超过 100 亿美元。到 2000 年，美国已建立 400 多家生物技术公司，英国塞斯公司建立了世界第一个基因重组工厂。目前，世界上从事农业生物技术开发的公司有 500 余家。

在这种背景下，我国于 70 年代开始的以 1986 年 3 月实施的高科技研究发展计划"863"计划，将生物技术研究立为主攻方向，且在组织培养快速繁殖植物、花药培养、染色体工程育种、原生质体培养和体细胞杂交、植物基因工程等方面取得了一定成果。而我国牧草生物技术研究工作起步较早，且获得了一些成果，由于参与该项工作的人员少、经费不足等原因，基本停留在组织培养、花药培养、单细胞和原生质体培养等方面，且大部分为重复化的研究，目标不明确。

生物技术基本上分为两大类，一类为细胞水平生物技术，一类为分子水平的技术。鉴于我国牧草生物技术的现状，对于大多数人才不配套、资金不足的单位，应着重在细胞水平上搞生物技术研究。如配合远缘杂交进行杂种胚的培养，胚珠、子房和花药的培养，必须为克服远缘杂交两亲本的不可交配性所进行的原生质体的融合等；为提高牧草在细胞水平上的遗传变异性，可在分离培养大量细胞群的基础上，选用物理的、化学的诱变剂，筛选出抗病、耐盐的优良突变体。另外，原生质体能吸附或摄入外源的细胞器，如细菌、病毒、质体、DNA 等，是外源遗传物质的良好载体，有可能将抗病、抗虫的基因转移到诸如苜蓿等牧草中去。当加快我国牧草育种进程，赶超世界先进水平，少数单位人才配套、经费充裕的应加快在分子水平上的转基因工作，在可预见的时间内培育出抗寒、耐旱、抗病的转基因牧草新品种。转基因工程尽管前途远大，但它毕竟是高、精、尖的技术，难度大，经费投资高，必须强调国家集中投入资金，单位间协作攻关才能较快的出成果，不能不顾主客观条件，一哄而起，都搞同一水平的重复工作，导致没有突破性的进展。

4.4 进一步加大对牧草及饲料植物资源的搜集工作

牧草种质资源是选育新品种的物质基础。植物育种家们的一致观点是，未来农业的发展在很大程度上将取决于掌握和利用种质资源的程度；苏联著名学者、全苏作物栽培研究所的创始人 Н.И 瓦维洛夫曾这样说道："原始材料预先就注定了育种工作的胜利。"这充分说明广泛搜集原始材料的重要性。

为进一步推进我国牧草及草坪草的育种进程，必须在已搜集到的品种种质资源的基础上，加大对种质资源的搜集和研究工作。为此，指出以下建议：①进一步组织中央、省区级乃至个人在国内外的品种资源的搜集工作，搜集品种资源的目的要明确，除搜集产量高、品质好的优良基因型外，更着重搜集适合我国北方抗寒、抗旱、抗盐碱、抗瘠薄虫害的优良基因型。②随着城乡生活的改善，城市绿化已成为时尚，应加大适于我国热带、亚热带、温带、寒带地区的草坪草资源的搜集，以解决大批进口国外草坪草种子的局面。我国地域辽阔，草坪草资源丰富，加大对我国草坪草资源的搜集、研究并用于生产是有前途的。刘建秀（1993）在华北地区搜集狗牙根种质资源200余份，并筛选出南京狗牙根草坪草新品种。白昌平（1999年）在海南开发利用了野生地毯草、假俭草等就是证明。③加大对种质资源的研究工作，搜集种质资源是为了用，要用它就必须研究它。研究包括田间物候期、生长发育特性、产量、抗逆性等，并在室内研究在细胞水平上的染色体的倍性、核型以及DNA指纹图谱等。研究的范围、深浅均以育种目标为依据，并把研究结果定期公布，便于育种工作者的索取和应用。④对已搜集到的种质资源进行交流，搜集到的资源只保存不用是最大的浪费。因此，国家级和省（区）级种质资源库要以报刊、广播、电视、网络、图书等各种渠道，通报种质资源的种类、数量、利用价值等；作为一个草种的育种家来说，也要想方设法通过各种渠道搜集所需育种的种质资源。

4.5　重视牧草育种的基础理论研究的力度

与国外牧草育种以及与国内农作物育种相比，我国牧草育种的基础研究还比较落后，已培育成的品种总体上技术含量不高的根本原因在于我国牧草育种的基础理论研究薄弱。苜蓿雄性不育系的获得已十余年了，可就是找不到它的保持系，从而不能在生产上大面积应用，其核心问题是苜蓿不育系是由胞质基因或胞核共同控制的机理尚不清楚；在远缘杂交中的不可交配性、杂交不实的问题通过加倍及回交等技术手段仍不能得到解决；在杂种优势利用中，杂种优势强的内在机制、生理变化以及杂种优势的固定等基本还未涉及；在辐射育种中，辐射诱导发光的化学反应动力学原理、辐射敏感性与物种源的生态条件的关系、辐射敏感性与种子活力的关系等诸多问题的研究刚刚起步；主要牧草种的质量性状和数量性状的遗传规律研究甚少。

在生物技术的基因工程中的载体质粒、受体细胞、各种内切酶、外切酶、各种RAPD分析中的随机引物等基本工作仍处于空白阶段，基本处于国外元件中国组装的阶段，所有这些基础研究必须加强。

4.6　加强牧草育种的资金、人员与法规保障

加强牧草育种的管理、协作攻关、人才培养是使我国牧草育种向前推进的一个重要步骤，为此，提出以下建议：①国家应制定切实可行的中长期育种基础上规划，保证研究经费，稳定育种队伍。任何一项育种工作均涉及品种资源收集研究、品种选育等多项内容，周期性长，连续性强，尤其是多年生牧草育成一个品种至少需10年左右的时间，如采用种、属间的远缘杂交育种则需时更长。如美国"Hycrest"杂种冰草的育成，经杂交、分离、选择、鉴定到注册登记前后一共花去25年的时间，这样长的育种周期，如没有相对稳定的项目、经费及研究人员作保证，要想育成一个优良的牧草品种是绝对不可能的。②加强多学科合作，协同攻关。牧草育种工作涉及不同学科知识的应用，该项工作能否赶上世界先进水平不仅取决于它自身的发展，而且还取决于它密切相关的其他科学（遗传学、生理学、生态学、生物化学、生物工程等）的发展，所以只有多学科联合起来，各学科本着一个方向、一个目标从本学科的角度去研究问题，方能拓展和加深研究的范围深度，加快育种进程，多快好省地育出新品种。如美国农业部农业研究局牧草和草地研究所（USDA-ARS FRRL），其育种梯队由从事遗传育种、生理学、植物病理学和农业推广方面的专家组成。这是一个非常合理、科学的组合，更是一个高效率的队伍。此外，根据育种的特点，还应提倡跨地区和不同单位间的联合攻关，以满足育种区域试验的需求。③建立健全良种推广与种子生产的有关法规和条例，完善品种专利制度，依法保护育种者的正当权益。这是确保优良品种引入、推广、种植及牧草种子检疫、调运、繁殖等规范化、合理化的基础性工作，也是我国牧草育种工作进一步取得进展的基本保证。

本文是云锦凤理事长2003年11月在中国草学会牧草育种专业委员会成立22周年会上做的报告

世界需要了解中国，中国更需要了解世界

尊敬的主席、各位代表、女士们、先生们：

　　首先，我谨代表中国草学会对国际草地大会（IGC）连委员会一致通过并批准第二十一届学术大会于 2008 年在中国与国际草原大会（IRC）召开联合大会表示衷心的感谢。大家已经知道，2003 年 7 月在南非德班召开的第七届 IRC 上，连委员会成员经过表决，一致通过了中国草学会的申办报告，批准第八届 IRC 于 2008 年在中国召开与 IGC 的联合大会。会议地点在内蒙古自治区首府呼和浩特市。

　　在中国召开 IGC 和 IRC 联合大会，对中国和"两会"来说都是第一次。它不仅是中国草学届的大事，也是"两会"历史上的一个重要的里程碑。它完全顺应当今世界经济全球化和合作共赢的潮流。IGC 和 IRC 在中国的联合召开将为中国和世界各国的草学工作者提供最广泛的相识、交流和合作的机遇，对中国和世界草业科学和草产业的发展、生态建设、环境保护及社会经济发展都将产生深远的影响。

　　众所周知，中国是一个草地资源大国，草地面积 4 亿 hm²，约占国土总面积的 42%。中国地域辽阔，草地类型多样，有著名的欧亚温带草原、青藏高原高山草地、云贵高原山地草原及大面积的干旱荒漠草地，多样的草地类型中蕴藏着丰富的物种资源和生物多样性，具有多功能性的特征。

　　中国草地是世界草地的组成部分，既具有世界草地的共性，又具有明显特色。美丽的呼伦贝尔大草原是欧亚草原中至今保存最好的天然草地之一；神秘的青藏高原草原是人们向往的地方；广阔的荒漠草地也蕴藏着无穷的魅力。草地不仅是中国重要的农业资源，也是许多民族文化的摇篮和发祥地。中国草地资源在畜牧业发展、生态保护、草地多功能利用、草地文化等方面起到不可替代的作用。改革开放以来，中国的经济发展迅速、社会稳定为草地科学技术发展提供了极好的机遇。中国的草地工作者在草地科学研究、草地管理、立法和政策、教育、草原文化、经济及草地可持续利用等方面取得了巨大成就，但是到目前为止中国和世界各国之间在学术交流方面还是十分有限的。在这方面，世界需要了解中国，中国更需要了解世界。

　　在中国召开国际草地大会是几代草地学家的共同愿望，为此中国草学会进行了不懈的努力。中国草学会荣誉理事长洪绂曾教授、草地学家任继周院士和祝廷成教授等老一辈科学家为此做出了重要贡献。多年来，许多外国朋友一直关心和支持我们的申办工作，薇薇安·艾伦、鲍勃·克莱门斯、吉姆·欧若克、戈登·金及部分大会连委会成员多次到中国考察，对我们申办工作给予了热情鼓励、帮助和指导，使我们能顺利申办成功，在此，我代表中国草学会向他们表示衷心感谢。

　　2008 年在中国·呼和浩特市召开的 IGC 和 IRC 联合大会在规模上将会超过历届国际草地大会，中外草地工作者将有更多接触交流的机会。会议安排了丰富多样的会前和会中考察，中国南方热带亚热带草原的肉牛-人工草地放牧系统，干旱西北、河西走廊两千年的苜蓿栽培历史及草地农业生态系统，美丽的内蒙古大草原独特的草地文化及少数民族的草地利用和管理经验，青藏高原草原的古老和神秘，都会给你留下终生难忘的印象。

　　我们一定会不辜负大家的信任和期望，按照举办国际会议的要求，尽最大的努力把各项工作做好，大会分会的学术内容和会中考察路线将兼顾两会参会人员的兴趣。让我们在此预祝大会的成功。

　　我还要特别感谢内蒙古自治区副主席雷·额尔德尼先生一行前来参加大会，这是对中国草学会和 IGC、IRC 的极大支持，让我们对开好两会联合大会充满信心。

真诚地欢迎世界各地的草学工作者届时光临大会！

祝大家愉快！

2008 年中国见！

本文是时任中国草学会理事长云锦凤于 2005 年 6 月在爱尔兰都柏林举办的第二十届国际草地大会闭幕式上的发言

推进中国草业科技创新，努力构建和谐社会

各位代表、各位来宾、同志们：

新年伊始，带着迎接春天的喜悦，带着对美好未来的憧憬，在举国上下倡导崇尚科学、努力构建和谐社会的大好形势下，今天，中国草学会第七届全国会员代表大会在祖国的首都北京隆重召开了！这是我国草业科技界的一次盛会，也是团结和动员全国广大草业科技工作者，为推进草业科技创新和构建社会主义和谐社会而努力奋斗的重要会议。我代表中国草学会，向在百忙中莅临大会指导的中国科协书记处冯长根书记、农业部张宝文（副）部长、中国农业大学张东军副校长及各位领导和嘉宾表示衷心的感谢！向前来参加会议的草学界前辈、顾问和全体代表表示热烈的欢迎！并通过各位代表向为我国草业科技事业辛勤工作、做出贡献的广大草业科技工作者和企业家致以诚挚的问候和崇高的敬意！向为大会付出辛勤劳动的大会工作人员表示诚挚的谢意！

自第六届全国会员代表大会以来，中国草学会在第六届理事会的带领下，在中国科协、农业部和有关部门的领导和大力支持下，团结和动员广大草业科技工作者，坚持以经济建设为中心，为实施科教兴国战略、全面建设小康社会，加快推进社会主义现代化建设做出了积极的贡献。五年来，中国草学会认真贯彻民主办会原则，严格执行章程规定的宗旨和任务，紧密围绕国家生态环境建设、国土治理和推进农业和农村经济结构的战略性调整等国家重大的经济发展战略，广泛开展了国内外学术交流、科学普及、咨询开发、继续教育、人才培养等活动，产生了广泛的社会影响和良好的社会效益。特别是中国草学会组织申办的"2008世界草地与草原大会"得到了国家和有关部委及地方政府的高度重视和大力支持。在会议的申办和筹备过程中，得到了全国草业界及社会各界的广泛关注和支持。会议的成功申办在国内外产生了重大影响，不仅实现了我国草学界几代人的梦想，更重要的是为中国草业的发展和整体科技水平的提高争得了历史性的大好机遇。中国草学会已经发展成为团结动员全国草业科技工作者，推动我国草业科技事业快速发展的重要力量。

本次会议的主题是"草业科技创新与构建和谐社会"，在不久前召开的中国共产党第十六届六次会议上，党中央做出了构建社会主义和谐社会的重大决定，明确提出构建社会主义和谐社会是我们党从全面建设小康社会、开创中国特色社会主义事业新局面的全局出发提出的一项重大任务。新的形势激励着我们，要为进一步落实科学发展观，推进草业科技创新，发挥学会的人才优势、科技优势以及联系广大农牧民的桥梁作用，积极投入科教兴国和构建社会主义和谐社会的伟大实践中，为我国的草业科学创新和构建社会主义和谐社会做出应有的贡献。

本次会议的议程是听取和审议中国草学会第六届理事会的工作报告和财务报告；听取和审议《中国草学会章程》的修改报告；选举和产生第七届领导机构；召开第七届理事会议；开展学术交流和研讨。

各位代表、同志们，这是一次承前启后的盛会。开好这次大会具有十分重要的意义。我们正面临着千载难逢的发展机遇，也面临着严峻的挑战，新的形势和任务，新的机遇和挑战，为我们广大草业科技工作者提供了一个施展才华、发挥作用的广阔平台。让我们共同努力，认真履行我们的权利和义务，把这次大会开成一次振奋精神、团结协作、民主和谐的盛会。让我们紧密团结在以胡锦涛为核心的党中央周围，坚持以邓小平理论和"三个代表"重要思想为指导，扎实工作，努力拼搏，锐意进取，开拓创新，为推进中国草业科技创新、构建社会主义和谐社会而努力奋斗。

谢谢大家！

本文是中国草学会理事长云锦凤2007年1月在中国草学会第七届全国会员代表大会开幕式上的讲话

不负众望，努力开创我国草业发展的新局面

在上级有关部门的领导和支持下，在各位草学界前辈的关怀下，经过与会代表的共同努力，本次大会顺利完成了换届选举工作，通过民主推荐和大会选举，产生了中国草学会第七届理事会，首先我向各位当选理事表示衷心的祝贺！向始终关心、支持中国草学会建设和发展的各位顾问、专家、学者和企业家表示诚挚的谢意！

在这次大会上，大家推举我再次担任学会的理事长，这是组织和同志们对我的信任和鞭策，在此，我向大家表示由衷的感谢！尽管我本人深感担子沉重，恐负众望，但有新一届实力强大、朝气蓬勃的理事会与我共同完成这个重任，使我充满信心。真切地希望能够得到各位顾问、副理事长、秘书长及各位理事一如既往的大力支持，特别是洪绂曾名誉理事长和任继周首席顾问的鼎力相助！希望我们大家团结协作，不负众望，共同把草学会的工作做好。在这里我谨代表草学会谈几点想法：

一是我作为新一届草学会的理事长，将竭诚尽力地与各位副理事长、秘书长和各位理事密切合作，在学会名誉理事长、首席顾问、顾问以及老一辈草业科学家的大力支持下，竭力做好学会各项工作。

二是新时期，国家和社会对学会提出了更高的要求，随着我国草业不断向深度和广度发展，草学会的工作内容和范围越来越广泛，任务也越来越繁重。因此，学会必须进一步加强自身建设，提高工作效率和管理水平。我希望各位理事，特别是学会各级兼职干部，要各司其职，勇于奉献，团结协作，顾全大局，努力完成好历史赋予我们的光荣使命，切实把草学会办成全国草业科技工作者之家。

三是关于新一届理事会今后的工作任务，我在工作报告中已经根据各方意见和学会实际情况提出了一些建议，希望大家能够在此基础上，集思广益，群策群力，共同制订好学会今后的工作计划和目标，使学会的各项工作有条不紊地进行。

学会近期工作的重点：一是全力做好 2008 世界草地与草原大会的筹备工作。2008 年的大会是中国草学会建设和发展中的一次千载难逢的大好机遇，无论对中国草学会和草业科学学科的发展，还是中国草业经济的振兴都具有极其重要的意义。二是加强学会自身组织与管理制度建设。学会自身建设和管理水平的提高是学会生存和发展的重要基础，是社会发展、科技创新和草业整体发展的客观要求，也是学会做好各项工作的根本保障。做好这两项工作，对本届理事会开展各项工作具有至关重要的影响和作用。

各位理事，重任已经落到了我们的肩上，国家和上级主管部门对我们寄予厚望，全国草业科技工作者给了我们极大的信任和支持。我们责无旁贷，只有团结一致，拼搏奉献，用我们的努力和奉献，调动全国草业科技工作者致力草业、勇于创新的积极性，共同开创我国草业发展的新局面。

本文是云锦凤理事长 2007 年 1 月在中国草学会第七次理事会第一次会议上的讲话

共同开创草业科技创新的新局面

各位代表、各位老专家：

在中国科协、农业部及有关部门的关怀和支持下，经过与会代表两天来的紧张工作，中国草学会第七届全国会员代表大会圆满地完成了各项议程，现在即将闭幕了。

这次大会是在我国草业发展进入新阶段的形势下召开的。会议有两个显著的特点：

一是领导高度重视。中国科协书记处书记冯长根同志亲临大会并做了重要讲话，充分肯定了中国草学会在科技进步、经济发展、社会稳定中的作用，并对中国草学会寄予厚望。农业部非常重视中国草学会的工作，张宝文副部长出席大会并做了重要讲话。中国农业大学副校长张东军做了热情洋溢的讲话。中国草学会名誉理事长洪绂曾教授和中国工程院院士、中国草学会首席顾问任继周先生十分重视本次大会的召开，并为本次大会带来了指引学会发展和草业科技创新的重要讲话和学术报告。各位领导和学会资深专家的讲话和学术报告为中国草学会指明了今后的发展方向。各级领导的关怀使我们深受鼓舞，我们要以此为动力，增强责任感和紧迫感，发扬团结协作、拼搏创新的精神，努力把草学会的工作提高到一个新水平。

二是专家群英荟萃。出席这次大会的有为我国草业科学发展做出贡献的老一辈科学家；有在草业教育、科学研究领域辛勤工作，并取得突出成绩的学科带头人和中青年专家；有从事草业管理部门的人员，也有成功的企业家代表；有热情为广大草业科技工作者服务的各级草学会和专业委员会的兼职干部。出席大会人数达到 240 人。大会聚集了我国草业各个领域的专家和领导，特别是许多青年草业科技工作者在本次会议上不仅表现出极大的热情，而且展现了他们活跃的思维和新颖的学术观点，充分体现了中国草学会的凝聚力和活力，可谓群英荟萃。大家聚集一堂，共商新时期中国草学会及中国草业科技创新的发展大计。

因此，这次会议既是一次继往开来的大会，也是团结和动员广大草业科技工作者、牢固树立科学发展观、为实现建设创新型国家的战略目标而努力奋斗的动员大会，必将对我国新时期的草业发展产生积极影响。

会议期间，大会听取并审议通过了六届理事会的工作报告，审议通过了财务报告和草学会章程修改草案，大会通过民主选举，产生了新一届理事会。开展了广泛的学术交流，共有 30 余人做了学术报告，内容丰富，涉及草业科学的各个方面，既包括牧草、草坪草种质资源评价和遗传育种、重要牧草的病虫害、产量构成和丰产措施，也包括草地植物个体和群体生态学、生物学等方面的研究及草地资源管理和可持续性等。

在六届理事会的工作总结报告中已对今后学会工作提出了建议，七届理事会将在此基础上，制订今后四年的工作计划，做好工作，现在我想就今后学会的工作谈几点想法：

（1）加速落实"2008 世界草地与草原大会"的各项筹备工作，全力办好大会。"2008 世界草地与草原大会"被誉为国际草学界的一次"奥林匹克"，也是中国草学界的头等大事。目前，大会的筹备工作已经取得了很大进展，正在按计划紧张地进行，但需要做的工作还很多，任务十分艰巨。中国草学会首次举办这样大型的国际学术会议，对筹备和组织会议的经验不足。因此，要办好这次大会，学会应该充分调动各方面的力量，整合内部资源，充分利用社会各种有利条件，竭尽全力把这次规模空前的世界草业盛会举办成功。

（2）加大学会组织和制度建设的力度，努力提高学会的管理水平。学会的组织体系建设和管理制度建设是学会的长期性基础工作。今后几年要在会员发展和管理、学会组织机构建设和完善、理事会工作分工、二级机构的管理等方面加大力度。要建立和完善相应的规章制度，如会员登记与管理制度、财务管理制度、专业委员会管理制度等，逐步使学会的管理工作实现制度化和科学化，进一步提高学会的整体管理水平。要注意在相关学科及各类企业中发展会员；在学会组织建设上，要根据形势发展，加强学科交叉和草业新兴产业的培育，努力扩大学会的社会影响力；在学会管理和运行机制上，要集思广益，并积极与有关部门协调，逐步建立学会管理运行的新机制。此外，要加强与各省区草学会的联系与合作。

（3）广泛开展国内外学术交流活动，提高学术交流质量。学术活动是学会的生命，高水平的学术活动是学会生存和发展的关键。根据形势的发展和需要，今后要在广泛开展内容丰富、形式多样的学术交流活动的基础上，鼓励开展综合性、跨学科、开放式的学术活动，要创造有利于科技创新的良好学术环境，努力打造学术活动精品，提高学术交流质量。

（4）围绕社会主义新农村建设，加强农村牧区的科普和科技成果推广工作。科学技术是第一生产力，科普和科技成果推广在建设社会主义新农村中具有十分重要的作用。今后学会要把科普和科技成果转化的重点面向农村牧区，鼓励全国草业科技工作者深入农村牧区，通过科技下乡、科技扶贫和科技合作等多种途径，开展面向农村牧区的科普服务和科技成果推广活动，帮助广大农牧民树立科学发展观，提高科学素质，推动农村牧区的科技和经济发展。

各位领导、专家、代表，中国草业正处于充满生机与活力的发展阶段，机遇与挑战并存，让我们携起手来，团结协作，锐意进取，共同开创我国草业科技创新和经济发展的新局面。

在会议即将结束之际，我代表新一届理事会对各位代表在会议期间的辛勤工作表示衷心的感谢！对禾源草业科技开发有限公司对大会的友情赞助表示由衷的谢意！再次向为大会付出辛勤劳动的会议工作人员表示感谢！

本文是中国草学会理事长云锦凤 2007 年 1 月在中国草学会第七届全员代表大会闭幕式上的讲话

团结协作，加快我国牧草育种科技创新步伐

正值中国共产党第十七次全国代表大会胜利召开之际，"中国草学会第六届牧草育种委员会会员代表大会暨第二次学术研讨会"在中国草学会的领导下，经过主办、承办单位和各位会员代表的共同努力，今天在著名的全国魅力城市——雅安隆重开幕了。这里山清水秀、天地人和、金秋送爽，气候宜人，在这美好的时刻，我代表中国草学会及牧草育种委员会，向来自全国各地的会员代表表示热烈的欢迎，并通过你们向工作在第一线的牧草育种科技工作者致以亲切的问候！本次会议由四川农业大学承办，学校领导高度重视，动物科技学院草业科学系师生积极响应，为大会的召开做了充分的准备，付出了辛勤劳动。四川省草原科学研究院、四川省牧丰机械公司、江苏盐城市海缘种业有限公司、四川金种燎原种业公司、新希望集团、四川长江草业研究中心等单位对会议的筹备和顺利召开给予了大力支持。在此，让我们共同向他们表示由衷的感谢！

当前，我国正处在实施自主创新、建设创新型国家战略的关键时期。中国草学会牧草育种委员会是由全国牧草育种科技工作者自愿组成的社会团体，负有"孕育创新思想、激发创造活力"的重要功能，是国家创新体系的重要组成部分。

21 世纪被称为是生物学的世纪，现代生物技术的研究和应用将是牧草育种事业发展和技术创新的必然趋势。本届研讨会以"牧草育种与生物技术"为主题，重点围绕近年来我国牧草育种取得的进展、生物技术在牧草育种科技创新中的应用以及新时期我国牧草育种科技创新的对策等开展讨论，对于贯彻落实全国科技大会和全国学会工作会议精神，充分发挥学会在草业科学创新体系中的作用具有重要的意义。希望大家利用这次研讨会，就会议主体内容进行深入和广泛的交流，畅所欲言，充分发表自己的学术观点，弘扬科学、民主的精神，为我国牧草育种的科技创新献计献策。

下面就加快我国牧草育种科技创新问题谈几点想法和建议：

1 高度重视牧草种质资源的搜集、整理和研究

牧草种质资源作为生物多样性研究、牧草和农作物育种的物质基础，是牧草育种科技创新的前提。"巧妇难做无米之炊"，无论在任何历史时期，也无论采用什么样的先进技术，没有丰富的优异种质资源，不可能育出好的品种，更谈不上品种创新。因此，牧草种质资源是牧草育种科技创新的源泉和基础。国家科技部目前正在实施的"牧草种质资源基础平台项目"在我国牧草种质资源搜集、整理整合、信息与实物共享以及相关标准和规范制定等方面取得了显著成效，无疑对牧草育种的创新提供了有利条件。但是，从目前的情况来看，已整理整合入库的种质材料中，绝大多数没有进行系统研究，特别是与育种密切相关的种质鉴定和评价研究尚未开展或很不完善，育种家很难发现和掌握优异的种质材料，在很大程度上限制着牧草育种的快速发展。因此，从牧草育种发展的整体策略来看，应该高度重视牧草种质资源的研究。在这一研究领域，我认为需从以下两个层面开展深入细致的研究：

（1）进一步加强国内外牧草种质资源的搜集、保存、评价和优异种质筛选等基础研究。

——种质资源搜集和保存应该采取"立足国内，兼顾国外"的策略，要着重对国内珍稀、濒危、特有和优异野生牧草种质资源进行有计划的系统搜集和保存，并加强对当地"乡土草种"的搜集。同时，根据国内牧草育种的需要，有目的地引进国外种质资源。也就是说，要注重种质资源搜集、保存对加速牧草育种进程的实际效果。

——种质资源鉴定、评价和筛选应该根据不同地区的育种基础和主要目标，有计划地分步开展，优先进行当前牧草育种目标急需的种质材料的系统鉴定、评价和筛选，以提高育种效率。这方面可以

开展跨地区的合作，联合开展共同育种目标所需的种质资源评价和筛选研究，这样可集中优势和技术力量，加快育种进程。

（2）加速开展牧草种质资源创新的研究和应用。牧草育种的一个重要途径就是创造发现和利用植物的突变。由于自然演变进程缓慢，并带有偶然性和局限性，而品种选育具有区域性和优异性状的确定性，因此，完全依靠自然突变的发现很难加快育种进程。

种质创新也被称为"预育种"，是利用各种不同类型的种质资源，采用各种培育手段和技术，将某些植物种质资源所特有的有利性状转移到某一植物上，从而创造出具有突出性状的新种质。育种学家能够很方便地对这些新种质进行遗传加工和育种利用，从而可显著加快育种进程。因此，种质创新已成为当今国内外研究的热点领域。

希望各位会员、专家和国内同行能够加强这方面的研究，为牧草育种创新奠定坚实的基础。

2 大力加强牧草育种新技术、新理论的研究和应用

牧草育种科技创新的主要内容是理论创新和技术创新，有了理论和技术创新，才能够提高品种的科技含量，进而促进品种创新。要充分运用现代生物技术、生物信息技术、计算机与网络信息技术等新技术手段，加强牧草育种的基础理论研究和新技术开发，丰富和完善牧草育种理论，提高育种技术水平，从而加快牧草育种的创新步伐。

随着现代生物技术的飞速发展，生物技术育种在农业领域得到广泛应用，一些发达国家在农业生物育种方面的成果及其产业化高速发展的事实已经展示出生物技术在植物育种领域的无穷魅力和广阔的发展前景。特别是生物技术在培育高产、优质、抗病虫和抗逆性能好的植物新品种中显示出巨大的潜力，据统计，目前世界上进入田间试验的转基因植物已达 1 500 余种，全世界种植转基因作物的国家已达 20 多个，种植面积高达 9 000 多万 hm^2，仅 2005 年转基因作物市场销售额就达 50 多亿美元，全球因减少了杀虫剂的使用使环境污染降低了 14%。生物育种研究已成为当今世界范围的研究热点。这是一个大趋势，无疑也是牧草育种科技创新的主要方向。国内外已在牧草育种领域开展了大量的生物技术研究，取得了十分可喜的成绩，使牧草育种的理论和方法得到了极大的完善和提高。目前，基因组学的研究已成为植物基因资源挖掘的基本科学平台，分子育种成为植物育种的主要手段之一。我们应该在牧草育种的新技术和新理论的研究上加大力度，尽快形成我国牧草育种科技创新的理论体系和技术体系，从而加快科技创新的步伐。

3 全力推进常规育种与生物新技术育种的有效结合

我刚才谈的育种新理论、新技术的研究和应用，不是对传统育种的淡化，更不是简单的否定或抛弃，而是在为进一步发展和完善常规育种寻找新的动力和方向。应该讲，常规育种不但是成功和有效的，而且是成绩卓著的，并具有不可否认的创新性内涵！但是，我们必须清醒地认识到，在当今社会发展日新月异的背景下，常规牧草育种的长周期和低效率显然已经不能满足社会对草品种与日俱增的迫切需求。因此寻找弥补常规育种不足的途径和方法是加快育种进程，最大限度满足社会对草品种需求的必然选择。从育种学角度讲，常规育种是牧草育种的基本方法，离开了常规育种，任何新技术育种都将是"空中楼阁"！因此，常规育种与生物新技术育种的完美相结合才是牧草育种科技创新的本质和科学内涵。这一点在国内外已取得成功的生物技术育种实践中已得到证明。

常规育种与生物新技术育种相结合的基本策略是利用植物组织及细胞培养技术，原生质体培养及融合技术，重组 DNA 技术、基因转化技术及基因表达调控技术等现代生物技术手段，弥补传统育种方法的不足，增强对植物遗传性状改造与利用的定向性和准确性，从而提高育种的可操作性，加快育种进程，提高品种的质量和科技含量。

4 广泛开展高质量的学术交流

学术交流是自主创新的源头之一，营造良好的学术交流氛围，提高学术交流的质量是推动牧草育

种科技创新不可忽视的重要手段。科技创新的关键在于拥有创新思维和能力的人才，同行之间的交往和交流有利于创新人才的成长和脱颖而出。我们要对学术交流中产生的非物质性科技成果有高度重视，这些非物质性科技成果在科技创新中具有极为重要的作用。因此，我们应该利用一切有利条件，努力搭建高质量的学术交流平台，创造有利于增强创新意识、孕育创新思想、提高创新能力和激发创新欲望的学术环境。广大牧草育种科技工作者特别是青年学者应该积极主动参加学术活动，并充分利用这个平台，广泛交流与学习，提高创新能力。我们相信，通过本届研讨会，大家就所关心的议题进行深入交流和探讨，在学术上必能相互促进。让我们携起手来，团结协作，为加快我国牧草育种科技创新步伐做出应有贡献。

本文是云锦凤理事长 2007 年 10 月在中国草学会第六届牧草育种委员会会员代表大会暨第二次学术研讨会上的讲话

世界草学发展史上的里程碑

各位代表，女士们，先生们：

在草原最美丽的季节，大家欢聚在草原青城呼和浩特，共同参加国际草地大会（IGC）和国际草原大会（IRC）首次联合盛会，我代表中国草学会对各位的到来表示热烈的欢迎。

在中国举办 IGC 和 IRC 是中国草学工作者多年来的梦想。为了这一目标，中国草学会组织中国的草学工作者已做了多年的努力。在这一重要时刻，我们要首先感谢世界草学工作者、IGC 和 IRC 连委会对中国同行的信任和支持，特别感谢为本次大会召开做出卓越贡献的国内外科学家们。

中国草学会是成立于 1979 年的非政府学术组织，目前有 3 000 多名会员分布在全国各地。有 12 个二级分委员会，领域涉及草地资源、牧草育种等，学会的宗旨是团结中国的草地工作者，加强与世界各国草地工作者的交流与合作，促进草业科学与技术的进步与发展。近 30 年来，中国草学会的科技工作者与世界各国草地工作者有着广泛的接触，在相互了解的前提下，努力吸纳草学研究的好成果和好经验，并愿意及时与各国朋友共享我们的成果与经验，合作关系日益密切，使得今天在座的许多人成为朋友。我们十分珍惜这份友谊，并祝愿这份友谊长存。

中国党和政府历来对草业与草业相关的民生和环境问题给予高度关注，重视草地保护与建设工作，把保护和建设草原、退耕还草、退牧还草等作为新世纪的战略项目。

目前及未来很长时间，我们面临着全球气候变化、荒漠化、能源、粮食安全、水安全等诸多共同问题，给全世界的草学工作者也提出了更多的挑战。本次大会将聚焦于草地与草原管理方面的科学和技术问题，以及影响草业可持续发展的主要因素。会议研讨内容广泛，将有 24 个专题在大会和分会场分别进行研讨和交流，并且将在会前召开 5 个小型的学术研讨会。

世界草业方兴未艾，任重道远。希望我们都能充分利用 IGC 和 IRC 这两个平台，加强交流与合作，为草业的发展、为人类和草地的健康与和谐做出更大贡献！

在这里我也要特别感谢内蒙古自治区和呼和浩特市政府为大会筹备所做的贡献和为各位代表所做的周到安排。

预祝这次大会圆满成功！预祝与会代表在呼期间身体健康，生活愉快！

本文是中国草学会理事长云锦凤 2008 年 6 月在"2008 世界草地与草原大会"开幕式上的致辞，略有删改

中国草学会 "2008 世界草地与草原大会" 工作总结报告

各位领导、各位来宾、各位常务理事、各位同仁：大家好！

由中国草学会和内蒙古自治区人民政府共同承办的 "2008 世界草地与草原大会" 于 2008 年 6 月 29 日至 7 月 5 日在内蒙古呼和浩特市胜利召开。本次会议盛况空前，举世瞩目。在国务院、全国人大、全国政协有关领导的关怀下，在中国科协、农业部、公安部、外交部和国家安全部等部门的领导和大力支持下，大会取得了巨大的成功，受到国内外学者和友人的高度赞扬，是一次具有里程碑意义的大会。今天，我们在这里隆重召开中国草学会 "2008 世界草地与草原大会" 总结表彰会议。首先，请允许我代表中国草学会向出席这次会议的各位领导以及各位专家和各位来宾表示热烈的欢迎！向受到表彰的先进集体和先进个人表示热烈的祝贺！向奋战在草业科技一线的广大草业科技工作者致以崇高的敬意！在这里，我代表中国草学会，对举办 2008 世界草地与草原大会的工作情况做如下总结。

1 会议的成功申办

国际草地大会（IGC）成立于 1927 年，其宗旨是促进有关天然和人工草地的科学信息交流。第 1 届会议于 1927 年在德国莱比锡大学召开，以后每 4 年召开 1 次。自 1981 年第 14 届 IGC 召开以来，每次大会中国草学会都组织国内学者参加。我国草地科学家东北师范大学祝廷成教授曾于 1985 年担任该会议继续委员会委员。国际草原大会（IRC）成立于 1978 年，会议的目标是促进与天然草原相关的研究、计划、发展、管理、推广、教育及培训等各方面的科技信息交流。第 1 届会议于 1978 年在美国科罗拉多州召开。自 1984 年第 2 届 IRC 开始，每次大会中国草学会都组织国内学者参加。中国工程院院士任继周教授于 1999 年担任该会议继续委员会委员，内蒙古农业大学赵萌利教授于 2003 年当选该会议继续委员会委员。

国际草地和国际草原大会是国际草学界最有影响、最具权威和代表性的国际大会。我国是世界第二草地资源大国，能够举办一次国际大会，对于促进中国的草业科技进步、发展草业经济、改善生态环境和学习、借鉴国外先进技术和管理经验等方面具有十分重要的意义。为此，中国草学会曾于 2000 年经国务院批准申办于 2005 年举行的第 20 届国际草地大会（IGC），因一票之差未获成功。2003 年，经国务院批准，中国草学会与内蒙古自治区人民政府组织代表团赴南非德班参加第 7 届国际草原大会，共同申办在中国内蒙古呼和浩特市举办第 8 届国际草原大会并获得成功，同时提议将第 8 届 IRC 与第 21 届 IGC 联合召开，时间定于 2008 年。在国际草地大会（IGC）主席薇薇安·艾伦等国际友人的积极支持和帮助下，通过继续委员会委员的共同努力，2004 年 10 月 1 日国际草地大会正式通知我们，连委员会一致同意接受中国的申办申请，会议地点设在呼和浩特市，并与 IRC 联合召开。2005 年，中国草学会与内蒙古自治区人民政府共同组织代表团参加了在爱尔兰都柏林举办的第 20 届国际草地大会，在会上，内蒙古自治区副主席雷·额尔德尼向大会郑重承诺，在各个方面为大会顺利召开提供保障。至此，2008 国际草地与草原大会申办获得圆满成功。

在中国召开国际草地与国际草原大会是几代草地学家的共同愿望，为此中国草学会进行了不懈的努力。中国草学会荣誉理事长洪绂曾教授、草地学家任继周院士和祝廷成教授等老一辈科学家为此做出了重要贡献。多年来，许多外国朋友一直关心和支持我们的申办工作，鲍勃·克莱门斯、薇薇安·艾伦、吉姆·欧若克、戈登·金及部分大会连委会成员多次到中国考察，对我们的申办工作给予了热情鼓励、帮助和指导，使我们能顺利申办成功，在此，我代表中国草学会向他们表示衷心感谢。本次大会得到了中国草学会和内蒙古自治区政府历届领导的高度重视，特别是得到了国务院、公安部、外交部、国家安全部、中国科协、农业部、内蒙古自治区人民政府等各级领导和专家的大力支持。

2 会议的精心筹备

大会申办成功后，中国草学会与内蒙古自治区人民政府密切合作，成立了大会领导委员会、组委会和内蒙古自治区地方筹备委员会。大会在两大国际组织指导下，由中国草学会和内蒙古自治区政府共同承办，中国农业大学、内蒙古农业大学、中国农业科学院、内蒙古农牧科学院以及兰州大学等单位协办，若干国际机构和相关企业给予了赞助与支持。

大会筹备后期，由于奥运年国内外安保形势的需要，国务院相关领导又给大会做出重要批示和指示。同时，公安部、外交部、国家安全部等对大会给予了重要的指导和协助。内蒙古自治区党委、政府对会议安保工作给予了高度重视，举全区之力筹备大会。与此同时，大会组委会和内蒙古自治区根据形势的需要，又共同成立了强有力的大会筹备委员会，内蒙古自治区常务副主席任亚平亲自担任大会筹委会主任，郭启俊副主席亲自担任筹委会常务副主任。筹委会下设办公室和综合会务组、接待组、外事组、安全保卫组、财务组、考察组、新闻组、学术组、医疗保障组等工作机构。

2005 年大会各项筹备工作全面展开。多次召开了全体会议及组织协调会。发放了三轮会议通知，共发出了 1 万多份纸质版的通知和 1.5 万多份的电子版通知。先后在呼和浩特和北京召开了新闻发布会、倒计时一周年、农民日报专版宣传等宣传活动。2008 年 6 月 26 日，内蒙古新闻网正式开通了为 2008 世界草地与草原大会采用独立域名的官方网，分为中文版和英文版两个部分，设 10 个栏目开始对大会进行全面报道。

大会学术组共征集论文 1 800 余篇，并组织国内外专家学者对所收集的论文进行了认真的校审工作。在时间紧任务重的情况下，按期出版了设计精美、质量优良的大会论文集，共收录大会论文 1 739 篇，并首次出版了电子版大会论文集，收录了印刷版全部论文。

经过近 40d 的培训，共培训 94 名服务志愿者及翻译人员。为了方便代表转机，组委会在北京首都机场设立了接待工作站，为国内外代表提供中转服务。大会筹备和组织机构起草会议纪要、通知、汇报材料、领导讲话和致辞等文字材料近 10 万字。内蒙古自治区政府对大会的各项设施、安全、交通、饮食等进行了周密的安排和精心准备。为了保障大会考察的顺利进行，组织了国内有关专家、学者及两会主席多次对大会会前、会中、会后参观路线进行实地考察和论证，确定了甘肃、云南和内蒙古的 4 条会前考察路线，蒙古国 1 条会后考察路线，内蒙古 5 条会中考察路线，以及提供给陪同人员的旅游观光路线，并会同有关部门和地方政府进行了周密安排。两会主席多次来中国对会议筹备情况进行检查和指导。

在有关各方的密切合作和共同努力下，大会各项筹备工作按计划如期完成，为大会的顺利召开提供了有力保障。

3 会议的成功召开

2008 年 6 月 29 日至 7 月 5 日，大会如期在呼和浩特市内蒙古国际会展中心隆重召开。中共中央政治局委员、国务院副总理回良玉发来贺信表示祝贺。全国人大常务委员会副委员长韩启德、全国政协副主席阿不来提·阿不都热西提、国际草地大会主席盖文·西斯、国际草原大会主席吉姆·欧若克，内蒙古自治区党委书记储波，党委副书记、自治区代主席巴特尔，党委常委、自治区常务副主席任亚平，人大常委会副主任雷·额尔德尼，副主席郭启俊，中国科协书记处书记冯长根，农业部副部长张宝文，国家林业局副局长李育材，内蒙古自治区政协副主席郭子明，中国农业大学党委书记瞿振元，中国农科院院长翟虎渠等领导莅临大会并在主席台就座。本次大会由组委会主席、中国草学会名誉理事长洪绂曾主持。

本次大会的主题为"变化世界中的多功能草地"。来自 76 个国家和地区的 1 433 名草业界代表参加了大会。其中，国外代表 849 名、国内代表 584 名。与会代表围绕草地资源与生态、草地生产系统、草原与政策 3 个分主题展开了广泛、深入的研讨。大会共组织了 3 场大会报告和 24 场分会报告及研讨。共有 4 位大会主旨报告，55 个分组特邀报告和 41 个自由论文进行了交流，展出 1 100 余块论文交流展板。大会共征集学术论文近 1 800 篇，涵盖了世界草学界的各个领域。有 268 名代表分 4 条线路参加了会前考察，1 270 名代表分 4 条线路进行了会中考察，116 名代表参加了会后的蒙古国考察。会前专题研讨会包括了 7 个内容丰富、涉及面广泛的学术研讨会（workshop），有 308 名代表参加了专题研讨。在草原上举办了"草地监测与健康评价国际培训班"，有 5 个国家的 60 多名人员参加了培训和研讨；在开幕式当天，举办"2008 中国内蒙古国际草业博览会"，来自国内外 100 多家科研机构和企业展示了牧草新品种、种子、饲草料、草业机械、肥料等一系列草业科技新成果和新产品。赴蒙古国会后考察活动，通过中国草学会的精心组织和安排，考察团一行 116 人于 7 月 6 日顺利乘大巴经二连浩特口岸通过外交通道进入蒙古国，在蒙古国相关人员的积极配合下，圆满完成了考察任务。

在各级领导的关怀下，在国内外代表及社会各方的大力支持和共同努力下，大会不仅按计划顺利召开，而且取得了空前的巨大成功，受到国内外与会者一致的高度评价。

4 会议的成果收获

按照国务院的批复精神，大会于 6 月 29 日开幕、7 月 5 日闭幕。圆满完成了各项议程，取得了丰硕的成果。

（1）本次大会是国际草地大会和国际草原大会两个国际会议组织首次在中国举行会议，也是两个会议组织首次联合召开会议，被誉为"草业奥运"。国内外草业、草学界的专家、学者、企业家、管理者以及农牧民代表踊跃参会，会议正式代表达 1 433 人，盛况空前，举世瞩目，堪称世界草业界的一次盛会。不仅实现了中国草学界几代人的梦想和夙愿，而且受到国内外参会代表的高度赞誉，两个国际会议组织一致认为会议取得了巨大成功，具有里程碑意义。

（2）本次大会为全世界草业界搭建了一个规模空前的科技信息交流平台，学术气氛浓厚，信息交流广泛，汇集世界草业研究的热点领域。关注中国草地利用的实际问题，反映了中外合作解决世界草地问题的强烈愿望。在为期 7 天的研讨中，围绕大会主题——"变化世界中的多功能草地"所展开的广泛、热烈的交流与探讨，把握了世界草地与草原发展的新趋势，引起与会代表的普遍共鸣。一批在草地、草原学术方面有较深造诣、富有影响的专家、学者到会并作了精彩的发言和报告，世界五大洲在草地、草学方面有潜力的青年专家、学者被特邀参会。大会出版了两本论文集，收集了国内外专家、学者的论文 1 700 余篇，并首次出版了电子版大会论文集，收录了印刷版全部论文，为历届大会之最，这些论文集中体现了国内外草学界的最新研究成果。与会的专家、学者普遍感到本次大会主题突出、内容丰富，大家相互学习、相互借鉴，必将对世界草业学术交流、草地畜牧业经济健康发展以及全球生态环境保护与建设起到积极的促进作用。

（3）充分展示了中国改革开放 30 年来，草业科技、教育、生产和经营管理等方面取得的成就，这是对世界草学界的贡献。来自五大洲 76 个国家的与会代表通过会前、会中考察和学术交流，较全面和深入地了解中国草业发展的历史和现状。同时，大会也使我们了解了世界的草业发展，有力地促进了中国草业走向世界，为中国草学界广泛开展国际合作、促进中国草业的快速发展创造了有利条件。历时 10d 的考察和会议交流，中国悠久丰富的民族文化、奇特多样的自然景观、辽阔原始的草地资源、热情纯朴的草原情怀、独特神奇的牧人生活给国外学者留下了深刻的印象。同时，中国草地存在的退化、沙化和水土流失问题，草地管理的观念转变和可持续利用问题，草地的社会生态学问题等也引起了国内外学者的普遍关注，他们提出了许多建议和学术观点，许多代表认为与中国合作对研究、解决世界草地问题十分重要。

（4）此次大会在我国成功举办，为国内众多草学界学者提供了一次难得的学习、交流机会，对提升国内草业科学研究水平、促进生态建设和畜牧业经济发展具有重要意义。本次会议参会中国代表584名，提交会议论文690余篇，我国是参会人数和论文投稿数量最多的国家，在我国学者参加两会历史上是空前的，对中国草业科学研究、草业产业化发展，草地可持续利用和新型牧区经济建设等具有重要的推动作用。

（5）凝聚和历练了中国草业科技队伍，极大地提高了中国草学会在国内外的知名度和影响力。本次大会凝聚了全国草学界的力量，特别是中国草学会的中青年学者和学术骨干，经历了一次全新的锻炼和考验，不仅增强了团结协作的凝聚力，而且积累了举办大型国际会议的经验，提高了组织能力和国际交流能力。广泛结识了世界各地的著名专家、学者，开阔了眼界、增进了友谊、建立了联系、促进了合作。本次大会从申办到胜利闭幕历时6年之久，期间各种宣传活动和大会全部内容的圆满完成极大地提高了中国草学会的知名度和社会影响力。

总之，大会出色的组织工作得到了各方的高度赞誉。代表们普遍认为，这次大会开得安全、顺利、圆满，是两会历史上一次难忘的会议。这次大会的成功举办是中国草学会与国内各有关单位及国际友人共同努力的结果。在这里，我们首先感谢国务院、全国人大、全国政协的领导对大会的申办和召开所给予的极大关怀和支持！感谢中国科协、农业部、公安部、外交部和国家安全部等部门的领导和工作人员对大会的强有力支持和帮助！感谢鲍勃·克莱门斯、薇薇安·艾伦、吉姆·欧若克、戈登·金等国际友人对中国草学会的信任和帮助！感谢社会各界朋友们对大会给予的友情赞助和支持！特别要感谢中国农业大学、内蒙古农业大学、兰州大学、中国农业科学院、北京林业大学、东北师范大学等单位对大会申办、筹备和成功召开所做出的艰辛努力和重大贡献！我们不能忘记大会志愿者为大会和中国草学会做出的贡献，他们不仅为大会提供了热情、周到和耐心的优质服务，而且向来自世界各国的代表完美地展示了中国大学生的精神风貌，成为本次大会一道靓丽的风景线，受到了国内外代表的高度赞扬。

我们更应该感谢内蒙古自治区政府、内蒙古农牧科学院及各级相关部门的通力合作和卓有成效的工作！我们的密切合作和相互理解是本次大会成功召开的关键。

最后，祝各位领导、各位来宾和各位与会代表节日愉快！身体健康！

谢谢！

本文是云锦凤理事长 2009 年 1 月在中国草学会"2008 世界草地与草原大会"总结表彰会上做的报告

群策群力，开创我国牧草育种工作新局面

　　正值举国上下喜迎祖国 60 华诞之际，"中国草学会第七届牧草育种委员会会员代表大会暨学术研讨会"在中国草学会的领导下，经过主办、承办单位和各位会员代表的共同努力，今天在美丽的春城——昆明隆重开幕了。在这美好的时刻，我代表中国草学会及牧草育种委员会，对会议的成功召开表示热烈的祝贺！向来自全国各地的会员代表致以亲切的问候！本次会议由云南省草地动物科学研究院、云南农业大学和云南省草山饲料工作站承办，云南省草山饲料处、云南省草地学会协办，各承办和协办单位领导对本次会议给予了高度重视，为大会的召开做了细致而周密的准备，付出了辛勤劳动。本次会议同时得到内蒙古农业大学、云南绿盛草业有限公司、内蒙古绿帝草业公司等多家单位的赞助。在此，向他们表示衷心的感谢！

　　当今世界，在"可持续发展"思想指导下，实现经济、社会和环境的协调发展已成为世界各国所共同追求的目标。随着我国市场经济的快速发展，草业在国家经济建设和可持续发展中的作用已引起全社会的广泛关注，也得到了国家和各级地方政府的高度重视，"立草为业"的观念正逐步得到社会的广泛认识。牧草育种工作是我国草业发展的重要基础，与国家的经济建设和可持续发展密切相关，培育草品种的数量和质量已成为我国草业科学研究和产业发展水平的重要标志。随着我国科技的进步和社会经济的快速发展，社会对草品种的需求也发生了重大变化，不仅对草品种的数量需求日益增多，而且对草品种类型及性能的要求越来越高，这无疑为全国牧草育种科技工作者提供了广阔的研究平台和发展空间。

　　本届研讨会以"牧草种质资源、育种与草业发展"为主题，重点围绕我国牧草育种的理论和技术创新、新品种培育以及新时期我国牧草育种对草业可持续发展及产业升级的作用等开展讨论。希望大家利用这次研讨会，就会议主体内容畅所欲言，进行深入和广泛的交流，为我国牧草育种和草业发展献计献策。

　　按照中国草学会章程和中国草学会 2009 年的工作部署，本次会议将进行牧草育种委员会理事会的换届改选。我衷心祝愿并期望中国草学会牧草育种委员会在新一届理事会的领导下，继续发扬学会的优良传统和工作作风，按照学会的章程，坚持民主办会原则，紧密团结广大会员和全国牧草育种工作者，以科学发展观为指导，增强自主发展能力，建立和完善组织管理体制，进一步发挥学会在科技创新和产业发展中的作用。

　　让我们携起手来，群策群力，努力开创我国牧草育种新局面，为推进我国牧草育种事业的发展及草业科技进步和产业升级而努力奋斗。

　　本文是云锦凤教授 2009 年 9 月在中国草学会第七次牧草育种委员会会员代表大会暨学术研讨会上的开幕词

团结铸辉煌创新促发展

——中国草学会成立 30 周年之回顾与展望

今天，我们从祖国的四面八方相聚在首都北京，隆重庆祝中国草学会成立 30 周年。首先，我代表中国草学会向大家表示热烈的欢迎和衷心的感谢！

中国草学会是由中国草地科学技术工作者组成的学术性群众团体，与祖国的改革开放相伴，与国家的民族复兴同行，走过了 30 年的光辉历程。30 年的艰苦创业，收获了累累硕果，30 年的风雨兼程，谱写了辉煌乐章。回首 30 年光辉岁月，学会的建设和发展无不沐浴着党的阳光雨露，每一项成就无不与国家的改革开放和经济发展紧密相连。在庆祝中国草学会 30 华诞之际，回顾学会创建与发展的风雨历程，不忘老一代仁人志士为中国草学会创建和发展所做出的卓越贡献，总结学会 30 年的辉煌成就，感谢党和国家各级领导及有关部门对学会的亲切关怀和支持。展望学会发展未来，激励新一代草业科学工作者发奋努力，再铸辉煌。

1 中国草学会的创建与发展

1.1 学会创建的历史背景

中国草学会的前身是中国草原学会，成立于我国改革开放的初期。1978 年，在北京召开的全国科学大会使我国科学技术的发展迎来了春天，也为我国草原科学的发展带来了勃勃生机。伴随着我国改革开放的春风，在农业部及有关单位和草原界专家多方的支持和努力下，1979 年 12 月 29 日中国草原学会在北京正式成立，属中国农学会的二级学会。国家有关部门对中国草原学会的成立给予了高度重视，时任全国政协副主席、国家民委主任、统战部副部长杨静仁，国家农委副主任何康，以及农业部、中国农科院、中国科协、中国社会科学院、中国农学会、中国畜牧兽医学会等领导亲临大会指导，并作了重要讲话。中国草原学会的成立标志着我国传统的草原畜牧业迈向了科学发展的历史新时期，标志着我国草业科学的研究和学科建设进入了新的时代。

1.2 学会的发展壮大

学会的自身建设是学会长期性的基础工作。建立和完善学会的组织体系和管理制度是学会发展和管理水平的一个重要标志，也是增强学会凝聚力、提高影响力、充分发挥桥梁和纽带作用的根本保障。经过 30 年的不懈努力和艰苦创业，今天的中国草学会不断发展壮大，在国内外具有很高的学术影响力和凝聚力。中国草学会自成立以来，选举产生了 7 届理事会，理事会规模由成立时的 47 名理事发展到现在的 118 名理事。先后成立了饲料生产、牧草育种、草坪、草原资源调查和管理、草原生态、种子科学与技术、草原立法、草原植物保护、草原火、牧草遗传资源、草业教育、青年工作 12个专业委员会，另有 3 个专业委员会正在筹建过程中。会员人数由不足 200 人扩大到 3 000 余人，会员分布于全国各地的高等院校、科研机构、行政事业管理、企业等草业科学相关领域。今天的中国草学会已成为"全国草业科学工作者之家"，是国内外草学界开展学术交流与科技合作的重要平台，在我国科技创新、产业发展、人才培养和国际交流等多方面发挥着越来越重有的作用。与此同时，学会的管理制度建设进一步完善，在会员登记入会、会员管理、会费缴纳与管理、学会组织机构建设、学会领导机构设置、二级机构的管理等方面逐步建立和完善了相关的管理制度和运行机制，使学会的各项工作制度化和科学化，提高了学会的整体管理水平。

中国草原学会的建设和发展成就得到了上级有关部门的肯定和支持，1991年12月经中国科协、国家科委和民政部审核批准，中国草原学会晋升为国家一级学会。2000年10月，中国草原学会正式加入中国科协。2002年9月，经民政部和中国科协批准，由中国草原学会更名为中国草学会。

1.3　广泛开展国内外学术交流活动，推动草业科技创新

学术活动是学会的生命，高水平的学术活动是学会生存和发展的关键。中国草学会在发挥学术交流主渠道作用的过程中，重点围绕国家草业科技进步与草业经济发展的重点、热点、难点问题，发挥跨部门、多学科、综合性优势，组织开展了多层次的学术活动，繁荣了学术思想，活跃了学术氛围，培育了一批新的学科，营造了良好的学术交流环境和氛围。做到了在学术交流中发现人才、在学术活动中培育人才、在创新事业中凝聚人才，为草业科技工作者畅所欲言、进行学术交流搭建了平台。建立了"草业学术大会""青年学术年会"和"苜蓿发展大会"等学术会议制度，开展了大量的学术研讨活动，形成了学会与分会及省级草学会相互支持、协同配合的学术活动体系，逐步形成了学术活动的"精品化"和"品牌化"。特别是近些年来，围绕草原畜牧业建设与发展问题、"三农"问题、全面建设小康社会、生态环境治理、国土整治、新农村建设、气候变化与产业发展等国家经济与社会发展中的重大问题，举办了形式多样、内容丰富和领域广泛的国内学术交流活动，组织召开了一系列有影响的学术会议，学术活动非常活跃。如"草业与西部大开发""草原与荒漠化""草地生态建设与环境治理""半农半牧区草地农业可持续发展""中国草业可持续发展战略论坛"等大型学术讨论会，有力地推动了我国草业科学的技术创新与学术繁荣。

随着我国草业科学的迅速发展，为顺应科技全球化的发展趋势，学会坚持"走出去"与"引进来"相结合，加强国家间、地区间的草业科技交流与合作，坚持共享科技进步的成果是世界草业发展的共同需要，积极开展了多种形式的学术交流与合作，学会与国际草业科学家的交流逐渐扩大。1981年学会第一次组团参加了第14届国际草地会议（IGC），这标志着我国草业科技工作者已走出国门，走向世界与同行进行学术交流，为我们今天的国际交流奠定了基础。之后，学会组团参加了历届的国际草地会议和国际草原会议（IRC），以及许多其他形式的国际会议。现已与美国、日本、加拿大等30个国家和相关国际组织建立了友好的民间交流和合作渠道。1993年，中国草原学会在呼和浩特市组织召开了国际草地资源学术会议。这是我国草原界首次召开的国际草地学术会议，不仅展示了我国草地科技成就，而且促进了国际间的学术交流。此后，学会在甘肃、内蒙古、北京等地又多次组织召开了国际性学术研讨会。2004年与日本、韩国草地学会共同举办了中、日、韩草地大会，并形成了每两年召开一次和三国轮流举办的会议制度。

2008年6月，中国草学会和内蒙古自治区人民政府联合在呼和浩特举办了"2008世界草地与草原大会"。这是国际草地大会和国际草原大会两个国际大会组织首次联合召开会议，也是我国首次承办国际草地大会和国际草原大会。来自五大洲72个国家的1 500余人参加了大会，会议盛况空前，举世瞩目，堪称国际草学界的世纪盛会，具有里程碑意义。在国务院、全国人大、全国政协有关领导的关怀下，在中国科协、农业部、公安部、外交部和安全部等部门的领导和大力支持下，大会取得了巨大的成功，受到国内外学者和友人的高度赞扬。本次大会从申办到胜利闭幕历时6年之久，各种宣传活动和大会的成功举办极大地提高了中国草学会的知名度和社会影响力。大会的成功举办标志着我国的草业科学研究与教育已走向世界。

通过积极参与和组织具有影响力的国际学术活动，增进了中国草业科学家与世界同行的相互了解，推动了我国草业科技的国际交流与合作，促进了区域经济发展和先进草业技术的引进与消化和吸收，推动了草业科技进步与创新，扩大了中国草学会在国际上的学术影响，进一步增强了学会的凝聚力。

1.4　充分发挥桥梁和纽带作用，为国家经济建设和社会发展建言献策

在广泛开展学术交流的同时，充分发挥草学会的桥梁和纽带作用，组织全国草学界专家、学者，紧密围绕我国草业科技创新和农区、牧区经济发展战略性、方向性和关键性的基础问题，积极开展咨询与调研活动，组织专家学者回顾、总结和科学评价草业科技发展的新进展、新成果、新见解、新观点、新方法、新技术等，研究分析草业科技发展现状、动态和趋势，以及国际比较、国内战略需求，同时进行草业科技发展目标和前景展望，提出了许多合理化建议。如1979年，向国家提交了《关于加速中国草原生产的建议》；1982年，向政府有关部门提出了《开发中国草原牧草资源，争取草食家畜大发展》的建议，并对今后20年我国草原牧草与草食家畜生产发展进行了估测。1983年，向社会各界人士发出了《关于在首都开展全民义务种草的倡议书》。1985年，第二届代表大会通过了给中央和国务院的建议书，建议国家成立草业管理机构；尽快颁布《草原法》；草业建设投资列入国家基建和财政计划；加强草业智力投资，扩大草业科技人才的培养。1987年，就进一步完善草地承包责任制、加强草地教育和科学研究工作向国务院提出了《关于加速我国草地建设的建议书》。1989年5月，向国家提出了《关于加快草地建设，促进草地畜牧业发展的建议》和《关于把我国草地资源的合理开发与草地畜牧业优化生产模式的研究列入"八五"国家科技攻关项目的建议》。此后，在各类学术研讨会上，就我国苜蓿资源开发利用、建立草地农业综合开发示范区、加强西部草地畜牧业与草地生态建设、加强呼伦贝尔草原生态保护、加快农牧交错区草地农业可持续发展、半农半牧区草地农业可持续发展、中国草业可持续发展等问题向国家和有关部门提出了建议。这些建议都为政府宏观决策和区域经济发展提供了科学依据，先后得到了党和国家领导同志的批示，并且被有关部门采纳。由此可见，中国草学会已经成长为我国农业领域里具有重要影响的科技专家团体，成为党和政府联系广大草业科技工作者的桥梁和纽带，成为推动草业科技创新和繁荣农村牧区草业经济发展的一支重要力量。

1.5　积极争办一流学术刊物，着力促进学术繁荣

学术刊物作为一种固定的学术交流平台，是草业学科领域发展的窗口，是学术水平的集中体现。中国草学会坚持以科学性、时效性为原则，贯彻"百花齐放，百家争鸣"的方针，弘扬学术民主，坚持质量第一，充分发挥了学术期刊的导向作用和办刊育人作用。学会视争办国内一流、国际有影响力的期刊为宗旨，将提高期刊质量作为一项重要工作，坚持常抓不懈，办刊质量稳步提高。中国草学会主办的《草地学报》和与其他高校和科研院所合办的《草业学报》《草业科学》《中国草地学报》《草原与草坪》等多家学术刊物均在草业学术界具有重要影响。根据科技部中信所（万方）2009年统计的畜牧学科期刊数据显示，草学会下属各个刊物的影响因子均位列前茅，期刊高被引指数各项指标，收稿量、刊载量也在逐年增加。不仅办刊的社会效益和经济效益明显提高，影响力与实力也在显著增强。被公认为全国最高档次的草业学术期刊，连续获得国家和地方的期刊奖，在社会上产生了很好的影响。2009年，各个期刊都在积极推进期刊数字化建设，申请"中国科协期刊精品工程"，聘请国外专家担任编委，努力使草业学界的期刊得到进一步发展，学术质量得到进一步提升。

2　推动草业科学教育，加速草业人才培养

中国草学会成立30年来，对中国草业科学教育的发展与壮大起到了巨大的推动作用。从中国草学会创建到现在，草学教育界的专家学者始终是会员队伍的重要力量。应该说，我国的草业科学发展是从教育起步的，教育的发展为草学会的创立打下了学科和人才基础；反过来，草学会的发展又为草学教育的进一步发展提供了更好的交流、合作和创新的平台，使我国草学教育不论在数量还是质量上都不断跨上新的台阶，步入世界先进行列，呈现出鲜明的区域特色、专业特色和民族特色。

30年来，我国草学教育经历了专业名称从"草原学"到"草原科学"再到"草业科学"的转变，

学科内涵不断扩展和丰富；全国已形成 4 个国家重点学科，学科地位即将由二级学科晋升为一级学科；形成了培养大专生、本科生、硕士研究生、博士研究生、留学生和民族语言授课学生等完整配套的教育体系，使我国成为世界上草业教育层次最完整的国家之一。本科和研究生教学单位由 30 年前的几个院校发展到今天的 30 所院校。截至目前，全国共设有草学及相关学科博士点 19 个、硕士点 38 个，覆盖 27 个省份。到 2008 年底，全国已培养草学专业本专科毕业生 14 266 人、硕士毕业生约 1 600 人、博士毕业生约 320 人；目前在读本科生有 5 277 名、硕士研究生约 1 100 名、博士生 300 多名。在全国已形成一支强大的专任教师队伍，其中有博士生指导教师 100 余名。所有这些都与中国草学会的发展息息相关。许多教育战线上的教师和科技工作者都是草原会会员，活跃地参加草学会及二级委员会组织的各项学术活动。特别是草学会教育专业委员会，克服了许多困难，始终精心组织，坚持召开两年一次的专业学术年会，活动内容丰富多彩，深受草学教育工作者的欢迎，对我国草学教育的发展和改革起到了极大的推动作用。

通过草学会这个平台和窗口，广大教师有了更多学习国内、外先进理念和经验的机会，能够不断地获得草业发展新的信息，可以广泛地进行相互间的学习、交流和合作，并增加了各单位之间的了解和沟通。

教师通过积极参与中国草学会的活动，在很多方面得到了很好的锻炼，培养了严谨求实的教学和科研素质，培养了虚心学习和善于合作的精神，也培养了对内对外交流和合作的能力。"2008 世界草地与草原大会"在我国的成功举办，从申请到圆满结束，高校教师发挥了重要作用。

按照国务院学位办的工作部署，目前由教育部草业科学教学指导分委员和中国草学会草业教育专业委员会负责召集并推动的草业科学由二级学科晋升为一级学科的申报、论证工作进展顺利。应教育部要求，由教育部草业科学教学指导分委员会负责起草的《草业科学专业发展战略研究报告》和《草业科学本科专业规范》正在征求意见和完善之中。随着这些工作的完成，势必对我国草业教育向更深和更广层次发展起到划时代的作用。

在经济全球化、构建和谐社会和全世界共同携手应对共同挑战的大背景下，中国草学会在组织、推动我国草学教育的发展和改革、促进与国外更广泛交流和更紧密合作方面将发挥更大作用。

3 推进草业科技创新，促进草业产业发展

30 年来，中国草学会秉承"献身、创新、求实、协作"的宗旨，团结、动员广大会员和草业科技工作者，始终不渝地坚持以推动草业科技创新、促进草业发展为己任，为促进我国草业科学技术的繁荣和发展，促进草业科学技术的普及和推广，为提高广大农民科技素质，推动我国草业又好又快发展做出了应有贡献。

3.1 发挥人才优势，创立和完善草业科学理论

30 年来，中国草学会积极搭建草业科学理论与技术创新平台，紧密团结和充分发挥一大批草业科技精英，不断追求科学真理，锐意创新，产生了许多新思想、新理论和新技术。中国草学会第一届和第二届理事长贾慎修教授提出了草地类型的地植物分类理论（即植被-生境分类法），这一草地分类系统在历次全国草地资源调查中被采用；中国草学会第一届和第二届副理事长、中国工程院院士任继周教授提出了草地类型的综合顺序分类理论（气候-土地-植被综合顺序分类法），在国内外学术界产生了广泛的影响；此外，祝廷成、许鹏、章祖同教授等对我国草地类型的理论研究都做出了重要贡献。

1984 年钱学森院士创造性地提出了"知识密集型草产业"的论断，1990 年进一步提出了草业系统工程思想，将草业中相对独立又具有特定功能的资源系统、生产系统和管理系统有机地组合成为有序的草业系统整体，明确了草业科学的内涵和草业生产范畴。这是我国草业科学的重大的思想理论创新，为我国的"草原科学"迅速提升为"草业科学"提供了理论依据。之后，任继周院士又对草业理

论进行了不断的补充和完善，先后提出了草地农业生态系统、草业的三个界面和四个生产层的理论。这是草业科学理论的又一创新，丰富了草业科学的内涵，并使草业科学的外延得到了极大的扩展。在践行草业理论中，我国目前已形成了以草地畜牧业、草产品加工、牧草种子生产、城市绿地草坪、景观旅游及生态保护与治理为总体框架的行业体系。

3.2 发挥技术优势，推动草业科技自主创新

学会以自主创新、重点跨越、支撑发展、引领未来为宗旨，大力推进草业科技进步，努力抢占世界草业科技制高点，聚集草业科技各方面的人才，积极开展技术攻关，完成不少的国家科技攻关项目。组织和协调全国的草业科技人员开展了全国首次统一的草地资源调查，产生了一大批国家级和省部级科研成果，培养和锻炼了一批优秀草业科技专家，为摸清我国草业资源家底做出了贡献，为我国今天草业的发展奠定了人才基础。学会积极组织专家参加国家重大项目的决策，并协调组织实施了如"863"项目"苜蓿抗旱抗盐基因工程"、"973"项目"中国西部牧草及乡土草遗传及选育的基础研究"和历次的科技支撑等项目，同时组织专家承担和完成了农业部的各类项目，如"948"项目、公益性行业（农业）科研专项和现代农业产业技术体系建设项目等。近年来，学会加强了与国外的合作研究，在与国际开展合作研究中起到了纽带桥梁作用，引领和组织会员开展了相关领域的国际合作，如中美合作项目"北美和亚洲牧草种质资源评价"、中加合作项目"中加农业可持续发展项目"以及中澳、中俄合作项目等。

3.3 开展科技兴农活动，服务新农村建设

学会为响应党中央、国务院科技兴农的号召，积极组织专家开展科技下乡活动，结合草业生产和农牧民生活的实际需要，以提高农牧民科学素质和促进农业科技成果转化应用为己任，组织专家学者编制实用科普制品，出版了一系列实用技术和科普图书，如《草业与生态环境技术丛书》，创办了《中国草原学会通讯》。积极开展送科技下乡、科技扶贫等活动，组织开展科普宣传和专家咨询活动，广大会员和草业科技工作者开展科技下乡、科普列车等内容丰富、形式多样、群众喜闻乐见的科普活动，把先进实用技术送到田间地头，为提高农民素质、推进科技成果转化发挥了重要作用。积极开展科技咨询和技术培训，受农业部委托举办了"中美草坪科学技术讲习班"。近几年来，认真贯彻《科普法》和全民科学素质纲要，积极参与农牧民科学素质提升行动，在农业科技入户、新型农民科技培训等方面做了大量的工作，在科学技术的传播和普及中，学会发挥了播种机和宣传队主力军的作用。

4 学会今后发展的展望

"两岸猿声啼不住，轻舟已过万重山""沉舟侧畔千帆过，病树前头万木春"，千年古诗似乎是对中国草业发展的最好诠释。三十载风雨兼程，新世纪腾飞崛起，中国草业沐浴春风，扬帆启程，已成为最具潜力的朝阳产业。学会在各级领导的关怀和有关部门的大力支持下，经过全体会员的不懈努力，在国内外的影响力和社会知名度不断提高发展壮大，已成为有一定影响力的国家一级学会。回顾过去，30年的历史积淀成就了学会的辉煌业绩，展望未来，学会发展前景广阔，任重道远。在科学发展观指导下，加强学会自身建设，充分发挥学会的职能和作用，不断提高学会管理水平和学术影响力，推动草业科技创新、人才培养和草业产业化发展是中国草学会不懈努力的方向和奋斗目标。

4.1 充分发挥学会功能，强化服务社会能力

草学会要发挥桥梁纽带、科技引导、科学普及、人才培养和产业推动等职能作用，加强草业科技创新和宏观战略研究，并开展科技咨询服务活动和为国家科学决策服务，为"三农"服务。要着力通过提高学会的社会作用和学术影响吸引更多的单位、组织和学者加入学会。根据科学发展和社会进步的需要，根据条件积极争取吸收国际会员入会，进一步加强学会与国内外相关学会和学术组织的联系

与合作，密切草学会和涉草行业机构、企业的关系，增强学会的社会影响，推动学会的健康发展。要紧紧围绕建设社会主义新农村和构建和谐社会的战略目标，大力传播科学思想和科学方法，广泛普及科学知识。充分发挥草学会的人才优势和科技成果优势，围绕国家宏观战略和地区经济发展建设，积极为党和政府献言献策，促进农村牧区的科技和经济发展，并提供有力的技术支撑，为构建和谐社会贡献力量。

4.2　不断加强自身建设，进一步扩大社会影响

健全学会的组织体系和完善管理制度是学会提高工作效率与管理水平的前提条件，是学会长期性的基础工作，也是增强学会凝聚力，提高影响力，充分发挥草业领域科技交流的桥梁和纽带作用的根本保障。进一步加强学会自身建设，提高学会工作效率和管理水平，更好地发挥学会的职能和作用，是中国草学会今后工作的重点。学会要在加强硬件设施建设的同时，进一步完善制度建设、组织建设和持续健全的运行机制，努力提高学会的综合实力和水平，在此基础上，拓宽学会的资金来源渠道，承担中国科协及有关部门的科研项目。进一步加强秘书处在学会日常运行管理和工作协调中的作用和加强学会工作的信息化建设将成为关键举措。通过卓有成效的工作，扩大学会的学术影响力，力争把学会建设成在国内外有一定影响的国家级学会。

4.3　加强对外交流与合作，提升学术活动水平

学术活动是学会的生命，高水平的学术活动是学会生存和发展的关键。根据形势发展和建设创新型国家战略的需要，学会要在"自主创新、重点跨越、支撑发展、引领未来"的科技发展方针指导下，广泛开展内容丰富、形式多样的学术交流活动。鼓励开展综合性、跨学科、开放式的学术活动，创造有利于产生创新思想和观念，激发创造性思维和创新潜力的良好学术环境。要关注全局性的重大问题和未来科技发展趋势，重视推动草业新兴产业的发展和为地方经济社会发展服务。要在学术活动中，鼓励原始创新，努力打造学术活动精品，提高学术交流质量。高度重视学术交流中产生的非物质性科技成果。

在全球经济一体化和气候变化背景下，合作成为科学发展和社会进步的基本方式和途径。学会坚持以科学发展观为指导，扩大和加强对外学术交流与科技合作，鼓励学会专家积极参与和组织国际性学术交流和科研合作，在广泛的国际交流与合作中，提高自身发展水平，发挥学会在国际草学界的作用。针对我国社会经济和环境建设的发展需要，学会力争在新技术引进、吸收、创新、开发研究和应用等方面不断探索组织工作新路子，在国际热点领域中发挥合作研究引导和推动作用。

让我们携起手来，团结努力，自强不息，发奋图强，为把我国草业全面推向一个新阶段而努力奋斗！

本文是时任中国草学会理事长云锦凤 2010 年 5 月在庆祝中国草学会成立 30 周年会上的讲话

加强亚洲国家在草业研究领域的合作

我很荣幸到这里出席由中日韩三国联合举办的草地农业和家畜生产学术会议。首先,我代表中国草学会对会议的召开表示热烈的祝贺,韩国草学会为本次会议的召开做了大量工作,为此我代表参会的中国学者向会议的组织者——韩国草学会表示衷心感谢。同时,转达中国草学会名誉理事长洪绂曾教授向大家的问候,并预祝会议圆满成功。

2004 年在日本广岛举办的第一次联合学术研讨会和 2006 年在中国兰州举办的第二届中-日-韩学术研讨会把三国的草地科学家联系在一起,建立起深厚的友谊和草地教育科研和生产的合作框架,这种同行的交流与合作已超越三国、影响到其他国家。

韩国、日本和中国是近邻。我们面临共同的挑战,诸如全球气候变化、荒漠化、资源短缺、食品安全等。联合学术会将针对这些问题进行优质饲草的安全生产、兼顾牧草生产和环境保护的新技术、家畜草地的有效利用等方面的专业研讨。我相信,这些问题的解决对现在和将来都是十分重要的。

本次会议的成功召开得到了多方面的支持和帮助,参会代表为会议的学术交流做了精心准备。中国草学会对本次会议给予了高度的重视,积极组织中国的科学家踊跃参加大会。广泛的学术交流是科学发展基础,我相信,本次会议将对草学的发展起到良好的促进作用。

此外,我们也看到其他的亚洲邻国也对本次会议的议题表现出了浓厚的兴趣,如蒙古、印度等国家。我希望将来联合会议的参会国能进一步增多,以加强亚洲国家在草业研究领域的合作,扩大亚洲草业科学研究对世界的影响。

祝所有参会代表在首尔生活愉快,留下美好的记忆!

谢谢!

本文是中国草学会理事长云锦凤 2009 年 8 月在第三届中-日-韩国际草地会议上的致辞

再接再厉，再铸辉煌，为开创
我国草业发展新纪元续写新的篇章

各位代表、各位来宾、同志们：

金秋时节，带着丰收的喜悦，带着美好的祝愿，在举国上下构建和谐社会和建设创新型国家取得丰硕成果的大好形势下，我们相聚在首都北京，迎来了全国草业科技工作者自己的盛会，中国草学会第八届全国会员代表大会隆重召开了！

中国草学会从创建至今已有30多个春秋。众多仁人志士和无数草业科技工作者为我国草业科技和经济的发展在不同历史时期谱写了为科学而奉献、为发展而奋斗的壮丽篇章。中国草学会的发展在中国草业发展史上谱写了光辉的篇章。

今天的盛会是在"十二五"开局之年召开的全国会员代表大会，是一次承前启后、继往开来的大会，是一次凝聚力量、鼓舞斗志、催人奋进，把草学和草业发展全面推向新胜利的大会。

出席本次大会的代表和有关领导、专家共200余人。代表们来自我国草业教育、科研、技术推广和行政管理等各个领域。四面八方、群英荟萃，大家聚集一堂，共商"十二五"中国草学会发展之大计，共同探讨中国草业科技创新之方略。在此，我代表中国草学会第七届理事会，向全体代表和各位来宾表示热烈的欢迎并致以崇高的敬意！

自第七届全国会员代表大会以来，在中国科协、农业部和有关部门的大力支持下，中国草学会在第七届理事会的领导下，团结和动员广大草业科技工作者，坚持以科技创新为中心，以服务国家经济建设为目标，为落实科学发展观、构建和谐社会、发展低碳经济，加快推进社会主义现代化建设做出了积极的贡献。四年来，中国草学会认真贯彻民主办会原则，严格执行章程规定的宗旨和任务，紧密围绕国家生态环境建设、国土治理和推进农业和农村经济结构的战略性调整，促进农牧民收入持续稳定增长，广泛开展了国内外学术交流、科学普及、科技服务、人才培养等工作，产生了广泛的社会影响和良好的社会效益。特别是中国草学会成功组织召开的2008世界草地与草原大会得到了国家和有关部委及地方政府的高度重视和支持，得到了全国草业界及社会各界的广泛关注和大力支持。会议的成功举办在国内外产生了重大影响，不仅实现了中国草业界几代人的梦想，更重要的是为中国草业的发展和整体科技水平的提高争得了历史性的大好机遇。中国草学会已经发展成为团结动员全国草业科技工作者，推动我国草业科学技术事业快速发展的重要力量。

四年来，中国草学会得到了中国科协、农业部以及兄弟团体的大力支持，我谨代表中国草学会向他们表示衷心的感谢！向为大会提供支持和辛勤劳动的新闻工作者和大会工作人员表示诚挚的谢意！

我们这次大会的中心任务是充分发挥中国草学会专家群体优势和作用，为完成"十二五"计划，实现新时期草业和农村经济全面发展，促进农牧民收入持续增长和草业大发展而努力奋斗！本次大会的议程是听取和审议中国草学会第七届理事会的工作报告和财务报告；修改《中国草学会章程》；选举和产生新一届领导机构；开展学术交流。

各位代表、同志们，这是一次承前启后、继往开来的盛会。开好这次大会对我们来说有着十分重要的意义。摆在我们面前的，有千载难逢的发展机遇，也有难以逾越的严峻挑战，新的形势、新的任务和新的考验，为我们广大草业科技工作者提供了施展才华、发挥作用的广阔空间和舞台。让我们共同努力，认真履行我们的权利和义务，把这次大会开成一次振奋精神、团结协作、民主和谐的盛会。让我们紧密团结在以胡锦涛总书记为核心的党中央周围，高举邓小平理论的伟大旗帜，全面落实科学发展观和"三个代表"的重要思想，继往开来、求实创新，努力拼搏，再创新的辉煌，为开创我国草业发展新纪元续写新的篇章。

预祝大会圆满成功，祝各位代表与会期间心情愉快，身体健康！

谢谢各位！

本文是 2011 年 9 月云锦凤教授在中国草学会第八届全国会员代表大会开幕式上的讲话

继往开来，求实创新，谱写中国草业新篇章

各位代表、同志们：

我受中国草学会第七届理事会的委托，向大会做工作报告，请予审议，并请列席会议的同志提出意见。

1 四年来的工作回顾

中国草学会第七届全国会员代表大会召开以来，在中国科协的领导和支持下，在全体会员的努力下，本届理事会圆满地完成了各项任务。四年来，中国草学会充分发挥学术交流主渠道、科学普及主力军、国际民间科技交流主代表的作用，努力建设"科技工作者之家"，积极为国家草业建设服务，发挥了党和政府的参谋助手和桥梁纽带作用，为中国草业科学及草产业的快速发展做出了应有的贡献。

1.1 成功举办了"2008 世界草地与草原大会"，扩大了中国草学会的国际影响

国际草地大会和国际草原大会是国际草学界最有影响的两个学术会议组织，是草原和草地科技领域及草地畜牧业方面最具权威和代表性的国际大会。我国是世界第二草地资源大国，能够举办一次草业国际大会，对于促进中国的草业科技进步、发展草业经济、改善生态环境和学习、借鉴国外先进技术和管理经验等诸多方面具有十分重要的意义。为此，中国草学会进行了多年的努力，终于通过 2003 年和 2005 年两次申办获得了两个大会 2008 年在中国召开联合大会的举办权。大会的成功申办实现了几代中国草业科技工作者的夙愿，得到了国家相关部门特别是中国科协、农业部、内蒙古自治区党委和政府及相关单位的大力支持。

本届理事会工作伊始就把筹备和举办国际大会列为首要工作任务。学会多次召开了不同层次和不同规模的会议，在中国草学会和内蒙古自治区人民政府的共同努力下，各项筹备工作按期完成。

2008 年 6 月 29 日至 7 月 5 日，大会在内蒙古呼和浩特市隆重召开。中共中央政治局委员、国务院副总理回良玉发来了贺信。全国人大常务委员会副委员长韩启德、全国政协副主席阿不来提·阿不都热西提以及内蒙古自治区党政主要领导、中国科协书记处书记冯长根等领导莅临大会。本次大会组委会主席、中国草学会名誉理事长洪绂曾主持会议。

大会的主题为"变化中世界草地的多功能性"。来自 76 个国家和地区研究人工草地和天然草原的两支科研队伍就这一人类共同关心的问题进行广泛的研讨交流。共有 849 名国外代表和 584 名国内代表到会，与会代表按照草地资源与生态、草地生产系统、草原经济与政策 3 个主题，分 24 个专题进行学术交流，共收到学术论文近 1 800 篇。精选了 4 条会前考察路线、4 条会中考察路线和 1 条会后蒙古国考察路线。举办了 7 个专题研讨会，会议期间，还举办了"2008 中国内蒙古国际草业博览会"，来自国内外 100 多家科研机构和企业展示了草籽、饲料、农牧业机械等科技成果和产品。

大会期间，大会新闻组组织邀请了 32 家新闻媒体的 60 多名记者参加了大会报道，组织记者专访 4 次。

大会取得了如下丰硕的成果：

（1）本次大会是国际草地大会和国际草原大会两个国际会议组织首次在中国举行会议，也是两个会议组织首次联合召开会议，被誉为"草业奥运"。国内外草业、草学界的专家、学者、企业家、管理者以及农牧民代表踊跃参会，会议正式代表达 1 433 人，盛况空前，举世瞩目，堪称世界草业界的

一次盛会，受到国内外参会代表的高度赞誉，两个国际会议组织一致认为，会议取得了巨大成功，具有里程碑意义。

（2）大会为全世界草业界搭建了一个规模空前的科技信息交流平台，学术气氛浓厚，信息交流广泛，反映了中外合作解决世界草地问题的强烈愿望。大会出版了两本论文集，并首次出版了电子版大会论文集，收录了印刷版全部论文，为历届大会之最，论文集中体现了国内外草学界的最新研究成果。

（3）大会充分展示了中国改革开放 30 年来，草业科技、教育、生产和经营管理等方面取得的成就，这是对世界草学界的贡献。来自五大洲 76 个国家的与会代表通过会前、会中考察和学术交流，较全面和深入地了解了中国草业发展的历史和现状。同时，大会也使我们了解了世界的草业发展，有力地促进了我国草业走向世界，为中国草学界广泛开展国际合作、促进中国草业的快速发展创造了有利条件。

（4）此次大会在我国成功举办，为国内众多草学界学者提供了一次难得的学习、交流机会，对提升国内草业科学研究水平、促进生态环境保护和畜牧业经济发展具有重要意义。参加本次会议的中国代表提交会议论文 690 余篇，在我国学者参加两会历史上是空前的，这无疑对中国草业科学研究、草业产业化发展，草地可持续利用和新型牧区经济建设等具有重要推动作用。

（5）凝聚和历练了中国草业队伍，极大地提高了中国草学会在国内外的知名度和影响力。本次大会凝聚了全国草学界的力量，特别是中国草学会的中青年学者和学会骨干经历了一次全新的锻炼和考验，不仅增强了团结协作的团队凝聚力，而且积累了举办大型国际会议的经验，提高了组织能力和国际交流能力。本次大会从申办到胜利闭幕历时 6 年之久，期间通过各种宣传活动极大地提高了中国草学会的知名度和社会影响力。

1.2　举办庆祝中国草学会成立 30 周年庆典及系列学术活动

中国草学会的前身是中国草原学会，成立于我国改革开放的初期。1979 年 12 月 29 日中国草原学会在北京正式成立，属中国农学会的二级学会。中国草原学会的成立标志着我国传统的草原畜牧业迈向了科学发展的历史新时期，标志着我国草业科学的研究和学科建设进入了新的时代。

经过 30 年的不懈努力和艰苦创业，中国草学会不断发展壮大，在国内外具有很高的学术影响力和凝聚力。中国草学会自成立以来先后成立了 12 个专业委员会，会员人数由不足 200 人扩大到 3 000 余人，会员分布于全国各地的相关领域。在我国科技创新、产业发展、人才培养和国际交流等多方面发挥着越来越重有的作用。

2010 年 5 月，中国草学会在北京举办了庆祝中国草学会成立 30 周年系列庆典和学术活动，600 多名代表参加了庆典大会和学术会议。本次活动包括庆典大会、中国畜牧业协会草业协会分会成立大会、中国草学会表彰奖励活动、王栋奖学金颁奖活动、第三届中国苜蓿发展大会、草业论坛、草种业发展战略研究论坛、草业产品展览展示及中国草学会成立 30 周年庆典文艺联欢等系列形式多样的内容。

为了鼓励草学工作者求真务实、长期不懈地为草学发展尽心尽力，推动草业科技进步，在庆祝大会上，中国草学会特别颁发了草学功勋奖 6 名，草学荣誉奖 28 名，"从事草业科技工作 40 年奖" 93 名；"中国草学优秀会员奖" 91 名。大会共收到学术论文近 1 000 篇。

1.3　开展学术交流，为国家经济建设服务

四年来，中国草学会及各个专业委员会围绕西部大开发，"三农"问题、生态环境治理、城市园林绿化以及和谐社会建设等国家经济发展中的重大问题，举办国内学术交流会议 30 多次，6 000 多人次参加。开展学术交流，为国家重大战略决策服务，是学会在国内学术交流方面的主导思想。为此，学会组织召开了多次"草业可持续发展战略论坛"等一系列研讨会。在此基础上，学会向国家各级政府和业务主管部门提出许多内容翔实的中国草业战略发展报告，得到回良玉副总理等国家领导人和政

府部门的高度重视，为国家有关政策的制定和科学研究计划的选题提供了有力的帮助，起到了学会作为党和政府的参谋与助手的作用。

2007年1月，中国草学会第七届全国会员代表大会暨学术讨论会在北京隆重举行，与会代表达240多人。中国科协书记处书记冯长根、农业部副部长张宝文、中国草学会名誉理事长、全国政协常委洪绂曾等领导出席会议。大会以"草业科技创新与构建和谐社会"为主题，特别邀请了任继周院士、卢欣石教授、南志标教授等专家分别作了大会主旨报告，另有24名代表进行了分组学术交流。

2008年11月，草坪专业委员会在江苏省南京市举办了以"后奥运时期中国草坪科学技术和产业发展"为主题的学术会议，全国83个大专院校、科研院所、公司企业等222人出席会议。会议共提交论文127篇，摘要10篇。同时举办了中国草坪产业论坛。

2009年10月，农业部草原监理中心和中国草学会在安徽省合肥市共同举办了"2009中国草原发展论坛"。来自全国20多个省份的200余名领导、专家学者和企业家参加了论坛。与会代表在许多问题上达成了共识。

2010年9月12日，中国草学会青年工作委员在上海举行中国草业科技创新论坛，180多名与会代表出席了本次会议，会议收到论文近100篇，出版了51万字的会议论文集。

1.4　加强学科建设，关注产业发展

学会各专业委员会紧密联系本学科及相关产业的发展实际，把学术活动与研究解决产业发展中的问题相结合，召开了饲料生产、牧草与草坪草病害、草地生态、牧草种子生产、草坪科学与草坪业、牧草育种等一系列专题性学术交流活动，促进了科技成果的转化，推动了相关产业的发展。

2008年8月，教育专业委员会在宁夏大学组织召开了"第十次全国草业科学专业教学工作研讨会"，来自全国25所高校的60多名草业教育工作者参加了会议。

2009年7月，在河北省昌黎县召开中国草学会草地资源与利用专业委员会第6次全国学术研讨会暨学会换届会议。来自全国36个单位和部门的53名代表参加了会议，共收到学术交流论文18篇。

2009年9月，中国草学会草地生态专业委员会在兰州召开了第六届代表大会暨第二届全国草业科学研究生论坛。来自全国20个省（市）、自治区的30余个院校和科研等单位科技人员和研究生代表200余名出席了会议。

1.5　开展国际交往，扩大对外影响

随着我国草业科学的发展，学会与国际草业科学家的交流日益频繁。四年来，学会前后接待了多批世界各地的草业科学家，并组团参加了重要的国际学术会议。这些活动增进了中国草业科学家与世界同行的相互了解，扩大了学术交流的领域与形式，为提高中国草业学界在世界上的影响力起到了积极的推动作用。

2009年8月，第三届中日韩国际草地大会在韩国首尔建国大学召开。学会安排专门工作人员负责全国草业专家学者组团参会。此次大会由中国、日本和韩国草学会联合组织，韩国草地与饲草学会主办。会议主题为"东亚地区饲草生产多样性和模式"，重点探讨了优质饲草生产以及草地在畜牧业上合理利用等问题。本次大会对于东亚地区饲草生产及进一步的畜牧业发展具有深远的意义。

2009年，学会多次邀请国外专家学者来华就草业发展研究进行学术交流。邀请美国草业专家Marshall就草地植物生理生态、放牧管理、草地植被等方面进行了为期3个月的交流和讲座。

2010年8月，牧草遗传资源专业委员会在内蒙古呼和浩特承办了"蒙古高原草原生态生产功能区优化模式"国际学术研讨会，主要参会代表有澳大利、俄罗斯、蒙古国、内蒙古大学、内蒙古农业大学等单位。这次国际学术研讨会是在中澳国际合作项目和中俄合作项目的基础之上发展和建立起来的，首次在中国召开。会议取得了圆满成功，初步达成三国今后的合作意向。

此外，学会人员访问了台湾中兴大学，双方就科研、人员互访、人才培养、学术交流等领域的合

作交换了意见，商定了进一步的合作方案。

1.6 加强组织建设，完善服务体系

学会组织建设是中国草业发展的重要体现。自 2007 年以来，在中国科协和相关部门的支持下，学会在组织机构建设和完善、理事会工作分工、二级机构的管理等方面建立和完善了相应的规章制度，逐步使学会的管理工作实现制度化和科学化，进一步提高了学会的整体管理水平。在学会组织建设上，根据形势发展，加强学科交叉和草业新兴产业的培育，努力扩大学会的社会影响力；在学会管理和运行机制上，集思广益，并积极与有关部门协调，逐步建立学会管理运行的新机制，并及时进行各专业委员会的换届与管理工作。

2009 年，草地资源与利用专业委员会、牧草遗传资源委员会、牧草育种委员会、草坪专业委员会等二级机构先后完成换届选举工作。

2009 年 1 月至 9 月，中国草学会先后召开了 3 次常务理事会。就学会重大事宜进行了讨论和民主决策。

1.7 开展教育培训，普及科学知识

学会下属 12 个分委员会根据各自的专业特点，立足于农牧区，配合农业部等有关部门，广泛开展科普宣传活动，开展了各类活动 18 次，听讲人数达 326 人。并参与了多项科普图书的编写工作。分别在新疆、昆明组织了草地资源调查利用与保护的技术培训班，同时也开展了多项咨询工作。

近些年，草坪在城市绿化中所占面积逐年扩大，草坪建植与养护技术不断更新，为了使从业人员及时掌握新技术，草坪学术委员会多次举办草坪建植管理培训班，提高了受训人员的专业技能，得到了各方面的好评。

为配合全国土地资源调查，查清我国草地资源现状，贯彻草畜平衡科学管理制度，中国草学会草地资源与利用专业委员会组织举办了第三期和第四期全国草地资源调查、利用与保护技术培训。来自全国各地的近百名科技人员和管理技术人员参加了培训。

2009 年，草地植保委员会组织技术培训班 2 次、组织专家 15 人次参与技术培训；组织专家专题调研 3 次、专家研讨会 3 次，为国家草原保护管理决策部门提供了科技服务。

草地资源与利用委员会组织部分会员积极参与有关草地资源与利用相关的科普教育活动，组织编写了有关草地资源和管理等方面的专著和论文。协助部分会员参与"十二五"国家科技支撑项目实施及技术指导。协助会员参与西部地区生态环境保护规划。积极参与西南地区大旱的草地资源灾情调查，积极参与青海玉树抗震救灾活动。

1.8 稳步提高办刊质量

中国草学会主办的《草地学报》以及与其他高校和科研院所合办的《草业学报》《草业科学》《中国草地学报》和《草原与草坪》等多家学术刊物，均在草业学界有重要影响。既刊登了国内外草业科学研究及相关领域的新成果、新理论、新进展，同时也为了解我国草业科学前沿科技、创新成果和草业发展的重要窗口。据万方统计的畜牧学科数据显示，草学会下属各个刊物的影响因子均位列前茅，期刊被引指数各项指标、收稿量、刊载量也在逐年增加。同时，各个期刊都在积极推进期刊数字化建设，申请"中国科协期刊精品工程"，努力使草业学界的期刊得到进一步发展，学术质量得到进一步提升，使更多的优秀成果发挥更大的作用。

2 四年来的基本工作经验

2.1 注重团结求实，发挥学会职能

回顾四年来的工作，学会所取的成绩与学会领导的重视和支持密不可分。学会在重大活动的选题

上，充分发扬学术民主，密切联系国家经济建设的需求，许多重大学术活动都收到了良好大的效果，为各级政府提出的多项建议，得到了国家领导人的高度重视与好评，同时也使学会在社会上的影响力有了明显提高。

2.2 树立服务宗旨，坚持民主办会

中国草学会是全国性草业科技社团，是党和政府联系草业科技工作者的桥梁和纽带，长期以来，草学会发挥跨学科、跨部门、联系广泛、人才荟萃等优势，坚持为广大草业科技工作者服务，与草业科技工作者建立了密切的联系，赢得了他们的信任。目前，草学会的工作已成为国家草业科技工作的重要组成部分，在草业科技事业的发展中起着重要的作用。学会坚持民主办会的原则，认真研究新形势下草业科技工作者对学会的要求，为草业科技工作者创造良好的发展环境，使学会切实成为草业科技工作者之家。

2.3 改革运行机制，提高工作效率

学会始终把建立和完善适应社会主义市场经济体制，符合科技社团自身规律和特色的运行管理机制作为一项重要工作来抓。主动面向市场，按照公益性、非营利组织的要求，争取多方面的支持，增强了学会自我发展的能力，学会的工作效率也得到了较大提高。

3 关于今后四年工作的建议

各位代表，今后四年是我国实施国民经济和社会发展第十二个五年规划的重要时期，随着经济和社会的发展，草业的内涵不断扩大，科技含量不断提高，学科之间相互交叉渗透，科学研究与生产的结合更加紧密。

"十二五"期间，中国草学会要继续贯彻实施中国科协的规划纲要，将纲要主题"节约能源资源、保护生态环境、保障安全健康"落实到具体工作中。加强自身的管理，提高学会的发展和组织建设水平。要继续带领各分支委员会做好不同层次的学术交流、技术培训、科学普及等工作，积极配合和参与国家草业事业的考察、咨询和重大项目的立项建议，促进我国草业以及生态环境的发展。

中国草学会将按照党的十七大和全国科协大会的精神，紧密团结广大草业科技工作者不断开拓创新，努力增强学会的凝聚力、影响力、战斗力，为我国草业科学与草业的发展做出新贡献。为此，对第八届理事会的工作提出以下建议：

3.1 加强组织建设，发挥整体优势

学会是科技工作者之家，学会工作必须团结和依靠广大草业科技工作者。学会要为会员服务，必须了解草业科技工作者的需求，及时反映他们的意见、要求和建议。学会应当提高服务的质量与方式，满足不同层次会员的需求，坚持以人为本，以服务为宗旨。积极发展团体会员，加强与省、市、自治区草原学会的联系。

3.2 扩大国际交流，提高自身水平

经过中国草学会老一辈草业科学家的不懈努力，以及与世界各国草业科学家的广泛交流，我国的草业科学有了空前的发展，今后也应继续扩大国际交流，取长补短，提高自身水平，促使我国草业在世界领域内的地位不断提升。

3.3 普及草业知识，树立自身形象

我国是草业大国，草地面积之大，牧草种类之多，为世界所瞩目。但国内公众对草业的认识和了解还不够深入，中国草学会普及草业知识责无旁贷。在通过各种渠道普及草业知识的同时，学会应当

注重自身形象的树立，与其他相关学科协调发展，使中国草原学会成为与草业大国地位相称的学术团体。

3.4 弘扬科学精神，加强科技工作者职业道德建设

要倡导会员牢固树立社会主义荣辱观，提倡奉献祖国、实事求是的精神，为草业事业的发展做出贡献。应该拟定和完善会员的科学道德公约和规范。反对学术浮躁和急功近利的不良风气，坚决抵制弄虚作假、抄袭剽窃等不端行为，建立违背科学道德的通报制度，维护草业科技工作者的良好社会形象。

各位代表、同志们：

我们正处于实现中华民族伟大复兴的时代，中国草学会肩负着重要的历史使命，让我们紧密地团结在以胡锦涛同志为核心的党中央周围，坚持以邓小平理论和"三个代表"重要思想为指导，团结广大草业科技工作者，为实现小草大事业的宏伟目标而努力奋斗。

本文是中国草学会理事长云锦凤 2011 年 9 月在中国草学会第八届全国会员代表大会上做的报告

第四篇

其他

我国现代草业事业的开拓者

——纪念许令妊先生

我国著名的牧草学家、教育家许令妊先生，于 2018 年 11 月 2 日在呼和浩特因病逝世，享年 90 岁。许令妊先生是我国草原专业创始人之一。内蒙古农业大学教授，硕士生导师。内蒙古自治区第三、第四届党委常委，内蒙古自治区第七届人大常委会副主任、党组成员。

许令妊先生祖籍江苏太仓，1929 年 3 月 8 日出生于北京市。先后在四川万县金陵中学和四川重庆原南开中学学习。1947 年以优异成绩考入北京大学农学院园艺系，1950 年院校调整，转入北京农业大学，并由园艺系调到畜牧系。1951 年大学毕业后赴南京农业大学读研究生，当时参加面试的老师有王栋、梁祖铎、夏祖灼，许令妊顺利通过面试，师从中国草原科学的奠基人、时任畜牧兽医系主任的王栋教授，成为我国草学领域的第一个研究生。

1952 年，内蒙古自治区组织了锡林郭勒盟"牧民经济、生产和牧业情况考察团"，乌兰夫为团长，邀请王栋教授为副团长，许令妊随导师到内蒙古草原考察。考察结束后，王栋、许令妊、梁祖铎撰写了《内蒙古锡林郭勒盟草场概况及其主要牧草的介绍》（畜牧兽医图书出版社），这是新中国成立后第一份比较完整的草原考察报告。这次考察为了解内蒙古草地资源及日后草原专业开展野生牧草种质资源和育种研究奠定了基础。

内蒙古自治区政府和乌兰夫主席出于对草原畜牧业的高度重视和发展畜牧业的卓识远见，于 1952 年 11 月成立内蒙古畜牧兽医学院，培养草原畜牧业的科技人才。为此，特向中央申请选聘草原、畜牧、兽医等专业的高级专家和优秀人才，来筹建畜牧兽医学院。受乌兰夫主席邀请，王栋教授来内蒙古主持建校，担任院长职务。但是，令人遗憾的是王栋教授因病未能赴任。面对这种困难情况，新中国培养的第一代大学生，也是第一代草原科学的专业人才许令妊，担负起庄严的使命，遵照恩师王栋教授的遗愿，赴塞外投身于热爱的草原事业。1953 年她来到了呼和浩特，来到正在创建的内蒙古畜牧兽医学院。在教学条件简陋和环境艰苦的情况下，欣然承担起牧草栽培、饲料生产、饲料营养分析等教学工作。

1958 年在院长贡嘎丹儒布的正确领导和大力支持下，许令妊先生和彭启乾、曹自成等共商，提出设立草原专业的建议，经国家相关部门审核和农业部批准，内蒙古畜牧兽医学院畜牧系创建了我国第一个草原本科专业，并于当年招生，为中国的草业教育和人才培养做出了历史性贡献。

草原专业建立初期，由于国内没有办学模式可以借鉴，许令妊在专业培养方向和教学计划制定以及师资培养等方面做出了大量开创性的工作。

1958—1960 年期间，内蒙古农牧学院（1960 年内蒙古畜牧兽医学院更名为内蒙古农牧学院）受中华人民共和国农业部委托，举办了两期全国草原高级讲习班，聘请国内外专家讲课，苏联草原学家阿·弗·伊万诺夫主讲，由许令妊具体负责，学员来自全国有关草原管理高校和研究部门，讲习班为中国培养了一批早期的草原专业建设人才，也为草原专业本科办学提供了经验。1981 年许令妊领衔主编全国高等农业院校试用教材《牧草及饲料作物栽培学》。

为了发展内蒙古草地畜牧业，从 1959 年开始，内蒙古畜牧厅和内蒙古农牧学院联合，先后在内蒙古草原和荒漠地带，建立了五个不同草地类型的定位研究试验站，由许令妊主持定位研究工作，聘请苏联专家阿·弗·伊万诺夫为技术顾问，在此期间，草原系师生定期到草原试验站实习，并进行科研项目的观察和测定，既对草原有了感性认识，又学到了科研的方法和操作技能，实现了教学、科研与生产相结合，五个试验站在"文化大革命"期间被迫停止。另外，定位研究取得了重要成果，多年的研究成果汇编成论文集，其中许令妊撰写的《内蒙古草原地带主要植被的饲用价值》论文，填补了内蒙古草原这一研究领域的空白。

1960年以后，草原专业建立了校内牧草试验站，开展牧草和饲料作物栽培、育种的教学和科研工作。许令妊非常重视牧草育种工作，明确提出"要充分利用内蒙古草原丰富的牧草种质资源，通过选育和遗传改良，为畜牧业生产服务"的育种方向。她倡导黄花苜蓿与紫花苜蓿的杂交育种，并带领专业老师，在牧草地进行苜蓿杂交授粉操作，为后来在全国率先育成草原1号、草原2号系列杂花苜蓿新品种开创了先河。

1979年，我国的草地科学工作者们组建了中国草原学会，内蒙古也建立了草原学会，许令妊先生被推选为中国草原学会副理事长、内蒙古草原学会理事长，创建了《内蒙古畜牧兽医-草原专刊》，并任主编，草原专业也扩大为草原系。

1983年，许令妊先生接受党和人民的重托，走上了内蒙古自治区党委常委、科委主任兼科协主席的领导岗位。1985年，内蒙古自治区党委提出了"念草木经、兴畜牧业"的任务，这也是内蒙古的特色和优势产业。许令妊先生认为要在传统农牧业的基础上逐步实现农牧业现代化，更需要依靠科学技术进步的支持。她积极探索自治区科研体制改革，努力发挥职能作用，为科技事业改革发展做出了重要的贡献。

许令妊先生为我国的草业教育和人才培养以及草业事业的发展做出了卓越贡献，先生的奉献精神、崇高品德、优良作风和朴实情怀和她所创造的事业，作为一座丰碑将永久树立在内蒙古大草原上，永远值得我们怀念和学习。

云锦凤　韩国栋
2021年11月

缅怀贾慎修教授，推进学会发展

　　首先，我代表中国草学会对各位在百忙之中冒着严寒来到北京出席"中国草原学会更名暨贾慎修教授 90 诞辰纪念会"表示衷心感谢和热烈欢迎。"中国草原学会"更名为"中国草学会"是我国草学界乃至整个科学界的一件大事，也是几代草学界同仁为之努力和奋斗的结果，从另一个角度来讲，也是对我们鞭策和鼓励，将激励我们把中国草学会的事情办好，把学会的工作全面推向一个新阶段。而今年又恰逢我们草原学会第一、二届理事长，中国草业科学的奠基人贾慎修教授 90 诞辰，通过缅怀先师的丰功伟绩，更加发扬学会尊老敬贤、继往开来的优良传统。经过学会秘书处和有关单位及全体会员的积极准备，纪念会终于顺利召开了，在此对大家的努力和奉献表示由衷的感谢。当前，全国上下正在努力学习和贯彻"十六大"精神，大力实施西部开发和全面进行农业结构调整，在这大好形势下，召开这次纪念会不仅及时，而且具有特殊的历史和现实意义。

　　本次会议的主题：①借草原学会更名的东风，加强宣传，进一步扩大草学会的社会影响，提升学科地位，推动草业科学发展；②充分发扬我会继往开来、尊老敬贤的优良传统，通过开展学术纪念活动，缅怀前辈贾慎修教授为草业科学发展所做出的突出贡献；③在会议期间，还将召开学会常务理事会，进一步研究草学会近期的发展战略，增强凝聚力；与时俱进，积极参与国家经济与生态环境建设。

　　本次会议会期较短，内容较多，希望与会各位积极努力，把会议开得隆重热烈，为 2003 年学会的工作开个好头。

　　最后再次感谢大家的参与和支持，预祝大会取得圆满成功！

　　本文是时任中国草学会理事长云锦凤 2003 年 1 月在中国草原学会更名暨贾慎修教教 90 诞辰纪念会上的讲话

特殊的方式，特别的祝贺

——庆贺任继周院士八十华诞

经中国草学会常务理事会决定并酝酿筹备已久的"中国中青年草业科学家论坛"今天终于胜利召开了。这应该是我们草业科学界的一件大事，再一次展示了我国中青年草业科学家的活力与风采！为此我代表中国草学会对本次论坛的召开表示衷心祝贺，并预祝会议取得圆满成功！

2003 年，草学界好戏连台，草业发展形势非常之好，西部开发、农业结构调整、退耕还林还草、退牧还草工作正在稳步推进，特别是经过大家积极努力，世人瞩目的草学奥运会——2008 年 IGC 和 IRC 联合会将在我国举行，这次申办国际会议的成功标志着我国草学界在国际上的地位得到明显提高，与国际学术界的交流渠道更为拓展，现在学会已经进入了紧锣密鼓的筹备阶段，事情有了一个良好的开端，就一定能有一个好结局，只要草学会全体同仁同心协力，我们完全有信心、有能力把2008 年的国际草地会议办好、办成功、办出中国特色！

今年又适逢我国著名草地学家、中国草业科学的奠基人之一任继周院士八十华诞，这应该是我们草学界的一个重大事情，学会常务理事会几次就此事作专门研究，并征求任先生本人意见，任先生总是嘱咐我们不要过于声张和大操大办。学会决定尊重任先生的意见，采用科学论坛形式，让新老科学家聚集一堂，通过切磋交流，增进了解，共话草业发展大计。利用活跃在科研、教学、生产第一线的中青年科学家年富力强、思维活跃、勇于探索的优势，就草业未来发展战略、各研究领域的热点问题碰撞出一些火花，形成一些思路，提出一些好的建议，我想这也正是任先生及老一代草业科学家所期望的。在过去的半个世纪的岁月中，任继周先生为我国的草业科学的建立与发展做出了重要贡献，可以说草业能够有今天，不仅是时代机遇好，更主要的是老前辈们给我们打下了江山。为此，中国草学会借会议之机，向在座各位及全国草学界同仁发出倡议，弘扬学界前辈们踏实进取、无私奉献的高尚品德，团结一致，努力拼搏，为把我国的草地科学事业全面推向一个新阶段而奋斗！

各位先生、各位代表，此次会议的召开是草学会秘书处和会议筹委会积极努力的结果，会议还得到了山东华泰庄园园林有限公司、北京绿洲科技发展有限公司的友情赞助，我代表大家表示感谢！同时我们还邀请了有关新闻界的朋友，长期以来他们大力宣传草业，我们也一并表示感谢！

最后祝论坛圆满成功！

祝前辈身体健康、生活愉快！

祝各位学业有成，万事如意！

本文是时任中国草学会理事长云锦凤 2003 年 12 月在庆贺我国著名草地学家、中国工程院院士任继周教授八十华诞的"中国中青年草业科学家论坛"上的致辞

羊草研究的学术宝藏

——《羊草生物生态学》

云锦凤

  《羊草生物生态学》是由东北师范大学祝廷成教授主编，2004年10月吉林科学技术出版社正式出版的近百万字的学术著作。最近，喜获此书展读，深感祝廷成教授为我们能够全面认识我国羊草草原而组织中青年科教工作者共编，体现了老中青结合编著之特点，这样的成果值得庆贺。

  我国东北草原区位于世界最大的草原带——欧亚草原带的东部，而这里的优势种就是羊草，正如书中前言中提到的"这里是羊草个体的多度中心，还可能是羊草物种的起源中心"，同时羊草还有重要的经济价值和生态价值，因此对羊草进行研究具有重要意义。该专著是我国羊草草地生态研究的大成之作。它首次突破了多年来羊草研究对各自地区、不同侧重点进行研究的窠臼，完美地体现了羊草草地生态研究从微观到宏观的自身的层次结构，可以说，它的内容浩瀚、资料翔实、数据客观。在阐述基础理论时，科学准确、论据确凿，事实与理论并举，相互印证，既能体现论点、论据的正确性，又能体现"百花齐放、百家争鸣"的学术氛围和水平。

  全书共分为7章26节。7章分别为羊草的细胞与遗传特性，羊草的个体发育与生理生态特征，羊草种群生物生态特征，羊草群落生态特征，羊草草地生态系统特征，羊草草地的管理和羊草草地的生态建设。对羊草的研究从细胞遗传到个体发育与生理生态、种群、群落、生态系统，进而指导草地管理与建设，从不同层次研究的角度来分别论述，体现了学术集体对羊草生态理论研究的扎实基础，正如序言中任继周院士所言："对羊草草地的研究从微观到宏观，系统而深入，是难得的学术宝藏。"

  《羊草生物生态学》对生态学理论的深入探索成为它最主要的亮点。植物生态学特别关注的内容几乎都在此书中得到体现，对植物有性繁殖、无性系繁殖、生态可塑性、植物群落的演替机制和恢复生态学等理论均有相当深度，并具有创见性的见解，同时提出了大量的调查、观测和分析方法。这部专著正确地概括和揭示了草地生态的一些特殊规律，并运用这些特殊规律对某些尚未解决或有争议的重要问题做了进一步的探索，丰富了草地生态学的理论，在理论上做出一定贡献。

  书中也以相当的篇幅介绍应用研究方面，对羊草草地生态系统管理与建设作了突出的贡献。书中从提高第一生产力和保持草地的有序利用角度，以退化草地中已占草地面积70％以上的盐碱化为目标，对放牧方式和割草频率进行了翔实的研究。

  该书是东北师范大学以祝廷成教授为首以及李建东、杨允菲等教授为核心的强大学术集体自20世纪50年代至今50余年的羊草草地科学理论和实践研究成果的积累。主编祝廷成教授已经年近八十，多数参编者都是中青年科技工作者，本书是老中青相结合的编著成果。还值得一提的是，在把吉林建设成为生态省的过程中，完成与实现这一编著，则能与当地当前的实际结合，体现理论结合实际，更值得称道。

  该书广泛地查阅古今中外的有关史料和科学著作，既有中国特色，又反映了国际的研究水平。当然这部由多人合作完成的著作，各章节的内容设计、论述深度与方式等方面尚不完全统一，有些问题的论述尚欠系统深入，有的结论尚需进一步探索，一些最新的草地生态研究成果尚待补充等。但是该书作者也指出了需要强化研究的内容，并特别指出了尚未做定论的问题，这也为进一步深入研究提供了参考。这些问题通过后来者的共同努力，可以逐渐获得解决，并且一定能够推陈出新撰写出学术水平更高的草地生态研究的综合性著作。本书编写认真，学风严谨，是当前我国已出版的草地生态著作中内容最丰富、学术水平最高的一部综合性著作，是值得我国草原生态学家和草地管理者认真阅读的重要参考书，特此推荐。

本文原刊载于《中国草地》，2005 年第 6 期，略有删改

科技创新硕果累累，人才培养桃李芬芳

——庆贺祝廷成先生八十华诞

今天是我们尊敬的前辈祝廷成先生的八十华诞，我代表中国草学会热烈祝贺祝老八十大寿，并对祝老为中国草业科学所做的贡献表示衷心的感谢。

祝廷成先生是我国著名的草地学家和生态学家，是我国草地生态学理论的开拓者之一。历任中国草学会第一、第二、第三届副理事长，中国草地生态研究会第一、第二届副理事长，国际草地学会议（IGC）第十六、第十七届常任理事会理事。祝老在中国草学会的成长、发展和壮大过程中发挥了重要作用，也为中国草地生态学的发展和草业科学走向世界做出了巨大贡献。

祝廷成先生长期从事草地生态学的教学和科学研究工作，取得了许多卓有成效的开拓性的研究成果。

他早年翻译了《苏联的草原》《植被学说原理》等 8 部俄文专著，为草地及植被科学在我国的广泛传播与发展起到了积极的推动作用。1954 年，在北京大学李继侗院士的指导下参加了西山植被的调查研究。之后经过两年调查完成了第一篇论文《黑龙江省萨尔图附近植被的初步分析》。随着研究工作的深入，祝廷成发表了大量的研究论文，如内蒙古伊胡塔附近植被的初步分析、内蒙古呼伦贝尔草原植被的初步研究、概论我国东北的主要草原、东北西部及内蒙古东部的草原、东北三类主要草原地下部分的比较分析等，为东北草原的深入研究奠定了坚实的基础。

自 60 年代末期，草地成为国际生物学规划（IBP）的重点对象，祝廷成及时抓住国际生态学研究的生长点，主持了"六五"期间国家科技攻关项目《草甸草原生态系统的结构、功能和生物生产力》的研究，撰写了《生态系统浅说》一书，这是我国有关生态系统的第一本著作，从生态系统的结构分析进入能流与物流、生物生产的探索，把生态平衡、能量流动、物质循环等生态学新理论率先渗透到草原学的研究中，对我国草地生态学的发展起到了有力的推动作用。

祝廷成在学术上主攻草地生态，同时也研究中朝国境线上的长白山植物。近年来陆续撰写了《中国长白山植物》等著作。

祝廷成先生十分注重国内外的学术交流，他发起并组织召开了 5 次"东北草原学术会议"（1960年、1964 年、1979 年、1982 年、1986 年）。1981 年，祝廷成先生首次出席了在美国肯塔基召开的第十四届国际草地会议（IGC），并宣读了"中国东北羊草草地生态的研究"学术论文。1985 年，第十五届国际草地学会议在日本召开，祝廷成的"中国温带草地资源及草地农业的进一步发展"一文被会议选出作为 10 篇大会报告之一。在这次会议上，祝廷成先生当选为由 11 位世界著名学者组成的国际草地会议常任理事会理事，为祖国争得了荣誉。1989 年在第十六届国际草地会议上，他把研究的范围从中国温带扩大到亚洲，作了题为"亚洲东部和中部草地的过去、现在和未来"的大会报告。1993年在第十七届国际草地会议上，他把研究的范围又进一步扩大，作了题为"北半球冬季寒冷地带草地饲草的持续供应和发展"的导向性报告。这些系列性学术报告受到了国际上同行的好评。

多年来，祝廷成先生一直工作在教学第一线，为大学生和研究生编写《植物生态学》，为中、小学生编写《草原奇境》（汉、蒙、藏、哈萨克文）。他亲自到中央电视台播讲《生态学讲座》，为国际性传世之著《世界生态系统》系列丛书第 8 卷撰写"中国的草地"，这是一篇全面阐述中国草地的英文论文。他带领研究生们相继成功地完成了草原生态系统的能量流动；水、氮、磷循环；种子雨、种子库、种子生产及牧草种质资源；分解者与枯枝落叶的分解；第一性及第二性生产力；生态位、生态场、生态交错带、生态平衡等一系列开拓性创新研究工作，发表了 200 多篇论文，从而为草地生态学科的发展打下了坚实的理论基础。

祝廷成在年逾古稀之年还是"老骥伏枥，志在千里"。他立足学科前沿，关注并参加国家重大科学问题的讨论，发挥着一位老科学家的导航作用。他一直担任《中国饲用植物志》《中国草地》《草原与牧草》《草业科学》《草地学报》《草业学报》《生态学杂志》《应用生态学报》《植物生态学报》《当代生态农业》等全国性学术刊物的副主编或编委。主编了《羊草生物生态学》专著，为丰富草地生态学的理论做出了贡献。

今天，中国草学界在此相聚，共同祝贺祝先生八十华诞。我们为有这样知识渊博的学术前辈感到骄傲，我们深信他会继续为我国草业科学的发展指明方向，引导我们不断前进，攻克科技难关。我们希望祝先生一如既往地关心和支持学会工作，特别是为 2008 世界草地与草原大会的召开出谋划策，在老中青三代草学工作者的共同努力下，把 2008 世界草地与草原大会开成一个让中国人满意、外国学者称赞的国际草学和草业盛会。祝愿祝先生身体健康，快乐长寿，祝愿我国的草业科学事业蒸蒸日上。

本文是时任中国草学会理事长云锦凤 2006 年 7 月在祝廷成教授 80 华诞座谈会上的讲话

庆贺许鹏教授八十华诞

今天是个好日子，大家欢聚在一起，庆祝我国著名草原学家许鹏教授八十华诞。首先，我代表中国草学会向许鹏老师表示衷心的祝贺，并对许先生为中国草业科学做出的杰出贡献表示衷心的感谢！

许鹏教授是我国著名的草原学家、草学教育学、草地资源与管理学的开拓者。历任中国草学会第二、三、四届副理事长及草地资源与管理委员会副会长等，为草学会的创建、发展和壮大做出了贡献，是学会的卓越领导人之一。

许鹏教授是新中国早期的草学研究生，师从我国著名的草原学先驱——王栋教授，1955 年响应国家号召支边到新疆，从教将近 60 年，在他的率领下创建了新疆农业大学的草原专业、硕士点、博士点、博士后流动站和试验站。先后主编和参编全国高等农业院校教材《草原调查与规划》《草地调查规划学》《草地资源调查规划学》。许先生辛勤耕耘、执着奉献，为新疆和全国培养了一大批草业科学人才，这些人已经成为学界的中坚力量和带头人。

许鹏教授在学术上主攻草地资源与管理，几十年如一日始终深入牧区草原生产和第一线调查研究，创立了发生经营学草地分类、草地植物生态经济类群和草地遥感技术应用系统；提出草地经营方针、草业结构模式、草地生态置换理论与方案；先后主编和副主编国内草地资源调查第一本科学专著《新疆草地资源及其利用》《中国草地资源》。许先生奋发图强、勇于创新，在建设草业和地区经济发展中取得了显著成就。

许先生在学术上勤奋执着、深入实践、勇于创新，对工作满腔热情、无私奉献、无怨无悔；对同志谦和真诚、热情助人。无论做学问还是做人，都是我们学习的榜样。

今天大家在此相聚，共同祝贺许先生八十华诞，我们因为有这样一位可敬的长者、知识渊博的前辈感到骄傲。祝愿许先生身体健康，快乐长寿！

本文是时任中国草学会理事长云锦凤 2010 年 8 月在庆祝我国著名草原学家许鹏教授八十华诞活动上的讲话

贺洪绂曾先生从事草业工作
60 周年暨《中国草业史》新书发布

金秋十月的北京万紫千红，辛勤耕耘的收获硕果累累。今天，我们草业界的各方领导、专家和同行相聚在一起，热烈祝贺洪绂曾先生从事草业工作60年，同时召开《中国草业史》新书发布会。

首先，我代表中国草学会向莅临会议的各位领导、专家和来宾表示热烈欢迎和衷心感谢！

大家知道，洪部长是我们学界和业界备受尊敬的老领导、老专家和老朋友。他对所从事的小草事业无限热爱，为小草成就大事业付出了全部的心血。他不仅参与和见证了中国草学会的创建和发展，而且为中国草学会的成长和壮大呕心沥血、付出了艰辛的努力。他怀着"小草大事业"的雄心壮志，充满激情和活力地为促进草学和草业的大发展锲而不舍地辛勤耕耘，艰难跋涉了60个春秋。如今，他年逾八十，仍然为中国草学和草业的发展壮大指引方向和保驾护航。

洪绂曾先生早年在复旦大学就读时就开始与草结缘，大学毕业后到吉林农科院从事草业研究工作。在吉林农科院工作期间，组织完成了中国栽培牧草区划，之后被公派到加拿大留学深造。回国后，在他的倡导和积极努力下，成立了中国牧草品种审定委员会，使我国牧草品种审定工作步入正轨。在全国人大任职期间，领导和推进了草原法的修订工作，领导和组织了中国草业发展战略的研究和撰写工作，主编了《苜蓿科学》学术专著。洪部长与草结缘的60年，是辉煌的60年，是卓有成就的60年。

洪部长对中国草学会工作十分关心和支持，在中国草学会30年的发展历程中，所开展的许多重大活动和取得的成绩都离不开他的关心和支持。特别是2008世界草地与草原大会的成功举办，经历了许许多多的波折和难以克服的困难，为了维护国家的利益和赢得中国草业大发展难得的历史机遇，他总是在关键时刻力挽狂澜。可以说没有洪部长的掌舵和全方位的支持，这次大会很难顺利召开。

为了以史为鉴，了解现在，启迪未来，在他的倡导和主持下，组织全国草学界学者和同仁，从2006年起，收集抢救我国草业发展的史料，编写了《中国草业史》这部中国草学领域具有重要价值的巨著。书中记载了导言、中国草政、草原资源、草原畜牧业、牧草产业、草坪与草原旅游、草原文化、草业教育、草业科技、草业学术刊物、草业学术组织与历史人物等丰富而系统的内容。真实地记录了中国草业的发展历史，展示了中国草业及科技创新的成果和发展水平，必将对中国草学和草业的大发展产生深远的影响。

一分耕耘，一分收获。洪绂曾先生60年的不懈追求和艰难探索成就了中国草业的崛起和快速发展，同时，也赢得了全国草学界同仁的尊重和敬仰。我们真诚地感谢洪绂曾先生为中国草学界做出的重大贡献，感谢他对中国草学会一如既往的关心和支持，衷心地祝愿他福如东海，寿比南山，快乐安康，万事顺意！

本文是云锦凤教授2011年9月在祝贺洪绂曾先生从事草业工作60周年暨《中国草业史》新书发布会上的讲话

忆洪绂曾先生

云锦凤

　　洪绂曾先生（1932—2012），安徽泾县人，我国著名的政治活动家和农学家。先后担任农业部副部长、九三学社中央委员会副主席、全国人大常委会委员、农业与农村委员会副主任、全国政协常委、经济委员会副主任等职。他一生致力于振兴现代农业，尤其是中国草业。他弘扬"小草大事业"的理念，在牧草育种、青饲料作物栽培、草原管理和政策研究方面取得了丰硕研究成果。为草原保护立法、推动草业组织建设、发展草业教育科研、振兴奶业与发展苜蓿产业做出卓越贡献。他的杰出成就永远是我们倍加珍惜的宝贵财富！他的崇高品质永远值得我们学习怀念！他对草业的贡献永存于草业人的心中！

　　洪绂曾先生在担任第九届全国人大农业与农村委员会副主任期间，负责国家《种子法》的起草和《草原法》修订工作，参与了《农业法》修订和《防沙治沙法》的制订。担任九三学社中央专职副主席期间，他分管参政议政和社会服务工作，积极向中央和有关部门提出了约二三十项建议。其中如三江源的保护，遏制沙尘暴保护呼伦贝尔草原，发展云贵川金三角的热带农业，发展黄河三角洲高效生态经济，发展农村沼气建设生态农园，以及暗管排碱扩大耕地，开展农村清洁工程，加强农村职业教育，加强种质资源保护抵制外来物种入侵等，都得到领导重视并重点立项支持和推动。2003年继任了由中央智力扶贫办公室领导的黔西南试验区联合推动组组长，开展了多项针对当地喀斯特地貌石漠化的生态治理和发展草地畜牧业等项目，倡导并实践贵州黔西南州石漠化治理"晴隆模式"。

　　洪绂曾先生毕生提倡"小草大事业"这一理念，积极促进立草为业，身体力行，长期致力于草业研究，为我国草业学科和草业管理体系以及草业产业的建立和发展做出贡献。作为第三、四、五届中国草原学会理事长，第六、七、八届中国草学会（前身草原学会）名誉理事长，长期主持中国草学会工作，致力于牧草育种、青饲料作物栽培、草原管理和政策研究，具有深厚的专业学术造诣，取得了丰硕的研究成果。

　　1953—1958年期间，洪绂曾先生主持了"多年生牧草根系研究""多年生牧草混播组合研究""城郊牧场奶牛青饲料轮替研究""一年生饲料作物混播组合研究"和"草田轮作制综合研究"等课题。1979年他带领团队投入聚合草研究，奋战两年多完成了任务，获得省部嘉奖。1982年，他在加拿大圭尔夫大学做访问学者期间，搜集了上百种牧草品种资源，翻译和编著了多部学术著作。从事牧草育种研究，参与育成公农1号、公农2号和根蘖型苜蓿公农3号三个苜蓿新品种。

　　回国后他主持了"全国栽培牧草草种区划研究"和"放牧型抗寒抗逆苜蓿品种选育"两项课题。前者组织27个省市1 100余名科学工作者参与研究。他倡导并组织了全国牧草品种审定委员会，为我国牧草育种事业的发展、种子生产、国内贸易和国际交流等工作的开展奠定了基础。进入21世纪以来，他团结带领全国草学界同仁奋发图强，为草业科学的进一步发展和行业进步倾注了大量的精力；为加强草业国际学术交流，他力排阻力，争取到"2008世界草地与草原大会"的主办权，并作为大会主席成功主持了会议，提升了中国草业的国际地位。近年来，他把目光锁定在学科升级和草产业发展上，促使中国草业科学提升为国家一级学科；心系国家草业学科发展建设，不遗余力，促成草学学科在2011年晋升为一级学科。在洪绂曾先生的倡导下，成立了中国草业协会，并于2010年7月27日参加了中国畜牧业协会草业分会第一届二次理事会。2010年，他组织领导专家上书温家宝总理，推动"振兴奶业苜蓿发展行动计划"的实施。为推进苜蓿产业发展以及奶业苜蓿产业结合发展做出了杰出贡献。他受聘担任中国农业大学、甘肃农业大学等院校教授和博士生导师，亲自指导了 30 多名博士、硕士研究生。

洪绂曾先生理论功底浑厚，勤于著述，发表论文、研究报告和译文数百篇，专著及译著主要有《苜蓿》《青饲料轮作》《禾本牧草育种》《中国牧草品种登记录》等，主持编写了《中国草业发展战略》《苜蓿科学》《中国草业史》《中国多年生栽培草种区划》《中国多年生草种栽培技术》等图书。

先生一生全部奉献给了我们的社会、国家和草业。"在政治上跟着共产党"是他人生的坚定航向；在事业上"当官不做官"是他处世的原则和信条；在工作上促进团结，凝聚和整合是他人生修养和做事的方法。让我们以更加坚定的步履、更加出色的工作、更加积极的人生，怀念我们敬爱的洪绂曾先生！

本文原刊载于《草原与草业》，2015 年第 3 期，略有删改

附录 1　发表文章目录

附录 2 培养研究生情况

博士研究生名录

入学年份	姓名	论文题目
1995	米福贵	中国苜蓿品种 RAPD 多态性的研究
1996	于卓	小麦族禾草杂交后代农学及分子细胞遗传学特性
1998	李造哲	披碱草和野大麦杂交后代的遗传特性和育性研究
1998	解新明	蒙古冰草的遗传多样性研究
2000	王树彦	加拿大披碱草与老芒麦种间杂种 F_1 代的育性恢复研究
2001	侯建华	羊草与灰色赖草杂交后代遗传学特性及育性恢复的研究
2001	霍秀文	冰草组织培养再生体系建立及耐旱转基因研究
2002	逯晓萍	高丹草遗传图谱构建及重要农艺性状的基因定位研究
2002	张众	蒙农 1 号蒙古冰草品种特性与种子生产研究
2002	李景欣	内蒙古冰草种质资源遗传多样性研究
2003	王俊杰	中国黄花苜蓿野生种质资源研究
2003	孙杰	野牛草种子休眠机理及破眠蛋白质组学研究
2003	于林清	苜蓿种质资源系统评价与遗传多样性分析
2004	云岚	新麦草多倍体诱导及细胞学研究
2004	李景环	加拿大披碱草、老芒麦及其杂交后代的遗传分析
2004	高翠萍	苜蓿雄性不育系 Ms-4 杂交改良
2005	赵彦	蒙古冰草抗旱相关基因克隆、表达及 RNAi 载体构建
2005	杜建才	苜蓿优异杂交亲本选育及种、属间远缘杂交
2007	刘锦川	加拿大披碱草与老芒麦亲缘关系及抗性生理研究
2008	石凤敏	蒙古冰草 MwLEA3 基因功能研究及 MwRRT 基因的克隆
2009	高雪芹	红三叶新品系种质鉴定及无性繁殖特性的研究

硕士研究生名录

入学年份	姓名	论文题目
1982	米福贵	五种披碱草可交配性的研究
1985	孙启忠	四种冰草抗旱性的研究
1986	陈雪冰	五种披碱草及其种间杂种的细胞学
1989	宇都木生	利用吸水性丸粒种子改良沙化退化草场
1991	王照兰	小麦族内多年生牧草的远缘杂交
1993	李瑞芬	小麦族内多年生牧草的形态和细胞遗传学研究
1994	郭立华	蒙古冰草多倍体诱导的初步研究
1996	孙海莲	杂种冰草新品种（系）选育及品种比较研究
1997	王桂花	大赖草多倍体诱导的研究
1998	海棠	干旱地区优良牧草的引种筛选及产量构成因素相关性的研究

（续）

入学年份	姓名	论文题目
1998	敖特根	杂种披碱草与其亲本比较试验
2000	云岚	草原 3 号苜蓿新品种农艺性状及抗旱性评价研究
2001	张辉	蒙农杂种冰草成熟胚愈伤组织诱导、植株再生及转基因研究
2001	毛培春	18 种多年生禾草种子萌发期和幼苗期的耐盐性比较研究
2002	王勇	新麦草新品系生物学特性及生产利用性能的研究
2003	解继红	冰草组织培养再生体系的研究
2003	郭美兰	小麦族 10 种多年生禾草耐盐性综合评价
2003	包金刚	蒙农 1 号蒙古冰草生物学特性及生产性能的研究
2004	吴宗怀	紫花苜蓿、杂花苜蓿和黄花苜蓿 SSR 分子标记分析
2004	吴建新	施肥对草原 3 号杂花苜蓿生产性能的影响
2004	董玉林	蒙农红豆草种子发育成熟特性及产量构成因子研究
2004	高海娟	冰草生态生物学及细胞学初步研究
2004	吕世杰	黄花苜蓿抗旱、耐盐生理特性及其抗性机理的初步研究
2005	王钊	种植密度对草原 3 号杂花苜蓿生长发育的影响
2005	张东晖	加拿大披碱草与老芒麦及其种间杂种 F₁ 代生物学特性及抗旱耐盐性的研究
2005	李俊琴	新麦草新品组织培养再生体系研究
2006	胡向敏	空间环境对蒙农杂种冰草生物学特性影响的研究
2006	杨志如	拟南芥 CBF1、CBF4 基因及启动子的克隆与植物表达载体的构建
2007	齐丽娜	不同倍性新麦草的生物学特性研究
2007	于靖怡	氮离子束对两种鹅观草生物学效应的研究
2008	张苗苗	两种披碱草属牧草种子劣变的生理生化研究
2008	许圣德	加拿大披碱草生长锥分化及开花习性的研究
2009	陈雪英	蒙古冰草组织培养再生体系建立及其 DREB 基因功能研究

后记

  光阴荏苒，三年的忙碌已成转瞬。在文集付梓之际，仍感意犹未尽，频频回顾，感慨无限。千言万语，只待文集面世，与大家分享。

  2020年6月，韩国栋最初与我谈及计划出版文集之事，我当时并未同意。主要顾虑的是我做的教学和科研工作都是在许令妊等草学前辈的指导和带领下与我的同事及学生共同完成的，以我个人的名义出文集不合适。后来，韩国栋、王俊杰、王明玖等多次谈及此事，认为出版文集不仅是个人的学术总结，更是从一个侧面记录学科发展历史，是对历史的尊重；以此纪念前辈对学科发展的开拓性贡献，是对后来者的教育启迪；也适当记载自己在中国草学会一段令人振奋而又难忘的工作经历，是对全国草学工作者团结奋进、开拓进取精神的纪念。这些都对草学学科的未来发展具有积极的借鉴意义。我思前想后，觉得通过文集还能继续为学科发展和人才培养尽一份绵薄之力，也是一件幸事。因此，便开始组织人员，成立编委会，选择文稿，花费了不少人两年的心血。

  这本文集非我一己之力所能成就，是集体智慧的结晶，纪念意义是首要的。其记录的不完全是我个人的成果，而是记载了在许令妊、彭启乾等老一辈草学开拓者的带领下，内蒙古农业大学牧草育种团队历经千辛万苦，付出艰苦努力，为我国草业科技创新和人才培养所做出的一些贡献；反映的是我国草业科学发展的一段经历，尤其是我国在牧草育种领域的一段辉煌发展历程，突出了内蒙古农业大学草学学科在牧草遗传育种领域的长期探索。因此，前辈的引领和后生的拼搏成为文集的主要脉络，本人的使命是承前启后，铺路搭桥，提供平台，使更多的人把前辈的学术思想接力传承，守正创新，发扬光大。

  2021年4月，在文稿初成之际，任继周院士答应并愿意为文集作序，我感到莫大的荣幸。遂委托韩国栋和王明玖去北京任继周先生家，拜见先生，汇报进展，呈送书稿。任先生对文集给予了高度评价，亲自用电脑完成序的写作并在2周后通过邮件发给我，读后让人振奋，使人感动，言语中流露出长辈对晚辈的呵护和关怀。任先生高度肯定了我们科研团队对我国牧草育种和草种业做出的贡献，特别提到了内蒙古草业开拓者许令妊先生的历史嘱托，提出了在新时代对草业晚辈的殷切希望，属于画龙点睛，使文集增色。在此，我向任先生表达深深的谢意！

  文集的书名为《草学科技创新与人才培养》。由于受出版篇幅的限制，编委会在收集、整理的254篇已发表的科技论文中，筛选出81篇代表性文章，形成文集不同内容板块。还有许多研究生完成的成果论文没有收录进来，实属遗憾，请大家理解。即使如此，仍然产生了巨大的工作量，投入了包括我的学生在内的众人的劳动。期间，王俊杰、王明玖、韩国栋等认真编撰了我的"事迹"，述说了文集所载成果的来龙去脉，评价了我的"贡献"。虽然事件是真实的，但评价还是高出我的预期。王俊杰、赵彦、高翠萍等在稿件的筛选、整理、打印、校稿等方面默默付出了大量时间和精力；华南农业大学解新民教授对文集篇章划分提出了宝贵意见；内蒙古自治区林业和草原局赵景峰研究员对纪实部分进行了补充和完善；李造哲对拉丁文进行了逐一校对；侯建华、霍秀文、孙海莲、解继红、吕世杰等大部分研究生参与了文稿的校正；《中国草地学报》原执行主编刘天明编审和中国农业科学院草原研究所孙启忠研究员等对文稿进行了逐字审读，提出不少修改意见；我校原副校长李金泉教授、研究生院原常务副院长丁雪华教授、中国农业大学张蕴薇教授和全国畜牧总站李存福研究员协助考证相关文件和照片，王明玖在照片精选和编写说明中全力相助；其他学生也通过多种形式提供力所能及的帮助。在此无法一一表示感谢，只有内心时时为他们祝福。

需要特别说明的是，文集收载了我在中国草学会任理事长和在中国草学会牧草育种专业委员会任主任委员期间的部分文稿，具有很强的代表性。因为这个时期正是中国草业快速发展、草学国际交流开始活跃和日益频繁的时期，得益于前任理事长洪绂曾以及草学会秘书处周禾教授、王堃教授、邓波教授及其他理事成员的鼎力相助，使我仍有足够的精力投入教学和科研中去，也使我能更多地站在国际视野中审视国内草学的发展。"2008世界草地与草原大会"的申办、筹备和在中国的成功召开，让我对中国草学会全体会员有了全新认识，即这个大的团队不仅能使中国草业走向世界，更能引领世界草业的发展走向未来。文集中反映的部分成果也算是对这种趋势的一点折射。

不得不说，文集的出版得到了内蒙古农业大学草原与资源环境学院领导和同事们的大力支持和无私帮助，他们的嘘寒问暖让我内心充满了力量！每当遇到困难的时候，丈夫刘德福教授总能伸出援手，指点迷津，找到解决问题的办法；家里的其他人也在生活上给予了我无微不至的关怀和帮助，对此深表感谢！

感谢中国农业出版社的编辑团队，不厌其烦地沟通、改稿、排版、校对，体现了他们严谨的工作态度和一丝不苟的工作作风。文集的顺利出版也有他们的一份功劳。

庆幸我们处在中国历史上最伟大的时代，庆幸能够见证并亲自参与草业在中国新时代的振兴。"生态优先、绿色发展"和"山水林田湖草沙"系统治理都离不开草，需要更多的草学科技创新人才长期的不懈努力。回顾历史，展望未来，我衷心希望我国的草业科技创新与人才培养事业蓬勃发展，永铸辉煌！

云锦凤

2023年3月于呼和浩特

图书在版编目（CIP）数据

草学科技创新与人才培养 / 云锦凤编著 . —北京：
中国农业出版社，2023.4
ISBN 978-7-109-30463-5

Ⅰ.①草…　Ⅱ.①云…　Ⅲ.①草原学－文集　Ⅳ.
①S812－53

中国版本图书馆 CIP 数据核字（2023）第 061478 号

中国农业出版社出版
地址：北京市朝阳区麦子店街 18 号楼
邮编：100125
责任编辑：神翠翠　武旭峰　　文字编辑：张庆琼
版式设计：杜　然　　责任校对：周丽芳
印刷：北京通州皇家印刷厂
版次：2023 年 4 月第 1 版
印次：2023 年 4 月北京第 1 次印刷
发行：新华书店北京发行所
开本：889mm×1194mm　1/16
印张：30.5　　插页：6
字数：925 千字
定价：180.00 元